新疆油田地面工程技术

韩　力　冉蜀勇　袁　亮　敬加强　等著

石油工业出版社

内容提要

本书以新疆油田地面工程发展历程、技术创新成果为主线，系统阐述新疆油田稀油、稠油与天然气地面工程主体技术及其配套技术的创新与应用。内容包括新疆油田地面工程技术的发展、不同油气藏地面工程规划设计与建设管理理念、主体工艺选型、系统配套、典型油气藏应用实例等，探讨新疆准噶尔盆地油气开发地面工程主体技术的适应性与存在问题，提出油价长期低迷背景下以非常规油气为代表的地面工程技术发展思路，最后对比分析国内外同类技术的发展动态。

本书可供从事油气田开发与油气储运地面工程系统规划、工艺设计、工程建设、生产运行、安全管理等专业的技术人员使用，也可供高等院校相关专业师生及科研人员参考。

图书在版编目（CIP）数据

新疆油田地面工程技术／韩力等著．—北京：石油工业出版社，2020.10

ISBN 978-7-5183-4270-9

Ⅰ．①新…　Ⅱ．①韩…　Ⅲ．①油田开发－地面工程－新疆　Ⅳ．①TE4

中国版本图书馆 CIP 数据核字（2020）第 192347 号

出版发行：石油工业出版社
（北京安定门外安华里 2 区 1 号　100011）
网　址：www.petropub.com
编辑部：（010）64523535　　图书营销中心：（010）64523633
经　销：全国新华书店
印　刷：北京晨旭印刷厂

2020 年 10 月第 1 版　2020 年 10 月第 1 次印刷
787×1092 毫米　开本：1/16　印张：31.25
字数：730 千字

定价：160.00 元
（如出现印装质量问题，我社图书营销中心负责调换）

《新疆油田地面工程技术》

编 写 组

组　长： 韩　力　冉蜀勇

副组长： 袁　亮　敬加强　宋学华　孙　杰

成　员： 熊小琴　吴　燕　李远朋　何冯清　李本双
马　尧　王梓丞　孙　强　高根英　刘　炜
马　赟　胡远远　汪　洋　石　远　曲　鹏
张　银　郑东升　董正淼　张永虎　马俊章
王扶辉　张永晖　韩丽艳　樊玉新　沈晓燕
薛兴昌　傅晓宁　王乙福　李　予　蒋程彬
陈　贤　檀家桐　孟　江　尹　然　尹晓云
黄婉妮　张世坚　郭雨莹　王　帅　袁　颖
肖　飞　赵选烽　余　斌　罗佳琪　游香杨
张兴堂　石运亮　薛志浩　刘少钧　单雨婷
刘华平　庄乐泉　王思汗　宋　扬　罗逍汉
吴雪蓓　王海燕　杨　航

序 / PREFACE

目前，新疆油田地面工程主体技术已形成以石西、陆梁油田为代表的“沙漠模式”，实现模块化、橇装化、自动化；以风城稠油 SAGD 开发为代表的“稠油模式”，实现稠油密闭集输、密闭处理、高效开发；以玛湖地区开发为代表的“致密油开发模式”与以吉木萨尔地区开发为代表的“页岩油开发模式”，实现首个国家级陆相页岩油示范区的智能高效投产。

新疆油田是新中国开发建设的第一个大油田，1955 年 10 月投入开发，油气区块多位于偏远的沙漠地带，自然环境与气温变化复杂、地面工程建设难度大。在近 60 多年的新疆油气田开发实践中，地面工程建设以科技为先导，紧密结合油田实际，不断探索创新、简化优化，广泛应用国内外先进成熟、经济实用的新技术，逐步形成适应不同开发时期、不同油气性质、不同地理环境条件的油气田地面工程主体技术。特别是 2002 年建成 1000 万吨大油气田后，已建成以油气集输、净化、储运、高效开发、节能降耗等方面的地面工程为主体，以供水供电、通信与自动化、油田道路、防腐保温、供暖通风、完整性管理等方面为配套的系统工程，并形成大型整装油气田与特超稠油开发的地面工程技术，但至今尚无一本全面系统反映新疆油田地面工程技术的专著。因此，非常有必要出版一本针对新疆油气田开发实际与发展的地面工程技术专著，以使读者充分了解与认识新疆油田地面工程技术的发展历程与适应性，并从中获取新思路、新理念、新知识及新方向。

（1）本书紧扣新疆油田开发的实际情况，如实反映新疆油田建设 60 多年来、特别是2000年后地面工程主体技术的最新进展及其解决油田地面工程实际问题的成效。

（2）本书始终围绕新疆油田地面工程技术发展历程、工艺原理、工艺流程、工艺特点、适应性、存在问题及发展方向、同类技术对比等方面阐述，可使读者对新疆油田地面工程技术有全面的了解与认识。

（3）本书展示的新疆油田地面工程主体技术具有一定的针对性与时效性，是经历现场实际需求论证、理论分析、规划设计、建设投产、操作运行检验、发现与分析新问题、提出相应对策、再实践检验、再完善等环节的漫长过程而结晶形成的，长期实际应用效果充分证实其适应性与可靠性，对我国其他类似油气田具有借鉴与示范作用。

（4）本书呈现的新疆油田地面工程配套技术具有一定的适应性与通用性，是顺应新疆油田开发规模与主体技术发展需求而不断发展起来，完全满足与适应油田不同开发时期的生产需要与法律法规要求，并形成一系列具有新疆油田特色的通用技术、智能管理系统及装备，可供类似油气田配套地面工程的优化设计、优质建设及安全高效管理参考。

（5）本书提供的新技术、新思路与新方向是从油田发展到现如今所面临的新问题与新挑战中提炼出来的，是目前油田正在积极探索与试验的产能建设及老油气田降本增效途径，对相关专业技术人员与专家学者在科研立项、成果转化等方面具有抛砖引玉作用。

2020 年 6 月

前言 /PREFACE

油气地面工程是油气田开发的重要组成部分，是将油气资源最终变成油气产品并供给用户的重要环节。油气地面工程主要包括油气集输、油气净化处理、原油稳定、天然气深加工、油气储运及地面工程配套系统。准噶尔盆地油气资源丰富，1955 年 10 月克拉玛依油田投入开发，标志着新中国首个大油田——克拉玛依油田开始全面投入开发建设。新疆油田油气区块多位于远离城市的戈壁沙漠地带，自然环境恶劣，冬季严寒、夏季酷暑，油品组成性质与地层水质差异较大，设备腐蚀结垢严重，油气地面工程建设和管理难度大。

经数代石油人的艰苦努力与创新实践，新疆油田地面工程伴随油气田开发的发展壮大，取得显著的发展和提升。特别是 2002 年建成 1000 万吨大油气田后，新疆油气田地面工程建设驶入快车道，逐步形成“稀油模式”“稠油模式”与“沙漠模式”等整装油气田地面工程的定型建设模式。“十二五”至“十三五”期间，依托“新疆大庆”等油气重大专项，通过持续科技攻关，规模推广应用标准化设计、一体化集成、自动化控制、智能化管理，在玛湖与吉木萨尔等非常规油气资源开发、老油田调整改造、油气田节能环保等方面逐渐形成一批成套技术与系列装备一体化、橇装化及标准化设计。其中，超稠油开发地面工程成套技术总体达到国际先进水平；大规模应用非金属管材集输注水技术、稀油自动化与信息化技术达到国内领先水平；砾岩油藏三次采油地面工程技术、油田节能节水技术与勘察设计数字化技术等处于国内先进水平。

本书力求全方位、立体化展示新疆油田在油气田地面工程设计、建设和运行管理方面的成果与经验，并展望长期低油价背景下的油气田地面工程技术未来发展方向。在整个编写过程中，得到中国石油勘探与生产公司副总经理汤林的全面指导并为本书作序，同时得到中国石油新疆油田公司领导、基建工程处、工程技术研究院、实验检测研究院及西南石油大学主管部门领导的关心支持和帮助，以及中国石油工程建设有限公司新疆设计院骆伟、黄强及多位技术人员与重庆科技学院孟江教授提供无私的技术支持和帮助，中国石油新疆油田公司工程技术研究院地面工程研究所以宋学华为代表的科研设计人员，为本书的最终出版倾注了大量心血和汗水，还有很多无名的作者及引文专家学者做出的贡献。在此一并表示衷心感谢！感谢大家为本书出版所给予的支持与指导。

限于编者水平有限，且内容涉及专业多，横跨岁月长，书中难免存在缺点与错误，恳请读者不吝指教。

2020 年 7 月

目录 /CONTENTS

第一篇　绪论

第一章　新疆油田油气资源及开发…………………………………………………… 2

第一节　油气资源 ………………………………………………………………… 2

第二节　油田地理位置 …………………………………………………………… 5

第三节　油田气候条件 …………………………………………………………… 5

第四节　油气勘探开发进展 ……………………………………………………… 6

第二章　稀油地面工程主体技术……………………………………………………… 11

第一节　稀油生产及特性 ………………………………………………………… 11

第二节　集输技术 ………………………………………………………………… 14

第三节　净化技术 ………………………………………………………………… 17

第四节　长输技术 ………………………………………………………………… 20

第五节　注水地面工程技术 ……………………………………………………… 24

第六节　注聚合物地面工程技术 ………………………………………………… 26

第七节　采出水处理技术 ………………………………………………………… 27

第八节　节能技术 ………………………………………………………………… 31

第三章　稠油地面工程主体技术……………………………………………………… 33

第一节　稠油生产及特性 ………………………………………………………… 33

第二节　集输技术 ………………………………………………………………… 35

第三节　净化技术 ………………………………………………………………… 36

第四节　长输技术 ………………………………………………………………… 38

第五节　注汽地面工程技术 ……………………………………………………… 39

第六节　火驱地面工程技术 ……………………………………………………… 41

第七节　污水污泥处理技术 ……………………………………………………… 42

第八节　节能技术 …… 44
第四章　天然气地面工程主体技术 …… 53
第一节　天然气生产及特性 …… 53
第二节　集输技术 …… 54
第三节　净化技术 …… 56
第四节　输配技术 …… 59
第五节　储气技术 …… 60
第五章　新疆油气田配套技术 …… 62
第一节　给排水与消防 …… 62
第二节　供配电 …… 63
第三节　通信与自动化 …… 64
第四节　道路系统 …… 67
第五节　防腐保温 …… 68
第六节　供暖及通风 …… 69
第七节　完整性管理 …… 70
参考文献 …… 73

第二篇　稀油地面工程主体技术

第一章　稀油集输 …… 76
第一节　集输系统组成 …… 76
第二节　布站方式 …… 81
第三节　集输工艺 …… 82
第四节　计量工艺 …… 85
第五节　集输技术问题及发展方向 …… 90
第二章　稀油净化处理 …… 93
第一节　油气分离 …… 93
第二节　稀油脱水 …… 93
第三节　稀油稳定 …… 102
第四节　净化技术问题及发展方向 …… 105

第三章　稀油长输……………………………………………………………………… 107
第一节　加热输送 ……………………………………………………………………… 107
第二节　加剂输送 ……………………………………………………………………… 113
第三节　间歇输送 ……………………………………………………………………… 116
第四节　顺序输送 ……………………………………………………………………… 119
第五节　长输技术问题及发展方向 …………………………………………………… 122
第四章　采出水处理……………………………………………………………………… 123
第一节　高效水质净化与稳定技术 …………………………………………………… 123
第二节　采出水处理工艺 ……………………………………………………………… 124
第三节　采出水处理技术适应性 ……………………………………………………… 128
第四节　采出水处理技术问题及发展方向 …………………………………………… 129
第五章　注水驱油地面工程技术………………………………………………………… 131
第一节　注水系统组成 ………………………………………………………………… 131
第二节　注水工艺及其设计计算 ……………………………………………………… 135
第三节　注水技术及其适应性 ………………………………………………………… 140
第四节　注水地面工程技术问题及发展方向 ………………………………………… 147
第六章　注聚合物驱油地面工程技术…………………………………………………… 149
第一节　聚合物驱地面工艺 …………………………………………………………… 149
第二节　聚合物驱采出液集输工艺 …………………………………………………… 154
第三节　聚合物驱原油处理 …………………………………………………………… 155
第四节　聚合物驱采出水处理 ………………………………………………………… 156
第五节　聚合物驱地面工程技术问题及发展方向 …………………………………… 160
第七章　节能……………………………………………………………………………… 162
第一节　工艺优化节能 ………………………………………………………………… 162
第二节　油田加热炉节能 ……………………………………………………………… 164
第三节　燃气压缩机余热利用 ………………………………………………………… 168
第四节　热泵余热利用 ………………………………………………………………… 170
第五节　井口电加热节能 ……………………………………………………………… 171
第六节　保温节能 ……………………………………………………………………… 172
第七节　节能技术问题及发展方向 …………………………………………………… 173

第八章　稀油地面工程同类技术对比分析…… 175
第一节　集输技术 …… 175
第二节　油气处理技术 …… 178
第三节　输送技术 …… 179
第四节　污水污泥处理技术 …… 181
第五节　节能技术 …… 182
参考文献…… 184

第三篇　稠油地面工程主体技术

第一章　稠油集输…… 188
第一节　集输系统组成 …… 188
第二节　布站 …… 194
第三节　集输工艺 …… 196
第四节　计量工艺 …… 202
第五节　集输技术问题及发展方向 …… 205
第二章　稠油净化…… 206
第一节　除砂 …… 206
第二节　脱水 …… 207
第三节　稠油净化技术问题及发展方向 …… 210
第三章　长输工艺…… 212
第一节　加热输送 …… 212
第二节　掺稀输送 …… 213
第三节　间歇输送 …… 217
第四节　稠油长输技术问题及发展方向 …… 217
第四章　稠油采出水处理…… 219
第一节　采出水处理工艺 …… 219
第二节　采出水处理技术应用及适应性 …… 225
第三节　采出水处理技术问题及发展方向 …… 228

第五章　注汽地面工程技术…………………………………………………………… 230
第一节　注汽工艺 ………………………………………………………………… 230
第二节　注汽站 …………………………………………………………………… 231
第三节　注汽锅炉 ………………………………………………………………… 233
第四节　注汽管网 ………………………………………………………………… 236
第五节　蒸汽调配 ………………………………………………………………… 237
第六节　注汽工艺应用及适应性 ………………………………………………… 238
第七节　注汽地面工程技术问题及发展方向 …………………………………… 239
第六章　火驱地面工程技术…………………………………………………………… 241
第一节　火驱注入气与采出液特点 ……………………………………………… 241
第二节　火驱采出液集输工艺 …………………………………………………… 242
第三节　火驱采出液处理 ………………………………………………………… 243
第四节　注气系统工艺 …………………………………………………………… 245
第五节　火驱调控技术 …………………………………………………………… 247
第六节　火驱地面工程技术问题及发展方向 …………………………………… 248
第七章　节能技术……………………………………………………………………… 249
第一节　注汽锅炉本体节能 ……………………………………………………… 249
第二节　注汽管网保温 …………………………………………………………… 258
第三节　计量站采暖节能 ………………………………………………………… 269
第四节　净化处理站节能 ………………………………………………………… 273
第五节　供热站采暖节能 ………………………………………………………… 278
第六节　节能技术问题及发展方向 ……………………………………………… 281
第八章　稠油地面工程同类技术对比分析…………………………………………… 284
第一节　集输技术 ………………………………………………………………… 284
第二节　稠油净化 ………………………………………………………………… 285
第三节　长输技术 ………………………………………………………………… 288
第四节　采出水与污泥处理 ……………………………………………………… 289
第五节　注汽地面工程技术 ……………………………………………………… 290
第六节　火驱地面工程技术 ……………………………………………………… 292
第七节　节能技术 ………………………………………………………………… 294
参考文献………………………………………………………………………………… 297

第四篇　天然气地面工程主体技术

第一章　集输技术 …… 302
第一节　系统组成与作用 …… 302
第二节　集输站场 …… 302
第三节　集输管网 …… 315
第四节　集输技术问题与发展方向 …… 319
第二章　气田气净化处理技术 …… 321
第一节　脱水脱烃 …… 321
第二节　凝析油稳定 …… 323
第三节　深冷提效与乙烷回收 …… 326
第四节　气田气净化技术问题与发展方向 …… 329
第三章　伴生气净化处理技术 …… 330
第一节　增压 …… 330
第二节　脱水 …… 334
第三节　脱烃 …… 336
第四节　脱硫 …… 338
第五节　凝液回收工艺 …… 339
第六节　伴生气净化技术问题与发展方向 …… 341
第四章　天然气输配技术 …… 343
第一节　输配气系统 …… 343
第二节　输气管道 …… 344
第三节　输配气管网 …… 347
第四节　配气站 …… 349
第五节　输配技术问题与发展方向 …… 353
第五章　呼图壁储气库技术 …… 355
第一节　呼图壁储气库建设依据 …… 355
第二节　注采站场 …… 356
第三节　注采工艺 …… 362
第四节　储气库运行与适应性 …… 367

第五节　储气库技术水平 …… 368
第六节　储气库技术问题与发展方向 …… 369
第六章　天然气地面工程同类技术对比 …… 371
第一节　集输站场工艺技术 …… 371
第二节　净化处理工艺技术 …… 373
第三节　天然气配气管网工艺 …… 377
第四节　储气库地面工艺技术 …… 378
参考文献 …… 379

第五篇　油气田配套技术

第一章　给排水与消防 …… 386
第一节　清水处理 …… 386
第二节　清水软化 …… 387
第三节　清水除氧 …… 388
第四节　排水及生活污水处理 …… 389
第五节　消防 …… 391
第六节　给排水技术问题及发展方向 …… 393
第二章　供配电 …… 394
第一节　微电网发电技术 …… 394
第二节　油田配电技术 …… 396
第三节　供配电技术问题及发展方向 …… 399
第三章　通信与自动化 …… 401
第一节　有线通信 …… 401
第二节　无线通信 …… 402
第三节　通信组网 …… 407
第四节　通信技术应用实例 …… 408
第五节　自动化 …… 412
第六节　通信与自动化技术问题及发展方向 …… 428
第四章　道路系统 …… 432
第一节　油田道路系统规划 …… 432

第二节　油田道路系统建设 …………………………………………………………… 433
第三节　道路系统中固废弃物应用 …………………………………………………… 436
第四节　道路系统技术问题及发展方向 ……………………………………………… 437
第五章　防腐保温……………………………………………………………………… 439
第一节　油田设施腐蚀 ………………………………………………………………… 439
第二节　腐蚀防控 ……………………………………………………………………… 441
第三节　防腐 …………………………………………………………………………… 442
第四节　保温 …………………………………………………………………………… 448
第五节　防腐技术问题及发展方向 …………………………………………………… 449
第六章　供暖及通风…………………………………………………………………… 451
第一节　供暖 …………………………………………………………………………… 451
第二节　通风 …………………………………………………………………………… 458
第三节　供暖通风技术问题及发展方向 ……………………………………………… 460
第七章　完整性管理…………………………………………………………………… 462
第一节　完整性管理基础 ……………………………………………………………… 462
第二节　长输管道完整性管理 ………………………………………………………… 465
第三节　集输管道完整性管理 ………………………………………………………… 467
第四节　站场完整性管理 ……………………………………………………………… 468
第五节　应用实例 ……………………………………………………………………… 470
第六节　完整性管理技术问题及发展方向 …………………………………………… 472
第八章　油气田地面工程同类配套技术对比………………………………………… 474
第一节　给排水技术 …………………………………………………………………… 474
第二节　供配电技术 …………………………………………………………………… 475
第三节　通信与自动化技术 …………………………………………………………… 476
第四节　道路系统技术 ………………………………………………………………… 477
第五节　防腐技术 ……………………………………………………………………… 477
第六节　供暖技术 ……………………………………………………………………… 478
第七节　通风技术 ……………………………………………………………………… 479
第八节　管道完整性管理技术 ………………………………………………………… 480
参考文献………………………………………………………………………………… 481

第一篇

绪　论

新疆准噶尔盆地油气资源丰富，其开发于1955年10月，这标志着新中国首个大油田——新疆油田开始全面建设。新疆油田油气区块多位于偏远的沙漠地带，自然环境与气温变化复杂、地面工程建设难度大。经过60多年的努力，特别是从2002年建成1000×10^4t大油气田后，已建成以油气集输、净化处理与储运工程为骨干的地面工程，以给排水与消防、供配电、通信与自动化、安全管理、道路等公用工程为配套的系统工程，形成了大型整装油气田、特超稠油开发的地面工程特色技术。本篇概括介绍新疆油田的油气藏特点、地理位置、气候条件、油气生产情况及特性、油气勘探开发技术发展、油气地面工程主体技术工艺要求及技术发展，以及配套技术的基本情况，这有助于读者全面了解与认识新疆油田地面工程技术。

第一章　新疆油田油气资源及开发

新疆油田油气资源丰富，油气藏地质结构复杂，油气种类多且物性差异大，与之相适应的勘探开发技术也就应运而生。新疆油田地面工程建设始终从油气田勘探开发的实际情况出发，不断探索创新、简化优化，广泛应用国内外先进成熟与经济实用的新技术、新工艺、新材料，逐步形成适应油气田不同开发期的地面工程技术，主要包括油气地面工程主体技术及其配套技术。

第一节　油气资源

截至2012年底，新疆油田在准噶尔盆地已探明石油储量约22.625×10^8t，其中探明未动用石油储量约6.372×10^8t，占总探明储量的28.2%，在探明未动用储量中稀油占61.8%。

一、稀油资源

新疆油田稀油油藏类型多样、地质特征复杂、油气比高，埋深多大于1500m，最深达6000m[1]。1909年，俄国著名地质学家奥布鲁切夫首次将准噶尔盆地划分为中生代、新生代地层，提出黑油山油源来自侏罗系以下地层，并指出天山山前带蕴藏着丰富的煤和石油资源。准噶尔盆地腹部的勘探始于20世纪50年代，但因盆地腹部大面积是沙漠，受技术条件所限，盆地腹部的勘探并未取得突破[2]。

新疆油田后来经过断裂带、斜坡区、百口泉组、侏罗系等区块的长期勘探开发，逐渐发现不同稀油层系[1-6]（表1–1–1），其油藏主要包括砂岩与砂砾岩油藏。它们的储层介质类型主要包括孔隙型和裂缝—孔隙双重介质型两种，储层渗透性有低渗透和中高渗透两大类。

二、稠油资源

新疆油田稠油油藏具有分布广、埋藏浅、构造简单的特点，其溶解气量少，天然驱动能量低，埋藏深度一般在300～1000m之间。油藏储层岩性多为砂岩与砂砾岩，胶结类型主要是孔隙型，胶结程度中等，油层厚度在5～35m之间，油层孔隙度平均为30%左右。

截至2014年底，新疆油田已探明30个油气田，主要分布在准噶尔盆地西北缘油区、东部油区、腹部油区和南缘油区。其中，稠油资源主要分布在准噶尔盆地西北缘和东部两大油区 6 个油田，总地质储量达 5.87×10^8t（表 1–1–2），其中普通稠油 1.77×10^8t，特稠油 1.41×10^8t，超稠油 2.69×10^8t。

表 1–1–1　新疆油田主要稀油层系

<table>
<tr><th>开发时间</th><th>区块</th><th>稀油层系</th><th>开发时间</th><th>区块</th><th>稀油层系</th></tr>
<tr><td>1936 年</td><td>独山子 1 井区</td><td>新近系杂色层</td><td rowspan="6">1990—2002 年</td><td>彩参 2 井区</td><td>侏罗系、三叠系和二叠系</td></tr>
<tr><td rowspan="3">1951—1955 年</td><td>独山子 38 井区</td><td>新近系与古近系</td><td>石西 1/ 石西井区</td><td>石炭系与侏罗系</td></tr>
<tr><td>黑油山 1 井区</td><td>三叠系克拉玛依组</td><td>陆 9 井区</td><td>二叠系风城组与乌尔禾组</td></tr>
<tr><td>齐古 1A 井区</td><td>侏罗系三工河组</td><td>石南 / 莫北</td><td>三叠系与侏罗系</td></tr>
<tr><td rowspan="2">1956—1966 年</td><td>克拉玛依井区</td><td>侏罗系砂砾岩层</td><td>莫索湾</td><td>石炭系、三叠系与侏罗系</td></tr>
<tr><td>检乌 1、百口泉、乌尔禾、红山嘴、五八区</td><td>二叠系</td><td>玛 2 井区</td><td>二叠系乌尔禾组与三叠系百口泉组</td></tr>
<tr><td rowspan="3">1978—1979 年</td><td>白碱滩 / 百口泉井区</td><td>侏罗系 / 三叠系</td><td rowspan="2">2003—2011 年</td><td>石南 31 油区</td><td>侏罗系与白垩系</td></tr>
<tr><td>古 3 井区 / 白碱滩</td><td>石炭系</td><td>西北缘 / 腹部</td><td>三叠系、二叠系、石炭系和侏罗系</td></tr>
<tr><td>检 188/ 夏子街 9 井区</td><td>三叠系—石炭系 / 三叠系</td><td rowspan="4">2012—2019 年</td><td>玛湖凹陷</td><td>三叠系百口泉组、二叠系乌尔禾组与风城组</td></tr>
<tr><td rowspan="3">1981—1989 年</td><td>风城 3/ 火烧山井区</td><td>二叠系平地泉组</td><td rowspan="2">高探 1 井区</td><td rowspan="2">侏罗系头屯河组、齐古组和喀拉扎组下部成藏组合</td></tr>
<tr><td>车排子 21/2 井区</td><td>石炭系 / 侏罗系</td></tr>
<tr><td>北 12/ 三台 3 井区</td><td>二叠系平地泉组</td><td>吉木萨尔凹陷</td><td>二叠系芦草沟组与侏罗系</td></tr>
</table>

表 1–1–2　新疆油田稠油资源

油田	探明储量（10^8t）	已开发储量（10^8t）	未开发储量（10^8t）
风城油田	1.99	1.17	0.82
百口泉	0.45	0.38	0.07
克拉玛依	2.15	1.63	0.50
红山嘴	1.07	0.69	0.39
车排子	0.12	0.04	0.09
三台	0.09	0.02	0.07
合计	5.87	3.93	1.94

三、天然气资源

准噶尔盆地是西部大型复合叠加含油气盆地之一，总面积约为 $13.7\times10^4km^2$，蕴藏约 $2.5\times10^{12}m^3$ 的天然气资源。经过 30 多年的勘探开发，累计发现 18 个气田，探明天然气地质储量 $2092\times10^8m^3$，其中纯气层气藏 5 个（储量占 75%）、伴生气藏 11 个（储量占 25%）[6]。天然气类型主要包括煤型气、油型气、混合气和生物降解气，但以煤型气为主，储量占比达 70%。其中油型气与混合气主要来源于二叠系湖相烃源岩和石炭系海相烃源岩，多分布于西北缘，而煤型气主要来源于石炭系和侏罗系煤系烃源岩，多分布在南缘、腹部与东部，见表 1–1–3。

由此可见，新疆油田天然气资源主要富集在石炭系与侏罗系，其次为二叠系与三叠系。新疆油田的气田主要为凝析气田，主力区块分布在克拉美丽、呼图壁和玛河，油田伴生气主力区块主要分布在克拉玛依、金龙和莫北。

表 1–1–3　新疆油田主要天然气层系

盆地区域	气田名称	天然气类型	气藏类型	气源岩层系	探明储量（10^8m^3）	探明时间
东部	五彩湾	煤型气	气层气	石炭系滴水泉组	8.33	1997 年
	三台	煤型气	伴生气	石炭系、侏罗系	27.35	1988 年
	克拉美丽	煤型气	气层气	石炭系滴水泉组	1 115.63	2008 年
西北缘	夏子街	油型气	伴生气	二叠系风城组	44.97	1983 年
	克拉玛依	混合气	伴生气	二叠系风城组	214.87	1991 年
	车排子	混合气	伴生气	二叠系乌尔禾组	6.12	1995 年
	小拐	混合气	伴生气	石炭系佳木河组、二叠系乌尔禾组与风城组	20.20	1998 年
	红山嘴	混合气	伴生气	石炭系佳木河组、二叠系乌尔禾组	1.31	2001 年
	金龙	混合气	伴生气	石炭系佳木河组、二叠系乌尔禾组与风城组	57.50	2014 年
南缘	独山子	煤型气	伴生气	侏罗系八道湾组	4.88	1994 年
	呼图壁	煤型气	气层气	侏罗系紫泥泉子组	146.22	1999 年
	玛河	煤型气	气层气	侏罗系紫泥泉子组	167.66	2008 年
腹部	石西	煤型气	伴生气	二叠系乌尔禾组	20.15	1995 年
	石南	煤型气	伴生气	二叠系乌尔禾组	6.89	1997 年
	莫北	煤型气	伴生气	二叠系乌尔禾组	93.56	1999 年
	莫索湾	煤型气	气层气	二叠系乌尔禾组	119.20	2001 年
	彩南	煤型气	伴生气	石炭系三工河组	26.85	2002 年
	陆梁	生物降解气	伴生气	二叠系乌尔禾组	10.81	2006 年

第二节　油田地理位置

新疆油田位于新疆维吾尔自治区北部的准噶尔盆地，该盆地是中国第二大内陆盆地，位于阿尔泰山与天山山脉之间，其西北为西准噶尔山群，呈不规则三角形封闭式的富含油气内陆盆地，如图 1–1–1 所示。盆地东西长 700km，南北宽 370km，面积 $13\times10^4km^2$，目前已探明及开发的油气田多位于盆地四周边缘（即西北缘、南缘、腹部及东部）。盆地周缘为古生代褶皱山系，南面的天山和东北的阿尔泰山为雪岭高山，西北的扎依尔山系为中、低山地。盆地边缘为海拔 600～1000m 的丘陵与平原区过渡带；盆地内海拔一般在 500m 左右，地势向西倾斜，北部略高于南部，是以玛纳斯湖—艾比湖为地表河流的汇流中心。盆地腹部为面积约 $4.88\times10^4km^2$ 的库尔班通古特沙漠覆盖区，占盆地总面积的 36.9%。

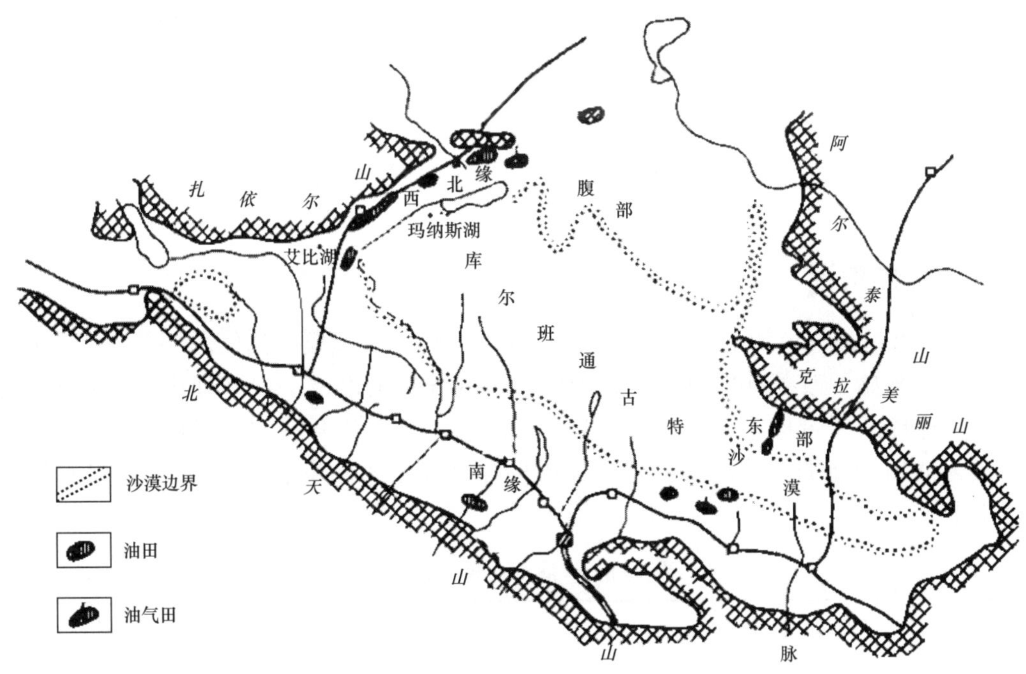

图 1–1–1　新疆油田地理位置及主要油气资源分布

第三节　油田气候条件

准噶尔盆地为大陆性半干旱、干旱性气候，山地气候的垂直差异比较明显，其气候特征见表 1–1–4。该盆地夏季炎热，冬季寒冷，且年温差、日温差较大；靠近沙漠边缘的西北缘与东北缘油田，七月份前后气温常高达 40℃；夏季缺雨，冬季多雪。春秋西北风多为西伯利亚冷空气所致，故春季低温并引起春旱；夏季东南风多为暖流，是造成夏季炎热酷暑、山岳冰雪融化的主要因素。

表 1-1-4　准噶尔盆地气候特征

气温（℃）	夏季	20～40
	冬季	-20～-10
	年均	-4～9
	昼夜温差	≈10
风力	春秋	多 7～9 级大风，风口风力常有 11～12 级，风向西北
	夏季	东南风多为暖流，风力一般 5～7 级
	冬季	西北风，大风较少
年降雨量	平均 150mm，阿尔泰、天山地区可达 600mm	
降雪量	冬季最大积雪厚度达 80～90cm	

第四节　油气勘探开发进展

一、整体情况

准噶尔盆地油气资源的勘探开发始于 20 世纪初，大规模的油气勘探开发工作从新中国成立后开始。改革开放以来，新疆油田引入先进的勘探手段和理论，建立了盆地西北缘大逆掩断裂带构造含油模式，且在 20 世纪 80 年代开展的大规模注蒸汽稠油开采已成为油田产能的支柱之一。新疆油田勘探开发技术的发展主要分为五个时期[7]，见表 1-1-5。

表 1-1-5　油气勘探开发进展

时期	时间	进展	标志性成果
南缘勘探期	1936 年	组建“独山子石油考察团”，开始石油钻探	独山子油田开始采用钻机勘探开采
	1937 年 1 月 14 日	第一口井喷出原油	
	1936—1943 年	共钻井 33 口，独山子油田年产原油达到 7321t	
	1950 年 3 月	签订“中苏石油股份公司”协定	
	1951 年	独山子油田部署探井 7 口、生产井 3 口，38 号井完钻并获较高自喷油流	

续表

时期	时间	进展	标志性成果
克拉玛依油田发现与西北缘开发期	1955 年	成立新疆石油管理局，编制克拉玛依地区钻探总体规划，部署探井 31 口	克拉玛依油田的发现是新中国石油地质勘探上的首个突破
	1956 年 4 月 23 日	4 号井完钻喷油，证实克拉玛依油藏	
	1956—1959 年	钻探重点由准噶尔盆地南缘转西北缘，21 口探井，试采井 74 口；先后发现百口泉油田、乌尔禾油田和红山嘴油田，开辟生产试验区与投入开发高产区	
	1960—1963 年	钻检查井和资料井 124 口，重新制定开发调整方案和新区开发方案；年产油量从 164×10^4t 降到 84×10^4t	
	1964 年	油田原油产量开始回升，达 87×10^4t	
	1977 年	西北缘在古生界获得油气发现，油田原油产量提高到 301×10^4t	
西北缘及东部开发期	1978—1990 年	在西北缘发现百口泉油田、夏子街油田、风城油田（20 世纪 80 年代开始超稠油开采）、车排子油田；同期在盆地东部发现火烧山油田、三台油田、北三台油田	稀油、稠油与天然气都获得规模开发
腹部突破期	1991—1999 年	彩参 2 井钻探白家海凸起彩南背斜，先后发现彩南、石西、石南、陆梁等高效油气田	准噶尔盆地腹部勘探史上发现油田最多、储量增长最快、年产原油最高的时期
	2000—2002 年	2000 年陆 9 井在白垩系呼图壁河组首次出油，2002 年原油产量历史性突破千万吨	
盆地富烃凹陷开发期	2004 年	滴西 10 井区打开石炭系勘探新局面	形成成熟的 SAGD 开发配套技术，玛湖已成为新疆油田规模增储上产的石油新基地
	2008 年	试用 SAGD（Steam Assisted Gravity Drainage）开采风城油田重 32 井区超稠油	
	2012 年	SAGD 采油工艺技术已基本成熟	
	2016—2019 年	富烃凹陷区勘探获重大突破，发现克拉美丽气田、昌吉油田、玛湖油田及吉木萨尔页岩油作业区	

二、稀油开发

1955 年，克拉玛依黑油山 1 号稀油井的出油标志着新中国第一个大油田——克拉玛依油田的发现，同时揭开新疆油田大发展的序幕。在油田开发过程中，利用注水设备将水质符合要求的水从注水井注入油层中，向油层补充能量，保持油层压力的生产过程被称为油田注水[8]。新疆油田于 1958 年在二中区试验注水开发，并采用行列式注水井网。1960 年，新疆油田稀油产量达到 166 万吨，占当年全国原油产量的 40%。

三次采油是新疆油田老区转换开发方式、提高开发效果的革命性创新技术，是关系到老区剩余油有效动用、提高油田最终采收率的关键技术措施。通过聚合物驱、二元复合驱、三元复合驱试验及工业化应用，探索利用“2+3”结合方式提高稀油老区砾岩、砂岩、砂砾岩油藏采收率的技术措施。为进一步提高低产油井的原油采收率，2005年新疆油田在七东$_1$区开展“克拉玛依砾岩油藏聚合物驱工业化试验研究”重大开发试验项目，试验区以ES7010井为中心，部署25口注采井（9注16采），形成注聚合物三次采油系统。2006年9月1日，七东$_1$区注聚合物三次采油试验站建成投产。2012年6月新疆油田实施“克拉玛依油田七东$_1$区砾岩油藏30×10^4t聚合物驱开发部署方案”，截至2013年12月底，试验区累积注入聚合物溶液0.7PV，完成设计注入量的100%，中心井区阶段提高采出程度11.2%，展示了砾岩油藏聚合物驱的巨大潜力。截至2017年底，七东$_1$区聚合物驱产量达到14×10^4t/a，聚合物驱开发效果显著。2007年中油股份公司在七中区克下组油藏东部进行二元复合驱先导性重大实验项目（18注26采），试验区面积1.21km^2，原始地质储量120.83×10^4t。随着先导试验取得重大突破，各项配套技术不断成熟与完善，七区纵向发育多套层系，推广物质基础雄厚，新疆油田计划优先在七中区克下组实施二元复合驱扩大试验。

陆梁油田、石南21井区与石南31井区等稀油区块，经过多年的实践与创新，已逐步形成以橇装化、模块化、集成化、产品化为特点的“沙漠模式”。截至2019年底，新疆油田已探明30多个油气田，主要分布在盆地西北缘、东部、腹部和南缘等油区，采油井共计34067口，其中抽油机井31968口，自喷井1429口，螺杆泵井544口，电泵井119口，其他油井7口。机械采油井占总数的93.84%，稀油机械采油井12198口，占总井数38.16%，机型大多为8型、10型、11型、12型、14型，少数为16型。

三、稠油开发

稠油在油层中的黏度高，流动阻力大，因而用常规技术难以经济高效开发。稠油黏度对温度非常敏感，随温度上升，稠油黏度会急剧下降。目前最常用的稠油开发方式是注蒸汽热力采油，主要包括蒸汽吞吐、蒸汽驱和SAGD[9]，如图1-1-2所示。新疆油田蕴藏着丰富的稠油和超稠油资源，是我国目前稠油的主要产区之一，也是我国最早采用注蒸汽开发稠油的地区。20世纪五六十年代，我国发现了风城油田超稠油藏，并开始其开发试验。当时由于受技术水平限制，一直无法规模开发。

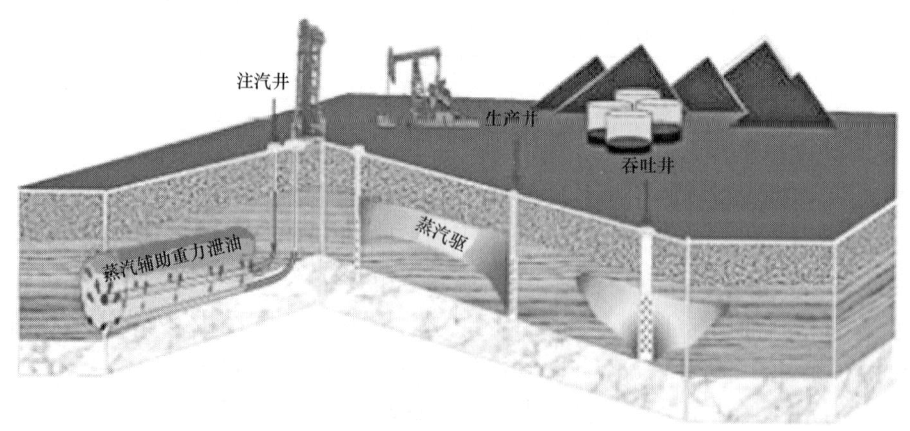

图1-1-2　稠油注蒸汽热力开采方式

从20世纪80年代起，新疆油田公司组织科研队伍开展超稠油科技攻关，1984年注蒸汽吞吐采稠油试验取得成功。经过30～40年的不懈努力，摸索其开发规律，不断攻克技术难关，形成了成熟的SAGD开发配套工艺技术。1985年正式开发，相继建成九区、六区、红浅、四$_2$区、克浅10、百重七与风城等稠油区块。由于稠油、特稠油、超稠油资源的存在形式和开发方式各不相同，应用的地面开发工艺技术也各异，新疆油田主力稠油区块主要采用蒸汽吞吐、蒸汽驱、SAGD和火驱等4种开采方式。截至2019年底，这些开采方式实施的油井数依次为14915口、4001口、218口与636口。

与蒸汽吞吐开发相比，SAGD开发采出液具有温度高、液量高、油藏压力系统控制复杂的特点。而火驱采油技术是通过注气井底部的点火装置将地下油层的原油点燃，同时把空气注入油层内，经过燃烧后，地下油层的稠油因吸收热量和燃烧裂解，黏度不断降低，由抽油机将其采出，采收率可达50%～70%。火驱采油技术具有低能耗、低成本、低污染、高采收率等优势，适用于稠油油田老区二次开发以及黏度范围较广的新建产能区块开发。

2011年，红浅$_1$井区火驱先导试验区分二期，共部署55口井。一期部署38口，其中5口观察井，3口注气井，单口注气井注气量为$4\times10^4m^3/d$；二期部署17口。同时一期生产井中的4口转为注气井，单井注气量为$2\times10^4m^3/d$，注气压力10.0MPa。红浅$_1$井区采用直井火驱采油的开发方式，将空气由注气直井注入燃烧的油层，降黏后的原油由生产直井采出。

截至2014年4月底，红浅$_1$井区直井火驱试验区注气井13口，平均注空气$12\times10^4m^3/d$，平均产液146.6t/d，平均产油44.1t/d，综合含水69.9%。近年来，累计注气$1.25\times10^8m^3$，产油4.42×10^4t，火驱增产效果显著。

截至2018年底，新疆油田先后开展两处火驱试验，分别为红浅$_1$井区先导试验与红浅$_1$井区工业化开发试验。先导试验经过近10年的高效生产，累计产油14.7×10^4t，阶段采出程度达34.5%，取得较好的开发效果。通过火驱试验及工业化应用，新疆油田已成功采取稠油蒸汽驱后再利用火驱开采等技术措施，进一步提高了稠油老区的采收率。

四、天然气开发

新疆油田天然气开发利用时间较晚，其气藏类型多样，有的尚处于试采阶段，也有的处于稳产阶段和递减阶段。新疆油田气田分布在盆地四个区带上，分为西北缘五八区气田、腹部莫索湾气田、陆东克拉美丽气田、南缘玛河气田。

准噶尔盆地天然气的开发始于1990年，以马庄气田、克75气藏投入开发为标志，年产气量近$1\times10^8m^3$。1992—2003年期间，天然气的开发进入稳定发展阶段，先后投入开发八$_2$西、五区南、夏子街、石西、呼图壁、莫北、盆5与彩31等21个气藏，年产气量达$11\times10^8m^3$。后来，随着盆地南缘构造带上玛河气田、东部的克拉美丽火山岩气田投入开发，气藏总数达到25个，准噶尔盆地天然气开发迈向快速发展阶段，年产气量上升到$22\times10^8m^3$。截至2016年底，标定配套产能$18.35\times10^8m^3$。

截至2019年底，新疆油田共投产采气井315口，井场315座，其中井口加热、井口注醇与井下节流生产井分别为164口、18口、25口，其余未采取防水合物措施；井场连续不分离计量单井25口，集气站集中轮次分离与不分离计量气井287口与3口，日产天然气$2567\times10^4m^3$。已建采气管道546km，集气干线与支线分别为176km与26km，净化气外输管线1711km，主要为钢制管道，仅有82km的玻璃钢管。已建站场32座，其中集气站（装置）17座、净化处理站12座、增压站3座。

准噶尔盆地天然气经过近30年的开发，针对不同气藏类型及其开发阶段的特点，逐步形成混氮助排大型压裂技术、混氮醇酸酸化储层改造工艺；柱塞气举、井下节流气嘴、井下射流泵、机抽排液、泡沫排液、组合管柱井筒举升工艺；束缚水压井液储层保护技术；井下永置式压力计、井下安全阀、带压更换采气树和技术套管环空漏失治理等测试和安全技术。

随着新疆油田油气开发技术的不断发展，油田地面工程建设总是以科技为先导，紧密结合油田开发与生产实际，不断探索创新、简化优化，广泛应用国内外先进成熟经济实用的新技术，逐步形成适应不同开发期的油气性质、不同地理环境条件的油气田开发地面工程技术，主要包括油气地面工程主体（即稀油、稠油、天然气）技术与配套技术。

第二章　稀油地面工程主体技术

新疆油田稀油油藏埋藏较深，油品黏度低，轻组分含量大，其井口压力较高、温度较低。根据油品凝点高低，稀油集输主要采用单管加热或单管不加热流程。稀油油田含气量大，一般采用二级或三级布站方式的密闭集输工艺，稀油中轻质组分通过原油稳定处理合格后外输。稀油采出水处理工艺主要采用离子调整旋流反应污泥吸附和重核催化处理技术，采出水经处理达标后一般回注地层。稀油地面工程主体技术主要涉及稀油集输、净化处理、长距离输送、注水注聚合物地面工程、污水污泥处理、系统节能等方面的特色技术。本章主要介绍稀油采出液组成性质及其地面工程主体技术的基本要求与进展。

第一节　稀油生产及特性

一、主力稀油油田产量

2014 年，新疆油田全年新增探明石油地质储量 9564×10^4t，生产原油 1080×10^4t。新疆采油二厂、百口泉及陆梁三个主力区块的稀油产量占油田公司原油总产量的 70% 以上，特别是 2017 年开采的采油二厂区块产油量高达 198.39×10^4t，81# 和 51# 原油处理站的处理量均达到峰值，分别为 126.31×10^4t 和 72.08×10^4t；2019 年百口泉采油厂产油量约为 137.55×10^4t，产量呈稳步增长趋势。

二、稀油基本物性

原油净化处理工艺与其组成性质密切相关，新疆油田原油大多属于低硫轻质原油即稀油，表 1-2-1 为新疆油田稀油处理站来油的基本物性。新疆油田稀油按蜡含量分为石蜡基原油、中间基原油和非石蜡基原油，20℃密度一般为 0.82～0.88g/cm^3，20℃黏度为 50～250mPa·s，胶质含量为 1%～16%，沥青质含量为 1%～15%，凝点为 -7～20℃，油品物性较好。

表 1-2-1　净化处理进站稀油的基本物性

稀油来源	20℃密度（kg/m^3）	硫含量（%）	初馏点（℃）	凝点（℃）	析蜡点（℃）	黏度（mPa·s）	
						20℃	50℃
81# 原油处理站	853	0.0568	70.0	11.0	44	73.84	11.80
51# 原油处理站	857	0.0538	71.0	13.0	40	114.71	15.89

续表

稀油来源	20℃密度（kg/m^3）	硫含量（%）	初馏点（℃）	凝点（℃）	析蜡点（℃）	黏度（mPa·s）	
						20℃	50℃
采油一厂处理站	858	0.0465	82.0	9.0	44	103.66	14.78
车 89 处理站	862	0.0599	72.0	11.0	46	39.02	8.96
百联站	835	0.0119	84.0	8.0	42	49.03	12.67
石西处理站	852	0.0337	74.0	17.0	46	218.32	11.18
陆梁集中处理站	854	0.1860	76.2	16.8	48	72.18	10.68
石南 21 集中处理站	846	0.0435	82.0	15.0	42	63.40	7.76
乌尔禾处理站	849	0.0677	66.0	−3.0	38	45.10	9.16
彩南处理站	841	0.0480	67.0	17.0	46	40.10	5.60
石南处理站	862	0.0798	80.0	16.0	44	138.44	15.04
火烧山处理站	856	0.0751	66.0	15.0	46	197.78	14.17
北联站	878	0.1030	80.0	5.0	44	180.71	34.01

三、采出水特点

新疆油田采出水温度范围宽、油水密度差大、油珠粒径较小、乳化严重，采用自然沉降一般很难去除，主要稀油污水处理站的污水水质见表 1-2-2。采油二厂来水温度低、浊度高，水质波动大；石南所辖各区块油藏地层水矿化度高，均在 10000mg/L 以上，且 HCO_3^-、Cl^-、S^{2-} 等离子含量高，腐蚀与结垢严重[10]。

表 1-2-2　新疆油田主要稀油污水的水质特点

单位	污水来源	水质特点	
采油二厂	81# 站	乳化程度高、含硫阶段性增高、悬浮物多、水温较低	
	51# 站	水质易结碳酸盐垢，属中性略偏碱性水	
百口泉	百口泉稀油污水处理站	水中含二价铁离子（5～10mg/L），pH 值中性偏碱性（7.5 左右）	
风城	乌尔禾稀油污水处理站	水中含少量硫化物，pH 值约 7.5，矿化度 7000～7500mg/L，属重碳酸钠水型	
彩南	彩南集中处理站	污水中含硫较高（5～10mg/L），pH 值为中等略偏酸性（6.8～7.0）	
准东	沙南联合站	pH 值为中性略偏碱性	水中含少量硫化物和二价铁离子
	火烧山联合站	易结垢，pH 值偏碱性	

续表

单位	污水来源	水质特点	
采油一厂	红山嘴联合站	水中含二价铁离子（3～5mg/L），pH 值中性偏碱性（8.0 左右）	
陆梁	陆梁联合站	高矿化度（12000～13000mg/L）	腐蚀性较强、易结垢，pH 值略偏碱性
	石南 21 联合站	高矿化度（20000～23000mg/L）	
石西	石西联合站	来液含石西、莫北、石南 4 等油藏采出水，矿化度高、水质复杂，自结垢严重	

四、含油污泥组成性质

含油污泥是指在石油开采、运输、贮存过程中因各种因素形成的以油、水、土为主的混合物，其中含有大量病原菌、重金属以及放射性物质，对动植物及土壤都有危害，我国已将其列入国家危险废物名录。目前新疆油田 75% 的含油污泥来源于原油与污水处理站，其组成复杂，一般含油 8%～35%、含水 30%～80%，泥土等其他物质占 10%～50%，无害化与资源化难度较大。

新疆油田稀油联合站排放油泥的基本组成性质、脱水油泥植物营养成分及重金属含量依次见表 1-2-3 至表 1-2-5。由此可知，油田联合站内油泥的燃烧热值较高，具有较高的利用价值；含油污泥植物营养成分较低；堆肥技术适用于大规模污染土壤的处理；脱水后含油污泥重金属含量较低，可达到 GB 4284—2018《农用污泥中污染物控制标准》。

表 1-2-3　稀油联合站油泥基本组成性质

样品来源		含水率（%）	含油率（%）	密度（g/cm^3）	燃烧热值（MJ/kg）
原油系统	采油一厂化沉罐 A	70.62	5.20	0.980	10.64
	采油一厂化沉罐 B	62.01	13.90	1.000	23.16
	采油一厂化沉罐 C	27.42	40.10	1.020	19.82
	采油一厂油罐 A	27.65	35.60	1.030	19.90
采出水系统	彩南污泥浓缩池	52.57	5.97	0.920	39.55
	乌尔禾沉降罐	97.01	0.07	1.070	2.28
	乌尔禾污泥浓缩池	95.36	0.20	1.070	8.57
	六九区沉降罐	97.89	0.04	1.012	5.08
	六九区污泥浓缩池	95.46	0.15	1.021	10.55
	采油二厂沉降罐	94.34	0.24	1.010	14.21

表 1-2-4 脱水后油泥植物营养成分含量

样品来源	总氮（g/100g）	磷（%）	钾（%）	腐殖质（%）	有机质（%）	灰分（%）
彩南污泥浓缩池	0.40	0.006	0.04	＞41.5	44.3	4.1
乌尔禾沉降罐	＜0.20	0.048	0.40	3.6	3.9	63.8
乌尔禾污泥浓缩池	0.43	0.091	0.72	14.6	4.0	63.7
六九区沉降罐	0.24	0.020	0.05	25.4	3.5	57.0
六九区污泥浓缩池	＜0.22	0.014	0.03	13.2	3.8	55.9
生活污泥	3.50～7.20	3.300～5.000	0.20～0.40	41.0	60.0～70.0	30.0～40.0

表 1-2-5 脱水后油泥重金属含量

样品来源	重金属含量（mg/kg）					
	Ni	Hg	As	Cd	Pb	Cr
彩南污泥浓缩池	＜1	1.0	19.4	16.6	7.3	＜8.0
乌尔禾沉降罐	＜1	1.3	40.0	5.0	6.8	63.3
乌尔禾污泥浓缩池	2	2.3	10.5	8.3	12.3	73.2
六九区沉降罐	8	0.6	63.0	5.3	8.5	＜8.0
六九区污泥浓缩池	3	0.6	21.5	1.9	32.7	＜8.0
生活污泥	10～690	0.2～6.9	1.5～57.0	0.5～9.4	1.0～375.0	1.1～1550.0
标准	200	15.0	75.0	20.0	1000.0	1000.0

第二节 集输技术

稀油采出液往往含有大量伴生气，稀油集输实质上也就是油气集输，即把一定规模的油井所生产的原油、伴生气和其他产品集中起来，再经必要的处理或初加工后外输[11]。

一、基本要求

稀油即黏度较低的原油，轻组分含量大，沥青质、胶质含量较少，其采出液往往含有大量伴生气，其集输方式多为气液混输。油气集输系统主要根据油气田开发设计、油气物性、产品方案和自然条件等方面进行设计和建设，其工艺流程设计主要遵循以下原则[12]：

（1）合理利用油井压力，尽量减少接转增压次数，降低能耗。

（2）综合考虑各环节热力条件，减少重复加热次数，加强热平衡模拟分析，降低燃料消耗。

（3）流程密闭，减少油气损耗。

（4）技术先进、经济合理、安全可靠、适应性强。

根据 GB 50350—2015《油田油气集输设计规范》，油田稀油集输工艺需满足以下要求：

（1）油气集输的布站方式及其管网设计应根据多种方案的技术经济对比分析确定。

（2）计量站、接转站、注水站和脱水站的设置应符合行业标准 SY/T 0049—2006《油田地面工程建设规划设计规范》的规定，其中计量站管辖油井数宜为 8～30 口，集油阀组间管辖油井数不宜超过 50 口。

（3）油田油气收集的基本流程宜采用井口不加热或单管加热流程、双管掺液流程、单管环状掺水流程，根据油田实际情况可选用单井进站或多井串接进站流程。

（4）油井较多、分布较集中的油田，宜采用管道集输；油井分散的油田或边远的油井，宜采用汽车拉运、船运等集输方式。

（5）机械采油井最高允许井口回压宜为 1.0～1.5MPa，特殊地区可提高到 2.5MPa；自喷井最高允许井口回压可控制在油管压力的 0.4～0.5 倍。

（6）采油井场的设备及出油管道的设计能力应按油田开发方案提供的单井产油、气、水量及掺入液量或气举气量确定；各类站场含水稀油处理及输送设施的设计能力应按油田开发方案提供的所辖油井日产油量、稀油含水率及收集过程中的掺入液量确定；净化稀油储运设施的设计能力宜为油田开发方案提供的所辖油田稀油产量的 1.2 倍。

二、技术发展

新疆油田大规模开发 60 多年来，针对自然条件恶劣、冬季寒冷（极限气温 -45℃）、低温期长（6 个月）的特点，结合油田生产特点及稀油品质特征，已形成一套完整的稀油集输工艺技术。

稀油集输系统在开发建设过程中，力图打破传统界限，努力追求以总体建设工程效益最大化为原则，在充分利用已建设施的基础上，优化计量站站型，优选高效油气分离器和高效分体相变加热设备，力争简化流程，降低能耗，并将新型复合管材应用于原油集输管线，缓解腐蚀与结垢问题[13]。

随着时间的推移和开发形势的变化，特别是“十二五”以来，针对老油田已建集输系统逐渐显现出技术工艺不适应、能力不平衡、设备管线腐蚀老化、无法适应油田开发需要等问题，新疆油田加大对老区块集输系统的调整改造力度，有效解决其生产过程中存在的设备老化、能力不足、安全隐患等问题，进一步夯实老区的稳产基础，为油田的高效生产创造条件。

进入 21 世纪以来，新疆油田大部分主力油田都进入高含水生产期，新开发区块均为特低渗透致密油气藏，节能降耗、效益开发、绿色矿山成为油田开发生产中至关重要的目标，油气集输工艺流程、设备更为突出地强调高效节能，油气集输技术进入高效发展新时期。高效油气集输流程包含两层含义：一是能耗低，系统具有较高效率；二是工程量少、投资省，具有较高的生产经济效益[14]。

目前，新疆油田以单体橇装化设计为基础，并以产品形式进行多专业组合。根据功能的需要，由单体橇装设计组成标准化的平面组合图纸，已形成稀油油区标准化设计定型图55套，其中井场24套、注水井场8套、计量配水站A系列8套、计量配水站B系列6套、单井（站）临投设施4套、混输泵站1套、小型橇装注水站1套、转油站1套、注水站2套。

三、集输工艺

油田集输工艺按加热方式，可分为不加热、井场或计量站加热集输工艺；按密闭程度，可分为密闭、单井拉油或集中拉油的开式集输工艺。新疆油田稀油油区经历了从敞口流程、半密闭流程到全密闭流程的3个发展阶段，目前地面集输主要采用二级布站流程和三级布站流程，基本实现规模开发油田全密闭集输。

1. 敞口流程

20世纪50—70年代初期，独山子油田和克拉玛依油田早期投入开发的区块采用敞口流程，即“油井→选油站→集油站→油库”，这是典型的巴洛宁—维济洛夫流程。

2. 半密闭流程

20世纪70年代中后期，新疆油田开始调整改造老区集输流程，简化井口和计量站部分设施，改集油站为转油站；新建原油处理站，实现转油站和脱水站前端密闭、后端仍然开口的集输流程。部分新建的原油处理站由于设备问题和天然气处理系统不配套，原油中的轻质组分损失仍然较大，故称这种工艺为半密闭流程。

3. 全密闭流程

1979年，为进一步落实节能降耗、少投入多产出的原则，从百口泉油田开发起，采用两级布站密闭集输工艺流程。在原油处理设备不断发展成熟，自动化仪表质量不断提高的基础上，克拉玛依老油田也相继完成全密闭流程改造，降低原油损耗，回收轻烃，使油田气得到有效利用。

全密闭流程的特点是油气从井口到原油处理站之间不设开口装置，减少油气损耗。全密闭流程是目前油田开发中最常用的集输工艺流程，主要包括两级布站的单管密闭集输工艺流程与以两级布站为主且兼有三级布站的密闭油气集输工艺流程。

四、集输管道及管材

截至2019年底，新疆油田在役各类管道总长为17544km，其中出油管道（井口到计量站或阀组间）6760km，集油管道（计量站或阀组间到相关站场）2560km，伴生气管道64km，净化油管道（联合站之间或联合站到矿场油库之间）2538km，供水管线597km，污水管线431km，注水管线3238km，注蒸汽管线759km，其他管线597km。

目前，新疆油田原油集输管仍以钢管为主，正大力推广使用非金属管。金属管腐蚀问题推动了非金属管技术的发展，而塑料管在非金属管中发展最快。然而，塑料管在耐压、耐冲击、抗蠕变、耐热等方面明显不如金属管，且表面易刮伤、刚性差、强度低、线膨胀系数较大，单纯的塑料管难以应用到油气集输现场[15]。为了克服金属管和塑料管各自的弱点，采用物理方法将不同的增强材料和基体材料制成一种特殊管，即复合管，使其集二者的优异性能于一体，同时又避免二者的严重缺陷，缓解塑料管的自身不足。目前复合管种类很多，常用的有玻璃钢管、塑料合金复合管、钢骨架聚乙烯塑料复合管、柔性复合管等。

2013 年，新疆油田就开始在现场推广应用非金属管，并取得突出成果。除了稠油集输管及部分油区由于热洗温度高、土质较硬、偏远地区维护力量不足等原因而采用钢管外，其他稀油区块均采用非金属管线，且使用比例均在 95% 以上。近年来，除了将非金属管用于稀油集输、注水、外输、供水、污水、注醇领域外，也尝试将其用于注聚合物、原油掺水和天然气输送等领域。

截至 2019 年底，新疆油田应用非金属管材总长为 6573km。其中，玻璃钢管总长为 3776km，主要用于油田注水管网、原油集输及外输；钢骨架塑料复合管总长为 826km，主要用于原油集输和供水；内衬防腐涂料金属管长为 1310km，主要用于油田腐蚀性强的油田工作液或采出液输送；柔性复合连续管总长为 513km，主要用于单井注醇、油田单井注水、单井集油管道；其他非金属与特殊金属管道约 148km，主要用于油田特殊介质输送。

第三节 净化技术

一、基本要求

稀油井采出液一般含有原油、游离水与乳化水、伴生气及凝液，以及盐和泥沙等杂质，其中水、盐和泥沙的存在给原油集输和炼制带来很多危害，必须在油田现场及时对原油、伴生气和采出水净化处理，使之达到合格产品的要求。净化处理包括油气分离、原油脱水和除砂、原油稳定、伴生气净化、轻烃回收、污水污泥处理、油气计量等工艺，其基本要求如下：

（1）具体处理工艺的选用需要根据油品性质、含水率、携气量、乳化程度、破乳剂性能、采出液温度及经济性等因素综合考虑确定。

（2）充分收集和利用油气资源，产出合格的净化原油、净化伴生气、LPG（液化石油气）等产品，它们必须按相关标准规范达到相应的质量指标。

① 稀油一般属于石蜡基与石蜡—混合基原油，根据 SY/T 7513—1988《出矿原油技术条件》与 SY/T 0069—2008《原油稳定设计规范》，其出矿技术指标见表 1-2-6。

表 1-2-6　出矿原油技术要求

类型	石蜡基、石蜡—混合基	混合基、混合—石蜡基、混合—环烷基	环烷基、环烷—混合基
	稀油	普通稠油	特稠油、超稠油
水的质量分数（%）	≤0.5	≤1.0	≤2.0
盐含量（mg/L）	实测		
储存温度下饱和蒸气压	小于油田当地大气压		

② 伴生气也属于常说的天然气，其净化是指脱除气体中硫化氢、二氧化碳、水、机械杂质等，以符合管输要求及标准。GB 17820—2018《天然气》按高发热量、总硫、硫化氢和二氧化碳含量把天然气分为一类和二类，见表 1-2-7，进入长输管道的天然气应符合一类气标准。

表 1-2-7　天然气技术指标

项目	一类	二类
高位发热量①（MJ/m^3）	≥34.0	≥31.4
总硫（以硫计）①（mg/m^3）	≤20.0	≤100.0
硫化氢①（mg/m^3）	≤6.0	≤20.0
二氧化碳摩尔分数（%）	≤3.0	≤4.0
水露点②③（℃）	≤在交接压力下，水露点应比最低环境温度低 5℃	
烃露点（℃）	在交接天然气温度和压力下，气中无液态烃	

① 气体体积的标准参比条件是 101.325kPa，20℃。

② 在输送条件下，当埋地管道管顶温度为 0℃时，水露点不应高于 -5℃。

③ 进入输气管道的天然气，水露点的压力应是最高输送压力。

③ 液化石油气作为新疆油田稀油生产开发的副产品，按照 GB 11174—2011《液化石油气》，其质量指标应符合表 1-2-8 的规定。

表 1-2-8　液化石油气的技术标准和试验方法

项目		质量指标			试验方法
		商品丙烷	商品丙烷、丁烷混合物	商品丁烷	
密度（15℃）（kg/m^3）		报告			SH/T 0221①
蒸汽压（37.8℃）（kPa）		≤1430	≤1380	≤485	GB/T 12576
组分②	C_3 烃类组分（体积分数）（%）	≤95	—	—	SH/T 0230
	C_4 及 C_4 以上烃类组分（体积分数）（%）	≤2.5	—	—	
	（C_3+C_4）烃类组分（体积分数）（%）	—	≤95	≤95	
	C_5 及 C_5 以上烃类组分（体积分数）（%）	—	≤3.0	≤2.0	

续表

<table>
<tr><td colspan="2" rowspan="2">项目</td><td colspan="3">质量指标</td><td rowspan="2">试验方法</td></tr>
<tr><td>商品丙烷</td><td>商品丙烷、丁烷混合物</td><td>商品丁烷</td></tr>
<tr><td rowspan="2">残留物</td><td>蒸发残留物（mL/100mL）</td><td colspan="3">≤0.05</td><td rowspan="2">SY/T 7509</td></tr>
<tr><td>油渍观察</td><td colspan="3">通过③</td></tr>
<tr><td colspan="2">铜片腐蚀（40℃，1h）（级）</td><td colspan="3">≤1</td><td>SH/T 0232</td></tr>
<tr><td colspan="2">总硫含量（mg/m^3）</td><td colspan="3">≤343</td><td>SH/T 0222</td></tr>
<tr><td rowspan="2">硫化氢（需满足条件之一）</td><td>乙酸铅法</td><td colspan="3">无</td><td>SH/Y 0125</td></tr>
<tr><td>层析法（mg/m^3）</td><td colspan="3">≤10</td><td>SH/T 0231</td></tr>
<tr><td colspan="2">游离水</td><td colspan="3">无</td><td>目测④</td></tr>
</table>

① 密度也可用 GB/T 12576 方法计算，有争议时以 SH/T 0221 为仲裁方法。

② 液化石油气中不允许人为加入除加臭剂以外的非烃类化合物。

③ 按 SY/T 7509 方法所述，每次以 0.1mL 的增量将 0.3mL 溶剂—残留物混合液滴到滤纸上，2min 后在日光下观察，无持久不退的油环为通过。

④ 有争议时，采用 SH/T 0221 的仪器及试验条件目测是否存在游离水。

（3）工艺技术先进、高效经济安全、适应性强。

二、技术发展

原油处理的核心工艺技术大致分为 3 类，即热化学沉降脱水、电化学脱水和负压原油稳定[16]。原油处理工艺装置由油气分离、原油加热、脱水、稳定、交接计量等环节组成，它与采出水处理装置、伴生气处理装置等合建为集中处理站（也称原油处理站）。集中处理站、原油外输设施、注水站和变电站等合建为联合站。

截至 2019 年底，新疆油田建有转油站 123 座，设计处理能力 3168×10^4t/a，实际负荷 1402×10^4t/a；一段游离水脱除工艺设计处理能力为 7905×10^4t/a，实际负荷为 5000×10^4t/a，平均负荷率达 63%；同时建有独立脱水站 28 座，设计处理能力为 60×10^4t/a，实际负荷为 42×10^4t/a，平均负荷率为 70%。同期新疆油田已建稀油处理站 16 座，主要分布在准噶尔盆地西北缘、腹部和东部，其基本情况见表 1-2-9，其设计处理能力为 1401×10^4t/a，而实际处理量为 726×10^4t/a，平均负荷率为 51.81%。这些处理站主要采用热化学脱水和电化学脱水两种方式，在役热化学脱水装置 23 套、电脱水装置 11 套，并逐渐形成以两段大罐热化学沉降、一段大罐—电脱—密闭脱水为主的脱水工艺。

表 1-2-9 2019 年新疆油田稀油处理站基本情况

所属二级单位	站名	规模（10^4t/a）		负荷率（%）	原油脱水工艺
		设计	实际		
采油一厂	稀油处理站	75	35.0	46.7	大罐热化学沉降脱水
	车 89 原油处理站	30	23.5	78.3	
采油二厂	81# 联合站	200	152.0	76.0	一段大罐沉降、二段电化学脱水
	51# 联合站	107	55.0	51.4	
	72# 联合站	35	13.0	37.1	
百口泉采油厂	注输联合站	250	168.0	67.2	一段三相分离器、二段电化学脱水
风城油田作业区	稀油注输联合站	80	17.9	22.4	一段大罐沉降、二段热化学脱水
石西油田作业区	石西集中处理站	120	48.0	40.0	
陆梁油田作业区	石南 21 集中处理站	110	40.2	36.5	大罐热化学沉降脱水
	陆梁集中处理站	120	90.0	75.0	
准东采油厂	彩南集中处理站	150	25.8	17.2	多功能处理
	火烧山联合站	35	21.2	60.6	
	沙南联合站	40	6.2	15.5	
	北三台联合站	34	20.4	59.6	多功能处理—电脱
黑油山有限责任公司	二东联合站	5	4.0	80.0	大罐热化学沉降脱水
	车排子联合站	10	5.7	57.0	
合计		1401	725.9	—	—

第四节 长输技术

一、基本要求

稀油长输技术是将净化稀油增压、加热通过管道从油田净化厂或联合站输送到远离油田的炼油厂与储备库等用户的工艺技术。长距离输油管道由输油站和管线组成，其中管线长度可达数百千米甚至更长，必须对稀油增压、加热才能实现安全经济输送，故输油管道沿线设有首站（即首个输油站）、若干个中间热泵站（或加热站）和末站（即终点输油站）。稀油在首站交接后，再由首站泵送到下一站。根据 GB 50253—2014《输油管道工程设计规范》的规定，稀油长输管道设计一般遵循如下基本要求：

（1）长输管道系统必须安全可靠、环保节能、技术先进、经济合理。

（2）输油量按计划任务书的规定确定，最低安全输量需结合安全经济与输送条件确定。

（3）输油管道系统应尽可能密闭，对于其他输送工艺方案，需围绕设计内压、管径、输油方式、输油站数量等方面，通过多方案的综合技术经济评价结果比选。

（4）加热站和泵站的设置需要综合考虑水力条件与热力条件优化确定，同时注意稳态与瞬态的水力特性的模拟分析，并制定瞬变运行的控制方案。

（5）根据稀油的组成性质及其流动特性，其输送方式可选用常温、加热或加剂流动改进等方法。

（6）当选用加热输送时，加热温度的确定需兼顾安全可靠与节能减排，同时优化保温结构，确保输油管道沿线油温高于稀油凝点 3～5℃。

（7）当选用加剂流动改进输送时，其油剂配伍性、加剂量、加剂温度等主要操作参数需实验评价确定。

二、技术发展

中国第一条长距离输油管道即克拉玛依油田→独山子石化厂（简称克→独）输油管线于 1958 年建成投产，正值克拉玛依油田开发初期，由此开创新中国长输管道建设的历史[17]。目前新疆油田已建成 13 条主干输油管线，除王家沟油库→乌鲁木齐石化厂管线停用外，其余外输干线均在运行中，油田主要长输管线见表 1-2-10。主干输油管道总长为 1856.34km，共设有 10 座中间热（泵）站。

表 1-2-10　新疆油田主要长输管道

序号	外输管道		起点 / 止点	管道参数				
	全称	简称		管径（mm × mm）	管长（km）	设计输量（10^4t/a）	设计压力（MPa）	建成时间
1	克拉玛依→独山子主管	克→独主管	总站 / 四泵站	D159 × 8/ D168 × 8	—	100	7.0	1958 年
2	克拉玛依→独山子三管	克→独三管	总站 / 独山子	D159 × 8/ D219 × 6/ D273 × 7	147.20	100	6.5	1962 年
3	克拉玛依→乌鲁木齐主管	克→乌主管	总站 / 王家沟	D377 × 7/8	295.42	300	4.5	1973 年
4	克拉玛依→乌鲁木齐管道	克→乌管道	701/ 王家沟	D529 × 7/8	295.42	430	4.5	1979 年

续表

序号	外输管道		起点 / 止点	管道参数				
	全称	简称		管径（mm × mm）	管长（km）	设计输量（10^4t/a）	设计压力（MPa）	建成时间
5	火烧山→北三台管道	火→北管道	火烧山 / 北三台	D273 × 10/9	85.69	200	6.4	1988 年
6	北三台→乌鲁木齐石化厂管道	三→化管道	北三台 / 乌鲁木齐石化厂	D426 × 10/7	104.50	300	6.4	1993 年
7	克拉玛依→独山子管线	克→独管线	总站 / 独山子	D377 × 7/6	148.62	300	6.4	1991 年
8	彩南→火烧山管道	彩→火管道	彩南 / 火烧山	D273 × 8	54.99	210	6.4	1993 年
9	石西→克拉玛依管道	石→克管道	石西 / 克拉玛依石化厂	D377 × 7	146.90	290	6.4	1996 年
10	石西→克拉玛依管道	石→克管道	石西 / 克拉玛依石化厂	D273 × 7/6	154.00	130	6.0	1997 年
11	石西→彩南管道	石→彩管道	石西 / 彩南	D273 × 6	142.60	80	6.4	1998 年

1963 年，克→独主管、三管采用高凝和低凝原油交替输送工艺，达到不同油品的单输、单储、单炼，保证炼油厂加工产品质量。1964 年，在克→独输油管道 7km 处，建成第一座阴极保护站，开辟新中国原油管道阴极保护之先河，实现有效保护里程 110km 的纪录，跨入当时国际领先水平。1962—1998 年期间，相继建成环准噶尔盆地的西北缘→独山子、西北缘→乌鲁木齐、腹部→西北缘和腹部→东部→乌鲁木齐的环状原油输送管网[15]。

西北缘油田大规模开发建设时期，建成克拉玛依油田→乌鲁木齐石化厂（简称克→乌）输油管道，大幅降低运输成本，缓解克→乌公路运输的压力。随着准东和腹部油田投入开发，相继建成火烧山→三台→乌鲁木齐石化厂输油管道和彩南→石西→克拉玛依（以下简称彩→石→克）输油管道。全油区的管道建设及技术发展，不仅满足原油输送的要求，而且结合下游原油加工方面的需要，优化配置原油输送方向，建成上下游相配套的环盆地原油管道输送系统。截至 2016 年底，新疆油田公司已建成原油外输管道 46 条，总长为 2374km，年输油能力为 2000 × 10^4t，将新疆油田稀油与稠油输送到克石化厂、独石化厂、乌石化厂和陆石化厂（王家沟油库原油东运铁路栈桥和西部管道）。目前由于南缘地区产量较低，未形成一定规模，因此未建输油管网，原油外输管网走向如图 1–2–1 所示。

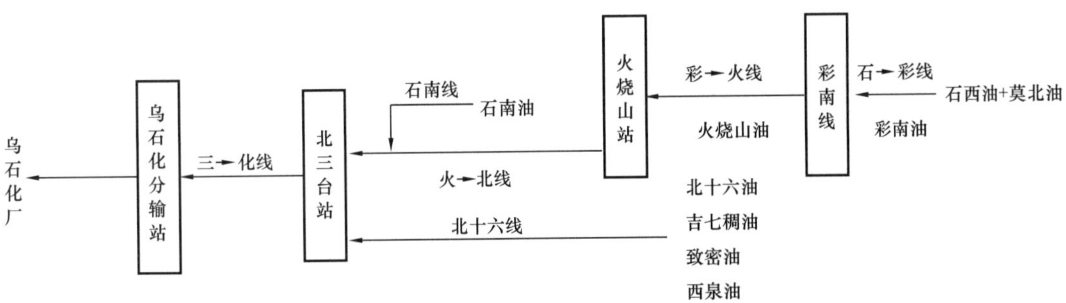

(a) 乌石化厂管线

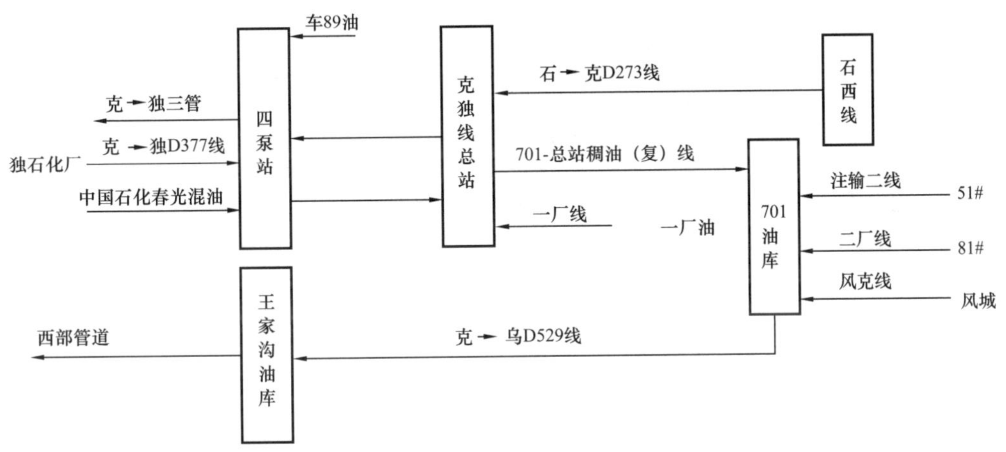

(b) 独石化厂管线

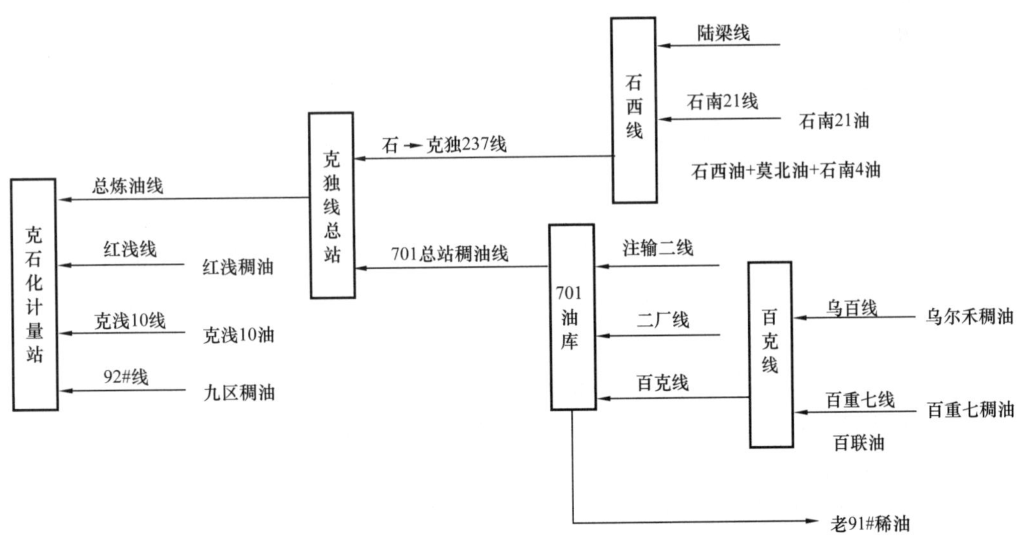

(c) 克石化厂管线

图 1-2-1　新疆油田净化原油外输管道走向示意图

第五节　注水地面工程技术

一、基本要求

2015年，新疆油田根据渗透率和含水率变化状况，对各油田执行的注水标准进行修订，并制定Q/SY XJ0030—2015《油田注入水分级水质指标》。该注水水质标准适用于新疆油田含水率不小于60%且采用注水开采方式的油藏，不适用于火山岩油藏和采用三次采油措施开发的油藏，主要指标规定见表1-2-11。

表1-2-11　砂与砾岩注水水质主要控制指标

标准分级		特低渗（＜10mD）	低渗（10～50mD）	中渗（50～500mD）	高渗（＞500mD）
指标	矿化度（mg/L）	接近地层水矿化度			
	悬浮物固体含量（mg/L）	≤8.0	≤15.0	≤20.0	≤25.0
	悬浮物颗粒直径中值（μm）	≤3.0	≤5.0	≤5.0	≤5.0
	含油量①（mg/L）	≤5.0	≤10.0	≤15.0	≤30.0
	平均腐蚀率（mm/a）	≤0.076			
	点蚀率（肉眼描述）	试片有轻微点蚀			
	SRB（个/mL）	≤25			
	IB②（个/mL）	$1000^{3}n$			
	TGB②（个/mL）	$1000^{3}n$			

① 清水水质指标中去掉含油量。

② $1<n<10$。

新疆油田处理后的净化污水既有回用锅炉，也有外排和回注的，但稀油净化污水100%用于回注地层。油田注水的总目标是不腐蚀注水系统、不堵塞油层（不腐不堵），其水质的基本要求如下[19]：

（1）严格控制注入水中悬浮固体（机械杂质）的含量和粒径与溶解氧、二氧化碳、硫化氢的含量及细菌SRB（硫酸盐还原菌）、IB（铁细菌）、TGB（腐生菌）的数量；

（2）严格控制腐蚀速度；

（3）注入水要与油层岩石地层水配伍；

（4）室内天然岩心注水试验，一般水相渗透率下降值小于30%，否则考虑加药处理。

由于新疆油田各区块储层物性、地层流体性质存在较大差异，因此各采油厂、作业区可根据各区块油藏特性和水质特点制定不同区块的水质标准，具体见表1-2-12。目前新疆油田各区块注水水质标准共计 14 项，其中 1 项为中国石油天然气行业标准 SY/T 5329—2012《碎屑岩油藏注水水质推荐指标及分析方法》，13 项为新疆油田公司发布的企业标准。此外，平均腐蚀速率≤0.076mm/a，IB 与 TGB 均低于 1000 个 /mL。

表 1-2-12 新疆油田各区块注水水质标准

单位	依据标准	含油量（mg/L）	悬浮物（mg/L）	SRB（个 /mL）	中值粒径（μm）
采油一厂	Q/SY XJ0066—2003《红山嘴油田注水水质标准》	—	≤5.0	≤25	≤5.0
	Q/SY XJ 0085—2006L《车排子油田注水水质标准》	—	≤5.0	≤45	≤2.0
	SY/T 5329—2012《碎屑岩油藏注水水质推荐指标及分析方法》	<6.0	<2.0	<10	<1.5
采油二厂	Q/SY XJ0067—2003《克拉玛依油田八区二叠系乌尔禾组注水水质标准》	≤15.0	≤5.0	≤25	≤5.0
	Q/SY XJ0065—2003《克拉玛依油田注水水质标准 A1》	≤10.0	≤3.0	≤10	≤5.0
百口泉	Q/SY XJ0065—2003《克拉玛依油田注水水质标准 A2》	≤15.0	≤5.0	≤25	≤5.0
风城	SY/T 5329—2012《碎屑岩油藏注水水质推荐指标及分析方法》	<6.0	<2.0	<10	<1.5
石西	Q/SY XJ0077—2005《莫北油田注入水水质标准》	—	≤4.0	≤25	≤3.0
	Q/SY XJ0107—2007《石南 31 井区注水水质标准》	—	≤3.0	≤25	≤3.0
	Q/SY XJ0034—2001《石西油田石南 4 井区注水水质推荐标准》	—	≤5.0	≤25	≤3.0
陆梁	Q/SY XJ0064—2003《陆梁油田注水水质标准》	≤15.0	≤4.0	≤25	≤3.0
	Q/SY XJ0106—2007《石南 21 井区注水水质标准》	≤5.0	≤2.0	≤10	≤1.0
彩南	Q/SY XJ0039—2001《彩南油田注水水质标准》	≤30.0	≤3.0	≤100	≤2.0
准东采油厂	Q/SY XJ0105—2007《北三台油田注水水质标准》	≤6.0	≤3.0	≤25	≤1.5
	Q/SY XJ0104—2007《沙南油田注水水质标准》	≤6.0	≤3.0	≤25	≤2.0
	Q/SY XJ0044—2001《火烧山油田注水水质标准》	≤30.0	≤8.0	≤25	≤5.0

二、技术发展

1958 年，新疆油田建成第一座注水试验站——204# 注水站。20 世纪 80 年代中期以后，注水流程为联合站→计量配水间（采注计量站）→注水井口。自百口泉油田建设开始，红山嘴、夏子街、彩南、石西、石南、沙南与莫北等油田均为这种模式，较好地适应当时油田注水的需要。

随着油田开发规模逐步扩大，注水井网由初期的行列式转变成面积式注水井网。由于砂岩油田层系复杂、区块分散和面积不同，导致油田注水系统的注水站、配水间和注水井三者的部署形式不同，其布站方式主要经历四种变化模式：

（1）注水站→注水井口注水模式；

（2）注水站→配水间→注水井口独立注水模式；

（3）注水站→计量配水间（计量、配水合建）→注水井口半独立注水模式；

（4）联合站（含注水站）→计量配水间→注水井口采注合建模式。

按注水管线数量和注水井配水方式不同，新疆油田注水配水工艺由“单干管单井配水”流程发展为“单干管多井配水”流程，注水设备也由初期柴油机带动钻井泵发展成为高效的变频柱塞泵和离心泵。其中，采用“高效柱塞泵 + 变频控制”模式注水，不仅系统可自动调节，而且可有效控制高压水节流与回流现象，其节能降耗效果显著。

目前，新疆油田稀油油区注水模式主要采用“注水站→注水井”和“注水站→配水管汇→注水井”，其注水工艺主要为密闭注水工艺和敞口注水工艺。同时，新疆油田稀油油区全面推广采用恒流配水计量技术，主要包括配水橇集中恒流配水与井口单井恒流配水，可实现注水井恒流注水和远程在线调压及计量。截至 2019 年底，新疆油田共建注水站 40 座、配水间 1066 座，全油田注水井达 4494 口、注清水井为 154 口，承担 12289 口水驱油井的注水开采任务。

第六节　注聚合物地面工程技术

一、基本要求

聚合物由于其固有的黏弹性，在流动过程中会对油膜或油滴产生拉伸作用，同时增加注入水的黏度，降低水相渗透率，大大降低水油流度比，克服注入水的“指进”现象，避免水沿高渗透层窜进，提高平面和垂向波及效率体积。

（1）采用先进实用的聚合物驱油剂配制与复配注入技术，提高聚合物驱油剂的配制浓度及单井注入浓度的准确性和稳定性，确保满足油藏方案及配方研究提出的要求，减少聚合物溶液的剪切强度，降低聚合物溶液的黏度损失。

（2）母液站与注入站选用橇装设备，集油区采用新疆油田标准化设计，加快地面工程建设速度。

（3）采用先进实用的工艺技术，处理含聚合物原油和污水，实现处理后的净化油达到交油标准，处理后的污水满足回注水质要求。

（4）充分体现节能意识，采用节能设备、节能工艺，降低油田综合能耗。

（5）母液配制用水水质需满足表 1–2–13 中各类物质的指标。

表 1–2–13　母液配制用水水质指标

悬浮固体含量（mg/L）	含油量（mg/L）	硫化物（mg/L）	总铁（mg/L）	SRB（个 /mL）	TGB（个 /mL）	IB（个 /mL）	平均腐蚀率（mm/a）	钙镁离子（mg/L）	总矿化度（mg/L）
＜20	＜20	检不出	检不出	＜25	＜10^3	＜10^3	＜0.076	＜50	8000～13000

二、技术发展

随着三次采油技术的发展，药剂与聚合物溶液制备、注入液输送、采出污水污泥处理等地面工程设施也迅速建成投产。2006年七东$_1$区三次采油注聚合物试验站采用集中配置母液、单泵对单井注入的方式，其设计规模为1450m^3/d，母液配制能力为360m^3/d，母液浓度为5000mg/L，清水配制；实际注入量1080m^3/d，注入聚合物PAM溶液浓度为800～1500mg/L。七东$_1$区聚合物驱采出液处理站也于2006年建成投产，液量处理能力为1000m^3/d，实际处理液量700m^3/d。集油区来液进热电复合原油处理器分离、加热、脱水处理后，原油进60m^{3}储油罐装车外运至81号原油处理站，脱出污水直接增压回注，注入6区高渗透油藏。

2011年7月，七东$_1$区聚合物驱采出液处理站开始扩建为72#三采大联合站，于2012年11月建成投产，主要负责七东$_1$区试验区、七东$_1$区二元复合驱及七东$_1$区聚合物驱扩大区采出液的处理。设计原油处理能力为35×10^4t/a，采出水处理能力为1500m^3/d(一期)。

随着七东$_1$区克下组砾岩油藏30×10^4t聚合物驱工业化推广，2014年进行污水处理二期建设，2015年8月投产，污水处理能力提升至6000m^3/d。2014年建成聚合物母液站1座，母液制备能力3280m^3/d；注聚合物站2座，注入能力分别为2328m^3/d与1152m^3/d，其中1号注聚合物站与母液站合建。截至2019年底，已建成聚合物注入站4座，部署注聚合物井113口。

第七节 采出水处理技术

一、基本要求

随着油田开发进入中后期，稀油采出液中的含水率明显上升，其处理量也随之增加。采出水在地层条件下往往溶解有一定的无机离子和有机类物质，以及悬浮类物质、油脂和细菌，必须严格处理达标后，才能排放或回注到地层中以维持地层压力。否则，回注后会造成注水管网腐蚀结垢，甚至伤害地层，影响稀油的水驱效果。

与此同时，原油采出液往往携带有大量的泥沙，多聚积在油气水分离设备与脱水大罐的底部，从而形成大量的污泥，目前国内外都非常重视污泥的处理。国外许多发达国家对含油污泥的研究较早，相关法规较完善，不同国家对处理后污泥含油量的要求[20]见表1-2-14。我国尚未出台关于含油污泥含油率的量化方法，新疆维吾尔自治区于2017年6月发布了《油气田含油污泥综合利用污染控制要求》，其主要规定见表1-2-15。

表1-2-14 污泥处理后剩余含油量限值

国别	土壤含油量（%）	
	填埋处理	筑路、铺路
加拿大	≤2	≤5
美国	≤2	≤5
法国	≤2	—

表 1-2-15　综合利用污染物限值及检测方法

项目	标准值	样品检测方法	备注
pH 值	2.0～1.5	GB/T 15555.12	含油率为干基折算值，采用 CJ/T 221—2005 中的“城市污泥　矿物油的测定　红外分光光度法”测定总油含量；处理后含水率应≤80%
砷（mg/kg）	≤80	HJ 702	
含油率（%）	≤2	CJ/T 221—2005	
含水率（%）	≤60	HJ 613	

根据 GB 50428—2015《油田采出水处理设计规范》、GB 31571—2015《石油化学工业污染物排放标准》、SY/T 0097—2016《油田采出水用于注汽锅炉给水处理设计规范》和 SY/T 5329—2012《碎屑岩油藏注水水质推荐标准及分析方法》的规定，油田采出水处理工程设计需遵循以下基本要求：

（1）采出水处理工程的建设规模应有较长的适应期，一般不低于 10 年，其设计应广泛采用国内外成熟适用的新工艺、新技术、新设备与新材料。

（2）稀油采出水处理站的原水含油量不应大于 1000mg/L，而聚合物驱采出水处理站的原水含油量不宜大于 3000mg/L。

（3）采出水处理后用于油田注水或排放，注水水质应符合砂与砾岩注水水质要求指标（表 1-2-11）或新疆油田所制定的注水水质标准（表 1-2-12）；排放水质应符合表 1-2-16 的规定。

表 1-2-16　主要污染物排放限值

序号	污染物项目①	限值（mg/L）	
		直接排放	间接排放②
1	pH 值	6.0～9.0（无量纲）	—
2	悬浮物	70.0	—
3	化学需氧量	60.0，100.0②	—
4	五日生化需氧量	20.0	—
5	氨氮	8.0	—
6	总氮	40.0	—
7	总磷	1.0	—
8	总有机碳	20.0，30.0③	—
9	石油类	5.0	20.0
10	硫化物	1.0	1.0
11	氟化物	10.0	20.0

续表

序号	污染物项目[①]	限值（mg/L）	
		直接排放	间接排放[②]
12	挥发酚	0.5	0.5
13	总钒	1.0	1.0
14	总铜	0.5	0.5
15	总锌	2.0	2.0
16	总氰化物	0.5	0.5
17	可吸附有机卤化物	1.0	5.0

① 污染物排放监控位置：企业废水总排放口。

② 废水进入城镇污水处理厂或经由城镇污水管线排放，应达到直接排放限值；废水进入园区（包括各类工业园区、开发区、工业聚集地等）污水处理厂执行间接排放限值，未规定限值的污染物项目由企业与园区污水处理厂根据其污水处理能力商定相关标准，并报当地环境保护主管部门备案。

③ 丙烯腈—腈纶、己内酰胺、环氧氯丙烷、2，6- 二叔丁基 -4- 甲基苯酚（BHT）、精对苯二甲酸（PTA）、间甲酚、环氧丙烷、萘系列和催化剂生产废水执行该限值。

（4）处理工艺流程应充分利用余压，并尽量减少提升次数；当处理站原水水量或水质波动较大时，应设调储设施，且原水与净化水应设计量设施，构筑物进出口应设水质监测取样口。

（5）各类罐顶需要设阻火阀、呼吸阀与液位安全阀，站内电气装置及厂房的防爆要求应按区域划分确定。

（6）处理站产生污泥沉积的构筑物应设排泥设施，排泥周期视实际情况确定，排放污泥应采取无公害处理，并参照表 1–2–14 与表 1–2–15 的限值规定。

（7）采出水处理工艺应结合原水组成性质、净化水质要求、实验结果或相似工程经验、技术经济可行性等因素综合考虑；净化水回注的采出水处理工艺宜采用沉降与过滤流程。

（8）低产油田采出水处理除前述基本要求外，还可依托附近在役设施，或用经济高效与先进适用的处理工艺，或用与原油脱水与注水工艺相结合的简化处理工艺，或用小型的、简单的临时橇装装备等。

（9）沙漠油田采出水处理除前述基本要求外，还可采用集中自动控制的无人值守工艺，或模块化、橇装化与集成化的工艺；露天设备和仪表应根据防尘、防砂、防晒、防雨的要求选择。

二、技术发展

新疆油田所辖油田主要分布在准噶尔盆地西北缘、东部和腹部，地处戈壁沙漠，水资源贫乏。油田开采过程中一方面需将大量洁净水注入油藏，以保持地层压力；另一方面油田生产采出污水量急剧增加。将含油污水进行净化处理、达到回注地层水的水质标准后，再次回注地层是注水开发油田最常用的一种方法。新疆油田采出水处理技术始于1986年，先后经历传统工艺技术阶段、技术改进及推广应用阶段。然而，由于污泥处理的复杂性与难度，其技术发展则相对滞后，目前已引起各大油田高度重视。

1. 传统污水处理工艺阶段

新疆油田采出水处理始于20世纪80年代中期，在二油库脱水场的水处理试验基础上，先后建成采油一厂稀油污水处理站、采油二厂81#稀油污水处理站和二油库污水处理站（原三厂污水处理站）3座[21]，其工艺属于老三段工艺，即“物理—混凝—过滤法”，基本流程是“重力除油—混凝沉降—过滤”。这种工艺适用于污水系统来液量与水质较稳定、油水性质较单一、油水乳化程度不严重的情况。

20世纪90年代以后，随着油田开采不断深入，采出液组成性质变化与水量波动较大，老三段工艺无法较好地缓冲调节，抗风险能力较弱，给系统后段处理的冲击较大，污水处理效果的稳定性较差，外输水质波动频繁、达标较难。1997年以前，由于“重油轻水”，注水管理较粗放，处理工艺不精细，处理的水质基本无法达标，其回注严重伤害地层，其外排严重影响生态环境。于是对上述3座采出水处理站进行改造，并建成百口泉、火烧山、北三台、彩南、石西、石南和沙南等油田采出水处理站，基本做到与油气集输处理工艺同时设计、同时施工、同时投产。

2. 污水技术改进及推广阶段

2000年以来，油田采出水处理技术落后、采出水处理达标率较低等问题一直制约着新疆油田生产规模进一步扩大[22]。为此，新疆油田根据不同油田的水质，结合国内外油田产出污水的处理技术和工艺存在的缺陷，提出油田采出水处理技术专题研究，主要围绕药剂开发、工艺改进、系统控制等[23]方面长期探索研究。在认识上已取得两大突破，并提出两项新理论：一是在处理药剂设计上，提出离子调整理论；二是在处理工艺设计上，提出吸附理论。同时优化与完善“高效水质净化与稳定技术”组成单元工艺参数和配套药剂配方体系，逐步攻克“油田污水离子调整旋流反应污泥吸附法处理技术”与“重核—催化强化絮凝净水技术”，使新疆油田采出水处理技术达到注水水质标准、国家排放标准及回用锅炉水质标准，最终形成具有新疆油田特色的采出水处理技术。

截至2019年底，新疆油田共建污水处理站25座，设计规模$10.43 \times 10^4 m^3/d$，实际处理$7.91 \times 10^4 m^3/d$，综合达标率为95.8%。其中稀油污水处理站14座，其总能力约$10.4 \times 10^4 m^3/d$，实际处理量约$8.7 \times 10^4 m^3/d$。稀油污水既实现100%回注，也实现污水深度处理后回用锅炉，稀油污水处理站出水水质平均达标率约为95%，配套药剂成本为1～2元/m^3。稀油污水处理实现达标回注或外排，形成一批具有自主知识产权的新技术与新设备。大量稀油污水经处理后用作油田注水，利用污水资源有效降低运行成本，使新疆油田采出水处理技术水平有了长足进步，且社会经济效益显著。

3. 污泥处理技术发展阶段

国外常见的处理方法有热解吸法、萃取分离法、调质—机械分离法、热水洗涤法等，其中美国环保局将热水洗涤法作为含油污泥处理的优先方法，法国、德国的石化企业将污泥焚烧后的灰渣用于修路或填埋，焚烧产生的热能用于供热发电[24]。我国许多企业对含油污泥的无害化处理也做过一些尝试，但尚无满足所有要求的通用方法。

第八节 节能技术

一、基本要求

根据《中华人民共和国节约能源法》的最新规定，国务院已印发“十三五”节能减排工作方案的通知，新疆维吾尔自治区和中国石油天然气股份公司也出台了相应的政策、法规，对油田节能减排提出更高的指标要求，新疆油田对此已采取一系列切实可行的节能措施，主要包括以下规定：

（1）稀油区块采用密闭集输和低温脱水工艺，根据原油物性和输送距离，确定合理的集输温度。

（2）采用能耗低、效益高的单井集油管线伴热工艺，站库采暖不用蒸汽。

（3）伴生气处理选择效率高、适应性强的工艺，高效回收轻油和LPG。

（4）合理选择输油泵与压缩机的排量、控制方式，梯级配置设备，提高机组的负载率和效率，其节能指标分别见表1–2–17与表1–2–18。

表1–2–17 新疆油田输油泵机组节能指标

泵额定排量Q（m^3/h）		Q≤25	25<Q≤50	50<Q≤80	80<Q≤100	100<Q≤150	150<Q≤200	200<Q≤250	250<Q≤300	300<Q≤400	400<Q≤600	Q>600
监测指标	无变频机组效率（%）	≥41	≥44	≥47	≥50	≥53	≥55	≥57	≥59	≥61	≥63	≥65
	变频机组效率（%）	≥34	≥37	≥39	≥42	≥48	≥50	≥51	≥53	≥55	≥57	≥59
	节流能损率（%）	≤16				≤10						

表1–2–18 稀油伴生气压缩机组节能指标

评价指标	驱动方式	限值
机组效率（%）	燃气发动机	≥22
	燃气轮机	≥24
	电动机（变频）	≥75

（5）充分考虑油气田开发的全生命周期，梯级配置加热炉，提高运行负荷率，推进能效整体提升，油田加热炉能效等级见表1–2–19所示。

表 1-2-19 新疆油田加热炉能效等级

额定热功率 P_e（kW）			$500 \le P_e < 1000$	$1000 \le P_e < 1200$	$1200 \le P_e < 1500$	$1500 \le P_e < 2000$	$2000 \le P_e < 2500$
评价指标	加热炉效率（%）	燃气	89	90	90	91	91
		燃油	88	89	89	90	90

二、技术发展

油气集输系统分为原油集输系统和伴生气集输系统，是稀油田生产最主要的耗能系统，消耗绝大部分的热力和 50% 以上的电力。油田已建集输系统规模庞大，随着油田开发的变化和调整，集输系统存在机泵功率与生产系统匹配性不好、负荷不均衡、地面系统运行效率低、伴生气资源损耗大、热资源未充分利用等问题。近年来，油田针对集输系统的主要耗能设备和流程实行节能改造，且强化加热炉提效、燃气压缩机烟气余热利用技术、空气源热泵加热技术改进等项目研究。

新疆油田开发已超过 60 年，随着油田的不断开发，各个时期安装有不同类型的加热炉。目前加热炉主要存在设备老化、装机容量小、数量及种类多、分布广、加热炉技术和效率水平差的问题[25]。2012 年，新疆油田全年共监测 170 台加热炉，平均热效率为 77.3%，低于中国石油集团公司对其要达到 85% 的要求，且加热炉节能达标率仅为 4%。因此，新疆油田地面工程节能尚有较大的提升空间。

第三章 稠油地面工程主体技术

随着稠油油田开发规模的不断扩大，新疆油田针对不同开发方式开展了稠油集输及处理工艺技术研究，已形成具有新疆油田特色的稠油地面工程主体技术，主要包括高温密闭集输、高温密闭脱水、长距离输送等技术。新疆油田稠油一般具有胶质及沥青质含量高、黏度高、密度大等特点，这与稀油的组成性质截然不同。稀油地面工程主体技术显然不适应稠油集输、净化、长输、采出水及污泥处理和节能等工艺的技术需要，也就无法满足经济高效与安全环保的稠油生产要求。因此，新疆油田组织力量科技攻关，已研发出一系列与其稠油组成性质及戈壁沙漠环境相适应的地面工程先进技术，本章主要介绍新疆油田稠油采出液组成性质及其地面工程主体技术的基本要求与进展。

第一节 稠油生产及特性

一、稠油生产

随着2014年前后稠油勘探开发技术的不断进步，新疆油田投入开发的稠油区块越来越多，钻井数量呈逐年上升的趋势。截至2019年底，新疆油田共有抽油机井31968口，其中稠油机械采油井19770口，占机械采油井数的61.84%，其机型主要包括3型、4型、5型、6型与10型，而准东吉七井区采用螺杆泵抽油装置。新疆油田各稠油区块的生产情况见表1-3-1，可见多个产区的稠油采出液含水率均高于86%，其处理负荷极大。

表1-3-1 2017年新疆油田稠油生产情况

序号	单位	产液量（10^4t）	产油量（10^4t）	产水量（10^4t）	含水率（%）
1	百口泉采油厂	169.11	9.20	159.91	94.56
2	重油开发公司	1230.48	110.72	1119.76	91.00
3	风城油田作业区	1703.18	211.78	1491.40	87.57
4	采油一厂	427.83	70.12	357.71	83.61
5	新港公司	696.71	73.50	623.21	89.45
6	红山油田公司	376.77	51.22	325.55	86.41
7	黑油山公司	15.25	5.16	10.09	66.16

二、稠油基本物性

国际上统称稠油为重质原油，简称重油，指地层条件下黏度大于 50mPa·s、20℃相对密度大于 0.92 的原油。根据 GB 50350—2015《油田油气集输设计规范》，我国稠油分类标准见表 1-3-2。其中，以原油黏度为第一指标，相对密度为其辅助指标；当两个指标发生矛盾时，则按黏度分类。

表 1-3-2 稠油分类标准

名称	类别	50℃动力黏度（mPa·s）	20℃密度（g/cm³）
普通稠油	Ⅰ	400～10000	＞0.9161
特稠油	Ⅱ	10000～50000	＞0.9500
超稠油	Ⅲ	＞50000	＞0.9800

新疆油田稠油资源储量丰富，从普通稠油到特稠油，再到超稠油，三类都有，已形成规模化与工业化开发，其典型稠油的基本物性及类型见表 1-3-3。

表 1-3-3 新疆油田稠油基本物性

稠油来源	50℃黏度（mPa·s）	20℃密度（g/cm³）	硫含量（%）	初馏点（℃）	凝点（℃）	类型
吉祥联合站	732.1	936	0.194	156	11	普通稠油
车 510 联合站	1621.0	952	0.324	170（脱水）	4	
红浅稠油处理站	2248.5	957	0.206	243（脱水）	6	
61# 集输处理站	732.1	928	0.252	145	12	
92# 集输处理站	1881.8	944	0.248	172	6	
风城 1# 稠油联合处理站	16100.0	962	0.330	142	29	特稠油
风城 2# 稠油联合站	51990.0	982	0.306	230	29	超稠油
91# 稠油处理站	586.0	926	0.171	162	5	普通稠油
红 003 稠油处理站	3715.4	964	0.099	242（脱水）	8	

新疆油田稠油的特性可概括为“三高四低”，即黏度高、酸值高、胶质含量高，凝点低、含蜡量低、含硫量低、沥青质含量低。沥青质含量一般为 1.37%～5.67%，胶质含量高达 11.9%～34.7%，烃组分含量一般低于 60%，有的甚至低于 20%。新疆稠油黏度变化范围大，大多油区所产稠油 50℃黏度低于 1000mPa·s，红浅、红 003 及车 510 油区所产稠油黏度较高，50℃黏度为 1000～2000mPa·s，风城油田稠油黏度最初约 20000mPa·s，后来随着 SAGD 开发规模的扩大，采出稠油的 50℃黏度平均达 176000mPa·s。

三、采出水情况

新疆油田稠油开发过程中，采出液往往携带大量的地层水、泥沙及无机盐、SiO_2等杂质，新疆油田稠油采出水多属 $NaHCO_3$ 型，偏碱性。不同区块采出水矿化度为2000～6000mg/L，井口温度为50～80℃，有机物和悬浮物含量波动较大。此外，新疆油田采出水乳化现象较严重，平均含油量为500mg/L，具体水质见表1–3–4。

表1–3–4　新疆油田稠油采出水水质

项目	测试值	项目	测试值
含油（mg/L）	200～2000	总溶解固体TDS（mg/L）	2500～5000
总悬浮固体（mg/L）	100～1000	进水温度（℃）	50～80
硬度（以 $CaCO_3$ 计，mg/L）	70～200	COD（mg/L）	300～5000
碱度（以 $CaCO_3$ 计，mg/L）	500～1200	pH值	7～8
SiO_2（mg/L）	60～120	—	—

新疆油田SAGD开发普遍采用过热蒸汽注汽，由于采出水含盐较高，过热蒸汽无法携带盐分，造成注汽管道和井筒结垢、结盐严重，其主要成分为硅。因此，需要对油田采出水进行深度（除盐、除硅）处理，以缓解注汽系统结垢等生产实际问题。在除盐方面，应用超滤—反渗透技术和RO膜技术，其中RO膜技术可使矿化度从5000mg/L降至700mg/L以下；在除硅方面，已实现除硅一体化，将 SiO_2 质量浓度从300mg/L降到50mg/L以下。

第二节　集输技术

一、基本要求

随着常规原油的不断开发与日益枯竭，原油重质化随之成为必然趋势，重油或稠油的开发利用受到国内外高度重视。根据新疆油田稠油开发生产情况，其稠油集输流程设计充分兼顾能量利用、集油集气方式、油气分离、油气计量、油气净化、原油稳定、密闭集输和储存、加热与保温、系统防腐等工艺，基本要求如下：

（1）尽可能满足稠油生产要求，保证采输平衡，达到油田稳产。

（2）工艺流程的适应性强，既满足油田开发初期的生产要求，又便于开发中、后期生产情况变化时及时调整和改造原工艺流程。

（3）尽可能降低集输过程中的油、气损耗。

（4）充分利用井口剩余能量，减少流程中的动力和热力设备，节约电能和燃料。

（5）采用先进工艺和设备，保证油、气、水的净化处理符合要求，提供合格产品，变

“三废”为宝，防止环境污染。

（6）流程中各种设备仪表全面实现自动化，便于控制和管理。

（7）稠油油田油气集输分井计量装置宜依托采油井场集中设置，当采用蒸汽吞吐放喷罐时宜依托站场设置。

二、技术发展

稠油集输一般采用两级布站流程，即“油井→计量配汽 / 接转站→稠油处理站”。在克拉玛依油田九区部分集输系统改造中，采用密闭集输工艺流程。针对部分地区投产运行后油井回压上升快的情况，设置集中接转站，以降低回压，形成“油井→计量配汽站→集中接转站→稠油处理站”三级布站集输模式。

经过不断总结和改进，新疆油田已形成单管注汽采油、小管井口掺汽、小站计量接转与大站集中处理的稠油集输工艺流程。根据不同油藏稠油物性的差别，采取相应技术措施。对 20℃黏度低于 10000mPa·s 的稠油，井口注汽和出油采用 DN65 的单管线；对 20℃黏度高于 10000mPa·s 的特稠油，单井出油管线增设一条伴热管，蒸汽通过井口进入套管加热原油；对井口回压较高的集油管线，在计量接转站适量掺入蒸汽加热降黏。

新疆油田在 30 多年的稠油开发建设过程中，已逐渐形成独具特色的稠油地面集输工艺技术体系，其集输类型如下：

（1）按加热方式：主要包括不加热、蒸汽伴随与掺热水等集输工艺流程。

（2）按密闭程度：主要包括密闭与开式集输工艺流程。

第三节　净化技术

一、基本要求

稠油脱水是稠油净化处理中最重要、最关键的任务。稠油中沥青质、胶质含量较多，黏度大、流动性差，其密度与水的密度十分接近，致使油水在井筒与集输过程中严重乳化，其脱水难度加大。传统预脱工艺存在脱除水量少、水质差等问题；常规电脱水存在系统不稳定、易短路、能耗高等问题，无法照搬稀油脱水工艺来达到净化稠油的含水要求。

随着世界稠油开采程度的深入，其集输、脱水、长输和炼制等环节的问题日益凸显。我国油田开发基本上已到中后期，原油产量低且黏稠度增大。目前稠油主要采用蒸汽驱、化学驱等技术开采，随着多轮次注汽，采出液量不断加大，势必对联合站稠油脱水产生不良影响，造成脱水设备超负荷运行，能耗增加且带来极大的安全隐患。

为此，必须针对稠油采出液组成性质，研究提出多种脱水处理方案，以满足 SY 7513—1988《出矿原油技术条件》规定（表 1–2–6）的约束条件，确定经济高效的稠油脱水实施方案。确保净化普通稠油含水低于 1.0%，特稠油与超稠油含水低于 1.5%，使其达到外输指标要求。

二、技术发展

1985 年新疆油田建成第一座稠油处理站，即 91# 稠油处理站，该站采用一段沉降聚结脱水、二段电化学密闭脱水工艺。92# 和红浅稠油处理站初期采用电脱水工艺，但实际生产中稠油在电脱水器内停留时间短，油水界面不易自动控制，脱水效率低。因此，在借鉴国内外实践经验的基础上，将原有脱水工艺改为大罐热化学沉降脱水工艺。

2007 年新疆油田部分超稠油区块开始应用 SAGD 开发方式，2008—2009 年风城油田相继开辟重 32 及重 37 两口井区作为 SAGD 先导试验区，2012 年开始规模实施。为满足高温采出液的处理要求，2012 年新疆油田建成 SAGD 采出液高温密闭脱水试验站，采用“蒸汽处理→预处理→热化学脱水”工艺，同步实施掺稀油辅助工艺，优化稠油处理工艺参数。在减少破乳剂量的同时，提高脱水效率，有效降低原油处理系统的运行成本，工业化试验效果显著。

2017 年新疆油田稠油年产量达到 489.91×10^4t，占原油年总产量的 43.74%。在 SAGD 采出液密闭脱水试验基础上，扩建风城油田 2# 稠油联合站，新建 SAGD 采出液“蒸汽处理→高温预处理→热化学脱水”高温密闭脱水装置，其处理能力达 120×10^4t/a。至此，新疆油田稠油净化处理已形成大罐沉降→水洗→水力旋流器除砂工艺、水力旋流器→水洗除砂工艺、大罐热化学沉降脱水工艺、SAGD 高温密闭脱水工艺等多种成熟的净化处理工艺。

截至 2019 年底，新疆油田已建稠油处理站 12 座，主要分布在准噶尔盆地西北缘，总处理能力达 904×10^4t/a。2017 年实际处理量为当年稠油产量，平均负荷率为 54.19%，处理工艺主要为大罐热化学沉降脱水工艺和 SAGD 采出液高温密闭脱水工艺，油田稠油处理站的基本情况见表 1–3–5。

表 1–3–5 2019 年新疆油田稠油处理站基本情况

站名	建成时间	设计能力（10^4t/a）	实际处理量（10^4t/a）	负荷率（%）	原油脱水工艺
92# 集输处理站	1989 年	120	44.40	37.0	大罐热化学沉降脱水
红浅稠油处理站	1991 年	80	48.00	60.0	
93# 集输处理站	1994 年	56	8.23	14.7	
61# 集输处理站	1998 年	55	37.50	68.2	
克浅集输处理站	1999 年	50	—	—	
91# 集输联合站	1999 年	85	56.10	66.0	
红 003 稠油处理站	2010 年	60	41.60	69.3	
车 510 联合站	2015 年	20	17.50	87.5	
黑东区处理站	2015 年	3	2.50	83.3	
吉祥联合站	2017 年	45	32.70	72.7	

续表

站名	建成时间	设计能力（10^4t/a）	实际处理量（10^4t/a）	负荷率（%）	原油脱水工艺
风城 1# 稠油联合站	2008 年	180	115.10	63.9	SAGD 采出液高温密闭脱水、掺稀辅助大罐热化学沉降脱水
风城 2# 稠油联合站	2013 年	150	86.28	57.5	
合计	—	904	489.91	54.2	—

第四节 长输技术

一、基本要求

与稀油长输类似，稠油长输是将净化稠油加热或掺稀、增压外输到远离油田的炼油厂或油库等终端的工艺技术，必须通过输油站与管线才能实现。其中，输油站主要包括泵机组、加热或掺稀设备、计量化验、通信设备、收发球装置等设施，而管线主要包括输油管道本身、沿线阀室、穿（跨）越、阴极保护设施及沿线通信线路、自控线路等。加压主要是给稠油提供动能，以克服长输管道沿线高程差及流动摩阻损失；而掺稀或加热主要是降低稠油黏度及流动阻力，保障稠油长输运行安全。

前述稀油长输管道设计（本篇第二章第四节）基本要求中的第（1）～（4）条同样适合稠油长输管道设计，但由于稠油与稀油组成性质的差异，特别是稠油黏度比稀油高得多，而凝点比高含蜡稀油低，因此稠油长输管道设计与操作运行的下列基本要求有所不同：

（1）输油站数量与管线长短主要取决于稠油处理联合站与终端用户之间的距离，中间站布置通过沿线的水力计算结果与管线路由实际情况多方案比选确定。

（2）根据稠油本身及其掺稀混合油的黏温特性，基于多种输送方案的技术经济综合评价，确定安全经济的输油方式。

（3）当选用加热输送时，加热温度依据可安全可靠泵送的稠油黏度、泵机组效率、设计压力、长输管道系统的建设投资费用与操作运行成本、节能减排等多因素建模并优化确定。

（4）当选用掺稀流动改进输送时，在稀油源可靠且用户许可的前提下，实验研究与优化确定管道规格、布站数量、稠稀比、输油温度与压力等关键参数。

二、技术发展

20 世纪 80 年代末，为解决高黏稠油的常温输送问题，采用稠油掺稀油管道输送技术，从而改变传统的稠油加热输送工艺。1987 年克→乌原油管道率先采用稠油与稀油混输技术，为我国稠油长距离管道输送开创一条成功之路。

2012 年，新疆油田建成风城→克石化稠油掺柴油输送管道，设计输量 500×10^4t/a，设计压力 8MPa，管道规格 D457 × 7.1，全长 102.3km，是国内最长的超稠油输送管道。

2015 年，由于超稠油的特性和克拉玛依石化公司稠油扩建项目的推迟，部分稠油需通过克→乌管道外输到乌鲁木齐石化公司或出疆，给新疆油田本已平稳的原油输送系统造成较大的运行困难。为保证新疆油田公司所产原油畅销，同时满足原油流向调配更加灵活的要求，通过对现有管道的适应性分析，对部分站场工艺实施改造，以满足克→乌线 D529 管道实现稠稀混输的需求。

第五节 注汽地面工程技术

一、基本要求

热力采油是在地面将水转化成携带大量热量的蒸汽并注入油层，利用稠油黏度对温度的敏感性来达到其降黏减阻、提高采收率的目的，这主要通过地面注气系统来实现。热力采油主要包括蒸汽吞吐（Steam Soak，SS）、蒸汽驱（Steam Flooding，SF）、热水驱（Hot Water Flooding，HWF）、蒸汽辅助重力泄油（Steam Assisted Gravity Drainage，SAGD），其中 SS、SF 和 SAGD 是新疆油田与国内其他稠油油田目前的主要热力采油方式。

注汽系统主要包括注汽站→配汽站→井口、注汽站 / 锅炉→配汽橇→井口、注汽锅炉→井口三种工艺，各节点通过注汽管线连接。其中，注汽锅炉从安装上可分为移动式和橇装式；从燃料上可分为燃油、燃气、燃煤注汽锅炉；注汽管线按连接方式可分为星状布网、二级布站和枝状布网；常见注汽井包括直井和水平井。注汽系统不仅能耗高，注入油层的蒸汽质量还会影响稠油采收率和开发方案的顺利实施。因此，注汽系统节能增效是注汽热采技术的重中之重。根据 SY/T 0027—2014《稠油注汽系统设计规范》的规定，注汽地面工程设计与建设的基本要求如下：

（1）注汽热采稠油集输工艺应根据稠油开发设计方案、油气基本物性、地面自然条件、经济技术指标等具体情况，综合考虑采、输、炼“一体化”的工艺过程，增强其适应性。

（2）油气集输工程及注蒸汽系统，必须根据开发设计统一规定、分区块实施，建设规模应满足开发设计需要。

（3）积极慎重应用相关新技术、新工艺、新材料及新装备。

（4）热采油井采出液中的伴生气与含油污水应有效处理并回收利用。

（5）油气集输及注蒸汽系统生产过程中产生的废水、废气及废渣等的排放必须符合环境保护及劳动安全卫生的有关规定。

（6）必须保证热能综合利用，有效降低热采稠油集输和注蒸汽系统能耗。

二、技术发展

新疆油田稠油注汽工艺采用“水质集中处理，注汽就近注入，注汽锅炉分散布置供汽，管汇站多井配汽”的注汽工艺技术，注汽半径控制在 0.75km 以内，大大提高蒸汽的热利用率。新疆油田引进注汽锅炉以来，主要使用北美组装式全自动 6131 型油气两用燃烧器。随着特超稠油的规模开发和老区低品位稠油提高开发效果的需要，对注入蒸汽的品质要求越来越高，原有的湿蒸汽锅炉已不能满足需求。通过“十二五”和“十三五”的攻关试验，油田注汽锅炉研发已有质的提升，先后研发出燃气过热注汽锅炉和循环流化床燃煤注汽锅炉，已形成湿蒸汽和过热蒸汽、燃气和燃煤锅炉系列。

截至 2014 年底，新疆油田已建成热采注汽站 143 座和集中水处理站 7 座，拥有注汽锅炉 331 台，其中 23t/h 锅炉 304 台、20t/h 过热锅炉 25 台、50t/h 高干度锅炉 1 台、130t/h 燃煤锅炉 5 台；注汽能力 4617×10^4t/a，配套的水处理软化设备 203 台、除氧器 104 台。此外，用于试采的活动锅炉 13 台，其中 7t/h 锅炉 2 台，9.2t/h 锅炉 11 台，并建有稠油注汽管线 721.7km，其中注汽干线 329.7km，注汽支线 392.0km，蒸汽管道规格主要为 D114 和 D133。后来随着 130t/h 流化床燃煤锅炉的推广应用，又新增 D168，D219，D273 及 D325 系列规格的管道，新疆油田稠油热采注汽能力也明显提升，其主要分布情况见表 1-3-6。

表 1-3-6　新疆油田稠油注汽能力分布

<table>
<tr><th>稠油区块</th><th>注汽站数</th><th>装机（台）</th><th>供汽能力（10^4/a）</th><th>锅炉燃料</th><th>锅炉用水</th><th>年运行台数（台）</th></tr>
<tr><td>红浅区</td><td>6</td><td>18</td><td>252</td><td rowspan="2">天然气</td><td rowspan="2">清水、污水</td><td>7～17</td></tr>
<tr><td>四$_2$区</td><td>11</td><td>22</td><td>308</td><td>8～18</td></tr>
<tr><td>吉$_1$—吉$_5$</td><td>8</td><td>54</td><td>664</td><td>油、天然气</td><td>污水</td><td>16～39</td></tr>
<tr><td>百重区</td><td>16</td><td>36</td><td>504</td><td>天然气</td><td rowspan="2">清水、污水</td><td>15～20</td></tr>
<tr><td>吉$_6$—吉$_9$</td><td>34</td><td>74</td><td>1064</td><td>油、天然气</td><td>42～57</td></tr>
<tr><td>六区</td><td>14</td><td>35</td><td>434</td><td rowspan="2">天然气</td><td>清水</td><td>7～20</td></tr>
<tr><td>克浅区</td><td>5</td><td>19</td><td>266</td><td>污水</td><td>11～16</td></tr>
<tr><td rowspan="2">风城</td><td>54</td><td>125</td><td>1717</td><td>油、天然气</td><td rowspan="2">清水、污水</td><td rowspan="2">108～125</td></tr>
<tr><td>1</td><td>1</td><td>85</td><td>煤</td></tr>
<tr><td>合计</td><td>149</td><td>384</td><td>5294</td><td>—</td><td>—</td><td>—</td></tr>
</table>

近年来，新疆稠油油田动用储层资源，原油黏度越来越高，开采难度越来越大，对蒸汽品质要求也越来越高。为降低稠油开采能耗，在保证注汽锅炉安全运行的前提下进一步采取锅炉增效措施。截至 2017 年底，新疆油田已建注汽站 188 座，集中水处理站 10 座，拥有注汽锅炉 403 台，其中 22.5t/h 燃气锅炉 374 台、20t/h 燃气过热锅炉 26 台、50t/h 燃气高干度锅炉 1 台、130t/h 循环流化床燃煤锅炉 2 台，注汽能力达 5802×10^4t/a，日供汽 19.34×10^4t。特别是，风城作业区有注汽锅炉 131 台，其中以天然气为燃料的注汽锅炉 126 台，占注汽锅炉总数的 96.18%；重 18 井区建成 2 座 2×130t/h 循环流化床燃煤注汽

站，红 003 井区建成 1 座 2×130t/h 循环流化床燃煤注汽站，总供汽能力为 480×10^4t/a。截至 2019 年底，新疆油田稠油热采开发区新增 1 座注汽站，注汽锅炉新增 6 台，注汽能力提升 94×10^4t/a。目前油田在役注汽系统完全满足稠油热采的注汽需求，注汽锅炉的燃料以天然气和煤为主，锅炉用水以稠油净化采出水为主，用清水作为补充。

第六节 火驱地面工程技术

一、基本要求

火驱开发技术是向井下油层注入空气、氧气或富氧气体，依靠自燃或利用井下点火装置点燃稠油，使其发生裂解反应并释放大量的热量，裂解稠油的稀释作用及其放热作用使未燃烧稠油的黏度显著降低，从而提高稠油采收率。根据燃烧前缘与氧气流动的方向分为正向火驱和反向火驱；根据在燃烧过程中或其后是否注入水又分为干式火驱和湿式火驱。

火驱空气注入是一个连续过程，控制好空气注入量及注入时机是火驱成败的关键。若注入空气过多，将导致燃烧速度快、结焦严重、驱油效果差；反之，可能导致火苗熄灭，需重新点火，严重影响火驱开发过程。由于火驱采出液具有温度高，腐蚀性强，气液比大，伴生气富含 H_2S、O_2、N_2、CO_2、CH_4 及其他烃类，组成性质复杂，流型瞬变，以及易乳化或形成泡沫油等特点，致使集输与处理难度加大，计量不准、腐蚀性加剧、环境污染加重。根据 SY/T 6898—2012《火烧油层基础参数测定方法》与 Q/SY 1684—2014《稠油火驱地面工程设计导则》的规定，火驱地面工程设计与运行管理需遵循以下基本要求：

（1）稠油火驱地面工程总体设计要根据目标区块开发方案、采出液组成性质、地面自然环境条件、开发与建设现状、产品需求与市场、运输条件等因素综合考虑确定，尽量采用可靠的节能及先进工艺技术，选用高效设备，以能耗低、污染小、投资省、效益高为原则。

（2）需要搭建火驱基础参数测定实验装置，主要包括注入系统、模型本体、信号检测采集系统与产出系统，主要测定火驱实验过程中点火温度、通风强度、燃料与空气消耗量、阶段与累计空气油比、燃烧前缘推进速度、氧气利用率与火驱效率等基础参数。

（3）需要根据实验模拟测定基础参数，应用相似理论与现有火驱实践经验，确定目标油层火驱的设计参数与操作运行参数。

（4）火驱注空气井所需空气注入量按点火阶段与生产阶段计算，二者所需空气注入量不同，需要合理配置注气机组，并控制好注入空气量及注入时机，同时实时监测温度、压力、气体组分等参数，优化火驱推进速度与方向，最大限度地提高采收率。

（5）针对火驱采出液组成性质的复杂性，充分考虑井口压能与已建井场设施的有效利用，综合评价火驱采出液集输、计量与处理工艺候选方案的技术经济可行性，尽量采用集输半径长的密闭集输工艺方案，并在实际操作中需要根据运行情况做相应调优，增强其适应性。

（6）火驱采油过程中采出气含大量易燃、易爆与有毒有害气体，对环境、设备、人体均有极大危害，需要配置伴生气组成的实时监测及预警系统，安装可靠的气体泄漏及其燃爆主动防控的可视化系统，确保火驱地面操作管理人员的人身安全与装备设施的财产安全。

二、技术发展

在 2009 年 10 月至 2010 年 10 月期间，新疆油田在红浅 $_1$ 井区老区采出气中 H_2S 质量浓度最高达 923mg/m^3，脱硫塔出现大量冷凝水及结冻现象；尾气中残余氧和 CO_2 将造成管材腐蚀，影响火驱的正常运行。2009 年 12 月在红浅稠油老区开展直井火驱试验，2011 年在风城油田重 18 井区超稠油区块开展水平井垂向火驱试验，初步建立注汽后转火驱开发的高效可靠注汽技术与火驱安全集输处理技术，其工艺流程如图 1–3–1 所示。

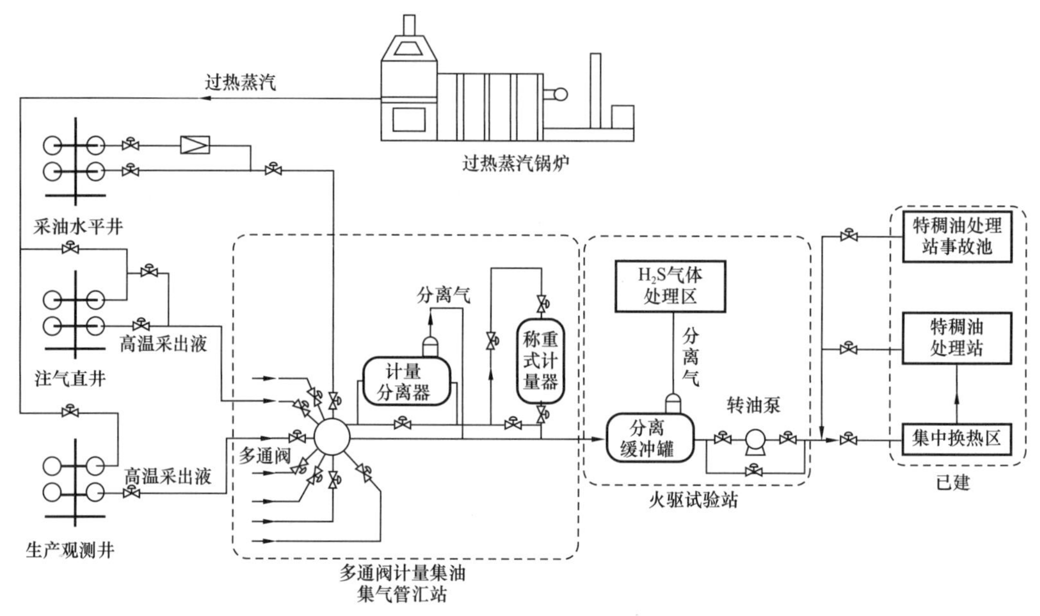

图 1–3–1　火驱集输工艺流程

第七节　污水污泥处理技术

一、基本要求

稠油注蒸汽开采产生大量高温采出水，如不处理直接外排，既浪费水资源和热能，又会污染周边环境，为满足油田可持续开发及环保节能的要求，需配套建设采出水处理系统，其工艺设计与工程建设应符合以下基本要求：

（1）污水污泥处理系统设计与建设应符合稀油采出水处理工艺（本篇第二章第七节）基本要求中的第（1）～（7）条规定。

（2）特稠油与超稠油的采出水处理站的原水含油量不宜大于 4000mg/L。

（3）净化水优先供注汽锅炉给水，且水质应符合表1-3-7的规定；也可外排或用于附近注水井回注，其水质可参照表1-2-11与表1-2-12的规定。

表1-3-7 新疆油田各类锅炉给水水质标准

序号	项目	湿蒸汽锅炉	过热锅炉	燃煤流化床
1	执行标准	SY/T 0027—2014	新疆油田公司标准	新疆油田公司标准
2	溶解氧（mg/L）	≤0.050	≤0.050	≤0.007
3	总硬度（mg/L）	≤0.10	≤0.10	≤0.10
4	总铁（mg/L）	≤0.05	≤0.05	≤0.05
5	二氧化硅（mg/L）	≤50①	≤50	≤100
6	悬浮物（mg/L）	≤2	≤2	≤2
7	总碱度（mg/L）	≤2000	≤125	≤2000
8	油和脂（mg/L）	≤2	≤2	≤2
9	矿化度（mg/L）	≤7000	≤2500	≤2000
10	pH值	7.5～11.0	7.5～11.0	8.0～10.5

① 当碱度大于3倍二氧化硅含量时，在不存在结垢离子的情况下，二氧化硅的含量不大于150mg/L。

（4）应根据稠油物性对运行的影响评价，优选稠油采出水处理工艺及设备，且充分利用采出水的高温热能。

（5）稠油采出水处理系统产生的污油应单独处理。

二、技术发展

从2000年起，新疆油田已相继在22座原油污水处理站应用“离子调整旋流反应处理技术”，总设计规模近$23\times10^4m^3/d$，总投资约10亿元，该技术在红浅、北三台、彩南、车排子、陆梁、夏子街及百重七等7个站都有应用。与传统技术相比，该工艺流程简单，投资少，不需气浮、聚结和过滤就能使污水含油量小于5mg/L，基本达标。

2004年，新疆油田九区建成全国最大的污泥处理装置，处理规模为$25m^3/d$，主要用于处理含大量黏土和砂等杂质的落地油，这种污泥含油量可达32%。该工艺首先筛选适合的助溶剂，采用热化学洗涤，分离其中的油、水、泥，最终可回收85%左右的原油，实现了资源的合理化利用。但处理后剩余的干泥中一般含油3%～5%，高于GB 4284—2018《农用污泥中污染物控制标准》规定的含油标准即3000mg/kg。该热化学法适用于含油量较高、部分乳化的落地油和油砂的预处理，具有操作简单，回收成本较低的优点。

2006年，新疆油田采用“热洗—助溶剂”技术，建成处理规模为$200m^3/d$的克拉玛依博达油泥无害化处理厂。厂内优化设计了多级逆流洗涤、分段脱水、洗涤液充分回收利用等工艺过程，通过均质流化、曝气气浮、自动收油排泥等工艺手段，协同化学药剂的作用使油田含油污泥中的乳化油破乳，达到使油品与污泥中无机固形物之间破解吸附并聚结上浮的目的。该厂所处理的污泥中矿物油含量检测值为632～2277mg/kg，达到GB 4284—2018中的控制标准。该厂已累计处理含油污泥约3×10^4t，回收原油近2000t，经济与环境效益显著，是当时国内含油污泥处理规模最大、产业化应用较成功的油泥处理厂。

2010年，稠油污水处理回收量为2709×10^4t，其中回用锅炉为1647×10^4t，注水480×10^4t，剩余582×10^4t外排，稠油污水回用率仅为78.5%。目前新疆油田有7座稠油污水处理站，其污水处理总能力达17.5×10^4t/d，且稠油污水均实现深度处理后回用锅炉。新疆油田采油一厂、风城稠油产量及污水处理量尤为突出，采油一厂年处理量达56.4×10^4t，风城1#、风城2#与SAGD试验站年处理量分别为88.7×10^4t、119.6×10^4t与48.0×10^4t。

通过联合攻关，新疆油田已形成独具特色的“离子调整旋流反应污泥吸附法”处理技术，并获得国家发明专利。该工艺采用“重力除油→混凝沉降→过滤”工艺流程，处理后的净化水达到油田注水、锅炉回用与外排等标准。

第八节　节能技术

一、基本要求

随着新疆油田稠油产量的逐年上升，抽油机、注水泵、输油泵等耗电设备和注汽锅炉等燃料消耗设备增多，生产能耗逐年增加，从2011年的332×10^4tce增长到2015年的453×10^4tce。“十二五”期间，新疆油田公司上市业务能耗总量为2088×10^4tce，折合原油1462×10^4t，占油气当量的20.87%；而非上市业务能耗主要为发电和供热，同期累计能耗总量为243×10^4tce。目前新疆油田公司稠油累计产量超450×10^4t/a，能源消耗量超过400×10^4tce，占总能耗的83%以上。

“十二五”期间，稠油产量增长52%，油田业务天然气用量增加33%，其消耗占稠油生产能耗的90%以上，主要是因为稠油开采需要注汽，而天然气主要消耗在注汽系统和集输系统中。注汽系统消耗的天然气主要用于燃气注汽锅炉、注汽管网、稠油生产工艺加热及冬季采暖，其燃烧热能的有效利用率为75.63%，能量损失达24.67%。稠油加热及冬季采暖热损失占39%，注汽锅炉热损失占45%，注汽管线热损失占16%。因此，充分挖掘油田注汽系统的节能空间与潜力有助于促进热采稠油地面工程节能技术的发展。依据SY/T 6835—2017《油田热采注汽系统节能监测规范》与GB/T 15317—2009《燃煤工业锅炉节能监测》、GB/T 15910—2009《热力输送系统节能监测》、GB/T 8174—2008《设备及管道绝热效果的测试与评价》的规定，其基本要求如下：

（1）需要围绕稠油热采注汽系统各个环节的能耗监测与分析，查明影响注汽系统用能水平的主要因素，明确其节能管理的薄弱环节，进而研发与之适合的节能工艺技术。

（2）油田注汽直流锅炉主要包括燃气与燃油饱和蒸汽直流锅炉、燃气过热蒸汽直流锅炉，其节能监测评价指标主要包括热效率、空气系数、炉体环表温差和排烟温度，它们各自的节能监测项目及指标要求见表1-3-8至表1-3-10。

表 1-3-8　燃气饱和蒸汽直流锅炉节能监测项目及指标要求

监测项目	评价指标	$D<20$	$20 \leqslant D<50$	$D \geqslant 50$
热效率（%）	节能监测限定值	≥86	≥86	≥87
	节能监测节能评价值	≥88	≥89	≥90
排烟温度（℃）	节能监测限定值	≤195	≤195	≤195
	节能监测节能评价值	≤170	≤170	≤180
空气系数	节能监测限定值	≤1.35	≤1.36	≤1.34
	节能监测节能评价值	≤1.22	≤1.20	≤1.25
炉体环表温差（℃）	节能监测限定值	室内：≤35；室外：≤25		

注：D 为蒸汽直流锅炉的额定蒸发量（t/h），下同。

表 1-3-9　燃油饱和蒸汽直流锅炉节能监测项目及指标要求

监测项目	评价指标	$D<20$	$20 \leqslant D<50$	$D \geqslant 50$
热效率（%）	节能监测限定值	≥84	≥84	≥84
	节能监测节能评价值	≥86	≥86	≥86
排烟温度（℃）	节能监测限定值	≤245	≤245	≤240
	节能监测节能评价值	≤210	≤215	≤225
空气系数	节能监测限定值	≤1.36	≤1.36	≤1.43
	节能监测节能评价值	≤1.22	≤1.23	≤1.32
炉体环表温差（℃）	节能监测限定值	室内：≤35；室外：≤25		

表 1-3-10　燃气过热蒸汽直流锅炉节能监测项目及指标要求

监测项目	评价指标	$20 \leqslant D<50$
热效率（%）	节能监测限定值	≥91
	节能监测节能评价值	≥93
排烟温度（℃）	节能监测限定值	≤150
	节能监测节能评价值	≤120
空气系数	节能监测限定值	≤1.31
	节能监测节能评价值	≤1.21
炉体环表温差（℃）	节能监测限定值	室内：≤35；室外：≤25

（3）循环流化床锅炉的节能监测评价指标主要包括热效率、空气系数、表面温度、飞灰可燃物含量和排烟温度，见表 1-3-11。

表 1-3-11 循环流化床锅炉节能监测考核指标

热效率（%）	排烟温度（℃）	空气系数	飞灰可燃物含量（%）	炉体表面温度（℃）
≥86	≤140	≤1.4	≤10	≤50

（4）燃煤链条炉排锅炉的节能测试考核指标主要包括热效率、排烟温度、空气系数、炉渣含碳量、炉体表面温度等，具体见表 1-3-12。其中，锅炉炉体外表面侧面温度应不大于 50℃，锅炉炉顶表面温度应不大于 70℃。

表 1-3-12 燃煤链条炉排锅炉主要考核指标

额定热功率 Q（MW）或蒸发量 D（GJ/h）	$0.7 \leqslant Q < 1.4$ 或 $2.5 \leqslant D < 5$	$1.4 \leqslant Q < 2.8$ 或 $5 \leqslant D < 10$	$2.8 \leqslant Q < 4.2$ 或 $10 \leqslant D < 15$	$4.2 \leqslant Q < 7$ 或 $15 \leqslant D < 25$	$7 \leqslant Q < 14$ 或 $25 \leqslant D < 50$	$Q \geqslant 14$ 或 $D \geqslant 50$
热效率（%）	≥65	≥68	≥70	≥73	≥76	≥78
排烟温度（℃）	≤230	≤200	≤180	≤170	≤160	≤150
排烟处的空气系数	≤2.2	≤2.2	≤2.2	≤2.0	≤2.0	≤2.0
允许炉渣含碳量①（%）	≤15	≤15	≤15	≤12	≤12	≤12

① 燃用无烟煤时，可放宽 20%。

（5）固定与活动注汽管道环表温差节能监测指标要求分别见表 1-3-13 与表 1-3-14，其他介质温度下的节能监测指标，应根据测试环境下的风速范围按表中数值线性插值确定。

表 1-3-13 固定注汽管道环表温差节能监测指标要求

测点附近风速 ω（m/s）	不同管道内介质温度（℃）									
	节能监测节能评价值					节能监测限定值				
	200	250	300	350	400	200	250	300	350	400
$\omega \leqslant 0.5$	≤18.9	≤21.6	≤23.4	≤25.2	≤27.0	≤20.1	≤23.4	≤26.7	≤30.0	≤33.3
$0.5 < \omega \leqslant 1.0$	≤13.3	≤15.1	≤16.4	≤17.7	≤18.9	≤14.8	≤17.3	≤19.7	≤22.1	≤24.5
$1.0 < \omega \leqslant 1.5$	≤11.8	≤13.5	≤14.6	≤15.7	≤16.9	≤13.4	≤15.6	≤17.8	≤20.0	≤22.2
$1.5 < \omega \leqslant 2.0$	≤10.9	≤12.4	≤13.5	≤14.5	≤15.5	≤12.4	≤14.5	≤16.5	≤18.6	≤20.7
$2.0 < \omega \leqslant 3.0$	≤10.2	≤11.7	≤12.6	≤13.6	≤14.6	≤11.8	≤13.7	≤15.6	≤17.5	≤19.4

表 1-3-14　活动注汽管道环表温差节能监测指标要求

测点附近风速 ω（m/s）	管道内介质不同温度下的节能监测限定值				
	200℃	250℃	300℃	350℃	400℃
$\omega \leqslant 0.5$	≤25.8	≤29.5	≤32.6	≤35.7	≤38.8
$0.5 < \omega \leqslant 1.0$	≤23.3	≤26.7	≤29.4	≤32.1	≤34.8
$1.0 < \omega \leqslant 1.5$	≤21.7	≤24.8	≤27.4	≤30.0	≤32.6
$1.5 < \omega \leqslant 2.0$	≤20.5	≤23.4	≤25.9	≤28.4	≤30.9
$2.0 < \omega \leqslant 3.0$	≤19.4	≤22.1	≤24.6	≤26.9	≤29.3

（6）管道保温后季节运行工况与常年运行工况允许最大散热损失指标见表 1-3-15 与表 1-3-16，凡是测试数值超过允许最大散热损失值时视为不合格，应采取保温改造等技术措施。

表 1-3-15　季节运行工况允许最大散热损失值

管道及其附近外表面温度（℃）	50	100	150	200	250	300
允许最大散热损失（W/m^2）	104	147	183	220	251	272

表 1-3-16　常年运行工况允许最大散热损失值

管道外表面温度（℃）	50	100	150	200	250	300	350	400	450	500	550	600	650
允许最大散热损失（W/m^2）	52	84	104	126	147	167	188	204	220	236	251	266	283

二、技术发展

1. 注汽锅炉节能

新疆油田稠油开采已有 20 多年，油田注汽锅炉作为生产高温、高压蒸汽的特种设备，是稠油开采的主要耗能设备，其占开采总能耗的 90% 以上。针对排烟温度较高、热损失大、注汽锅炉热效率低等问题，新疆油田开展了相应的节能技术研究，具体分为三个阶段。

第一阶段：由于受燃料限制，新疆油田注汽锅炉采用油、气两用设计。为避免低温腐蚀，对流段进口温度控制在 90～110℃，主要通过控制给水预热器来加热给水，烟气温度控制在 180～200℃，其水汽流程如图 1-3-2 所示。利用锅炉给水回收烟气余热，引进气—水换热器、烟气含氧自动控制，使烟气温度降至 130℃，提高辐射段吸热效果，两种涂料综合提高锅炉热效率 1.46%。

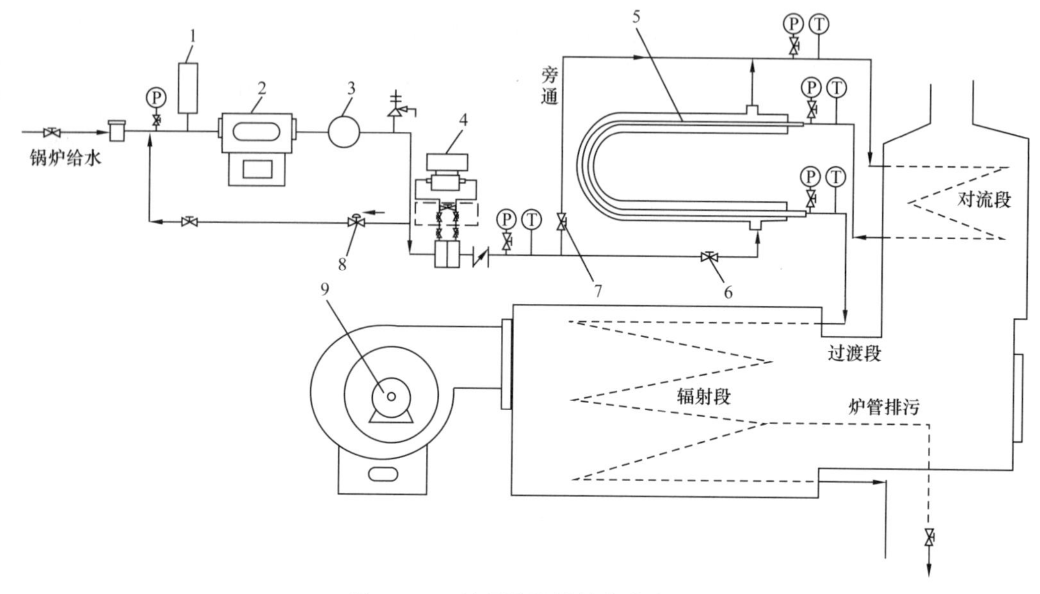

图 1-3-2　油田注汽锅炉水汽流程

1—进口减震器；2—柱塞泵；3—出口减震器；4—差压式流量变送器；5—给水预热器；6—预热器进口阀；7—旁通阀；8—回水调节阀；9—鼓风机

第二阶段：随着污水回用注汽锅炉规模的扩大，气—水换热器不再适用于高温污水回用。在此基础上，研制出气—气换热器，利用助燃空气回收烟气余热，其温升可达 50℃左右。新疆油田选用热风型燃烧器与气—气换热器配合改造，并对燃烧效果差、热效率低的注汽锅炉改造，同时采用烟气含氧自动控制技术，综合提高锅炉热效率达 4.4%。

第三阶段：将红外辐射涂料、红外反射涂料、气—气换热、气—水换热、高效燃烧器改造五项节能技术集成在一台注汽锅炉上，可实现烟气冷凝，最大提高热效率达 10%。

新疆油田注汽锅炉推广使用“SGR 型热管换热器、FHC-AB Ⅲ高温辐射涂料、HTEE-E 型高温红外涂料、烟气含氧自动控制、蒸汽干度自控”技术。“十一五”期间推广应用 525 台，注汽锅炉热效率平均提高 4.3%，节气率为 4.61%，节水率达 10%，每吨蒸汽生产成本降低 6 元左右。

此外，新疆油田还大力推广注汽锅炉提效节能技术，不仅对注汽锅炉实施烟气冷凝技术改造，还对注汽锅炉燃用天然气检测，确保含硫量低于国家标准（20mg/m^3）。针对此特点，将对流段进口水温控制在 60℃，并结合实际运行工况调整，可降低排烟温度 20～30℃。

2012—2016 年新疆油田先后在四$_2$区、陆东区、风城作业区等区块改造注汽锅炉 63 台，改造前后参数对比见表 1-3-17。依据节能检测的相关标准，经测试分析发现，四$_2$区 1# 站 2# 炉改造后的热效率最高达 102.1%，实现了预期目标[26]。

表 1-3-17 烟气冷凝技术应用前后运行参数对比

序号	项目	风城作业区重检 3# 站 1# 炉		四$_2$区 1# 站 2# 炉	
		调整前	调整后	调整前	调整后
1	锅炉给水温度（℃）	14.5	44.5	20	56
2	对流段进口水温度（℃）	90	60	90	60
3	助燃空气温度（℃）	17.0	76.0	36.7	110.4
4	对流段出口烟温（℃）	183	139	195	149
5	排烟温度（℃）	139	49	149	47
6	锅炉热效率（%）	91.2	100.9	92.6	102.1
7	节能率（%）	9.4		9.3	

2. 保温节能

新疆油田保温工程主要用于井口、管线、设备和储罐等地面设施。其中稠油热采输汽管线地处野外，不但常年经受气候变化、大气腐蚀、外力冲击等侵蚀，而且管线内部受水击和压力波动的影响使管线振动频繁，易在保温管壳接口及保温涂料结构处产生裂缝，以致导热系数增大，散热损失增加。

根据注汽系统能量平衡测试分析，注汽管线热损失占总热损失的 25.19%，使注入油藏的蒸汽品质明显降低，影响稠油开发效果与成本。因此，采用经济高效的保温节能技术是降低热损失和提高保温效果的关键。

从隔绝热能的热传导、热对流、热辐射三种传播方式入手，在高温蒸汽管道保温上，首选导热系数低、绝热性能好的保温材料，再围绕保温结构密封性与绝热性能的优化开展深入研究。新疆油田按此思路研发出复合反射式保温结构，其推广应用已取得良好的社会经济效益。

保温工程根据保温材料经济厚度法或最低热损失法，合理确定保温设计指标。根据 GB 50264—2013《工业设备及管道绝热工程设计规范》有关保温层厚度的确定原则及计算方法，新疆油田设计计算了目前常用保温层的经济厚度，结果见表 1-3-18。

表 1-3-18 两种常用保温材料对不同管道的经济保温厚度

注汽管径（mm）	方案序号	保温厚度（mm）		注汽管径（mm）	方案序号	保温厚度（mm）	
		纳米气凝胶	复合硅酸盐			纳米气凝胶	复合硅酸盐
114	1	75	—	133	1	75	—
	2	—	200		2	—	210
	3	20	110		3	20	120

续表

注汽管径（mm）	方案序号	保温厚度（mm）		注汽管径（mm）	方案序号	保温厚度（mm）	
		纳米气凝胶	复合硅酸盐			纳米气凝胶	复合硅酸盐
168	1	80	—	273	1	85	—
	2	—	220		2	—	240
	3	20	130		3	20	150
219	1	85	—	325	1	90	—
	2	—	230		2	—	250
	3	20	140		3	20	160

3. 采输节能

新疆稠油油田主要采用注汽吞吐采油工艺，其特点是井口出油温度波动比较大（20～110℃），进站汇集温度较高，通过对各集油站来油温度的监测，及时调整低压伴热蒸汽的耗量，有效提高能量利用率。即根据实际生产情况，在秋、冬季节仅对低产油井和边远井、高黏度油井管线实施低压蒸汽伴热，春、夏季来油温度一般较高，无需伴热。

对于稠油油田生产场、站内地面加热或伴热，多用低压蒸汽，以减少集输系统热损失。对于站内所用蒸汽加热、伴热的冷凝水，最初主要就地排放，后来都集中回收至掺水系统，不仅实现了废水回收利用，而且提高了掺入污水温度及场站热能利用率。此外，针对部分稠油井口和计量站内阀门漏汽严重，主要通过维修或更换高质量的控制阀门，及时堵截跑、冒、滴、漏，以确保井口蒸汽干度，提高蒸汽吞吐热效率，减少能量损失，实现节能降耗。

然而，新疆油田在稠油生产中非生产用汽的比例相对较高，尤其是冬季保温用汽较多。稠油热采站区冬季采暖大多利用蒸汽采暖，存在能耗高、热能利用率低、管理难度大、不安全等问题。通过稠油站场采暖节能技术研究，新疆油田已形成蒸汽加热、污水与采出液余热利用等采暖技术，并对注汽站、处理站、采油计量站等供暖系统采取大规模的节能改造，主要节能技术的综合应用效果和适应性对比分析结果见表 1–3–19。

表 1–3–19 主要采暖节能技术的综合应用效果与适应性对比

站场类型	节能方式	节汽率（%）	改造费（万元 / 座）	年节约费用（万元）	投资回收期（a）	适应性	使用年限
计量站	直接采暖	80.0	5	7.8	0.7	较小	短
	换热采暖	80.0	25	10.4	2.4	较小	长
处理站	高温污水换热采暖	100.0	295	102.0	2.8	集中	短
	热泵采暖	100.0	131	40.0	3.3	广泛	长
供热站	汽动加热	79.5	114	91.5	0.8	较广	较长
	蒸汽掺热采暖	72.0	110	54.0	3.0	集中	长

根据新疆油田各采暖节能技术的应用效果，并结合各技术的优缺点、经济性和适应性分析，不同类型稠油站场可供选择的采暖技术如表1–3–20所示。

表1–3–20　新疆油田各类型稠油站场采暖技术选择分析及建议

站场类型	热源类型	可选用技术	适用条件	建议
计量站	采出液余热	采出液换热	采出液温度≥85℃	在符合采暖条件下中心计量站应优选
		采出液直接采暖	液温在70～85℃之间的两级半布站	无人值守计量站推荐采用
处理站	高温净化污水	热泵	场站建筑面积≥2500m^2，污水温度<70℃或采暖负荷<1000kW	大规模、大范围场站采暖推荐选用
		换热—强制对流	污水温度≥70℃	有高温污水源的场站
供热站	蒸汽	汽动加热/蒸汽掺热	场站建筑面积<2500m^2	无余热利用资源的场站可优先选用；已改造为高温回用污水的供热站，可改用蒸汽加热
	高温净化污水	热泵	场站建筑面积≥2500m^2，污水温度<70℃或采暖负荷<1000kW	已改造为高温回用污水的供热站，可改用热泵

此外，随着新疆油田开发规模的不断扩大，地面能耗设备总数随之增加，采输单耗显著升高。针对新疆油田某低渗透区块采输系统能耗大的问题，掺水温度对系统能耗的影响研究表明：冬季掺水温度控制在60℃，采输系统节能7.38%；夏季掺水温度控制在42℃，采输系统节能30%[27]。

三、油田节能效果

随着油田稠油产量及单耗的不断增加，公司液量生产和油气生产综合能耗呈增长态势。“十二五”期间，油田公司通过加强能耗的定额管理及过程管控，调整能源结构，从新建项目能耗源头把关，实施注汽、机械采油、集输等系统提效改造以及稠油热能综合利用，有效控制生产能耗的增长幅度，主要变化情况详见表1–3–21。

2015年新疆油田原油生产单耗为350.28kgce/t，比2014年的372.19kgce/t下降5.89%，特别是2015年开始将燃煤注汽锅炉规模应用于稠油注汽开采以来，天然气消耗量逐年降低。

表 1-3-21 “十二五”油田上市业务单耗指标变化

时间		2011 年	2012 年	2013 年	2014 年	2015 年
油气生产	单耗（kgce/t）	263.55	291.76	350.31	372.19	350.28
	增幅（%）	5.90	10.70	20.10	6.20	-5.89
油气液量生产	单耗（kgce/t）	59.32	64.02	71.35	75.46	67.84
	增幅（%）	5.30	7.90	11.40	5.80	-10.10
气田气生产综合能耗（kgce/10^4m^3）		194.94	198.62	206.70	138.36	113.53
企业单位产值综合能耗（tce/万元）		1.1538	1.1944	1.5019	1.0329	1.9354

第四章　天然气地面工程主体技术

新疆油田经过多年发展，形成井口加热节流、井口注醇节流、井口注醇不节流、井口不防冻不节流直接进集气站和井下节流井口常温集气等天然气集气工艺。新疆油田天然气主要包括气田气、凝析气与伴生气，井口产出气体需要经过净化后管输和储存。气田水比油田水的处理难度小，新疆油田通常将气田生产水和生活污水一并通过污水处理装置净化。新疆油田伴生气处理打破区域界限，根据气质特点及规模大小，从经济效益出发，形成小站增压脱水、大站集中处理的生产模式。新疆油田对油田伴生气形成的天然气集输、处理技术，目前基本适应和满足不同开发阶段的生产运行要求。本章主要介绍天然气生产及特性、天然气集输、净化、输配与储气的基本要求及技术发展。

第一节　天然气生产及特性

新疆油田天然气主要包括气田气、凝析气与伴生气，目前新疆油田年产天然气已达 $28.4\times10^8m^3$[26]。

一、天然气

新疆油田主要气田气与凝析油组成分别见表 1-4-1 与表 1-4-2，可见气田气是由多种可燃和不可燃气体组成的混合物，以低分子饱和烃类气体为主，并含有少量非烃类气体。在烃类气体中，甲烷占绝大部分，乙烷、丙烷、丁烷和戊烷含量不多，庚烷以上的烷烃含量极少。非烃类气体主要包含二氧化碳、氮气和水汽。要达到商用天然气的质量指标，必须对其净化处理。

表 1-4-1　气田气组成

气田	摩尔组成（%）											相对密度
	C_1	C_2	C_3	i–C_4	n–C_4	i–C_5	n–C_5	C_6	C_{7^+}	CO_2	N_2	
克拉美丽	82.87	5.51	2.52	0.67	0.81	0.22	0.19	0.48	0.18	0.34	6.45	0.6584
玛河	87.77	5.06	1.21	0.26	0.26	0.07	0.04	—	—	0.27	5.05	0.6226

表 1-4-2　气田凝析油物性参数

气田	密度（g/cm^3）	黏度（mPa·s）		凝固点（℃）	含蜡量（%）	析蜡点（℃）
		30℃	50℃			
克拉美丽	0.7605	0.8009	—	-8.0	—	<0
玛河	0.7690	—	0.8400	-15.5	0.99	—

二、伴生气

新疆油田伴生气主要来源于稀油田，是原油中富含的可燃气体，其主要成分是甲烷与乙烷，并含有一定数量的丙烷、丁烷、戊烷等组分，非烃类组分主要是氮、二氧化碳和水汽等。典型油田伴生气组成见表 1-4-3，可见轻烷基石油的伴生气中，C_{2^+} 含量较高，其中乙烷含量最高，其后依次为丙烷和丁烷。

表 1-4-3　油田伴生气组成

油田	摩尔组成（%）											
	C_1	C_2	C_3	i-C_4	n-C_4	i-C_5	n-C_5	C_6	C_{7^+}	CO_2	N_2	H_2O
采油二厂	88.59	5.10	2.19	0.70	0.73	0.30	0.25	0.22	0.06	0.53	0.72	0.62
石西	88.52	4.79	2.03	0.61	0.71	0.26	0.24	0.20	0.11	0.63	1.00	0.90

陆梁地区甲烷含量为 72.78%～94.26%，彩南地区甲烷含量为 75%～96%，且多高于 90% 以上，以干气为主；石南地区甲烷含量为 75%～93%，石西地区甲烷含量为 64%～91%，以湿气为主。

重质原油伴生气的重烃含量很少，其压力通常较低，一般为 0.1～0.3MPa。红山嘴油田既有伴生气又有气田气，干燥系数一般大于 90%；风城油田主要为伴生气，碳同位素组成较轻。

第二节　集输技术

新疆油田准噶尔油气区天然气主要包括油田伴生气（油田气）和气田气。早期的油田气在选油站或集油站分离出来后，除用于油田生产保温和就近供一些生产生活用气以外，就地放空。20 世纪 70 年代末，在原油集输系统密闭流程改造过程中，油田气由原油处理装置或接转站分离出来，输往天然气处理站集中处理。

一、技术要求

在气田集输系统工程中，管网的投资一般占气田集输系统总投资的 60%～70%，而集输站址的选择及数量会直接影响整个气田集输管网的结构形式。集输系统的布局主要受地形、管网布置方式、地理交通条件、集气半径等因素影响。因此，天然气在集输过程中需合理优化集气站数量及位置，以减少地面工程的投资。根据 GB 50349—2015《气田集输设计规范》，气田集气工艺需满足以下规定：

（1）气田集输总工艺流程应根据天然气气质、气井产量、压力、温度和气田构造形态、驱动类型、井网布置、开采年限、逐年产量、产品方案及自然条件等因素，以提高气田开发的整体经济效益为目标，综合评价确定。

（2）气田站场布局应结合地形及气田生产可依托条件统一规划布置各类站场，站场位置应符合集输工程总流程和产品流向的要求，并应方便生产管理；当气区内天然气含硫量差别较大，需要采取不同净化工艺时，可建分散的净化站，宜与井场或集气站合建。

（3）集输系统的建设规模应根据气田开发方案和设计委托书或设计合同规定的年最大集气量确定，每口气井年生产天数应按 330d 计算；采气管道的设计能力应根据气井的最大日产量确定；集气管道的设计能力应按其所辖采气管道日采气量的总和乘以 1.2 确定。

（4）集气管网的压力应根据气田压力、压力递减速度、天然气处理工艺和商品气外输首站压力的要求综合平衡确定。

（5）集气管网布置形式应根据集气工艺、气田构造形态、井位部署、厂站位置、产品流向及地形条件确定，可采用枝状管网、辐射—枝状组合管网或辐射—环形组合的管网形式；同一气区或同一气田内，宜设一套管网；当天然气气质和压力差别较大，设一套管网不经济时，可分设管网。

（6）当气井井口压力降低，天然气不能进入原有集气管网时，可通过原有系统的改造来降低集输过程中的压力损失，或者新建低压气集输系统，或者将低压气增压后输入气田集气管网。

（7）在增压开采阶段，对于井口压力、衰减幅度、衰减时间基本相同时，宜采用集中增压方式；对于井口压力、衰减幅度、衰减时间相差较大时，宜采用分散增压方式。

（8）油田伴生气集气工艺应结合油气集输工艺流程，通过技术经济分析，选择油气混输或油气分输工艺；集气应充分利用油气分离的压力，当分离压力不能满足要求时应增压；净化处理后的干气可外输作为商品天然气或返输作为油田站场的燃料气。

（9）油田伴生气集输工程的设计能力可按所辖区块油田开发方案提供的产气量确定；当油气集输的加热以湿气为燃料时，应扣除相应的集输自耗气量。

二、油田气集输

油田气的集输将油井生产的油气，混输至转油站或原油处理站后分离出来的湿气输往天然气处理站的过程，通常外围及偏远分散的小油区集气十分困难。油田气一般较富，当其在集输过程中易冷凝形成气液两相流，同时对于距离较长、地形起伏较大的油田气集输管线在清管过程中易形成段塞流，引起较大的压力波动，故油田气集输管段末端设置有段塞流捕集设施。

三、气田气集输

新疆油田气田气多属于中、小型凝析气田，截至 2014 年底，新疆油田已建采气管道 588km，集气管道 515km，均为钢制管道。截至 2019 年底，新疆油田已建气田气集气站 14 座，集气能力达 $3920 \times 10^4 m^3/d$，实际集气 $2567 \times 10^4 m^3/d$。

新疆油田的气田气除来自呼图壁整装凝析气田外，还产自克拉美丽凝析气田和部分准噶尔盆地中零星分布的小气田，这些气田的集输一般采用简捷适用、因地制宜的集气工艺，主要包括井口加热节流、气液混输、集气站轮换计量与集中处理的放射状集气工艺[28]。

新疆油田经过多年发展，天然气集气工艺已形成“井口加热节流、井口注醇节流、井口注醇不节流、井口不防冻不节流直接进集气站和井下节流井口常温集气”等集气工艺。

第三节　净化技术

一、技术要求

1. 气田气净化要求

新疆油田的气田气气质较好，无需脱硫脱碳处理。天然气中往往含有饱和水、天然气凝液等，为了满足天然气气质指标和深度分离的需要，同时也为满足天然气在管输条件下对水露点和烃露点的要求，必须将天然气中的饱和水、天然气凝液脱除。根据 GB/T 51248—2017《天然气净化厂设计规范》的规定，气田气净化工艺设计应符合以下基本要求：

（1）天然气净化装置的处理能力为标准状况下每一工作日的处理原料气量，应根据资源条件、油气田开发方案和总工艺流程所确定的原则及净化气管网的连接状态合理确定。

（2）净化装置的设计压力应由集气与输气系统总工艺流程确定，无增压与节流的天然气净化过程宜采用相同设计压力。

（3）各工艺装置的设计年工作天数应不低于 330d，各工艺装置、辅助生产设施及公用工程的设计能力应以整个流程的物料与能量平衡的结果为依据，协调均衡。

（4）气田气净化装置应采用国内外成熟适用的新工艺、新技术、新设备与新材料。

（5）气田气净化的工艺方法及总工艺流程应根据原料气组成、净化气质量要求（表 1–2–7）及水与烃露点要求、综合利用原料气压力能、节能降耗和保护环境等要求合理选定。

（6）污染物排放要满足现行相关标准的规定及净化厂所在地的环保要求。

（7）净化装置的操作弹性以设计处理能力的 50%～100% 为宜。

（8）应设置气田气净化装置泄漏监测、氮气供给系统及智能喷注系统，确保净化装置在全寿命周期内操作运行安全。

2. 气田水与生活水处理要求

气田水比油田水的处理难度低，通常将气田生产水和生活污水一并在污水处理装置中处理，经过处理后的废水外排须满足 GB 8978—1996《污水综合排放标准》中要求的二级排放标准，其主要指标见表 1–4–4。

表 1–4–4　新疆油气田水及生活污水处理标准要求

序号	检测项目	指标（mg/L）		
		一级标准	二级标准	三级标准
1	BOD_5	30	60	300
2	COD	100	120	500
3	悬浮物	20	30	50
4	氨氮	15	50	/
5	总磷	1	3	5
6	石油类	3	5	15
7	阴离子表面活性剂	1	2	5
8	色度	30	40	50
9	pH 值	6～9		
10	大肠菌群数	10^4（个 /L）		

二、技术发展

目前，新疆油田天然气处理主要包括气田气处理和油田伴生气处理。截至 2019 年底，共建气田气处理站 7 座，处理能力 $525\times10^4m^3/d$，主体工艺采用乙二醇防冻、节流制冷、低温分离浅冷工艺，处理站基本情况见表 1–4–5。

表 1–4–5　2019 年气田气处理站基本情况

区域	站名	处理规模（$10^4m^3/d$）		负荷率（%）	主要工艺
		总设计	实际		
西北缘	克 75	40	15.0	37.50	增压、注乙二醇、J–T 阀节流、低温分离
腹部	克拉美丽	250	300.0	120.00	增压、分子筛脱水、膨胀机制冷、RSV 部分干气回流
	盆 5	30	6.5	21.67	注乙二醇、丙烷制冷、低温分离
	滴西 10	20	7.0	35.00	注乙二醇、J–T 阀节流、低温分离
	滴西 12	10	3.0	30.00	
东部	彩 31	25	10.0	40.00	增压、注乙二醇、丙烷制冷、低温分离
南缘	玛河	150	140.0	93.33	注乙二醇、J–T 阀节流、低温分离
合计		525	481.5	91.71	—

新疆油田伴生气处理打破了区域界限，根据气质特点及规模大小，从经济效益出发，形成了小站增压脱水、大站集中处理的生产模式。截至2019年，已建油田伴生气增压站（装置）8座，增压能力218×$10^4m^3/d$，平均负荷率为37.2%；已建油田伴生气处理站9座，处理能力357×$10^4m^3/d$，平均负荷率为64.6%，它们的基本情况分别见表1-4-6与表1-4-7。由此可见，目前油田伴生气形成的集输与处理技术基本适应和满足不同开发阶段的生产运行要求。

表1-4-6　2019年油田伴生气增压站情况

序号	站名	规模（$10^4m^3/d$）		负荷率（%）	主要工艺
		设计	实际		
1	71#站增压装置	20	18	90.0	增压常温分离
2	82#站增压装置	30	24	80.0	
3	红联站	10	4	40.0	
4	石南21增压站	50	15	30.0	增压、三甘醇脱水
5	莫109增压站	13	3	23.1	增压常温分离
6	石南31伴生气增压站	45	10	22.2	增压、三甘醇脱水
7	莫北伴生气增压站	40	2	5.0	
8	石南4伴生气增压站	10	5	50.0	增压常温分离
合计		218	81	37.2	—

表1-4-7　2019年伴生气处理站情况

序号	站名	规模（$10^4m^3/d$）		负荷率（%）	主要工艺
		设计	实际		
1	一厂天然气处理站	10	8.0	80.0	增压、分子筛脱水、丙烷制冷脱烃
2	81#天然气处理站	140	125.0	89.3	增压、分子筛脱水、气波机制冷脱烃
3	百口泉天然气处理站	20	18.0	90.0	增压、分子筛脱水、膨胀机制冷脱烃
4	石西天然气处理站	100	50.0	50.0	增压、分子筛脱水、J-T阀节流—丙烷外冷脱烃
5	彩南天然气处理站	10	8.0（只增压）	80.0	干法脱硫、增压、分子筛脱水、膨胀制冷脱烃
6	陆梁集中处理站	15	6.5	43.3	增压、丙烷制冷分离
7	莫7-莫11处理站	22	3.0	13.6	注乙二醇防冻、J-T阀制冷、低温分离脱水脱烃

续表

序号	站名	规模（$10^4m^3/d$）		负荷率（%）	主要工艺
		设计	实际		
8	夏子街增压站	30	10.0	33.3	增压、三甘醇脱水
9	乌尔禾增压站	10	2.0	20.0	增压、丙烷制冷脱水脱烃
合计		357	230.5	64.6	—

第四节 输配技术

一、基本要求

天然气输配的主要任务就是根据用户的需求，把气田气与伴生气经净化处理且符合管输气质要求的一类气（表 1-2-7）输送到各用户，其工艺技术应具备以下基本功能：

（1）计量功能：长输管道必须设置专门的计量装置，如孔板流量计、超声波流量计或涡轮流量计，以便在交接气过程中计量。

（2）增压功能：由于产地和用户之间距离的长短不等、气田原始压力高低不同，长输管道在输送过程中往往需压缩机增压。

（3）接收和分输功能：大口径长距离输气管线往往经过沿线附近的多个气田与油田并分别供给计划用户使用，其沿线要接收气田的来气并分输给相应用户。

（4）截断功能：为使管线在某处发生泄漏爆管时不造成大范围的断气和放空损失，需要分段设置截断阀，以便在发生意外爆管甚至燃爆事故时能可靠关闭。

（5）调压功能：与长输管道连接的下游管线通常以较低的压力等级设计，如城市生活供气管网，因此，要把输气干线的压力调到一个较低且相对稳定的出口压力。

（6）清管功能：输气管内不可避免地遗留有施工过程中的污物和长期运行产生的铁锈、固体颗粒与积液等，输配系统中压缩机、流量计与调压器等设备的正常运行不允许气中含有这类杂质，故长输管道一般要定期清管。

（7）储气调峰功能：天然气的生产和运输过程通常是每天 24h 内均衡供给的，但用户用气随时都在变化，特别是生活用气存在用气高峰，可利用长输管线末段压力的变化，部分缓冲这种均衡供气和不均匀用气之间的矛盾。

二、技术发展

2005 年，准噶尔盆地第一条天然气输送管线即克→乌输气管线建成投入运营；2007 年，彩南油田→乌鲁木齐（简称彩→乌）输气管线建成；2008 年 10 月底，彩南→石西→克拉玛依（简称彩→石→克）输气管线正式投入使用。

2016 年，新疆准噶尔盆地建成的第一套环形输气管网全线贯通，总长约 760km，分为彩→石→克，克→乌及乌→彩三段输气管线，沿线分布有玛河、石西、彩南及盆 5 等多个天然气产区。西气东输二线在距该环网最近处连通，亦即与克→乌输气干线平行敷设的输油干线 706 泵站位于输气支线接口处，故新疆油田常称该连接处为 706 泵站。为避免与输油泵站混淆，以下称其为 706 输气站。

环准噶尔盆地天然气输送管网的顺利贯通，使彩南与石西作业区、克拉玛依与乌鲁木齐城市输气管线首尾相连，形成一个环准噶尔盆地的天然气管网，实现整个准噶尔盆地天然气资源的灵活调配。

第五节 储气技术

一、基本要求

新疆天然气业务快速发展，“十一五”以来年产量连续十年保持两位数增长，特别是国外天然气的大规模引进，为新疆天然气大开发提供了独特的条件，同时也对安全平稳供气构成极大挑战。为保障新疆天然气输配稳定性，于 2013 年建成呼图壁储气库，属于全国已建最大储气库。具有季节调峰和应急储备双重功能，可保障北疆地区用户平稳用气以及西气东输二线的安全供气，主要用于北疆季节调峰和西气东输二线战略储备。

储气库一般按建库地区用气调峰和战略储备应急调峰的目标设计，主要用于季节用气调峰，保证建库地区用气安全，兼作输配气管线的应急和战略储备气库。当长输天然气管线发生事故时，能及时供气。据 SY/T 6848—2012《地下储气库设计规范》，储气库工艺技术应符合以下基本要求：

（1）应结合地质、钻采、地面工程及业主综合考虑储气库调峰设计规模，库内装备及设施的年工作时间应兼顾下游用户要求及装置检修的需要。

（2）库址的选择应综合考虑地质、钻采与地面工程相关影响因素，特别是地质构造在储气库最高运行压力下的封闭要求，老井的安全处理，不适合用作储气库的气藏（如含 H_2S 且影响采出气质），以及库内地面设施的安全距离等因素。

（3）储气库外输天然气应符合 GB 17820—2018《天然气》中二类气质（表 1–2–7）规定。

（4）根据储气库的建设必要性及调峰要求，应充分论证其可靠性、可用性与可维护性。

（5）建设及生产过程中伴生的废液、废气与废渣要同步回收、处理与综合利用，处理设施应与主体工程同时设计、同时施工、同时投运，“三废”应处理达标排放。

（6）储气库地面工程总体布局需要综合考虑连接输气干线、储气库集注站、注气系统、采气系统、井场及其所依托的现有设施等因素优化确定。

（7）注气与采气系统的主要节点压力及流量应依据储气库注采气期间的井口参数与输气干线运行参数仿真模拟与优化确定。

（8）注采气工艺装置设计规模应围绕储气库功能、注采模式、单井注采气能力、输气干线供气能力及调峰需求等因素合理确定。

（9）储气库与输气干线对接、注气站与集气站、注气系统与采气系统等主体工艺的布置需要通过多方案的技术经济综合评价来比选确定。

（10）储气库注气压缩机的噪音治理、储气库地面工程危险源识别与完整性管理等安全环保措施必须符合现行相关法律、法规的规定要求。

二、技术发展

呼图壁储气库于2011年7月1日开工，于2013年建成，其地面工程设施如图1-4-1所示。2014年10月30日，呼图壁储气库投产，设计库容$107 \times 10^8 m^3$，运行压力为18.0～34.0MPa，工作气量$45.1 \times 10^8 m^3$，其中调峰工作气量$20 \times 10^8 m^3$，战略储备工作气量$25.1 \times 10^8 m^3$。季节调峰日注气$1550 \times 10^4 m^3$、日采气量（1333～1900）$\times 10^4 m^3$，战略储备日采气量$2789 \times 10^4 m^3$，该储气库各系统的建设规模见表1-4-8。

图1-4-1 呼图壁地下储气库

表1-4-8 呼图壁储气库工程建设规模

序号	项目	总规模	序号	项目	总规模
1	注气规模（$10^4 m^3/d$）	1550	4	双向输气规模（$10^4 m^3/d$）	4600
2	天然气处理规模（$10^4 m^3/d$）	2800	5	储气库→706站输气规模（$10^4 m^3/d$）	1900
3	凝析油处理规模（t/d）	150	—		

目前呼图壁储气库已建成注采井30口，集配站3座，集注站1座。储气库运行周期为注气期、采气期和平衡期，其中注气期为180d，采气期为150d，在注采末所余35d为平衡期。经五个循环周期后，达到$20.0 \times 10^8 m^3$的季节调峰能力和$25.1 \times 10^8 m^3$的战略储备能力，运行平稳，天然气质量合格。但因凝析油组分变化，其性质也随之改变，凝点由建库初期的-30℃升至13℃，油气比由建库初期的$23.2 g/m^3$降至$1.3 g/m^3$，导致凝析油稳定系统的运行温度比设计温度低，冬季可能发生冻堵，后期需对设备、管道及阀件保温。

第五章　新疆油气田配套技术

新疆油田现有多座净化水厂和水库，污水处理系统的排水、各罐排污及溢流通过自流排至污泥浓缩池，有专职消防队伍保障新疆油田生产运行安全。油田电网为全盆地油气勘探开发与生产生活提供有力保障，通信系统依托石油专网和公共通信资源，已形成环绕准噶尔盆地的通信环网。油田已建成环绕准噶尔盆地的路网骨架，形成完善的油田公路运输体系。新疆油田建筑物通风，通常采用自然通风与机械通风相结合的方式。虽然站场完整性管理工作尚处于起步阶段，但目前已建立气田站场完整性管理体系、数据管理平台和检测评价技术规定。本章主要介绍给排水与消防、供配电、通信与自动化、道路系统、防腐保温、供暖通风以及完整性管理等配套技术的基本情况。

第一节　给排水与消防

一、给排水

准噶尔油气区的水源工程建设伴随着油气田的开发而与时俱进，早年开发的独山子油田利用奎屯河水作为油田和矿区的生产生活用水。克拉玛依地区先后开发利用包古图河、玛纳斯河、白杨河等地表水源以及百口泉等地下水源。20 世纪末“引额济克”引水工程建成供水，为盆地西北缘油田发展提供可靠保障，同时也为克拉玛依社会经济发展带来良好机遇。盆地东部与腹部油田也就近开发建设油田地下水源，基本满足油田生产和基地生活用水需要。

新疆油田公司水源分配按油田区域划分：西北缘油气田供水系统以白杨河地表水，引额济克水和百口泉、黄羊泉与包古图等地下水源，油区内小型地下水源及油田达标净化水为主；腹部与东部供水水源以地下水源及油田达标净化水为主。西北缘清水总能力为 $38.8\times10^4m^3$，其中，白杨河与额河水源供水能力为 $23\times10^4m^3$，百口泉、黄羊泉与包古图的水源能力依次为 $4\times10^4m^3$、$1.5\times10^4m^3$ 与 $0.8\times10^4m^3$，其他小型地下水源约 $5.38\times10^4m^3$。腹部与东部的产水能力分别为 $3.8\times10^4m^3/d$ 与 $8.44\times10^4m^3/d$。目前，新疆油田建有 6 座净化水厂，处理规模为 $23\times10^4m^3/d$，6 座水库的设计总库容为 $2.841\times10^8m^3$，并建有配套输水泵站及供水管道。

油田污水处理系统排水、各罐排污及溢流通过自流排至污泥浓缩池。站内生产辅助设施的排水自流排至已建站区污水池，排水管线常用 DN200 硬聚氯乙烯双壁波纹排水管。油田污水经处理后，其达标净化水可供油田注水、锅炉给水或外排。值班室排水经隔油池处理后，由 DN200 双壁波纹管收集汇入新建生活污水处理装置，出水达到排放标准后，进入污水池，夏季可供绿化用水。

二、消防

油田生产活动过程中安全是重中之重，而消防安全又是油田安全中的核心。新疆油田自建设之初就严格按照相关标准、规范的要求，设计建设油田相关处理站、油库及相关设施。针对油库、中间站、处理站、转油站、拉油站、单井拉油点等复杂多样的油田生产设施，严格按照 SY/T 6670—2006《油气田消防站建设规范》等相关标准、规范要求，形成固定、半固定与移动消防相结合的多维一体消防方式，确保油田消防的多种需求。同时，新疆油田还建有一支隶属新疆油田公司的专职消防队伍，以此作为新疆油田外部消防的依托，保障新疆油田生产运行安全。

第二节　供　配　电

准噶尔油气区电力系统经过半个多世纪的建设，经历从无到有，逐步配套完善。至 2000 年，建成克拉玛依和准东油田两个自备电力系统，装机 12 台套，总装机容量 237MW，并与乌鲁木齐电网联合供电，形成完善的供发电系统与配套供电技术。目前新疆油田电网主要包括克拉玛依电网和准东油田电网两部分，为全盆地油气勘探开发与生产生活提供有力保障。

一、克拉玛依电网

克拉玛依电网的主要电源点包括克拉玛依电厂（装机容量 270MW）、克拉玛依石化热电厂（装机容量 24MW）、克拉玛依的 220kV 区域变电站（主变容量为 1×120MV·A，1×180MV·A）、百口泉的 220kV 变电站（主变容量为 2×180MV·A）与白碱滩的 220kV 变电站（主变容量为 2×180MV·A）。

截至 2016 年底，克拉玛依电网已建成 110kV 变电站 18 座，主变共计 36 台，总容量 1036MV·A，110kV 线路 35 条，架空线路总长度 923km，电缆线路总长度 29.54km；35kV 变电站 95 座，其中正规变电站 36 座，简易变电站 59 座，主变共计 127 台，总容量为 788.19MV·A；35kV 线路 71 条，线路总长度 1362km；6（10）kV 架空线路 544 条，线路总长度 4830.1km。

二、准东油田电网

准东油田电网的电源点为新疆主电网五彩湾 220kV 和吉木萨尔 220kV 变电站。准东油田电网已建成 110kV 变电站 4 座，总容量 88MV·A，已建 110kV 线路 4 条，110kV 线路总长 279.22km；35kV 变电站 13 座，总容量 43.6MV·A，35kV 线路 8 条，总长 185.28km；6（10）kV 配电线路 91 条，架空线路 50 条，总长度 1050km，电缆线路 41 条，总长 30km，配电变压器 2156 台，总容量为 235.7MV·A。

以 2016 年为例，克拉玛依电网全年发购电量 29.85×10^8kW·h，同比下降 0.27%，其中，购入克拉玛依电厂电量 15.04×10^8kW·h，克石化热电厂电量 0.35×10^8kW·h，新疆电网电量 14.47×10^8kW·h；准东油田电网外购电量 0.98×10^8kW·h；而全年新疆油田公司总用电量为 12.27×10^8kW·h。

第三节　通信与自动化

一、通信

石油专用通信网经过近 50 年的建设和发展，已建成包括油区通信、输油管道通信和公网通信为一体的综合通信网，为准噶尔油气区生产和生活通信提供基本保证。近 10 年来，通过通信网络结构的调整和改造，实现交换节点和传输链路的数字化。交换设备经过从纵横制机型到程控用户机型，再到数字程控局用机型的两次技术改造，增大处理能力，提供多种新业务功能，同时解决石油专网长途通信与公网通信的中继通信转向用户网的问题。至 2000 年，交换设备总容量 10 万门，实装用户 6.5 万线，石油专网光缆线路 1080km，光缆传输速率分为 155×10^6bit/s、622×10^6bit/s 和 2500×10^6bit/s 三类。

新疆油田通信系统依托石油专网和公共通信资源，经过多年建设，已形成环绕准噶尔盆地的通信环网。目前主要用有线（光缆）—无线（电台、网桥、3G 与 4G 等）传输方式，生产管理中心与厂（站）、厂（站）间通信以有线方式为主，无线方式为辅；厂（站）与井场通信以无线通信方式为主，有线通信方式为辅，具备数据传输、视频图像传输、远程监控等诸多功能，能满足油田开发对通信的需求。有线传输方式主要以光缆为主，主干光缆已覆盖准噶尔盆地、西北缘地区，并形成六环一链的网络架构；支线光缆已贯穿 10 个油田生产作业区，总计 2684km，其中主干光缆 1543km，供水光缆 396km。无线传输方式主要以数传电台、无线网桥与 4G 为主，共自建铁塔（基站）45 座。

二、自动化

生产自动化技术是一种应用控制理论、仪器仪表、计算机和其他信息技术，对工业生产过程实现监测、控制、优化、调度、管理和决策，达到增加产量、提高质量、降低消耗、确保安全等目的的综合性技术。油气田自动化系统主要应用在油气开采及其集输工艺过程的测控，主要包括井场监控和数据采集 SCADA（Supervisory Control and Data Acquisition）系统、站场集散控制系统 DCS（Distributed Control System）。其中，SCADA 系统主要应用于井口、计量站等井场参数的自动采集、传输及远程监控，实现分散控制、集中管理的生产模式；DCS 系统主要应用在集中处理站或联合站。

油田生产自动化起步于 20 世纪 70 年代，首先在计量站和水源井上用国产仪器设备探索试验，随后在克拉玛依油田七西区、二中区部分井站，以及五区硫化氢水源井上安装有线传输自动化系统。

新疆油田生产自动化系统建设始于 20 世纪 90 年代初，针对彩南油田位于沙漠地区与自然环境条件恶劣的实际情况，1994 年 11 月引进全套自动化系统。集油区采用 SCADA 系统；井口采用 RPC（Remote Procedure Call，远程过程调用）终端；计量站用电动阀自动切换选井，其油气水三相采用 RTU（Remote Terminal Unit，远程终端单元）终端自动计量；集中处理站采用 DCS 系统，实现彩南油田油井数据采集、计量站自动计量无人值守、处理站集中控制、中心控制室集中管理的目标。油田生产自动化达国内领先水平，创造整装沙漠油田作业区管理的高效益。

20 世纪 90 年代中后期，在石西等沙漠油田建设中按照彩南油田自动化的模式，部分应用国产化仪器设备，改进处理站的 DCS 系统、计量站的 RTU 终端和井口的 RPC 终端，进一步完善沙漠油田自动化系统。1999 年相继建成北三台（北 16、北 31、北 75 井区）及盆 5 自动化油气田；2002 年先后建成石西及陆梁两个百万吨级整装自动化油田，实现"百万吨油田、百人管理"的高效油气田管理模式。

随着信息技术和自动化工艺的不断发展，生产自动化系统在油田生产中的应用越来越广，保障油田高效开发、降低消耗、安全生产、减轻员工劳动强度、提高工作效率和管理水平。截至 2019 年底，新疆油田自动化系统主要涵盖准东采油厂、百口泉采油厂、采油一厂、采油二厂、重油公司、石南作业区、陆梁作业区、采气一厂、风城作业区等 14 个生产单位的油气田。共建有 SCADA 系统 17 套（表 1–5–1），其中含 3 套油气储运公司的 SCADA 系统；DCS/PLC（Programmable Logic Controller，可编程逻辑控制器）系统 125 套（表 1–5–2），其中 DCS 有 50 套、PLC 有 75 套。

表 1–5–1　主要井场 SCADA 系统情况

厂（作业区）名称	采油井		气井		水源井		计量 / 集配站	
	数量	监测点	数量	监测点	数量	监测点	数量	监测点
准东采油厂	1124	5620	21	168	35	245	169	1690
采油一厂	444	38095	—	—	—	—	38	11234
采油二厂	2775	30525	—	—	—	—	223	2230
采气一厂	—	—	82	656	3	21	8	640
百口泉采油厂	187	114800	—	—	—	—	19	14000
石西作业区	714	3488	18	162	32	224	72	720
陆梁作业区	1358	27160			37	555	113	16950
风城作业区	226	14690	26	52	18	36	81	561
重油公司	1369	2939	—	—	—	—	223	1115
红山公司	1660	21432	—	—	—	—	191	1686
黑油山	800	7220	—	—	—	—	—	—
新港公司	2818	25360	—	—	—	—	98	11000
呼图壁储气库	—	—	30	2280	—	—	4	40
合计	13475	291329	147	3318	125	1081	1239	61866
油气储运公司	3 条管线 3 套 SCADA 系统　　监测点：21000 点							

表 1-5-2　油田 DCS 主要站库

单位名称	站库名称	监控点数	建成时间（年）	单位名称	站库名称	监控点数	建成时间（年）
准东采油厂	火烧山联合站	264	2004	重油公司	克浅污水处理站	114	2009
	沙南处理站	1000	1999		六九区污水处理站	66	2012
	北三台联合站	1000	2004	百口泉采油厂	百联站 / 稠油污水	320	2004/2013
	吉祥联合站	1070	2012		天然气处理站	200	2004/2017
	彩南原油 / 清水处理	380	1994/2012		检 188 转油站	83	2007
	彩南污水处理	170	2015		玛 18 拉油站	70	2015
	彩南天然气处理	151	2003		玛 131 拉油站	40	2016
	火烧山作业区换热站	22	2015	石西作业区	石西集中处理站	546	1998/2007
采油一厂	天然气处理站	200	2015		石西天然气处理站	1143	1998/2008
	稠油处理站	60	2009		莫北转油站	406	2001/2013
	车 510 联合站	350	2015		石南 31 联合站	394	2006/2013
采油二厂	81# 原油 / 污水处理站	535	2008/2010		石南联合站	399	2001/2008
	51# 原油 / 污水处理站	247	2002/2008		莫 109（莫 7）转输处理站	169	2006/2013
	81# 天然气处理站	741	2003	陆梁作业区	陆 9 联合处理站	1300	2001/2016
	72# 三采处理站	90	2013		浅层气处理站	120	2009
	1#、2# 注聚站	133	2014		石南 21 集中处理站	1200	2005/2016
	82# 天然气增压站	28	2008		玛东预脱水站	120	2015
采气一厂	盆 5 处理站	244	2003/2007	风城作业区	一号稠油联合处理站	2860	2008
	克拉美丽处理站	2295	2008/2009/2015		二号稠油联合处理站	1513	2013
	克 75 处理站	321	2009/2017		密闭试验站	1054	2013
	玛河集气站	235	2007/2008		稀油注输联合站	820	2007
	玛河天然气处理站	609	2007/2008	红山公司	红 003 稠油处理站	222	2010
	滴西 10 处理站	208	2007	呼图壁储气库	集注站	350	2013

三、数字化

1994 年彩南油田 SCADA 系统建成投用，首次将生产自动化技术应用在整装沙漠油田中，实现油气水井的生产自动化管理，拉开新疆油田生产自动化、数字化的建设进程，也标志着新疆油田生产自动化水平达到国内先进。"十一五"期间，按照党中央提出的"以信息化带动工业化、以工业化促进信息化"的战略，新疆油田公司将"数字油田"建设作为油田发展的重要举措之一，用信息化来提升油气勘探开发主营业务的效益和整体管理水平。

数字油田是油田业务与计算机、网络、各类数据、生产自动化系统、应用软件系统的高度融合。数字油田的最终表现形式，就是完全应用计算机来研究和管理油田实体，油田生产和数据采集最大限度地采用自动化工艺，科学研究与广泛应用数字井筒、数字油藏、数字盆地以及地理信息系统等技术，生产经营管理业务通过信息系统来完成等。从数字油田的层次架构来看（图 1-5-1），生产自动化及其自动采集的实时数据是数字油田建设和应用的重要基础。

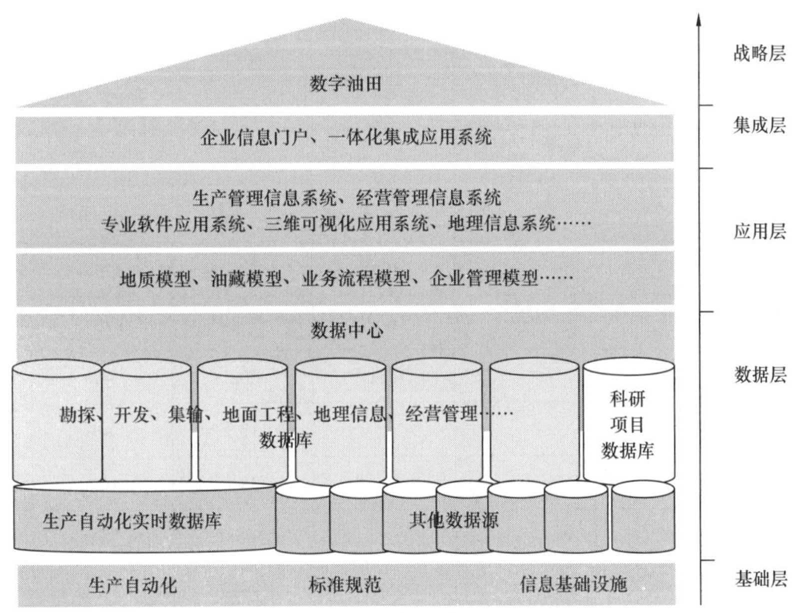

图 1-5-1　数字油田层次结构模型示意图

第四节　道路系统

油气田道路主要是供油气田生产、生活等各种车辆通行的道路，是油气田地面工程的重要组成部分，属于油气田基础配套工程。油气田道路的设计规模往往同油气田的开发速度、生产规模、交通条件及生活需求密切相关，新疆油田现已建成环绕准噶尔盆地的路网骨架。油田公路与国家建设的国道、省道连接起来，形成完善的油田公路运输体系。目前已建成连接石西油田、陆梁油田、盆5气田、石南油田、彩南油田、火烧山油田与克拉玛依油田等油气区的环形公路网。各油田集油区公路的完善不仅可提高油田公路的服务功能，而且可促进油区通达性、确保油田勘探开发及生产建设的顺利进行。

新疆油田公路分为油田主干道、集油区公路和单井巡井路三种类型，其布局为环网或枝状形式，其等级按二级和二级以下标准建设。截至2016年底，新疆油田公司自建公路里程达4233.6km，其中一级公路18.5km、二级公路662.1km、三级公路1961.6km、砂砾道路1591.4km，分属油田公司与下属二级单位管理，见表1-5-3。

表1-5-3 新疆油田道路统计表

序号	油田公司二级单位	道路里程（km）				小计（km）
		一级	二级	三级	砂砾	
1	采油一厂			257.9	56.3	314.2
2	采油二厂	18.5	79.1	229.4	123.6	450.6
3	采气一厂		77.0	163.4	132.8	373.2
4	百口泉采油厂			108.1	6.1	114.2
5	风城作业区			83.6	123.7	207.3
6	重油公司			109.6	25.2	134.8
7	石西作业区		180.0	172.0	620.0	972.0
8	陆梁作业区		30.0	135.5	115.0	280.5
9	准东采油厂		166.0	179.9	278.0	623.9
10	彩南作业区		130.0	86.2	34.6	250.8
11	红山公司			12.9	8.1	21.0
12	新港公司			38.1	10.1	48.2
13	供水公司			385.0	58.0	443.0
合计		18.5	662.1	1961.6	1591.5	4233.7

第五节 防腐保温

经过多年发展，新疆油田积累有丰富的油气田管道、设备和容器的防腐保温经验。

一、管道外防腐

对于输送介质温度小于或等于50℃的非保温埋地管道，新疆油田一般采用聚乙烯二层结构做防腐层。当土壤腐蚀性强（一级）时，油气场、站、库内埋地非保温管道采用特加强级防腐。对于介质温度小于100℃的非保温地面管道，其外壁一般采用丙烯酸或聚氨酯外防腐涂料。

二、管道保温

埋地管道防腐保温结构：介质温度小于100℃的埋地防腐保温管道，采用钢管外壁—防腐层—保温层—保护层结构。带锈防腐漆作防腐层，防腐层结构为二底三面，涂层干膜厚度不小于150μm；保温层采用聚氨酯泡沫塑料；保护层采用聚乙烯夹克。地面管道防腐保温结构：介质温度小于100℃的地面防腐保温管道，采用钢管外壁—防腐层—保温层—保护层结构。防腐层采用带锈防腐漆；保温层采用硅酸盐保温材料、玻璃棉管壳；保护层分两种情况，室内管道宜采用玻璃布加防水涂布漆，室外管道宜采用镀锌铁皮。

三、设备与容器外防腐保温

设备、容器外防腐保温结构采用带锈防腐漆作防腐层，其结构为二底二面，涂层干膜（其厚度不小于120μm）—复合硅酸盐毡保温层—镀锌铁皮保护层结构。金属储罐是油田生产的重要设施，为提高油水分离效率，脱水沉降罐需维持一定的处理温度。一般常用的保温措施是在罐壁安装保温层，保温材料采用岩棉、珍珠岩和硅酸盐等。

四、防腐防垢措施

对于新疆油田地面工艺系统，井口出油管与注入管一般采用非金属管线；有的出油管线压力比较低，则采用钢骨架复合塑料管；当注剂管线需要承压16MPa时，一般采用高压玻璃钢管线；为降低工程投资，则采用旧油管修复内衬玻璃钢管道；站内低压工艺段一般以钢骨架复合塑料管为主，必要的短节与高压工艺段则采用不锈钢管。

对于油田站场设备，聚合物储罐及其过滤设备以不锈钢为主；碱盐和石油磺酸盐储罐均采用玻璃钢；工艺过滤器、流量计及阀件等管件均采用不锈钢；原油和污水储罐内壁，必须严格做耐酸碱介质的防腐涂层，且有极强附着力；需要加热的原油处理设备，尤其是温度高于40℃以上的处理工段，必须采用不锈钢；在防腐工程实施过程中，一般要通过严格的技术质量监督，达到防腐防垢的实际效果；各类机泵与介质接触面必须采用内衬或内镀合金材料。

第六节 供暖及通风

一、供暖

新疆油田冬季严寒，为保证人员正常活动及工艺设备正常运行，冬季供暖至关重要。根据热源不同，新疆油田供暖一般分为锅炉供暖、蒸汽供暖、燃气辐射供暖、余热供暖与电供暖等方式。经过长期的努力与建设，新疆油田基本形成稀油站场采用锅炉或水套加热炉供暖，稠油站场采用注汽系统蒸汽供暖，局部采用燃气辐射和电暖器供暖的模式。其中，稀油转油站等中小型站场通常利用站内加热原油的水套炉供暖，由于其适应性较差，近年来逐渐被适应性较强的电暖器供暖所取代；稠油站场基本上就近利用注汽系统的高品质蒸汽减压后供暖，回水（回汽）则外排，热能及水资源耗量较大。

随着节能环保与降本增效要求及意识的提高，新疆油田从2007年开始，针对蒸汽供暖开展节能技术改造试验，已形成蒸汽自动掺热供暖、汽动加热供暖、热泵余热利用供暖、高温污水换热供暖、高温采出液换热供暖和高温采出液直接供暖等技术，节能效果显著，并在中国石油逐步推广应用。

二、通风

针对新疆油田建筑物通风，通常采用自然通风与机械通风相结合的方式，通风换气次数按有关标准规范的要求执行。注水泵房、复配间、化验室、药库、配电室多采用机械通风。为满足房间对温度的要求，在仪表值班室、化验室和配电室配置有分体式空调。

第七节 完整性管理

一、基本要求

自2001年我国石油天然气行业引入完整性管理理念以来，经过近十多年的推广和实践，实施完整性管理是当前国内外各大管道公司的主要安全管理内容，同时也成为管道运营管理者的主要管道安全管理模式。2014年中国石油率先全面开展油气田集输管道完整性管理工作，通过开展试点工程和科研攻关，取得良好效果，并于2017年发布《中国石油天然气股份有限公司油气田管道和站场完整性管理规定》，对油气田管道和站场完整性管理提出具体要求。

1. 油田管道分类标准

油气田管道根据介质类型、压力等级和管径等因素，划分为Ⅰ、Ⅱ、Ⅲ类，不同类别的管道采用不同的完整性管理策略，采气、输气管道及出油、注水管道等分类标准见表1-5-4至表1-5-6。

2. 管道高后果区识别

高后果区（High Consequence Areas，HCAs）是指管道泄漏后可能对公众和环境造成较大不良影响的区域，随着管道周边人口和环境的变化，高后果区的位置和范围也会随之改变。高后果区边界设定为距离最近一栋建筑物外边缘200m。高后果区分为三级，Ⅰ级表示最低的影响程度，Ⅲ级表示最高的影响程度。集输管道高后果区识别时，不用对高后果区分级。油气管道高后果区识别由熟悉管道沿线情况的人员完成，其准则分别见表1-5-7和表1-5-8。

表 1-5-4　采气、集气、注气与输气管道分类

管道规格 \ 压力（MPa）		$p \geqslant 16$	$9.9 \leqslant p < 16$	$6.3 \leqslant p < 9.9$	$p < 6.3$
采气、集气、注气管道	$DN \geqslant 200$	Ⅰ类管道	Ⅰ类管道	Ⅰ类管道	Ⅱ类管道
	$100 \leqslant DN < 200$	Ⅰ类管道	Ⅱ类管道	Ⅱ类管道	Ⅱ类管道
	$DN < 100$	Ⅰ类管道	Ⅱ类管道	Ⅱ类管道	Ⅲ类管道
管道规格 \ 压力（MPa）		$p \geqslant 6.3$	$4.0 \leqslant p < 6.3$	$2.5 \leqslant p < 4.0$	$p < 2.5$
输气管道	$DN \geqslant 400$	Ⅰ类管道	Ⅰ类管道	Ⅰ类管道	Ⅱ类管道
	$200 \leqslant DN < 400$	Ⅰ类管道	Ⅱ类管道	Ⅱ类管道	Ⅱ类管道
	$DN < 200$	Ⅰ类管道	Ⅱ类管道	Ⅱ类管道	Ⅲ类管道

注：（1）p—最近 3 年的最高运行压力，MPa；DN—公称直径，mm。

（2）硫化氢含量大于或等于 5% 的原料气管道，直接划为Ⅰ类管道。

（3）Ⅰ、Ⅱ类管道长度小于 3km 的，类别下降一级；Ⅱ、Ⅲ类管道长度大于等于 20km 的，类别上升一级；Ⅲ类管道中的高后果区管道，类别上升一级。

表 1-5-5　出油、集油与输油管道分类

管道规格 \ 压力（MPa）	$p \geqslant 6.3$	$4.0 \leqslant p < 6.3$	$2.5 < p < 4.0$	$p \leqslant 2.5$
$DN \geqslant 250$	Ⅰ类管道	Ⅰ类管道	Ⅱ类管道	Ⅱ类管道
$100 \leqslant DN < 250$	Ⅰ类管道	Ⅱ类管道	Ⅱ类管道	Ⅱ类管道
$DN < 100$	Ⅱ类管道	Ⅱ类管道	Ⅱ类管道	Ⅲ类管道

注：（1）输油管道按Ⅰ类管道处理。

（2）液化气、轻烃管道，类别上升一级。

（3）Ⅰ、Ⅱ类管道长度小于 3km 的，类别下降一级。

（4）Ⅲ类管道中的高后果区管道，类别上升一级。

表 1-5-6　供水与注水管道分类

管道规格 \ 压力（MPa）	$p \geqslant 16$	$6.3 \leqslant p < 16$	$2.5 < p < 6.3$	$p \leqslant 2.5$
$DN \geqslant 200$	Ⅱ类管道	Ⅱ类管道	Ⅲ类管道	Ⅲ类管道
$DN < 200$	Ⅱ类管道	Ⅲ类管道	Ⅲ类管道	Ⅲ类管道

表 1-5-7 输油管道高后果区管道识别分级

序号	识别项	分级
1	管道中心线两侧各 200m 范围内，任意划分成长度为 2km 并能包括最大聚集户数的若干地段，四层及四层以上楼房（不计地下室层数）普遍集中、交通频繁、地下设施多的区段	Ⅲ级
2	管道中心线两侧各 200m 范围内，任意划分成长度为 2km 并能包括最大聚集户数的若干地段，户数在 100 户及以上的区段，包括市郊居住区、商业区、工业区、发展区以及不够四级地区条件的人口稠密区	Ⅱ级
3	管道两侧各 200m 内有聚居户数在 50 户或以上的村庄、乡镇等	Ⅱ级
4	管道两侧各 50m 内有高速公路、国道、省道、铁路及易燃易爆场所等	Ⅰ级
5	管道两侧各 200m 内有湿地、森林、河口等国家自然保护地区	Ⅱ级
6	管道两侧各 200m 内有水源、河流、大中型水库	Ⅲ级

表 1-5-8 输气管道高后果区管道识别分级

序号	识别项	分级
1	管道经过的四级地区，地区等级按照 GB 50251 中相关规定执行	Ⅲ级
2	管道经过的三级地区	Ⅱ级
3	如管径大于 762mm，并且最大允许操作压力大于 6.9MPa，其天然气管道潜在影响区域内有特定场所的区域，潜在影响半径按照公式计算	Ⅱ级
4	如管径大于 273mm，并且最大允许操作压力大于 1.6MPa，其天然气管道潜在影响区域内有特定场所的区域，潜在影响半径按照公式计算	Ⅰ级
5	其他管道两侧各 200m 内有特定场所的区域	Ⅰ级
6	除三级、四级地区外，管道两侧各 200m 内有加油站、油库等易燃易爆场所	Ⅱ级

二、技术发展

2015 年，新疆油田开始积极试点推广管道及站场完整性管理工作，经过近几年的研究发展，已初见成效。

1. 管道完整性管理

新疆油田长输管道完整性管理工作正全面展开，目前已建立长输管道完整性管理体系、引进 PIS（Pipeline Information System，管道信息系统）平台，并完成所有长输管道的 PIS 上线，满足管道巡查管理需要，“检测—评价—修复”成为常态化工作。集输管道完整性管理工作正稳步推进，已形成高后果区识别、风险评价等专项技术，并建立集输管道完整性管理体系。

2. 站场完整性管理

新疆油田站场完整性管理工作尚处于起步阶段，通过玛河天然气处理站完整性管理试点工程，目前已建立气田站场完整性管理体系、数据管理平台和检测评价技术规定。

参考文献

［1］朱方达，任翌劼，滕浩．新疆油田的稀油、稠油地面集输工艺［J］．当代化工，2016，45（7）：1564–1567.

［2］林隆栋，焦伟，惠荣．简评准噶尔盆地的三次油气资源预测［J］．西安石油大学学报（社会科学版），2017，26（1）：13–19.

［3］赵文智，胡素云，郭绪杰，等．油气勘探新理念及其在准噶尔盆地的实践成效［J］．石油勘探与开发，2019，46（5）：811–819.

［4］刘刚，卫延召，陈椚，等．准噶尔盆地腹部侏罗系—白垩系次生油气藏形成机制及分布特征［J］．石油学报，2019，40（8）：914–927.

［5］陈建平，王绪龙，邓春萍，等．准噶尔盆地油气源、油气分布与油气系统［J］．地质学报，2016，90（3）：421–450.

［6］胡素云，王小军，曹正林，等．准噶尔盆地大中型气田（藏）形成条件与勘探方向［J］．石油勘探与开发，2020，47（2）：247–259.

［7］陈磊，杨镱婷，汪飞，等．准噶尔盆地勘探历程与启示［J］．新疆石油地质.2020，41（5）：505–518.

［8］张安朕．油田水井注水异常的原因与对策［J］．化工管理，2016（17）：88.

［9］杜殿发，王学忠，崔景云，等．稠油注蒸汽热采的替代技术探讨［J］．油气田地面工程，2010，29（10）：54–56.

［10］杨萍萍，梅俊，王乙福，等．新疆油田采出水处理稳定达标回注技术的研究与应用［J］．中国给水排水，2014，30（10）：24–27.

［11］任耀秀．胜利油田集输总厂集输生产管理系统设计与实现［D］．成都：电子科技大学，2011.

［12］袁永恒，孙玮，苏亚强，等．油气集输过程产量重标度极差分析方法［J］．中国石油和化工标准与质量，2012，33（13）：289.

［13］王从乐，姚玉萍，熊小琴，等．新疆油田地面工程优化简化［J］．石油规划设计，2012，23（3）：36–39.

［14］张炘，梁金国，李自力．原油集输系统效益潜能研究［J］．内蒙古石油化工，2007（8）：60–62.

［15］明艳．孔网钢带耐热聚乙烯复合管的力学分析及保温层计算［D］．太原：太原理工大学，2010.

［16］杨泽华．联合站分线计量影响因素分析［J］．长江大学学报（自然科学版），2014，11（14）：122–124.

［17］刘宝宏．新疆第一条长距离输油管道［J］．新疆地方志，1992（2）：10.

［18］王晓滢．百克输油管道低输量安全运行方案研究［D］．北京：中国石油大学（北京），2016.

［19］毕磊．采油注水的工艺探讨［J］．科技与企业，2014（11）：255.

［20］易大专．大庆油田含油污泥处理稳定达标实验研究［D］．北京：清华大学，2013.

［21］唐丽．离子调整旋流反应法污水处理技术在新疆油田的应用［J］．承德石油高等专科学校学报，2012，14（2）：4–8.

［22］唐丽．新疆油田采出水处理现状综述［J］．新疆石油天然气，2012，8（1）：101–108.

［23］付蕾，蔡新峰，洪波，等．新疆油田采出水处理运行现状分析及改进建议［J］．中国给水排水，2013，29（8）：29–33.

［24］谢祎敏，徐荣乐，赵侣璇，等．我国含油污泥资源化处理技术发展研究［J］．轻工科技，2018，34（2）：82–84.

［25］王文杰．油水介质在多种涂层表面润湿性试验与防垢涂料优选［D］．大庆：东北石油大学，2012.

［26］宋佳，李强，周勇，等．燃气注汽锅炉烟气冷凝防腐策略研究［J］．新疆石油天然气，2014，10（4）：93–96.

［27］窦超，高颖丛，殷鹏，等．低渗透油田采输系统能耗优化分析［J］．内蒙古石油化工，2018，44（7）：51–54.

［28］马国光．天然气集输工程［M］．北京：石油工业出版社，2014.

第二篇

稀油地面工程主体技术

新疆油田的稀油按蜡含量分为石蜡基原油、中间基原油和非石蜡基原油，密度一般为 0.82～0.88g/cm^3，20℃黏度为 50～250mPa·s，胶质含量 1%～16%，沥青质含量 1%～15%，凝点为 -7～20℃，油品物性较好。新疆油田稀油地面工程技术已集成以石西、石南与陆梁油田为代表的“沙漠模式”，实现模块化、橇装化、自动化、集成化、产品化，且能适应低渗、低产油田滚动开发、快速上产需要，形成以玛湖地区开发为代表的“非常规地面模式”。本篇立足新疆油田稀油地面工程建设特色，主要从计量、布站、集输、净化、长输、注水与注聚增产、污水污泥处理、节能等方面论述新疆油田稀油主体地面工程技术，阐述其主要工艺的基本原理、工艺流程及其适应性，指出主要工艺存在的技术问题及发展需求，对比分析国内外同类技术的先进性与应用效果，这对新疆油田与类似油田的主体工艺技术简化优化与创新发展具有实际意义。

第一章　稀油集输

原油集输是油田生产开发的重要环节之一，集输工艺的先进性与适应性直接关系油田的生产能力与经济效益。新疆油田不同时期的稀油集输工艺设计与操作运行均以当时油藏地质条件、自然环境、开发生产工艺、油品组成性质、经济技术指标为依据。本章主要介绍新疆油田稀油集输系统的组成、布站方式、集输与计量工艺及其技术问题和发展方向。

第一节　集输系统组成

新疆油田稀油集输系统主要由采油井场、计量站、接转站、集输管网四部分组成。计量站计量方式主要为单井计量和多井轮换计量，接转站流程又分为油气分输和油气混输。

一、采油井场

采油井场是油田原油开采的基础工程，由采油井口装置和地面工艺设施组成，如图2-1-1所示。采油树是自喷井和机采井等用来开采原油的井口装置，位于油井最上部，是控制和调节油气生产的主要设备，主要由套管头、油管头、采油树本体三部分组成。

(a) 采油树

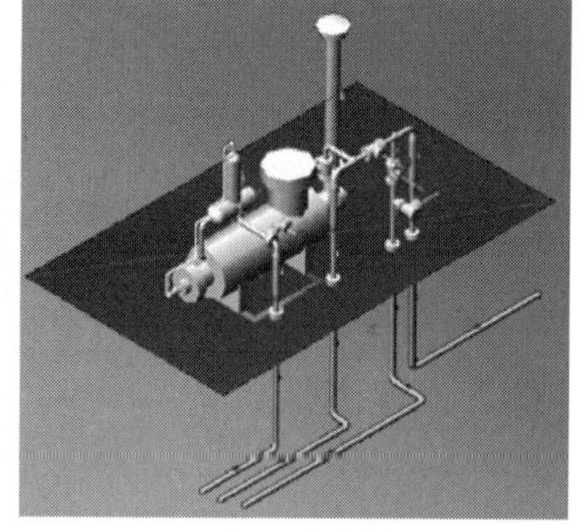

(b) 加热炉

图 2-1-1　25MPa DN50 保温油嘴采油井场（20kW 水浴炉）

新疆油田已形成稀油井场标准化设计定型图23套，其中采油井场3套，电加热器10套，水浴炉10套，详见表2-1-1。

二、计量站（橇）

计量站是把多口油井生产的油气混合物集中，对各单井的油、气、水分别计量的站点，它是连接多口油井、集中按轮次计量各井油气产量的枢纽。计量站主要由油气计量分离器、油气计量仪表和多通阀组组成。设置自动化装置的计量站，可实现远程自动排序或定井定时计量。根据各油田的具体情况，有的计量站还设有加热炉、清蜡球收发装置、管线破乳剂加注装置等设施。每口井定时计量一次，计量后的油气靠井口压力混输至集中处理站或接转站。

表 2-1-1　稀油标准化设计采油井场系列

序号	规格	序号	规格
1	25MPa DN50 采油井场（20kW 电加热器）	13	25MPa DN50 采油井场（20kW 水浴炉器）
2	25MPa DN50 保温油嘴采油井场（20kW 水浴炉）	14	35MPa DN50 采油井场（20kW 电加热器）
3	35MPa DN50 保温油嘴采油井场（20kW 电加热器）	15	35MPa DN50 采油井场（20kW 水浴加热炉）
4	35MPa DN50 保温油嘴采油井场（20kW 水浴炉）	16	35MPa DN65 采油井场（40kW 电加热器）
5	25MPa DN65 保温油嘴采油井场（40kW 水浴炉）	17	35MPa DN65 采油井场（40kW 水浴加热炉）
6	35MPa DN65 保温油嘴采油井场（20kW 电加热器）	18	25MPa DN65 采油井场（20kW 电加热器）
7	35MPa DN65 保温油嘴采油井场（40kW 水浴炉）	19	25MPa DN65 采油井场（20kW 水浴炉）
8	70MPa DN65 保温油嘴采油井场（20kW 水浴炉）	20	35MPa DN65 采油井场（20kW 电加热器）
9	70MPa DN65 保温油嘴采油井场（40kW 水浴炉）	21	25MPa DN50 采油井场
10	70MPa DN65 保温油嘴采油井场（20kW 电加热器）	22	35MPa DN50 采油井场
11	70MPa DN65 保温油嘴采油井场（40kW 电加热器）	23	35MPa DN65 采油井场
12	25MPa DN50 保温油嘴采油井场（20kW 电加热器）		

截至 2019 年底，新疆油田正常运行的计量站共计 2631 座，已形成一系列标准化设计的计量站，其中标准化设计定型图 14 套，见表 2-1-2。这些标准化计量站均实现橇装化与自动化，具有占地面积少、工程投资低、管理方便等优点。

表 2-1-2　标准化计量站系列

序号	规格	序号	规格
1	AJ11×5（P16）型计量配水站	8	AJ22×5（P25）R 型计量配水站
2	AJ11×5（P16）R 型计量配水站	9	BDJ11 型计量站
3	AJ11×5（P25）型计量配水站	10	BDJ11-6（P16）型计量配水站
4	AJ11×5（P25）R 型计量配水站	11	BDJ11-6（P25）型计量配水站
5	AJ22×5（P16）型计量配水站	12	BDJ22 型计量站
6	AJ22×5（P16）R 型计量配水站	13	BDJ22-6（P16）型计量配水站
7	AJ22×5（P25）型计量配水站	14	BDJ22-6（P25）型计量配水站

三、接转站

1. 主要功能

接转站是把数座计量（接转）站来的油气集中在一起，实现油气分离、计量、加热沉降和转输等作业的中型油站，又叫集油站。接转站一般是在集输半径超过井口压力能送达的合理界限时而设的中间增压场站，必须通过增压才能将油气水混输至处理厂。其中一些接转站还设有原油预脱水功能，这种站又称为脱水接转站。截至 2019 年底，新疆油田接转站共计 123 座，设计处理能力 31.68 × 10^6t/a，实际负荷 14.02 × 10^6t/a，平均负荷率 44%。其中，主要稀油接转站的基本情况见表 2–1–3，可见这些接转站的平均负荷明显较高，比全油田的平均水平高近 15%。

表 2–1–3　2019 年主要稀油接转站基本情况

厂名	站名	设计能力（10^4t/a）	转液量（10^4t/a）	转输气量（$10^4m^3/d$）	负荷率（%）	含水率（%）
采油一厂	红联站	60	44.30	3.40	73.8	75.0
	检 129 站	131	44.20	—	33.7	86.0
	检 131 站	270	161.50	—	59.8	89.0
采油二厂	71 号站	120	138.22	11.00	110.3	81.6
	82 号站	200	144.96	23.00	64.0	77.0
	53 号站	40	13.46	3.20	33.7	84.8
	13 号混输泵站	54	37.55	2.00	36.1	77.2
百口泉	检 188 站	60	45.00	1.50	90.0	75.0
石西	莫北站	80	54.50	47.00	68.1	40.2
	石南 31 站	60	68.40	18.00	114.0	45.0
	莫 109 站	50	21.60	6.10	43.2	69.0
陆梁	陆 22 混输泵站	45	11.80	0.42	26.2	80.2
	石南 21 混输泵站	20	11.80	3.10	59.0	25.0
合计	接转站	1071	736.14	113.20	69.1	72.3
	混输泵站	119	61.15	5.52	40.4	60.8
总计		1190	797.29	118.72	—	—
平均		—	—	—	54.8	66.6

2. 工艺流程

新疆油田接转站主要设备包括油气分离设备、加热设备、脱水设备、缓冲设备、输油泵机组或混输泵机组等，其工艺流程分为油气分输和油气混输两种。

1）油气分输工艺流程

（1）工艺原理：油气分输流程是将稀油井口来液在接转站进行油气分离，然后将它们分别以油和气单相输送到油、气处理站。

（2）工艺流程：油气分输主要工艺过程如图 2-1-2 所示，作业区来液在接转站进行油气两相分离，伴生气经除油后外输至天然气处理站；稀油进储罐，再经转油泵输送至原油处理站，此工艺应用在新疆油田采油二厂接转站。

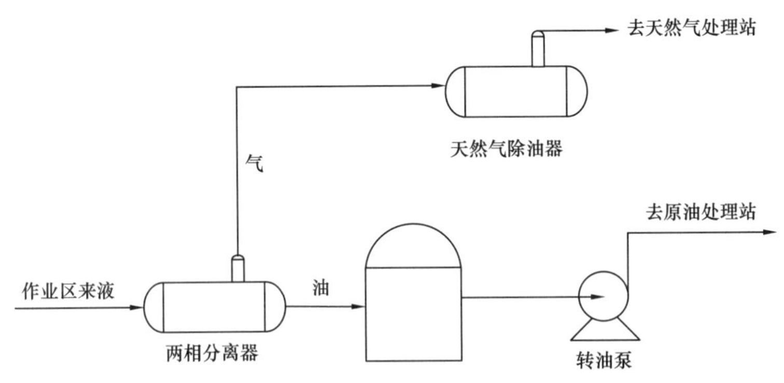

图 2-1-2　油气分输工艺流程示意图

（3）适应性：油气分输流程较复杂，且油气管输投资及运行费用高，给生产管理带来不便，该流程适用于距油气处理站较远、井场来液量较高的接转站。

2）油气混输工艺流程

（1）工艺原理：油气混输流程是指在接转站对井场来液加热，然后气液混合泵入集输管线，最后混输至油气处理厂或集中处理站。

（2）工艺流程：油区井场来的气液流经分离器实现气液分离，液相通过加热炉升温后，与来自分离器的气相混合；再通过混输泵增压后，外输至处理站，其主要工艺过程如图 2-1-3 所示。

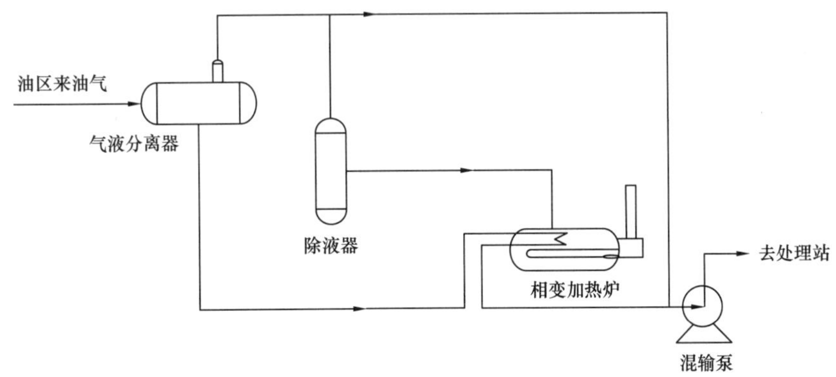

图 2-1-3　油气混输工艺过程

（3）适应性：该流程大大简化地面集输工艺，具有节能降耗、站场设施少、操作简单、管理方便等特点，适合气油比较低的油田集输。

四、集输管网

油气集输管网是连接油井和各站库之间的集输系统，油田现场根据油井和处理站的压力、流体性质和产量等因素，按现有工艺对其进行规划建设，确保油气接转和输送的顺利实施，形成合理的油气集输管网布局。

1. 集输管网的构成

集输管网主要由集油管线（包括井口出油管线、集油支线、集油干线）和接转输油管线构成。地面集输管网布局非常复杂，这与管网形式和地形地貌、井网井位布置及地区交通等因素直接相关。

（1）集油管线：其作用是将单井采出油气收集，以便后续计量、分离和外输，主要包括井口至计量站、计量站至接转站的管线。

（2）转输油管线：该管线是指计量站至净化处理站、接转站至净化处理站、净化处理站至油库的输油管线，主要用于油田内部原油输送，为原油集中处理和外输提供必要的通道。

2. 集输管网布局

集输管网布置需结合油藏特征、油区分布、井位布置、布站方式、流体组分、地形地貌、采出液流向等因素，按照安全可靠、集输适宜、经济合理的原则，通过技术经济对比分析来合理确定。新疆油田已建成的油田集输管网主要采用放射状管网，具体布局与布站方式密切相关，如图 2-1-4 所示。放射状管网布局具有单井来液直接进站、集中计量、集油效率高、单井出油管线短的特点，在新疆油田稀油集输中应用广泛。

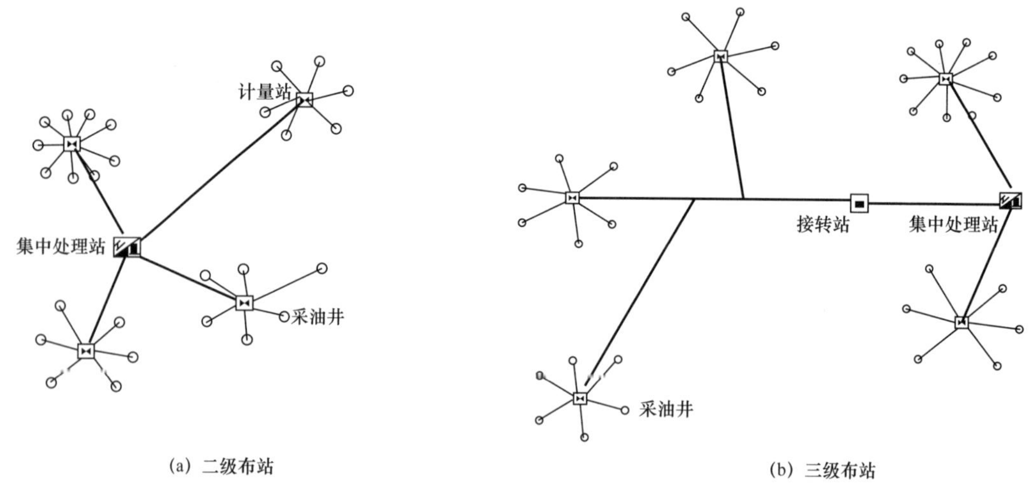

(a) 二级布站　　(b) 三级布站

图 2-1-4　放射式集油管网布置示意图

3. 非金属集输管道应用

金属管道腐蚀问题促使非金属管道技术迅速发展，而塑料管是非金属管道中发展最快的管道种类之一。国外在供热、排水和输气等领域普遍采用塑料管，但塑料管道存在抗压及抗冲击弱、抗蠕变性及热稳定性差、表面易刮伤、刚性差、强度低、线膨胀系数较大等缺点，所以由单一材料制成的非金属管道往往难以满足油气集输需求。

非金属管材种类很多，主要包括玻璃钢管、塑料合金复合管、钢骨架聚乙烯塑料复合管、柔性复合管四类。近年来，除了将非金属管道用于稀油集输、注水、外输、供水、污水和注醇工程外，也开始将其用于注聚合物、原油掺水和输气等工程项目。截至2019年底，新疆油田在役非金属管道及特殊金属管道统计见表2-1-4。

表2-1-4 新疆油田在役非金属管道及特殊金属管道

油田非金属管道（km）						油田特殊金属管道（km）				合计（km）
玻璃钢管	钢骨架塑料复合管	连续复合管	PE管	其他非金属管道	小计	不锈钢管	内衬防腐涂料金属管	其他特殊金属管道	小计	
3772	826	513	7	42	5160	23	1310	76	1409	6569

第二节 布站方式

以满足油田生产为原则，确定合理的布站方式，充分利用井口余压，满足油气进站需要，确保生产运行能耗最低、集输系统效率最高。

一、二级布站

1. 工艺流程

二级布站流程是由“井口→计量站→处理站”构成的布站流程，单井采出油气水混输到井口附近的计量站进行计量，计量后的气液两相再经集油管线混输至处理站；在此先后经过油气分离、原油脱水与稳定、伴生气脱烃脱水与凝液回收等处理，生产出合格的油气产品；采出水则经污水处理达标后，回注井下地层。

2. 适应性

二级布站方式可充分利用地层能量、简化集油系统工艺和实现集中管理，并能大幅节省工程投资，且从井口至处理站不再设置接转站，适用于气油比低、集输半径小的稀油集输。

二、三级布站

1. 工艺流程

三级布站流程是由“井口→计量站→接转站→联合处理站”构成的布站流程，该流程是在二级布站流程的基础上发展起来的。原油集输半径随油田区块开发规模不断扩大而逐渐增大，油田总产量和采出水量也越来越高。集输半径很大时，采油井口剩余压力已无法满足集输系统在设计输量下的压降要求，此时集输系统仍采用二级布站流程则不合理。因此，需要将油田采出液通过有“中间过渡站”作用的接转站输送至集中处理站。接转站的主要作用是实现油气分离、原油增压、原油预脱水、采出水就地处理且处理达标回注，再将经过预处理的稀油和伴生气输送至油田联合站进一步处理。事实上，三级布站流程是在二级布站流程的基础上增加一个接转站的流程。

2. 适应性

三级布站流程在新疆油田应用较广泛，该布站方式可有效解决油田不断滚动开发造成的集输半径过长、油田开发中后期油气集输处理困难等问题，但仍存在集输半径过长、运行费用高、管理难度大等问题。

第三节　集输工艺

新疆油田油井集油方式分为单管集油、双管集油、三管集油、拉油等，其中稀油主要以单管集油为主，单管按加热与否又可分为不加热集油和加热集油。截至 2019 年底，新疆油田油井集油方式统计见表 2–1–5。

表 2–1–5　新疆油田油井集油方式统计

单管集油井数（口）			双管集油井数（口）				拉油井数（口）	其他方式集油井数（口）
不加热	加热	小计	全年掺热水	季节性掺热水	环状掺水	小计		
21484	6434	27918	182	2204	13	2399	1329	2421

一、不加热集输

1. 原理

不加热集输工艺是由于原油本身具有较好流动性，即低黏度、低凝点或低含蜡、高含水等特点或通过化学法改善其低温流动特性，从而无需加热即可实现正常集输的工艺；化学法原理是在原油中加入配伍的化学添加剂，改善原油流动性，从而实现原油降凝或降黏输送。

2. 工艺流程

单井油气经井口出油管线常温输送至计量站，在计量站计量后同其他单井油气汇入集输干线，经集输干线输送至集中处理站进行净化处理，其主要工艺过程如图 2–1–5 所示。其中，集输管线根据油品性质和含水率不同，可采取保温或不保温方式。

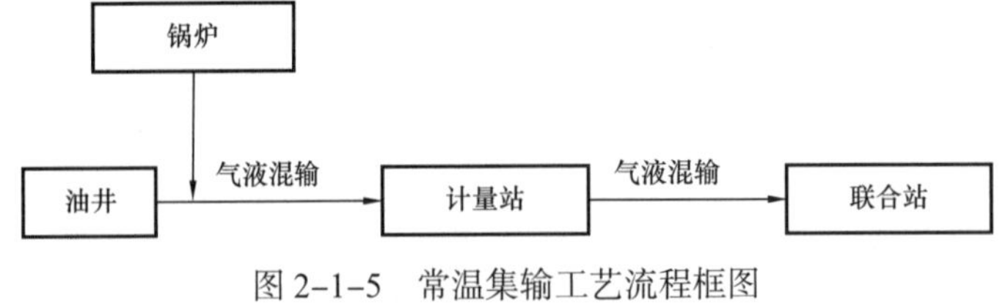

图 2–1–5　常温集输工艺流程框图

3. 适应性

该工艺流程管辖井数适中，具有井口回压低、集输半径小、投资省、能耗低、经济、安全和管理方便等特点。一般适用于原油性质好、油温较高、原油含水率高的区块。

4. 应用实例

准噶尔盆地西北缘大部分油田采用二级布站或三级布站方式，其中一东区、$三_1$区、$三_2$区、$三_3$区、$三_4$区、$五_1$区与夏9井区等区块原油黏度和凝点较低；一区、二区、三区、五区、七区与八区等区块原油含水率较高，均在80%以上，这些区块均采用常温不加热集输。该工艺使集输流程极大简化，原油挥发损耗及能耗明显降低，经济效益和社会效益显著。

二、加热集输

1. 原理

加热集输工艺是根据油田产量、气油比及冬季气温变化，采用加热法改善高凝或高含蜡和高黏原油的流动特性，实现原油管道加热输送。该集输工艺主要包括单井加热和计量站集中加热两种，截至2019年底，新疆油田运行的井口加热炉共计720台，站内加热炉共计367台。

2. 工艺流程

1）单井加热

单井加热主要工艺过程如图2-1-6所示，油井来液通过井口电加热器或加热炉升温后，沿井口出油管线进入计量站（通常布置在8～10口油井的适当位置）；需计量的油井来液在计量分离器中分离成气液两相，经计量后与未计量的油井来液在计量站管汇处混合，通过同一条集油干线混输至下游联合站。

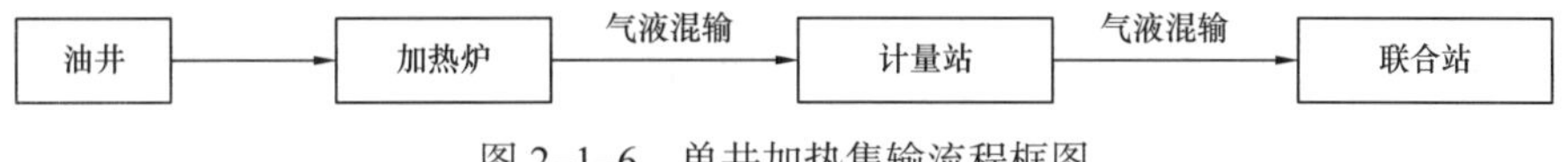

图2-1-6　单井加热集输流程框图

加热炉加热受限于井口气量的稳定情况，管理不便，使用较少。电加热器加热具有运行稳定、管理方便、可实现变负荷加热和节能等优点，已成为新疆油田的定型单井加热集输工艺。

2）计量站集中加热

计量站集中加热主要工艺过程如图2-1-7所示，单井采出液经井口出油管线进入计量站计量，然后重新汇合，经计量站集中加热后，由集油干、支线输送至处理站。

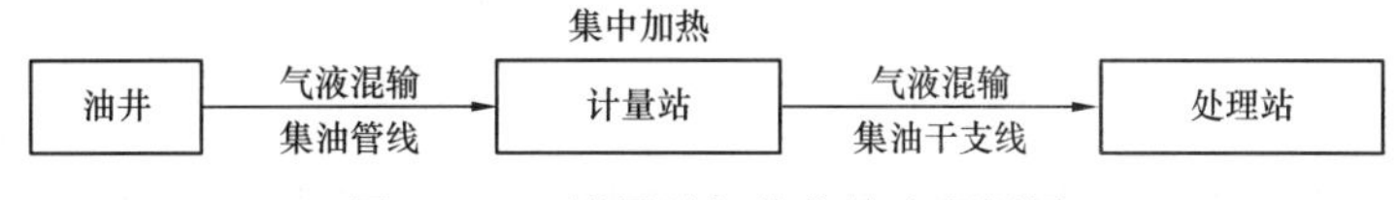

图2-1-7　计量站加热集输流程框图

该集输工艺流程与单井加热流程类似，在单井至计量站满足集输条件的情况下，在计量站采用加热炉集中加热，具有气源相对稳定、运行成本低等优点，但管理维护难度大。

3. 适应性

采用加热集输工艺时，需确保单井出油管线埋至冻土深度以下；需根据产量变化、气油比变化及冬季气温变化，合理选择加热时段与加热功率。该方法适用于不加热集输无法满足的集输条件，适合任何物性的稀油，尤其是凝点高、黏度高、含水低的原油。但该方法运行成本相对较高，生产规模大的油田并不适用。

随着油井生产持续进行，原油含水率逐渐上升，油井井流温度逐步升高，原油集输工艺可以考虑从加热集油工艺向不加热集油工艺转变。

4. 应用实例

克拉玛依油田部分石炭系油藏的原油具有高黏度和高凝点的特点，且综合含水均低于50%，因此采用加热集输工艺。克拉玛依油田金龙10区、金龙2井区、红153井区采用二级布站或三级布站方式，井口集输采用电加热方式；百乌28、车60、台28、台3、拐16、彩南、石西与陆梁油区的原油属于黏度低、凝点和含蜡量较高的油品，同样采用二级或三级布站方式，井口采用电加热器或计量站集中加热集输工艺。加热集输工艺技术可确保油田正常安全生产，但能耗相对较高。

1）二级布站典型油田

石南21井区为陆梁油田的主力区块，位于准噶尔通古特沙漠，属于低孔低渗整装岩性油藏，于2004年2月投入开发，主要采用二级布站不加热密闭集油方式，其集输管网布局如图2-1-8所示。

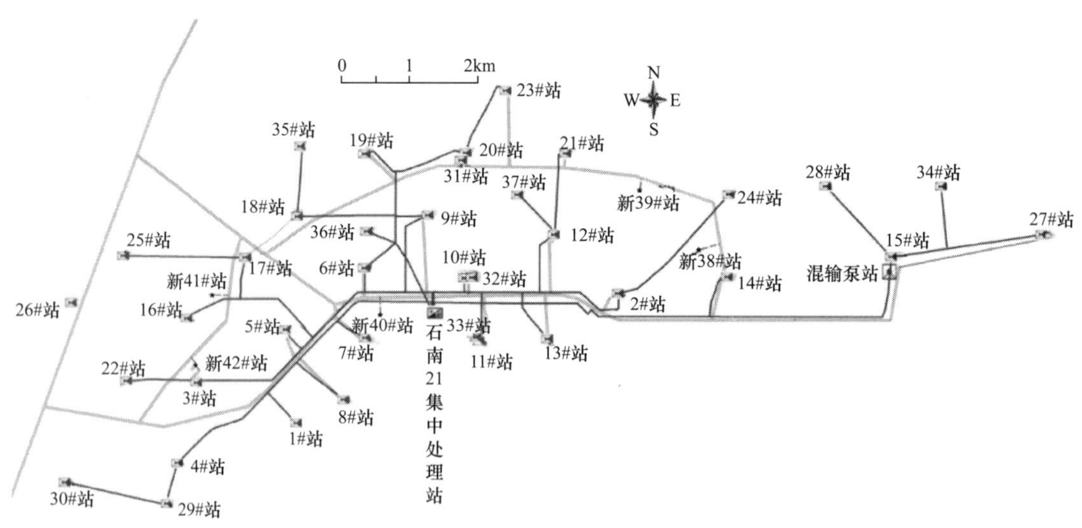

图2-1-8　石南21井区集输管网

石南21井区产液量为302×10^4t/a，综合含水为87%，处理站处于油区中心，油区二级布站最大集输半径为7km。东部油区4座计量站所辖油井采用二级半布站集输流程，油气经15#计量站混输泵转输至集中处理站，集输半径为15km，该井区最大单井回压为1MPa。该井区已形成新疆油田特色的“沙漠模式”，油区集输系统布局合理，自动化、橇装化程度高，集输系统效率高，已成为沙漠整装油田的定型油气集输工艺。

2）三级布站典型油田

克拉玛依油田七区与八区是采油二厂的主力油田，81 号处理站处于油区中心，油区已建 2 座接转站（71 接转站、82 接转站）。油区主要采用二级、三级布站方式的常温密闭集输工艺，二级布站集输半径约 6km，三级布站集输半径约 15km，其管网如图 2–1–9 所示。

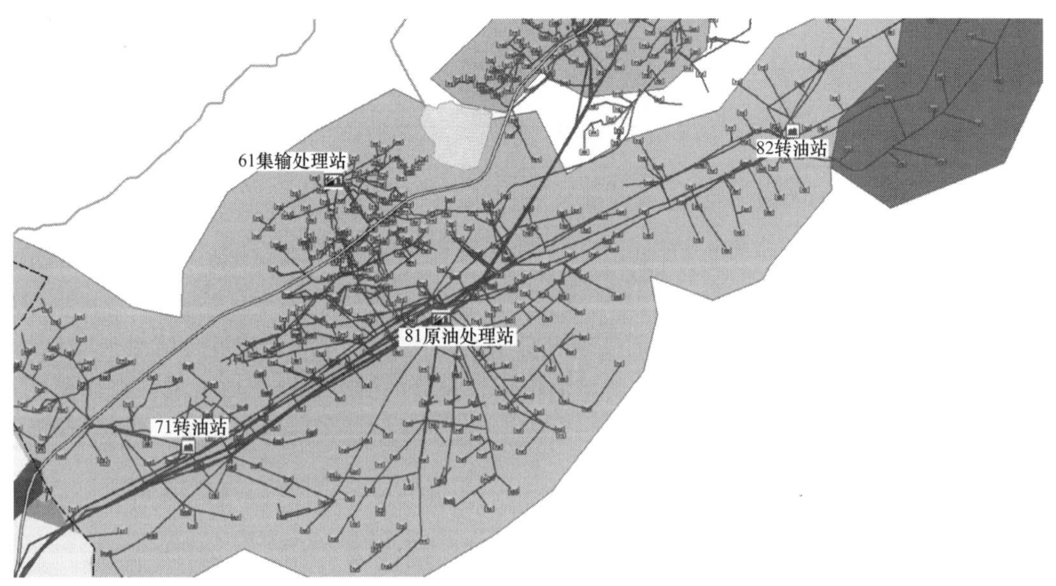

图 2–1–9　采油二厂 81# 处理站周边油区集输管网

采油二厂 81# 处理站周边油区产液量为 407×10^4t/a，综合含水率 75%，该井区最大单井回压为 1MPa。处理站处于油区中心，集输管网布局合理，该区已实现不加热密闭集输，油气利用率高，系统效率高，已形成不加热集输油田的定型集输工艺。

第四节　计量工艺

新疆油田油井计量方式主要分为单井计量和计量间（站）集中轮换计量，截至 2019 年底新疆油田油井计量方式统计见表 2–1–6。

表 2–1–6　油井计量方式统计表

单井计量井数（口）					计量间（站）集中轮换计量井数（口）			
功图量油	单井罐量油	轮换计量	其他计量	合计	玻璃管计量	翻斗计量	其他计量	合计
219	1533	972	174	2898	13382	6752	11035	31169

一、单井计量

1. 计量原理

气液两相质量流量计借鉴较为成熟的单相流参数测试技术及测量仪表，利用质量流量传感器测出气液混合物的温度、压力、体积流量等参数，根据压力、温度分别计算出气、液分相的密度，确定气液体积分数，进而得到两相的体积流量和质量流量，其工作原理如图 2-1-10 所示。

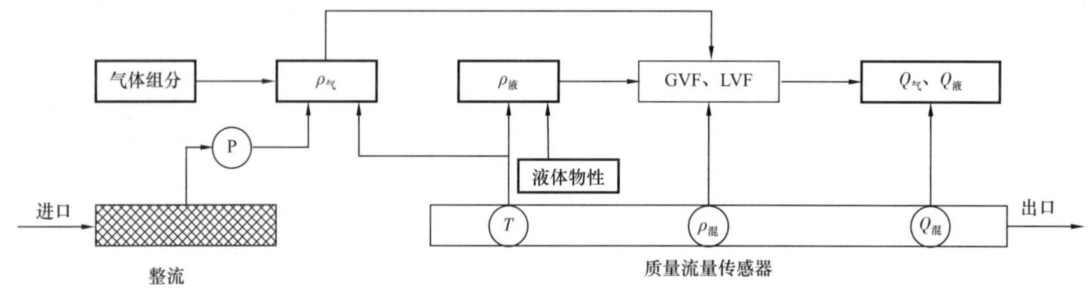

图 2-1-10　单井气液质量流量计原理框图

2. 计量流程

待计量的油气混合物流经混合器实现充分混合，随后在气液两相混合流量计中计量，在恒定压力和温度下分别得到两相的质量流量，计量后的混合物经出口流出，其计量工艺过程如图 2-1-11 所示。

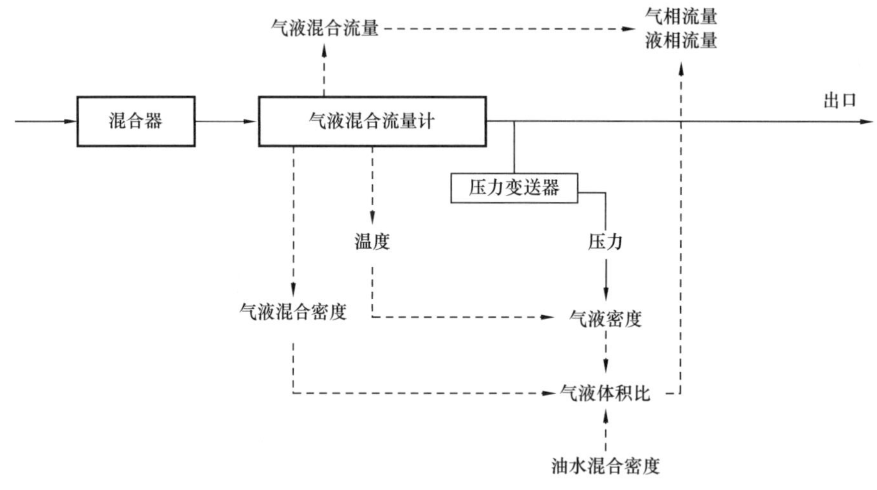

图 2-1-11　单井气液质量流量计计量工艺流程框图

3. 适应性

气液两相质量流量计的单井计量能够直接测得两相各自的质量流量，自动化程度高、计量准确、操作方便；但无法实现连续计量，无法反映油井和管网内流量、压力等的动态变化，而且各单井流体特征不同，需要不定时、不定期调校各井参数，还需要专业服务公司的技术支持；气液两相质量流量计在稀油区块油井低油气比、高油气比、单井产液量低、单井产液量高等任意工况下均可使用，其适用范围较广。

4. 应用实例

玛 18 井区在两口单井（MaHW6004 井、Ma4521 井）上试验气液两相质量流量计，其中气量较低的单井新增一台锥形孔板流量计来修正气量，其工艺技术参数见表2–1–7。通过测试，MaHW6004井气相最大误差7.46%，液相最大误差4.92%（表2–1–8）；Ma4521井气相最大误差5.70%，液相最大误差5.42%（表2–1–9），均小于设计误差8%，能较好满足现场计量需求。

表2–1–7　单井气液质量流量计计量工艺设计技术参数

井号	气相（m^3/d）	液相（m^3/d）	测量精度（%）
MaHW6004	1000～25000	1～100	±（5～8）
Ma4521	100～5000	0.5～50	±（5～8）

表2–1–8　MaHW6004井标定数据

序号	液位（cm）	时长（s）	标准气累积（m^3）	仪表气累积（m^3）	气误差（%）	标准液累积（L）	仪表液累积（L）	液误差（%）
1	始：14 末：55	97	9	8.666	–3.71	48.38	46	–4.92
2		97	9	8.807	–2.14	48.38	47	–2.85
3		80	9	8.902	–1.09	48.38	47	–2.85
4		72	9	8.708	–3.24	48.38	48	–0.79
5		72	8	8.443	5.54	48.38	49	1.28
6		71	8	8.508	6.35	48.38	47	–2.85
7		72	8	8.597	7.46	48.38	46	–4.92
8		72	9	8.556	–4.93	48.38	46	–4.92

表2–1–9　Ma4521井标定数据

序号	液位（cm）	时长（s）	标准气累积（m^3）	仪表气累积（m^3）	气误差（%）	标准液累积（L）	仪表液累积（L）	液误差（%）
1	始：14 末：54	3060	5	4.798	–4.04	47.2	45	–4.66
2	始：20 末：66	3900	6	5.884	–1.93	54.28	55	1.33
3	始：13 末：64	4680	7	6.712	–4.11	60.18	58	–3.62
4	始：18 末：59	3420	5	4.751	–4.98	48.38	47	–2.85

续表

序号	液位（cm）	时长（s）	标准气累积（m^3）	仪表气累积（m^3）	气误差（%）	标准液累积（L）	仪表液累积（L）	液误差（%）
5	始：20	3240	4	4.228	5.70	48.38	51	5.42
	末：61							
6	始：15	3300	5	4.771	−4.58	48.38	47	−2.85
	末：56							

二、计量站多通阀自动选井分离器计量

1. 多通阀自动选井工艺

1）计量原理

多通阀主要由阀体、阀盖、阀芯组件和连接架组成，其装置如图 2–1–12 所示。与普通计量阀组相比，计量多通阀组用一个电动多通阀代替整个阀组，阀体上有数口油井来油入口，包括一个集输口和一个计量口。阀芯上口与要计量油井来油入口相通，下口与计量口相通，多通阀选择一口井的来液汇入计量口后进入计量系统计量，其他井的来液汇入集输口，通过改变进入计量口的单井来液实现多井轮换计量。

图 2–1–12　多通阀装置

2）计量流程

多通阀计量过程如图 2–1–13 所示，即利用多通阀组橇实现单井计量，将传统的人工切换计量变为多通阀切换。安装在井场操作间的 RTU 可实现对选井的远程自动控制，自动或手动选择单井来液进入测试分离器或多相流量计计量；计量后的油井来液汇入生产汇管，与其他油井来液一同输送至集中处理站处理。

3）适应性

利用多通阀组橇计量，可简化油井计量流程，自动化程度高，能够实现全天候计量，计量准确，且多通阀组橇结构紧凑，占地面积小，需要的配套设施少，投入成本低；但采用该方法量油数据波动大，其计量基础仍是基于分离器计量原理，所以对高含水期特别是特高含水期且气液比低的油井计量后的排液十分困难。因此，该方法适用于含水率较低的油品计量。

2. 分离计量工艺

新疆油田单井站内主要采用质量流量计、分体计量橇、双容积计量橇和两相流量计计

量模式（图 2-1-14）。随着橇装化在新疆油田的不断推广，分体计量橇和双容积计量橇逐渐成为油田单井的主要计量方式。

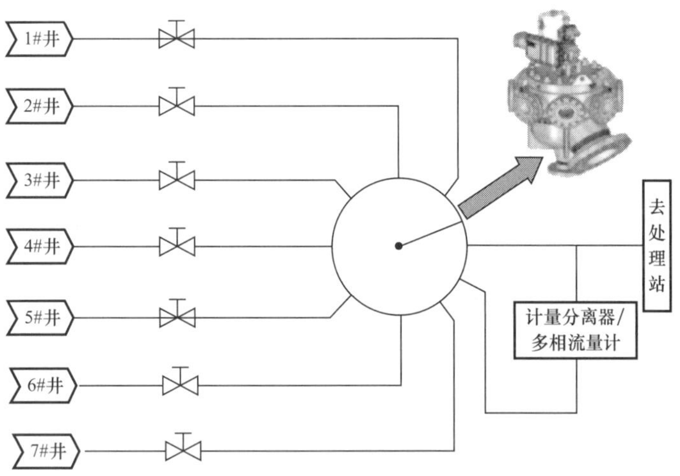

图 2-1-13　多通阀组橇计量工艺示意图

(a) 两相分离加质量流量计

(b) 双容积计量橇

(c) 分体计量橇

(d) 两相流量计量橇

图 2-1-14　稀油集输计量模式

第五节　集输技术问题及发展方向

一、技术问题

1. 不加热集油问题

随着油田产出液含水率的升高，油水混合液的流动摩阻大幅下降。为此，新疆油田提倡削减井口加热炉，采用不加热集输或加剂工艺，以节能降耗。从实际情况看，亟待解决以下问题：

（1）化学降黏剂对原油的普适性较差，适用范围小；

（2）不掺热水、不伴热使管道易发生凝油黏壁现象，致使井口回压异常、回油温度过低等问题，且凝油黏壁规律与黏壁温度界限研究尚缺乏系统性与理论依据；

（3）集输工艺流程复杂，系统效率低，能耗高，管理难度大。

2. 计量问题

新疆油田主要通过多通阀管汇站计量，采用容积式计量和两相流量计计量模式，计量站大多为间歇轮流计量和部分人工倒井计量，主要存在以下计量问题：

（1）站内无法实现连续计量，不能反映油井和管网内流量、压力等操作参数的动态变化；

（2）低渗透油藏低产油井、间歇出油井等单井单次计量比较耗时，使计量工作难以满足油井计量标准的规定，且含水量、黏度等原油物性不同的单井会相互干扰，影响计量精度[1]；

（3）单井质量流量计计量方式尚未规模推广使用，且各单井流体特征不同，需要不定时地去调校各井参数；

（4）大多数计量方法的适用性和准确性不高，某些计量方法的工艺复杂，操作繁琐，操作劳动强度大、误差大、投资较高。

3. 套管气回收问题

油井生产过程中，部分原油伴生气进入油套环形空间，由采油井口的套管阀门控制，俗称套管气[2]。套管气具有可观的经济效益，如果不回收对环境的破坏和污染非常严重，此前新疆油田对于套管气采用燃烧后排放的方式，产生的CO_2、CO、硫化物等对环境会造成一定污染，这种方法已不再使用。

新疆油田对套管气的回收主要采用天然气压缩机工艺和定压放气阀回收工艺，但仍存在一定的局限性：

（1）压缩机回收一次性投入较高，只有当套管气资源量很大时才能经济回收；

（2）定压放气阀回收需要一定的气量，且只有当套管压力高于集油管网压力时才能回收，但保持较高套压，可能造成抽油泵气锁，影响油井正常生产；

（3）在油井套管气量少、套压低的情况下，从经济角度看前述技术均不适用。

4. 多相混输问题

原油集输多相混输涉及压降与温降计算、多相流计量、混输管路清管、结蜡，以及混输管道内腐蚀与防护等复杂问题。新疆油田不同开发区块地形复杂、起伏大、气油比差异大，从而使原油集输管内多相混输研究同样面临巨大挑战。

5. 集输管道老化腐蚀严重

新疆油田由于地域、经济发展等多种原因，腐蚀控制与防护技术在国内处于相对落后的水平，腐蚀控制技术研究缺乏系统性，腐蚀控制产品缺乏全面性，腐蚀技术创新能力较差，以及腐蚀专业技术研究力量不足。

结合新疆油田生产实际，当前面临的主要问题体现在：

（1）大多数区块的地下采出水水质多呈弱碱性且矿化度高，常用磷系类缓蚀剂，虽然缓蚀效果较好、成本低、阻垢性能优良，但因其环保性差，易使水质富氧化而导致腐蚀加剧[3]；

（2）从事防腐涂料施工的单位及监管单位的技术水平良莠不齐，且相关实施标准已明显不适应实际需求；

（3）管线及工艺设备老化，检修不到位。截至 2014 年底，新疆油田公司已有各类口径采集输金属管线 6023.54km，其中集油线 1102.24km，转输线 187.76km。从使用年限看，在 10 年以内的管线 1948.39km，占总数的 32.35%；11 年以上的管线 4075.65km，占总数的 67.66%，其中运行 15 年以上的管线较多，约占 27.5%。随着油田产能递减，采出液含水逐年递增，地层水中含大量的结垢物和腐蚀介质，使管线腐蚀逐年加重。正常情况埋地管线大修周期为 3～5 年，地面管线大修周期为 8～10 年，而大部分检修均治标不治本，无法完全消除腐蚀因素；

（4）非金属管材虽然在新疆油田有多年的实际使用经验，但其使用条件仍存在局限性。

二、发展方向

1. 简化原油集输工艺

随着新疆稀油集输技术进入高效发展的新时期，开发和应用高效集输系统显得尤为重要，节能降耗、效益开发、创建绿色已成为油田开发生产的重要目标：

（1）在高含水阶段，如何利用油田采出液特性来实现不加热集输，从而达到节能目的；

（2）集输工艺流程及设备更强调高效节能，井口和计量站应更加简化、油井计量应多采用“功图法”计量、两相流计量等技术；油气集输管网采用 T 接、串接方式，取消计量间，重建油气集输管网，打破常规的二级或三级布站方式，进行一级或一级半布站，简化工艺流程，降低地面投资；

（3）加强三次采油配套的原油集输工艺技术研究，攻克加破乳剂集输的瓶颈，采用常温和密闭输送工艺，对需要中间接转的区块，实行“兼、停、并、转”改造，将原分输工艺改为混输工艺，并采用自动控制，以降低油气集输系统的油气损耗和集输单耗，解决原油集输系统体积大、数量多、效率低等问题。

新疆油田稀油集输未来发展的总趋势是：推广老油田稀油开发区的井口和计量站不加热常温输送工艺，采用成熟的混输泵技术，降低集输系统回压，最大程度地简化原油集输工艺；深入研究产能井投资效果变差的原因，着力挖掘可发挥产能井中相关设施最大效能的潜力，从根本上简化原油集输工艺流程，进而控制原油集输工艺的投资成本。

2. 推广常温集输技术

常温集输因其可降低运行成本和操作风险，同时降低储存和输送过程中油气挥发造成的环境污染，使这一技术研究在国内外都较活跃，如低输量输送技术、单管通球常温输送等，以期找到有效降低原油输送能耗和生产成本的方法。

不同油田所采原油本身性质和油田自身的实际情况使其适合的常温输送工艺有所差别，应从原油性质、集输半径、地区条件、运行要求等具体情况出发，遵循前期现场试验摸索出的边界条件和技术关键，以及后期规模化推广应用的原则，在大量试验和充分论证的基础上确定适合各区块的常温输送技术。

3. 推进在线计量技术

直接在线计量是利用内在的流体性质实时测定多相流中各相流量，因而无设备对流体的干扰且出油管线改造少[4]。此外，在线计量具有占地面积少、测量时间短、能连续测量各相的实时流量而非平均流量等特点[5]，其应用需求和发展前景广阔，是新疆油田计量技术的发展方向。

新疆油田应根据各区块油井的实际生产特点，充分调研各种计量技术的适用范围，对不同生产特点的油井，有针对性地选择成熟可靠、准确性高的计量技术，并加强相关试验研究。推进油井产量计量技术向仪表化、小型化、快速化、高精度化、连续化和自动化方向发展，以提高计量效率[6]。

4. 强化多相混输技术

加强原油集输系统油气水多相混输理论及装备研究是国内外油气集输的重要发展方向，也是新疆油田集输系统未来的发展方向。此外，新疆油田不同原油开发区块地形复杂、起伏大、气油比差异大，致使油气混输多相流动保障同样面临巨大挑战。需联合国内科研单位和装备制造商先进的实验研究平台，研发多相混输设备、井口计量装置、多相流监测系统与多相混输计算软件，努力提升多相混输技术水平。

5. 集输系统标准化

集输标准化设计能够有效缩短工程建设周期、降低投资成本、确保工程质量，是优化简化设计的重要途径。标准化设计核心技术包括“工艺流程通用化、井站平面标准化、工艺设备定型化、设计安装模块化、管阀配件规范化、建设标准统一化、安全设计人性化、设备材料国产化、生产管理数字化”，涵盖井场和集油站等地面工程建设内容[7]。

新疆油田原油生产参数变化大，且滚动开发具有较大不确定性，需要对集输系统进行标准化、模块化设计，通过对相关模块化设备的快速组装或拆卸，快速调整相应站场的处理能力，使其具有足够的操作弹性与适应能力。将“地上、地下一体化”的理念应用到原油开采与集输领域，加强原油集输系统建设规模、工艺流程、设备材料选型、总平面布置和设计参数等方面的标准化设计[8]。以“标准化设计为龙头、橇装化制造为手段”，形成设计标准化、制造橇装化、建设模块化、管理科学化的“四化新模式”，提高油气集输系统整体水平。

第二章　稀油净化处理

通过稀油的净化处理，使之成为合格的商品原油，是稀油外输前的必要工艺过程。新疆油田稀油净化处理流程主要包括油气分离、稀油脱水和稀油稳定三部分，其中稀油脱水主要采用热化学脱水工艺、多功能密闭脱水工艺和电化学脱水工艺，稀油稳定主要采用正、负压闪蒸工艺。本章介绍新疆油田稀油脱气、脱水与稳定的主要工艺和原理及其适应性，以及净化处理存在的主要技术问题及发展方向。

第一节　油气分离

一、基本原理

混合流体的分离主要包括平衡分离与机械分离两种，其中平衡分离借助分离媒介使均相混合物体系变成两相体系，再以混合物中各组分在两相中不均等分配为依据实现分离，而机械分离则是把已形成的气液两相用机械法分开。

二、结构类型

对于卧式分离器，流体从其入口进入，油、气流向和流速突然改变，使油气初步分离。立式与卧式分离器的工作原理相同，分离器内气体携带油滴的沉降方向与气流方向相反。

三、适应性

卧式分离器适用中等发泡原油及伴生气、油气水三相等混合介质的分离，其气液机械分离性能优于立式分离器，但很难完全清除固相杂质。

立式分离器适合处理含固体杂质较多的油气混合物，可在底部设置排污口定期排污，占地面积少，这对场站空间有限特别是海洋平台的油气分离至关重要。

油气混输所产生的段塞流会使管道的持液率和压力急剧波动，严重破坏分离器内部油水界面稳定性，对分离器内构件将产生较大的冲击力，缩短设备使用寿命。控制段塞流主要从干扰流动和增加辅助设备两方面入手，现场应用已证实其适应性。

第二节　稀油脱水

新疆油田开式脱水流程主要采用大罐热化学沉降脱水工艺，闭式脱水流程主要采用多功能密闭脱水工艺。

一、热化学脱水

1. 工艺原理

在沉降罐中，加药降低原油黏度和乳状液的油水界面张力，再利用油水密度差和油水互不相溶原理，实现油水分离，其具体结构如图 2–2–1 所示。

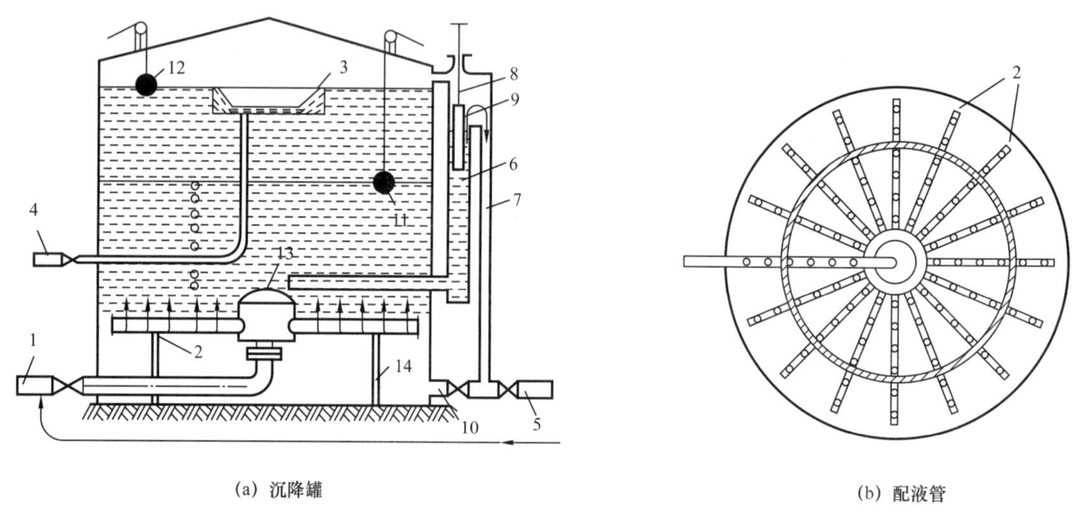

(a) 沉降罐　　(b) 配液管

图 2–2–1　沉降罐结构

1—油水混合物入口管；2—辐射状配液管；3—中心集油槽；4—原油排出管；5—排水管；6—虹吸上行管；7—虹吸下行管；8—液力阀杆；9—液力阀柱塞；10—排空管；11、12—油水界面和油面发讯浮子；13—配液管中心汇管；14—配液管支架

2. 工艺流程

加破乳剂的油水混合物流入罐底部［图 2–2–1（a）］水层内，由于水洗作用［图 2–2–1（b）］使原油中的游离水、粒径较大的水滴、盐类、亲水固体杂质等并入水层；经过较长时间的沉降分离后，低含水原油进入集油槽；再经出油管离开沉降罐，分离出的污水送至污水处理系统。

3. 适应性

该沉降罐具有罐容大、沉降时间长、脱水效果好、操作简便、适用范围广等特点，但其防腐作业的费用较高、沉降罐内表面积较大、罐内温度高于环境温度时会造成大量热散失。开式流程的油气挥发损耗大、污染环境，适用于密度大、不溶性固体物含量多、粒径大的原油脱水。

二、多功能密闭脱水

多功能密闭脱水工艺是新疆油田的特色工艺，脱水装置采用多功能处理器。

1. 工艺原理

多功能处理器是一种新型的集成处理设备，其工艺原理是集油气水三相分离、热化学沉降脱水、缓冲作用于一体。

2. 工艺流程

油井来液分离出的伴生气去天然气处理站；原油经两次活性水洗涤，电脱水后经浮子液位调节器进入原油稳定装置；一段、二段脱出的含油污水（含油<1000mg/L）送到污水处理站，主要工艺过程如图 2-2-2 所示。

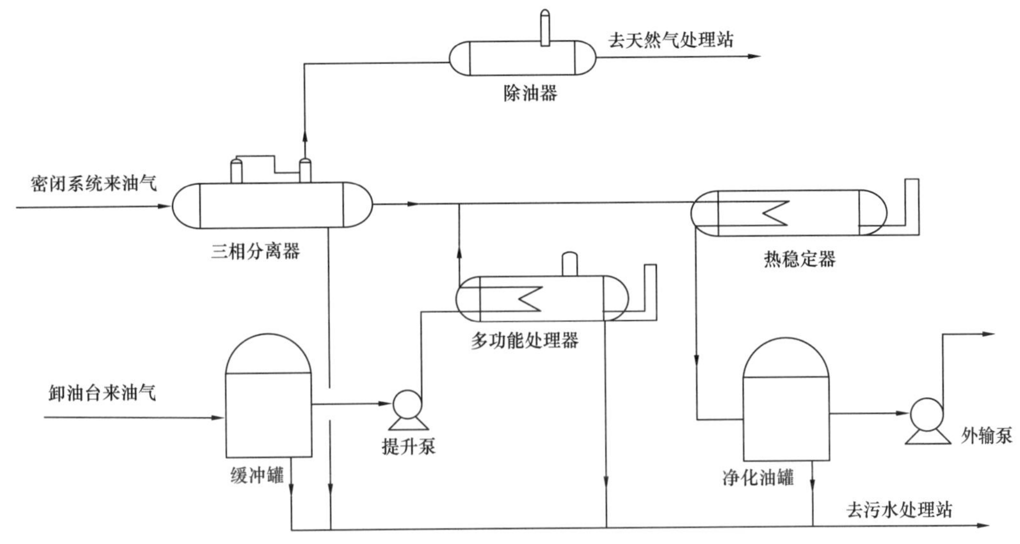

图 2-2-2　多功能处理工艺过程

3. 适应性

多功能处理器脱水具有热能利用合理、流程简单、劳动强度低、占地面积小、基建投资省、工艺自动化程度高等特点，适用于密度低、油品性质单一、乳化程度低、来液量相对稳定的原油脱水。

三、电化学脱水

1. 工艺原理

电化学脱水工艺是指静电场力和化学破乳共同作用，利用高压电场使小水滴聚结成大水滴，再借助密度差将原油与水分开。

2. 适应性

电化学脱水具有流程简单、效果好、占地面积小、可避免油气挥发损耗等特点，其缺点是操控难度大、易产生电击穿现象。该工艺适用于含水率低、油品性质复杂、乳化程度高的原油脱水。

四、应用实例

1. 陆梁集中处理站

陆梁集中处理站建于 2001 年，设计规模为 120×10^4t/a，设计含水率为 80%，主要负责陆 9、陆 11、陆 12、陆 13 与陆 15 等区块原油脱水，采用两段大罐热化学沉降脱水工艺。

1）原油组成性质

陆梁集中处理站主要区块来油的基本组成性质见表 2-2-1。

表 2-2-1 陆梁集中处理站原油基本组成性质

序号	性质		陆 22	陆 12	陆 13	陆 15	陆 9 混合样
1	20℃密度（g/cm³）		0.8475	0.8405	0.8543	0.8654	0.8606
2	凝点（℃）		16	18	12	20	18
3	初馏点（℃）		81.0	74.7	77.7	67.6	80.0
4	含蜡量（%）		10.56	15.90	14.30	20.00	10.64
5	胶质含量（%）		13.51	8.50	7.50	3.30	10.56
6	沥青质含量（%）		6.38	6.40	6.60	7.30	3.59
7	含硫量（%）		0.21	0.18	0.24	0.12	0.18
8	饱和蒸汽压（MPa）		—	—	—	—	0.014
9	闭口闪点（℃）		—	—	—	—	25
10	含砂量（%）		痕迹	痕迹	—	痕迹	痕迹
11	16℃屈服值（Pa）		—	—	—	—	3.526
12	黏度（mPa·s）	20℃	89.89	47.81	42.19	49.79	50.6
		50℃	11.07	12.41	9.74	11.58	13.96

2）工艺流程

油区来液添加破乳剂后进入分离器，分离出含水原油经一段蒸汽掺热装置加热至30～35℃；进入一段沉降罐，含水 15%～20% 的乳化油添加破乳剂 50mg/L；经二段蒸汽掺热装置加热至 50～55℃，进入二段沉降罐，脱出含水＜0.5% 的净化原油；净化油进入储罐储存，然后泵送至石西首站，主要工艺过程如图 2-2-3 所示。

3）适应性

陆梁集中处理站主要区块来油综合含水率为 38.80%，其脱水实验数据见表 2-2-2。由此可见：

表 2-2-2 陆梁原油脱水试验数据

序号	温度（℃）	加药量（mg/L）	剩余含水率（%）			
			0.5h	1.0h	1.5h	2.0h
1	20	0	15.85	13.78	12.20	10.35
2		30	9.82	8.56	7.45	6.82
3		50	9.35	8.20	7.10	6.45
4		75	9.10	7.45	6.72	6.00

续表

序号	温度（℃）	加药量（mg/L）	剩余含水率（%）			
			0.5h	1.0h	1.5h	2.0h
5	30	0	14.60	12.65	11.82	9.70
6		30	9.56	8.48	7.20	6.65
7		50	9.20	8.02	6.85	6.20
8		75	8.90	7.15	6.30	5.85
9	40	0	13.74	11.56	9.65	7.25
10		30	8.72	7.65	6.95	5.87
11		50	8.45	7.12	6.30	5.78
12		75	7.90	6.34	5.85	5.46
13	50	0	11.25	9.75	7.90	5.85
14		30	6.20	4.98	3.65	2.70
15		50	5.79	4.74	3.32	2.64
16		75	5.28	4.20	3.02	2.48
17	60	0	10.95	8.56	7.32	5.60
18		30	6.05	4.60	3.35	2.57
19		50	5.65	3.75	2.88	2.40
20		75	4.85	3.85	2.60	2.15

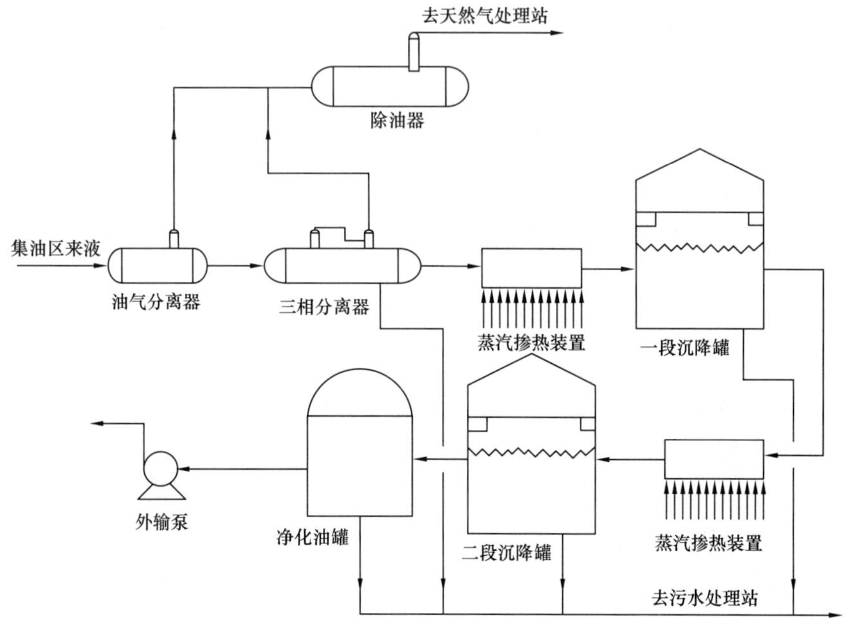

图 2-2-3　陆梁原油处理站工艺过程

（1）陆梁集中处理站工艺运行稳定、抗冲击性强，脱水效果可满足出矿标准；

（2）该站实际处理量为 90×10^4t/a（含水率 85%），原油负荷率为 75%，液相负荷率 100%，负荷率相对较高；

（3）陆梁处理站采出水矿化度高，可达 11383.87mg/L，原油加热采用两段蒸汽掺热装置，运行时效高，管理方便；

（4）该站最初原油脱水工艺为开式流程，处理后的原油 C_1—C_4 含量为 1.78%（表 2–2–3），平均挥发损耗达到 0.73%（表 2–2–4），因此后来对其实施了密闭改造。

表 2–2–3　陆梁集中处理站原油组分

组分	C_1	C_2	C_3	C_4	C_{5^+}
质量分数（%）	0	0.19	0.27	1.32	98.22

表 2–2–4　陆梁集中处理站原油挥发损耗

取样地点	来油量（t/d）	挥发气单耗［m^3/（h·座）］	装置（座）	总挥发量（m^3/h）	挥发损耗率（%）
一段沉降罐	2300	188.6	2	871.5	0.73
二段沉降罐		140.3	2		
净化油罐		106.8	2		

2. 石南 21 集中处理站

石南 21 集中处理站建于 2004 年，设计规模为 110×10^4t/a，采用一段大罐沉降、二段大罐热化学沉降的两段开式脱水工艺。

1）工艺流程

石南 21 原油处理站主要工艺过程如图 2–2–4 所示，该站原油采用相变加热炉加热，加药方式为井区端点加药 + 站内加药。油田采出液加药后进入油气分离器，液相添加破乳剂进入一段沉降罐脱水，后进入原油缓冲罐，再经相变加热炉加热至 45～50℃后进入净化油罐（兼做二段沉降罐），净化合格的原油输送至石西外输首站，污水进入污水处理系统。

2）适应性

（1）石南 21 集中处理站采用两段开式脱水工艺，运行稳定、能耗低、抗冲击性强，原油脱水可满足产品标准；

（2）随油田开发进入中后期、产量递减较快，实际处理量降至 40×10^4t/a，含水率 82.4%，原油负荷率低，仅有 36.4%；

（3）在端点、分离器前、提升泵出口分别加药 60～70mg/L、80～100mg/L、80～100mg/L，效率升至 92%，可有效抑制混合液在输送过程中的乳化，增强脱水效果；

（4）原油加热采用相变加热炉，介质在密闭空间工作避免氧化腐蚀发生，热效率在 90% 以上，具有运行稳定、高效、节能、安全与环保等特点；

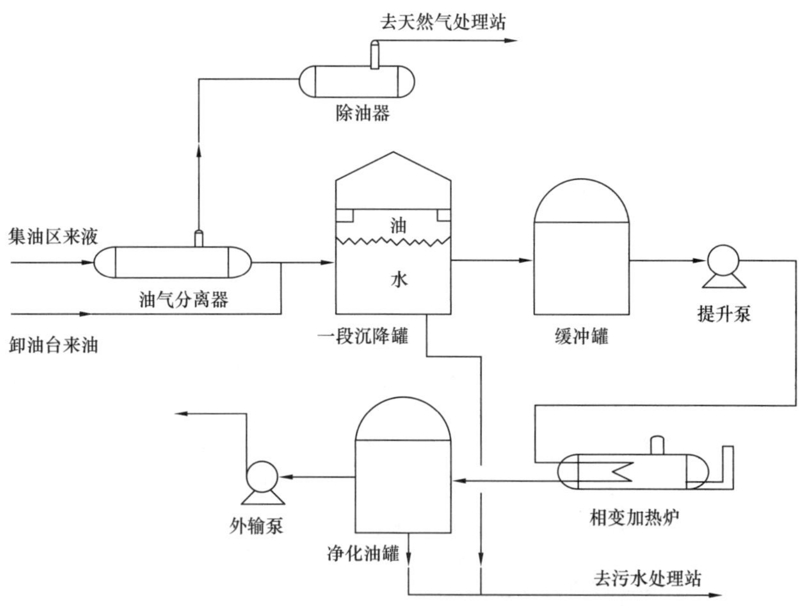

图 2-2-4　石南 21 原油处理站工艺过程

（5）该站场原油处理方式最初也为开式流程，处理后的原油 C_1—C_4 含量为 3.04%（表 2-2-5），平均挥发损耗 1.15%（表 2-2-6），因此同样需要密闭改造。

表 2-2-5　石南 21 集中处理站原油组分

组分	C_1	C_2	C_3	C_4	C_{5^+}
质量分数（%）	0	0.17	0.67	2.2	96.96

表 2-2-6　石南 21 集中处理站原油挥发损耗

取样地点	来油量（t/d）	挥发气单耗［m^3/（h·座）］	装置（座）	总挥发量（m^3/h）	挥发损耗率（%）
一段沉降罐	1000	208.2	2	601.60	1.15
缓冲罐		61.8	2		
净化油罐		30.8	2		

3. 采油二厂 81# 联合站

采油二厂 81# 联合站建于 1989 年，位于采油二厂东南 8km 处，设计规模 200×10^4t/a，脱水工艺采用一段热化学沉降脱水、二段电化学脱水处理工艺。

1）工艺流程

81# 联合站主要工艺过程如图 2-2-5 所示，集油区来油在进入油气分离器前加破乳剂，各接转站来油加热至 30～40℃后进入一段沉降罐；卸油台来油增压后与集油区、各接转站来油在一段沉降罐内汇合，分离出的低含水原油至二段加热炉加热至 60～70℃

后电脱，电脱水后的原油进入二段沉降罐，最后进入净化油罐外输，污水进入污水处理系统。

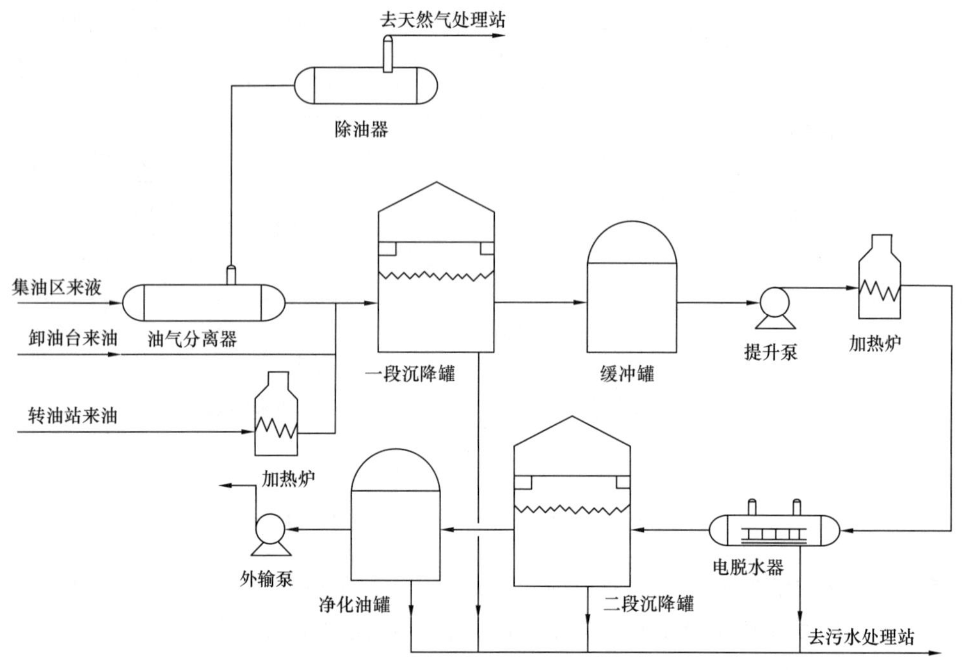

图 2-2-5　81# 原油处理站工艺过程

2）适应性

（1）采油二厂 81# 处理站产量较为稳定，实际处理量 152×10^4t，负荷为 90%；

（2）加热、加药、脱水方式与石南 21 集中处理站相同；

（3）原油处理工艺采用油气分离器→一段沉降罐→缓冲罐→电脱水器→二段沉降罐→净化油罐，工艺流程较长、能量损失大，因此需简化其工艺流程；

（4）该站采用最初的原油处理工艺，处理后的原油 C_1—C_4 含量为 3.99%（表 2-2-7），平均挥发损耗 0.92%（表 2-2-8），故后来对其实施密闭改造和原油稳定处理。

表 2-2-7　81# 原油处理站原油组分

组分	C_1	C_2	C_3	C_4	C_{5^+}
质量分数（%）	0	0.27	0.96	2.76	96.01

4. 彩南原油处理站

彩南处理站始建于 1994 年 6 月，设计规模为 150×10^4t/a，主要负责彩南油田、滴 20、滴 12、滴西 12 等生产区块原油脱水。

1）工艺流程

彩南站原油处理采用两段热化学—电化学密闭处理工艺，管汇来液先进压力缓冲橇，由提升泵提升至原油稳定装置区的换热器，分别与压缩塔顶气、稳定原油两级换热后进入相变加热炉，加热后的采出液进入压力脱水器内进行油、气、水分离；压力脱水器出液进入电脱水器进行电化学脱水，处理后的净化油进入新建原油稳定装置；压力脱水器及电脱水器分离出的采出水去压裂返排液处理装置处理合格后有效回注地层或用于压裂液复配，分离出的伴生气与同列原油稳定装置塔顶气混合由原油稳定压缩机增压输送至天然气处理站，主要工艺过程如图 2-2-6 所示。

表 2-2-8　81# 原油处理站原油挥发损耗

取样地点	来油量（t/d）	挥发气单耗［m^3/（h·座）］	装置（座）	总挥发量（m^3/h）	挥发损耗率（%）
一段沉降罐	3600	310.4	3	1725.8	0.92
缓冲罐		94.9	2		
二段沉降罐		194.8	2		
净化油罐		107.6	2		

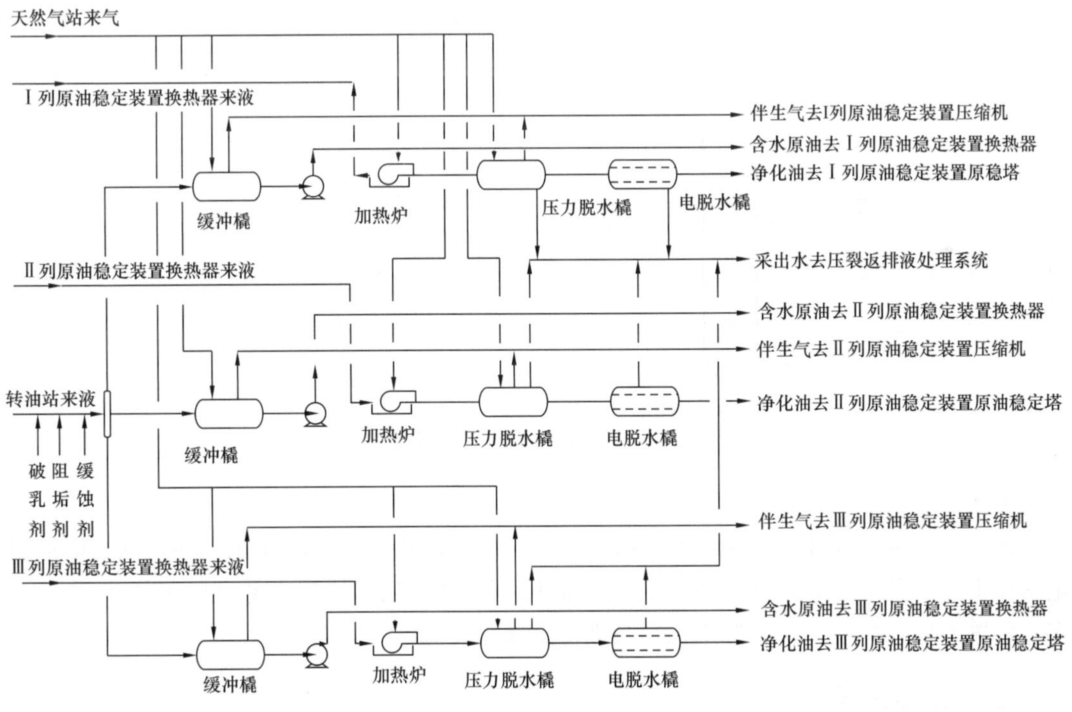

图 2-2-6　彩南原油处理站多功能处理工艺过程

2）适应性

彩南处理站前、中期运行效果好，后期产量递减较快，实际处理量为 26.8×10^4t，负荷率仅为 18%。且由于油量少、净化油罐罐容大，从多功能处理站脱出的低含水原油进入净化油罐需储存 3～7d 才能外输，热量损失大。

第三节　稀油稳定

一、负压闪蒸

1. 工艺原理

负压闪蒸又称负压分离，其工艺原理是让稳定塔保持一定真空度，一般为20～70kPa，在负压条件下一次性闪蒸脱除挥发性轻烃，使原油达到稳定状态。

2. 工艺流程

净化原油首先进入稳定塔内闪蒸，塔底部稳定原油通过输油泵外输，顶部负压压缩机将稳定塔抽至真空；闪蒸出的塔顶气经冷凝器降温至35～45℃后再进入三相分离器，分离出的轻烃、含油污水、不凝气分别进入储罐、污水处理系统和天然气处理站，其主要工艺过程如图2-2-7所示。

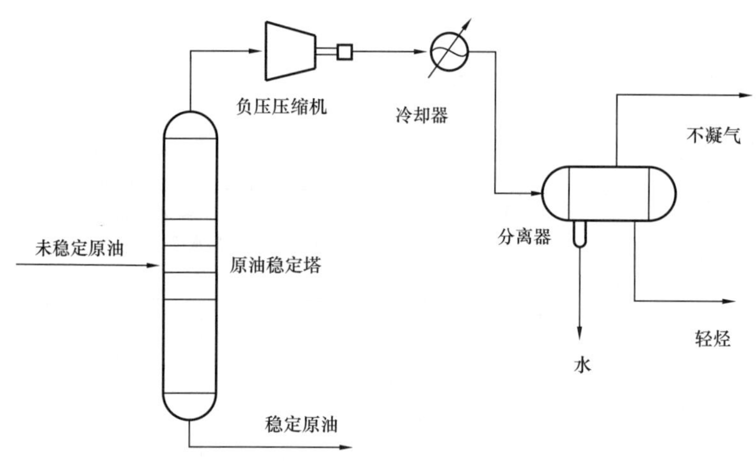

图2-2-7　负压闪蒸工艺过程

3. 适应性

该工艺主要适用于轻组分含量小于2.5%的原油，其闪蒸温度和压力均较低，原油稳定深度低，工艺流程较简单，节约能耗。但负压闪蒸工艺的拔出率低且塔顶气 C_5 含量较多，装置操作弹性较小，气源不稳定时极易出现超负荷运行问题。

二、正压闪蒸

1. 工艺原理

将稳定塔的闪蒸温度和压力分别控制在90～120℃和0.1～0.2MPa（绝压），在微正压条件下一次性闪蒸脱除挥发性轻烃，使原油达到稳定状态。

2. 工艺流程

净化原油增压至0.32～0.36MPa与稳定后原油换热至105～110℃，再经加热炉升温至

140～145℃进入稳定塔内闪蒸。塔底部的稳定原油冷却至 50～55℃进入储罐或外输，塔顶气降温至 45～50℃进入三相分离器，分离出烃液、水、不凝气，其主要工艺过程如图 2–2–8 所示。

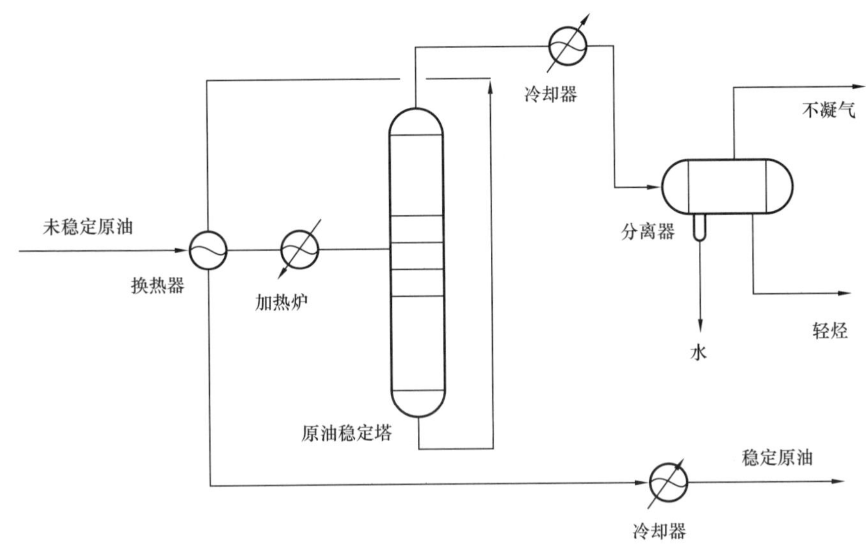

图 2–2–8　正压闪蒸工艺过程

3. 适应性

该工艺主要适用于轻组分含量高于 2.5% 的原油。闪蒸温度高、压力高、原油稳定深度高，管理较方便，产品中不凝气量少，轻烃产量多。该工艺的缺点在于拔出率与运行能耗高，对油品密度影响较大。

三、应用实例

截至 2019 年，新疆油田已建原油稳定装置 2 套，其中西北缘为百口泉注输联合站的微正压闪蒸装置，规模为 50×10^4t；腹部为石西集中处理站的负压闪蒸装置，规模为 100×10^4t。

1. 石西集中处理站

1）油品密度及组分

石西集中处理站原油密度为 852kg/m^3，属于轻质油，原油中 C_2—C_4 含量为 3.04%，相关参数见表 2–2–9。

表 2–2–9　石西集中处理站原油物性

组分	C_1	C_2	C_3	C_4	C_{5^+}
质量分数（%）	0	0.17	0.67	2.20	96.96

2）工艺流程

石西联合站采用负压闪蒸稳定工艺，其主要工艺过程如图 2–2–9 所示。净化原油在负压稳定塔内进行闪蒸，气提气对原油进行气提。塔底稳定原油直接进入储罐或外输。稳定塔顶部用负压压缩机抽气，抽出的闪蒸气降温至30～40℃，进入三相分离器分离。

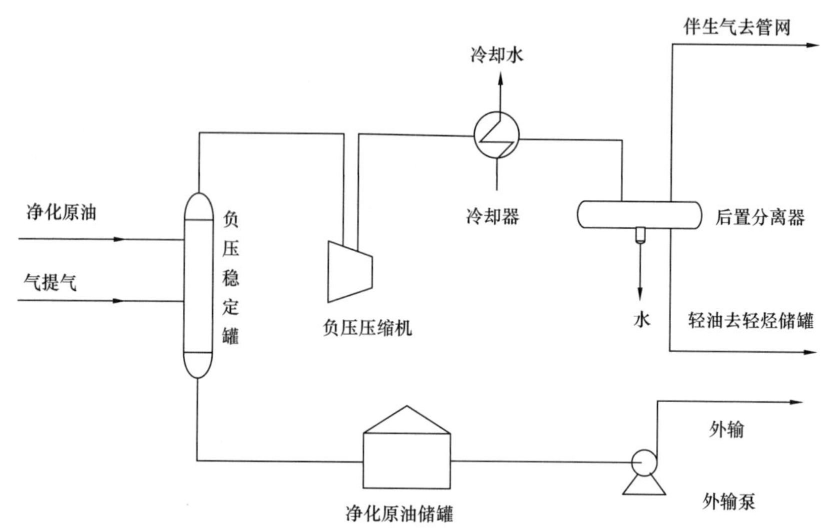

图 2-2-9　石西联合站负压闪蒸稳定工艺过程

3）适应性

（1）石西集中处理站于2009年改造，将气提工艺应用于原油稳定，一直处于运行正常状态，稳定后原油量为1763t/d，轻烃量为1.5t/d，不凝气量为6000m^3/d；

（2）原油实际稳定量和负荷率分别达到1378t/d和37.9%，原油稳定负荷率低、处理量降低、轻烃产量低、经济效益差；

（3）经该流程处理后的原油含水高，且由于采用开式流程，轻组分损耗较大。

2. 百口泉注输联合站

1）油品密度及组分

百口泉注输联合站原油密度为835kg/m^3，属于轻质油，原油中C_1—C_4为4.2%，相关参数见表2-2-10。

表 2-2-10　百口泉注输联合站原油物性

组分	C_1	C_2	C_3	C_4	C_{5^+}
质量分数（%）	0	0.16	0.90	3.14	95.8

2）工艺流程

百口泉原油处理站原油稳定装置也采用负压闪蒸工艺，其主要工艺过程如图2-2-10所示。原油稳定装置采用三列装置并联运行的方式，经电脱水器处理合格的净化原油（单列123.53t/h；含水低于0.5%；温度：55～60℃；压力：0.3MPa）从电脱水器出口直接进入新建原油稳定系统的原油稳定塔中。净化原油从原油稳定塔中上部进入塔内，在塔内进行闪蒸，闪蒸温度为55～60℃，压力为0.07MPa。进料口设置在原油稳定塔中上部，进料处设分布器，进口下方设置有4块筛孔塔板；进口上方设置高效TP板填料，防止油品产生气泡；塔顶气出口前设破沫网，保证气液分离效果。

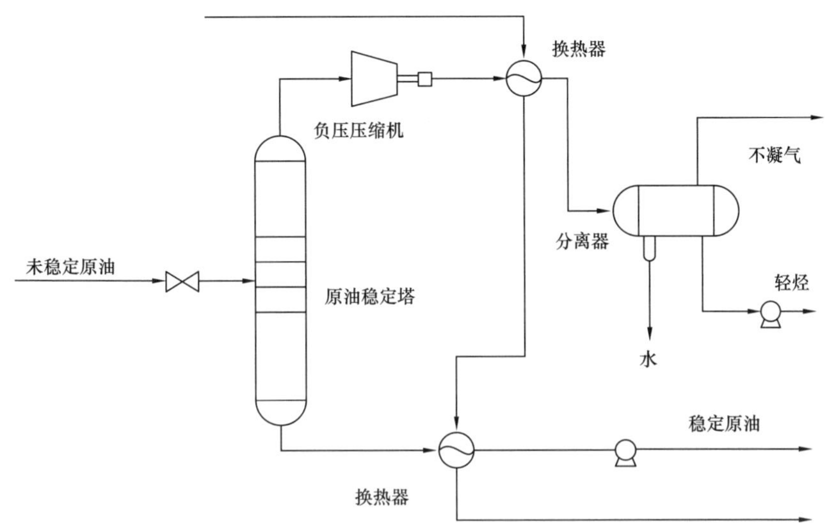

图2-2-10　百口泉原油处理站负压闪蒸稳定工艺过程

3）适应性

新疆油田在役的两套原油稳定装置处理能力为150×10^4t/a，实际稳定原油120×10^4t/a，装置负荷率为80%，适应油田原油稳定需求。

第四节　净化技术问题及发展方向

一、技术问题

（1）石西集中处理站原油稳定负荷率低，仅为45.5%，未充分发挥原油稳定装置负荷，原油处理量与塔板效率低，使稳定塔稳定效率与轻烃产量低，经济效益差[9]；

（2）石西集中处理站气提气的应用导致原油稳定塔拔出的水蒸气增加，现场因三相分离器体积小、分离不及时，致使轻烃含水高；

（3）原油稳定前端原油脱水采用大罐热化学沉降的开式流程，造成沉降过程中轻组分损耗较大，使原油稳定收益效果不佳；

（4）百口泉注输联合站原油稳定装置净化油量为79.6×10^4t/a，负荷率为159%，远超负荷运行，装置已不能满足要求，且随着玛湖地区的规模开发，预计产量最高达250×10^4t/a，需改造扩建；

（5）新疆油田市场轻烃价格低于轻质油价格，最初工艺及运行参数导致拔出率偏高，运行费用与轻烃产量高、产品价值却降低，因此需要优化原油稳定工艺。

二、发展方向

（1）随着环保要求越来越高，原油处理发展趋势已由传统的开式流程转向密闭流程；如何实现不同油品的密闭脱水，以及高效三相分离器研制是一项技术瓶颈，也是今后的研究与发展方向。

（2）单一脱水处理技术对目前开采稀油藏的处理效果非常有限，需加大高频脉冲电脱水、微波脱水、超声波脱水与生物破乳脱水等新型脱水方法的研究力度，发展接转站高效预脱水工艺，降低建设投资与运行成本。

第三章　稀油长输

新疆油田输油工艺系统现已形成一定的技术体系，稀油长输管道基本采用密闭输油流程，其输油首站或末站一般建有矿场油库。截至 2019 年底，新疆油田矿场油库共计 3 座，以管道外输，输送量为 12.42×10^6t/a。对于易凝含蜡稀油，当其凝点高于管道周围环境温度时，其黏度很高，无法直接采用等温输送，必须采取降凝、降黏等措施。因此，需要根据不同原油性质和当地环境条件，采用不同的输油工艺，主要包括加热、添加化学药剂、间歇输送和顺序输送等工艺方法。

第一节　加热输送

一、技术原理

利用外部设备提高原油管输温度或出站温度的工艺即为加热输送，这是最传统的降黏方法，加热使管内最低油温维持在凝点以上，保证安全输送。

采用加热输送的管道和设备需要保温，以防止热损失。对于热油输送管道，其沿线油温不仅高于原油凝点且高于地温，因此设置有若干中间加热站和泵站，为油流补充热能、提高流动性。

为避免高含蜡原油在外输过程中发生凝管事故，凝点较高的稀油需要用加热炉升温，使其管输温度始终高于其凝点，同时也能有效抑制管道蜡沉积。凝点不高（低于埋管处土壤自然月平均温度）、黏度较高的稀油在外输时也需要考虑提高其管输温度，通过加热法降低稀油黏度，可减小管道摩阻损失，提高输油泵运行效率。

二、工艺流程

新疆油田稀油加热输送工艺流程主要包括首站、中间热泵站、中间加热站和末站四类站场工艺。

1. 首站

1）工艺设计原则

（1）加热设施设在油罐与外输泵之间，主要采用直接或间接加热系统。由于加热方式不同，工艺流程也有所差异，为节能降耗还设有冷、热油掺合流程。

（2）对加热输送管道，根据新疆油田稀油性质和管道在投产初期输量低的特点，投产前试运期间通过反输热水来建立管道沿线的稳定温度场。为确保输油管道运行安全，还设有反输流程。

（3）为方便管道管理，设置相应计量流程，流量计设在给油泵与外输泵之间、加热系统之后，流量计采用固定式或移动式标定系统。

（4）与油罐连接的进出油管线，采用单管。罐区外设有阀组，油罐操作阀门集中设置，采用双管，操作阀门设在罐区内。

（5）倒罐流程设计在管线停输和不停输两种情况下实施，后者流程较复杂，且设有专门的倒罐泵；为简化流程，首站一般不设专门的倒罐流程，而是采用给油泵在停输的情况下倒罐。

（6）输油泵根据需要采用串联、并联或串/并结合的运行方式，由于输油泵运行方式不同，管线的连接流程也不相同。

（7）当原油采用热处理输送时，为节约能源，热处理后的原油采用急冷（即与冷油）方式换热，在输油泵前设有冷、热油换热器。

（8）管道出站设有高压泄压阀，该阀接入油罐或直接接到油罐出口管线。

（9）对于顺序加热输送的管道首站，设有油品切换阀组，其阀门为快开/快关阀，且开关时间不超过10s。

2）主要功能

（1）接收来油进罐；

（2）油品切换；

（3）加热/增压外输；

（4）站内循环；

（5）压力泄放；

（6）清管器发送。

3）典型工艺流程

根据需求，部分首站还设计有反输和交接计量流程，顺序输送首站出站端设有油品界面检测系统，输油首站主要工艺流程如图2-3-1所示。

2. 中间热泵站

1）工艺设计原则

（1）为降低加热设备的设计压力，提高加热设备运行操作的安全性，中间热泵站采用“先炉后泵”的流程，加热设备设置在外输主泵前，为节约能源，加热系统还设有冷热油掺混流程。

（2）为保证管道安全运营，设有反输流程。

（3）中间热泵站的输油泵采用并联或串联运行方式，并联运行时设有压力自动越站流程。

（4）根据需要设清管器收、发设施或采用清管器自动越站流程。

2）主要功能

（1）加热/增压外输；

（2）清管器接收、发送或越站；

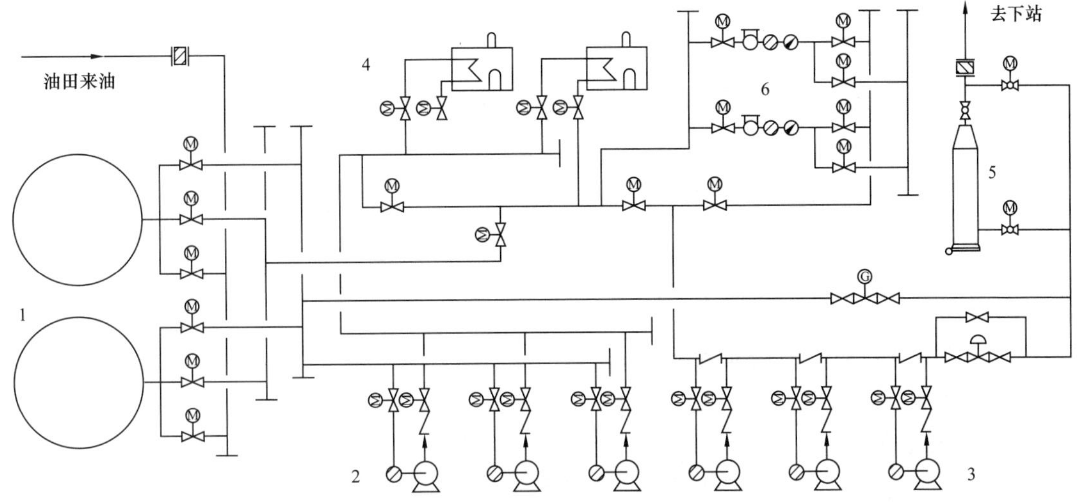

图 2-3-1　首站典型工艺流程

1—油罐；2—给油泵；3—外输泵；4—加热炉；5—清管器发送筒；6—流量计

（3）压力 / 热力越站；

（4）全越站；

（5）压力泄放；

（6）泄压罐油品回注。

3）典型工艺流程

中间热泵站的典型工艺流程如图 2-3-2 所示。

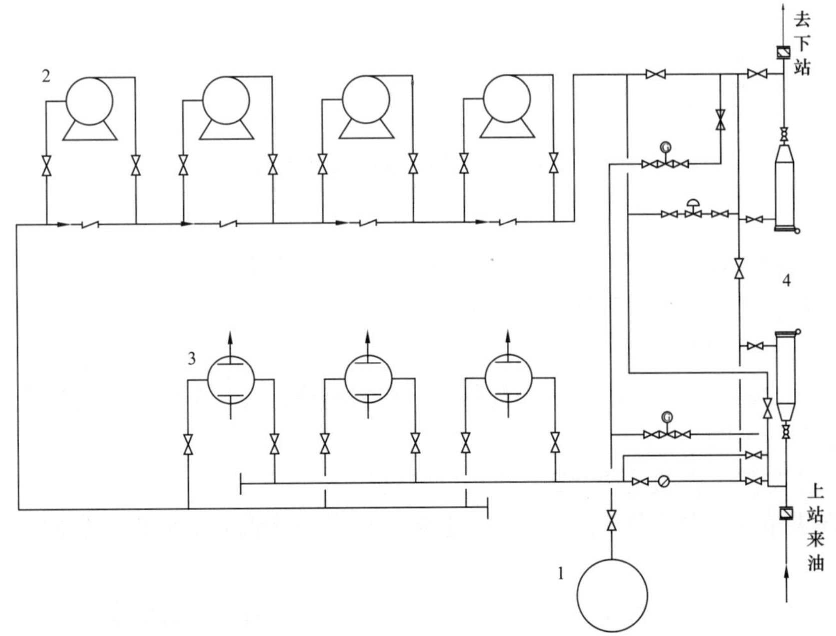

图 2-3-2　中间热泵站典型工艺流程

1—旁接油罐；2—输油泵；3—换热器；4—清管器收 / 发筒

3. 中间加热站

1）工艺设计原则

（1）为节约能源，加热系统设有冷热油掺合流程。

（2）为保证管道的安全运营，设有反输流程。

（3）中间加热站根据需要设有进站超压泄放流程，采用泄压罐时设有其油品回注流程。

2）主要功能

（1）加热外输；

（2）清管器接收、发送或越站；

（3）越站。

3）典型工艺流程

中间加热站典型工艺流程如图 2–3–3 所示。

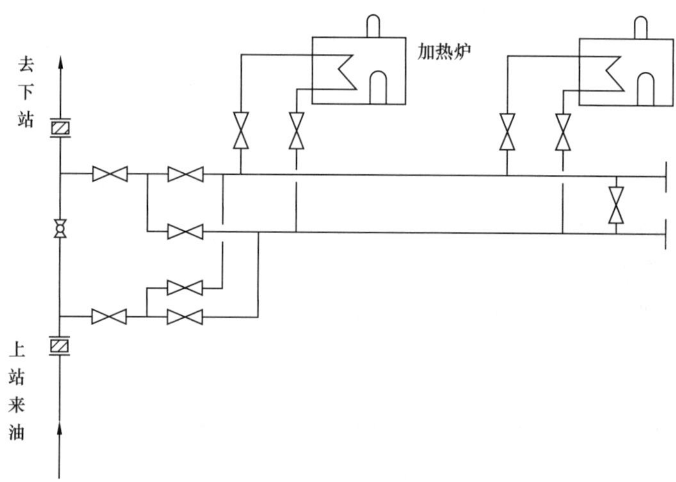

图 2–3–3　中间加热站典型工艺流程

4. 末站

输油末站根据输送油品的不同，主要分为单一油品和多种油品末站。输油末站的外输功能主要包括管道转输、油品装火车 / 汽车等。

1）工艺设计原则

（1）对于油品装火车、汽车的流程部分，在装车栈桥及装车台按规定要求设置部分便于操作的紧急切断阀。

（2）对于加热输送的输油管道，设有反输流程。

（3）在进站压力允许条件下，末站工艺流程可做到接收上站来油不进油罐，直接经计量后外输。

（4）输油末站和输油首站一样，油罐区的管线采用单管或双管敷设，并根据需要设计与建设独立的倒罐流程。

（5）在有油品交接的管道末站，设有管道交接计量流程，流量计的标定为在线标定，并设有固定式标准体积管与水标定系统。

2）主要功能

（1）清管器接收；

（2）接收来油进罐；

（3）油品切换与转输；

（4）站内循环；

（5）压力泄放；

（6）油品计量交接；

（7）流量计标定；

（8）混油掺合。

3）典型工艺流程

输油末站典型工艺流程如图 2-3-4 所示。

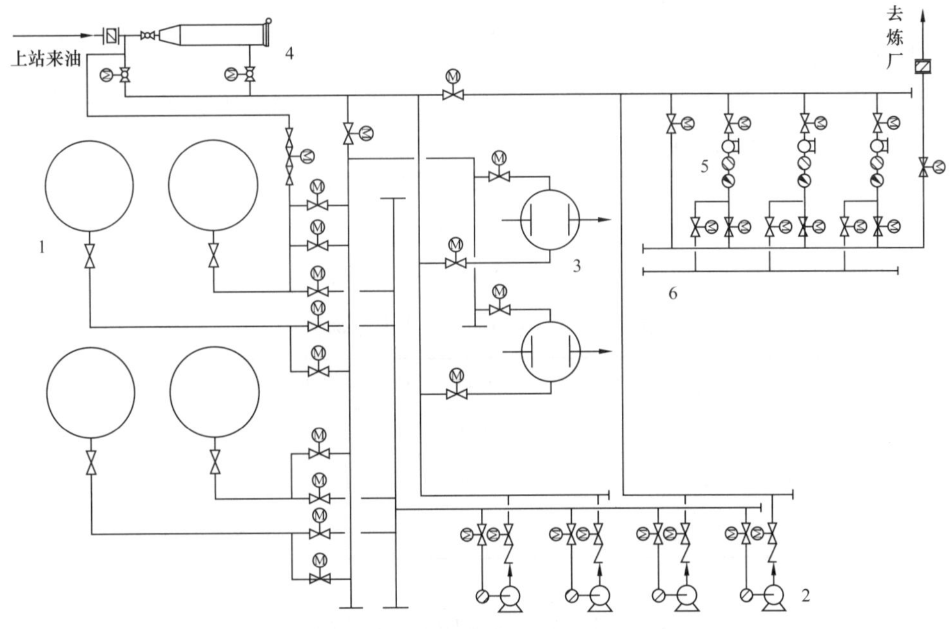

图 2-3-4　输油末站典型工艺流程

1—油罐；2—反输及外输泵；3—换热器；4—清管器接收筒；5—流量计；6—流量计标定接口

三、应用实例

为满足冬季安全输送需要，对克→乌线、王→化线、克→独线、石→克线、石→彩线、彩→火线、火→三线与三→化线等 8 条管道采取加热输送方式运行。

1. 克→乌线

克→乌线全长 295.42km，管径分别为 $\phi377\times7$ 和 $\phi529\times7/8$，主线和复线分别于 1973 年及 1981 年投产。克→乌线最大输送能力为 12.50×10^6t/a，最大工作压力为 4.7MPa，全年有半年实施常温输送、半年实行加热输送。

全线采取主、复线热泵站合并方案，下设首站701、702、703、704、705、706及末站王家沟共7个热泵站。克→乌线夏季输油是以DN500管道为主，DN350管道为辅，冬季输油只用DN500管道。克→乌线各管段原油平均温度高于20℃，在7—9月实行常温输送，其他时间要适当进行加热输送，克→乌线常温输送运行参数见表2-3-1。

表2-3-1　克→乌线常温输送参数测试结果

站号	701	703	704	705	706	WJG
输油量（m^3/h）	389.34	305.25	424.56	345.46	371.45	—
出站压力（MPa）	1.70	1.65	2.50	2.60	2.80	—
进站油温（℃）	54	33	22	22	21	18
出站油温（℃）	—	35	24	24	24	—
地温（℃）	24	22	19	19	19	19

2. 火→三线

火→三线于1988年建成投产，全长85.688km，采用$\phi 273\times 10/9$的无缝钢管。管道走向基本上由北向南，全线设有3座阀池。

火→三线输送彩南原油和火烧山原油，设计输量为150×10^4t/a，最低起输量为85×10^4t/a，彩南原油和火烧山原油物性见表2-3-2。为实现降黏减阻输送，同时防止输送过程中蜡沉积造成凝管事故，火→三线采用加热输送方式，运行参数见表2-3-3。

表2-3-2　彩南和火烧山原油物性

原油品种	密度（g/cm^3）	凝点（℃）	不同温度下$10s^{-1}$表观黏度（mPa·s）					5℃屈服值（Pa）
			15℃	20℃	25℃	30℃	40℃	
彩南原油	0.8220	19～20	228.8	42.66	12.84	6.71	4.88	215.20
火烧山原油	0.8558	13～14	1473.2	161.89	50.04	30.58	16.56	410.23

表2-3-3　火→三线加热输送运行参数

时间		0：00—4：00	4：00—8：00	8：00—12：00
火烧山出站压力（MPa）		6.1	6.1	6.1
火烧山出站温度（℃）		60	52	52
火烧山站排量（t/h）		41	38	44
压力（MPa）	1号阀池	7.2		
	2号阀池	—		
	3号阀池	1.6		

续表

时间		0：00—4：00	4：00—8：00	8：00—12：00
温度（℃）	1 号阀池	23.5		
	2 号阀池	22		
	3 号阀池	21		
北三台站进站油温（℃）		17	17	19
计算管径（mm）		121	121	126

3. 适应性

加热输送是国内外普遍应用的方法，也是传统的降黏输送方法，其适应性广、技术成熟、加热效率高，适用于高含蜡原油输送。

第二节　加剂输送

一、技术原理

流体在管流中的摩擦阻力将阻碍其流动，造成管道输量降低和能量消耗增加。含蜡稀油中掺入适量的配伍降凝剂，可实现稀油输送降凝减阻的目的；当其紊流流动时注入少量的高分子聚合物，也可有效降低其流动阻力，即湍流减阻。

降凝剂的作用机理是降低稀油中蜡晶结构形成的温度、削弱已形成蜡晶结构的强度，故降凝剂处理不仅可降低原油凝点，而且可显著降低析蜡点温度以下的原油黏度，因而降凝剂也常称为流动性改进剂。易凝高含蜡原油中掺入少量降凝剂，不仅能降低原油凝点，还能适当增大加热站或热泵站之间的距离，甚至能实现高含蜡原油的不加热等温输送。但由于含蜡稀油与降凝剂存在配伍性，应用时需要筛选评价适合的降凝剂。

二、工艺流程

1. 典型加剂输送工艺

稀油降凝剂的基本成分为烃类聚合物，易溶于原油。在加剂站（一般为首站）注入前，先用室内评价所用溶剂（如燃料油或稀油）将室内筛选的降凝剂溶解稀释成稀溶液，再用比例泵将降凝剂溶液直接注入输油管道中，典型工艺流程如图 2–3–5 所示。

2. 加剂要求

（1）使药剂与稀油充分混合均匀；

（2）使加剂稀油达到必要的加热处理温度；

（3）保证药剂注入连续不断、剂量准确。

3. 加剂方式

（1）用比例泵或计量泵经过沿管轴安装的喷射装置注入管道；

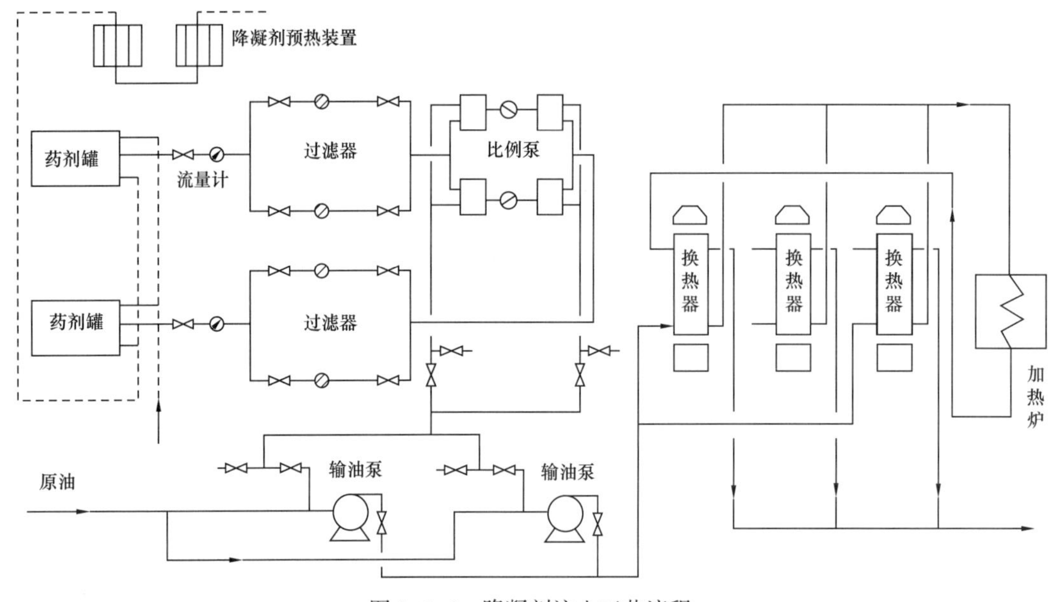

图 2-3-5　降凝剂注入工艺流程

（2）将药剂溶于凝析油或稀油中，并用泵直接将其注入稀油管道，其优点是药剂加量小，不需要额外的加热和搅拌装置；

（3）在输油管道某处若油温接近凝点时，可在该处安装环层原油加热器，以便把原油加热到合适的加剂温度，然后用计量泵向环层注入所需降凝剂，但环层过泵易遭受破坏，在流动过程中也可能与稀油互溶而被破坏。

三、应用实例

对输送油品凝点较高或者任务输量较低的长输管线，如三→化线、石→克线、克→独线，采取加注降凝剂的输油方式。

1. 克→独线

克→独原油管道由克→独 D377 线、克→独主管（D159/168）、克→独三管（D219/273）三条平行敷设的管线组成，途经四泵站和六泵站，年输油量约 270×10^4t。自 2006 年起，随着哈萨克斯坦原油入境、新疆油田原油产量持续增长，克→独 D377 管道改输哈萨克斯坦入境原油，独山子炼油厂对克拉玛依原油需求量随之降至 100×10^4t/a。根据生产需求，利用克→独主管、克→独三管并输陆石混油或北疆 0 号油，并在四泵站间歇掺入车排子油（车油）。由于克→独线总站→四泵站之间的距离较大，冬季时原油管道沿程温降较大，因此需要添加降凝剂，确保外输管道安全运行。

针对克→独三管冬季安全运行需要，通过室内实验考察 KD-1 降凝剂在不同处理温度与加量下对北疆 0 号油、陆石混油、车排子油的降凝效果。结果表明，KD-1 降凝剂的降凝降黏效果较好，具有较强的稳定性和适应性。此外，克→独 D377 管和克→独三管加剂输送现场试验显示，陆石混油经泵剪切或与车排子油掺混后，凝点反弹幅度较大。因此，该降凝剂只能满足克→独线总站→四泵站管段的输送要求，而不能满足四泵站和六泵站同时停炉的输送要求。克→独三管输送北疆0号油现场试验参数见表2–3–4，总站每千克油添加30mg/kg KD–1降凝剂，增压加热；在四站采用加热和不加热两种运行方式，六站只增压运行。试验期间，车排子油先进四站的旁接储油罐，然后再进克→独管道。

对于北疆0号油，总站加剂量为30mg/kg，经55℃热处理，四站进站原油凝点低于0℃，可满足原油高于其凝点3℃进站的热力条件；四站热力越站，储油罐原油掺混比例控制在总站来油的30%以内。六站进站原油凝点控制在4℃以下，可满足进站油温高于7℃的热力条件；六站储油罐内的原油尽量不掺混。独山子进站原油凝点控制在1℃以下，可满足进站油温高于4℃的热力条件，可见克→独三管加剂输送北疆0号油是可行的。通过添加降凝剂，克→独三管每年可节约加热炉运行费用约300万元，扣除降凝剂运行成本100万元，每年可节约费用200万元。

表2–3–4　克→独三管加剂输送北疆0号油现场试验参数

站点	取样条件	排量（t/h）	取样温度（℃）	取样压力（MPa）	凝点（℃）
总站	罐样	100	—	—	10～11
	加热炉出口样	100	52～55	5.5	–4～8
四站	三管进站油样	100	19	0.12	–4～0
	增压不加热	130	22～23	5.5	—
	增压加热	130	42～44	5.1	–2～2
六站	三管进站，四站增压不加热	130	15～16	0.06	–2～4
	三管进站，四站增压加热	130	15～16	0.06	–4～4
独山子	三管进站，四站热力越站	130	11	—	–2～1
	三管进站，四站增压加热	130	11	—	–1～2

2. *石→克线*

石→克D273原油管线于1997年建成投产，全长154km，设计输送压力为6.0MPa。管线前半段（全长77km，管径D273×7）敷设有40mm厚的保温层（聚氨酯脂泡沫塑料外加聚乙烯黄夹克），后半段（全长76.1km，管径D273×6）敷设有防腐绝缘层（沥青玻璃布），临时投运时的年输油量为70×10^4t，一期工程年输油量为130×10^4t。2008年，石→克D377输气管道被改造为输油管道，自此新疆油田准噶尔腹部地区的原油输送管道增至两条。石→克D377输油管道全长为150.4km，管径D377×7（6），原设计压力为4.0MPa，由输气管道改造为输油管道后重新核定，其承压能力为6.3MPa，冬季最低输量为280×10^4t/a。管道外壁采用特强级沥青玻璃布防腐，外加电流阴极保护，改造后管道在进入末站（701油库）前29.5km处采用50mm厚硬聚氨酯泡沫塑料保温。

随腹部陆梁油田与莫北油田的逐步开发，再加上彩南油田稀油需要经石→克线输送，而石→克线输油量必须达到240×10^4t/a，一期工程的设备已不能满足这一需要。为此，仅通过石→克D273输送原油，必须加注减阻剂。自1999年开始，该管线加注减阻剂运行，随加剂量逐步增大，其输油单耗也逐年增加，见表 2-3-5。

石→克 D377 输油管道大多未做保温，冬季原油产量无法满足管道最低起输量要求，单独通过其输送原油，需加注降凝剂，加量为 50g/t，末站进站油品的凝点降至 6℃左右，即石西原油的凝点下降约 10℃。

表 2-3-5　石→克 D273 输油管道加减阻剂运行经济分析

平均加剂量（g/t）	平均排量（t/h）	年输量（10^4t/a）	耗电（kW·h）	输油单耗［元/（t·h）］
17.09	233.41	196	460	2.63
18.22	249.13	209	475	2.81
20.35	270.21	226	550	3.13
21.21	282.47	236	550	3.23
22.46	286.23	240	540	3.46
24.63	285.06	239	550	3.79
26.54	285.94	241	572	4.09

石→克线前半段敷设有保温层，后半段未做保温处理。显然，管道前半段温降较慢，后半段温降较快。因此，管道前半段减阻效果比后半段好。若管道采用全线敷设保温层设计，加降凝剂输送则比不加降凝剂输送的效果好。对比分析加剂前后的主要运行费用可见，石→克线投入运行后，当管线输量达到 200×10^4t/a 时，加降凝剂输送可节约一次性投资 2538 万元，且每年可节省管理费 226 万元；管线输量达到 240×10^4t/a 时，加降凝剂输送可减少两座与首站相同的中间泵站建设，其一次性投资可节约 5200 万元，且每年可节省运行费 620 万元。

四、适应性

加降凝剂输送主要适用于高含蜡稀油，降凝剂可降低稀油在管路中的流动摩阻，提高输量，大幅节约能耗和运行费用。但现有降凝剂普遍存在抗剪切性能差，其原因在于降凝剂多为高分子聚合物，它以分子链状的方式溶解在原油中；当机械剪切应力较大时，其分子链将发生断裂并产生机械降解；在管道输送过程中，增压离心泵叶轮的剪切作用非常强烈，降凝剂经泵强烈剪切后，其流动改进效果将大幅降低，因此有必要研发抗剪切性能较好的新型降凝剂。

第三节　间歇输送

一、技术原理

原油管道低输量工况在各产油国普遍存在，我国尤其突出。当管道输量低于允许最小输量时，可采用间歇输送工艺解决这一难题。间歇输送是一个周期性过程，当管道输量达到安全输量时，即可正常输送；当管道输量低于允许最小输量时，则暂停输送，直至原油储量达到可管输最低要求。

原油管输采用间歇输送能够满足管道允许最小输量的要求，实现安全高效输送，管道的允许最小输量可按式（2–3–1）计算：

$$G_{\min}=\frac{K\pi Dl_{\mathrm{R}}}{c\ln\dfrac{T_{\mathrm{R_{max}}}-T_0}{T_{\mathrm{Z_{min}}}-T_0}} \tag{2-3-1}$$

式中　$G_{\min}$——管道允许最小输量，kg/s；

K——总传热系数，W/（m^2·℃）；

D——管道外径，m；

l_{R}——加热站间距，m；

c——平均油温比热容，J/（kg·℃）；

$T_{\mathrm{R_{max}}}$——出站油温的最高值，℃；

$T_{\mathrm{Z_{min}}}$——进站油温的允许最低值，℃；

T_0——周围介质温度，取管道中心埋深处的自然地温，℃。

二、工艺过程

1. 基本过程

管道间歇输送是由输送、停输及再启动 3 个阶段组成的周期性过程。完成单位输送任务的时间称为间歇输送过程的周期（如一个月），一个周期中的停输过程和再启输过程称为间歇输送过程的一个阶段；而一个阶段中的启输过程又分为初始过程和正常运行过程，前者为不稳定过程，后者可近似为准稳定过程。

2. 工艺方案

间歇输送方案包括在一个输油周期内的停输次数、每次停输和启输的时间、启输过程中初始过程和正常运行过程各自的开泵和开炉方案、运行温度及运行时间等。新疆油田在确定间歇输送工艺方案时，事先明确以下信息：

（1）输油任务：各输送阶段的总输量等于该周期内所要完成的输油量；

（2）输油周期：各阶段输送时间和停输时间之和等于输油周期；

（3）停输时间：每阶段允许的停输时间与前一阶段输送终止时的管内油品及管外土壤温度场、初始启动时的启泵点炉台数及出站油温有关；同时因原油外输是间歇的，而油田来油是稳定的，停输时间受首站总罐容限制，因此存在最大允许停输时间；考虑到生产实际，停输时间不宜过短，因此停输时间也有下限；

（4）输送时间：管线再启动后，首站储存油和油田来油共同经供油泵外输，当首站储油输完时，仅油田来油已不能满足正常的输量要求，所以输送时间存在上限；为确保输油安全，管道再启动后，需将管内冷油完全置换出管线；此外，因设定了最短停输时间，输送过程还需为后一阶段的停输过程建立足够的温度场，因此输油时间存在下限；

（5）停输次数：从生产实际出发，频繁启泵点炉对运行管理及设备维护都不利，因此需设置适宜的停输次数；

（6）温度边界：一个输油周期最后一次运行终了的温度场即是下一周期第一次停输的初始温度场，故在确定某一输油周期工艺运行方案时，需考虑下一周期的管道停输再启动所必需的温度场；

（7）其他：管道承压能力、泵机组电动机运行功率、加热站出站温度、管线现有设备对各过程的启泵点炉台数等信息也必须明确。

三、应用实例

对管道任务输量较低，如克浅 10 线、百重七线、百→克线等，采用间歇输送方式，有效避免了管道堵塞与凝管事故发生。其中，百→克管道主要输送百口泉和乌尔禾稀油，在百→克首站将两种油品混合后外输，在 27km 处掺入老 91# 站的稀油，三种油品混合输送至克拉玛依 701 油库。

百→克管道全线长 45.8km，采用 D377 × 7 钢管，并用加强级沥青绝缘层和阴极保护联合防腐。91# 稀油处理站至百→克管道交汇点采用 D114 × 4 无缝钢管，全长 0.7km。百→克管道起点至交汇点相距 27km，起、终点高差 17.40m，管道采用 30mm 聚氨酯泡沫保温，外加黄夹克保护层。

百→克线设计输油能力为 325×10^4t/a，设计压力为 3.5MPa，设计最小输量为 1800t/d。百→克线采用间歇输油方式，管线允许最小输量可降至 1600t/d。当管道常温间歇输送时间分别为 12h 与 24h，管道安全停输时间分别为 10h 与 18h；出站油温分别加热到 40℃、45℃、50℃，当间歇输送时间为 12h，管道安全停输时间分别为 12h、16h 和 18h；当间歇输送时间为 24h 时，管道安全停输时间为 20h、20h 和 22h。

然而，随着百口泉原油产量的下降，该管道的输量已低于设计最小输量。尤其在冬季，百口泉原油的凝点较高，当其在现有模式下运行，存在较高的凝管风险。

尽管间歇输送在一定程度上可确保管道允许最小输量，但我国原油多为“三高”（高含蜡、高凝点、高黏度）原油；随着原油产量不断下降，当管道输量降低时，由苏霍夫公式可知，管道沿线的温降增加，为使进站油温满足要求，则需要提高管道出站油温，这就使管道加热系统负荷增大。对已建管道，加热系统负荷增大不仅容易造成加热炉的损坏，而且使管道运行的安全性下降。

对于“三高”原油，由于沿线温度的下降，蜡结晶析出的速度加快，且析出的蜡晶颗粒容易黏附在管道内壁，造成管道当量直径减小，严重时甚至会堵塞管道。当管道当量直径缩小时，为确保管道能够正常运行，必须提高泵出口压力，导致其很可能超过管道允许的最高压力值，甚至引发爆管事故，造成重大经济损失与环境污染。

此外，离心泵的运行需要一定的输量，管道低输量运行时，泵易发生汽蚀，无法正常运转。许多泵站为满足低输量的要求，通常采取节流的方式，往往造成能量损失。因此，新疆油田近几年已逐渐减少甚至停用间歇输油方式。

四、适应性

间歇输送具有节约输油成本，无需改造设备，并有利于设备高效运行等优点，主要适用于低输量管道，尤其是管道输量无法满足最低起输量的管线，而保证间歇输送安全运行是其管道设计和运行管理的既特殊又重要的要求。

在间歇输送过程中，如果停输时间过长，管内原油温度降到一定值后，会给管道的再启动带来极大困难，甚至造成凝管事故。因此，必须准确掌握管道的正常运行、停输和再启动工况，从而保证管道的停输时间能够满足安全再启动要求。当管输原油凝点高于地温时，间歇输送管道因频繁启停，土壤温度场蓄热量减少，凝管风险将显著加大。因此可采取如下对策：

（1）改善原油流动性，提高管道运行的本质安全性。

（2）准确掌握土壤温度场及管道水力与热力参数的变化规律，并以此指导管道的启停操作。

然而，对策（2）必须通过数值模拟实现，由于稳态运行的含蜡原油管道停输再启动本身是一个复杂问题，理论上涉及复杂的非稳态传热与非稳态非牛顿流体流动，工程上很多基本参数都存在较大的不确定性，模拟难度大。

此外，间歇输送管道的频繁启停不仅导致土壤温度场始终处于不稳定状态，而且管道运行历史对其也有影响。因此，间歇输送管道的环境温度场、油流温度、流量和压力等参数均处于复杂的瞬变状态，其热力与水力特性计算误差不断累积，导致模拟预测结果明显偏离实际。

当管道为多种原油顺序输送时，可通过适当的输油计划方案，提高管道间歇输送的安全性，但同时会增大模拟软件开发的难度。

第四节　顺序输送

一、技术原理

1. 工艺原理及优势

原油顺序输送就是指通过一条或几条相连管线将不同物性的原油按一定批量和次序连续不断地输送到油库终端的输油工艺。

不同油田或同一油田不同油区生产的原油，其组成和物理性质有时差别很大，根据炼制工艺的要求，不允许互相掺混输送，以免影响高级石油产品的炼制，也常需要采用顺序输送。

顺序输送法可使长输管道最大限度地满负荷运行，这不仅可增加管道企业的经济效益，而且可减轻其他运输方式的负荷。此外，长输管道的一次投资较大，当几种油品从同一始发地输送到同一目的地时，采用顺序输送具有相当大的技术经济优势。

2. 混油产生原因

顺序输送时，由于不同种类的原油沿同一管线交替输送，当切换原油时它们的接触面处将发生混合、互溶而形成一段混油区。这些混油与两种原油的物理化学性质明显不同，甚至有的混油无法按合格油品销售，结果造成一定的混油损失。混油产生是顺序输送法的客观缺陷，也是该输送方法所固有的局限性。

顺序输送产生混油的原因主要体现在以下方面：

（1）管道径向流速影响：当两种原油沿管道运动时，液体质点沿管道内壁面的移动速度比中心部分慢，在管道横截面上液流沿径向流速分布不均匀，因而使后续输送的原油从交接界面开始呈楔形进入先前输送的原油。

（2）扩散影响：管内原油沿管道径向与轴向的紊流扩散过程将破坏这个楔形，使不同种类的原油混合，在一定程度上使原油沿管道横截面均匀分布。若紊流程度不大或呈层流状态，管道横截面上的混油浓度将因分子扩散而趋于均衡。

① 层流混油：层流管道截面上流速分布不均是造成混油的主要原因，这种混油量大，可能达到管道总容积的若干倍。

② 紊流混油：紊流交替输送油品时，当雷诺数超过一定值时，层流底层的厚度极薄，紊流核心部分已基本上占据整个管道截面，此时紊流速度场内局部流速的不均匀、紊流脉动，以及在浓度差驱动下沿管长方向的分子扩散是造成混油的主要原因。

由于在层流状态时形成的混油量比紊流时大得多，且流体流动不稳定，故当顺序输送管道运行时，一般应控制在紊流状态下运行。生产实践表明，在紊流状态下输送时，混油量通常为总体积的0.5%～1.0%。

3. 油田混油控制措施

新疆油田为保证原油顺序输送的经济性，从控制混油的角度切入，采取如下切实有效的措施：

（1）简化流程：在保证操作要求的前提下，采用最简单的流程，以减少基建投资与混油损失，工艺流程盲支管少，管路扫线、放空无死角，线路上管件少，转换油罐或管路的阀门安装在靠近干线处等。

（2）不用副管：顺序输送管道尽量不用副管，因为副管会增加混油。

（3）确保满流：当管道沿线存在翻越点时，其下游自流管段内油品的不满流，以及流速的陡增会造成混油，故设法消除不满流管段。

（4）合理安排输油顺序：对前后交替输送的两种油品，物理化学性质相差越大，混油量越大，处理费用也越高，故以黏度较高的油品顶送黏度较低的油品，或者将密度相近、混油易处理的油品相邻排列，以减少混油损失，简化混油处理工作。

（5）加大输量：两种油品交替时，加大输量，确保管内原油呈紊流状态，使相对混油量降低。

（6）避免停输：当必须停输时，设法使混油段停在平坦地段，对高差起伏管段，尽量使重油停在低洼处、轻油停在顶部。

（7）交替前输油量尽量大：在起点、终点、分油点与进油点储罐容量允许的前提下，尽量加大输送油品的一次输量。

（8）尽量减少混油进混油罐：混油头和混油尾大多收入大容量的净化油罐中，以减少进入混油罐的油量。

二、工艺流程及应用实例

对于多种不同油品，采用一管多用顺序输送方式，如克→独线、火→三线、三→化线就采取这种输送方式。

1. 克→独线

新疆油田克→独线由3条平行敷设的管道组成，其中主管管径为DN150，三管（变径管）管径为DN250/DN200/DN150。

克→独D377线建于1991年，管径为$\phi377\times7/6$，全长148.616km，全线除首末站外，还设有四站、六站两座热泵站；管道采用聚氨酯泡沫外敷黄夹克进行防腐和保温，管道最初采用旁接罐输送工艺，设计输量为250×10^4t/a，最大输量为300×10^4t/a，最高工作压力为6.4MPa；后来采用密闭输送工艺，交替输送克拉玛依稠稀混合油和陆石混合油，并在四站接收车排子油田来油。

克→独三管管线建于1962年，管径分别为$\phi273\times10$、$\phi219\times8$和$\phi159\times7$，该管线全长147.17km；采用沥青玻璃布防腐并通电保护，管线设计输量为85×10^4t/a，最大工作压力为6.5MPa。2004年8月，独山子石化厂原油需求量由300×10^4t/a增加到340×10^4t/a，超出D377线的最大输量范围，因此利用D377线和三管进行并联交替输送。启用克→独三管所用的动力消耗以及其他消耗均依托原D377管线已有设备设施，因此大大降低了该管线的输油单耗。

2. 三→化线

三→化线于1993年建成投产，全线长101.124km，设计输量300×10^4t/a，设计最高工作压力6.4MPa，管径$\phi426\times7$，最大输量450×10^4t/a，最小输量158×10^4t/a；除局部管段采用加强级沥青防腐，其余均采用特强级沥青防腐，管道无保温。北三台接收火→三线原油、北十六原油，并且按顺序交替输送东疆0#原油和彩南原油去三化分输站。

顺序输送切割点的选择需考虑混油损失，彩南原油质量较好，密度为821.4kg/m^3，东疆0#油的密度为877.1kg/m^3，且两种油品的硫含量都在0.4%～1.6%之间，含硫量较低。因此在三化分输站切割油头与油尾时，为减少混油的贬值损失，且兼顾油价因素，把混油密度作为切割标准。实际上按$\rho>0.846$g/cm^{3}时属于东疆0#油，$\rho<0.846$g/cm^{3}时属于彩南原油。三化站的实际切割浓度在55.8%左右，即55.8%之前的混油全部算作彩南原油。

三、适应性

顺序输送主要适用于不同种类油品需用同一条输油管道输送或一种油品输量不足以达到管道安全输量的情况，而顺序输送的首要技术难题是混油界面的掌握与切割。

混油界面确定的常用方法为输量推算结合密度检测，即在输量推算混油界面的基础上，通过密度监测，进一步确定混油界面。在计算混油界面到达切割站库之前，重点监测管道来油密度。通过密度变化曲线，即可确定混油界面。该方法只能确定混油和切割位置，但无法减少混油量。此外，当两种油品密度差别较大时，采用密度计能很好检测到油品的界面；反之，该方法则不适用。

第五节　长输技术问题及发展方向

一、技术问题

1. 低输量输送问题

随着新疆油田准噶尔盆地腹部和东部原油产量的递减，准噶尔盆地腹部和东部的部分管线逐渐处在低输量运行，尤其在冬季，部分区块所产的原油凝点较高，“凝管”风险较大，因此存在低输量输送的难题[10]。

2. 老管线输送问题

克→独主三管分别于 1958 年和 1962 年建成投产，管线长度 147.17km。自 2007 年起，克→独主三管承担着将陆石混合油与克区 0# 油交替输送至独山子石化的任务。但由于总站至四站站间距长、站间主管与三管管径小且输流量小、冬季管床温度低等因素，导致热油管道沿线温降较大，给管道的安全运行带来隐患。在冬季最冷月，该管道不加剂运行困难[11]。

二、发展方向

（1）原油管线低输量问题在各产油国都普遍存在，因为管线一般是按油田最大外输量设计的，所以在油田开采初期和后期很有可能存在不满流现象；且当输量减少到一定程度后，管道运行会出现不稳定，即随着输量的减少，摩阻不仅不降低反而增大，形成输量越低、摩阻越大的恶性循环。面对这种工况，就必须考虑采用新的输油工艺，主要包括间歇输送、正反输送、加降凝剂输送等方式，因此需要合理制定间歇输送、正反输送方案并加强廉价高效降凝剂的研究力度。

（2）对于老管线输送问题，在不升级改造的条件下，需要分析管线的输送情况，确定相应的水力与热力条件，着力开发适应相应管输条件的减阻剂或降凝剂。

第四章　采出水处理

新疆油田稀油注水开发过程中，产出大量的含油采出水，由于注水水源的极端匮乏与采出水对环境的严重伤害，油田采出水的处理要求也越来越高。新疆油田通过长期探索和研究，已形成适合新疆油田特点的“油田采出水离子调整旋流反应与污泥吸附处理技术”及配套处理工艺。本章主要介绍新疆油田高效水质净化与稳定技术、采出水处理工艺、系统组成及适应性，同时指出主要处理工艺存在的问题及未来发展方向。

第一节　高效水质净化与稳定技术

近 20 多年来，新疆油田根据不同油田水质，优化与完善“高效水质净化与稳定技术”组成单元工艺参数和配套药剂配方体系，使处理后的采出水水质稳步提高、处理站外输水水质达标率迈上新台阶。

一、离子调整旋流处理技术

通过对采出水加入以钙、锌等为主要成分的离子调整剂，调整油田采出水的 pH 值，使水中悬浮颗粒聚拢、促使油水乳状液破乳、油水分离，从而达到净化水质的目的。净水离子调整剂通过油田采出水的旋流处理器后，可有效保证离子调整剂与含油采出水的反应效率和混合强度，加快采出水与悬浮固体物质、油液等的分离速率；已在北三台、彩南、车排子与陆梁等采出水处理站改造方案设计中应用，节省建设投资 25% 以上，处理后采出水达到回注、锅炉回用和外排标准。

二、絮凝净水技术

在加入絮凝剂之前，先投入一部分带有高正电荷密度的催化剂，可有效减少胶体表面的 Zeta 电位，为后期采出水的净化减小难度。随后加入絮凝剂，使微粒吸附，在微粒间架起桥梁，促使微粒积聚，加大絮体的沉降体积，使絮体快速沉降，加快采出水净化速度。

三、过滤技术

过滤技术是油田采出水处理的水质控制技术，也是注入水水质达标的关键技术。过滤器是常见的过滤设备，有压力式和重力式两种。普遍采用的是压力式，主要包括石英砂过滤器、核桃壳过滤器、双层滤料过滤器等。近年来，随着纤维材料的发展，以纤维材料发展起来的纤维球过滤器和纤维束过滤器也得到广泛应用。

四、自动控制技术

新疆油田在油田采出水处理技术的自动化控制方面取得较大进展。近年来，对采出水处理的控制已经由过去的常规仪表控制阶段发展到如今的自动化控制阶段。仪表自动控制主要由中央控制系统、水质监测系统、流量控制系统、水位控制系统、加药系统自动化、过滤系统自动化等部分组成。由于油田采出水处理的过程十分复杂，采出水处理程序繁多，人工控制有可能会产生偏差。而采出水处理的自动化控制技术可减轻人工操作的压力，提高油田采出水处理的精度。

第二节　采出水处理工艺

新疆油田稀油采出水处理主要采用“重力除油—旋流反应—混凝沉降—过滤”流程，配套电解盐（或加药）杀菌工艺。整个处理装备包括调储除油单元、反应单元、混凝沉降单元、过滤单元、加药单元、杀菌单元、污泥处理单元其组成与主要工艺过程如图 2-4-1 所示。

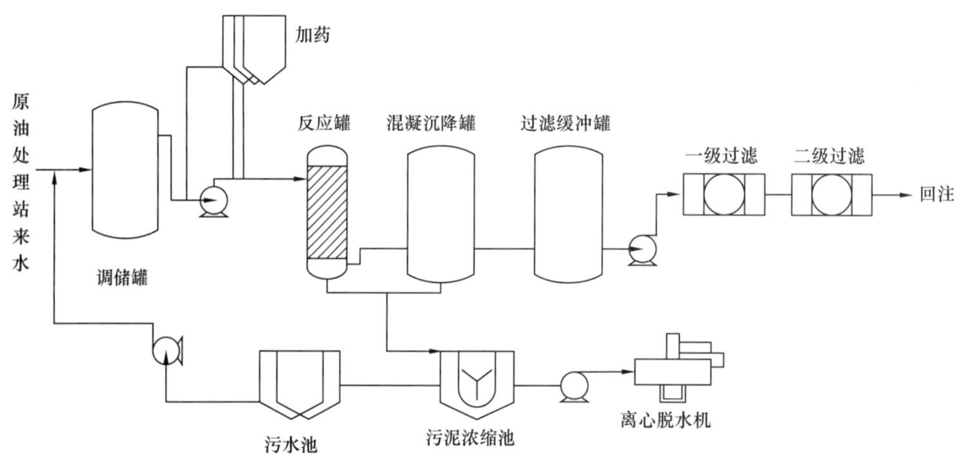

图 2-4-1　新疆油田稀油采出水处理工艺过程

一、调储除油单元

调储除油单元是油田采出水处理的首要环节，主要用于除油及部分悬浮物，保证水质稳定与水量均衡，主要设备包括重力除油罐和调储罐（图 2-4-2）。其中，重力除油罐主要采用重力除油分离技术，依靠油水密度差实现重力分离，除去来水中大部分油，除油率在 80% 以上；调储罐主要对来水进行均质均量处理，也兼有预沉降作用，为后继处理段提供稳定的水质与均衡的水量。

进口设计指标：进水含油≤1000mg/L，进水悬浮物≤300mg/L。

出口设计指标：出水含油≤100mg/L，出水悬浮物≤100mg/L。

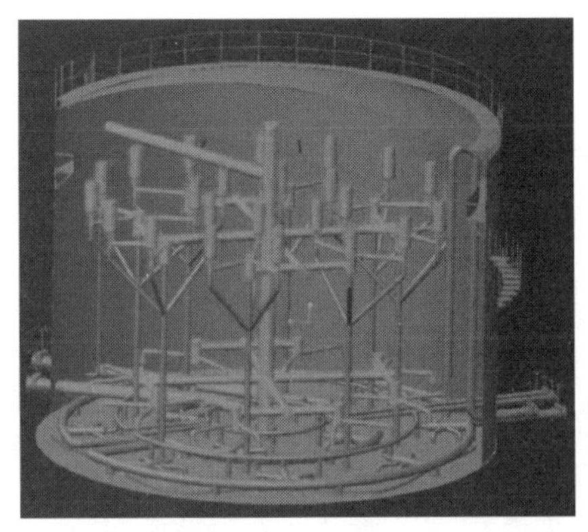

图 2–4–2　调储罐三维结构图及现场实物

二、反应单元

反应单元是含油采出水处理的核心，主要作用是去除悬浮物，同时去除部分含油。其反应罐也是油田含油采出水处理的核心设备，主要采用离子旋流反应技术。加药采出水侧向进水后，加入净水剂、助凝剂等药剂，借助水流作用在反应罐内快速旋流反应；悬浮物絮体在旋流反应下聚集成团、密度变大，下沉后通过排泥管线定期排出罐外，部分浮油也聚集上浮，通过收油管线排除罐外。含油采出水经旋流反应分离后，中上部的清水经出水管线进入下个单元，悬浮物去除率达到 75% 以上，反应罐三维结构及现场实物如图 2–4–3 所示。

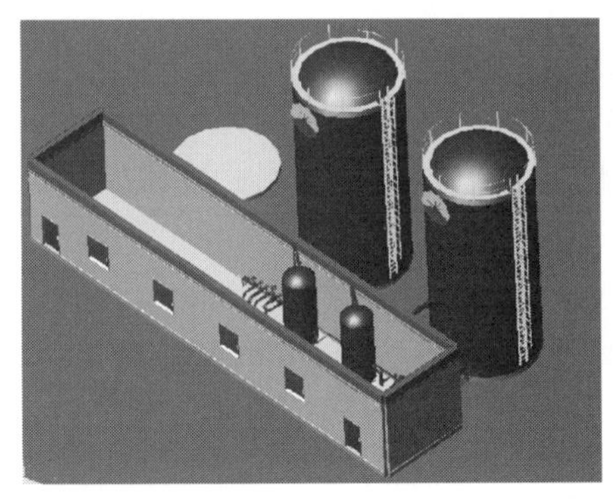

图 2–4–3　反应罐三维结构及现场实物

进口设计指标：进水含油≤150mg/L，进水悬浮物≤150mg/L。

出口设计指标：出水含油≤20mg/L，出水悬浮物≤20mg/L。

三、混凝沉降单元

混凝沉降单元是含油采出水处理中反应单元的延续阶段，也是保障过滤单元进水的关键环节。该单元采用混凝沉降罐或斜板沉降罐设施，在絮凝剂的作用下进一步除去采出水中的悬浮物和不溶性污染物，如图 2–4–4 所示。

图 2-4-4 混凝沉降罐三维结构图及现场实物

反应单元采用混凝沉降技术，通过混凝沉降罐或斜板沉降罐设施除油、除悬浮物，即在反应单元向采出水中加入混凝剂等药剂充分反应，去除部分含油悬浮物后，进入混凝沉降单元；在此借助絮凝剂和助凝剂等药剂，胶体粒子将发生静电中和、吸附、架桥等作用，使胶体离子脱稳；然后，在絮凝剂作用下发生絮凝沉淀，除去采出水中的悬浮物和不溶性污染物。目前采用的混凝剂主要有铝盐类、铁盐类、聚丙烯酰胺等。

进口设计指标：进水含油≤30mg/L，进水悬浮物≤20mg/L。

出口设计指标：出水含油≤15mg/L，出水悬浮物≤15mg/L。

四、过滤单元

新疆油田过滤单元多采用两级过滤，一级过滤器滤料多采用“无烟煤—石英砂”和“无烟煤—金刚砂”，个别站滤料采用“核桃壳—金刚砂”与“石英砂—锰砂”，以及“石英砂—磁铁矿”，二级过滤滤料一般采用改性纤维球和精细滤料（核桃壳—石英砂—磁铁）。

一级过滤器进口设计指标：进水含油≤15mg/L，进水悬浮物≤15mg/L。

一级过滤器出口设计指标：出水含油≤5mg/L，出水悬浮物≤5mg/L。

二级过滤器进口设计指标：进水含油≤5mg/L，进水悬浮物≤5mg/L。

二级过滤器出口设计指标：出水含油≤2mg/L，出水悬浮物≤2mg/L。

五、加药单元

现场投加的药剂一般由净水剂 + 离子调整剂（催化剂）+ 絮凝剂（助凝剂）组成，其中离子调整剂（催化剂）主体成分为石灰乳或者膨润土，往往使后段沉积大量污泥，旋流反应装置、斜板沉降罐及污泥池上部浮渣较多。

六、杀菌单元

新疆油田采出水主要采用电解饱和食盐水杀菌技术，投加点多设在注水罐出口处，个别站在电解杀菌运行不正常时，通过投加化学杀菌剂来控制水中细菌生长。

七、污泥处理单元

1. 污泥浓缩

（1）工艺原理：降低污泥中的空隙水是污泥减量化处理或浓缩处理的主要方法。

（2）工艺流程：应用辐流式沉淀池，采出水自中心筒进入池中，沿半径方向向池周辐射。污泥在流动中沉降，上部清液回收至前端，底部污泥进入离心机脱水，如图 2-4-5 所示。

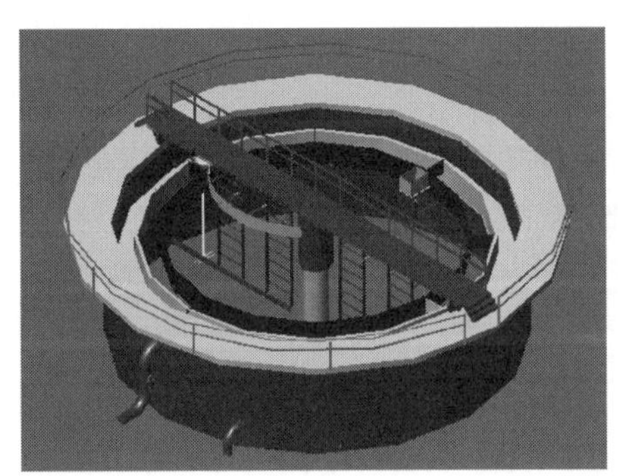

图 2-4-5　污泥浓缩池三维设计图和现场实物

2. 污泥脱水

（1）工艺原理：污泥脱水是将流态的原生、浓缩或消化污泥脱除水分，转化为半固态或固态泥块的一种污泥处理方法，主要分为自然干化与机械脱水两种。

（2）适应性：新疆油田稀油污泥在役主要污泥脱水设备为离心机，仅有采油二厂 81 号采出水处理站在用叠螺脱水机，二者的性能特点对比见表 2-4-1，含油污泥处理方法对比见表 2-4-2。

表 2-4-1　污泥脱水机设备性能比较

脱水设备	叠螺脱水机	离心机
脱水后含水率（%）	≤85	75～85
优点	占地少，滤饼含水低；省电省水无噪声	处理能力大，占用空间小，安装调试简单，擅长含油污泥的脱水，适用范围广
缺点	对进口含水率波动较大的含油污泥，需经常调节背板保证脱水效果，人工劳动强度大	耗电大，噪声大，振动剧烈；维修较困难，不适于密度接近的固液分离

表 2-4-2　含油污泥处理方法对比

名称	使用条件	优点	缺点
填埋法	各类含油污泥	简单易行	占地多、存在二次污染
热洗法		适应性强、可回收部分原油	回收原油不彻底

续表

名称	使用条件	优点	缺点
调质—离心法	各类含油污泥	适应性强、可回收大部分原油	投资大，含油率难降至 2% 以下
调质—离心—焚烧法		适应性强、可回收绝大部分原油	投资大，含油率难降至 0.3% 以下
生物法	低含油率污泥	成本低	周期长、原油不可回收
植物修复法			周期长、需满足植物生长条件
电化学法			周期长、原油不可回收
焚烧法	含油率＜10%	有机物清除彻底	成本高、能耗大、原油不可回收
萃取法	含油率＞5%	可回收部分原油和溶剂	成本高
热解法	低含水与有机物的油泥	速度快、彻底，可回收部分原油	成本高、能耗大、设备要求高

第三节　采出水处理技术适应性

一、工艺现状

新疆油田稀油采出水处理站共计 14 座，总处理能力为 $11.4 \times 10^4 m^3/d$，而实际处理 $8.7 \times 10^4 m^3/d$，完全满足油田采出水处理的需求，见表 2-4-3。此外，处理后采出水均回注地层，处理达标率为 100%，回注率达 100%，节约大量清水资源，使新疆油田成为自治区少数几个循环经济模范企业之一，为创建绿色油田奠定了坚实的基础。

表 2-4-3　新疆油田稀油采出水处理站运行情况

序号	站名	设计能力（m^3/d）	实际处理（m^3/d）	建设时间	序号	站名	设计能力（m^3/d）	实际处理（m^3/d）	建设时间
1	采油一厂站	1000	1010	2011 年	8	陆梁 1 站	10000	9000	2010 年
2	采油二厂 1 站	17000	20600	2013 年	9	陆梁 2 站	20000	18500	2013 年
3	采油二厂 2 站	20000	8500	2008 年	10	准东 1 站	3000	2800	2004 年
4	采油二厂三采站	6000	3500	2014 年	11	准东 2 站	2500	2200	2000 年
5	百口泉站	8000	6600	2011 年	12	准东 3 站	3400	1800	2000 年
6	乌尔禾站	4000	2600	2006 年	13	准东 4 站	15000	6300	2015 年
7	石西站	2600	2200	2006 年	14	吉祥站	1800	1800	2017 年

二、工艺适应性

新疆油田稀油采出水处理站各主要节点的设计参数见表 2-4-4。

表 2-4-4　新疆油田稀油采出水处理流程各主要节点设计指标

主要单元	含油（mg/L）	悬浮物（mg/L）	备注
调储罐进水	≤1000（≤3000）	≤300	括号指标针对三采采出水
调储罐出水	≤150（≤300）	≤150	括号指标针对三采采出水
反应罐出水	≤20	≤20	—
沉降罐出水	≤15	≤15	—
一级过滤出水	≤5（≤20）	≤5（≤20）	括号指标针对三采采出水
二级过滤出水	≤2	≤2	—

根据现场实际运行情况分析，过滤器出口的水质指标中悬浮物含量基本上都超过设计指标，表明系统中悬浮物处理效果不佳；过滤器出口的水质指标中仅个别站含油值不达标，其他各站含油值基本符合设计指标，说明系统除油效果较好，满足设计要求。

总体而言，新疆油田采出水处理采用“离子调整旋流反应污泥吸附法处理技术”后，油田采出水处理基本能够达到采出水回注、回用热采锅炉标准，而且运行成本较低，管理方便。但存在部分工艺设施不配套，缺乏钻井、压裂等特殊采出水预处理流程，进站水量不均衡，含油指标不易控制，导致部分设施出水达不到设计指标等问题。

同时，随着聚合物驱、复合驱、致密油等采油新技术的应用，进入油田采出水处理系统的采出水温度降低，采出水黏度增大，油水乳化程度加大，采出水的处理难度也进一步增大；油田采出水性质变化将导致水处理药剂投加量增加，对水质变化的适应性变差，这些都将造成现有采出水处理工艺不适应。因此，需要进一步简化采出水处理工艺流程。根据产能预测情况，新建采出水处理系统时，打破厂级界限，系统规划，优化采出水处理站布局，做到就近处理、就近回用；同时对现有油田采出水工艺应用新理论，研究新技术，试验新工艺，实现污水达标全部回注，以适应油田开发形势的变化。

第四节　采出水处理技术问题及发展方向

一、技术问题

随着油田开发模式转变，化学驱、体积压裂等开发方式规模化应用，采出水水质趋向复杂化，处理难度加大，存在的主要问题如下：

（1）不同开发方式导致采出水水质复杂化，处理难度大，如聚合物驱、三元复合驱采出水黏度大、乳化程度高、除油除悬浮物难度大，聚合物难生物降解；压裂返排液、采油作业废水成分复杂，既有各种采油压裂化学添加剂，还有地层中各类金属、细菌和矿物盐类。

（2）现有的油田采出水处理工艺流程长，药剂投加量大，污泥产量与处理成本高，与国际先进水平差距较大。

（3）采出水处理水质要求不断提高，为避免低渗透油田的大规模注水开发时地层的堵塞，提高采收率，对出水水质标准中悬浮物、粒径中值和菌类等指标的要求更加严格。

二、发展方向

1. 采出水处理

（1）进一步研究多水源多用水点网络型密闭注水流程，满足净化水多点均衡配水，形成多点稳流调控—密闭无罐泵控泵注水技术，降低水质二次污染，提高井口水质达标率[12]；

（2）完善采出水处理系统模块化设计，形成系列标准化设计图纸，形成中小型站场和大型站场主要处理单元的成套集成装置，在“高效、可靠、智能”等多功能方面下大力气，努力提高成熟水处理装置的集成度和智能化水平；

（3）针对压裂酸化液、致密油压裂反排液、三次采油复合驱等采出水处理开展研究，根据处理目的的不同加快关键技术的突破；

（4）建立健全管理、监督、考核制度，结合现场生产管理、水质检测及考核等具体工作，建立健全各项规章制度，并加强基层的执行力度，强化水处理站及注水的日常管理，形成逐级负责的管理模式，为注水水质长期稳定达标提供制度保障。

2. 含油污泥处理

国内污泥浓缩脱水工艺运行不理想、缺乏污泥干化设施，致使各站大量油泥水直接排入油田废液池，大大增加固废量且不符合环保要求；且仅靠单一的处理方法很难同时满足含油污泥减量化、资源化和无害化处理要求。针对新疆油田污泥的处理，未来研究目标主要包括以下方面：

（1）需要将部分含油污泥进行化学处理，制成含油污泥调剖体系，达到污泥减量化，提高作业区井场的封堵和注水效果；

（2）将大部分污泥先通过溶剂萃取处理，将原油回收作为燃料使用，或通过热解处理将污泥中的有机物分解为低碳烃类燃气、液态燃料油等并回收，剩余物通过固化处理制成建筑材料[13]；

（3）在今后工业应用中应加强预处理和后处理技术开发，即根据新疆油田自身特点、污泥产量及污泥性质等特征参数，有机融合并不断优化含油污泥调剖、溶剂萃取、热解和固化处理技术，再进行“分类、分质”处理，形成一套完整的、体系化的处理工艺，使资源能够充分回收利用，实现节能减排与降低成本。

第五章　注水驱油地面工程技术

油田注水系统设计与基建投资、运行成本及运行效率高低息息相关。因此，设计最优规划方案与应用最优工艺技术，既能满足注水需求，又能减少基建投资，提高注水系统运行效率。本章主要介绍注水系统组成、注水工艺及其设计计算、注水技术及其适应性、存在问题及今后发展需求。

第一节　注水系统组成

油田注水系统是由若干注水站、配水间、注水井等节点单元，以及连接各节点之间的管线组成的连续的、密闭的水力系统，其主要任务是稳油控水、增产高产、保持地层能量。从水源到注水井的地面系统包括注水水源、注水站、配水间、注水管道和注水井口。

一、注水水源

油田注水系统中，水由专门的水源供给，经过滤、沉淀等工序处理，使其满足注水井的水质要求。油田注水水源可分为地面水源、地下水源和采出水三种。新疆油田可利用的地面水源极少，一般利用采出水和地下水，优先采用油田采出水，防止环境污染，节约水资源。在采出水不足的情况下，再补充清水水源，其水源除供水量稳定、取水方便、经济合理外，还应遵从以下原则：

（1）水注入地层后，与地层配伍、水质稳定；

（2）对注水管网和设施腐蚀性小；

（3）若必须混合使用两种或多种水时，应评价结垢和可混性。

二、注水站

注水站是地面注水系统的核心，其主要作用是将来水升压，以满足压力要求。注水站一般设有注水储罐、注水泵房、高压阀组、值班室、配电室、化验室、维修间及库房等设施；有的注水站还设有过滤、加药的水处理设施。满足注水井水质要求的水由供水泵输送到注水站的水罐中，经注水泵提压后，注入注水管网中；接着输送至各配水间，在配水间通过阀门控制来水流量，使其达到配注流量后，由配水间控制流向各注水井，最后注入地层，其主要工艺流程如图 2–5–1 所示。

截至 2017 年底，新疆油田共建设注水站 50 座（表 2–5–1），设计注水能力 $17.4\times10^4m^3/d$，日注水 $9.589\times10^4m^3$。

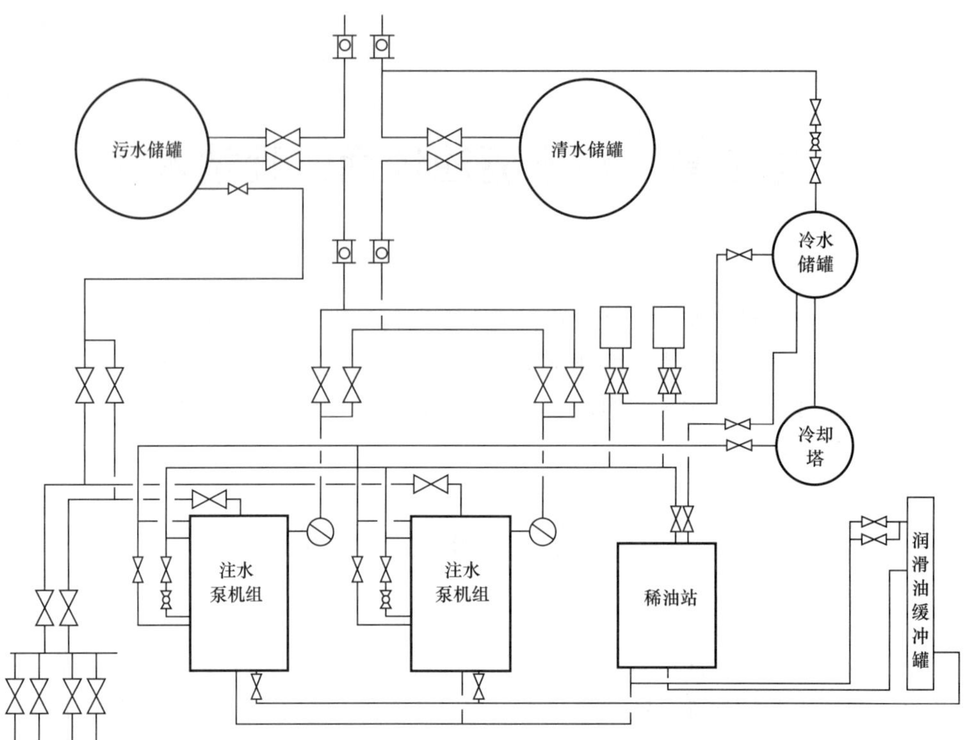

图 2-5-1　注水站的工艺流程

表 2-5-1　新疆油田在役注水站现状

站号		日注水量（m³）	注水能力（m³/d）	系统效率（%）	注水单耗（kW·h/m³）	站号		日注水量（m³）	注水能力（m³/d）	系统效率（%）	注水单耗（kW·h/m³）
采油一厂	205	993	2384	26.7	4.66	风城	乌 36	514	1000	28.7	7.90
	502	1083	2384	30.1	5.47	石西作业区	石西	停用	—	—	—
	红联站	1719	2400	25.7	5.45		石南	1386	3400	20.1	7.99
	车 89	20	48	21.3	2.23		莫 109	621	1800	33.7	8.65
	红 53	72	107	56.1	2.04		莫北	1131	4700	29.0	10.00
	车 67	38	145	—	—		石南 31	2504	3800	43.3	4.71
	拐 20	停用	474	—	—	陆梁作业区	石南 21	7279	10800	47.6	6.01
	车 60	325	600	29.5	6.29			1859	1900	56.1	6.17
	车 95	30	90	7.3	1.51		陆梁	4000	4300	35.0	4.86
	车 362	200	260	44.2	3.71			8792	8600	40.7	4.60
	新 2	200	240	41.6	3.95		陆 12	340	400	23.4	9.30

续表

站号		日注水量（m^3）	注水能力（m^3/d）	系统效率（%）	注水单耗（$kW \cdot h/m^3$）	站号		日注水量（m^3）	注水能力（m^3/d）	系统效率（%）	注水单耗（$kW \cdot h/m^3$）
采油一厂	车 2	226	960	56.1	5.10	陆梁作业区	夏盐	550	670	52.5	4.90
	卡 6	停用	485	—	—		玛东	335	960	—	—
采油二厂	701	5000	7000	40.1	6.55	准东作业区	火联站	4249	8400	53.1	6.08
	702	1100	3600	40.1	3.29		百联站	1695	4600	36.4	7.90
		4700	7200	40.1	6.30		化 83	停用	—	—	—
		1200	2400	41.7	6.11		沙联站	1747	5520	41.9	8.93
	703	5000	7000	40.1	8.13		火南	停用	—	—	—
	801	5200	7200	40.1	6.78		火 8	停用	—	—	—
		600	1600	54	7.67		沙北	440	600	—	—
	802	6000	7200	40.1	6.12		西泉 1	232	500	58.3	6.24
	803	2500	3500	40.1	6.33		吉 7	1102	1656	44.1	6.17
	103	4100	6000	25.3	5.50	彩南作业区	彩南	8600	12500	26.9	6.05
		1400	2400	56	7.78		滴 12	319	415	14.9	5
	五$_3$东	—	1440	—	—		滴 2	82	336	3.6	4.2
百口泉	西联站	6500	8640	51.3	6.75		彩 8	170	415	36.4	4
	检 188	600	1200	40.6	7.40		滴 20	356	480	16.6	4.2
	玛北	停用	—	—	—		滴西 12	236	600	37.1	5
风城作业区	稀油注输站	2100	2800	42.4	6.60	黑油山	二东区联合站	600	1200	—	—
	夏联站	1830	2400	29.9	6.30	红山	—	停用	—	—	—
		880	1600	27.2	5.40	公司合计		105102	165509	—	6.2①
	乌 33	2347	2200	31.3	6.50						

① 根据注水单耗实测所得加权平均值。

三、配水间

配水间对注水站来水进行计量、调节、控制和分配给注水井，一般设有调节控制阀、取样阀、流量和压力计量仪表等。

配水间分为单井式（行列注水）和多井式（面积注水），新疆油田多采用面积注水开发方式，即多井式配水间（一般为 5 井式、6 井式）。按照建筑结构形式不同，可分为砖混式和橇装式。近年来，老油田大部分采用砖混式结构，新开发偏远小区块或新建产能区块则采用橇装式结构。

配水间压力等级由注水井井口压力加上单井注水管线及配水间水头损失确定，一般按照 10MPa、16MPa、20MPa、25MPa、32MPa、40MPa 系列设计，其中 16MPa 与 25MPa 为标准化设计，标准配水间的工艺流程如图 2–5–2 所示。

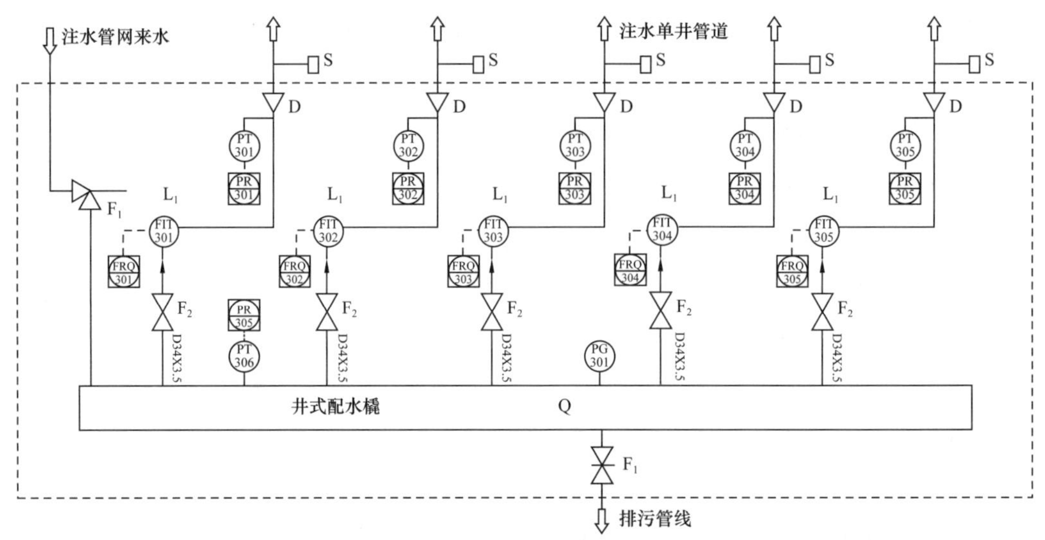

图 2–5–2　标准配水间的工艺流程

配水间配水方式主要分为单干管配水间、双干管配水间、井口稳流配水、井口局部增压配水和其他配水方式，其中单干管配水间又可分为单井配水、多井配水和配水间配水。截至 2019 年底，新疆油田配水井达 4723 口，其具体情况见表 2–5–2。

表 2–5–2　新疆油田计量配水间建设情况

单干管配水间		井口稳流配水井（口）	井场局部增压井（口）	其他配水方式核减（口）	合计（口）
多井配水井（口）	配水间稳流配水井（口）				
1375	2837	423	90	–2	4723

四、注水管道

从注水站至注水井口的高压输水管道称为注水管道，按功能分为干管、支干管（从干管到配水间）和单井管线三级，注水管道都必须满足管道所承担的注水量和注水压力的要求，一般选用无缝钢管、玻璃钢等非金属管道。

截至 2019 年底，油田公司用于注水的管线总计 3075.63km，其中使用 20 年以上的 622.66km，占总数 20.24%，其中非金属管线 1412.25km，占总数 45.92%，注水管线现状见表 2–5–3。

表 2-5-3　截至 2019 年底注水管道统计

已用年限（年）	$T \leqslant 10$	$10 < T \leqslant 20$	$T > 20$	合计
非金属管线（km）	986.09	538.69	138.61	1663.39
金属管线（km）	307.41	620.79	484.05	1412.25
合计（km）	1293.50	1159.48	622.66	3075.64
不同年限管道所占比例（%）	42.06	37.69	20.24	100.00

五、注水井口

注水井口是注水系统工程的末端，是实现向地下油层注水的地面设施，一般具有正注、反注、合注、正洗、反洗、测试、取样、扫线、井下作业等功能。为此，注水井口通常装有总控制阀、油管阀、套管阀、扫线头、取样口、油压表、套压表、止回阀等管件与仪表。截至 2019 年底，新疆油田共建稀油注入井 4778 口，其中注清水井 154 口、注采出水井 4494 口，见表 2-5-4。

表 2-5-4　注入井类型

注清水井（口）	注采出水井（口）	注聚井（口）	注二元井（口）	注三元井（口）	合计（口）
154	4494	113	8	9	4778

第二节　注水工艺及其设计计算

一、工艺流程

新疆油田常用的注水工艺流程为单干管多井配水流程，又称为面积井网流程，主要工艺过程如图 2-5-3 所示。水源来水经注水站升压、计量后，由出站高压阀组分配到单干管注水管网，支干管接至多井配水间，并在此控制、调节、计量，最终输至注水井注入油层。

该流程的特点是：系统操作灵活，调整注水井网方便，各井相互干扰小，与油气计量站合建简易；集中供热、通信、控制，管理便利，适应性强，采用面积注水开发的油田基本上都适用。

二、注水站布置

1. 分类

新疆油田常用注水站包括离心泵站、柱塞泵站、增压泵站及“离心泵—柱塞泵站”，其适用性及特点见表 2-5-5。

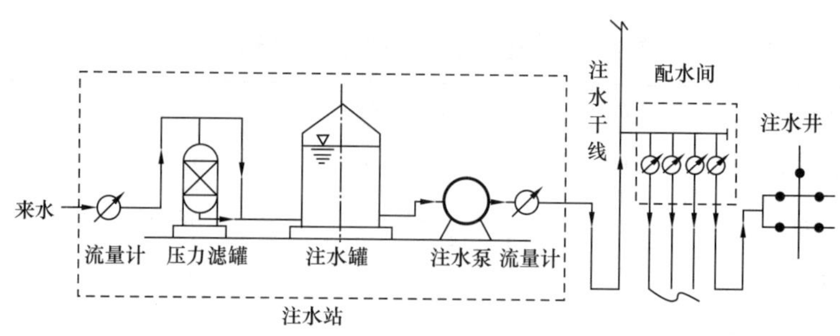

图 2–5–3　单干管多井配水工艺流程

表 2–5–5　各类注水站适用性及特点

注水站类型	适用性	特点	新疆油田应用
离心泵站	注水压力低于 20MPa，排量多在 50m³/h 以上	注入压力较平稳，操作维护较方便，使用寿命较长，投资省	在役 8 座，排量范围在 100～280m³/h 之间，注水压力多为 18MPa
柱塞泵站	注水排量在 50m³/h 以下，泵压高于 20MPa	泵效较高，通常在 80% 以上，但压力不如离心泵平稳，保养维修工作量大	在役 39 座，排量范围在 6～55.5m³/h 之间，注水压力多为 10～20MPa
增压泵站	注水管网压力较低的支管网或注水井	系统效率高，节能降耗	—
离心泵 + 柱塞泵站	注水规模和注水量波动范围较大的区块	泵效高，节能降耗	在役 2 座（石南 21 区和彩南处理站）

新疆油田的“离心泵—柱塞泵站”有 2 座，石南 21 区和彩南集中处理站各 1 座，以石南 21 区块为例，其注水泵配置方式见表 2–5–6。

表 2–5–6　石南 21 区注水泵的配置方式

序号	配注水量（m³/d）	柱塞泵配置（台）	离心泵配置（台）	离心泵 + 柱塞泵（台）
1	8480	12（9 用 3 备）	3（2 用 1 备）	2（1 用 1 备）+3（2 用 1 备）
2	9330	12（9 用 3 备）	3（2 用 1 备）	2（1 用 1 备）+3（2 用 1 备）
3	10120	14（11 用 4 备）	3（2 用 1 备）	2（1 用 1 备）+5（3 用 2 备）
4	10500	14（11 用 4 备）	3（2 用 1 备）	2（1 用 1 备）+5（3 用 2 备）
5	10200	14（10 用 4 备）	3（2 用 1 备）	2（1 用 1 备）+5（3 用 2 备）
6	10100	14（10 用 4 备）	3（2 用 1 备）	2（1 用 1 备）+5（3 用 2 备）
7	10100	14（10 用 4 备）	3（2 用 1 备）	2（1 用 1 备）+5（3 用 2 备）
8	10000	14（10 用 4 备）	3（2 用 1 备）	2（1 用 1 备）+5（3 用 2 备）
9	9400	14（9 用 5 备）	3（2 用 1 备）	2（1 用 1 备）+5（3 用 2 备）
10	9000	14（9 用 5 备）	3（2 用 1 备）	2（1 用 1 备）+5（3 用 2 备）

注：表中柱塞泵排量选 42m³/h，离心泵排量选 300m³/h。

2. 规模与布局

1）规模

注水站的规模是指该站高压泵送出水量的多少，设计注水时，注水用水量主要是根据注水站管辖范围内油区的产油量（地下体积）、产水量和注水井洗井、作业用水量、生活与环境用水量来确定的。设计时需注意以下方面：

（1）油区整个开发期的注水需求兼顾：既满足近期（如5～10a）注水需要，又兼顾远期注水的发展需求，一般为开发方案所要求的1.0～1.2倍。

（2）合理的注水规模与注水管网有机结合：既满足注水井所需注水量和注水压力，又使注水管网中干线损失不大于1.0MPa，或使管辖范围的半径不超过5km。

（3）按注水量与注入压力选泵：注水量小、压力高的区块建议选择柱塞泵；注水量大、压力低的区块选择离心泵；对于滚动开发的区块，前期建议采用柱塞泵，柱塞泵的运行台数不宜超过5台，否则据水量及压力情况可更换为离心泵，但需要做经济对比。

（4）依据层间注水压力分布选注水工艺：对于层间注水压力差异大的区块，可选用分压注水工艺，但分压系统压力间隔不宜过小。

截至2017年12月底，新疆油田共建设注水站56座，其中7座注水站因地质停止注水关停，共有各类注水泵189台，开泵92台，利用率为48.7%，设计注水能力为$16.6\times10^4m^3/d$，日注水为$9.9\times10^4m^3$。这些注水站的规模多在$10000m^3/d$以下，规模超过$10000m^3/d$的注水站仅有5座，分别是彩南、百口泉、陆梁集中处理站，石南21、采油二厂的中压环网注水系统。

2）注水站布局

注水站布局主要遵从以下原则：

（1）技术经济合理：满足油田开发需要并通过技术经济指标对比，合理地确定建站用地和系统布局；

（2）地面系统统筹规划：根据总体规划，结合集输、供水、含油污水处理、供电等统一考虑；

（3）中心辐射布局：注水站应尽可能布置在其管辖区的注水负荷中心；

（4）兼顾各方需求：注水站布局应综合考虑相关专业的要求，方便生产、生活和管理。

3）站址选择与平面布局

站址选择与平面布局主要依据以下原则：

（1）兼顾工程用地需求与征地合理性：站址面积应保证工程建设和施工用地，并有扩建余地，且尽可能少占或不占耕地、林地和经济效益高的土地；

（2）安全距离合理：与工业、民用或公共建构筑物保持安全防火距离；

（3）配套工程便捷齐备：供水、排水、供配电、通信、道路等均便利；

（4）地基均匀稳固：工程地质条件及地耐力应良好、土壤腐蚀性小。

3. 工艺流程

1）主流程

主流程可分为单注流程和混注流程。单注流程是指单注清水、含油污水或其他水。混注流程是指注入两种或两种以上混合水，一般是清水和含油污水混注。混注流程除注水泵入口采用双吸外，与单注流程基本一致。注水主流程主要包括注水罐进出、注水泵喂水、注水泵机组及高压阀组控制等环节，其流程如图 2–5–4 所示。

图 2–5–4　注水工艺主流程框图

2）辅助流程

辅助流程主要包括润滑油系统、冷却系统、加药和注水密闭隔氧等环节。

3）常用流程

（1）离心泵注水站流程。

离心泵注水站主要工艺过程如图 2–5–5 所示，供水站或污水处理站来水进储水罐，经离心泵加压输送至配水间；然后通过调节控制、计量后进注水井口。

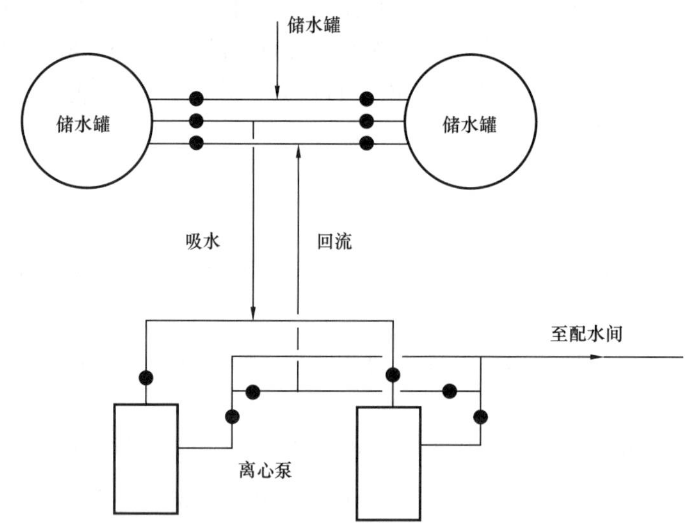

图 2–5–5　离心泵注水站工艺过程

该流程简单、管理方便、注水压力平稳、维护成本低，适用于注入压力小于 16MPa，注入量较大的区域。

（2）柱塞泵注水站流程。

柱塞泵与离心泵注水站流程类似（图 2–5–5）自供水站或污水处理站来水进储水罐，经喂水泵提升进柱塞泵，加压后送至配水间，然后通过调节控制、计量，进注水井口。

该流程简单、匹配组合灵活、无需引水启泵，多用于注水量小的外围油田和产量低的断块油田及高压注水油田。

（3）增压泵注水站流程。

增压泵注水站主要工艺过程如图 2–5–6 所示，将压力较低的支管网或注水井，经增压泵二次升压，以满足局部注水区块或个别注水井注水压力较高的要求。

此流程能提高注水系统效率，减少能耗损失，适用于在同一区域内需高压注水的特殊单井或少量注水井。

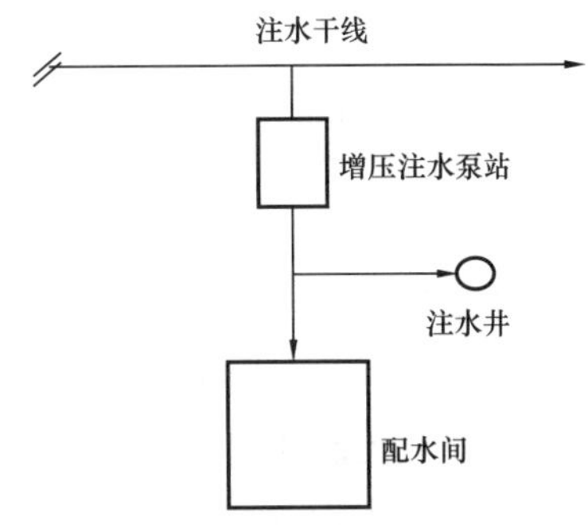

图 2–5–6　增压泵注水站流程示意图

4）注水主要设备仪表选用

（1）注水泵选用：应符合高效节能及长周期平稳运转和注水压力要求。

（2）注水用阀门选用：满足工艺要求，符合设计功能；保证公称压力及公称直径，并满足流量的需要。

（3）注水计量仪表选用：满足测量范围、压力等级、测量精度、环境工作条件、介质（注水水质）与温度等方面的要求，且稳定性强、可靠性高、易于操作使用。

三、设计计算

1. 注水管道规格确定

油田注水系统主要由注水罐、喂水泵、注水泵、注水管道、配水间与注水井口等组成，其中注水管道压力较高，管道壁厚较大，故其工程投资较大，一般占注水系统投资的 40%～50%。因此，深入研究注水管道的水力计算，选择合适的管径与壁厚，具有重要的实际意义。

1）管道水力计算

注水管道工艺计算通常使用 Pipesim 或 Pipephase 软件，通过现场运行数据校正模拟，然后优化管网，计算结果以符合 GB 50391—2014《油田注水工程设计规范》要求为准，其水力计算应满足：

（1）在经济流速下，满足区块配注水量的通过能力；

（2）从压力源头至任意一口注水井的管道水力摩阻总和应在某一限定值范围内。

2）管网水力计算

注水管网可分为枝状和环状两种，新疆油田以枝状管网居多，仅采油二厂东油区中压系统为环状管网。注水管网的水力计算以管道长度和限定的水头损失为依据，计算管网中各段的管径和起点的供给压力。

管网的水力计算可采用试算法，一般先设定各段管径与分段长度，然后利用钢管水力计算表计算。管网起点压力等于末端井的井口注入压力与起、终点间的地形高差及管道的全部水头损失之和，其表达式为：

$$H = H_1 + \left(h_2 - h_1\right) + H_2 \tag{2-5-1}$$

式中　H——起点总水头（注水站至管网最远点的总水头损失≤1.0MPa），m；

H_1——最远点井口注入压力，m；

H_2——总水头损失（$H_2=\sum h_1$），m；

h_1——起点高程，m；

h_2——终点高程，m。

3）管道管径确定

注水管道管径的确定应符合下列要求：

（1）在注水单井管道满足该井开发注水量的情况下，管内液体流速不宜大于1.2m/s，管段压降宜控制在0.4MPa以内；

（2）注水干管、支干管应满足所辖井数所通过水量之和，且通过干管的水量应包括一口井的洗井水量，注水干管、支干管的流速不宜大于1.6m/s，压降宜控制在0.5MPa以内。

2. 注水压力计算

注水压力是将水注入油层所需的压力，关系到注水系统设计，需要综合确定不同层系注水井底压力。再根据井口压力及管网最大压损，考虑一定的调节余量，确定管网压力及最终泵压。

确定注水压力的三点原则：

（1）保证将配注水注入油层；

（2）保证注入水能克服注水系统水力阻力而注入油层；

（3）压力应基本平稳，以减少井底出砂、开采不平稳等情况。

常用的注水压力确定方法有试注法、参照法等，当缺乏必要资料时，一般取注水井井口压力等于1.0～1.3倍原始油层压力。

为防止压力过高破坏地层结构，井底的最大注水压力不得大于地层破裂压力的85%。井口最大注水压力按式（2-5-2）计算。

$$p_{\mathrm{wh}}=0.85p_{\mathrm{f}}+p_{\mathrm{mf}}+p_{\mathrm{cf}}+p_{\mathrm{h}} \tag{2-5-2}$$

式中 p_{wh}——井口最大注水压力，MPa；

p_{f}——地层破裂压力，MPa；

p_{mf}——油管摩阻，MPa；

p_{cf}——阀损失压力，MPa；

p_{h}——静液注压力，MPa。

第三节 注水技术及其适应性

一、注水技术类别

1. 泵控泵技术

1）工艺原理

泵控泵（PCP）是一种离心泵调节技术，先对泵站内原有多级离心注水泵减级，然后在高压注水泵进水端添加前置增压泵，即高压注水泵与前置增压泵串联。通过增压泵电动机变频控制，调节增压泵输出压力和流量，对高压注水泵输出压力和流量加以调控，实现泵控泵，使大功率注水泵始终在高效区运行。

2）工艺流程

PCP 系统由高压离心注水泵及其配套的驱动电动机、前置增压泵及其配套的驱动电动机、转速控制系统、仪表测控、计算机控制系统及转换器、润滑系统、水冷却系统等组成，具体工艺过程如图 2-5-7 所示。

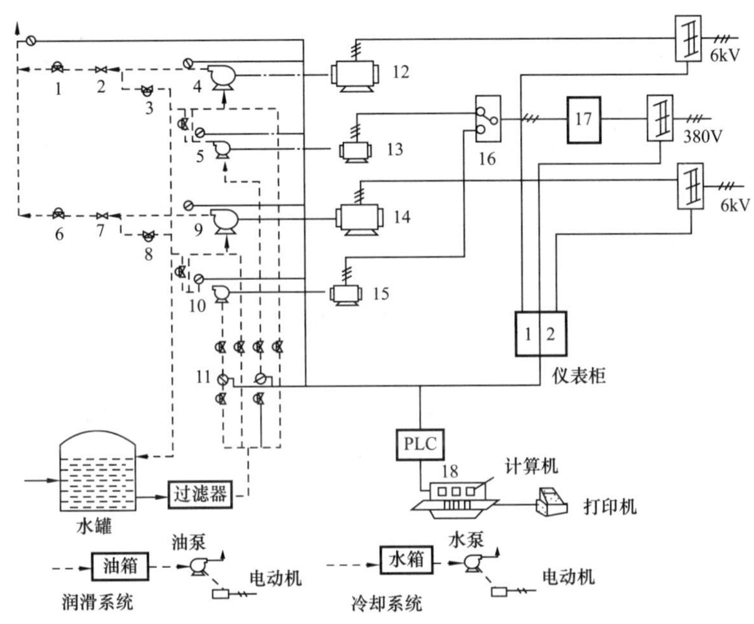

图 2-5-7　PCP 系统工艺过程

1，6—出口阀；2，7—单向阀；3，8—回流阀；4，9—注水泵；5，10—增压泵；11—流量计；12，14—注水泵电动机；13，15—增压泵电动机；16—切换开关；17—变频器；18—仪表监控柜

3）技术特点

（1）泵控泵优势：

① 可利用低压泵调节高压注水扬程，通过调节前置泵输出扬程及流量，控制注水泵出口压力和流量；

② 按需配备有限的调节范围，通常为注水泵的一级或两级扬程和部分流量；

③ 工艺简单、技术成熟、可靠性高、电压等级低；

④ 设备一次性投资低，操作、维护与维修安全、简便；

⑤ 对电网产生的干扰及谐波污染小；

⑥ 泵控泵技术可提高系统效率，降低增压泵负荷，达到节能目的。

（2）泵控泵局限性：

① 调节范围小，对生产波动较大的注水站不适应；

② 与常规注水站生产管理相比，控制保护连锁节点与设备运行管理点较多。

4）适应性

泵控泵技术适用于新建泵站或泵站改造，特别是大功率离心注水泵站，需调节压力和流量的离心泵站，要平衡两台以上并联泵的泵站，泵管压差大或泵管压差有限制要求的泵站，出口阀开度小或计划全开的泵站，“大马拉小车”或“小马拉大车”且要求改善的泵站，注水压力或流量要求稳定的泵站。

5）应用实例

自 2008 年底以来，新疆油田采油二厂 702# 注水站开始应用 PCP 技术，泵管压差降至 0.2MPa 以内，压力调节范围保持在 0.5～2.0MPa 之间。与此同时，PCP 技术的应用还可将注水泵流量提高 20%，不仅满足注水工况要求，而且降低新建站投资费用。另外，泵控泵技术的应用使注水单耗年均下降 0.8kW·h/m^3，系统效率提高约 8%，每日节电量达到 5760kW·h，还有助于减轻操作人员的劳动强度、提高操作安全性。此外，油田注水技术的改善对提高稀油采收率也有重要作用。

2. 密闭注水技术

密闭无罐注水是指“水源井→注水站→配水间→井口”的全密闭式注水流程。

1）工艺原理

注水方案采用密闭无罐工艺，取消注水罐的建设；且在无注水罐缓冲条件下，注水系统能够平稳、连续运行，保证各井口压力及流量基本稳定，并将调控参数上传至接转站控制室，其主要工艺过程如图 2-5-8 所示。

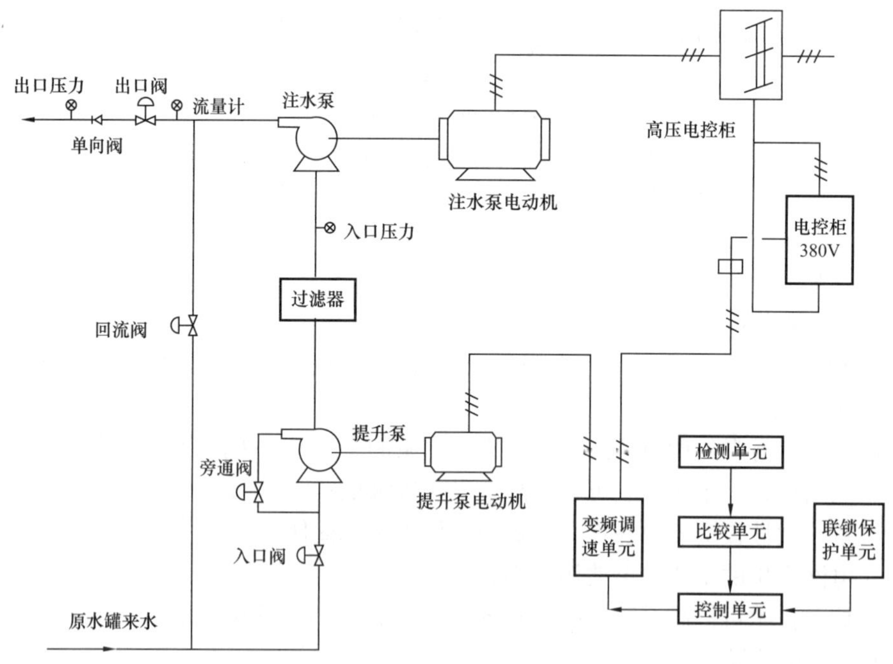

图 2-5-8　密闭注水工艺过程

2）工艺流程

密闭无罐注水技术主要涉及注水工艺、流体输送、检测调节、自动控制、连锁保护、泵串联或并联运行、泵变频等技术。密闭无罐注水系统包含注水泵系统、提升泵及过滤系统、水源泵供水系统，其主要工艺过程如图 2–5–9 所示。清水处理站处理后的合格清水密闭输送至高压注水泵的进液管线，经计量后由高压注水泵增压。然后进高压分水器，再分配至井区，注水泵回流管线中的水经流量计计量后，回到清水处理站内水罐或返回进站输水管线。

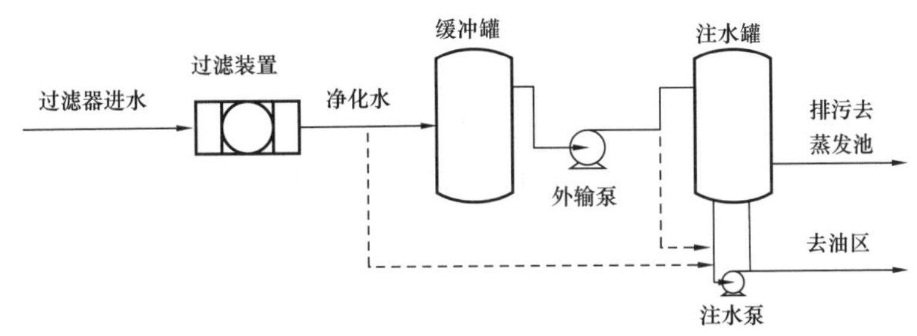

图 2–5–9　密闭注水工艺过程

3）技术特点

（1）节省建设注水罐的投资；

（2）避免注水罐环节的水质恶化和压力损失问题，实现注水压力和流量要求；

（3）提高注水泵站自动化协调管理水平，为注水泵站高效、节能、优化运行提供有效控制手段。

4）适应性

密闭无罐注水适用于新建或改造的油田注水泵站，协调控制与满足高压和次高压注水系统水量和压力的要求。

5）应用实例

新疆油田于 2010 年将小型橇装无罐密闭注水技术应用在滴西 12 井区、车 95 井区和莫 2 井区，实现油田注水系统过程的全密闭，体现出密闭注水技术的独特优势。此外，2012 年百口泉采油厂联合站也实施密闭无罐注水改造；2013 年夏子街油田发现注水罐基础裂缝、罐底腐蚀开裂等问题，新疆油田公司对其也完成密闭注水工艺技术改造，有效解决水质二次污染问题，降低注水系统投资建设成本，提高注水泵运行效率及注水系统自动化程度。

3. 分压注水技术

确定分压注水方案可依据开发方案中的注水压力和注水量预测，但分压注水工艺流程较复杂，且工程建设量与投资大，因此应根据油田具体实际充分论证其技术经济可行性。

1）工艺原理

分压注水原理是：基于注水井所需注水压力的差异，将注水区块分成不同压力区块。油田注水压力差别较大时，需要采用压力不同的两套系统（包括注水泵和管线），对高压和低压注入层实施分压注水，其主要工艺过程如图 2–5–10 所示。

2）工艺流程

分压注水工艺需要依据注水井口压力、注水量、注水井数量分为整体分压、区域分压、单井增压，具体工艺过程如图 2–5–11 所示。

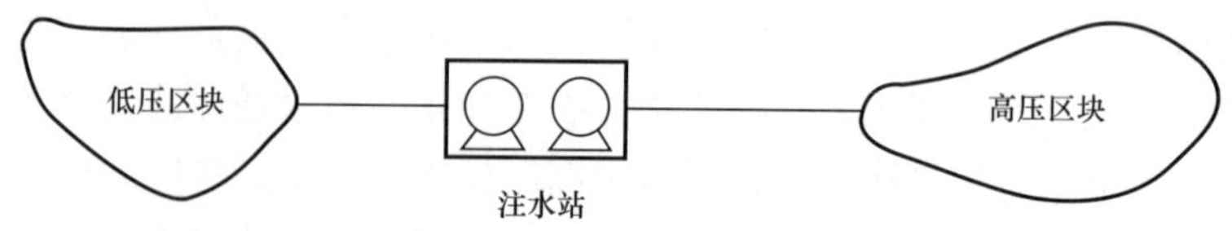

图 2-5-10　分压注水工艺示意图

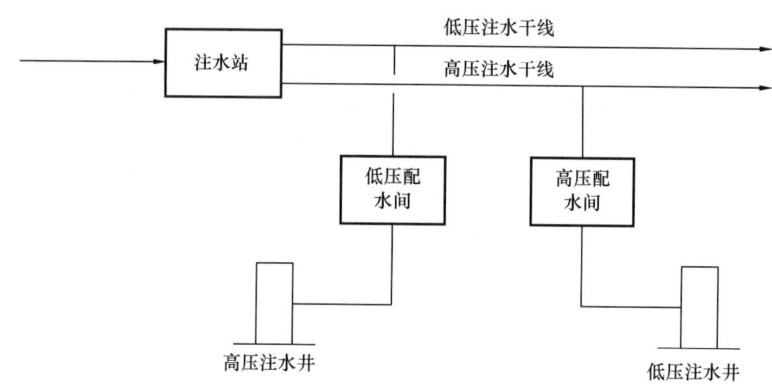

图 2-5-11　分压注水工艺过程

3）技术特点

（1）泵压和注水压力、泵排量和注水量之间要相适应；

（2）该工艺对区域注水方式要求严格，其基建投资规模较大，生产管理较为复杂；

（3）可提高管网运行效率，有效降低注水过程的能耗。

4）适应性

分压注水适用于同一稀油油田或区块内高压和低压油区相对集中、注水井压差较大的区域；对不同层位、不同压力区域实施分压注水技术，优选高效注水泵，可降低注水单耗5%～10%，有效提高注水系统效率。

5）应用实例

以陆梁油田石南 21 井区注水系统为例，随着油藏开发，该区块内有分布相对集中的33 口注水井平均注水压力升至 18.45MPa，而已有系统设备及管道设计压力为 16MPa，无法满足注水需求。若不对其调整改造，该区块将严重欠注，从而导致地层压力下降和产量递减，影响油田采收率。

于是根据注水井位置分布和注水压力分布，对石南 21 井区注水系统实施 16MPa 与20MPa 的分压注水调整改造，其中 33 口高压欠注井采用 20MPa 系统注水，其余井由16MPa 系统注水。2015 年 10 月完成改造并正式投产，解决原 33 口欠注井的注水问题，相应油井年增油 10020t，增加创收 2605 万元。

4. 恒流配水技术

1）工艺原理

恒流配水技术是利用电动（或机械式）调节阀，通过调节过流面积大小来保证注水量恒定。若水量超过设定瞬时流量的偏差范围，电动恒流配水装置将信号反馈给电动调节阀，自动调整阀门的开度，以达到恒流注水的目的，注水误差可控制在10%以内。机械式恒流配水装置则是在注水压力稳定时，先确定过流面积和定压弹簧的预设弹力，当注水压力波动时，通过定压弹簧来调整过流面积，同样可以实现恒流注水。

2）工艺流程

恒流配水具体工艺过程如图2-5-12所示。

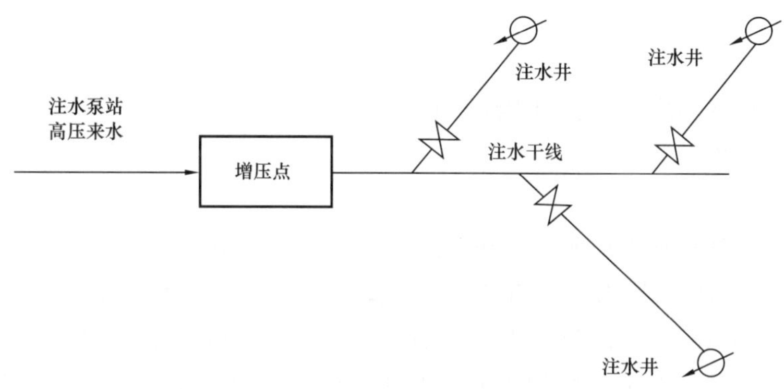

图2-5-12　恒流配水工艺过程

3）技术特点

（1）可自动将注水量控制在配注范围内，有效解决注水量过高与注水量不足的问题，满足油田注水计量精度要求，实现稳流注水；

（2）各井注入量可通过控制室调节，利用电脑监测和接收实时注水量，实现远程控制和数据远距离传输，提高注水系统自动化程度；

（3）设备结构简单、体积小、重量轻，可进行整体搬迁，还可实现橇装化预制和现场组装，建设周期短，大幅提高投转注速度。

4）适应性

恒流配水技术适用于新建产能区块、老区调整改造区块和水量调节难度大的区块。此外，对分布比较零散、油层条件差、配注量较低、干线末端压力波动大、管理难度较大的过渡带和扩边井也可应用恒流配水工艺，以降低管理难度。

5）应用实例

新疆油田自2007年以来在各产能新区块采用恒流配水技术，采油二厂、陆9、石南21井区等部分老区块也改用恒流配水技术。新疆油田采油二厂共安装圆形多井式恒流配水橇9套，其中七西区于2012年10月安装2套，一中区于2013年6月安装3套，七中区于2014年8月安装4套。

5. 整体降压与局部增压技术

1）工艺原理

整体降压与局部增压技术是基于注水井间注水压差大且分布较分散而实施的局部增压技术，同时对已建地面注水系统整体降压。

2）技术特点

（1）既满足少部分高压井注水需求，又降低大部分低压井的配水节流损失，有效降低注水能耗；

（2）可提高管网运行效率，从而提高注水系统的效率；

（3）该工艺技术是在已建注水设施基础上局部改造，基建投资规模较小，生产管理较简单。

3）适应性

整体降压与局部增压技术适用于注水井间注水压差较大且注水井分布较分散的区块以及已建地面注水系统。

4）应用实例

彩南注水系统在调整改造前注水井的注水压力低于 10MPa 的井有 61 口，占开井总数的 74.3%，而注水站出站压力为 14.3MPa，注水阀组节流损失较大，高达 21%，管网与注水系统的效率分别只有 42.1% 与 26.9%。为此，新疆油田对彩南注水系统实施整体降压与局部增压，使系统压力由原来的 14.3MPa 降到 11.0MPa，油区新建 3 处增压点以满足周边高压注水井的注水需求。调整改造后，管网与注水系统效率分别提升至 66.0% 与 49.0%，该技术的实施有效降低注水能耗，提高注水管网效率，达到节能降耗的目的。

二、注水技术适应性

1. 注水能力适应性

从新疆油田注水能力平衡（表 2-5-7）看，新疆油田注水能力总体上满足生产需求，西北缘与东部油田的注水量都有较大富余。但根据调研发现，局部区域注水能力仍无法满足其油藏注水需求，如陆 9 井区注水系统能力已不能满足地质配注需求；在玛 18 井区、中佳 2 等新区块规模开发中，由于无现存注水系统可依托，需新建注水站、注水管网系统，才能满足生产需求。

表 2-5-7　2017 年新疆油田注水系统能力平衡

序号	类别	注水能力（$10^4m^3/d$）				
		西北缘	腹部	东部	南缘	全油田
1	建设能力	8.8	4.1	3.6	0.05	16.6
2	实际使用	5.7	2.9	1.9	0.01	10.5
3	富余量	3.1	1.2	1.7	0.04	6.0

2. 工艺技术适应性

新疆油田采用的注水工艺基本能适应现场生产和工艺发展需求。但起初的沙联站、彩联站等部分离心泵站注水泵能力与油藏注水需求的匹配性较差，需通过泵口憋压或打回流方式运行，导致注水节流损失严重，单耗较高，注水系统效率低。之后优化泵站运行调节方案，采用泵串联技术改进离心泵站，降低注水单耗，提高泵的注水能力，实施分压注水，以最大限度降低能量损失。此外，部分注水系统中注水单井管线与注水干、支线的连接简化采用T接或串接方式，一旦单井管线出现问题需停产时，必将影响较多的注水井，这就存在单井管线控制的可靠性问题；这些注水系统需要进一步简化注水工艺，优化注水工艺流程，提高注水系统运行可靠性；并采用新工艺和系统优化，实现水井在线计量、数据远传和恒流注水，实现单井生产数字化管理，提高油田自动化水平。

第四节　注水地面工程技术问题及发展方向

一、技术问题

（1）部分系统注水能力不足：随着油藏不断加密调整和扩边，注水需求不断加大，陆9井区注水系统能力已不能满足油藏配注需求，2015年注水能力缺口已达5000m^3/d左右；由于注水干线能力不足、压损大（最大达4.0MPa），无法满足油藏的注水压力需求。

（2）部分系统注水泵能力与油藏需求匹配性差：石南、彩南等油田注水泵能力偏大或压力偏高，通过回流、节流方式调节，且注水管线采用树枝状连接，管网压力损失大，注水系统效率较低，单耗较高；六区经过多年注水开发，区域内注水井注入压力较低，配水节流损失达5MPa。

（3）油田注水水质达标率较低：新疆油田把净化污水用作注水水源，在注水流程中由于管道和注水储罐附着的污物等为细菌的繁殖提供良好环境，导致细菌大量滋生，注入水中悬浮物、硫酸盐还原菌、腐生菌、铁细菌等指标严重超标，如采油二厂802#注水站泵入口硫酸盐还原菌含量超标10～100倍。此外，新疆油田水井井口水质达标率较低，仅为72%左右。

（4）安全环保隐患：新疆油田16年以上金属管线长961.44km，占金属管线总长39.02%，所占的比例较大，部分注水管网腐蚀、结垢严重；油田部分配水间使用时间长，设备腐蚀、结垢严重，阀门开关困难，站内管线破裂频繁，影响正常注水；部分配水间房屋四周墙体开裂，地面塌陷，低压配电线路老化，电缆过细，存在安全隐患。

二、发展方向

（1）对于注水工艺应根据生产实际需求，加强注水系统日常管理，优化注水泵的运行方式，强化管线清洗力度。

（2）结合区块油田开发指标预测，对能力不足的油田实行注水系统调整改造，开展节能技术攻关研究，推广“高压离心泵+局部增压”、“高压离心泵+柱塞泵”、PCP与分压注水等工艺技术的应用，对不同层位、不同压力区域实施分压注水技术，优选高效注水泵，降低注水单耗，提高注水系统效率。

（3）优化注水管网，用串接T接管网代替树枝状管网，管线采用玻璃钢管。

（4）对能力不足的注水系统扩建，对欠注严重的低渗油藏提压增注，对系统效率低、单耗高的注水系统实行节能技术改造，使注水泵的供水量、供水压力与注水需求量、注水系统压力实现动态平衡，达到闭环自动控制的目的，提高注水系统效率，降低注水单耗，确保系统高效经济运行。

（5）将计量配水站的建设模式橇装集成，形成以“多通阀模块、分体计量模块、注水配水模块、常压水套炉模块”为代表的沙漠油田集油新模式，降低综合投资。

第六章　注聚合物驱油地面工程技术

聚合物驱是一种改善水驱的化学驱油方法，使用水溶性高分子聚合物作为添加剂，以聚合物水溶液作驱油剂，依靠增加驱替液黏度、降低驱替液和被驱替液的流度比来扩大波及体积，从而达到提高原油采收率的目的。本章主要介绍新疆油田的聚合物注入工艺、聚合物驱采出液集输工艺、聚合物驱原油及采出水处理、聚合物驱地面工程存在的技术问题及未来发展方向。

第一节　聚合物驱地面工艺

一、聚合物驱注入液特点

注入液的聚合物浓度一般为2000mg/L左右，在聚合物溶液配制和注入过程中，黏度会发生损失；影响聚合物溶液黏度的因素主要包括聚合物相对分子质量、聚合物水解度或阴离子含量、聚合物溶液浓度、配制水的矿化度和pH值、温度、机械降解、化学降解、生物降解等。

二、聚合物驱母液配制工艺

1. 配制原则

聚合物母液的配制和溶液注入过程中，应当合理选用操作工艺，并严格控制设备、管材、水质及温度的选择，确保聚合物颗粒充分溶胀，避免形成“鱼眼”进而堵塞底层，并设法降低聚合物溶液黏度损失。

2. 配制关键技术

（1）聚合物母液外输采用低剪切螺杆泵，增压采用柱塞泵，并配套变频调节流量装置，避免阀门控制流量引起黏度损失；

（2）针对柱塞泵排出阀难安装、易损坏、黏度损失大的问题，对其改装后的泵排量提高3%～6%，黏度损失率为1.6%；

（3）改造注入泵后短弹簧单流阀，缩短弹簧自由伸长，目的液经单流阀后的黏度损失由0.85%下降到0.27%；

（4）聚合物母液站、注聚合物站、注入井口等处与聚合物母液、目的液相接触的管材均选用不锈钢管，聚合物母液外输管道、单井注聚选用非金属管道以降低二价铁离子对聚合物黏度的影响；

（5）对单井管线进行化学浸泡杀菌清洗，清洗后黏度损失由 42.75% 降到 17.75%，效果显著；

（6）母液与清水的混合采用低剪切静态混合装置，以降低剪切黏度损失。

3. 工艺流程

聚合物驱母液配制采用水力射流分散工艺，集中配制、熟化，然后再转输，聚合物驱母液制备工艺流程如图 2–6–1 所示，而母液转输的主要工艺过程及日常维护程序如图 2–6–2 所示。

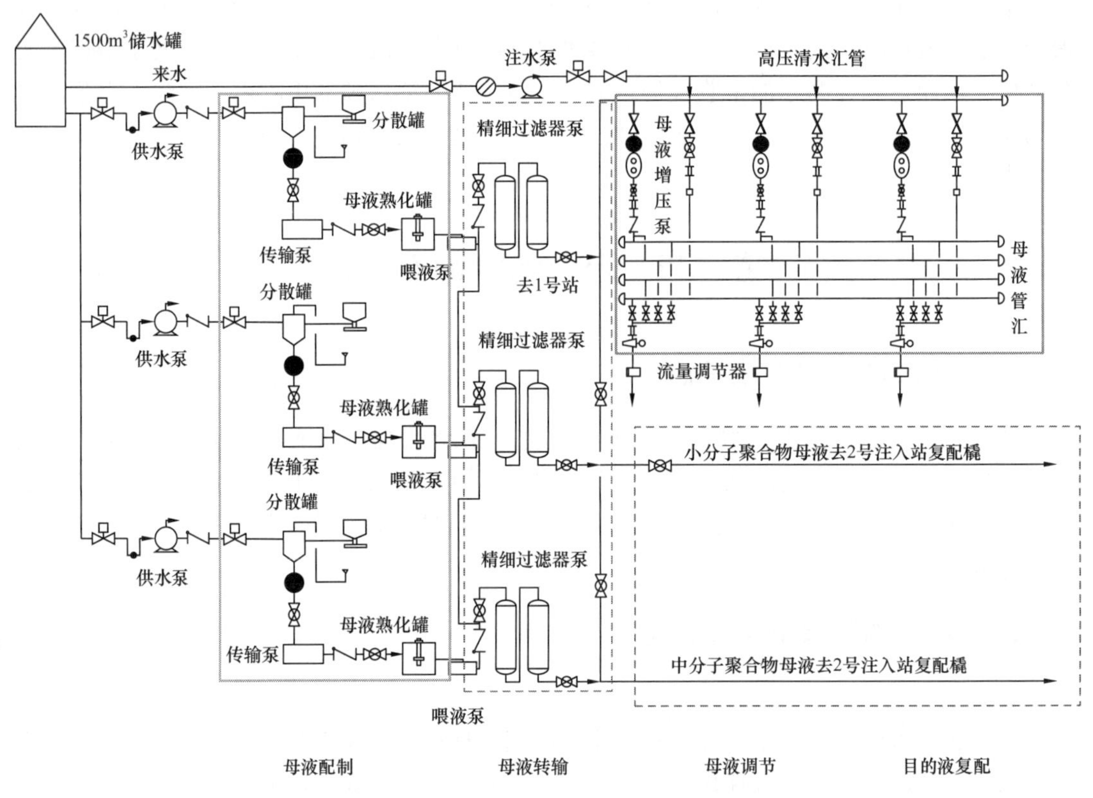

图 2–6–1　聚合物驱母液制备工艺流程

（1）配制工艺：储水罐清水经提升后进入分散装置射流器，上料装置中聚合物粉末经下料机下料，再按给水量及设定的配比浓度调节给料量。具有一定压力的水从射流器喷嘴出时产生喷射水流形成负压，将干粉吸入，并与水充分混合，进入溶解罐。当罐内溶液达到设定液位时，开启聚合物母液熟化罐进口阀门，启动螺杆泵向母液熟化罐供液。

（2）熟化工艺：当某一母液熟化罐内液位达到设定值时，该罐进口阀门自动关闭，控制系统会开启另一个已排空的母液熟化罐进口阀门，启动该母罐搅拌机，熟化时间为 2h；当没有闲置的母液熟化罐时，分散装置自动停止工作。

（3）转输工艺：熟化后的母液经提升泵、过滤器、细过滤器后输送至各站，每种分子量的聚合物设置单独的母液提升泵及过滤装置，母液提升泵与出口压力连锁，实现变频控制。

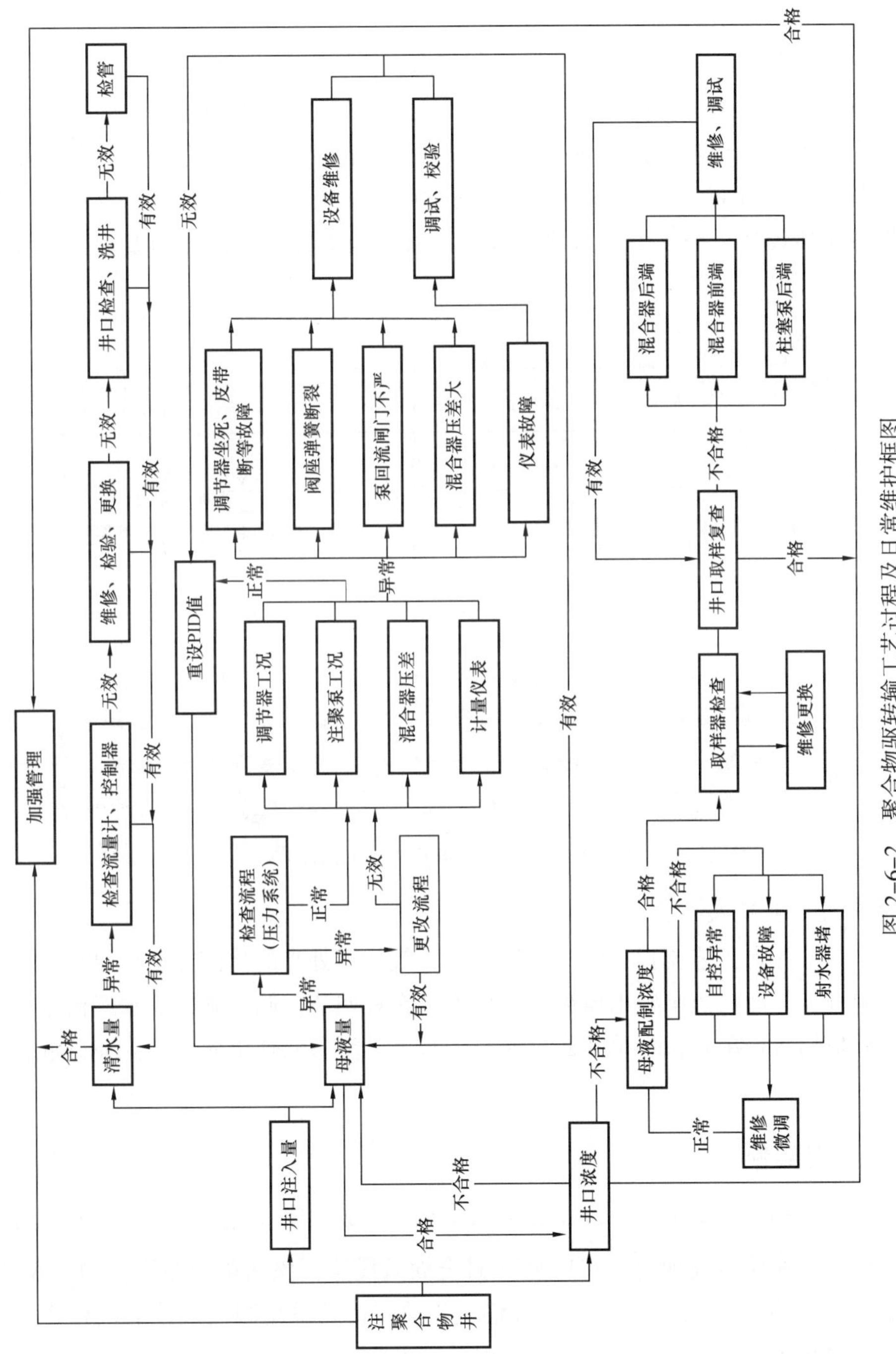

图 2-6-2　聚合物驱转输工艺过程及日常维护框图

三、聚合物溶液注入工艺

1. 单泵对多井注入工艺

单泵对多井注入工艺流程如图 2-6-3 所示，缓冲罐中的母液经增压泵增压、计量后进入高压母液汇管分配给各单井，母液增压泵与出口流量实现连锁变频、调节；储水罐清水经清水增压泵增压后进入汇管分配给各单井，去单井的母液与清水进入静态混合单元，在此充分混合后通过管道输送至各单井井口；单井母液管道上设流量计及低黏损调节装置，单井清水管道上设流量计与调节阀，以实现对单井注入量、注入浓度的调节。考虑到七东$_1$区非均质性较强，按 4 个压力等级设计，各井根据实际注入压力要求选取相应压力等级。

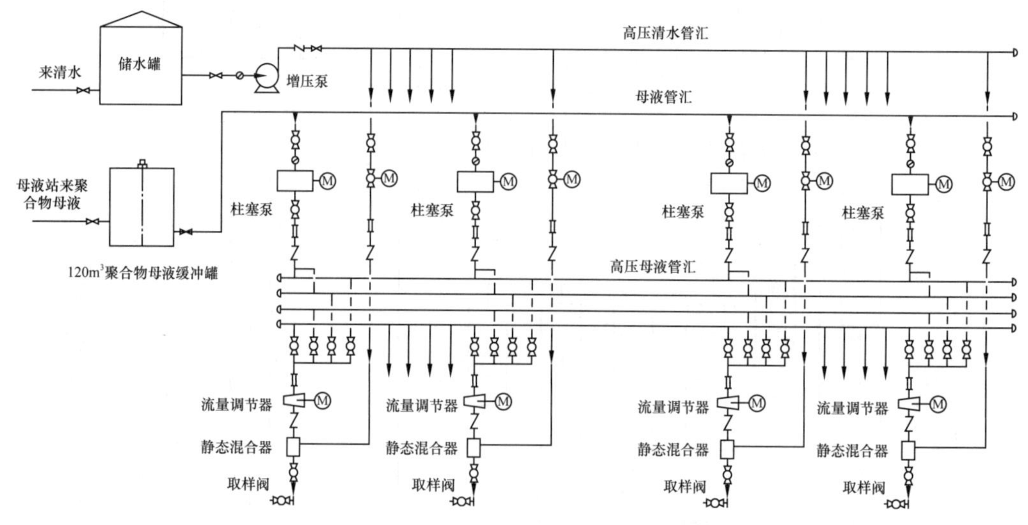

图 2-6-3 单泵对多井注入工艺流程

2. 单泵对单井注入工艺

单泵对单井注入工艺流程如图 2-6-4 所示，缓冲罐处来的母液经增压泵增压、计量后供给每口单井，母液增压泵与出口流量实现连锁变频调节；储水罐来清水经清水增压泵增压、计量后供给每口单井，去单井的母液与清水进入静态混合单元，在此充分混合后通过管道输至井口。

四、应用实例

以七东$_1$区 30×10^4t 聚合物驱开发工程为例，七东、九区 1# 注入站工程是中国石油股份公司重大工业化试验项目。2014 年 7 月全面试投运，该站负责注聚合物井 62 口，同时保证七东聚合物驱 2# 注入站的目的液输送供给。该站采用国内成熟的聚合物分散熟化工艺和一泵多井注入工艺流程。该工艺流程采用组合橇装化设计，减少动力设备，实现单井自动精确调节，确保聚合物注入浓度的要求。

根据沉积、储存物性等特征差异，全区划分为Ⅰ、Ⅱ、Ⅲ区（图 2-6-5），注入不同分子量聚合物目的液，七东$_1$区克下组30×10^4t聚合物驱基本参数，以及注聚合物站技术指标分别见表2–6–1和表2–6–2。油区北部区域采用142m注采井距，南部采用125m注采井距，共部署生产井277口（钻新井211口），其中采油井156口（钻新井150口）、注水井121口（钻新井61口、利用老水井29口、油井转注31口）；北部二次开发已调整注入分子量平均为2500×10^4t的聚合物，注聚合物段塞0.5PV，注聚合物浓度控制在2000mg/L左右，油井平均产液能力为50t/d，水井平均注入速度为70m^3/d，聚合物年注入速度0.15PV；南部区域设计注入分子量平均为2000×10^4t的聚合物，注聚合物段塞0.5PV，注聚合物浓度控制在1500mg/L左右，油井平均产液能力为21t/d，水井平均注入速度为40m^3/d，聚合物年注入速度0.15PV。方案设计含水率95%时，提高采收率11.73%，增油46.0t（油）/t（聚合物）。阶段产油131.8×10^4t，阶段采出程度17.07%，聚驱年产油最大可达30.0×10^4t。

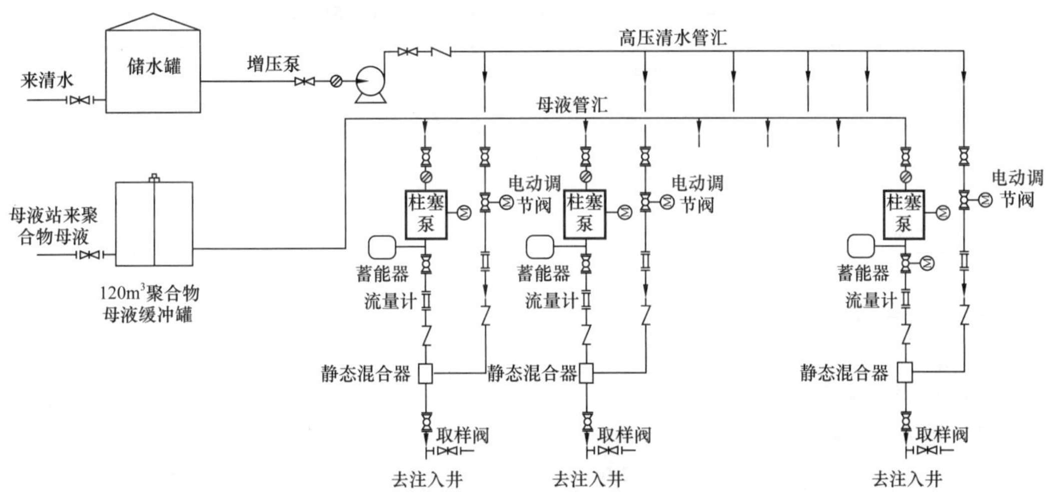

图2–6–4　单泵对单井注入工艺流程

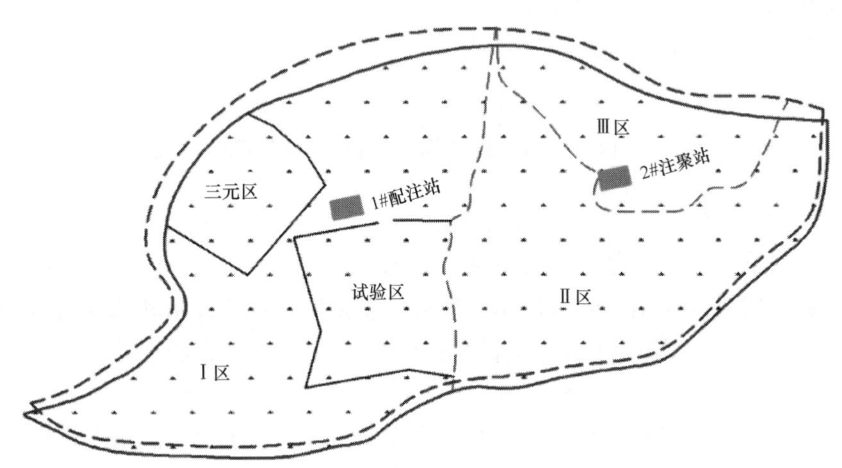

图2–6–5　七东$_1$区克下组30×10^4t聚合物驱井网布置

注聚 4 个月后见到注聚效果，截至 2016 年 6 月底，注剂 0.164PV，油藏日产油由注聚前的 270t 升至 437t，综合含水由 95.2% 降至 90.1%。

表 2-6-1　七东$_1$区克下组 30×10^4t 聚合物驱基本参数

项目	数值	项目	数值
含油面积（km^2）	6.3	油藏埋深（m）	1160
地质储量（10^4t）	772.7	原始地层压力（MPa）	16.8
有效厚度（m）	13.6	地下原油黏度（mPa·s）	5.13
有效孔隙度（%）	17.4	氯离子含量（mg/L）	11900
渗透率（mD）	597.7	总矿化度（mg/L）	28868

表 2-6-2　七东$_1$区克下组 30×10^4t 聚合物驱注聚站技术指标

项目	数值	项目	数值
井口浓度偏差（%）	≤ ± 10	聚合物分子量（10^4g/mol）	300～2500
系统黏度损失率（%）	≤15	最大日注清水量（m^3）	6520
单井注入浓度范围（mg/L）	500～2000	最大日注母液量（m^3）	5760

五、适应性

聚合物驱主要适合以下油层：

（1）地下原油黏度：黏度 5～50mPa·s 之间最好，一般低于 100mPa·s；

（2）油藏渗透率：渗透率一般不低于 20mD、水驱波及效率不高的油藏；

（3）油层温度：上限温度约为 90℃，一般不超过 70℃；

（4）地层水矿化度：小于 10^5mg/L；

（5）其他：边水、底水活跃、带气顶、串通严重、裂缝发育的油藏慎用。

第二节　聚合物驱采出液集输工艺

七东$_1$区 30×10^4t 聚驱开发工程部署区域老区，油区井距小，采出液含水率大于 80%，单井采用单管不加热常温密闭集输。集输工艺采用“井口→计量站→处理站”二级布站流程，而集输管网如图 2-6-6 所示。单井计量采用容积式计量和两相流量计计量模式［图 2-1-14（b）（d）］，其中计量站流程为：单井来液进计量站多通阀，需计量的单井来液通过计量管道进入双容积计量橇，计量后的原油和天然气与未计量的油井来液进入集油管道混合后外输，可实现多通阀自动选井。采集站内温度、压力、流量等数据以无线方式上传至中控室，油气集输管道均采用非金属管道不保温埋地铺设。

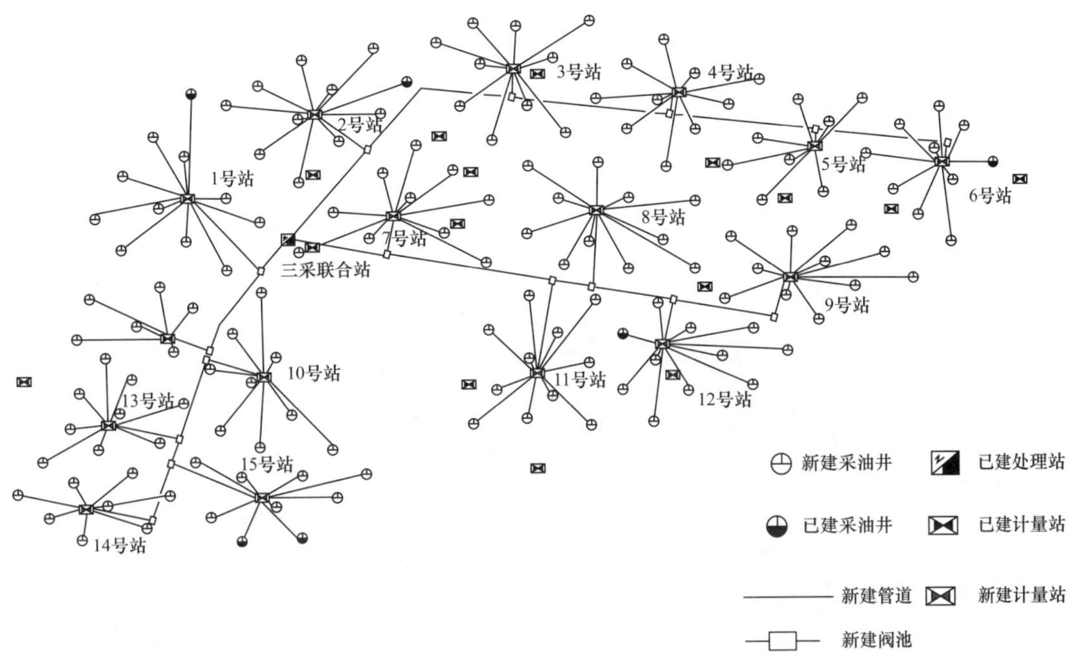

图 2-6-6　聚合物驱油气集输管网

第三节　聚合物驱原油处理

一、聚驱采出液特点

（1）聚合物的存在导致采出液含泥量和含砂量大幅度提升，泥以悬浮态均匀分散于乳化液中，脱除较为困难；

（2）聚合物使含油采出水黏度增加，水中胶体颗粒稳定性增强，处理所需的沉降时间增长。

二、聚驱原油处理工艺

由于采出液中含有聚合物，采出液携泥沙多，且乳化严重，脱水脱泥处理较困难。新疆油田 72 号三采原油处理采用“油气分离—一段沉降脱游离水—二段热化学沉降脱水—电脱水处理”工艺，其主要工艺过程如图 2-6-7 所示。

油区来的油、气、水混合物（温度约为 10～20℃）进入两相分离器进行气、液分离，分离器分出的油水混合物进入一段沉降脱水罐，实现自然沉降脱水；脱出的含水原油（含水率为 40%～50%）由罐内设置的浮动收油装置收集，经泵提升进入相变加热装置加热至 30～35℃，再进入二段沉降脱水罐，实现热化学沉降脱水；脱出的低含水原油（含水率<30%）由罐内设置的浮动收油装置收集，经泵提升后进入相变加热装置加热至 50～55℃；加热后的含水原油进入电脱水器处理，处理后的原油（含水率小于 1%）进入净化油罐，经外输泵提升、计量后输至 81 号原油处理站。

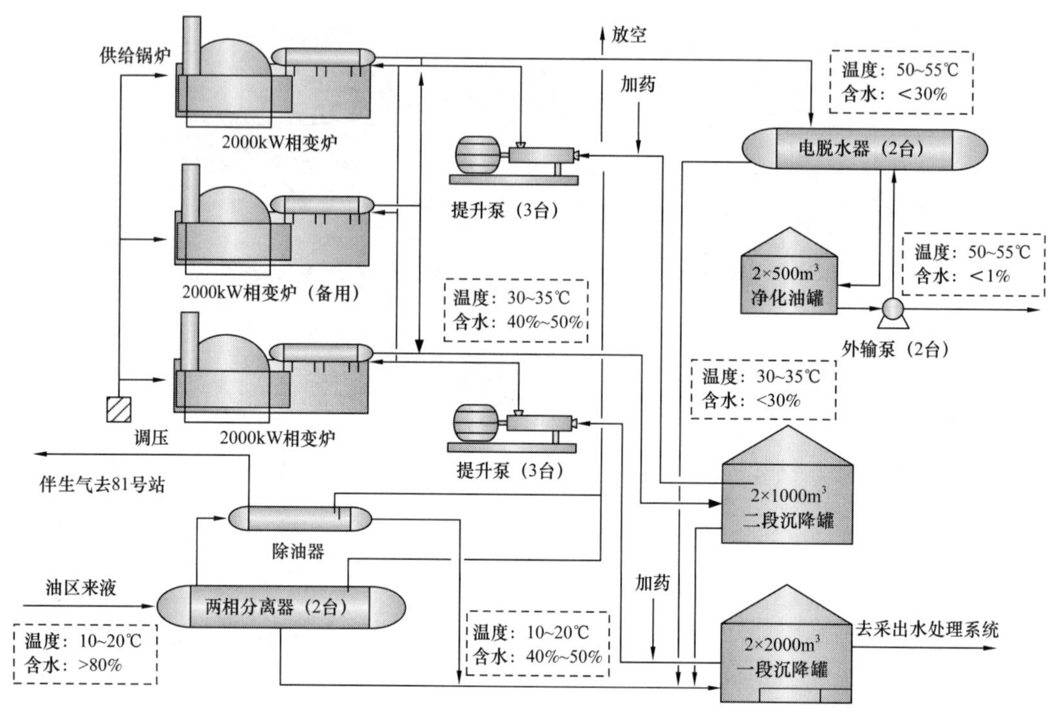

图 2-6-7　72 号三采原油处理工艺流程示意图

第四节　聚合物驱采出水处理

一、处理工艺

由于聚合物驱采出液含有一定浓度的聚合物，采出液中的泥沙以悬浮态均匀分散于乳状液中，使油水界面膜强度增大，界面电荷增强，导致采出水中小油珠稳定存在于水中，增大处理难度，使处理后的采出水含油量升高；含油污水的黏度增加，自然沉降时间增长，常规混凝沉降处理效果较差；聚合物中的阴离子使絮凝剂的作用变差，大大增加用剂量，且处理后的水质达不到标准规定，油含量、悬浮固体含量严重超标。

以 72 号三采联合站为例，该站采出水处理采用“气浮—推流式生物处理”工艺，其主要过程如图 2-6-8 所示。

工艺流程及各单元工艺指标：原油处理系统来水（35℃）进入一座 3000m³ 和一座 1000m³ 的调储罐，通过水量、水质调节，除去大部分浮油和大颗粒悬浮物。污水经调储罐除油后，进入“气浮—生物处理—固液分离”单元（由 2 套气浮机、1 套生物处理装置及 2 套固液分离装置组成），污水经过气浮后进入生物处理装置，出水在固液分离装置内净化，再经双滤料过滤处理，过滤后净化水杀菌转输至 701 注水站。主要处理节点的水质指标如下：

（1）进系统污水：含油≤3000mg/L，含悬浮物≤300mg/L；

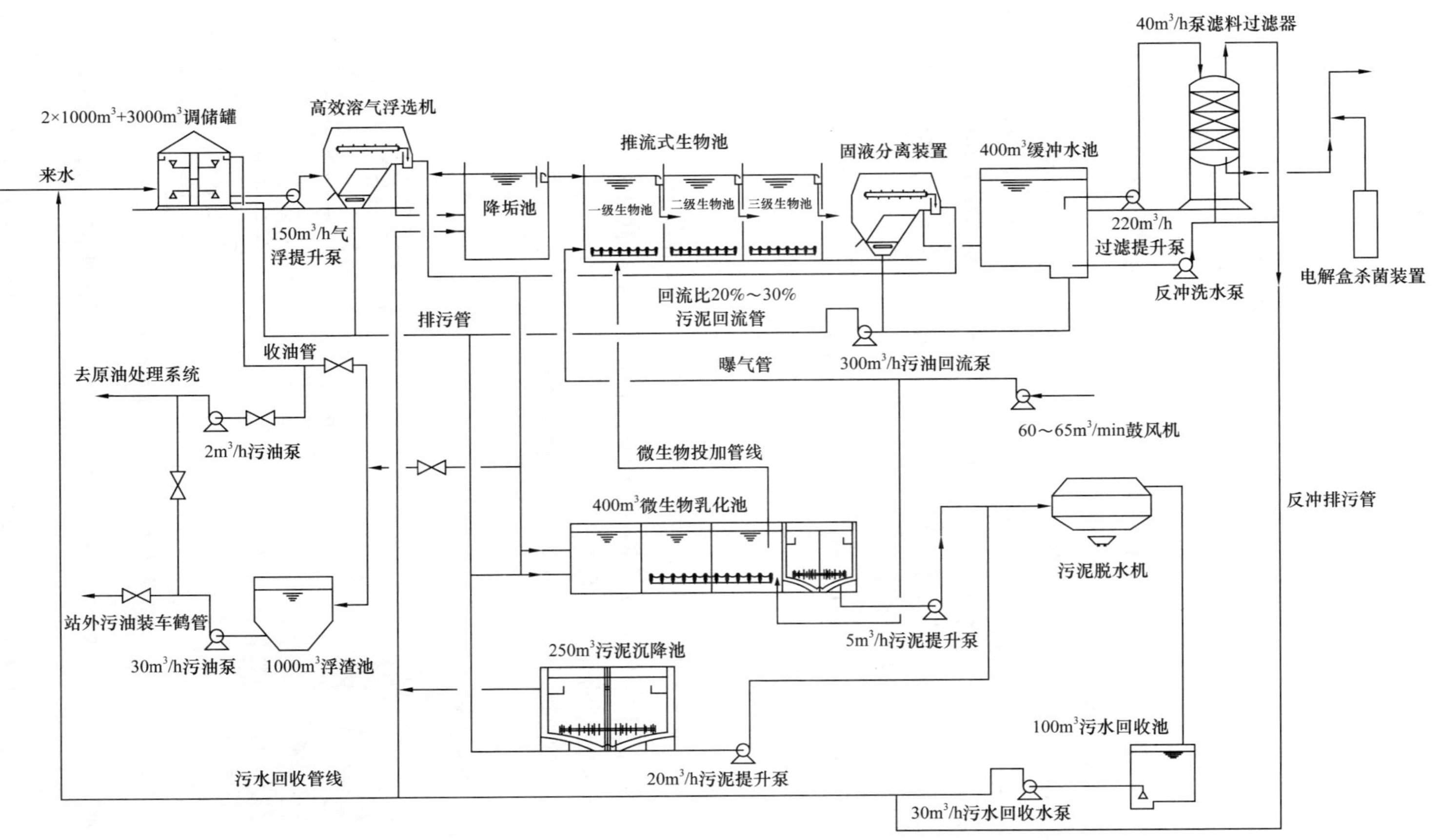

图 2-6-8　72 号三采联合站采出水处理工艺过程

（2）初步沉降进缓冲罐水：含油≤300mg/L，含悬浮物≤200mg/L；

（3）过滤出口水：含油≤20mg/L，含悬浮物≤20mg/L。

二、主要处理单元

1. 重力除油

污水处理系统一期建有1000m³调储罐一座，二期建3000m³调储罐一座。调储罐内设液位检测、负压排泥器、自动收油装置，设计调储时间12h，调储罐进口投加阻垢剂，回收水进缓冲单元。

调储罐内采用梅花多点布水，有效解决进出水扰动问题；罐内配水管向上开口，使油滴将更快到达油层，所需分离沉降时间缩短20%。

调储罐采用高进高出的恒液位出液设计，产生油水逆向流，强化微小油滴聚并；罐内采用上配水、下集水的方式，集水、配水系统采用辐射式喇叭口，保证配水、集水的均匀性；出水管线上安装防旋流输水装置，减少旋流、涡流，消除流体夹杂气泡，减小水力损失，可降低机泵能耗10%，并采用负压式排泥技术，在大罐的底部安装排泥器，保证出水水质。调储罐进出水水质指标如下：

（1）进水：含油≤3000mg/L，含悬浮物≤300mg/L；

（2）出水：含油≤300mg/L，含悬浮物≤200mg/L。

2. 气浮

在推流式生物处理前后段采用溶气气浮装置，前段气浮主要利用30～50μm的气泡去除采出水的浮油及悬浮物，后段气浮主要去除生物出水中的细小悬浮物及细菌代谢产物，保证出水稳定达标。气浮设备对污水中悬浮物和油去除率高达80%～90%，甚至超过90%，是含油污水处理的理想设备之一。

气浮装置工艺原理如图2-6-9所示，具体过程如下：

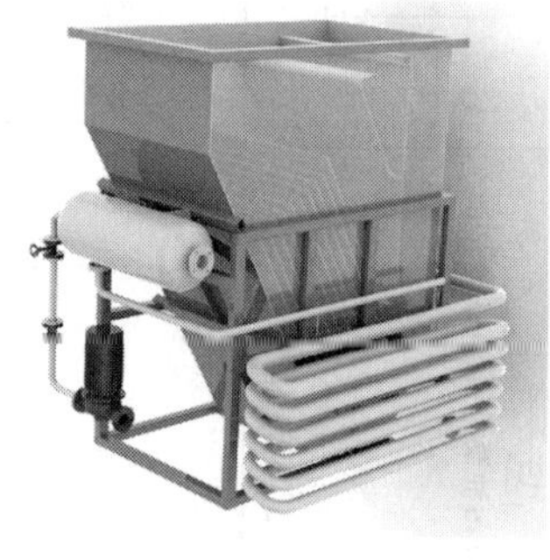

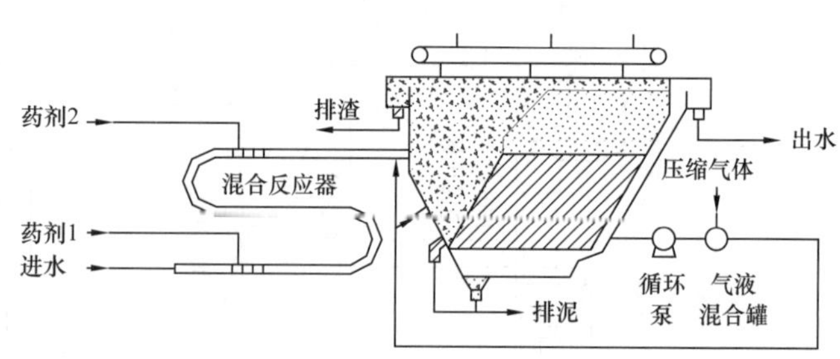

图2-6-9　气浮装置工艺原理

（1）原水进入管式反应器，其中加入溶气水，使其与污油预结合，以利于污油在气浮箱体内充分分离。

（2）经预处理后的采出水进入气浮装置，在进水室采出水和气水混合物中释放的微小气泡（其直径在30～50μm之间）混合，这些微小气泡黏附在采出水絮体上，形成比重小于水的气浮体，气浮体上升至水面凝聚成浮油，通过刮油机刮至收油槽排出。

（3）采出水进入气浮装置布水区，快速上升的粒子将浮到水面，上升较慢的粒子在波纹斜板中分离，粒子接触到波纹斜板后在浮力的作用下将逆向水流上升。斜管分离系统可在较短的停留时间内使固液分离彻底，受原水波动影响较小，且气浮箱体较高，占地面积更小。

3. 降垢

生物池结垢严重将导致微生物无法生存，采出水中溶解大量有机物、无机矿物，在曝气状态下溶解大量气体，在前段加入的 Fe^{2+} 被氧化后产生絮凝物，协同大量钙镁离子和析出有机物一同沉淀，达到水质稳定的效果。采出水需在降垢池内至少停留 2h，池内设不锈钢框架，72% 的 Ca^{2+} 在此池结垢，采出水投加阻垢剂（20mg/L），阻垢率可达 95.4%。

4. 微生物处理

设计采用 5 组推流式生物接触氧化池，总有效容积 5000m^3，停留时间 20h，气水比 25：1～30：1。池内填料使用新型超轻纤维悬浮球，填装体积为氧化池有效容积的 67%，并设有曝气扩散装置及水下搅拌装置。曝气方式采用低噪声罗茨风机，池内均布曝气软管，运行初期需定期投加专性联合菌群，提高废水的可生化性和有机物的去除效率。为保障微生物正常生长，并及时控制来水水质波动，通过自控系统使在线溶解氧检测仪、电动调节阀与鼓风机变频器联动，保证池内的溶解氧浓度在 2～3mg/L 左右，同时定期投加营养源，其比例按 COD 消耗量：N：P=100：5：1 计。

采用推流式生物接触氧化池进出水指标如下：

（1）进水：含油≤100mg/L，含悬浮物≤100mg/L；

（2）出水：含油≤30mg/L，含悬浮物≤30mg/L。

5. 固液分离

推流式生物接触氧化池后端设两台固液分离装置，出水进入缓冲水池，污泥一部分回流进入生物床，一部分排至污泥生化反应池。

6. 过滤

采用双滤料过滤器 5 台，选用截留、吸附性能较好的磁铁矿、海绿石作为滤料。过滤时，水流自上而下，经气水联合冲洗集水器系统布水，流过滤层；滤层吸附并截留油污和机械杂质后，采出水通过气水联合冲洗配水器流出罐外，实现过滤。反洗时，先进行气冲洗，再进行水冲洗，气、水自下而上，使滤料彻底清洗再生。

双滤料过滤器设计参数如下：

（1）滤速：5.0m/h；

（2）过滤周期：12～24h；

（3）反冲洗强度（气水联合）：气洗 7～12L/（s·m^2），水洗 10～16L/（s·m^2）。

过滤器进出水水质指标如下：

（1）进水：含油≤30mg/L，含悬浮物≤30mg/L；

（2）出水：含油≤20mg/L，含悬浮物≤20mg/L，悬浮物颗径中值≤10μm。

7. 杀菌

采用电解食盐水杀菌工艺，设电解盐装置1套（有效氯投加量30mg/L，有效氯产量12kg/h，功率70kW）、装置配电解槽、盐水罐、软化器、加药泵、控制柜等。

8. 污泥处理

调储罐排出的含水污泥（含水98%～99%左右，含油量≤400g/kg）与微生物处理进入200m^{3}污泥沉降池进行缓冲、生化处理，停留12h，经污泥泵提升至卧式螺旋离心机脱水。

三、适应性

三采处理站采出水来自七东$_1$区和七中区，采出水混合水样属高碳酸氢根的极不稳定的碳酸氢钠型水，脱出采出水呈现高含油、高悬浮物的特性。

72# 三采污水处理站各节点运行指标见表2-6-3，过滤器出口含油和悬浮物值均达到设计指标要求，该站所采用的“气浮—推流式生物处理”工艺技术对处理聚合物驱采出水较为适宜。

表2-6-3　72# 三采污水处理站各节点实际运行参数

不同节点参数	来水（mg/L）		调储罐出口（mg/L）		一级气浮装置出口（mg/L）		生物处理系统出口（mg/L）		二级气浮装置出口（mg/L）		过滤器出口（mg/L）	
	含油	SS①	含油	SS①	含油	SS①	含油	SS①	含油	SS①	含油	SS①
设计值	≤3000	≤300	≤300	≤150	≤100	≤100	≤30	≤30	—	—	≤20	≤20
稳定值	255.1	187.5	140.9	120.0	114.0	76.9	13.9	18.6	10.2	15.3	3.9	8.0
较好值	68.1	133.3	36.9	200.0	31.8	150.0	0	15.0	0	15.0	0	5.0
较差值	585.1	160	363.8	140.0	235.0	80.0	29.36	26.0	15.4	21.4	9.6	15.0

① SS（Suspended Solids）表示悬浮物。

第五节　聚合物驱地面工程技术问题及发展方向

一、技术问题

新疆油田聚合物母液配制和目的液复配均采用清水，随着三次采油的规模扩大，所用清水量将不断增大，而采出污水将有大量富余。因此，节约清水资源，对聚合物驱采出水进一步处理，将聚合物驱采出水用于聚合物母液及目的液配制，这是新疆油田急需解决的问题。

二、发展方向

克拉玛依砾岩油田地面注聚合物采用单泵单井注入工艺技术，实现单井注聚压力可调和聚合物剪切降低的目标，确保非均质油藏的聚合物驱生产中各井注聚合物浓度、压力可调状态，并形成适用的自动化控制技术，使聚合物在“分散→熟化→过滤→复配注入→井口”全流程中的黏度剪切率小于7.8%，已在七东$_1$区与七中区深度调驱工程设计方案和建设中应用，其水平居国内领先。

未来应在此基础上，缩短现场建设工期，降低建站投资，实现设备生产预制化、设备橇装集成化、设备功能模块化、集成RTU；形成可移动搬迁、橇装化的地面注聚合物装置，进一步实现井、站无人值守技术，为冬季施工创造条件。

第七章　节　　能

油田集输技术基本上采用成熟的传统工艺，但随着油田开发进入中后期的高含水阶段，传统集输工艺能耗增加。同时，采出液性质也发生改变，可选用耗能低的集输工艺。一般可选用节能设备、开发节能工艺、变频调速推广、余热回收利用等节能减排措施，从而达到降低油田生产成本的目的。本章主要介绍稀油集输处理工艺优化、加热节能、余热回收、系统保温等节能技术及其适应性。

第一节　工艺优化节能

一、常温输送工艺

随着稀油产出液含水率增加，采油方式由自喷转为抽油，地面管线内介质的流动状态也随之发生改变。当油井水含量上升到一定程度时，油井产出的乳化液由油包水型转变为水包油型或水包油包水型，此时原油的含水率被称为“转相点”。新疆油田的转相点为40%～65%，油井含水达到“转相点”时，出油管线的流动阻力急剧下降。油井产液量、含水率、气液比对产出液温度都有影响，其影响规律如图2-7-1所示。由此可见，井口温度随产液量、产出液含水率的增大而升高，随气油比的增大而降低。

自喷井由于井口油嘴的节流作用，天然气吸热膨胀导致井口温度降低，不少高产气井生产时嘴子套结冰。而抽油井的液量及含水率较高，产液脱气后吸收地热较多，抽油井的井口温度升高。因此在新疆最冷季节与抽油井隔热的条件下，即使不加热也可使井口温度保持在5℃以上，只需对极少数井加热防冻，即可保证正常输送。在加热炉提效期间，陆梁、石西、彩南与石南等区块进一步推广油井采出液的常温输送，共实现961个井场、171个计量站加热炉合并或关停。

二、集中处理工艺

油气联合站的工艺流程要综合考虑油气集输、原油稳定、含油污水处理等工艺过程及相关因素，以便充分利用热能，有效降低生产过程的能耗。与开发初期相比，采出液含水率大幅度提升，致使处理系统的一些工艺和设备已不能满足油田生产高效率、低能耗要求，需要进行工艺改造。

陆梁集中处理站2016年实施“一段脱水、二段加热”改造，把井区来液中33%的游离水提前脱出，使得原油处理单耗下降 26.4%，日节约反渗透水与天然气分别为 200m^3 与 16000m^3，日减少破乳剂用量 400kg。

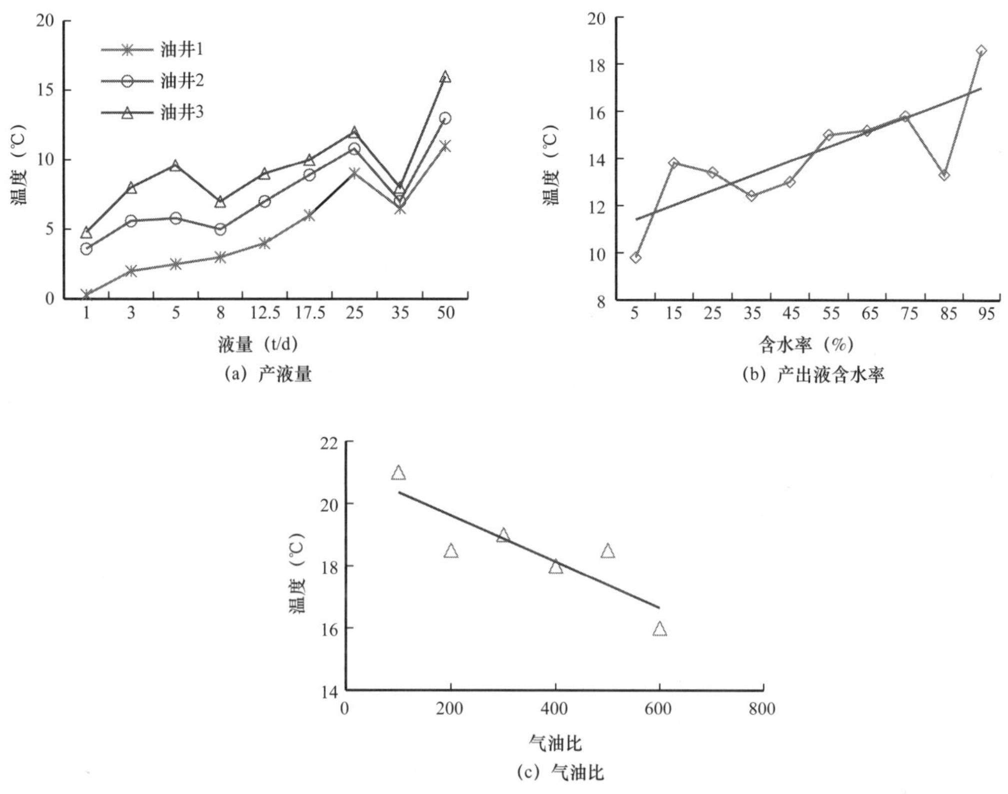

图 2-7-1　井口温度的主要影响因素

三、交油温度调整

在各油田原油交接过程中，交接温度主要取决于原油脱水处理温度和管道外输温度。长期以来，新疆油田采用的是经验值，全年冬、夏执行不同的交接温度。交油温度最低 45℃，最高可达 90℃，但原油集输、处理、输送等环节的经济性与安全性有待进一步评价。

若交油温度过高，输油动力损耗会有一定降低，但换热蒸汽、天然气及电能的消耗相应提高，最终导致总能耗增加。此外，原油储存蒸发损耗高、输油温降大、排出水温度高等因素又会造成能量损失与浪费、增加环境污染风险，且设备腐蚀加剧、使用寿命缩短、安全隐患也随之增大。

若交油温度过低，原油流动性差，影响管道安全输送。一旦发生凝管，将造成重大安全生产事故。因此，合理优化原油交接温度，既能降低原油集输处理过程中的能耗，又能实现管道安全节能运行，这是新疆油田科技增油、节能降耗、环境保护的重要举措之一。

各处理站的原油处理工艺基本类似，即油田单井来液（盘管炉或电加热器加热）→

计量站（计量、水套炉加热）→多功能处理器（分离、加热、电脱水）→加热炉→储油罐（沉降放水，确保原油含水率符合交油标准）→新疆油田油气储运公司外输。

原油从井下采出，经3～4次加热升温后（主要用于原油集输处理，保证交油合格）才能交给新疆油田油气储运公司。因此，要降低交油温度，就要分别降低井口盘管炉、水套炉、联合站多功能处理器、加热炉等设备的加热温度，至于各段加热温度的最佳降幅，需要通过多次试验对比分析，最终选定经济安全的加热温度。

新疆油田根据各处理站的原油物性，通过核算确定14座站的最佳原油交接温度（表2–7–1），调整后平均交油温度降低10℃，每年节约天然气 $538.2 \times 10^4 m^3$。

表 2–7–1　新疆油田原油交接温度统计

序号	站库名称	春季交油温度（℃）		夏季交油温度（℃）		秋季交油温度（℃）		冬季交油温度（℃）	
		调整前	调整后	调整前	调整后	调整前	调整后	调整前	调整后
1	一厂稀油	49	40	49	25	50	25	50	25
2	车 89 稀油	47	45	47	40	48	35	48	40
3	81# 稀油	55	40	56	25	56	25	56	25
4	51# 稀油	44	40	45	25	45	25	42	25
5	百联站稀油	40	55	43	40	44	35	44	40
6	91# 站稀油	55	50	53	35	51	35	52	50
7	火烧山油	47	45	44	30	43	30	44	30
8	北十六油	55	50	56	45	58	40	58	45
9	沙南油	49	45	51	40	51	35	47	40
10	彩南油	45	45	44	30	43	30	35	30
11	石西油	47	45	48	45	51	45	50	45
12	陆梁油	44	45	47	30	46	30	46	30
13	石南 21 油	47	45	46	30	42	30	38	30
14	乌尔禾稀油	56	55	54	35	53	35	52	55

第二节　油田加热炉节能

一、高效分体式相变炉应用

新疆油田加热炉的主力炉型为管式炉和水套炉，普遍存在结构设计简单、设计热效率低且炉管易结垢、结焦等问题，严重影响加热效率。根据现场生产实际，新疆油田研制出一种高效分体式相变加热炉，其热效率达到GB 24848—2010《石油工业用加热炉能效限定值及能效等级》规定的Ⅰ级能耗要求，并获得国家实用新型专利。与普通加热炉相比，高效分体式相变加热炉具有以下特点：

（1）采用三回程烟道结构设计，增加换热面积，降低排烟温度，提高热效率 4% 左右；

（2）采用氧含量检测装置，能有效控制烟气的含氧量，且设有燃气与空气预热装置，可提高燃气与助燃空气的温度及 3% 以上的热效率；

（3）采用全自动燃烧器和 PLC 智能监控系统，运行过程控制精确，采用 486 远传接口，可远程异地管理，实现无人值守；

（4）炉内蒸汽封闭循环不需补水，可同时加热多组工质。

二、加热炉烟气余热回收利用

为突破常规余热回收工艺，新疆油田率先采用冷凝回收工艺改造油田加热炉，充分回收其烟气显热及潜热，有效提升加热炉效率 8% 以上，加热炉效率由式（2-7-1）计算：

$$\eta=\left[1-\left(q_2+q_3+q_4+q_5\right)\right]\times 100\% \qquad (2\text{-}7\text{-}1)$$

式中　η——加热炉效率；

q_2——排烟损失；

q_3——气体不完全燃烧损失；

q_4——固体不完全燃烧损失；

q_5——散热损失。

当排烟温度上升时，将导致排烟损失增加、加热炉热效率下降；排烟温度升高 15℃，排烟热损失增加约 1%。因此，降低加热炉排烟温度，提高废气烟温利用率，可有效提高加热炉热效率。

加热炉烟气余热利用主要依靠烟温回收技术，通过换热器来回收废气烟温，可有效降低排烟温度 60～80℃。燃烧器使用热空气助燃以提高加热炉热效率，同时达到节能减排的目的。

新疆油田在加热炉上推广应用空气预热装置，该装置由换热器、风道及加热炉燃烧器组成，其节能效果显著。换热器安装在加热炉的烟气出口与烟囱之间，通过风机将热空气引入燃烧器，可提高换热器热效率 3%～8%。

三、加热炉高效燃烧及控制

燃烧器作为加热炉的重要部件，将油气或其他燃料变为火焰和高温烟气，使其在炉内实现热交换。当加热炉的结构确定后，其运行状况取决于燃烧器的性能及其与加热炉的匹配状况。因此，燃烧器性能及其调节决定加热炉运行是否高效经济。

新疆油田大部分加热炉使用大气式燃烧器，其结构简单、维护方便，利用烟囱的自然抽力克服烟气阻力；通过控制燃气与调风，实现人工手动调节阀门。但此工艺不能准确调节空气与燃气比，空气过量系数高，排烟热损失大。在点火过程中，若燃气与空气配比不当，易造成炉内闪爆。因此，对于油气田内 180kW 以上的加热炉，推广使用全自动电子比调式燃烧器，实现空气与燃料比的自动跟踪与调节，保证加热炉的运行工况最佳。

过剩空气系数直接影响排烟热损失和热效率，过剩空气系数过大，炉膛温度下降，排烟体积及其热损失增加，反之则燃料燃烧不充分。统计表明，漏风系数每增加 0.1～0.2，排烟温度将升高 3～8℃，锅炉效率降低 0.2%～0.5%。

排烟温度和排烟量是影响排烟热损失的主要因素，排烟温度越高，排烟量与热损失越大，降低排烟温度是减少排烟损失的途径之一，但并非主要途径。若排烟温度过低，一方面可能增加尾部受热面积，进而增大钢材耗量与烟气流动阻力；另一方面可能造成锅炉尾部受热面的低温腐蚀。因此，降低排烟量是减少排烟热损失的主要途径。

对加热炉的温度、压力、燃料量、过剩空气系数等参数进行自动控制，使其达到各项设计指标，这是保证加热炉高效、安全、可靠运转的重要措施。当燃料一定时，烟气中的含氧量与过剩空气系数存在一定的函数关系，所以一般通过监视烟气中的含氧量来监测炉内燃烧情况，用式（2–7–2）可近似估算空气过剩系数。

$$\alpha=\frac{21}{21-Q_{O_2}} \tag{2–7–2}$$

式中 α——过剩空气系数；

Q_{O_2}——锅炉含氧量。

当 α=1 时，即为理论燃烧状况。然而，α 不可能无限降低，当其在一定限度内降低时，将会导致化学与机械不完全燃烧损失的增加，因此寻求合适的 α 值是保证锅炉效率达到理想水平的主要手段。对于大型锅炉的燃烧，当燃煤炉的 α 为 1.20 左右、燃油炉的 α 为 1.10 左右、燃气炉的 α 为 1.10～1.15 时，即可达到较理想的燃烧状态。为此，可通过先进的全自动比例调节燃烧器与在线监测烟气来改造现有加热炉的自控系统。

四、适应性

1. 分体式相变加热炉

分体式相变加热炉广泛应用于油气集输系统中，不同模块具有可替代性与可更换性的优势，不仅适用于不同要求的处理量和负荷，而且适用于矿化度高、易结垢油田采出液加热，清洗和维修更方便。

2. 加热炉烟气余热回收

加热炉烟气余热回收方法主要有两种，一种是以空气预热燃烧的方式来回收；另一种是以余热锅炉的方式来回收。加热炉余热回收系统多采用空气预热回收方式，只有高温管式炉和纯辐射炉才使用余热锅炉。

国内常用加热炉余热回收利用技术主要有钢管式、热管式、水热媒式、管式—水热媒组合式、板式等余热锅炉及空气预热器，各种技术的特点不同，其应用范围有所区别。因此，需要结合实际情况，通过经济性、节能效果等方面综合评价，最终择优选用，经过新疆油田近年来的节能实践，积累有如下选型经验：

（1）对于热负荷大、排烟温度在 600～900℃的纯辐射加热炉，推荐选用余热锅炉；

（2）排烟温度低于 420℃的对流—辐射型加热炉，推荐选用管式—水热媒组合式空气预热器；

（3）排烟温度低于 350℃的加热炉，可选用热管式空气预热器；

（4）排烟温度低于 270℃的加热炉，可选用水热媒空气预热器，为控制低温露点腐蚀，还可采取冷空气旁通、热风循环等措施来调节排烟温度。

3. 加热炉高效燃烧及控制

加热炉最核心的部件是燃烧器，它决定加热炉的燃烧效率、安全排放等指标。低能效加热炉可通过改用新型高效的燃烧器来优化，大多数加热炉使用的是正压鼓风燃烧器，难以满足不同场合的需求。近年来，专家学者及生产单位为此研发出新型雾化燃烧器，其中转杯雾化燃烧器适应于轻油、重油、天然气和油气混合型燃料。对于液体燃料，依靠高速旋转的转杯离心力和本身风机所产生的较高速度的一次风，使液体燃料雾化燃烧；对于气体燃料，按燃气种类和供气压力，分为预混式、后混式及混合式三类，并在燃烧器头部混合。

控制系统的发展对加热炉体系的稳定性及可控性具有重要意义。自动化控制技术广泛应用于加热炉中，能够实现自动吹灰、自动点火、自动停止和启动；且燃烧利用率可接近 100%、加热炉效率可达 90% 左右，其操作简单、可精确控制介质温度。同时，在加热炉中使用监测技术，能实现熄火、超温和超压等极端工况的保护，进而提高设备运行的安全性。这两种技术都能实现远程控制，节省人力、提高生产效率，增加企业的经济效益。

五、应用实例

新疆油田采油一厂稀油处理站、油气储运公司石西泵站重点示范加热炉节能技术集成应用，共关停加热炉 1087 台，实施相变炉更新、燃烧器更新等技术改造 215 台次，现场测试调整 783 台次，年节能 14×10^4tce，热效率在 92% 以上，达到国内领先水平，加热炉节能测试结果见表 2-7-2。

表 2-7-2　石西站两台加热炉节能检测的相关测试结果

序号	类别	测算结果		序号	类别	测算结果	
1	加热炉自编号	1#	2#	8	加热炉自编号	1#	2#
2	额定功率（kW）	2500	2500	9	排烟处过剩空气系数	1.48	1.15
3	额定工作压力（MPa）	0.6	0.6	10	气体未完全燃烧热损失（%）	0	0.003
4	加热炉类型	相变炉	相变炉	11	排烟热损失（%）	4.7	3.50
5	燃烧控制方式	自动	自动	12	炉体平均表面温度（℃）	13.9	15.40
6	排烟温度（℃）	94.0	88.5	13	散热损失（%）	7.6	4.30
7	入炉冷空气温度（℃）	15.0	14.5	14	反平衡效率（%）	87.7	92.20

在新疆油田范围内推广应用前述加热炉节能技术，采用常温输送技术优化核减加热炉 1087 台，核减加热负荷 76.94MW；优化改造陆梁集中处理站等 3 座站库的脱水工艺，将常规的“二段热化学沉降工艺”改造为“一段预脱水、二段加热工艺”，原油处理单耗平均下降 26.4%；根据不同原油最佳外输温度的模拟计算结果，下调 14 座站库的外输油温，

平均降低 11.8℃，减少加热负荷；采用三回程高效分体式相变炉和烟气余热回收技术，改造加热炉 215 台，实施监测优化调整 783 台次。

第三节　燃气压缩机余热利用

一、回收的必要性

新疆油田 2015 年消耗天然气 $5115.91\times10^4m^3$，折合 6.8×10^4tce，占稀油生产总能耗的 16.1%。根据新疆油田燃气压缩机普测报告，在役燃气压缩机平均系统效率为 26.47%，排烟温度 300～675℃，高温烟气直接外排造成大量热能损失。

在燃气压缩机上应用烟气余热回收技术，以达到提升系统效率水平、降低生产能耗的目的。燃气压缩机是以热功转化的方式，将天然气的化学能转化为机械能，国内外燃气压缩机多是在汽油机或柴油机的基础上开发的。大型燃气压缩机转速为 1000～1500r/min，采用电火花点火方式，压缩比通常比柴油机降低 25%～40%。根据进气方式的不同，功率降低程度也有差别，通常预混进气方式比原机功率下降 10%～25%。

中速柴油机与燃气压缩机的热平衡对比见表 2-7-3。由此可见，除少数高性能燃气压缩机外，大部分燃气压缩机热效率都比柴油机低，而冷却水及排出烟气带走的热量所占比重相对较大，综合利用这部分能量可使热效率达到 70% 以上，节能提效显著。

表 2-7-3　燃气压缩机的热平衡

序号	类别	中速柴油机	中速燃气压缩机
1	转为有效功的热量（%）	35～45	30～40
2	冷却介质带走的热量（%）	10～20	15～25
3	废气带走的热量（%）	30～40	35～45
4	其他热损失（%）	10～15	1～15

二、余热回收工艺

燃气压缩机将燃烧后产生的烟气通过烟筒排出，其携带热量将散失到大气中，不仅造成极大浪费，而且导致环境污染。燃气压缩机余热回收利用技术就是针对这一现象，回收再利用燃烧后排出的废气热量，系统工艺如图 2-7-2 所示。

三、余热蒸汽锅炉

余热蒸汽锅炉采用自然循环方式，由蒸发管、下降管、汽包与省煤器组成，一般采用间歇式补水方法。高温烟气经烟道输送至余热锅炉入口，再流经蒸发器和省煤器，最后由烟囱排入大气，排烟温度在 150～180℃之间。烟气温度从高温降到排烟温度，所释放的热量用来将水变成蒸汽。锅炉给水首先进入省煤器，水在省煤器内吸收热量，升温到饱和温度后进入锅筒，与锅筒内的饱和水混合后，沿锅筒下方的下降管进入蒸发器，吸收热量开始汽化，通常只有一部分水变成蒸汽，所以蒸发器内介质为汽水两相流。当其离开蒸发器进入上部锅筒，通过汽水分离器实现汽水分离，水将回落到锅筒内的水空间，再通过下降管继续吸热汽化，其结构示意图如图 2–7–3 所示。

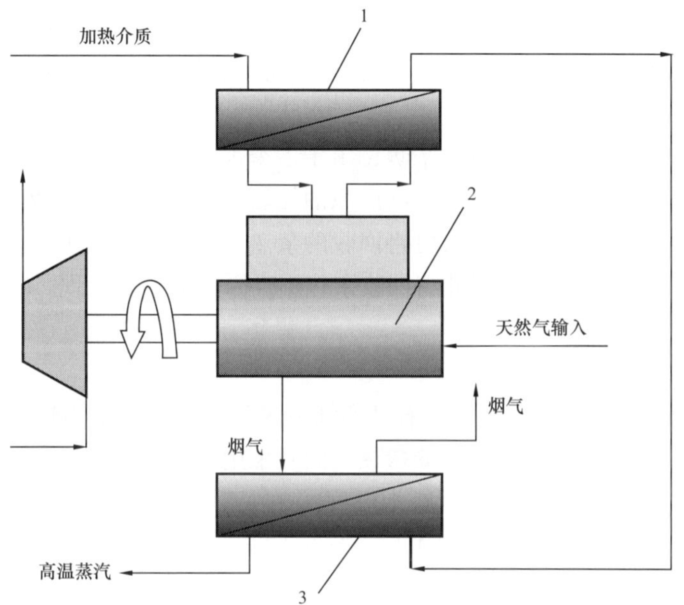

图 2–7–2　燃气压缩机余热回收技术工作原理

1— 冷却水回收器；2— 燃气机；3— 余热锅炉

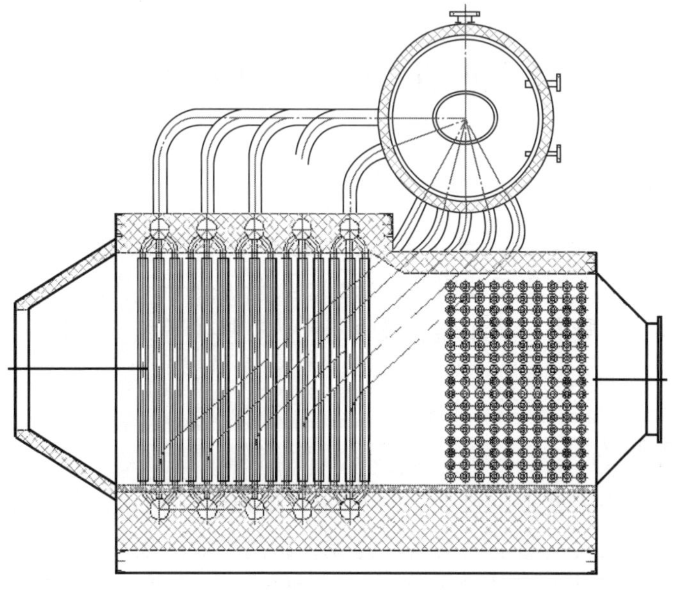

图 2–7–3　余热锅炉结构示意图

四、余热利用方式

结合油田生产实际，适合烟气余热利用方式主要有两种：余热锅炉直接蒸发和气—水换热器加热热媒。

1. 余热锅炉直接蒸发

烟气余热用作原油加热热源时，可生产压力为0.8MPa，温度为170.4℃的饱和蒸汽。一般情况下，原油加热负荷相对稳定，不受季节限制，可保证烟气余热全年充分利用。

2. 气—水换热器加热热媒

利用换热器将烟气余热用于冬季采暖，由于冬季采暖受季节限制，烟气余热无法得到充分利用。将燃气压缩机余热回收用于站内原油加热或场站采暖，这两种余热利用方式都是可行的。用于站内原油加热的方式可将回收的余热充分利用，且不受季节限制，而用于场站采暖的方式只适用于冬季，因此将回收余热用于原油加热更合理。

五、应用及适应性

2015年新疆油田建设两套燃气压缩机烟气余热利用装置，采用螺纹烟管余热锅炉回收高温烟气余热，产生的蒸汽用于原油掺热。同时采用针型管烟气冷凝器回收低温烟气余热，用于加热锅炉补水。燃气压缩机排烟温度由347℃降至45℃，回收利用余热825kW，余热利用量占燃气压缩机输入能量的43%，节气$68\times10^4m^3/a$，年节能效益约78万元，投资回收期2.4年，万元投资节能1.24tce。

燃气压缩机烟气余热利用技术适用于排烟温度较高的场合，但应避免对燃气压缩机的正常运行与功率输出等性能产生不良影响。油田一般根据实际需要，确定回收的热量是用于加热原油还是其他工业或生活所需。

第四节　热泵余热利用

一、工作原理

溴化锂吸收式热泵是以天然气、蒸汽、高温水等为驱动热源，吸收低品位热源的热量，生产较高温度的热水，用于油田冬季采暖、工艺加热等，实现由低温向高温的热量传递，主要由再生器、冷凝器、蒸发器、吸收器和热交换器等组成，其工作原理如图2-7-4所示。

二、应用实例

新疆彩南作业区集中处理站每天生产6000～7000m^3的污水，其温度在40℃左右，污水直接回注油田，存在大量的余热浪费。为此，彩南作业区投入运行一套2400kW的溴化锂吸收式热泵机组。采用热泵供暖技术，以天然气为驱动热源、溴化锂溶液为媒介，通过吸收40℃污水中的余热来生产较高温度的供暖水，取代原热水锅炉为集中处理站采暖，以达到节能减排的目的。经中国石油西北油田节能检测中心测试，该热泵机组的节能率为43.6%，节约天然气 $80.4 \times 10^4 m^3/a$，节能效果显著。

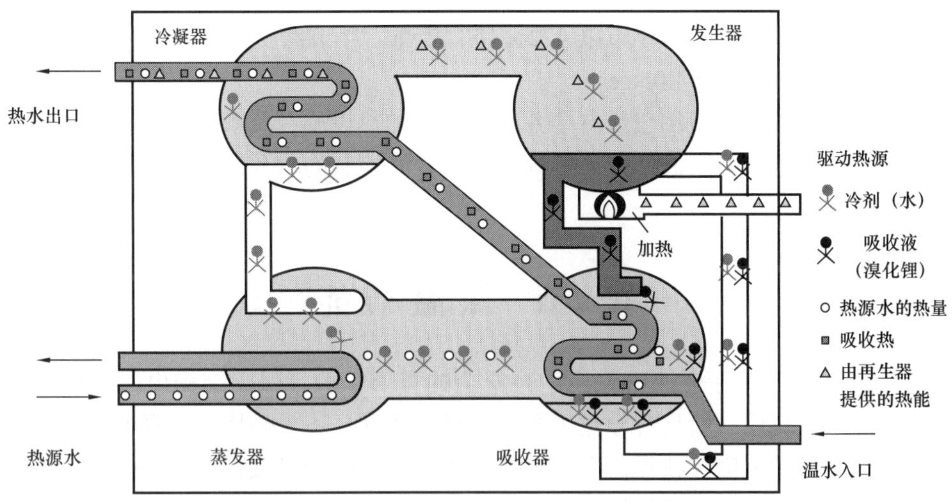

图 2-7-4　直燃型溴化锂吸收式热泵工作原理

三、适应性

热泵供暖技术可充分吸收利用污水中的低品位热能，节能效果明显，运行中无任何污染排放物，环保性较好，但其工艺流程相对较复杂，初期投资较大，设备维护费用较高。该技术适用于有低温（40～70℃）余热热源的大型站场，而溴化锂吸收式热泵技术适用于集中供暖、制冷等大中型工程项目，以及余热丰富、热能廉价的地区。

第五节　井口电加热节能

在新疆油田开发后期，采出液含水上升、伴生气减少，井口逐步更换为电加热器保温，功率一般在 20kW，长期运行则耗电量较高。因此，依据设定的井口回压为主、温度为辅的方式来控制其启停，从而达到井口电加热节能的目的。

一、技术原理

通过设定单井回压值，控制井口电加热器的启停。当井口回压超过设定值时，电加热器自动启动，当井口回压低于设定值时，电加热器自动停止，从而避免其长时间运行，最终达到降低能耗的目的。井口电加热器本身的控制具有保护和辅助功能，其控制原理如图 2-7-5 所示。

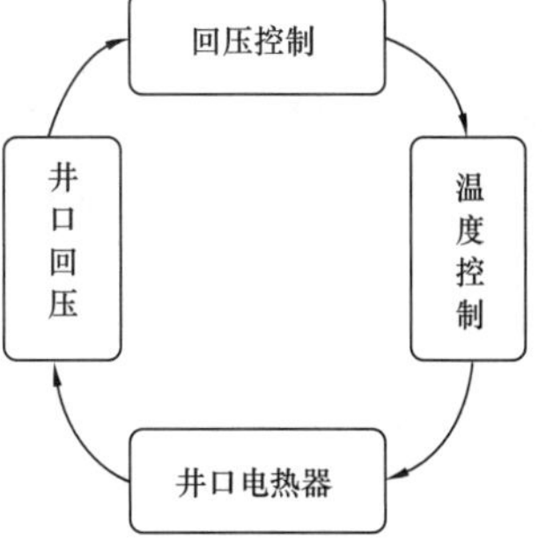

图 2-7-5　电加热控制原理

二、应用与适应性

2015年以来，新疆彩南油田对其130台电加热器实施启停控制的节能改造，总投入143万元，年节电率达21%。年节电472×10^4kW·h，年节约费用207万元，投资回收期为1.5年，万元投资节能约4.05tce。

井口电加热节能技术适用于所有单井和管道电加热设施，其节电效果显著、控制程序可靠、监控准确、劳动强度低、人力资源省。对智能控制的单井，实施该技术时需增设压力与温度变送器。

第六节 保温节能

保温是降低能耗与保证油田生产运行安全的重要手段，保温结构由保温材料层和保护层组成。保温材料层一般具有导热系数小、吸水率低、不易燃烧、对管道无腐蚀、耐热性好且具有一定机械强度等特点，而保护层一般具有足够的机械强度和韧性、化学性能稳定、耐老化、防水且电绝缘性能好等特点。保温材料主要包括多泡型、空气层型和纤维型三大类，新疆油田稀油管道及设备常用的是玻璃纤维毡、聚氨酯泡沫、膨胀珍珠岩等保温材料。

一、玻璃纤维毡

1. 材料结构

玻璃棉或玻璃纤维毡属于玻璃纤维中的一种人造无机纤维，由石灰石、石英砂、白云石等主要天然矿石原料，添加一定量的硼砂、纯碱等化工辅料配制成混合料，在1700℃左右的高温下熔化成玻璃。在融化状态下，借助外力吹制成絮状细纤维，纤维之间立体交叉，互相缠绕在一起，呈现许多细小的间隙，可视为孔隙。因此，玻璃棉具有体积密度小、热导率低、保温绝热和吸声性能好、不燃、抗冻、耐热、耐腐蚀、化学性能稳定等特性。

2. 适应性

玻璃棉广泛应用于各大油田、国防、建筑、冶金、交通运输、冷藏等工业部门，它是各种管线、储罐、锅炉、热交换器、车船和风机等工业设备、交通运输工具和各种建筑物的优良保温、隔冷、绝热、吸声材料，新疆油田早期广泛使用在供暖管线上。

二、聚氨酯泡沫

1. 材料结构

聚氨酯泡沫塑料是由二元或多元有机异氰酯与多元醇化合物在发泡剂、催化剂、阻燃剂等多种助剂的作用下通过专用设备混合、高压喷涂、现场发泡而成的高分子聚合物，具有优良的物理力学、声学、化学稳定和绝热等性能。常见的聚氨酯泡沫塑料主要包括软质、半硬质、硬质三类，其中硬质聚氨酯泡沫塑料常用作保温、保冷材料。

2. 适应性

沥青聚氨酯泡沫塑料是在普通聚氨酯泡沫塑料组分中掺混部分沥青改性而生成的一个新品种，沥青的加入将极大改善聚氨酯泡沫塑料的防腐性能。与聚氨酯硬泡沫塑料管道相比，沥青聚氨酯硬泡沫塑料使用寿命可提高一倍以上。新疆油田稀油管线的保温、部分埋地供暖管线基本都采用聚氨酯泡沫塑料保温。

三、膨胀珍珠岩

1. 材料结构

膨胀珍珠岩是一种白色、灰白色多孔粒状轻质绝热物料，以三种珍珠岩矿石为原料，经破碎、分级、预热、高温焙烧瞬时急剧膨胀而形成。其密度直接影响导热系数，一般密度低，导热系数也低。另外，这种材料具有很大的吸水性，一旦吸水到一定程度，绝热性能显著降低。因此膨胀珍珠岩必须加工成憎水或防水制品，才能达到最佳使用效果。

2. 适应性

膨胀珍珠岩是新疆油田早期用在注汽管线上的保温材料，其用途极为广泛，几乎涉及各个领域，如运输中作为填充式保温隔热材料，建筑物屋面及墙体上用作保温隔热材料，更多用于工业窑炉、建筑物屋面与墙体的保温隔热。

第七节　节能技术问题及发展方向

一、技术问题

新疆油田在陆梁、石西、彩南与石南等区块实施加热炉提效期间，进一步推广油井的常温输送，共实现 961 口井、171 台计量站加热炉关停合并。这虽然可达到节能降耗的目的，但因各油田井口条件及采出物性质不同，因此需多方案综合评价后使用。

国内已研制开发出结构合理、技术先进和性能优越的多种形式的油田加热炉，设计热效率能达到 85%～90%，但实际运行热效率一般为 80% 左右，且设备金属耗量较高，平均达到 14t/MW 以上。新疆油田加热炉的主力炉型为管式炉和水套炉，其结构设计简单、设计热效率低且炉管易结垢结焦，致使其加热运行效率普遍不高。虽然有的油田使用大气式燃烧器，但排烟热损失大。

新疆油田燃气压缩机以天然气为燃料、压缩天然气增压外输，当机组排烟温度为 370～400℃时，烟气余热未经回收利用，使排烟热能损失较大；同时缸体冷却水余热通过风冷器直接排放，造成压缩机组综合热能利用率低。

二、发展方向

（1）加强落实节能降耗的基础工作。

在实施国标 GB 17167—2006《用能单位能源计量器具配备和管理通则》和 GB/T 20901—2007《石油石化行业能源计量器具配备和管理要求》进程中，着眼基础管理体系，主要开展以下工作[14]：

① 根据公司管理流程健全能源管理网络；

② 严格能源计量数据管理，建立从数据采集、核查、统计分析到保管等各环节的计量数据管理制度，使计量数据管理有章可循；

③ 绘制能源计量网络图，依据网络图对各终端用户配齐合格的计量仪表；

④ 对能源计量器具进行周期计量检定，使其保持在完好状态；

⑤ 明确各单位职责权限和内部能源买卖与费用结算方法，避免各单位在结算过程中产生纠纷。

（2）加强数据分析力度。

① 向计控管理要效益，开发应用能效管理系统，实现数据共享。如在系统设置报警提示功能，当实际累计与计算量不符时，系统会报警提示数据管理员对录入数据进行核对，当本月与同期相比增减率超过 5%，系统会提醒用能单位做数据分析，并查找问题；

② 落实各单位的仪表维护人员每天对在用能源计量器具进行巡回检查和维护，及时解决存在的技术问题，保证能源计量准确；

③ 落实各单位能源管理员根据能源月报、季报写出用能分析报告，对各种介质的计量数据采用科学的统计方法，分析判断数据是否准确，用能是否合理，为节能提供准确依据。

（3）及时更新能源计量器具。

能源计量器具的适用性和可靠性直接影响计量器具量值的准确性，进而影响能源计量检测率。

第八章　稀油地面工程同类技术对比分析

随着新疆油田的不断发展与完善，稀油地面工程中的集输与长距离输送、油气处理、节能等工艺技术日趋成熟，油田分压注水工艺技术也取得长足进步，有效解决了注水量调控难、单耗高等问题，研发的新型离子调整剂、高效旋流反应器、一体化微涡旋除油器、复合加药控制等污水处理新技术显著提高了油田污水合格率。但部分区块仍存在集输能耗高、管理难度大，间歇输油凝管风险高，油田加热炉结构不合理、加热效率低等问题。因此，国内外同类技术的对比分析有助于促进新疆油田及其他类似油田的稀油地面工程技术不断发展。

第一节　集输技术

一、集输工艺

油气集输技术主要是通过对管道中的混合石油及气体进行初步的分离，使其发挥不同的作用，主要包含以下三种技术：原油集输技术[15]、高含水油田原油预分水技术[16]、油气水多相混输技术[17]，并辅以自动控制系统[18]。经过多年的技术攻关、技术引进和独立研发，我国在原油集输工艺技术上已取得显著进步。在稀油地面输送工艺方面，新疆油田逐渐采用季节性掺热水输送替代能耗大的加热与掺蒸汽伴热输送工艺，该集输工艺管道保温效果较差、散热量较大，造成掺水温度下降较快，但污水循环使用可大大节省水资源[19]，二者的优缺点对比及适应性分析见表 2–8–1。

表 2–8–1　集输工艺对比及适应性分析

集输工艺	优点	缺点	适应性
不加热集输	简化集输工艺流程、减小挥发损耗及能耗、经济效益良好	不适用于流动性差的稠油	原油流动性好，低黏度、低凝固点、低含蜡、高含水或加入化学剂
季节性加热集输	可确保油田正常安全生产	生产规模大的油井用此法时，能耗与生产成本高	主要包含单井加热和计量站集中加热两种集输流程

近年来，电伴热法应用得越来越广泛，尤其是集肤效应电伴热法的发展较快。在印尼苏门答腊的扎姆鲁德油田已大范围采用集肤效应电伴热法，效果较好。我国则多用于油气田地面集输系统，尤其在干线解堵与管道附件等方面应用较普遍[20]。20 世纪 70 年代，大庆油田将该技术应用于油井清蜡和地面管线电伴热保温；1985 年辽河油田在总长 18km、

管径 108mm 的 21 条高凝油集输管道上成功采用这项加热技术。从 2006 年开始，大庆外围油田大量应用以碳纤维、穿槽式电热带电热管为主的电伴热集油工艺，对缩小建设规模、降低产能投资起到一定效果。该工艺在运行 2～3 年后，普遍暴露出故障率高、寿命短、维修难度大等问题，严重影响原油生产。为此，自 2012 年起，方兴公司在台 105、台 1 区块应用内置式集肤效应电伴热技术，逐步改造原有电伴热管线。截至 2015 年 7 月，改造后管线运行平稳，井口回压普遍下降，末端井回压平均下降 1.2MPa，在相同设定温度下，原油干线进站温度平均提高 4℃[21]。

二、油气混输

油气混输技术的设计目的是在近海采集和加工油气时，原本是需要三相分离器、原油泵、天然气压缩机和两条独立的海底管道来完成油、气、水分离后的液抽气压缩，但随着油气混输技术的发展，仅需要一台混输泵和一条混输管道就可解决这一问题[22]。近年来，油气混输技术在国内滩海、沙漠和东部老区外围小断块油田得到应用，使油气集输系统建设工程投资降低 30% 左右。然而，国内的混输管道多为小口径、短距离集输管线，多相混输技术与国外相比仍有较大差距。在大型混输泵研制方面，俄罗斯、欧美等国主要研究螺杆泵输送装置，即一种在系统内带有发电机的多相流双螺杆泵[23]。国际上已用于工程实际的油气混输泵的单泵最大功率为 6000kW，国产单泵最大功率仅为 300kW，且泵型单一，与国际先进水平差距悬殊[24]。对于多相流的研究，我国已研制出具有自主知识产权的油气混输软件 GOPS V2.0、三维仿真监控系统软件 GOPOS V2.0 及 3000m^3 以上大型段塞流捕集技术，与发达国家之间的差距不断缩小[25]。

新疆油田百口泉采油厂为 1999 年后第一次尝试油气混输的单位，由于输油管线直径偏小，多次混输试验均失败[26]，转而将混输泵用于油田计量站以降低回压。虽然国内已提出一些气液两相混输管道水力与热力模型，但由于混输过程的复杂性，限制了其在新疆油田及国内其他油田的应用[27]。

三、计量

稀油中的轻组分较多、油气比较高，需要对气量和液量分别计量。长庆油田油井计量采用站内双容积计量方式，20 世纪 90 年代出现的液面法井口间接计量的简易单井计量方式，计量误差可控制在 10% 以内，基本上可以满足计量要求。该技术具有工艺简单、成本低、可靠性高的特点。可简化地面流程，降低一次性投资和生产成本，较适用于低产井的计量。国外已有直接在线计量、卫星选井计量，而集中计量的多相计量工艺也在不断改进。

新疆油田稀油大多采用容积式可分离计量装置，所采用的玻璃管计量技术、翻斗计量技术对于含水高的油井误差较大，玻璃管量油方式由于采用人工切换流程效率较低，而落地翻斗故障率又比较高。因此，新疆油田仍需探索计量新技术与新工艺[28]。

1. 分离计量技术对比

表 2-8-2 对两相分离计量与三相分离计量的油井计量率、计量精度及经济评价展开对

比。分体计量橇和双容积计量橇已成为新疆油田的主要计量方式，其计量精度高、适应范围广，但仍未实现连续计量。

表 2-8-2　两相分离计量与三相分离计量

项目		两相分离计量	三相分离计量
油井计量率	停留时间	短，仅需从气体中分离液体	长，需要破乳
	缓冲时间	短，波及不到的体积可忽略	长，且随乳状液及油井产量变化
精度	缓冲	因波及不到的体积而减小误差概率	若油井来液缓冲不够会大大影响计量精度
	乳状液	测量油中含水可为 0～100%	处理 100% 的全部水相
	反相	可应付密度逆转	无法应付密度逆转
	仪表	0～100% 全量程计量精确	由于仪表数量多，故误差大
经济评价	仪表数量	1 只流量计，1 套液位控制，1 个控制阀	2 只流量计，2 套液位控制，2 个控制阀
	容器体积	同样容量条件下体积小	因停留时间长，故体积大
	管系	仅一条管线	水管线和油管线
	维护	系统简单，维护工作量小	复杂，维护工作量大
	加热 / 加药	无需投破乳剂	破乳费用高

2. 不分离计量技术

不分离计量技术的优缺点见表 2-8-3，玛 18 井区在两口单井上试验过气液两相质量流量计。经证实，气相误差与液相计量误差均小于最大允许误差，能较好满足现场计量需求；能直接测得两相各自的质量流量，自动化程度高、计量准确、操作方便，但无法实现连续计量，无法反映油井和管网内流量、压力等的动态变化。

表 2-8-3　不分离计量技术优缺点

不分离计量技术	优点	缺点
取样计量	（1）基于均相模型的不分离计量方法； （2）计量值比较稳定	无统一的权威标准、法规支持，仅供应商宣称具有标定的能力、投资较大、维护费用高
直接在线计量	（1）利用内在的流体性质获得各相流量； （2）没有设备对流体的干扰； （3）无需对油管线进行大改造	

第二节 油气处理技术

一、油气分离技术

我国各油田广泛应用的油气分离设备是生产分离器和三相分离器，经过设备改造和技术引进可达到高效分离效果，经济效益明显。但相比于国外油气分离设备自动化程度以及能耗优势，我国还有很大的发展空间。

二、稀油脱水技术

国外各石油生产商采用旋流分离器、聚结分离器、低温电脱水器、气浮选脱水器等高效分离设备提高脱水能力，简化脱水工艺[29]。国外的热化学处理器、立式处理器都取得较好的脱水效果；加拿大的高温调频电脱水技术、俄罗斯高含水油田预脱水技术，自动化程度高，脱水效果好，处理液量大。热化学脱水在我国各油田广泛使用。

我国塔河油田稀油中含有不溶于溶剂油的沉淀物，经研究，一种新型复配药剂可抑制沉淀物的聚沉、脱水效果良好[30]。新疆油田脱水的开式流程主要是大罐热化学沉降脱水工艺，但油气挥发损耗大、污染环境，闭式流程主要是多功能密闭脱水工艺，脱水装置采用多功能处理器，自动化程度较高，是新疆油田的特色工艺。但该法热量损失大，因此需优化改造。

三、原油稳定技术

国内外原油稳定方法很多，基本上可以归纳为三大类[31]：一是闪蒸法，如正压分离稳定、负压分离稳定、多级分离稳定；二是气提法，如正压气提、负压气提；三是分馏法，如分馏稳定。原油稳定技术优缺点及适用范围见表 2-8-4。

表 2-8-4 原油稳定技术对比

原油稳定技术		优点	缺点	适用范围
闪蒸稳定法	正压闪蒸	流程中取消压缩机、操作简单、施工周期短	能耗较高、分离效果差	油中 C_1—C_5 组分含量>2.5%（质量分数）
	负压闪蒸	需要设备种类和数量少、操作简单、对负荷波动的适应性强、能耗和投资均较低	稳定效果比分馏法差、稳定油中尚存少量 C_1—C_4 组分，拔出轻烃中尚有少量较重组分	油中 C_1—C_4 含量<2.5%（质量分数），只限制稳定深度，不要求轻组分回收率，原油脱水温度略高于储存温度
	多级分离稳定	原油稳定的辅助方法	若干次连续闪蒸、设备多、维护不便	高压油田
	大罐抽气		不能作为蒸气压较高的原油稳定方法	需流程密闭、防蒸发损耗的场合

续表

原油稳定技术		优点	缺点	适用范围
分馏法	分馏稳定	分离精度、深度较高	投资高、能耗高，流程复杂、操作温度要求较高	轻质原油，油中轻组分 C_1—C_4 含量大于 2%（质量分数）

为降低油气挥发损耗、保护环境、提高经济效益，新疆油田截至 2019 年已建原油稳定装置 2 套，位于准噶尔盆地西北缘和腹部。新疆油田原油稳定主要采用正压闪蒸和负压闪蒸，其中石西集中处理站原油稳定采用负压闪蒸，装置负荷率低、处理量低，经济效益不高；百口泉原油处理站采用微正压闪蒸工艺，装置处理量不够灵活，需改进流程或扩建。

第三节　输送技术

自 20 世纪 70 年代以来，随着原油长输管道的建设，我国原油管输技术得到快速发展。经过多年的技术攻关和工艺改造，已逐渐缩小与国外发达国家的差距，一些研究及应用成果达到或接近国际水平。

一、加热输送

加热输送是国内外普遍应用的方法，也是传统的降黏输送方法，在许多国家都得到广泛应用，具有适应性广、技术成熟、加热效率高等特点，适用于高含蜡原油输送。

原油加热输送的关键技术在于提高输送效率、降低能耗，采取单纯的热处理虽可使原油的流动性得到改善，但加热炉单项能耗就占输油公司能耗总量的 1/4。此外，添加降凝剂综合处理也可使输送过程能耗明显降低[32]。随着输油新技术的不断应用，新疆油田管输综合能耗逐年下降，从 1995 年的 556kJ/（t·km）降到 2015 年的 437kJ/（t·km），泵效则达到 84%，原油直接加热炉效率达到 91%。2015 年底加热炉平均效率由不足 80% 提高到 85.3%，各油气田节能总量达到 27.3×10^4tce，减少二氧化碳排放 50.6×10^4t。

二、加剂输送

国外开发的降凝剂多为鱼骨状或梳状的二元或三元聚合物，四元并不多见，其合成技术趋于成熟，化学结构主要是配骨、接枝、换枝、复配[33]，国外降凝剂输送工艺管道见表 2-8-5。

我国降凝剂的研制同样主要以乙烯—醋酸乙烯酯为主，随后因地制宜，降凝剂的种类不再单一。我国已成功将高分子烃类聚合物、聚丙烯酸高级醇混合酯 GY 系列等传统原油降凝剂应用在管道中，每年降凝剂用量为几十吨。此外，纳米型降凝剂 GY 系列也成功用于秦京线、中朝线以及石兰线上，津华线低输量期间通过加入适合的降凝剂来保证管道安全运行[34]。克→独线冬季温差较大，选择加剂输送并辅以一定温度的热处理，适应性良好，并大大降低加热炉的运行费用。新疆油田稀油大多采用加剂处理并辅以热处理，一般都可实现原油正常输送。

表 2-8-5　国外典型降凝剂输送管道

年份	管线名称	加剂量（%）	加剂前 / 后凝点（℃）	降凝幅度（℃）
1969	鹿特丹—莱茵管线	0.1200	24/0	24
1978	印度孟买海底管线	0.0400	30/3～9	27～21
1984—1991	澳大利亚杰克逊布里斯班管线	0.0125～0.1000	—	—
1985	荷兰北海油田海底管道	0.2000	24/0	24
1996	苏丹黑格林格—苏丹港管道	0.0050	32/23	9

三、间歇输送

原油管道低输量运行引发的问题在我国尤为突出，这主要是我国原油物性所决定的。我国盛产高黏易凝原油，流动性能差，输油管道沿线地温越低，管输摩阻越大。在低输量情况下，管道实际输量大大低于设计输量，不能满足管输的热力条件，长期低输量运行可使管道陷入输量越低、摩阻越高的恶性循环，处理不当会发生停输凝管的风险[35]。对低输量管道，间歇输送是较好的选择[36]。

间歇输送研究证实，合理控制启停输时间及停输前管道输量、温度等参数非常重要[37]。由于管道的非稳态温降及启动压力的计算方法尚不成熟，限制了其推广应用，且新疆油田有的管道因原油产量下降，间歇输送存在较大的凝管风险，近年来已逐渐减少其应用，甚至停用。有学者分析了天然气间歇输送中的关键问题，这对原油的间歇输送有一定的参考价值[38]。

四、顺序输送

顺序输送始于 19 世纪末，美国最早采用该工艺输送 3 种煤油[39]。管道顺序输送成为发达国家成品油最主要运输方式，对原油—成品油顺序输送管道发展有很大的促进作用。国内管道顺序输送技术相对落后，成品油还主要靠铁路、公路运输[40]。经过多年的努力，国内学者通过分析原油顺序输送过程的影响因素[41]，提出顺序输送管道调度优化模型[42]，并评价减阻剂在顺序输送管道的应用。

2004 年 6 月建成投产、连接长三角地区炼化企业、年输量为 2.5×10^7t 的甬沪宁进口原油管道；全长 973km，设计输量 2.7×10^7t/a 的仪长原油管道；从鄯善到兰州，全长 1550km，设计输量 2×10^7t/a，输送塔里木、吐哈和北疆三大油田混合原油的原油管道。这些管道均采用原油顺序输送技术，大大降低了管道的输油能耗。

第四节　污水污泥处理技术

一、污水处理

国内油田采出水处理主要采用一些常规的物理方法[43]（重力分离法、离心分离法、粗粒化法、过滤法[44]、膜分离法）、化学方法（化学破乳法和化学氧化法）、物理化学法（盐析法、混凝沉淀法和电化学法）、生物方法（活性污泥法、生物膜法[45]、氧化塘法厌氧接触法），及其组合方法。

新疆油田采出水处理一般为“脱出、处理、回注、驱油、采出、再脱出、再处理、再回注”的循环过程，处理工艺主要为“离子调整旋流反应污泥吸附法处理技术”和“重核催化处理技术”。新疆油田依据含油污水中污染物的性质，依靠重力自然沉降、混合反应絮凝沉降、过滤工艺实现油、水、渣的分离。一般情况下此工艺系统除油效果较好，仅个别站的净化水含油不达标，满足设计要求，也基本达到降低污水处理系统的腐蚀、结垢与促进水质净化的目的，但系统中悬浮物的处理效果不佳[46]。

二、含油污泥处理

国外对含油污泥处理研究始于20世纪70年代初期，探索出多种较为成熟的工艺处理方法，如高温裂解、机械脱水、萃取及生物处理等技术，其优缺点及适用范围见表2-8-6。

表2-8-6　污泥的资源化处理

方法	适用范围	优点	缺点
生物法	含油量较低（含油＜2%）的污泥	节能环保，投资小，处理成本低	资源无法回收利用，占地面积大，处理周期长、技术不够成熟
热化学洗涤	泥沙多、颗粒小、含油10%～20%	处理后的油、水、泥可有效利用，可回收利用大部分的石油类物质	流程长、工艺复杂，萃取剂价格昂贵，处理费用高
深度热洗法	油田清罐污泥和落地油、浓缩污泥	处理效率高，处理量大；可实现油品回收；工艺简单，技术较成熟	存在污水二次处理问题，不同污泥需筛选适应性强的化学剂
焚烧法	各类污泥	处理量大，彻底，技术成熟	耗能大，费用高，有二次污染
热解法	含水＜30%、含油＞20%的污泥	经济，环保，资源回收利用	处理流程长，消耗大，投资高，反应条件要求高，操作复杂
调质机械分离法	各类污泥	脱水效果得到显著改善，机械脱水性能得到显著提高，技术成熟	难以得到普适的脱水装备和药剂的组合，处理量小，费用高
固化法	含盐量低，且含油量少的污泥	能资源化利用，可用于建筑材料，使其固化产物得到妥善处理	条件苛刻，技术不成熟
调剖法	各类污泥	简单、成熟，处理过程中无二次污染	调剖剂用量有限

国内外对含油污泥治理的常规处理技术包括固化、焚烧、热化学洗涤、焦化处理、微生物处理等[47]，研究技术一般围绕减量化、资源化、无害化等方向发展。国内企业在处置含油污泥方面开展了大量的技术研究，仍未形成成熟的、经济的、彻底的和普遍适用的处理技术。新疆油田稀油污泥处理所采用的热化学水洗处理技术的处理工艺简单、成本低，可达到污泥含油量指标，但化学清洗剂容易造成二次污染，且针对性强，不具普适性。

第五节　节能技术

一、集输工艺节能

常温集输处理工艺须全面考虑含水率、温度、剪切率等多种影响因素，同时须加强保温措施、确保工艺过程的正常运行。冀东油田曾推广应用常温密闭集输工艺，在高含水油井减少甚至季节性的停止掺水加热，大庆油田也曾采用不加热集输处理技术[48]。

为了实现加热炉提效，新疆油田在陆梁、石西、彩南与石南等区块进一步推广油井的常温输送，共实现 961 台井口与 171 台计量站加热炉的关停合并。常温输送虽可节能降耗，但因各油田井口条件及采出物性质不同，需调研与评估后应用。

二、油田加热炉节能

近十几年，通过优化加热炉结构，应用先进的燃烧技术和传热技术等，国内已研制开发出结构合理、技术先进和性能优越的多种油田加热炉，部分加热炉的设计热效率能达到 85%～90%。但实际运行热效率一般在 80% 左右，且设备的金属耗量仍然很高，平均在 14t/MW 以上。

据集输站现场生产情况，原油加热所需热能远大于其集输所需电能，热能的充分利用是提高集输系统能量利用率的关键[49]。新疆某油田集输站实际的热电需求量及热电需求比见表 2–8–7。

表 2–8–7　新疆某油田集输站实际的热电需求量及其需求比

集输站	热能需求量（kW）	电能需求量（kW）	热电需求比
1#	2841.85	350.65	8.10
2#	10369.88	1524.98	6.80
3#	2946.64	399.27	7.38
4#	1773.10	253.28	7.00
5#	1719.79	454.03	3.79

与普通加热炉相比，高效分体式相变加热炉热效率更高，新疆油田采油一厂稀油处理站与油气储运公司石西泵站两个加热炉提效示范站，热效率在 92% 以上，但新疆油田大部分加热炉尚需进一步提效改造。

三、燃气压缩机余热利用

新疆油田公司在陆梁集中处理站开展了两台470kW燃气压缩机（型号为ZTY470MU）先导性试验，天然气耗量为96.8m^3/h，排气量为（7.8～8.6）×10^4m^3/d，排烟温度为370～400℃，已良好地持续运行14年，回收余热主要用于生产蒸汽和预热锅炉给水。由于压缩机负荷较低，除锅炉蒸发量低于预期外，其他运行参数基本达到预期设计要求。

参考文献

[1] 李杰训，贾贺坤，宋扬，等．油井产量计量技术现状与发展趋势［J］．石油学报，2017，38（12）：1434-1440.

[2] 曲虎．油田伴生气回收利用技术研究［J］．现代化工，2015，35（8）：147-150.

[3] 亓树成，曾丽华，石剑英，等．腐蚀控制与防护技术在新疆油田的应用［J］．化工进展，2014，33（5）：1351-1355.

[4] 许晓英，赵庆凯，陈丰波，等．多相流量计在国内市场的应用及发展趋势［J］．石油与天然气化工，2017，46（2）：99-104.

[5] 高书香，周星远，单秀华，等．国内在线不分离式多相流量计技术现状［J］．油气储运，2019，38（6）：667-671.

[6] 李庆，李秋忙．油气田地面工程技术进展及发展方向［J］．石油规划设计，2012，23（6）：1-4.

[7] 许茜，李娜，海显莲．煤层气田地面集输标准化设计［J］．天然气工业，2014，34（8）：113-117.

[8] 田晶．大庆油田原油集输系统可持续发展技术措施［J］．油气田地面工程，2012，31（2）：56-57.

[9] 王梓丞，张永虎，马俊章，等．新疆油田原油稳定系统适应性分析及发展规划［J］．新疆石油科技，2018，28（3）：47-50.

[10] 刘佳．准噶尔盆地腹部和东部原油外输平衡工艺分析［D］．北京：中国石油大学（北京），2017.

[11] 傅俊义．克独主三管冬季输送陆石油运行分析［J］．科技风，2013（6）：112.

[12] 杨萍萍，梅俊，王乙福，等．新疆油田采出水处理稳定达标回注技术的研究与应用［J］．中国给水排水，2014，30（10）：24-27.

[13] 魏彦林，吕雷，杨志刚，等．含油污泥回收处理技术进展［J］．油田化学，2015，32（1）：151-158.

[14] 高锦雯，曹阳，吕士森．石油企业节能降耗可行性［J］．油气田地面工程，2010，29（11）：73-74.

[15] 徐敬芳，董轲，纪萍，等．原油流动性改进方法研究现状［J］．化工技术与开发，2018，47（5）：36-40.

[16] 陶庆华．油田原油脱水工艺技术［J］．云南化工，2018，45（1）：90.

[17] 王振宇．我国油气储运技术发展现状与分析［J］．现代化工，2013，33（6）：14-18.

[18] 李俊涛．联合站集输系统的自动控制［J］．油气田地面工程，2014，33（11）：76-77.

[19] 宋多培，冯小刚，李建财，等．昌吉油田冷采稠油回掺热水集输特性［J］．油气储运，2019，38（5）：542-546.

[20] 宋斌．稠油降粘工艺技术概述［J］．甘肃科技，2015，31（21）：28-31.

[21] 付磊，李文彬，张学腾．内置式集肤效应电伴热技术在集油系统的应用［J］．油气田地面工程，2016，35（10）：58-61.

[22] 李福星．多相混输泵的创新应用［J］．内燃机与配件，2019（5）：203-204.

[23] 黄辉，邱伟伟，彭凌岩．地面集输系统优化简化技术［J］．油气田地面工程，2016，35（4）：

50–52.
[24] 韩宁 . 基于 OLGA 软件的南海某天然气管道腐蚀模拟研究［D］. 成都：西南石油大学，2016.
[25] 白晓东，王常莲，巴玺立，等 . 油气田地面工程科技攻关进展及发展方向［J］. 石油科技论坛，2017，36（1）：37–41.
[26] 喻文，潘友强，李庆林 . 新疆油田第一个油气混输试验项目评价［J］. 新疆石油科技，2003，13（4）：6–8.
[27] 李岩松 . 气液两相混输管道水热力模型研究进展［J］. 油气储运，2017，36（9）：993–1000.
[28] 岗坚峰 . 单井计量技术在九 7+8 区计量站的研究与应用［J］. 中国石油和化工标准与质量，2017，37（21）：164–165.
[29] 许立华 . 稠油中乳状液特性分析及脱水工艺讨论［J］. 中国新技术新产品，2015（5）：60.
[30] 金拥军，郑军 . 塔河油田三号联合站稀油脱水技术实验［J］. 油气田地面工程，2015，34（3）：22–23.
[31] 姚丽蓉，范伟，李金环，等 . 原油脱硫及稳定工艺模拟分析及优选［J］. 油气田地面工程，2018，37（5）：48–53.
[32] 张燕霞，辛彪，张礼旭，等 . 大管径小输量输送高凝原油工艺研究［J］. 现代化工，2015，35（12）：174–175.
[33] 王晶，李丽华，张金生，等 . 现今原油降凝剂的发展与应用领域［J］. 应用化工，2016，45（8）：1558–1562.
[34] 张燕霞，赵光宇，朱波，等 . 降凝剂在津华线管输中的应用［J］. 现代化工，2016，36（6）：197–199.
[35] 苗青，张劲军，徐波，等 . 原油管道流动安全评价方法及体系［J］. 油气储运，2018，37（11）：1218–1223.
[36] 赵凯 . 低输量管道输油工艺若干问题的讨论［J］. 中国石油和化工标准与质量，2019，39（1）：245–246.
[37] 张鹏，代二去 . 胡状联至柳屯油库输油管道间歇输送分析［J］. 中国石油和化工标准与质量，2018，38（1）：102–103.
[38] 张炳宏，刘佳霖，黄薇薇，等 . 中俄东线明水支线站场分输设计的影响因素及建议［J］. 油气储运，2018，37（2）：236–240.
[39] 靳尚朴 . 新疆油田 BW 管道原油输送工艺方案研究［D］. 北京：中国石油大学（北京），2017.
[40] 秦迪，郝翊彤 . 长输管道安全技术浅析［J］. 化工装备技术，2015，36（4）：34–37.
[41] 梁永图，何国玺，方利民，等 . 温度对成品油管道顺序输送过程的影响研究进展［J］. 科学通报，2017，62（22）：2520–2533.
[42] 韩善鹏，马晨波，陆争光，等 . 顺序输送原油管道中减阻剂效果的评价方法［J］. 油气储运，2017，36（2）：171–176.
[43] 黄斌，王捷，傅程，等 . 油田采出水处理技术研究新进展［J］. 现代化工，2018，38（8）：52–57.
[44] 刘炳成，李洋洋，李冠林，等 . 新型油田污水高效深度过滤器性能研究［J］. 工业水处理，2018，38（11）：85–88.

［45］李予，雷江辉，马尧，等．新疆油田外排污水达标处理工艺技术研究［J］．石油机械,2019,47（2）:110-115.

［46］朱方达，任翌劼，滕浩．新疆油田的稀油、稠油地面集输工艺［J］．当代化工，2016，45（7）:1564-1567.

［47］陈思，刘天恩，杨红丽，等．含油污泥资源化处理新技术研究现状与展望［J］．应用化工，2018，47（11）: 2509-2513.

［48］芦英俊，欧阳峰，王营营．油田含油污泥调剖体系封堵能力研究［J］．工业水处理，2018，38（11）:82-85.

［49］蔡广星，许康，马猛．油气集输分布式能源系统的构成及节能效果［J］．油气储运，2015，34（10）:1119-1123.

第三篇

稠油地面工程主体技术

新疆油田稠油主要分布在西北缘油区，其黏度、酸值、胶质含量高，凝点、含蜡量、含硫量与沥青质含量低。新疆油田稠油、特稠油与超稠油资源的存在形式、开发方式及地面工程主体技术各不相同，其集输系统按基本流程的功能可大致分为采油井场、分井计量、接转站、联合站四部分。不同稠油区块的集输工艺因地质条件、自然环境、采油工艺、油品性质及开发阶段、经济技术指标等的不同而存在差异，其开发方式主要包括蒸汽吞吐、蒸汽驱、蒸汽辅助重力泄油（SAGD）与火烧油层采油。目前以风城稠油 SAGD 开发为代表的“稠油模式”，实现稠油高效开发、密闭集输与处理；以重油公司六九区为代表的油水不加热、不加药混输工艺，节能增效显著。本章立足新疆油田稠油主要开采方式的地面工程建设特色，围绕计量、布站、集输、净化处理、采出水污泥处理与节能等主体技术，阐述新疆油田稠油开发地面工程主体技术的基本原理、工艺流程及其适应性，同时指出其存在的主要问题与发展需求，对比分析国内外相关技术的发展状况，这不仅对新疆油田稠油集输系统简化优化与创新发展具有重要意义，而且对我国类似稠油油田地面工程主体技术工艺的优化设计与安全运行管理具有一定的借鉴作用。

第一章 稠油集输

新疆油田稠油、超稠油储量丰富，其产量占油田原油总产量的30%以上，超稠油是新疆油田持续发展的重要支柱，稠油集输工艺的选择与稠油黏度及种类密切相关。本章主要介绍稠油集输系统的组成、布站方式、集输工艺与计量工艺原理及其适应性，同时指出稠油集输存在的主要技术问题及发展方向。

第一节 集输系统组成

新疆油田稠油集输系统主要包括稠油井场、集油（计量）配汽管汇站及接转站，其中计量站主要采用称重式计量工艺，接转站分为常规计量配汽接转站、小型密闭接转站及大型密闭接转站。

一、稠油井场

油田井口装置用于监控生产井口的压力和回调油水井的流量，也可用于酸化压裂、注水、测试等各种措施作业。新疆油田稠油主要采用注汽开采，井口采出液温度高，一般为70～90℃，最高甚至达到100℃以上；油井压力比稀油井低，不设减压阀。稠油黏度对温度敏感，低温流动性差，需在井口设置电加热或加药装置降黏，集输流程采用蒸汽伴随或掺液降黏双管流程。

稠油井场按不同用途基本上可分为普通热采稠油井场、水平井双管热采稠油井场与丛式井井场。稠油井口装置在满足采油要求的基础上，还需要满足注汽时的高温条件。蒸汽驱注汽井口主要由四通、异径法兰、隔热管悬挂器及热采闸阀四大部分组成，而双管注汽井口的组成与蒸汽驱注汽井口类似，只是将异径法兰改为双管四通。新疆油田已形成稠油井场标准化设计定型图6套（表3–1–1），其中Ⅰ型和Ⅱ型（A和B两种型号）普通热采抽油井场3套（图3–1–1），Ⅰ型和Ⅱ型KRSG14水平井双管热采抽油井场2套（图3–1–2），Ⅱ型6井式丛式井井场1套。

表3–1–1 稠油标准化采油井场系列

序号	定型图名称	序号	定型图名称
1	Ⅰ型普通热采抽油井场	4	Ⅰ型KRSG14水平井双管热采抽油井场
2	Ⅱ–A型普通热采抽油井场	5	Ⅱ型KRSG14水平井双管热采抽油井场
3	Ⅱ–B型普通热采抽油井场	6	Ⅱ型6井式丛式井井场

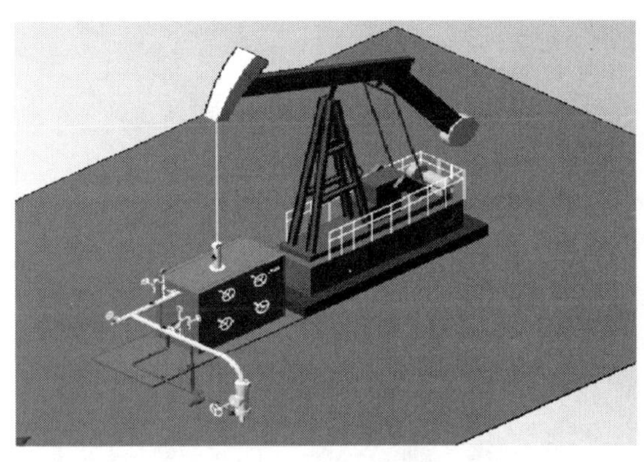

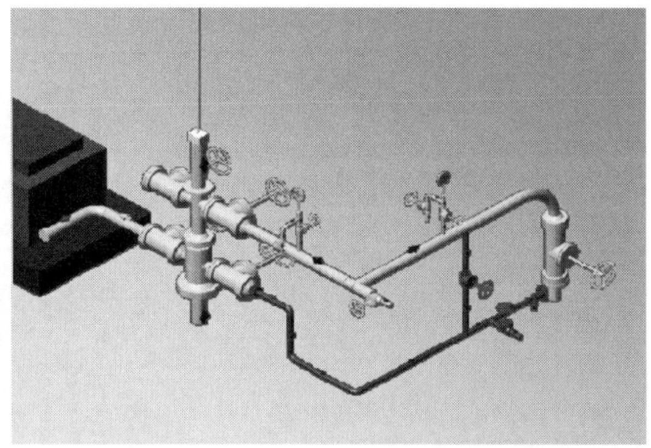

图 3-1-1　普通热采抽油井场

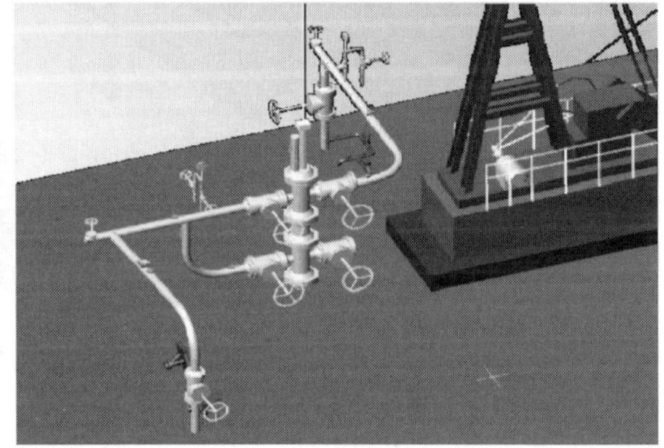

图 3-1-2　双管热采抽油井场

二、集油（计量）配汽管汇站

新疆油田已形成稠油标准化集油（计量）配汽管汇站，计量时主要采用称重式计量工艺。设计的定型图有 8 套（表 3-1-2），其中多通阀集油计量配汽管汇站 8 井式 2 套、12 井式 3 套、14 井式 2 套、22 井式 1 套，应用较多的 12 井式多通阀集油计量配汽管汇站如图 3-1-3 所示。

表 3-1-2　多通阀集油（计量）配汽管汇站标准化

序号	型号	功能	序号	型号	功能
1	Ⅱ-65-A 型 12 井式	集油、配汽	5	Ⅱ-65-A 型 14 井式	集油、配汽
2	Ⅱ-65-A 型 12 井式	集油、计量、配汽	6	Ⅱ-65-A 型 14 井式	集油、计量、配汽
3	Ⅱ-65-B 型 12 井式	集油、计量、配汽	7	Ⅱ-65-A 型 8 井式	集油、配汽
4	Ⅱ-65-B 型 22 井式	集油、计量、配汽	8	Ⅱ-65-A 型 8 井式	集油、计量、配汽

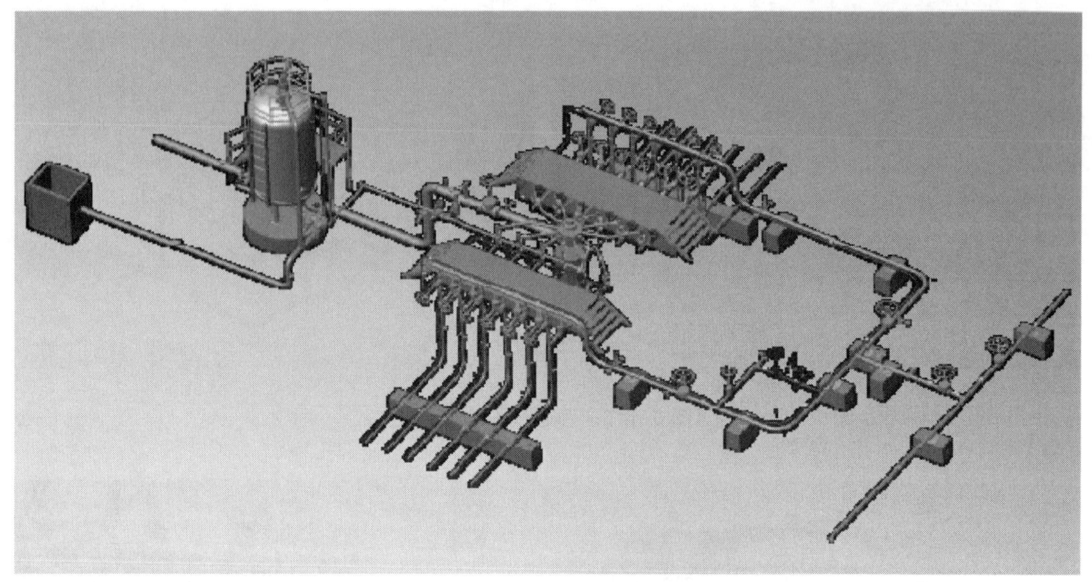

图 3-1-3　12 井式多通阀集油计量配汽管汇站

三、接转站

1. 常规计量配汽接转站

目前，新疆油田常用的常规计量配汽接转站有 2 种，分别是 16 井式（最多可接入 16 口采油井）和 48 井式（最多可接入 48 口采油井），且多为开式流程。

1）主要功能

计量配汽接转站将数口油井生产的油气产品集中起来，对各单井所生产的油气量和注汽量分别计量，并将油气产品增压输送至处理站。

2）主要设备

常规计量配汽接转站主要包含计量分离器、油气计量仪表及多通阀或阀组、缓冲罐、外输泵等设备。

3）工艺流程

（1）16 井式计量接转站：油井来液经 16 井式常规管汇汇集，需计量的单井来液经称重式计量装置计量后进入 2 座 60m^3 储液罐，再经外输泵输至原油处理站，其工艺过程如图 3-1-4 所示。该计量接转站在早期稠油开发中使用广泛，目前新建站已不再采用。

（2）48 井式计量接转站：油井来液经 48 井式多通阀管汇汇集，经称重式计量装置计量后进 2 座 100m^3 储液罐，然后经外输泵输至原油处理站，其工艺过程如图 3-1-5 所示。该计量接转站是目前主要使用的计量接转方式，四点集一站以 4 座多通阀管汇为一个单元，管辖 48 口井，具有计量、转油、注汽等功能。该计量站接转工艺在稠油集输工艺上打破传统模式，采用“多”通阀选井工艺，“多”套 12 井式多通阀橇装管汇与计量接转站组成一个单元组合，改变传统意义上 16 口井为一个计量接转单元的模式。

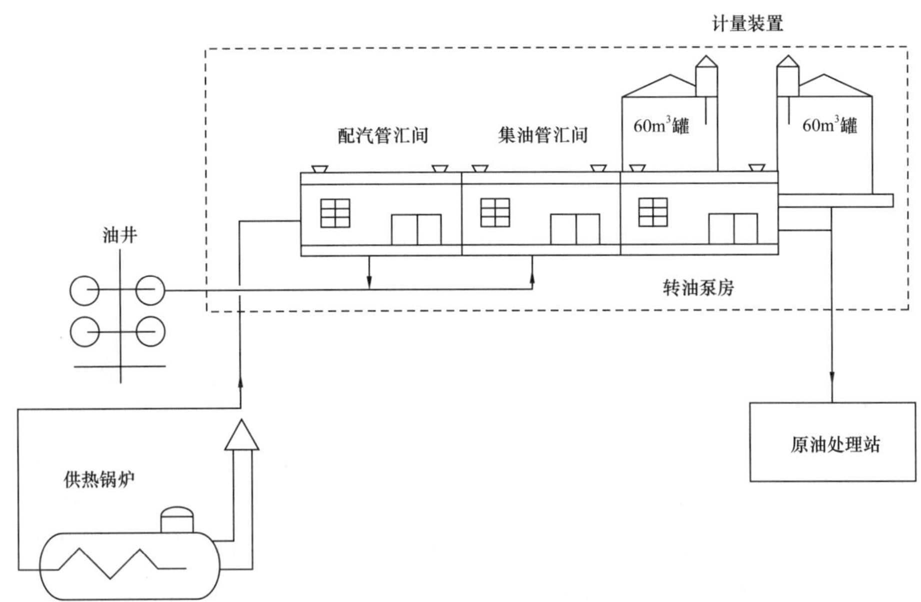

图 3-1-4　16 井式集油配汽接转站流程示意图

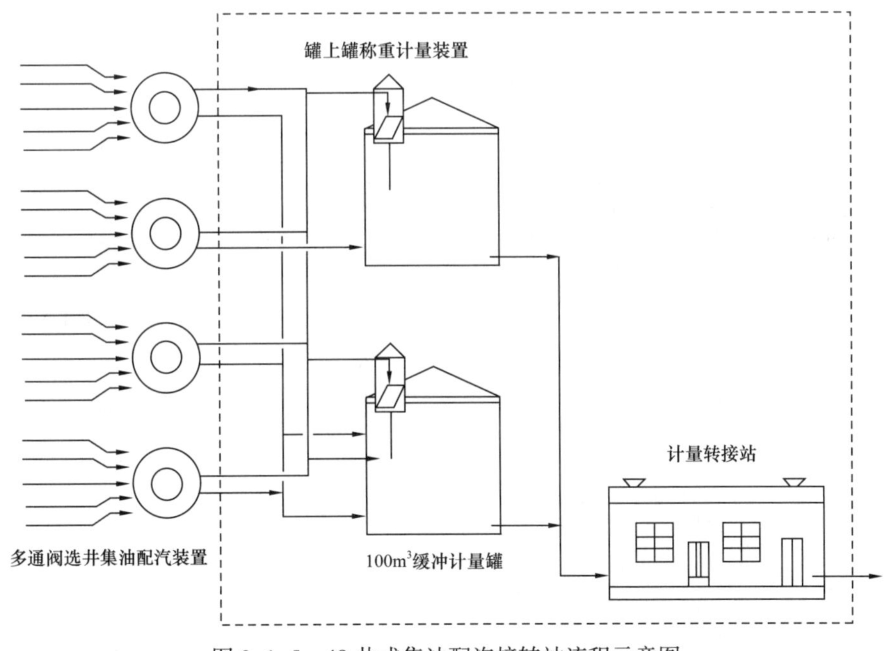

图 3-1-5　48 井式集油配汽接转站流程示意图

4）工艺特点

针对原油物性及开采特点，结合油田布井规律，采取单台或双台注汽锅炉分散布置，将单井平均注汽半径由传统的 1.5～2.0km 缩短到 0.5km，大大缩短单井注汽半径。注汽管线热损失由 14.7% 降至 5.0% 以内；井口蒸汽干度由 50% 提高到 70% 以上，蒸汽注入质量提高，能耗降低。

2. 小型密闭接转站

2014 年，重 18 井区高黏区新建小型密闭接转站试验站采用“气液分离—伴生气冷却、湿法脱硫—高温泵输”密闭接转工艺，采出液量达 960m³/d。目前，新疆油田风城密闭集输改造一期工程已经试验成功。

1）主要功能

小型密闭接转站的主要功能是实现原油密闭计量和接转，扩大原油集输半径，增加蒸汽冷却负荷，完善事故保障流程，使该站能在无人值守的情况下正常运行。

2）主要设备

小型密闭接转站主要包括蒸汽处理器、转油泵、蒸汽冷凝装置、事故罐等设备。

3）工艺流程

重 18 井区小型密闭接转站工艺流程如图 3-1-6 所示，即油区管汇来液进入接转站超稠油蒸汽处理器（以下简称分离器），分离出部分汽相，通过空冷器冷却为冷凝水并由离心泵提升后，一部分去分离器作冲砂水，另一部分进入分离器出液管道，经泵提升后外输；伴生气经脱硫罐处理后站外放散。

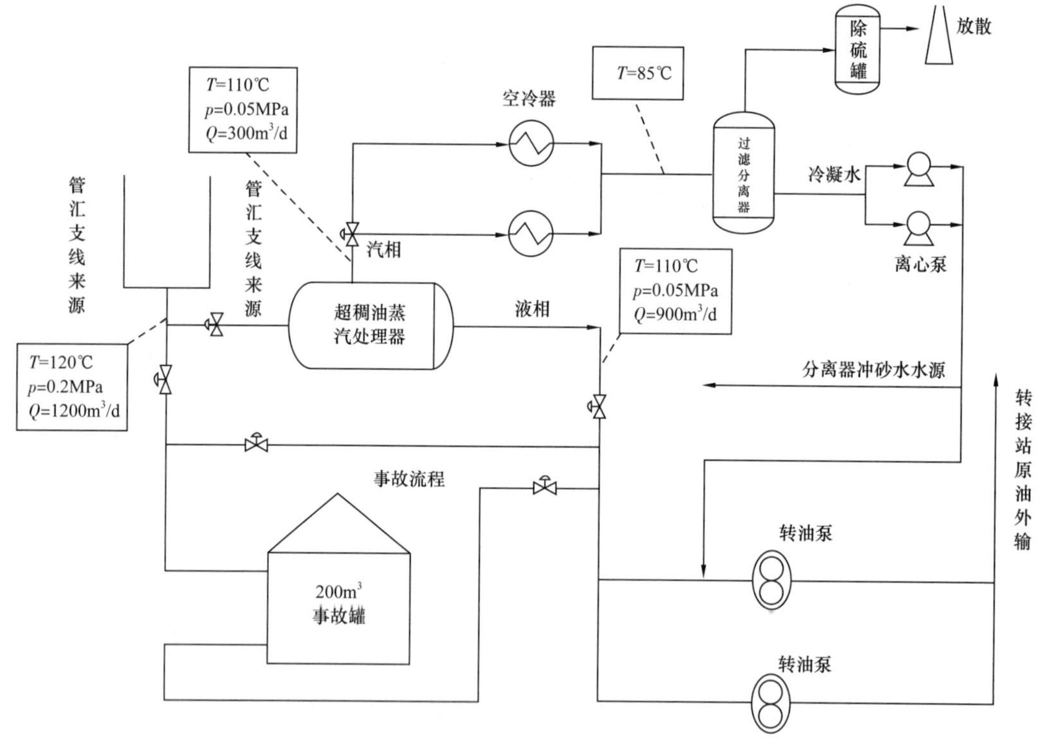

图 3-1-6　重 18 井区小型密闭接转站工艺流程示意图

3. 大型密闭接转站

大型密闭接转站转液能力为 5000～7500m³/d，辖 5～10 座小型接转站，300～700 口采油井。目前大型密闭接转站已经试验成功，后期将在全风城油田推广，实现全区密闭集输。

1）主要功能

大型密闭接转站的主要功能是在密闭接转站功能基础上，进一步实现小站变大站、分散变集中，集输半径扩大至 2.0～2.5km。

2）主要设备

大型密闭接转站主要包含蒸汽处理器、转油泵、蒸汽喷淋塔、循环喷淋水泵、油水分离器、喷淋水空冷器、伴生气空冷器、压缩机组等设备。

3）工艺流程

风城油田大型密闭接转站主要工艺流程（图 3-1-7）为：油区携汽（气）采出液混输至转油站，经站前管汇汇集后进行汽 / 气液分离，分离出的液相经转油泵增压至 1.2MPa，通过已建集输干线管输至 1 号风城稠油联合站；分离出的饱和蒸汽进入喷淋塔下部，与塔顶的循环喷淋水在塔内逆向接触冷凝，将废汽中的蒸汽和轻质油组分冷凝成含油污水。塔釜含油污水经塔底泵提升后进入油水分离器，除油后冷凝水进入空冷器冷却至 60℃作为喷淋塔冷却水循环使用，冷凝水管道旁路设调节阀，阀开度与塔釜液位连锁，多余冷凝水、轻质油经旁路进入原油集输系统。喷淋塔气相出口排放的气体经螺杆压缩机增压、冷干机干燥后，输送至油区注汽锅炉。

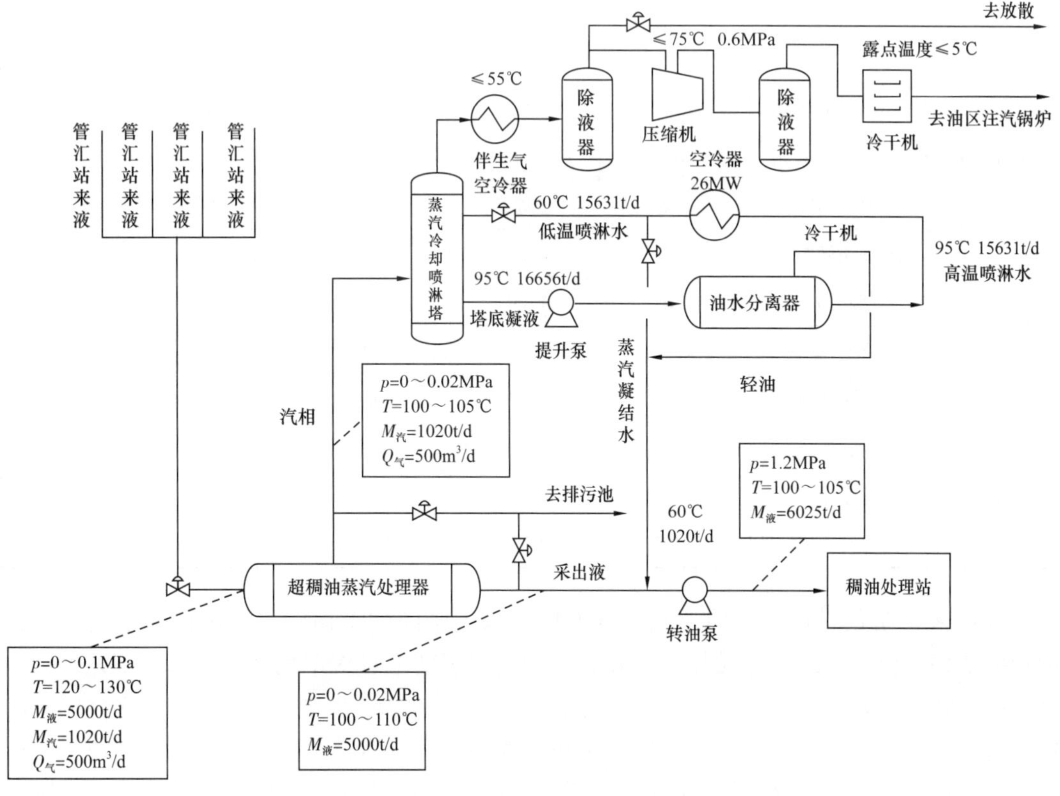

图 3-1-7　风城油田大型密闭接转站工艺流程示意图

第二节 布 站

一、布站原则

以满足稠油生产为原则，确定合理的布站方式，确保生产建设投资最低，系统使用性能最好，运行能耗最低。

二、布站方式

目前在新疆油田稠油集输流程中二级布站、二级半布站及三级布站均有采用，老区油田基本采用“井口→计量站→处理站”二级布站方式，新区大都采用“井口→多通阀管汇→接转站→处理站”二级半布站和“井口→计量站→接转站→联合处理站”三级布站，其中稠油集输流程的二级和二级半布站方式与稀油的基本一致。不同的是新疆油田根据不同区块稠油特性及开发方式，设计出特色鲜明的三级布站方式，其主要稠油接转站的基本情况见表 3–1–3。

表 3–1–3 稠油接转站基本情况

厂名	站名	设计能力（10^4t/a）	转液量（10^4t/a）	转输气量（$10^4m^3/d$）	负荷率（%）	含水率（%）
重油	（检 230）1# 接转站	152	99.30	—	65.3	90.0
	（检 230）2# 接转站	89	62.12	—	69.8	83.0
	克浅 109 接转站	128	86.83	—	67.8	93.2
风城	重检 3 接转站	130	21.40	0.05	16.9	91.0
	2# 接转站	70	13.80	0.60	19.7	65.0
	乌 36 混输泵站	16	3.46	0.70	35.0	34.7
	乌 33 混输泵站	16	8.93	4.60	45.6	37.1
合计	接转站	569	283.45	0.65	47.9	84.4
	混输泵站	32	12.39	5.30	40.3	35.9
	合计	601	295.84	5.95	44.1	60.2

近年来，在九$_7$与九$_8$浅层超稠油开发中，采用密闭的多通阀集油配汽管汇与稠油计量转接站相结合的二级半布站模式。在超稠油集输工艺上首次采用多通阀选井工艺，即一个计量、转接单元管辖 4 套 12 井式多通阀橇装管汇、实现 48 井式计量与转接多井的密闭集油模式，显著节约人工成本。该二级半布站集输工艺具有计量接转站和注汽站布置一体化、人员配置少、运行费用与油井回压低、出砂可分散清除（利用站后 2 台 $100m^3$ 罐）、集输半径大、站所辖井数增加 3 倍与单井地面建设投资省等特点。

三、三级布站工艺

1. 蒸汽吞吐开发布站

1）开式三级布站

开式三级布站方式如图 3-1-8 所示，单井来液经多通阀选井后进称重式油井计量装置计量，而后与不经计量装置的原油汇合，经集油支线输至新建接转站缓冲罐（$2\times100m^3$），再由转油泵通过集油干线、支线输至 1 号超稠油联合站脱水处理。

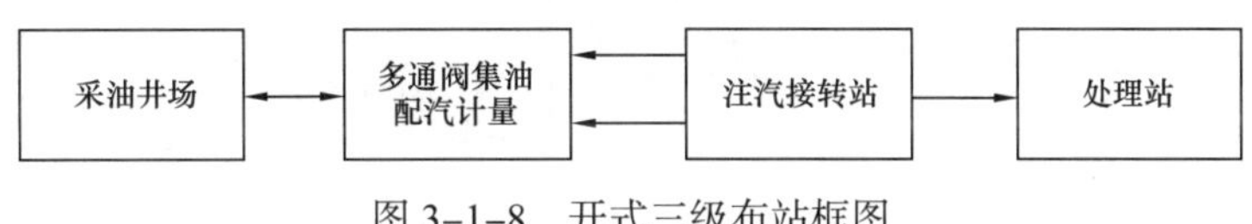

图 3-1-8　开式三级布站框图

该布站方式适用于集输半径较大的油田区块，具有运行稳定、井口回压低等特点。但因集输系统不密闭，其油气损耗大，不环保。目前，该布站方式在新疆油田稠油老区仍在使用，如新港公司九$_1$- 九$_5$ 区、重油公司六九区与风城油田等。

2）密闭三级布站

密闭三级布站方式如图 3-1-9 所示，单井来液经多通阀选井后进称重式油井计量装置计量，此后与不经计量装置的原油汇合，经集油支线输至密闭接转站，再由转油泵通过集油干线、支线输至稠油联合站脱水处理。对于大型密闭接转站，采用气液分离—伴生汽（气）冷却、湿法脱硫—采出液高温接转工艺，实现吞吐开发采出液密闭集输。

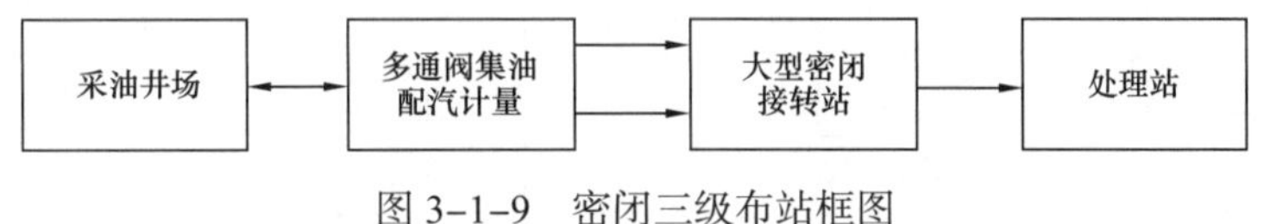

图 3-1-9　密闭三级布站框图

2. SAGD 开发布站

SAGD 开发稠油集输采用密闭三级布站方式：单井出油→集油计量管汇点（8 井式）→集中换热站→稠油处理站。根据采出液特性，综合考虑热能利用，实现液态输送，从井口到处理站采用密闭集输工艺，在高温集输段实现计量和接转，将采出液集输至处理站附近的集中换热站分汽和集中换热。8 井式集油计量管汇点建在油区，集中换热站与无盐水处理站合建，依托超稠油处理站集中布置。SAGD 开发先导试验与推广应用的工艺流程分别如图 3-1-10 与图 3-1-11 所示，二者的主要差异在于计量方式不同。

考虑到 SAGD 不同生产阶段采出液个性化差异明显，需分开处理。新疆油田首创的高温密闭集输工艺以“双线集输、集中换热”为特色，增大集输系统调配的灵活性，有效解决 SAGD 循环预热阶段管输能力不足、井组间生产不同步的问题，同时还充分利用井底采油泵举升能量，实现全流程无泵高温（180℃）密闭集输，系统密闭率达到 100%。

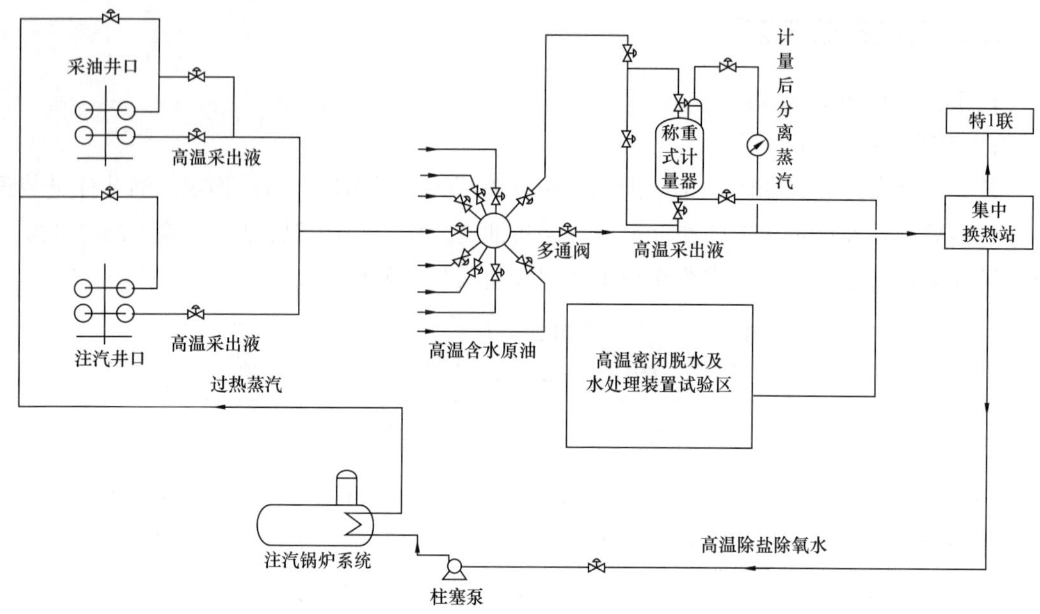

图 3-1-10　先导试验 SAGD 开发三级布站密闭工艺流程图

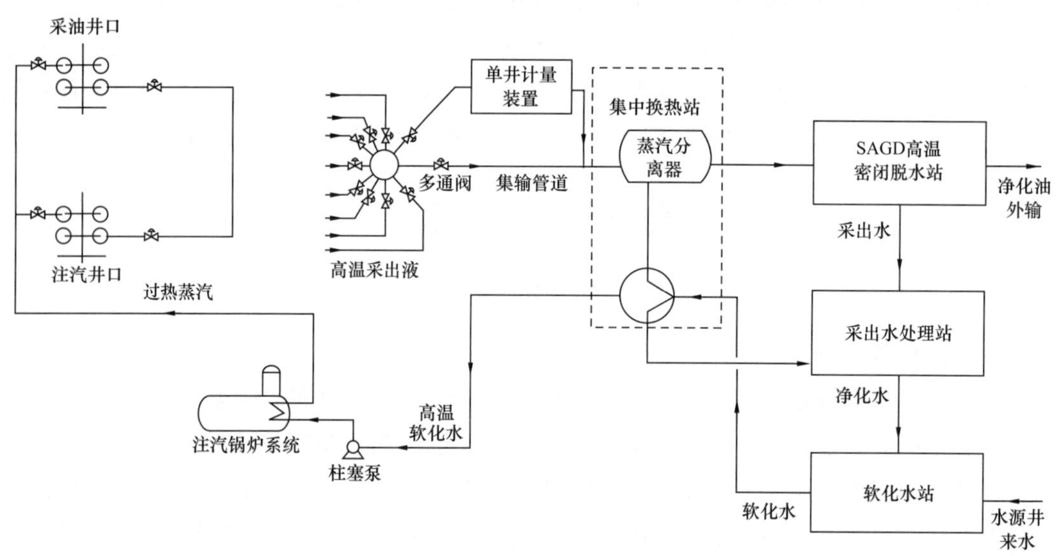

图 3-1-11　工业推广 SAGD 开发三级布站密闭工艺流程示意图

第三节　集输工艺

一、常温集输

对于普通与中质稠油，由于采出液井口温度较高，本身流动性好，使其可直接经集输管线进入接转站（开式或闭式），再经接转站转输至处理站处理。

1. 蒸汽吞吐开发密闭集输

1）工艺原理

蒸汽吞吐是先向油井注入一定量的蒸汽，关井一段时间，待蒸汽的热能向油层扩散后，再开井生产的一种开采重油的增产方法。蒸汽吞吐作业过程包括注蒸汽、焖井、开井生产三个阶段。该工艺不仅可降低井下原油黏度、改善流度比，还能起到油层解堵及增大压差的作用，有效提高稠油开采量[1]。

2）工艺流程

井场来液首先进入集油计量配汽管汇站，然后经密闭接转站后输送至稠油处理站，全程密闭集输，其工艺过程如图 3-1-9 所示。

3）适应性

蒸汽吞吐开发工艺简单、见效快、投资少、增产效果明显，当其运用于普通稠油及特稠油油藏时几乎没有任何技术和经济上的风险[2]。与蒸汽驱相比，该工艺对稠油油藏地质条件的适应范围更广，尤其对油层厚、油层埋藏浅、井距小的油藏有较好的开采效果。但该工艺易造成储量动用不均，井间干扰明显且油井出砂日益严重，还易造成套管损坏以及井下落物，进而导致油井停产。

4）应用实例

2007 年风城油田重 32 井区投入开发，采用直井与水平井组合方式注蒸汽吞吐生产，直井采用 50×70m 和 70×100m 反九点井网，水平井采用 60m 井距排列式井网，直井与水平井组合采用 50m 井距排列式井网。截至 2013 年底，累计投产开发井 837 口，其中水平井 243 口，直井 594 口，动用地质储量 2031.3×10^4t，累计产油 294.1×10^4t，累计油汽比 0.17，采出程度 14.5%。

自 2014 年起，新疆油田公司开始研究稠油吞吐区块密闭工艺技术，在 29#、30# 与 49# 接转站开展密闭集输先导试验。2015 年建成 3 座密闭接转站（$50^{\#}$、$51^{\#}$ 与 $52^{\#}$），2017 年一期工程已在风城油田建成 1 座中型接转站，该站辖 7 座开式计量接转站、443 口采油井，日产液 $5100m^3$，工程实施后单井回压 0.4MPa，满足集输规范要求。

密闭集输可减少输送过程中的热量损耗，消除伴生气中硫化氢外放对人体造成的伤害，减少二氧化碳和甲烷排放对环境造成的污染。随着二期密闭集输工程的继续实施，将逐步实现全油田密闭集输（图 3-1-12），其中 1～7 号接转站为大型密闭接转站，其余均为小型密闭接转站。新疆油田在稠油集输上已形成独特的密闭集输工艺，不仅在新疆稠油油田获得推广应用，而且可供国内同类油田的稠油集输借鉴。

2. SAGD 开发密闭集输

1）工艺原理

SAGD 采油技术属于蒸汽驱开采方式，即向注汽井连续注入高温、高干度蒸汽，首先发育蒸汽腔，加热油层并保持一定的油层压力（补充地层能量），将原油驱至周围生产井后采出，注入的蒸汽将降低原油黏度，同时在开采过程中起到驱油作用，从而增大开采量[3]。SAGD 开发具有采油能力强、最终采收率高、井间干扰小，以及可避免过早井间窜通等优点。

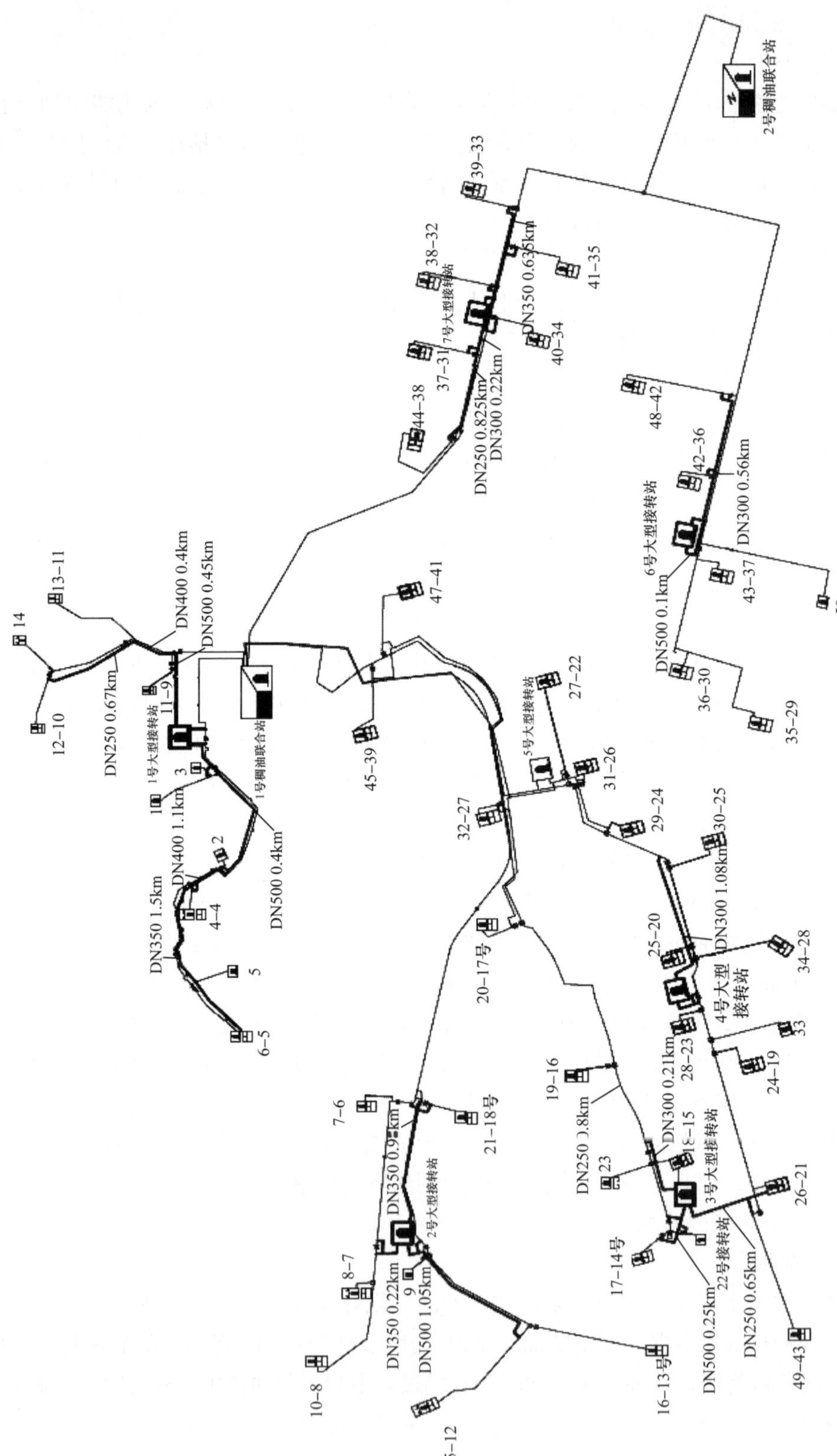

图 3-1-12 风城油田吞吐开发区密闭集输系统

2）工艺流程

SAGD开发密闭工艺流程（图3-1-11）与密闭集输流程类似（图3-1-9），采油井井口采出液经单井注采合一管线输送至14井式多通阀集油计量管汇站，需计量的单井来液进计量装置进行称重计量后，与不需计量的单井来液一同汇入集油管线，输至SAGD接转站。SAGD接转站采用自循环喷淋→油水分离→闭式循环水空冷的方式处理含油蒸汽，而液相油品则经集输管线输至风城特稠油处理站进行脱水处理。

3）适应性

（1）SAGD采出液温度高，且随温度降低，原油黏度上升很快，采取常规开式集输工艺，热能损耗大、温降快，不利于原油集输，因此采用高温密闭集输，既满足集输要求，又可有效利用能量。

（2）集输管道设置管道Π型热补偿器，可有效消除管道热应力的影响。采取耐磨蚀三通代替弯头，可减轻高含砂对管线的磨蚀。

（3）将SAGD采出液中携带的大量蒸汽集中分离，再将分离出的蒸汽用于常规开采原油处理系统进行原油加热，而分离后的高温采出液与注汽锅炉用水集中换热，使热能得以充分利用[4]。

4）应用实例

2009年重37井区开展7个井组的双水平井SAGD先导试验，水平段长300～500m，井距100m，排距80m，注汽水平井与生产水平井井间垂向距离为5m。2009年12月试验区开始循环预热，2010年3月转入SAGD生产，截至2014年底，累计注汽120.0×10^4t、产油25.4×10^4t、油汽比0.21、单井组日产油15～56t。

2010年在重18井区开展注过热蒸汽稠油热采工业化试验，目前重1、重18、重32与重37井区均采用SAGD开发方式。通过对重32井区SAGD试验区已建地面集输系统适应性跟踪分析，以及重37井区SAGD试验区对集输系统布站方式和高温采出液密闭集输系统优化研究，将研究成果应用于重37井区SAGD试验区密闭集输现场试验中，通过1年的现场运行和跟踪分析，证实SAGD采出液换热站集中布置适合大规模SAGD开发地面集输工艺要求。SAGD采出液集输系统压力必须控制在饱和蒸汽压以上，使SAGD采出液在密闭集输过程中不发生闪蒸，保证集输管网单相平稳运行。

此外，在重1井区SAGD接转站开展蒸汽喷淋冷却工艺试验，采用自循环喷淋→油水分离→闭式循环水空冷的方式处理含油蒸汽（图3-1-13）。该系统自建成投产以来，废汽冷凝率达到98%以上，年处理含油废蒸汽3.4×10^4t，回收轻质油255t，系统运行平稳。新疆油田SAGD采出液密闭集输已形成特有的工艺技术，为新疆油田稠油SAGD开发储备成型的工艺技术，同时为国内类似稠油油田SAGD开发提供有益参考。

二、掺热水集输

1. 工艺原理

根据原油“转相点”理论，原油含水率在“转相点”时黏度最大，含水率超过转相点后黏度迅速下降。因此，稠油回掺合适的高温污水能降低油品黏度，改善其流动状况，实

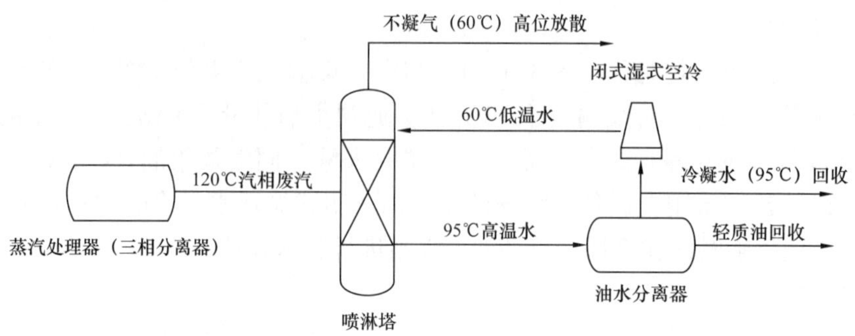

图 3–1–13　SAGD 接转站蒸汽喷淋冷却工艺流程示意图

现稠油不加热、不加药掺水集输。回掺水与稠油按合理的比例掺混，保证采出液安全输送，同时掺水管和集油管采用双管同沟敷设方式，起到伴热保温作用。

2. 工艺流程

掺热水集输工艺常用于二级布站流程中，从油气水三相分离器分离出的油井采出水经加热炉加热，增压后经热水管线输送至计量站，再分配输送至各井口，热水从井口掺入油井出油管线；油气水从井口混输到计量站，轮换计量后再混输到联合站，其工艺过程如图 3–1–14 所示。

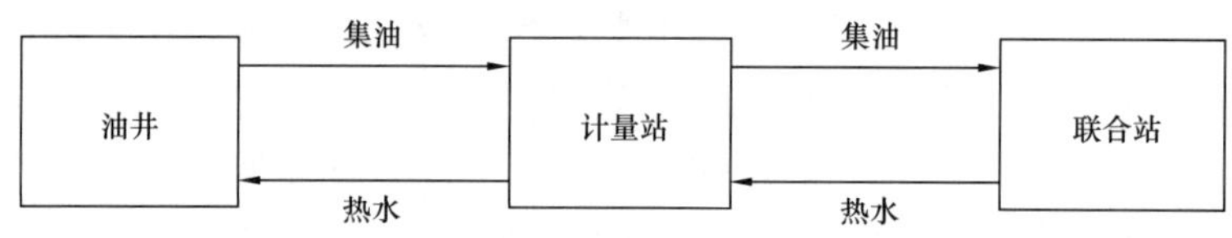

图 3–1–14　掺热水集输过程

3. 适应性

稠油掺水集输工艺流程生产管理相对简化，掺热水除降低原油流动阻力、提高产量外，还可延长油井生产周期，防止油井黏附稠油而被堵塞。但建设投资和耗钢量比井口加热单管流程大，油气水计量精度因掺水量计量不准而难以保证，掺热污水减阻时掺水量大、掺水温度高、能耗较高，而掺活性水降黏可降低掺水量，需要的掺水温度较低，能耗低，但需投入加剂成本。该集输工艺不仅适用于中质、重质以及中低含水油井所产稠油，而且适用于高黏度、产量不高、低气油比或无气的油田所产稠油。此外，该工艺也适用于易凝高含蜡原油集输。

4. 应用实例

2015 年新疆油田红山公司所辖井区 349 口井实施掺水集输改造，项目整体投资约 1670 万元，掺水集输年节约蒸汽量 5×10^4t，扣除新增用电，年节能效益为 391.7 万元，年节能 5264tce，投资回收期 4.3 年，万元投资节能量 3.2tce。

此外，2017 年新疆油田准东作业区吉 7 井区也对 304 口井采用稠油掺水集输工艺。对比掺降黏剂输送工艺方案，掺水集输工艺吨油成本节约 44 元。油井采出液在沉降接转站经过沉降罐简单分离，污水经掺水泵增压升温后输至井口，低含水油经外输泵输至处理站。从污水外输泵房总进口管线上引接污水，经掺水泵增压后，再输至油区各配水管汇点。采用集中掺水、多通阀管汇点配水、水量自动计量工艺，其掺水集输工艺流程如图 3-1-15 所示。

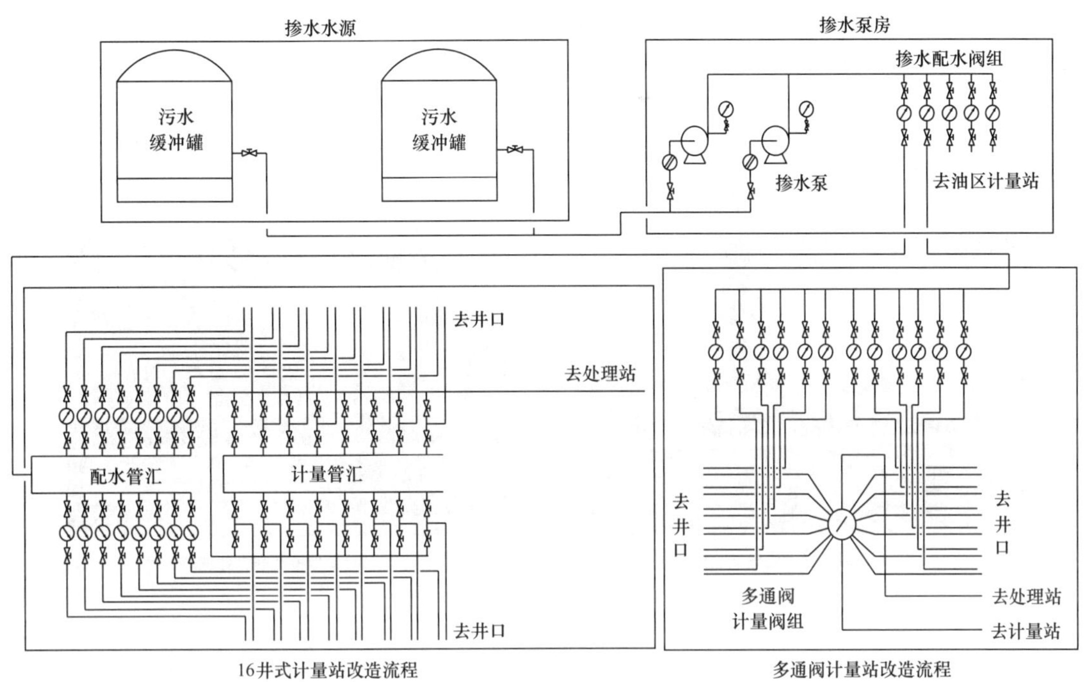

图 3-1-15　稠油单井掺水集输工艺流程

三、主力油田集输实例

1. 普通稠油典型油田

目前，新疆油田吉 7 井区 304 口井、红 003 井区 355 口井、九区 285 口井、重 18 井区 210 口井已实施掺水集输工艺。吉 7 井区油藏埋藏较深，地面集输存在的主要问题为原油黏度较高、集输困难、成本较高，因此稠油减阻成为降低集输能耗的关键。新疆油田公司率先在吉 7 井区开展单井掺水集输技术的研究及应用，目前已推广到其他稠油区块，与蒸汽伴热相比，掺水集输单井年节约费用约 5 万元。截至目前，新疆油田总计对 1154 口实施掺水集输工艺，年节省费用约 5770 万元。

综合吉 7 井区油藏特点及原油物性，采用掺热水双管集输工艺流程。掺水后的单井气液（40℃，含水率≥60%）密闭集输进计量站，经计量后，输至集中拉油注水站（35℃），在站内经过油气分离、加热、热化学沉降后的低含水原油（50℃，含水率≤10%）由罐车拉运至北三台处理站处理。脱出的采出水（50℃）由底水泵输至集油区各计量站掺水分配器橇内，经分配掺至采油井井口。若采出水温度不足时，则通过相变炉加热后再回掺。掺水分配橇设有计量与流量调节系统，对各单井掺水流量调节并在线计量。

2. 典型特稠油与超稠油油田

风城油田超稠油油藏原油物性变化范围大、原油黏度高，采用常规蒸汽吞吐、蒸汽驱及 SAGD 开发方式生产。目前蒸汽吞吐、蒸汽驱大部分依靠现有常规稠油地面集输工艺三级布站开式流程集输，密闭集输改造一期工程已取得成功，并建大型密闭接转站 1 座，转液能力达 $5000m^3/d$。密闭改造二期工程实施后，风城作业区实现全区密闭集输。SAGD 开发的采出液温度高、含砂量大且含有大量饱和蒸汽，通过风城作业区重 32 井区和重 37 井区开展的超稠油 SAGD 高温采出液密闭集输工艺试验研究，形成适应风城作业区 SAGD 大规模开发地面集输工艺技术，即密闭集输、集中换热与控制单相集输压力的工艺，其作业区如图 3–1–16 所示。

(a) 重32 SAGD先导试验区

(b) 2号稠油联合处理站

图 3–1–16　新疆风城油田作业区

目前，风城油田作业区产液量为 $3.5\times10^4m^3/d$，综合含水率为 87%。随着密闭集输改造一期工程的成功，二期工程随之陆续开展，从而实现全油区密闭集输，改变稠油传统开式集输工艺带来的蒸汽和伴生气任意排放的环境污染和伴生气资源的浪费现象，从根本上解决安全隐患、环境保护、生产经济运行等难题，实现“绿色矿山”的要求。中型接转站的投产扩大了集输半径，可达 10km，最大单井回压为 0.6MPa。该井区已形成新疆油田特色的“稠油模式”，油区集输系统布局合理、高度自动化与橇装化、集输系统效率高，打造出稠油油田常规开发与 SAGD 开发油气集输定型工艺。

第四节　计 量 工 艺

一、计量方式

油井产量计量是油气集输的重要环节，目的是掌握油井的开发动态，判断油井和油层的变化，以便及时采取相应措施。油井计量工程投资在地面工程投资中占有较大的比重，可占集输系统的 25%。为节省投资，以满足低渗透油田开发技术要求，采用适宜的计量方式，精准掌握区块、井组和单井产量尤为重要。

目前，新疆油田分公司百口泉采油厂与重油公司均采用称重式油井计量监控系统。现场使用情况良好，计量精度与自动化程度高，极大降低职工劳动强度，节省人力资源，同时减少建设投资，计量值可真实反映油井的产量状况，为实施油田滚动开发区块评价提供技术支持和决策依据。

二、系统组成

（1）硬件：主要由罐体、多路选井阀、计量翻斗、各种传感设备、PLC 以及微机控制系统等部分组成，其组成结构与实物如图 3-1-17 所示。电气系统以 S7200 为核心，还包括采集称重传感器、位置传感器、液位计与温度传感器等过程量监测元件。多口单井集油管线与多路阀相连，计量时将其中一口单井的原油倒入计量装置，使原油从罐体的顶部进入，经分离器分离并翻斗称重，利用产量算法即可得到累计流量，再换算成该口油井的产液量。

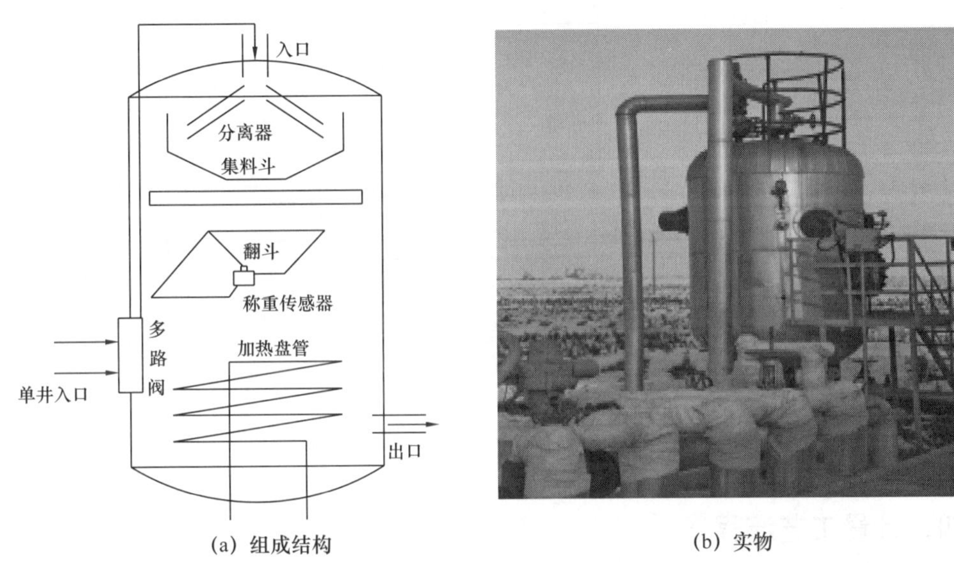

(a) 组成结构　　(b) 实物

图 3-1-17　称重式计量装置

（2）软件：主要包含两部分，一部分是微机内的应用软件，供现场操作人员使用；另一部分是预制于 PLC 内的控制软件，统一协调指挥各电子元件的协调优化工作。

进入微机系统后，启动监控软件，软件与称重式计量器构成完整的称重式油井计量监控系统，具有实时状态显示、油井计量自动与手动切换、启动和停止测量、历史记录查询等功能。

三、计量原理

位置传感器检测翻斗的状态，即检测接油翻斗并控制其翻转，在其翻转的一瞬间，称重传感器将翻转的重量信号传入计算机。据此可知翻斗的接油量与残液量，再结合流量系数即可算出产液量。分布器的作用是减小原油的冲击，且将原油按设计位置进入翻斗。此外，单井计量阀组工艺和轮井计量操作与传统玻璃管量油计量相同[5]。

为监测工艺生产数据的需要，在分离器和装置管线上，分别加装有液位计、温度传感器、压力变送器，这些现场一次仪表信号进控制箱。控制箱由 PLC 控制器及相应的功能模块组成，通过 PLC 系统组态成型的数学模型和控制软件，实现油井自动化计量。

当计算机程序指定某油井计量时，计算机通过 PLC 向自动选井阀发出指令，选井阀开始工作；确定目的井后，打开相应井口管线进入计量状态，反馈寻址成功信号，这时 PLC 便开始指导称重系统传感元件，同时计量油井产量，PLC 将计量结果传送给计算机；确认该井计量完成后，再给选井阀指令到下一口油井，这样周而复始地循环，完成多井自动计量工作，其工艺原理如图 3–1–18 所示。

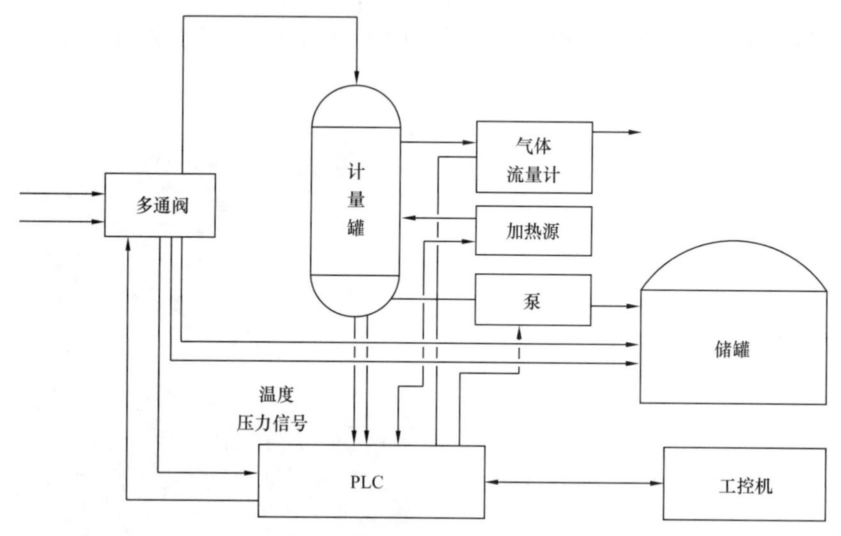

图 3–1–18　翻斗式称重计量工艺原理

四、计量工艺流程

翻斗式称重计量采用称重方式计量流经计量罐的原油，解决因原油表面张力较大、普通油气分离器难以充分分离而导致在线流量计计量误差较大的问题。

目标油井中的采出液流过多通阀后，由计量罐顶端的管路进入，由罐上部的伞状分离器实现油气分离，其中液相进入下部的收集盘并经缓冲后流入翻斗。随着原油不断流入料斗，其质量不断增加。当增加到一定量时，两个料斗间的平衡被打破，围绕回转轴翻转，一料斗开始对原油计量，另一料斗开始卸油。这样左右料斗不断轮流工作，对原油重量计量（图 3–1–17）。整个计量过程中，称重传感器在料斗进油前及翻转瞬间分别记录读数，其差值为翻转一次的称油量，将这些差值相加即可得到当前时间段内的油液产量。

五、适应性

由于稠油井口出油黏度高、温度高、含砂量大、含蒸汽、含泡沫油、含微量天然气，其计量装置一般采用称重式油井计量装置。该装置计量工艺流程简单、设备体积小、管理方便、可实现稠油油井自动连续计量，能很好解决泵况不正常、气液比高的油井计量困难等问题。但翻斗长期工作可能会导致螺栓松动或轴承磨损，出现计量不准、翻斗不动的现象。该计量方式应用范围较广，适用于油田开采初期及高含水和特高含水的油田开采后期，同时对稠油区块的油井计量也具有较高精度[6]。

六、应用实例

新疆油田红浅$_1$井区火驱试验区位于红浅稠油处理站西南部，距离红浅稠油处理站约 2km。根据一期、二期井网布置，其 12 井式多通阀管汇点、计量接转站及集油管道按总规模一次建成。在 2009 年，又扩建 12 井式多通阀集油管汇点 4 座，计量接转站 1 座；12 井式多通阀集油管汇点原油计量选井由计量接转站控制箱自动选井，其工艺过程如图 3–1–18 所示。

第五节　集输技术问题及发展方向

一、技术问题

随着新疆油田近 50 年的开发建设，稠油集输系统虽然总能力能够满足需求，但仍存在以下问题：

（1）由于油田公司勘探开发规划部署，部分站点及转液管线的能力无法满足未来几年的生产需求，需要统筹规划，并对部分站点改扩建；

（2）部分区块采用开式生产流程，集输密闭率低，油气挥发损耗大，污染环境且存在一定安全隐患，需要对其密闭改造；

（3）部分站点工艺流程及技术不适应现在的生产现状，造成原油处理效果差，工艺流程热量损失大、能耗高，需要对其优化改造；

（4）部分油区由于距处理站较远，且附近无可依托的集输系统，目前采用罐车拉运至处理站处理，该生产方式具有高运费、高挥发、高能耗、低效率等缺点，同时还存在罐车运输安全风险；

（5）油田生产老区随油田产能递减，采出液含水逐年递增，地层水中含大量的结垢因子和腐蚀介质，导致部分管线结垢、腐蚀严重，部分管段甚至腐蚀殆尽，需要更新改造。

二、发展方向

节能降耗是石油行业永恒的主题，这对稠油开发更是如此[7]，而稠油降黏减阻又是稠油节能降耗集输的重要途径[8, 9]。为此，不断调整与改造现有稠油集输系统，大力推行降黏减阻新工艺与新技术，使之适应新疆油田稠油开发的实际需求，已成为新疆油田稠油集输技术发展的总趋势，具体方向如下：

（1）结合不同开发阶段的稠油组成性质变化，评价现有集输工艺的适应性，揭示其技术瓶颈，研发经济高效的稠油降黏减阻新工艺；

（2）采用密闭集输流程、减少轻烃挥发损耗，实现油田效益最大化，减少环境污染；

（3）集输系统的工艺设备模块化、橇装化、自动化、减少占地、方便管理；

（4）强化稠油开采与集输一体化的热能综合利用。

第二章　稠油净化

截至 2019 年新疆油田稠油产量累计突破 1 亿吨，其净化处理经多年的试验研究，已形成大罐沉降—水洗—水力旋流器除砂工艺、水力旋流器—水洗除砂工艺、大罐热化学沉降脱水工艺、SAGD 高温密闭脱水工艺等多项成熟的处理工艺。本章主要介绍稠油除砂与脱水的工艺原理及流程、应用实例及适应性，同时指出稠油净化所存在的主要技术问题及未来发展方向。

第一节　除　　砂

一、工艺原理

原油除砂属固液分离的过程，即从油、水液相中将砂粒除掉。新疆油田稠油处理站通常采用多种方式联合除砂，常用工艺有大罐沉降—水洗—水力旋流器除砂工艺和两级水力旋流器—水洗除砂工艺。

二、工艺流程

1. 大罐沉降—水洗—水力旋流器工艺

油区来液经气相分离后，固液两相进入大罐沉降分离，泥砂沉于罐底后经排砂管排出，再进入旋流除砂器进行分离，污水从旋流除砂器顶部返回罐内，砂从底部被排出，干砂定期外运，其工艺过程如图 3-2-1 所示。

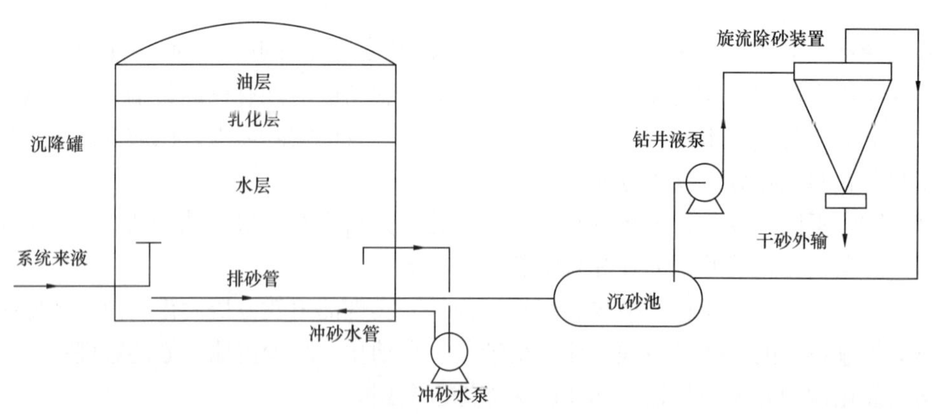

图 3-2-1　除砂工艺过程

2. 水力旋流器—水洗工艺

油区来液经分离器气液分离，再进入旋流器除砂后进入一段沉降罐，固相砂粒从下部经储砂斗进入一级沉砂箱 6，在砂与热水混合后经洗砂泵 4 打入除砂器 3，除砂后污水返回到一级沉砂箱。在洗砂箱 8 中，固相砂粒与回掺热水混合后进行二级清洗分离，脱水后的砂子经集砂泵 9 打入集砂器 5 内定期外运，洗砂槽脱出的水返回洗砂槽 6，砂箱中的污水流入污水池 7，由污水泵 10 送走，其工艺过程如图 3-2-2 所示。

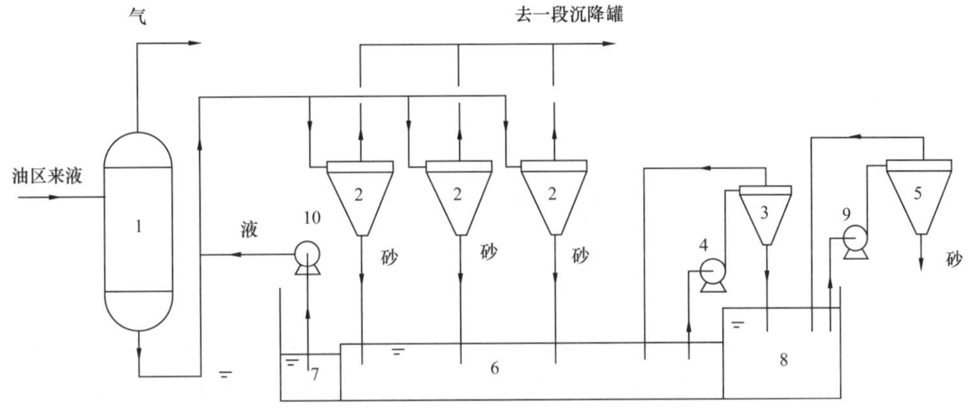

图 3-2-2　旋流—水洗工艺过程

1—分离器；2—水力旋流器；3—除砂器；4—洗砂泵；5—集砂器；6——级洗砂槽；7—污水池；8—二级洗砂箱；9—集砂泵；10—污水泵

三、实例分析

新疆油田 SAGD 采出液典型脱水 B 站采用水力旋流器—水洗除砂工艺，最大处理液量 $3\times10^4m^3/d$，工作压力为 0.6MPa，工作温度为 100℃，除砂粒径＞74mm，其工艺过程如图 3-2-2 所示。

第二节　脱　　水

一、工艺原理

新疆油田稠油以开式大罐热化学沉降脱水工艺为主，对 SAGD 采出液用高温预脱水和热化学脱水的密闭脱水工艺，并辅以掺稀辅助脱水工艺。

二、工艺流程

1. 一段或两段大罐沉降工艺

在一段大罐沉降脱水中，油区来液进入沉降脱水罐，低含水原油掺蒸汽加热升温再进入净化油罐静置沉降脱水。若是两段大罐沉降脱水过程，则先进入二段沉降罐，合格原油通过管道外输，其工艺过程如图 3-2-3 所示。

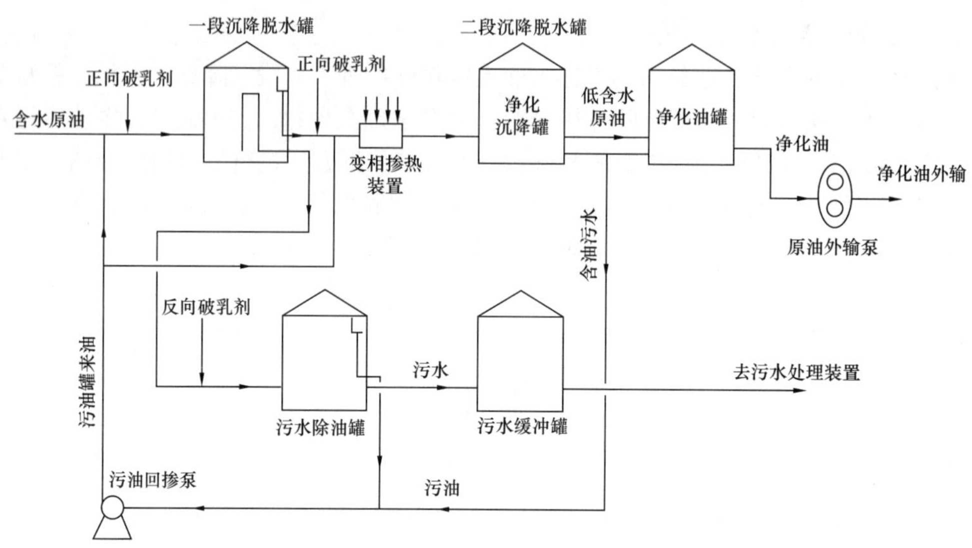

图 3-2-3　一段或两段大罐沉降脱水工艺流程示意图

红 003 井区已建原油处理站采用两段掺蒸汽、大罐热化学沉降脱水工艺，集油区来液（0.25～0.30MPa，70℃）进管汇间，再进除砂间；经原油罐区掺蒸汽加热，温度升至 80℃后进一段沉降脱水罐（$2\times4000m^3$）；脱出的游离水去含油污水处理系统；脱出的低含水油（30% 含水）利用 2500kW 掺蒸汽加热器升温至 90℃，进入二段沉降罐（$2\times2000m^3$）进行热化学沉降脱水；合格净化油进入净化油罐（$4\times2000m^3$），再通过管道外输；净化油罐底水经抽底水泵增压，回掺至一段沉降脱水罐。

2. SAGD 采出液高温密闭脱水工艺

油区来液首先分离蒸汽和伴生气，分离后的采出液经换热器降温再进入预脱水分离器；低含水采出液（10%～20%）进入热化学分离器，脱出乳化水，净化油经换热器降温后外输，其工艺过程如图 3-2-4 所示。

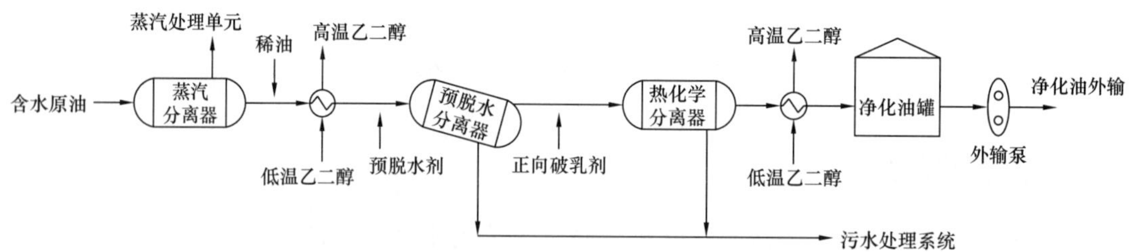

图 3-2-4　SAGD 采出液高温密闭脱水工艺过程

新疆油田 SAGD 采出液高温密闭处理工艺中采用新研发的高温高效仰角式预脱水装置（图 3-2-5），该装置结合立式和卧式分离器的优点，按 12° 仰角设计，具有动液面高、油滴浮升面积大、便于沉砂收集等特点。在预处理剂作用下，30min 内可将采出液含水从 85% 降至 20%，脱出采出水含油＜300mg/L，实现油水高效分离。

SAGD 高温密闭脱水试验站位于准噶尔盆地西北缘，距克拉玛依市 130km。SAGD 试验站于 2012 年 12 月建成投产，处理能力达 30×10^4t/a，2015 年扩建后处理能力上升至 60×10^4t/a。该站主要承担重 1、重 18、重 32 与重 37 井区 SAGD 采出液的处理任务，根据 SAGD 来液温度高、压力大、乳化严重的特点，全部采取密闭集输处理工艺。采出液进入分离器初步分离气液，分离后的液相通过换热并加入药剂实现多级油水分离，最终将处理合格的原油与换热后的污水分别输送至 1 号稠油处理站罐区。整套工艺主要采用旋流除砂→蒸汽处理器（180℃，脱汽）→一级换热（145℃）→预处理（125℃）→热化学脱水（120℃）→电脱水（115℃）处理，处理后原油脱水指标≤2%。

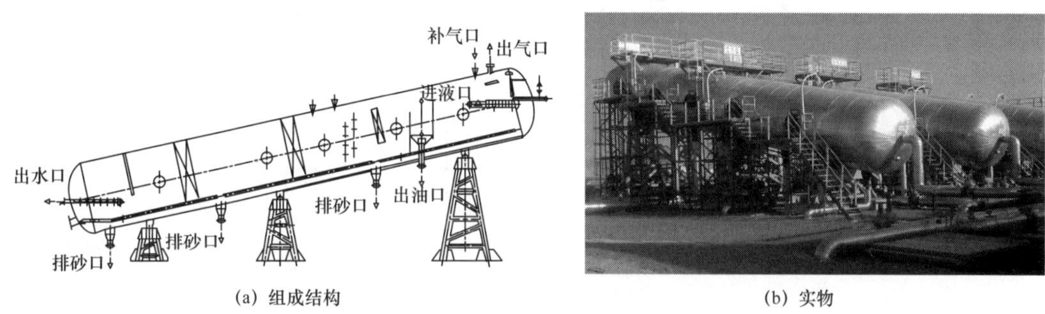

(a) 组成结构　　(b) 实物

图 3-2-5　仰角预脱水装置

三、实例分析

1. 典型脱水站 A

A 站建于 2008 年，2012 年改扩建，处理规模达 180×10^4t/a。采用两段大罐热化学沉降脱水工艺，辅以掺稀油工艺，其处理工艺流程如图 3-2-6 所示。

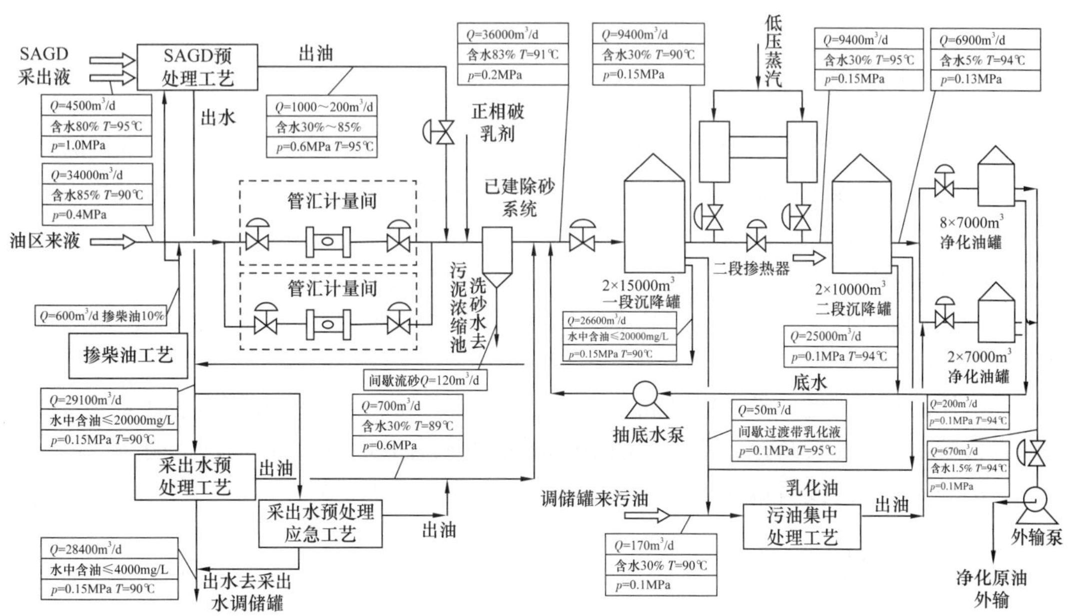

图 3-2-6　A 站原油净化处理系统工艺流程

2. 典型脱水站 B

B 站建于 2013 年，采用掺稀辅助两段大罐热化学沉降脱水工艺，处理规模为 150×10^4t/a。2017 年新建二期工程，采用 SAGD 采出液高温密闭脱水工艺，规模为 120×10^4t/a，其工艺流程如图 3-2-7 所示。

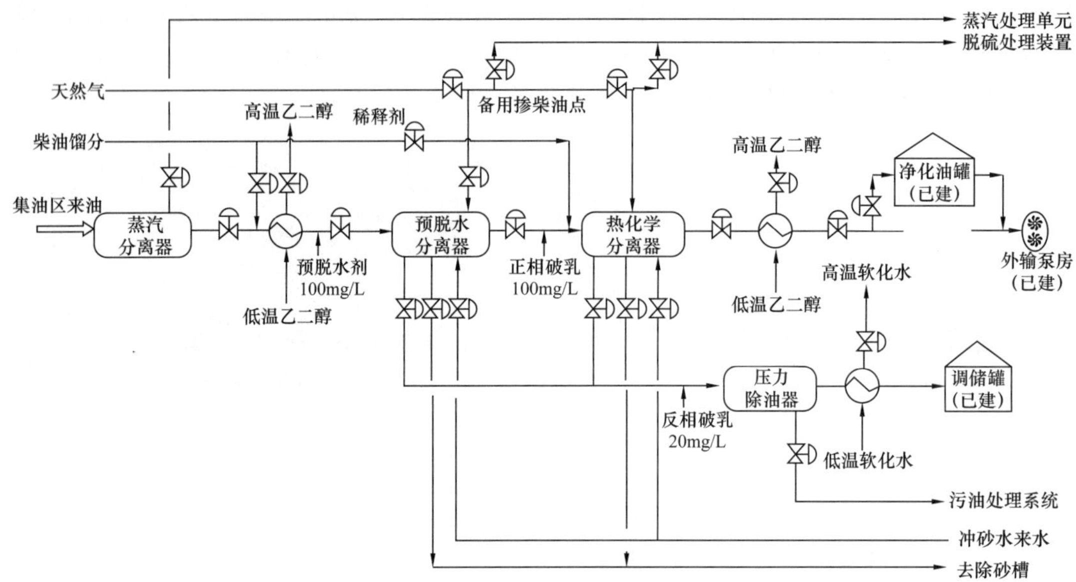

图 3-2-7　B 站 SAGD 采出液高温密闭脱水工艺流程

第三节　稠油净化技术问题及发展方向

一、技术问题

（1）净化处理工艺的适应性问题：新疆油田原油种类多，有常规稠油、中等稠油和特稠油，有的原油对温度敏感，有的原油对溶解气量敏感，随着稠油开发期与组成性质的变化，净化处理工艺的适应性变差[10]。

（2）稠油采出液严重乳化问题：稠油中胶质与沥青质含量较高，产水后易形成油包水型乳状液，其流动性变差，油水破乳难，其集输与脱水难度增大，常规脱水工艺难以满足其经济高效的脱水要求。

（3）稠油除砂问题：稠油因其黏度高而无法常规开采，新疆油田多采用热采工艺，地层中岩石胶结本身比较疏松，热采稠油出砂问题加剧，而砂与稠油特别是特稠油、超稠油之间的耦合黏附机理及对策尚缺乏深入系统研究，除砂难度增大。

二、发展方向

针对稠油的特点，无论是国内还是国外，陆上还是海上，工艺技术上均采用热化学脱水与电化学脱水的方法，尤其是电化学脱水对稠油的深度脱水效果较显著，近年发展很快。新疆油田对吉 7 井区出现的稠油脱水问题进行破乳剂筛选及加药点优化，同时采用竖挂极板组合电场脱水技术，优化电脱水段的脱水效果，使原油外输达标率由 80% 提高到 100%。因此，稠油净化技术的未来发展方向[11]如下：

（1）尽量缩短稠油脱水流程，降低稠油脱水过程中的能耗损失；

（2）筛选高效聚结材料、研究多功能合一的高效分离设备；

（3）改进优化与创新开发电脱内部结构，尤其是把静电聚结引入常规分离器中，把常规三相分离器与电脱有机结合，进一步改进分离器及传统电脱的脱水效果，同时减少设备的占地空间，推进稠油脱水技术的快速发展。

第三章　长输工艺

净化稠油往往因其黏度高，流动性差，长距离管输的流动摩阻大，必须采取降黏减阻措施，否则难以满足其安全经济输送要求。新疆油田主要采用加热法与掺稀法，将各区块的净化稠油输送到新疆境内的主要石化炼油厂炼制加工。对少数设计输量过大且附近无其他油源补充的净化稠油输送管线，新疆油田改用间歇输送法及其与停输再启动相结合的大间歇输送法。本章主要介绍稠油加热、掺稀及间歇输送的工艺原理及流程、应用实例及适应性，以及这些技术的存在问题及发展方向。

第一节　加热输送

一、技术原理

加热输送是目前最常用的降黏方法，加热的主要目的在于提高输油温度，使其黏度降低，减少摩阻损失，降低管输压力。目前常用的加热方法有管中管热水伴热、稠油掺热水伴热、蒸汽伴热和电伴热等，加热输送同时也和其他工艺协同使用，以达到最优技术经济效益。

稠油黏度对温度变化极为敏感，随温度升高稠油黏度急剧降低。当温度由低到高时，稠油会从非牛顿流体变为牛顿流体。加热输送就是利用稠油黏度对温度的敏感性，通过加热提高稠油的流动温度，从而降低稠油黏度，减少管路摩阻损失的一种降黏方法。

二、工艺流程

稠油加热输送工艺流程一般包括首站→中间加热站→中间热泵站→末站四个环节，这与稀油热输工艺类似。

三、应用实例

为满足冬季安全输送需要，克→乌线、王→化线、克→独线、石→克线、石→彩线、彩→火线、火→三线、三→化线等 8 条管道采取加热输送方式运行。

四、适应性

与稀油相比，稠油黏度在相同温度下是稀油黏度的几十倍，甚至上百倍。但稠油黏度对温度更加敏感，尤其在 80℃以上的高温下，其黏度可降低 50% 以上，因此加热输送几乎所有稠油管道都适用。目前，原油的加热方式主要包括直接加热和热媒炉加热法。直接加热方法易出现过热和结焦，对于大流量和输量变化较大的原油管道适应性较差；热媒炉通过热媒的热交换加热原油，能确保加热设备高效、长期和安全运行，但同时也增加相关设备的运行与维护成本。稠油管道的加热输送温度普遍较高，若仅利用加热工艺来维持管道正常输送，其管道温度一般需要维持在 80℃以上，如此高温产生的管道热应力可能超过管道系统的许用应力，其运行管理存在极大的安全隐患。因此，加热输送通常与其他降黏减阻输送工艺联合使用。

第二节　掺稀输送

我国掺稀输送工艺技术与外国差距不大，其应用的主要制约因素为稀油来源。苏联的曼格什拉克原油外输管线因其黏度较高，掺入卡拉姆卡斯轻质原油大幅降低其黏度，降黏率达 95%，从而解决高黏原油的输送问题。此外，加拿大洛伊明斯特至哈的聂斯管线也掺入 22.5% 的凝析油，稀释后顺利输送至处理终端[12]。

一、技术原理

掺稀输送主要应用于稠油管道，稠油掺稀输送就是当其进入管道之前，将低黏液态碳氢化合物（稀释剂）加入其中，以降低稠油黏度，且稠油和稀释剂以混合物的形式输送。常用稀释剂主要包括轻质油、凝析油、炼油厂中间产品（如石脑油）与柴油等。掺稀输送主要利用稠油与稀释剂的相似相溶原理，掺入稀释剂的量就取决于两者相容性的大小。稠油中加入稀释剂后，混合油的黏度一般取决于稀释比、原油与稀释剂各自的黏度和密度。当稠油和稀释剂的黏度指数接近时，混合油黏度按式（3-3-1）计算[13]：

$$\lg\lg\mu_m = x\lg\lg\mu_l + (1-x)\lg\lg\mu_h \tag{3-3-1}$$

式中　μ_m——混合油黏度，mPa·s；

μ_l——稀油或稀释剂黏度，mPa·s；

μ_h——稠油黏度，mPa·s；

x——稀油质量分数。

掺稀输送的作用机理是：稠油中加入稀释剂，将降低其混合物中胶质沥青质的浓度，从而减弱沥青质胶束间的相互作用与流体黏度。对于含蜡量和凝固点较低而沥青质、胶质含量较高的稠油，掺稀输送的降黏效果显著。所掺稀油的相对密度和黏度越小，降黏减阻效果越好；掺稀量越大，作用效果越显著。一般情况下，稠油与稀油的混合温度越低，降黏效果越好，但混合温度应高于混合油的凝固点 3～5℃，否则降黏效果变差。在低温下掺入稀油后，可改变一些稠油的流变特性，可能从屈服假塑性流体或假塑性流体转变为牛顿流体。

掺稀输送的优点是：（1）加入稀释剂后，稠油黏度会大幅度降低，可用常规方法输送；（2）可保证停输期间不会发生凝管；（3）稀释剂循环利用，具有很好的经济性和适应性。

掺稀输送的缺点是：（1）必须保证稳定的稀释剂供应，且需要新建管线将稀释剂输至油田处理站或首站与稠油混输；（2）掺稀输送对稠油与稀油的性质都有影响；（3）掺稀需要脱水两次，稀油掺入前要脱水，耗能相对增加。

稠油稀释剂选择主要遵循以下原则：

（1）要考虑稀释剂对稠油性质、加工方案及综合经济效益的影响，且不能影响稠油特色产品的加工炼制。

（2）稀释剂来源要广，且可循环利用，管输安全可靠。

（3）考虑稀释剂与稠油的分离，要求工艺简单，且能利用现有炼化工艺和装置经济回收。

（4）稠油输送管道大都在层流状态下运行，若因稀释剂的加入使其变为紊流状态，则稀释降黏减阻的效果就会下降。因此，应按层流条件确定稀释比。

（5）考虑稀释剂与稠油的种类、稀释比、输送温度等参数的相互影响，以及对运行费用的综合影响，对比分析不同输送条件下的经济性，确定最优稀释比范围。

二、工艺流程

新疆油田主要采用在外输管道首站掺混稀油的降黏工艺，主要以轻柴油与稀油为稀释剂。

三、应用实例

将稠、稀油掺混后外输，既保证输送安全，又满足稠油外输量的要求，如风→克线、克→乌线。目前，新疆风城油田超稠油采用掺柴油输送工艺，全长102.11km，一泵到底。共建两条管道，一条为柴油管道，一条为混油管道，分别输送柴油及其与稠油的混油，两条管道同沟敷设。柴油作为超稠油外输的稀释剂，不但可安全有效地解决风城超稠油长输问题，满足下游石化公司特色产品的加工要求，而且可在不改变超稠油性质的条件下使油品黏度有效降低。

新建混油管道沿线设风城首站与克石化末站，新建柴油管道设克石化首站与风城末站；混油管道首站与柴油管道末站合建，混油管道末站与柴油管道首站合建。

1. 风城首站

风城首站建于风城油田1号超稠油处理站内，稠油储罐利用站内已建的8座7000m^3净化原油储罐。风城首站具有接收油、油品增压、压力调节、柴油定量掺混、油品反输与清管器发送等功能。

1）系统组成

（1）混油外输装置区：设置4台外输泵，3用1备，并联安装；输油泵进、出口阀均为电动平板阀，出泵流量、压力调节采用以变频调速为主，阀门回流调节为辅。

（2）出站阀组区：设清管器发送装置1套。

（3）柴油掺混装置区：柴油掺混装置区设低压掺混系统、高压掺混系统、静态混合器，以及流量计和调节阀；低压掺混系统设 3 台（2 用 1 备）低压输送泵，主要是通过调节阀调节流量将柴油定量掺入原油处理站二段沉降罐前，原油脱水处理后外输；高压掺混系统设 3 台（2 用 1 备）高压输送泵，将柴油掺入稠油泵出口的静态混合器前，使之与稠油充分混合。

（4）柴油罐区：新建 7000m^3 柴油储罐 2 座。

2）工艺流程

首站工艺过程如图 3–3–1 所示，其中正常外输流程为站区来稠油与柴油掺混后经沉降处理后，再通过外输泵进入混油管道输送到末站；正常掺混流程为柴油管道来柴油密闭进入柴油掺混泵，将其掺入二段沉降罐前或者通过静态混合器掺入稠油；事故流程为：（1）处理站来油低于 90℃，经换热升温后外输；（2）混油管道停输，将末站柴油储罐里的柴油掺混入管道；（3）混油管道事故停输，将管道内温度较低稠油返输进入稠油储罐。

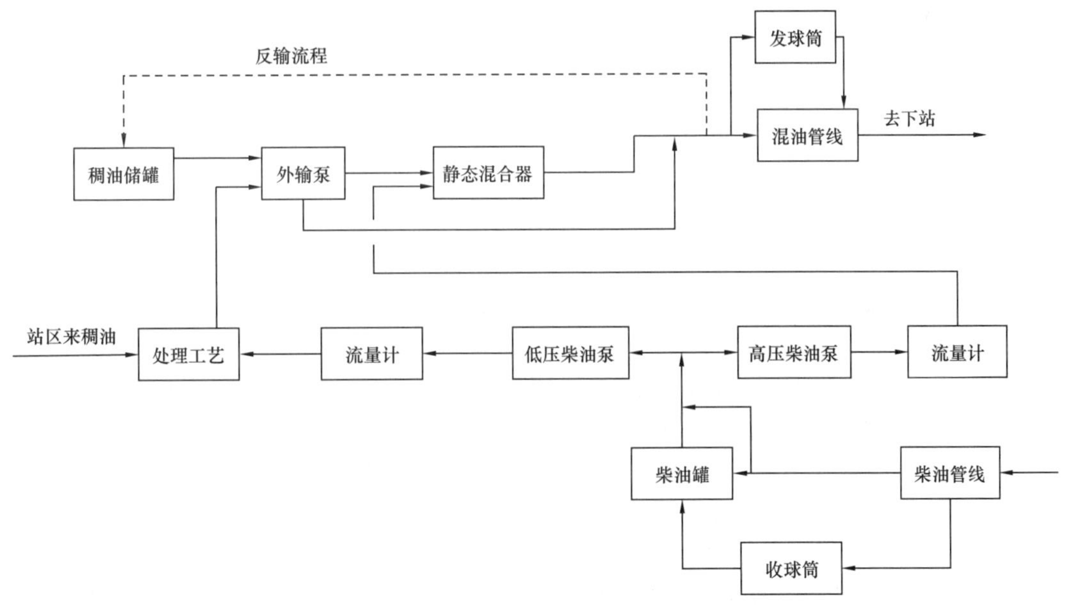

图 3–3–1　风城首站工艺过程

2. 克石化末站

克石化末站位于已建的油气储运公司炼油厂交油点处，主要接收风城来混油，然后通过动态计量系统向克石化公司交接油品，同时接收克石化柴油通过其管道输送至风城首站，其混油和柴油储罐均依托克石化储罐。

1）系统组成

（1）收球区：设收球筒 1 座。

（2）计量区：新建动态交接计量装置 1 套，用于计量交接管输稠油；设置 4 路计量通道，3 用 1 备；计量装置标定系统利用油气储运公司已建体积管及水标定装置。

（3）柴油输油泵装置区：新建2台外输泵，1用1备，并联安装。

2）工艺流程

上站来混油进入新建动态交接计量装置，经计量交接后进入克石化稠油储罐［图3–3–2（a）］；克石化柴油罐区的柴油管输至风城首站［图3–3–2（b）］。

目前风→克线稠油输量240t/h，柴油输量60t/h，出站压力1.2MPa，出站温度85℃；克石化炼厂进油量120t/h，进站压力0.22MPa，进站温度57℃，余油分流至701油库且有7%的柴油掺混至前端，有助于脱水，其余13%密闭掺混至外输管线。

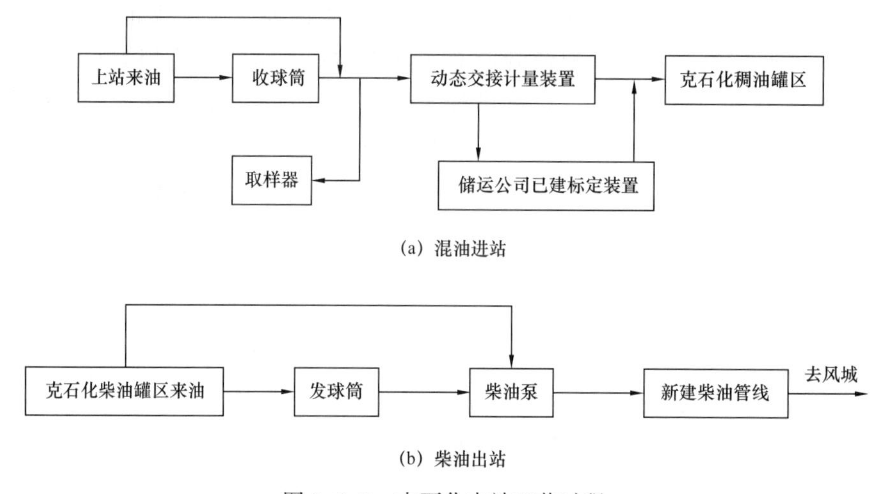

(a) 混油进站

(b) 柴油出站

图3–3–2　克石化末站工艺过程

四、适应性

稠油掺稀输送必须保证稀油的来源，且对油质影响不大。当稀释剂的来源有保证时，稠油掺稀输送简单易行且具有很强竞争力。

针对稠油的不同掺稀比，当其输量不同时，掺稀比和稠油黏度也会随之变化。一般而言，当稠油输量较大时，掺稀比越大，混油黏度越低，油流流态可能由层流变为过渡流，导致压降显著增大，不利于管道在高输量下经济运行。同一种稠油的掺稀比在不同季节的油温下相近，因此季节对稠油掺稀管道输送工艺的影响不大，这主要依赖于管道保温的有效性。除此之外，当稠油输量较小时，不同季节的油温将有差异，但总体上差别并不大，这主要是摩擦生热和环境共同作用的结果。因此，随着稠油输量逐渐增大，摩擦生热效应越明显。此外，在相同稠油输量下，冬季摩阻最大，春季其次，夏季最小[14]。

稠油掺稀输送工艺主要适用于有稳定稀油或稀释剂来源的稠油区块。对于下游炼厂要求有稀释剂回收工艺和回掺管道，且掺入的稀释剂不影响炼厂的产品质量，但在稠油处理过程中容易发生沥青质沉积，严重时可能导致管道流通面积减小，甚至完全被堵，这对稠油加工利用存在极大的安全隐患。因此，与其他降黏减阻输送工艺相比，掺稀输送的约束条件较多，但能大幅降低输送温度，且管道输送效率较高，其技术经济优势明显。

第三节　间歇输送

一、工艺原理与流程

稠油与稀油的间歇输送原理及工艺流程类似，其应用较少，仅在百重七→百克站稠油管线上有应用。该管线长7.14km，高差20m，管道规格为219mm×6mm，保温层厚40mm。设计输量50×10^4t/a，设计压力2.5MPa。该管线的运行方式为：稠油间歇输送至百克站，然后百联及乌尔禾稀油与其掺混，再经百克线外输。

二、应用实例

2012—2015年，百重七稠油量由500t/d下降至140t/d左右，远低于百重七→百克站稠油管线280t/d的最低输量，且就近无可用的油源补充，原间歇输油的模式已无法保证管线安全运行。因此在冬季恶劣工况下，采用百重七稠油停输再启动与间歇输送相结合的大间歇输送模式。

2015—2016年冬，百重七→百克线采用大间歇运行模式，间隔约2个月再启动一次，置换后停输，整个冬季再启动两次，管线运行安全。

2016—2017年冬，稠油产量降至80t/d，输送形势更为严峻，间隔约3个月再启动一次，管线置换重启1次即可。

第四节　稠油长输技术问题及发展方向

一、技术问题

1. 稠油“黏管”问题

虽然稠油管道在运行过程中无凝管风险，但若不能有效控制进入管道的稠油黏度，则存在极大的“黏管”风险。对于常温输送黏稠油的管道，若发生“黏管”，则可能使整条管道丧失流动性，其处理异常困难，甚至造成整条管道报废。对于停输再启动管道，随着停输时间延长，油温下降会导致油品黏度增加，同时若采用掺稀输送方式，则在停输过程中掺稀混油可能出现分层现象，从而造成管道再启动困难，甚至严重“黏管”。

2. 稠油管输新工艺开发

新疆油田公司重质稠油输送工艺多针对稠油开采过程中的短距离集输，未来在针对稠油长距离管输核心技术的攻关中主要面临工艺方式选择、关键工艺设备选型、输送约束条件确定，以及工艺风险分析和应对等难题。

二、发展方向

超稠油常温下黏度大，流动性差，无法实现长距离管输。目前，常用的长距离稠油输送方法主要包括稠油加水乳化、稠油掺稀油、稠油加热及稠油改质等降黏技术。

稠油长输技术发展的总方向[15]是研发适合稠油长距离输送的降黏减阻新方法与新工艺，优化稠油长输管道系统水力与热力相关的关键操作参数，比选稠油长输管道系统的增压泵与加热设备，以及防腐保温材料及其结构。

第四章　稠油采出水处理

新疆油田稠油采出水处理技术与稀油相关技术大体相同，均采用“离子调整旋流反应处理技术”，主要通过重力沉降、化学反应、混凝沉降、压力过滤等工艺，去除油、悬浮物、水中结垢与腐蚀因子，抑制细菌繁殖。该技术与传统技术相比，对来水水质波动的适应能力强，运行维护简单，投资较低。本章主要介绍采出水处理工艺、技术应用及其适应性、存在问题及发展方向。

第一节　采出水处理工艺

新疆油田稠油与稀油的采出水处理工艺不完全相同，除净化工艺外，还包括除硅工艺、软化工艺与除盐工艺。

一、采出水除硅工艺

由于稠油采出水硅含量很高，在回用过程中注采系统易结垢，造成锅炉反冲洗频繁、注汽管线管输效率下降、泵卡严重等问题，甚至妨碍稠油正常生产。因此降低稠油采出水中的硅含量是国内外油田采出水处理的研究热点之一。

1. 除硅原理

目前新疆油田多采用混凝脱硅方法，主要利用某些金属的氧化物或氢氧化物对硅的吸附或凝聚，从而达到脱硅的目的。经过混凝反应和过滤后硅含量能降至100mg/L，除硅率达到75%。

1）镁剂脱硅

在实际水处理过程中，常将镁剂和石灰配合使用，以保证脱硅效果，其主要因素如下：

（1）pH值：镁剂脱硅的最佳pH值为10.1～10.3，因此有必要在处理系统中加入石灰，这不仅可调节pH值，而且还可除去CO_2、暂时硬度及部分SiO_2等。

（2）混凝剂用量：采用镁剂脱硅时，通常需要加0.20～0.35mmol/L的铁盐或铝盐等混凝剂，以改善氧化镁沉渣的性质、提高除硅效果。

（3）水温：提高水温可加速除硅过程，并改善除硅效果，40℃时水中残留硅可控制在1mg/L以内。

（4）水在澄清器中的停留时间：水温越高，停留时间越短，当水温为30℃时，实际停留时间应＞1h；40℃时约为1h；120℃时为20～30min。

（5）原水水质：原水硬度大时有利于镁剂脱硅，原水中硅化合物含量将影响镁剂比耗，镁剂比耗随水中硅化合物含量的增加或胶体硅所占比例减小而降低，一般在5%～20% 之间。

2）铝盐脱硅

影响铝盐脱除溶解硅的主要因素如下：

（1）温度：铝盐除硅的最适宜温度为 20℃；

（2）接触时间：在铝盐与含硅水接触 30min 后，大多数硅可被吸附脱除；

（3）pH 值：最适宜的 pH 值在 8～9 之间；

（4）铝盐的结晶状态和物理性质：铝盐沉淀物若在溶液之外生成，尤其是经过干燥后，其脱硅效果将明显减弱，而铝盐的结晶状态对 SiO_2 脱除效果的影响程度依次为 AlO（OH）＞$Al_2O_3 \cdot 3H_2O$＞Al（OH）$_3$。

3）铁盐脱硅

氢氧化铁能吸附溶解硅，体系最有效的 pH 值为 9，且非晶形氢氧化铁比晶形氢氧化铁的吸附效果好，去除 1mg 二氧化硅需要硫酸铁 10～20mg。常温时，以铁盐作絮凝剂处理含硅水，可使水中残余溶解硅含量降至 3～5mg/L。

4）石灰脱硅

采用熟石灰处理原水，于 40℃下除去暂时硬度和 CO_2 的同时，还可除去部分 SiO_2，水中残留硅含量可降到 30～35mg/L。

近年来，水混凝处理技术的发展主要体现在两方面：其一是注重混凝剂的复配使用，通过药剂的协同效应以求最佳的混凝沉淀效果；其二是一些无机高分子混凝剂，如聚铁、聚铝三号等开发成功并已投入工业应用，它们具有适用范围广、价格低的特点。

2. 除硅工艺流程

除硅工艺过程如图 3–4–1 所示，调储罐出水（含油≤250mg/L、悬浮物 SS≤250mg/L、SiO_2≤300mg/L）经反应提升泵提升至除硅反应器（单座处理量为 420m^3/h），与除硅药剂充分反应后，靠余压进入已建的多功能采出水反应罐和混凝沉降罐；后者出水（含油10～15mg/L、悬浮物 10～15mg/L、SiO_2≤70mg/L）再经过滤提升泵提升至过滤器；除硅反应器排泥汇集至站区已建排泥管线，再输至污泥沉降池处理。

采出水除硅技术在风城油田 1# 与 2# 稠油联合站都有应用，它们的处理规模分别为30000m^3/d 和 40000m^3/d。

3. 除硅效果

风城 2# 稠油联合站除硅剂 1# 和除硅剂 2#（图 3–4–1）的加药浓度分别为 240mg/L 和 220mg/L，其除硅效果如图 3–4–2 所示。由此可见，风城 2# 超稠油联合站的除硅工艺运行情况良好，基本达到暂定 SiO_2≤100mg/L 的目标。

4. 工艺适应性

（1）风城油田稠油联合站的除硅工艺投产以来，采出水除硅效果显著，但日常运行中仍存在一些亟待解决的问题，如管线结垢问题。由于除硅反应时间不足，导致水中硅、钙、镁，以及其他盐分在管线中析出堵塞管线，严重影响正常生产。

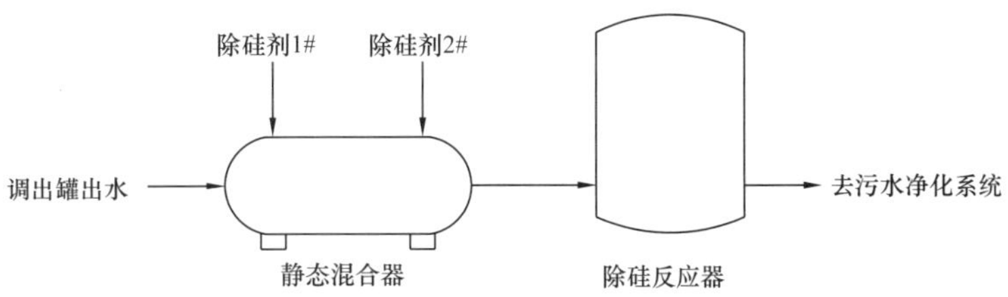

图 3-4-1　风城超稠油采出水除硅工艺过程

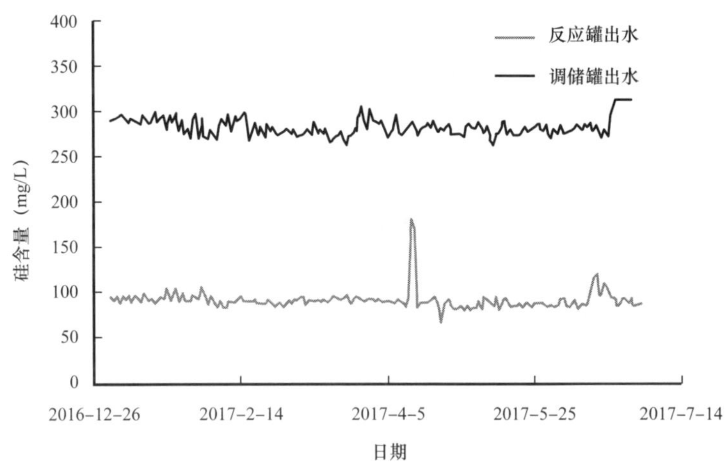

图 3-4-2　风城 2# 站采出水主要节点除硅数据变化趋势

（2）风城油田稠油联合站除硅工艺的除硅效果存在一定局限性，反应罐出水中的 SiO_2 含量接近于 100mg/L，达不到 SY 5854—2019《油田专用湿蒸汽发生器安全规范》中 SiO_2 含量小于 50mg/L 的要求。此外，除硅剂费用高，“除硅—混凝”工艺产泥量大，除硅剂对反应罐出水水质有一定影响。

二、采出水软化工艺

1. 软化原理

风城油田 1# 稠油联合处理站已应用采出水软化技术，其基本原理主要是软化树脂（软化器内）中的 Na^+ 将生水与采出水中的 Ca^{2+}、Mg^{2+} 置换出来，其软化过程如图 3-4-3 所示。随着采出水软化过程的进行，树脂的软化能力会逐渐减弱，直到完全丧失，产水硬度也随之上升。因此，需要及时再生软化树脂。

2. 软化工艺流程

采出水软化工艺主要包括采出水软化过程与软化树脂再生流程，再生流程主要包括反洗、进盐、置换、一洗和二洗五个过程，如图 3-4-4 所示。其中，工作过程就是采出水的软化过程［图 3-4-4（a）］；反洗流程是去除软化树脂表面附着的机械杂质和油污［图 3-4-4（b）］；进盐流程是向软化树脂提供 Na^+［图 3-4-4（c）］；置换流程是指用清水替换浓盐水［图 3-4-4（d）］；一洗和二洗流程是彻底替换盐水，确保软化器出水水质正常［图 3-4-4（e）与图 3-4-4（f）］。强酸钠型软化树脂主要采用价格相对低廉的工业盐溶液再生，软化树脂再生运行参数见表 3-4-1。

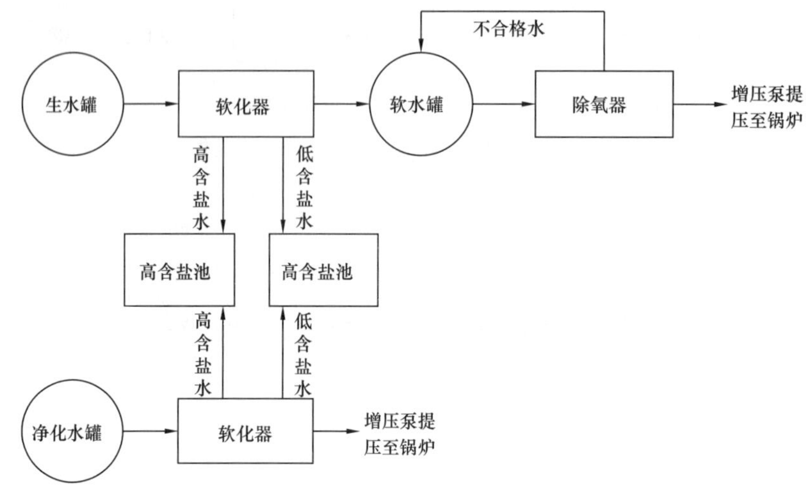

图 3-4-3　风城油田 1# 处理站采出水软化原理

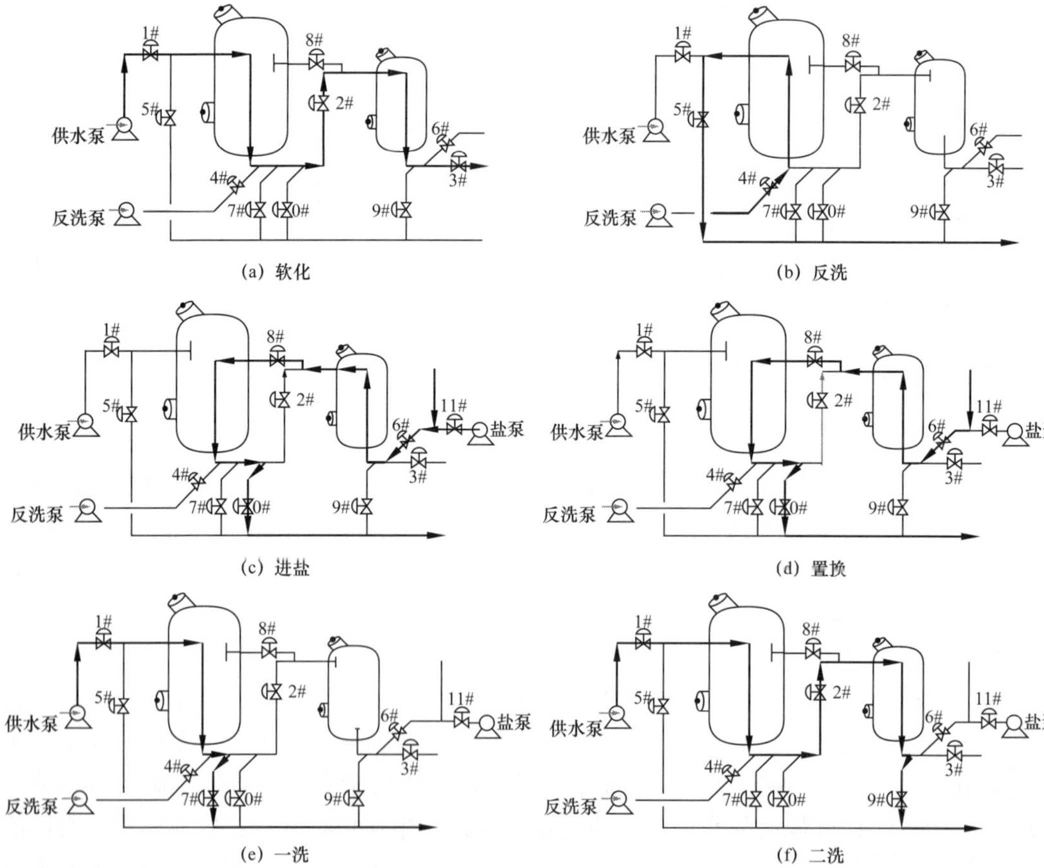

(a) 软化

(b) 反洗

(c) 进盐

(d) 置换

(e) 一洗

(f) 二洗

图 3-4-4　软化树脂工作及再生流程

表 3-4-1　软化树脂再生参数

软化器类型	再生过程	再生用时（min）	再生水源	再生水用量（m^3）
清水软化器	反洗	20	清水软化水	20
	进盐	70	清水软化水—盐水	—
	置换	60	清水软化水	1.4
	一洗	40	清水软化水	10～30
	二洗	30	清水软化水	10～30
采出水软化器	反洗	30	净水软化水	20
	进盐	150	清水软化水—盐水	—
	置换	140	净水软化水	1.4
	一洗	35	净水软化水	10～30
	二洗	35	净水软化水	10～30

软化树脂再生含盐水分类处理工艺过程如图 3-4-5 所示，可见软化树脂再生过程中，产生的含盐水需要处理达标外排。为节约运行成本，已优化树脂软化再生工艺，将再生过程中产生的高、低含盐水分类处置，高含盐水进入生产废水处理站，低含盐水回掺再生系统。

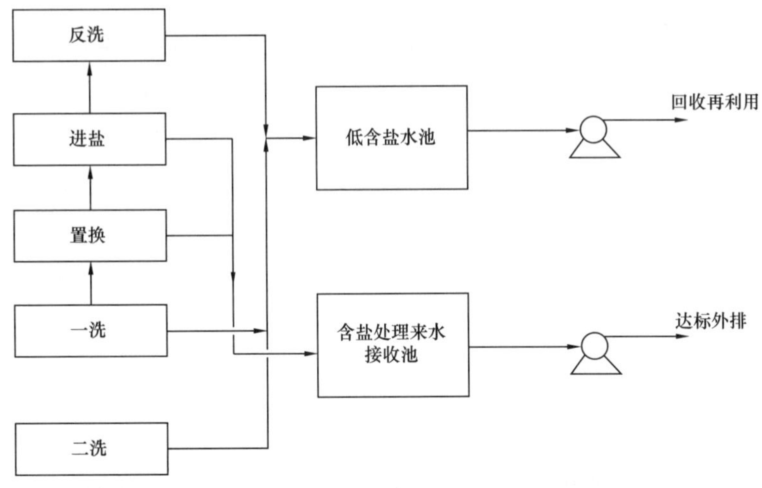

图 3-4-5　软化树脂再生含盐水分类处理过程

3. 工艺适应性

风城油田软化树脂再生过程中，各环节存在界限不明等问题，最明显的是正洗废水混有部分置换废水，导致回收再利用水的矿化度大幅提高。排放的高含盐水量为 1200～1400m^3/d，温度为 60～65℃，需经处理达标后再外排，不仅浪费大量资源，而且严重影响环境。

三、反渗透（RO）降盐工艺

为使处理后的稠油采出水满足注汽锅炉水质要求，需要脱除采出水中的水溶性物质，新疆风城油田 1# 和 2# 稠油联合站目前使用的是反渗透降盐工艺。

1. 降盐原理

稠油采出水反渗透降盐技术是一种膜分离过滤技术，是指采用天然或人工合成膜，以外界能量或化学位差为驱动力，分离、分级、提纯和富集双组分或多组分溶质或溶剂。膜分离法可应用于液相和气相，对液相分离，可用于水溶液体系、非水溶液体系、水溶胶体系，以及含有其他微粒的水溶液体系。

2. 降盐工艺流程

风城油田 1# 和 2# 稠油联合站先后在净化水软化器后段增加高温反渗透膜装置，以去除净化水（矿化度为 4400～4500mg/L）中的盐。两个联合站的设计产水量分别为 3000m^3/d 和 6000m^3/d，产水率≥70%，产水矿化度≤700mg/L，主要用于燃煤流化床锅炉给水，其工艺过程如图 3-4-6 所示。

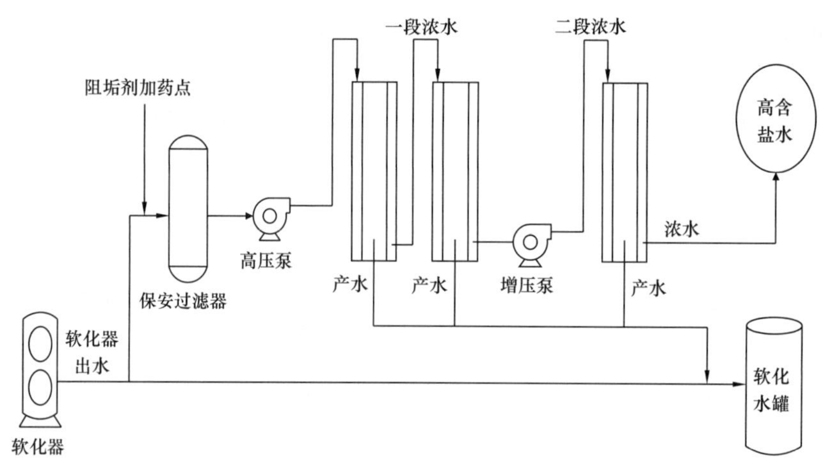

图 3-4-6 高温反渗透膜降盐工艺过程

3. 处理效果

风城油田降盐系统的处理效果见表 3-4-2。

4. 工艺适应性

目前风城油田已建处理规模为 9000m^3/d 的高温反渗透膜除盐装置，产水主要用于燃煤流化床锅炉给水，该装置存在的主要问题如下：

（1）膜对进口污染物要求严格，需定期更换膜元件，保证出水水质；

（2）膜过滤反洗用水为净化软化水，占总进水量的 30%，反洗废水被打回至采出水处理系统，导致重复净化，增大净化与软化处理成本；

（3）膜实际产水量仅为 5000m^3/d，未达到 9000m^3/d 的设计要求。

表 3-4-2　降盐系统来水及产水主要参数指标

序号	指标	来水	产水
1	水温（℃）	80～85	80～85
2	含油（mg/L）	＜2.0	＜0.1
3	矿化度（mg/L）	≤5000	≤700
4	硬度（mg/L）	≤0.1	≤0.1
5	SiO_2（mg/L）	≤50	≤10
6	产水率（%）	≥70	

第二节　采出水处理技术应用及适应性

一、整体情况

目前新疆油田稠油采出水处理站有 6 座，见表 3-4-3。稠油采出水处理总能力为 $18\times10^4m^3/d$，均实现深度处理后回用锅炉或外排。

表 3-4-3　新疆油田稠油采出水处理站运行现状

序号	站名	设计能力（m^3/d）	实际处理（m^3/d）	建设时间（年）
1	红浅稠油污水处理站	25000	29000	2009
2	六九区污水处理站	42000	29000	2002
3	车 510 处理站	3000	3600	2014
4	九$_1$- 九$_5$ 区污水处理站	20000	18700	2008
5	风城特 1 号稠油污水处理站	30000	25000	2008
6	风城特 2 号稠油污水处理站	60000	50000	2013
总计		120000	155300	—

二、应用实例

风城油田 1# 稠油采出水处理站总规模为 $30000m^3/d$，其中 2008 年建成的处理规模为 $20000m^3/d$，采用“离子调整旋流反应法处理技术”，即“重力除油—混凝反应沉降—压力过滤”工艺，处理净化水达标，再经软化后回用油田注汽锅炉，其工艺过程如图 3-4-7 所示。

原油处理系统来水→$9000m^3$ 调储罐（重力除油罐，1 座）→$9000m^3$ 调储罐（缓冲罐，1 座）→反应提升泵（3 台）→除硅反应器（3 座）→反应罐（4 座）→$2000m^3$ 混凝沉降罐（2 座）→2000m^3 过滤缓冲水罐（2 座）→过滤提升泵（4 台）→双滤料过滤器（10 台）→多介质过滤器（10 台）→2000m^3 净化水罐（2 座）→软化水处理系统。

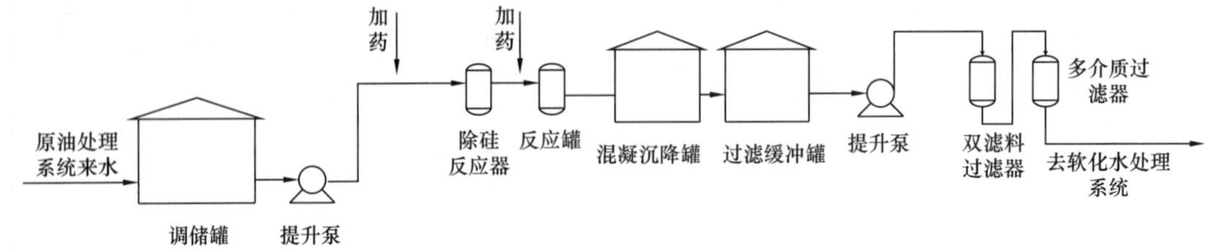

图 3-4-7　风城 1# 稠油采出水处理工艺过程

由于采出水量不断增加，已建采出水处理能力已不能满足生产要求，2011 年在联合站南侧新建 10000m^3/d 采出水处理系统，采用“气浮选”工艺，即“重力除油—气浮选—压力过滤”，处理达标净化水经软化后供油田注汽锅炉回用，其工艺过程如图 3-4-8 所示。

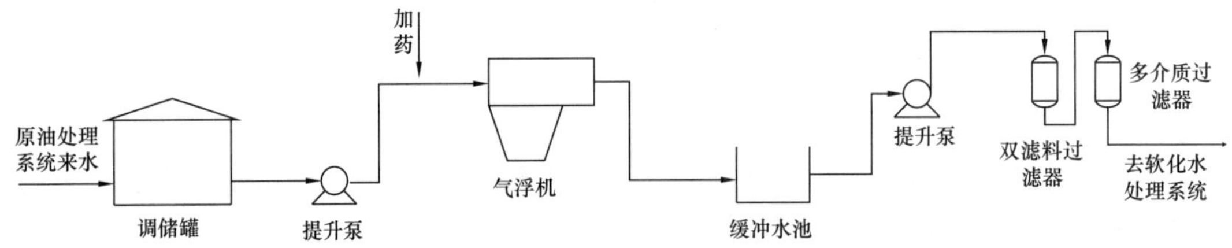

图 3-4-8　风城 1# 稠油采出水气浮选处理工艺过程

原油处理系统来水→5000m^3 调储罐（重力除油罐，1 座）→5000m^3 调储罐（缓冲罐，1 座）→气浮提升泵（2 台）→除硅反应器（3 座）→500m^3 气浮机（2 座）→1000m^3 过滤缓冲水池（2 座）→过滤提升泵（4 台）→双滤料过滤器（7 台）→多介质过滤器（7 台）→2000m^3 净化水罐（2 座）→软化水处理系统。

三、应用效果

风城 1# 稠油采出水处理站来液主要来自重 18、重 32 和重检 3 三个井区，采出水设计处理总规模为 30000m^3/d，其净化单元主要包括重力除油、混凝沉降 / 气浮选和压力过滤等环节，主要药剂分别为混凝剂 SDJ-E1 和助凝剂 SDJ-E3，加药浓度分别为 220～260mg/L 和 20mg/L，各节点水质监测结果如图 3-4-9 所示。由此可见，各节点水中石油类去除效果良好，但悬浮物含量波动较大，反应罐出口、气浮选出口、混凝沉降罐出口和缓冲罐出口水中悬浮物都在设定指标上下波动；气浮单元对悬浮物的去除效果相对较好，在混凝沉降单元，需要投加助沉剂，增大悬浮物的沉降效率。

风城 1# 稠油采出水处理站各节点运行指标如下：

（1）含油：稠油（储罐调出口）≤150mg/L、反出（气出）≤15mg/L、混出（缓出）≤10mg/L、二出≤2mg/L；

（2）悬浮物：调出≤150mg/L、反出≤20mg/L、气出≤30mg/L、混出（缓出）≤10mg/L、二出≤2mg/L；

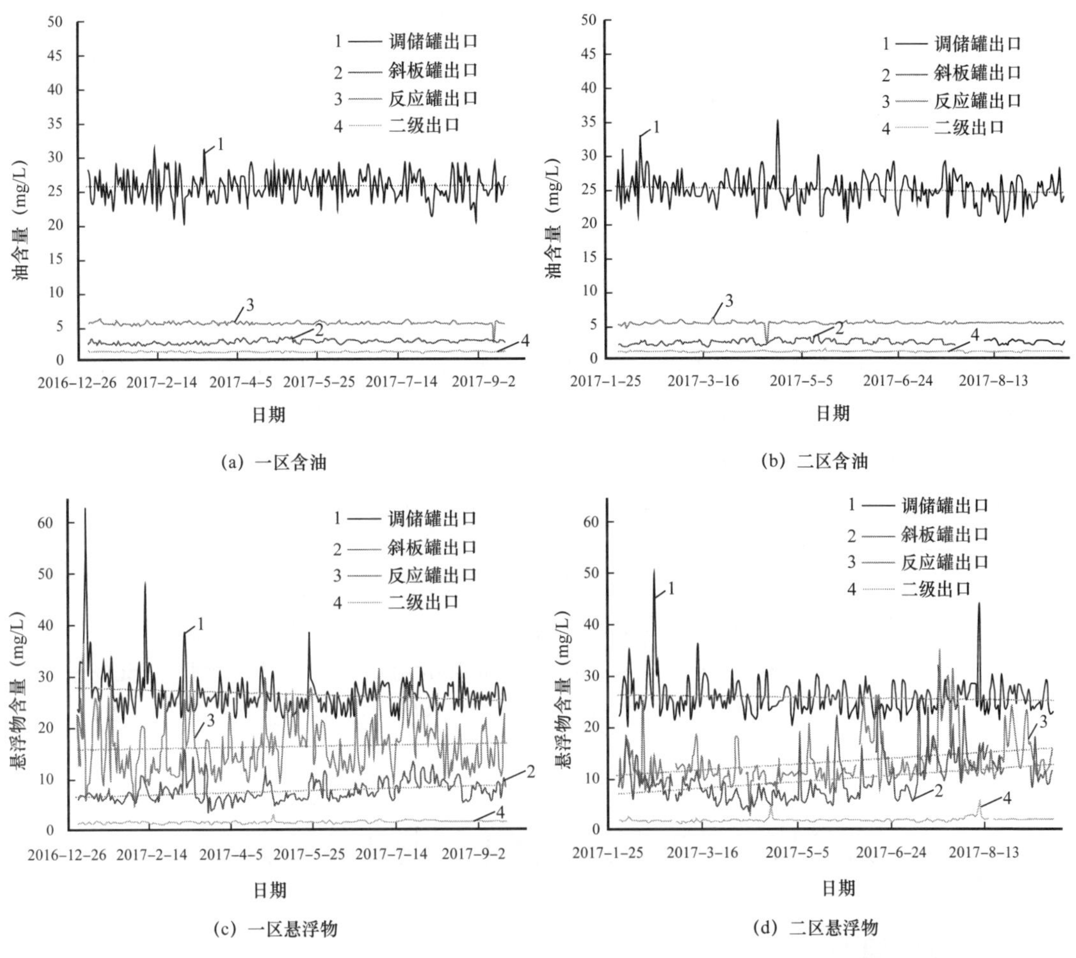

图 3-4-9　风城 1# 采出水处理站两区各节点含油与悬浮物监测结果

（3）各节点硬度≤120mg/L。

从采出水处理站进站指标看，进站水质悬浮物 SS 含量、含油值基本都在设计指标范围内，采出水处理系统的出水达标率较高。从各个采出水处理站各节点运行参数看，过滤器出口水质指标中悬浮物含量、含油值基本也都在设计指标范围内，说明稠油采出水处理系统的处理效果较好、采出水水质达标率较高，这与来水的水质稳定、水温较高、药剂充分反应等因素密切相关。

四、工艺适应性

目前，新疆油田采出水处理基本能够达到回注、回用、热采锅炉标准，且运行成本较低，管理方便，但仍存在以下问题。

1. 采出水除硅流程

风城油田稠油采出水除硅系统运行过程中，除硅效果显著，但对采出水净化系统的影响不可忽视。

（1）采出水净化反应罐 pH 值变化波动大，导致净水药剂配方和加药浓度调整频繁；

（2）采出水净化单元污泥量比除硅工艺投产前有较大幅度增加，导致污泥处理系统回收水量增加，加大采出水净化处理难度；

（3）下一步需要探究净水除硅一体化技术，将除硅单元和净化单元合二为一，可充分发挥除硅剂和净水剂的协同作用。

2. 采出水软化处理系统

（1）当采出水软化再生过程中第二个环节开始操作时，树脂罐中会残留上一环节的废水；两个环节交接时，也就存在一定量的过渡水，从而造成含盐水产量较大。

（2）目前风城油田稠油采出水软化树脂再生排放的高含盐水量为 1200～1400m^3/d，温度为 60～65℃，需要达标处理外排，不仅浪费大量资源，还造成环境严重恶化。

（3）下一步需要开展采出水的分段管控工作与树脂污染恢复技术研究，提高树脂的使用寿命，同时开展盐回收、水回用的技术研究，降低外排水量和盐耗量。

3. 采出水除盐流程

（1）风城油田稠油采出水中反渗透膜对进口污染物要求苛刻，即使采取除油、除硅、软化、保安过滤等预处理措施，也需定期更换膜元件，以保证出水水质达标；

（2）风城油田净化软化—除盐系统产水量为 5000m^3/d，仅占设计产水量的 56%；

（3）下一步需要研究机械蒸汽压缩（MVC）、电渗析（ED）、多效蒸发（MED）等除盐技术。

第三节　采出水处理技术问题及发展方向

一、技术问题

1. 常规处理工艺不适应问题

根据 SY/T 0027—2014《稠油注汽系统设计规范》中锅炉给水指标，稠油热采注汽锅炉用水一直采用两级钠离子交换软化处理工艺除去 Ca^{2+} 与 Mg^{2+}，可满足湿蒸汽锅炉需求。近年来，随着风城特超稠油开发中过热注汽锅炉的应用，稠油污水中矿化度和二氧化硅含量不断增加，矿化度从 3000mg/L 升高到 4000～4500mg/L，二氧化硅从 120mg/L 升高到 272mg/L，氯离子从 1000mg/L 升高到 2800mg/L，需优化除盐工艺与软化工艺，并对除硅工艺提标改造。

2. 注汽锅炉和管线结垢问题

由于过热蒸汽燃气锅炉回用净化水，而锅炉给水只进行软化处理，盐分在蒸汽、地层、采出水中循环；生产中造成盐分在锅炉、注汽管道与油管中析出，甚至严重结垢堵塞。目前采用锅炉定期降至饱和运行，并冲洗解堵，这不仅给油井注汽带来严重影响，而且对锅炉的安全运行也有很大隐患，需对稠油采出水深度处理（除硅、降低矿化度）后再回用锅炉，其他一些区块也逐步出现这类问题。

二、发展方向

油田采出水成分比较复杂，油分含量及油在水中存在形式也不相同，且多数情况下常与其他废水相混合，考虑到新疆地区水资源短缺的情况，采出水处理回用技术势在必行。新疆油田采出水处理技术的下一步攻关方向如下：

（1）新型水处理药剂的研制和开发：混凝剂是油田采出水、钻井污水等处理中的重要药剂，研制混凝能力强、能够快速破乳、沉降速度快、絮凝体体积小、在碱性和中性条件下同样有效的新型混凝剂是水处理药剂发展的重要方向。近年来，研制和应用原料来源广的聚合铝、铁、硅等混凝剂成为热点，无机高分子混凝剂的品种已经逐步形成系列；而有机混凝剂复合配方的筛选和高聚物枝接是研究的重点。

（2）先进设备的研制和新技术的应用：高效油水分离装置、光催化氧化技术、电絮凝技术、高级氧化技术、超声波处理技术和循环流化床处理技术等先进技术及装备的研究也是今后油田水处理的研究重点[16]。

（3）生物处理技术：该技术被认为是未来最有前景的采出水处理技术，近年来随着基因工程技术的长足发展，以质粒育种菌和基因工程菌为代表的高效降解菌种的特性研究和工程应用是今后采出水生物处理的发展方向[17]。

（4）膜分离技术：该技术用于油田采出水处理尚处于工业性试验阶段，难以大规模工业应用的主要原因是膜成本和膜污染问题。今后开发质优价廉的新材料膜，研制低污染或无污染膜及研发膜清洗剂将成为采出水膜分离的研究重点[18, 19]。

（5）积极应用采出水处理耦合工艺：针对当前采出水处理的现状，需要对现有技术持续改进，针对浮选、水力旋流以及絮凝等方法，应积极采用新技术和新装备，充分利用多种采出水处理工艺的耦合作用，最大限度发挥其集成作用效果，根本解决油田采出水处理的瓶颈问题[20]。

（6）兼顾污泥处理新工艺的开发与应用：现有污油泥处理工艺及方法种类较多，各有独特的优点，但在处理效果、费用、适用性、二次污染等方面均存在一定的问题，且含油污泥组成、性质变化较大，导致单一处理技术的效果和适用性较差[21, 22]。因此，今后将结合现有技术与油田实际，探索高效、经济的油泥处理新工艺，实现无害化处理[23]。这不仅能为石化企业找到处理危废出路、回收资源，而且也符合可持续发展的长远利益。

第五章　注汽地面工程技术

稠油热采地面注汽系统是指在蒸汽吞吐、蒸汽驱和 SAGD 等热采过程中，将水转化成具有不同状态参数、携带相应热量的蒸汽，并注入油层的工艺系统。注汽系统主要由注汽站、输气管线、蒸汽分配装置等设施组成，其中注汽站内通常安装有注汽锅炉、水处理装置及其他配套设施。根据稠油开发方案中要求的注汽规模、速度、压力、干度等参数和环境条件，确定注汽系统中注汽站规模、注汽管道敷设方式及蒸汽计量调节方式。本章主要介绍注汽工艺原理、注汽站布置、注汽锅炉工艺原理、注汽管网布置、注汽工艺应用及适应性、存在技术问题及发展方向。

第一节　注汽工艺

目前新疆油田稠油注汽主要采用“水质集中处理、蒸汽就近注入、注汽锅炉及供汽分散布置、管汇站多井配汽”的工艺技术，注汽半径一般控制在 0.75km 以内，大大提高蒸汽的热利用率。

一、工艺原理

通过注入蒸汽，提高油层温度、降低原油黏度、增强原油流动性和驱油作用，形成一套系统性的转化和输送能量的工艺，主要由蒸汽发生系统、地面蒸汽输送系统和蒸汽注入井三部分组成。该工艺将天然气、燃油、煤等燃料燃烧时的化学能转化为热能，并将水加热成高温高压蒸汽，通过注汽管网和注汽井输送至油层，用于稠油热力开采。

在注汽量相同的条件下，注入蒸汽的干度越高，其热焓越大，进入油层的热量越多，原油降黏与热采效果越好[24]。

二、工艺流程

稠油热采地面注汽工艺一般由蒸汽生产、输送和分配工艺组成。进站生水经处理单元软化、除氧后，由注汽锅炉加热成具有一定温度、压力、干度和流量等状态参数的蒸汽，再通过注汽管线将蒸汽输至各配汽站点，最后通过配汽单元分配，将蒸汽注入各注汽井，其工艺过程如图 3-5-1 所示。

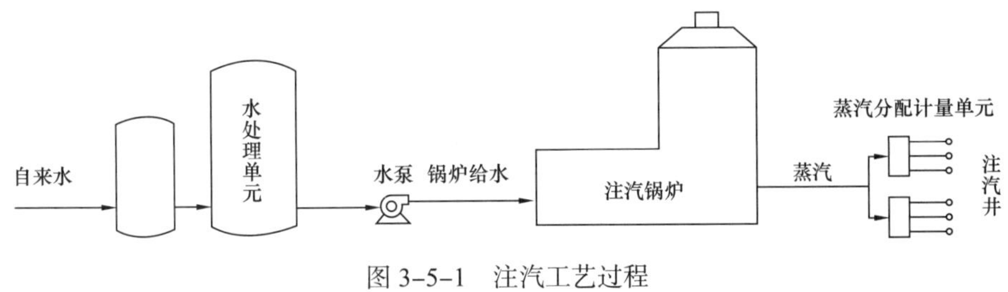

图 3-5-1　注汽工艺过程

第二节　注　汽　站

注汽站是注汽系统中高温高压蒸汽的生产环节，是以实现蒸汽生产为目的、以注汽锅炉为主体、多种配套系统组合而成的综合性站场。根据站区布置方式、燃料和锅炉种类不同，新疆油田注汽站可分为集中式、简易式和流化床锅炉三种。

一、集中式注汽站

新疆油田传统的注汽站采用集中建站模式，即注汽锅炉及水处理、供配电等配套系统的装备集中建设在同一注汽站内。集中式注汽站主要由蒸汽发生、水处理和燃料供应三大系统组成，其平面分区与布置如图 3-5-2 所示。

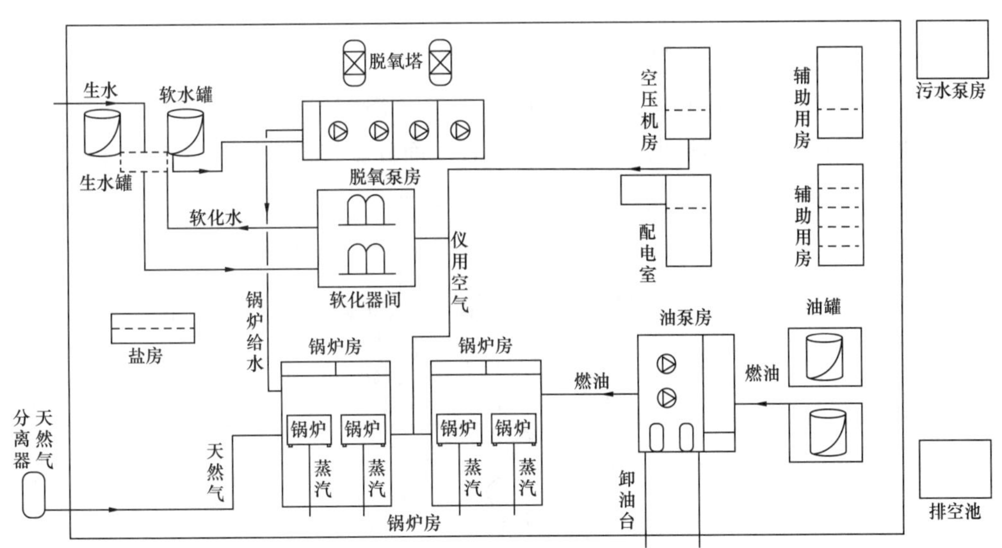

图 3-5-2　集中式注汽站平面分区及布置

二、简易式注汽站

目前新疆油田常用短半径注汽模式，注汽站分散布置，站内注汽锅炉露天安装，水处理系统集中建设，供多个注汽站共用。这种注汽站内设施建设相对集中、简单易建，因此也称简易式注汽站，主要由蒸汽发生和燃料供应两大系统组成，其平面分区与布置如图 3-5-3 所示。

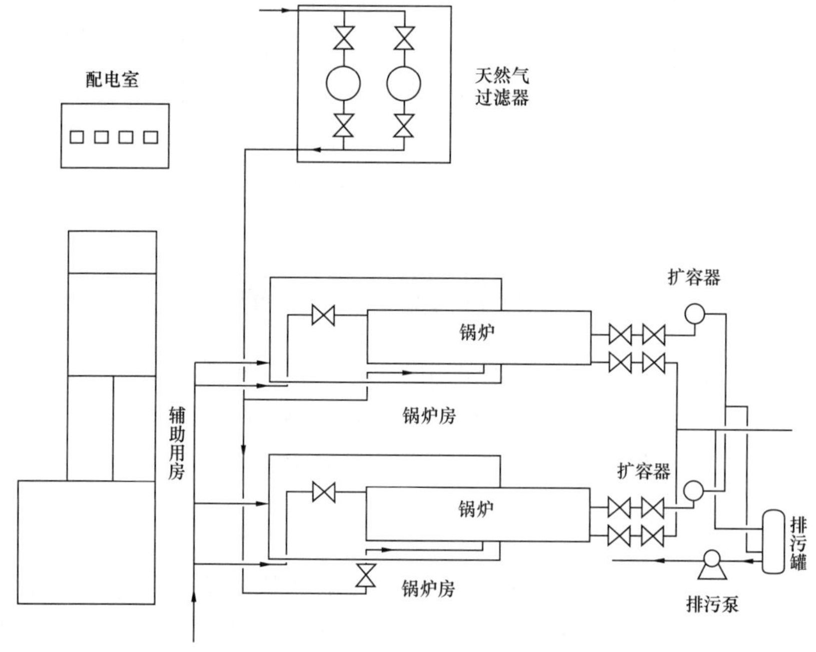

图 3-5-3 简易式注汽站平面分区与布置

三、流化床锅炉注汽站

因注汽锅炉型式、容量和所用燃料不同，流化床锅炉注汽站内工艺系统较复杂，主要包括蒸汽发生、水处理及燃料供应三大系统，其平面分区与布置如图 3-5-4 所示。

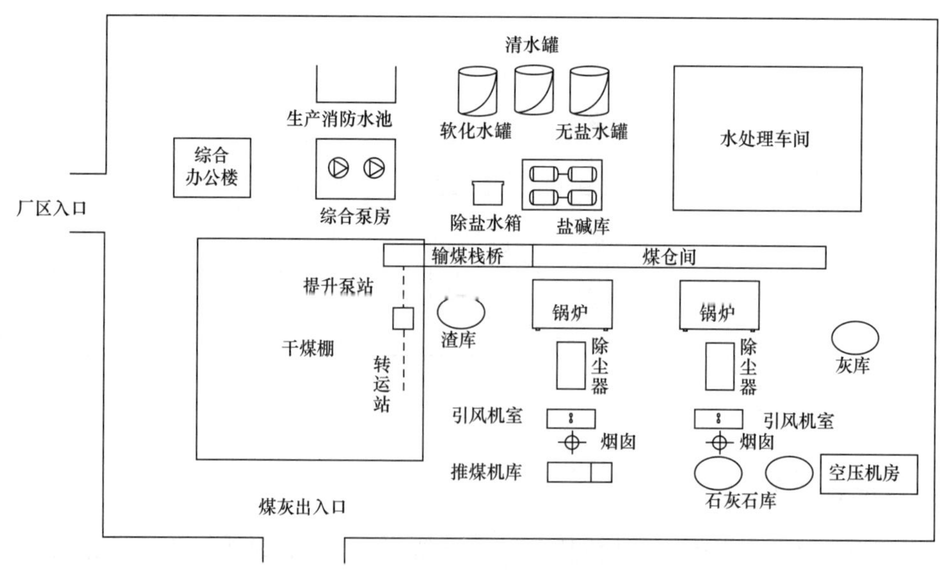

图 3-5-4 流化床锅炉注汽站平面分区与布置

第三节 注汽锅炉

注汽锅炉是注汽系统的核心设备，属于为注蒸汽热采而专门设计的新型工业锅炉，其燃料锅炉是利用燃料燃烧释放出的热能将水加热成为一定压力、温度和干度的湿饱和蒸汽或过饱和蒸汽的机械设备[25]。新疆油田注汽锅炉规格按额定蒸发量分为130t/h、22.5t/h、9.2t/h三种，按锅炉注汽压力分为17.2MPa与14.2MPa两种；锅炉类型按出口干度分为湿饱和蒸汽锅炉（干度为80%）和过热蒸汽锅炉，按适用燃料分为燃油、燃气和燃煤锅炉。

一、湿蒸汽注汽锅炉

1. 工艺原理

湿蒸汽发生器也称常规注汽锅炉，是生产一定压力、温度和干度的湿饱和蒸汽的机械设备。油田注汽锅炉多为高压卧式直流锅炉，从水处理系统来的软化脱氧水在柱塞泵的作用下，被强制依次通过预热器、对流段、辐射段各受热面，将达到品质要求的蒸汽注入油层，其构成与工艺原理如图3-5-5所示。

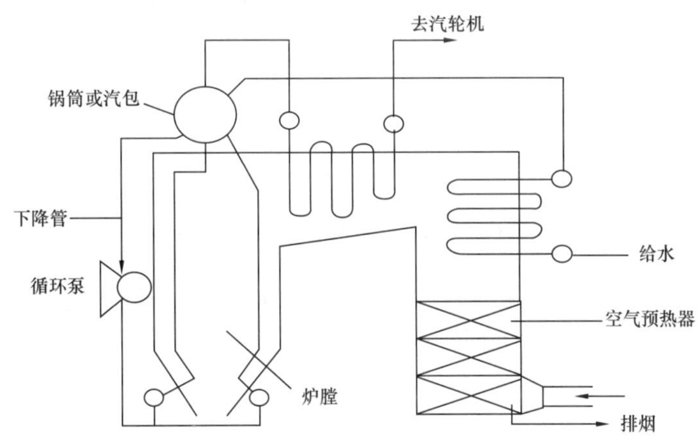

图3-5-5 湿蒸汽注汽锅炉结构及工艺原理

2. 工艺流程

经水处理后的软化脱氧水由柱塞泵升压后进入给水预热器，使给水温度提高到露点以上，可避免烟气中的酸性介质蒸汽凝结在对流段的翅片管上造成低温腐蚀。经预热的水进入对流段的翅片管和光管，在此吸收约40%的热量，使水温升高，再进入预热器消耗部分热量，水温有所降低，然后进入辐射段。水在辐射段流经全部串联炉管，吸收约60%的热量，生成温度达到设计压力下相应的饱和温度、压力为设计压力、干度为80%的饱和蒸汽。

3. 工艺特点

常规注汽锅炉产生的是干度为80%的湿饱和蒸汽，其主要特点是：（1）受干度极限限制，蒸汽携带的热量相对较低；（2）在注汽锅炉出口蒸汽中至少有20%的炉水可溶解各种残余盐分，这样既能最大限度地提高送入地下油层蒸汽的热量，又可最大限度地在低廉的水处理设备基础上保证锅炉的运行安全。

4. 适应性

常规注汽锅炉适用于井底注汽干度<60% 的稠油开采区域或只供应稠油净化污水的区域。湿蒸汽注汽锅炉在新疆油田注蒸汽热采中应用时间长、范围广、数量多，几乎所有稠油区块都有应用。

二、过热注汽锅炉

1. 工艺原理

过热注汽锅炉是在常规注汽锅炉的过渡段后部增加汽水分离段（内含汽水分离装置、分配器、喷水减温器），在其对流段增加过热段[26]，其结构与工艺原理如图 3-5-6 所示。

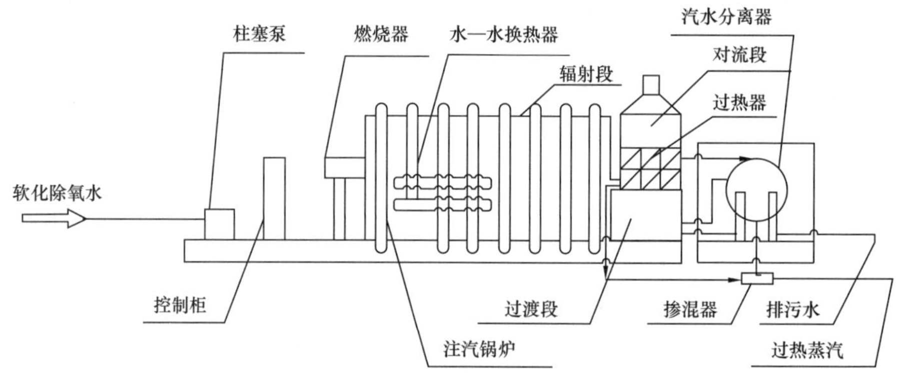

图 3-5-6　过热注汽锅炉结构及工艺原理

由注汽锅炉将给水加热形成干度为 80% 的湿饱和蒸汽；进入汽水分离器，分离出干度为 95% 以上的饱和蒸汽；进入过热段加热形成过热蒸汽；过热蒸汽与汽水分离器脱出高含盐的饱和水，再进入汽水混掺器，混合成低过热蒸汽。

2. 工艺流程

过热注汽锅炉工艺流程如图 3-5-7 所示，即生水处理成合格软化水即给水后，进入锅炉的高压泵入口端，经升压后进入水—水换热器，经预热后的水进入对流段，在此吸收热量并进入水—水换热器，作为热源加热给水，经冷却后进入辐射段的入口，水在辐射段经加热汽化成干度为 70%～80% 的蒸汽。然后，蒸汽进入球形汽水分离器实现汽水分离，分离出的干蒸汽（干度 99% 以上）再进入过热段，加热后进入喷水减温器，与分离出的饱和水充分混合后注入井下油层。

3. 工艺特点

与常规注汽锅炉相比，过热注汽锅炉的主要特点是[27]：（1）对水质的要求高；（2）注汽开发效果和经济性更优；（3）蒸汽干度大幅提高；（4）锅炉热能利用率大幅提升；（5）适用范围增大；（6）可在线检测、自动化控制；（7）结构较完善，故障率较低。

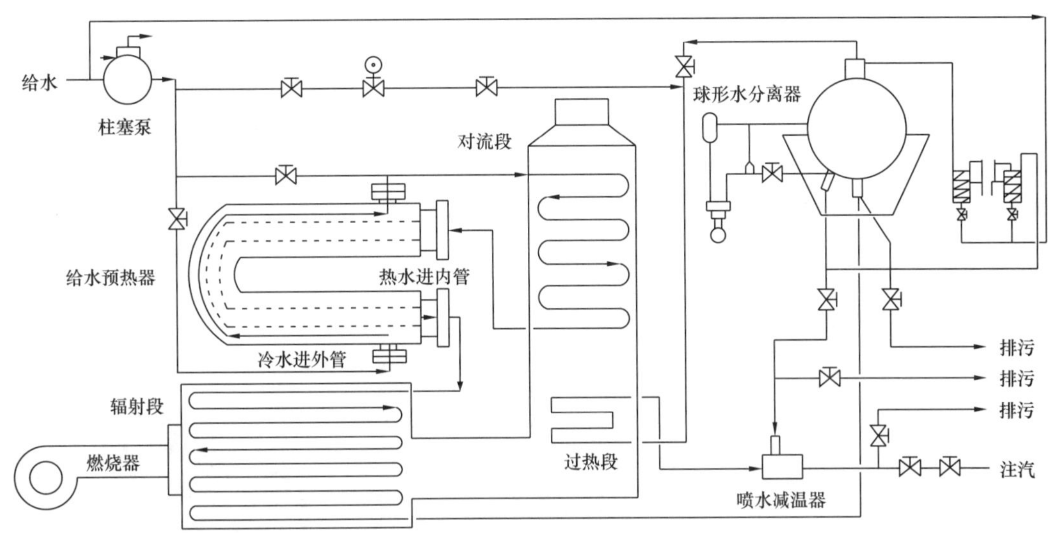

图 3-5-7　过热注汽锅炉工艺流程

4. 适应性

目前主要应用于风城特、超稠油油藏及红 003 井区、红 006 井区要求井底注汽干度>60% 的蒸汽吞吐及蒸汽驱开采区块。

三、循环流化床注汽锅炉

1. 工艺原理

循环流化床锅炉是在炉膛里把燃料控制在特殊的流动状态下生产蒸汽的设备，因其具有诸多优点，以及国家产业政策倡议推广，在电力、热力、动力等行业应用广泛，其工作原理如图 3-5-8 所示。

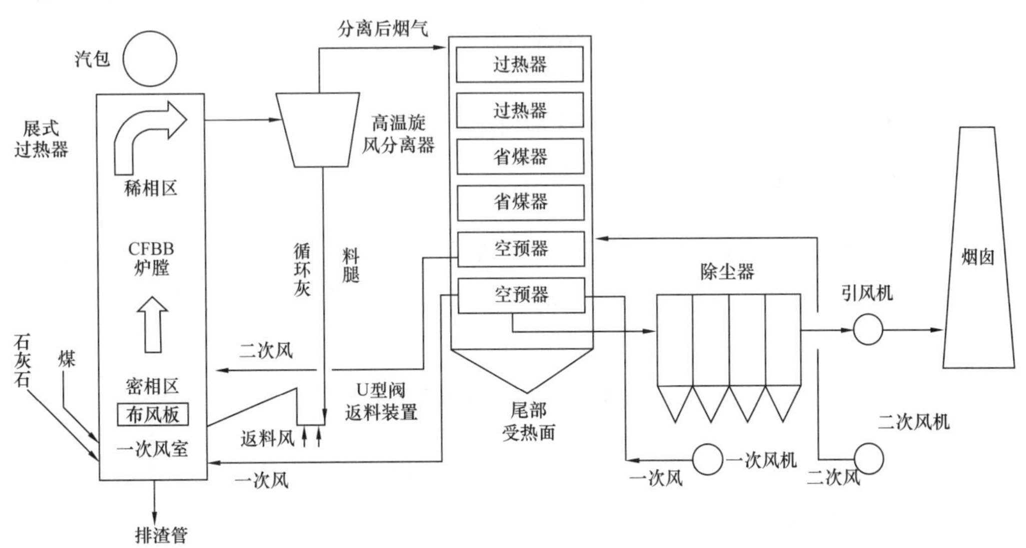

图 3-5-8　循环流化床工作原理

2. 工艺流程

锅炉给水经省煤器加热后进入汽包，其中饱和水经集中下降管、分配管进入水冷壁下集箱，加热蒸发后流入上集箱，然后进入汽包；饱和蒸汽流经顶棚管、后包墙管、进入低温过热器，由低温过热器加热后进入减温器调节汽温，然后经高温过热器加热到额定蒸汽温度，进入汇汽集箱至注汽管网，其工艺过程如图 3-5-9 所示。

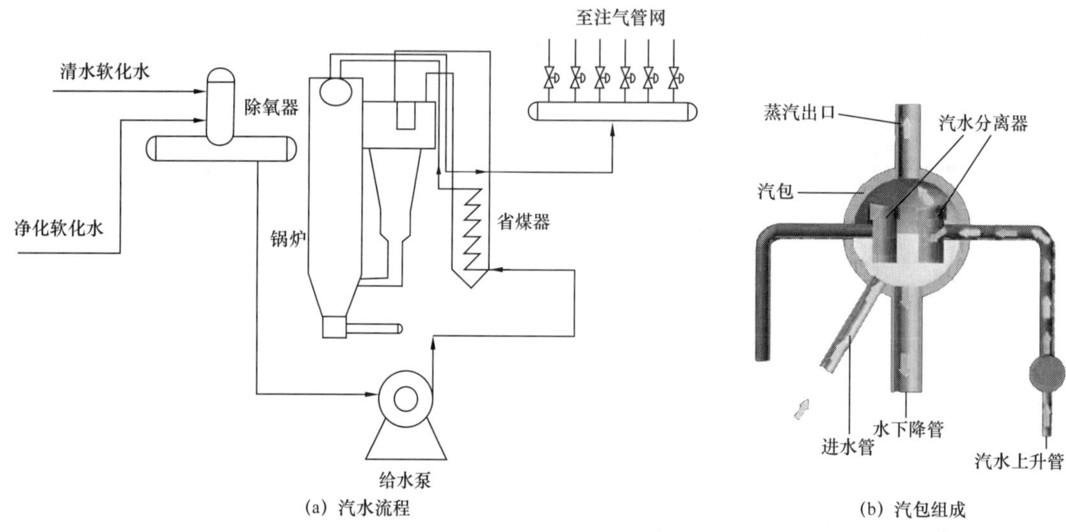

(a) 汽水流程　　(b) 汽包组成

图 3-5-9　循环流化床汽水工艺过程

3. 工艺特点

循环流化床锅炉的主要特点是：(1) 燃烧效率高；(2) 燃料适应性广；(3) 低污染物排放；(4) 燃烧强度高；(5) 床内传热能力强；(6) 负荷调节性能好；(7) 易于操作和维护；(8) 灰渣便于综合利用；(9) 气固分离和床料循环系统比较复杂；(10) 燃烧效率受燃烧温度的限制，略低于煤粉炉的燃烧效率。

4. 适应性

循环流化床锅炉蒸发量相对较大，特别适用于大规模、长期稳定注汽的开发区块。

四、移动式注汽锅炉

移动式注汽锅炉主要用于无注汽系统的稠油边探井、需准确计量注汽量的评价井等注汽，除一些参数不同外，其工艺流程、结构与 22.5t/h 湿蒸汽锅炉基本一致。

第四节　注汽管网

通常将从湿蒸汽锅炉蒸汽出口至单井井口的管线统称为高温高压注蒸汽管线，简称为注汽管线。按其功能可分为注汽干线、注汽支线和单井注汽管线等类型，多采用无缝钢管，这些不同类型的注汽管线构成注汽管网。

新疆油田稠油注汽管线规格主要为 D114 无缝钢管，近年来随着 130t/h 流化床燃煤锅炉及过热燃气锅炉的推广应用，又新增 D325、D273、D219、D168 和 D133 系列规格，具体应用情况见表 3-5-1。注汽管线材质通常选用 20G（DN150 及以下管径）和 Q345C（DN200 及以上管径）无缝钢管，采用辐射状或枝状布置，低支架架空敷设，且相邻注汽站间的注汽干线连通布置。

表 3-5-1 新疆油田注汽管线规格

序号	规格	材质	适用范围
1	D76、D89	20G	单井注汽管线
2	D114	20G	湿蒸汽锅炉注汽管线
3	D133	20G	燃气过热蒸汽锅炉干线和流化床锅炉支线
4	D168	20G	流化床锅炉支线
5	D219	Q345C	流化床锅炉支干线
6	D273	Q345C	流化床锅炉支干线
7	D325	Q345C	流化床锅炉干线

注汽管线输送的介质为高温高压蒸汽，输送过程中会产生一定的热能和动能损失。注汽管线设计通常包括管径和保温设计，即根据输送蒸汽压力、温度、干度与流速等特性及相关要求进行水力和壁厚计算，确定注汽管线管径及壁厚；根据注汽干度或沿程热损失要求，确定保温层厚度。在实际工程中，通过综合分析两项设计，确定总体最优方案。

第五节 蒸汽调配

一、分配技术

蒸汽干度分配是注蒸汽热采环节中的重要环节，应用的蒸汽干度分配器主要包括“T”形和球形两种。其中，球形等干度蒸汽分配器的分配效果较好，但结构复杂，分配井数少，一般为 2～4 口；且球形等干度蒸汽分配器为压力容器，每年都需要检验，制约球形等干度蒸汽分配器的使用。“T”形等干度蒸汽分配器结构简单，井多井少都适用。在注汽干线分支处设“T”形等干度蒸汽分配器，从注汽支线到单井由设在配汽间的“T”形分配器分配蒸汽，尽量做到配注各井的蒸汽干度比较均匀，配汽管汇也可通过生产调整来实现等干度蒸汽的分配。

二、计量技术

目前广泛使用的蒸汽质量流量计绝大多数为间接推导式，且以差压式流量计和涡街流量计为核心的质量流量计为主流。国内在稠油注汽领域应用的蒸汽流量计主要包括孔板流量计、弯管流量计、EP/V 型高温高压湿蒸汽流量计、联合式湿蒸汽流量与干度测量装置等，它们的特点如下：

（1）孔板流量计结构简单、适用温度范围大，但孔板经现场使用7个月左右后，由于高压蒸汽高速连续冲刷，导致孔板孔径变大，使计量结果严重漂移，因此孔板流量计适用于中、低压单相流管路的蒸汽计量。

（2）弯管流量计结构简单、加工安装容易、投资少、维护费用低，由于注汽锅炉产生的湿蒸汽为两相流，现场使用过程中不测量干度，其体积流量转换为质量流量的准确性有待验证，因此弯管流量计适用于高干度、过热蒸汽计量；若与干度计量配合使用，可用于湿蒸汽的两相流计量。

（3）EP/V型高温高压湿蒸汽流量计较先进，若与“体积变化”式湿蒸汽干度计配合使用，则计量数据更加稳定可靠。但“体积变化”式湿蒸汽干度在线监测装置需安装在锅炉出口，因此EP/V型高温高压湿蒸汽流量计使用距离有限。

（4）联合式湿蒸汽流量、干度测量装置采用橇装化配置，安装简便、运行安全、计量数据稳定可靠，计量精度为0.5，量程比为1∶10，该装置适用于高干度管路、过热蒸汽管路、湿蒸汽管路计量及单井、管汇点、注汽总管等湿蒸汽两相流计量。

新疆油田使用的蒸汽流量计主要有锥形孔板流量计、标准孔板流量计和弯管流量计。2008年，新疆油田在重32井区SAGD试验区开展标准孔板流量计的现场试验，主要用于测量过热蒸汽。该装置使用一段时间后，计量数据因孔板冲刷磨损而严重漂移。后改用耐磨的锥形孔板计量，其误差在±10%以内，满足现场注汽需求。同年，油田公司在百重七井区122号计量管汇安装2套弯管蒸汽测量装置，主要用于测量湿饱和蒸汽。该装置通过弯管流量计测定压差，然后计算出体积流量，转换为质量流量，使用10个月左右，计量数据稳定。但由于湿蒸汽为两相流，而122号计量管汇处没有测量干度，因此其体积流量转换为质量流量的准确性受压力波动的影响较大。

2010年，新疆油田在九$_8$区开展锥形孔板流量计的应用试验，主要用于计量湿饱和蒸汽，其计量误差在±8%以内。

第六节　注汽工艺应用及适应性

一、应用情况

经过30多年的发展，不同模式的注汽工艺在新疆油田稠油热采中均有应用，以不同类型稠油油藏开发和不同开采方式的注汽需求，主要应用情况见表3-5-2。

二、工艺适应性

从注汽工艺技术看，注汽锅炉及配套技术基本上可满足普通稠油和特超稠油的开发需要，其主要问题在于现有的锅炉水质标准与燃气过热锅炉运行工况不相适应，对锅炉安全运行和油井正常注汽有较大影响。部分稠油老区，需注入高干度蒸汽，以提高采收率和开发效果。但现有注汽锅炉为湿蒸汽锅炉，注汽工艺不相适应，需对注汽锅炉改造升级。

表 3-5-2 新疆油田注汽工艺应用情况

模式	投用时间（年）	锅炉类型	适用油藏类型	适用开发规模	主要特点	具体案例
传统集中注汽模式	1984	22.5t/h（含23t/h）湿蒸汽锅炉	普通稠油	各类规模	多台锅炉集中布置；注汽半径 1.5km；用湿蒸汽锅炉	克拉玛依九区浅层稠油及六区、四区、克浅 10、红山嘴与百重七井区等稠油区块
短半径注汽模式	2005	22.5t/h 湿蒸汽锅炉	普通稠油、特稠油	各类规模或补充、调峰	注汽锅炉分散布置；注汽半径＜0.75km；用湿蒸汽锅炉	$九_7$、$九_8$ 区、风城超稠油油田及红山嘴油田
过热锅炉注汽模式	2009	22.5t/h（含20t/h）过热蒸汽锅炉	普通稠油、特、超稠油	各类规模或补充、调峰	注汽锅炉分散布置；注汽半径＜0.75km；用过热锅炉	风城、红山嘴
流化床锅炉注汽模式	2011	130t/h 过热蒸汽锅炉	普通稠油、特、超稠油	大中规模	以煤为燃料；单炉蒸发量大；注汽半径 2.5km；过热蒸汽	$九_1$– $九_5$ 区、风城油田重 32、重 18 井区、红山嘴油田红 003 井区

第七节 注汽地面工程技术问题及发展方向

一、技术问题

（1）注汽系统效率低的问题：① 部分在用锅炉炉况差，排烟热损失和炉体散热损失偏大；② 部分注汽管线保温结构存在缺陷，保温层施工质量达不到标准要求，以及保温层损坏等原因，管道散热损失大；③ 稠油生产中，部分站场采暖及单井集油管线伴热仍在使用高压蒸汽，非生产用蒸汽消耗量大；④ 风城超稠油 SAGD 开发采出液温度高、热能富余量大，目前仅用于锅炉给水换热不能实现热能平衡，热能放空量大，需通过研究，结合集输和水处理工艺以及周边油田开发，制定新的热能综合利用方案。

（2）部分注汽管线严重腐蚀破损问题：① 部分注汽管线使用年限超过 20 年，且长期在高温高压环境下作业，腐蚀破损严重，存在部分管段变形，管壁减薄；② 保温层腐蚀严重，破损、脱落；③ 支墩下沉、倾倒，与管线脱离；④ 部分管道焊缝存在气孔、夹渣、未焊透、未熔合等缺陷；⑤ 注汽管线隐患严重的区域主要集中于风城油田、九区和红浅区。

（3）在役注汽管线保温问题：① 管道支架和阀门未采取保温措施进行保温；② 管道保温材料和保温结构的选择不尽合理，导致保温效果达不到要求；③ 随着使用年限的增加和裸露在外遭受侵蚀，保温材料老化严重；④ 当管道环境温度变化较大时，会产生热伸长和热应力，采用的硬制保温瓦（特别是弯头、三通处）容易破裂，瓦间的接缝容易拉开，保温层易发生损坏，导致保温失效；⑤ 施工过程中的人为因素造成保温瓦之间接缝不严密，异形管段处理不好，使保温工程存在一定的质量缺陷。

（4）稠油采出液计量问题：① 注汽半径较长，注汽质量相对较差；② 地面配套设施规模大，功能相对过剩，投资大；③ 配套设施固定式建设模式不适用于稠油油田开发周期短、建设快、设施重复搬迁再利用的形势；④ 单井计量分离器其结构、功能、工艺安装形式、操作管理方式制约了常规计量工艺的简化和优化工作；⑤ 管理及操作落后，人员配置较多，运行成本相对较大。

二、发展方向

注汽工艺技术的先进可靠性和运行的经济可行性是制约稠油开采的两项重要因素，因此注汽工艺技术的发展必须满足稠油高效、经济开采的需求。随着国家相关政策的变化、石油行业的发展特点及稠油资源开采技术的进步，注汽工艺技术主要有以下发展趋势：

（1）突出经济性：近年来国际原油价格持续低迷，而注汽成本是稠油热采的主要成本，要保证稠油资源的持续开采，须把注汽工艺的经济性要求放在突出性位置。

（2）提高蒸汽品质：注汽干度的提高可明显提高稠油开发效果，一些难开采稠油资源需要更高的蒸汽干度。

（3）环保节能技术需提升：注汽系统是稠油热采工艺中的能耗大户、排放大户，也是稠油污水减排的回用大户，国家对环境保护和节能减排的要求与管理力度持续加强，锅炉烟气的达标排放、增大稠油污水回用锅炉的力度、提高注汽系统热效率势在必行，逐步减少使用高品质蒸汽直接采暖或伴热；针对风城超稠油 SAGD 开发采出液仅用于锅炉给水换热不能实现热能平衡，热能放空量大的现状，结合集输和水处理工艺以及周边油田开发，尽快制定新的热能综合利用方案。

（4）优化注汽站与注汽管网布置：注汽站和注汽管线初始投资巨大，地面规划设计过程中通常只考虑工程建设，而未考虑其投入运行后要消耗大量热能和动力能所带来的运行费用。结合初始投资及后期运行费用，必须综合优化注汽站和注汽管线的布置方案。

（5）推广提升蒸汽计量精度：油田动态分析为油田开发调整决策提供依据，而正确的动态分析须建立在准确的生产数据之上，蒸汽注入量作为稠油热采的一项关键数据，其准确性可能会影响开发决策的科学性与合理性，尤其在 SAGD 和蒸汽驱等试验中注汽量的准确性更为重要，因此需要精确的蒸汽计量和调节技术。

（6）稠油污水深度处理（除硅、降低矿化度）理论与技术：针对不同炉型、不同区块、不同水质，选用先进可行、经济适用的污水深度处理工艺和技术，并尽快完善与新疆油田过热蒸汽开发相适应的锅炉水质标准。

（7）对注汽系统老化设备及管网的改造维护策略：淘汰落后的复合硅酸盐板保温结构，推广纳米气凝胶毡、复合硅酸盐浆料等新型保温结构；尽快制定新型保温结构的企标或设计施工技术要求；加大安全环保隐患治理力度，对存在安全环保隐患的工艺进行改造，对存在安全环保隐患的锅炉、附属设备、管网等进行维修或完善。

第六章　火驱地面工程技术

火驱开发技术是把空气注入油层内，并通过注气井底部的点火装置将地下油层中的原油点燃与燃烧后，地下油层的稠油将吸收热量和燃烧裂解，使其黏度不断降低，以便抽油机将其采出，从而达到提高稠油采收率的目的。新疆油田采用可靠的注空气、集输、废气处理技术及设备，提出“集中布置建站、提高自动化监测水平、保障设备使用安全性”与“各系统就近布置、缩短输送半径、提高效率”的理念。本章主要介绍火驱注入气及采出液特点、集输工艺及应用、采出液处理、注气系统组成及调控，同时指出火驱存在的主要技术问题及未来发展方向。

第一节　火驱注入气与采出液特点

一、注入气生产特点

（1）空气要求连续注入。

空气注入必须是一个连续过程，地下原油燃烧所需空气由空压机注入，中断 1～2h 注气，依靠地下热量复燃；但点火初期注气间断且时间较长，可能会引起燃烧区熄火，且无法在原注气井内再次点火，因井底附近已无燃料可用，只能另选点火井重新点火，这将严重影响火驱开发过程[28]。

（2）不同阶段注气量变化大。

火驱注空气井所需空气注入量分为两个阶段，点火阶段单口注气井所需空气注入量为 $5000m^3/d$；生产阶段单口注气井所需空气注入量为 10000～$40000m^3/d$。由于不同阶段所需空气注入量有差异，因此需要注气机组合搭配，满足不同阶段的注气需求。

二、采出液特点

采出液温度高、携气量大、油水乳化严重，且不同阶段其组分、性质不断变化；采出液分离出的污水中油滴粒径明显减小，直径低于 10μm 的油滴约占 43.95%，增大污水除油难度。火驱开发生产井的生产分为四个阶段，其对应采出液中原油物性的变化特征见表 3–6–1。

表 3-6-1　不同时期火驱采出液中原油物性的变化特征

开发时期	物性参数变化					
	密度	黏度	初馏点	胶质沥青质	酸值	含水率
初期	波动	波动	波动	波动	波动	波动
前期	上升	增加	升高	升高	升高	升高
中期	下降	减小	下降	下降 / 波动	下降	下降
末期	下降	减小	下降	升高	升高	升高

第二节　火驱采出液集输工艺

一、集输工艺

火驱采出液一般为油气水组成的多相液体，且温度高、气液比高、组成与流型复杂，常规集输与处理工艺难以满足要求，需要根据实际情况调整。

1. 集输流程

红浅火驱先导试验区前期，由于火驱采出液携气量大、套压高，易产生油井间歇出油、油产量降低等影响，油气集输一般采用井口油、套分输工艺，其工艺流程如图 3-6-1 所示。其中，单井计量采用称重式计量装置。当通过多通阀轮井计量时，经常出现计量为零或计量数据过大、与总液计量数据相差较大的情况。因此，称重式计量装置不适合火驱开发的单井计量。然而，容积式计量装置具有计量范围可调、液体停留时间长、气液分离效果好等优点，可降低火驱采出气和泡沫油对计量精度的影响，故红浅$_1$ 井区火驱工业化开发试验采用这类计量装置。

2. 集输管线

由于火驱驱油机理复杂，采出液不仅温度高，组成极其复杂，而且可能含有大量腐蚀性物质（CO_2、H_2S 等），需筛选合适的管材，以便缓解因腐蚀引起频繁维修管线的问题。红浅火驱室内评价实验显示，采出气对 20# 钢的腐蚀速率较高，且有明显的局部腐蚀。为证实模拟火驱采出物对集输管道的腐蚀行为，2010 年在先导试验区的集油与集气总管上分别安装挂片，以监测其腐蚀情况。结果发现，腐蚀挂片的长宽厚无明显变化，挂片上有少许斑痕，集油管道平均腐蚀速率为（2.40～8.24）$\times 10^{-3}$mm/a，集气管道平均腐蚀速度为（8.44～10.70）$\times 10^{-3}$mm/a，腐蚀速率均较低。这与室内实验结果相差较大，可能是现场实际采出气组分（H_2S 低）和集输温度等运行参数与实验研究条件不同所致。

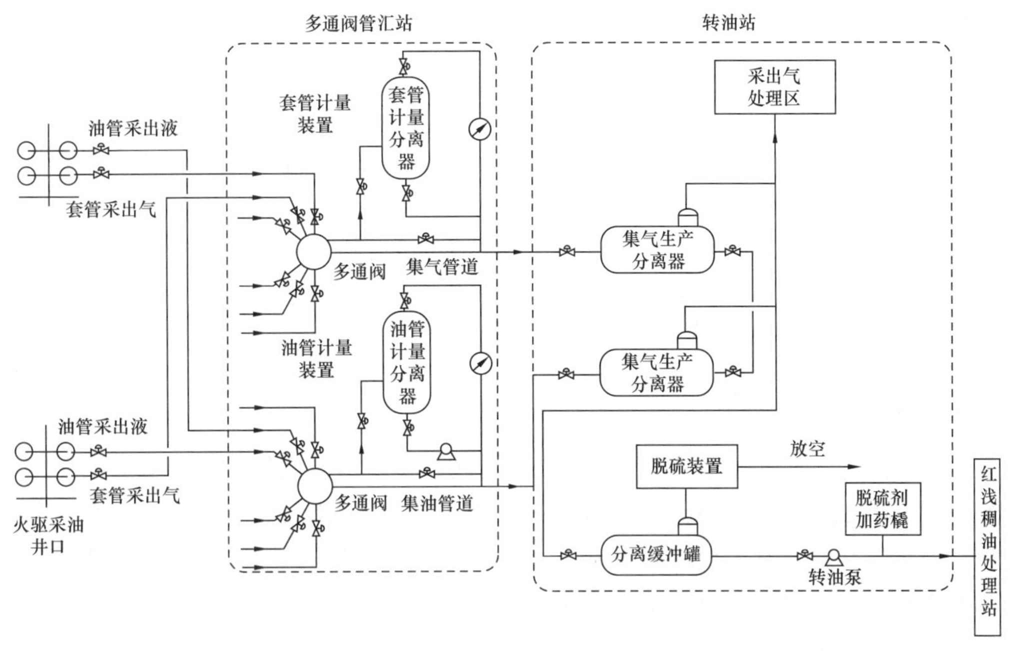

图 3-6-1　红浅$_1$井区火驱集输工艺流程

二、应用实例

红浅$_1$井区火驱先导试验区，2010—2013 年经过 3 期点火，形成 13 注 38 采线性井网，平均日注空气 $12\times10^4m^3$，平均日产液 146.6t、日产油 44.1t，综合含水 69.9%。三年累积注气 $1.26\times10^8m^3$，累积产油 4.42×10^4t，减少 CO_2 排放量 4.81×10^4t。节能 3.35×10^4tce，节约清水 26.8×10^4t。与注蒸汽开采技术相比，火驱节能降耗更显著。

红浅$_1$井区火驱工业化开发试验于 2017 年开始，2018 年 7 月点火投产。共建设 75 口注气井、508 口生产井，配套建设火驱工业化注空气站 1 座（规模为 $150\times10^4m^3/d$）、110kV 变电站 1 座、管汇站 43 座、转油站扩建 3 座，并建成注气管线 21km。

第三节　火驱采出液处理

一、脱水处理工艺

火驱采出乳状液的油水界面张力约为 35mN/m，其界面膜的机械强度较大，乳状液较稳定。从采出乳状液的流变特性看，火驱原油乳状液在不同温度段均属于假塑性流体，且其表观黏度低。因此，理论上油水分离速度较快，原油脱水难度较小。

红浅$_1$井区火驱采出液与常规蒸汽吞吐采出液按 1∶1 混合后，在 70℃破乳剂加量为 200mg/L、脱水为 3h 的室内静置脱水条件下，原油脱水率、污水含油量与常规蒸汽吞吐采出液单独脱水的结果差别不大。目前，红浅火驱试验区采出液量较低，当其进入红浅稠油处理站处理时，系统运行正常，无脱水难题。

二、污水处理工艺

红浅火驱试验区采出水属于中高矿化度重碳酸钠型，油与悬浮物含量不高，腐蚀结垢趋势不明显，采出水 SiO_2 含量无升高迹象。火驱分离器采出液污水中油滴粒径呈减小趋势，直径小于 10μm 的油滴达 43.95%。污水除油难度有所增加，不同单井采出液的腐蚀率均小于 0.076mm/a。目前，红浅火驱试验区采出水总量较低，进入红浅稠油污水处理站处理，系统运行正常，处理水质合格。

三、尾气处理工艺

火驱采出气是原油在地下不充分燃烧的产物，主要由注入气体、燃烧生成气体、未燃烧气体、烷烃、水蒸气等复杂介质组成。红浅火驱采出气属于燃烧烟气，含有一定量的 O_2 和 CO_2，以及部分 H_2S 和烷烃组分，故具有含硫天然气特性。2010 年 12 月投运 2 座 3018 干法脱硫塔，两塔可串、并联运行，脱硫装置设在计量站内。后因干法脱硫运行成本过高，2011 年红浅火驱先导试验区先后引进 20 套单井脱硫装置，对 H_2S 含量高的采油井实施井口脱硫，净化气中 H_2S 含量小于 $100mg/m^3$。

目前，红浅$_1$井区火驱先导试验区采用集中干法（采用改进后的 3018 脱硫剂）与单井简易湿法（采用 RD-5 除硫剂）相结合的脱硫方式，处理后的净化气通过放散管放空，脱硫后采出气中 H_2S 含量小于 $10mg/m^3$。RD-5 脱硫剂和 3018 脱硫剂均可再生，但再生成本高、再生过程不易控制，故一般不考虑再生，且脱硫产物需无害化处理与排放。因此，湿法脱硫成本偏高，不适合工业化推广应用。

红浅$_1$井区火驱工业化开发采出气处理采用“集中干法脱硫—高空放散”的方式。集油系统来气先进入空冷器降温，使其降至 40℃以下；再进入气液分离器脱除大部分水分，分离后气相再经过聚结器进一步脱除微小液滴及杂质；聚结器出口采出气进入脱硫塔，脱硫后净化气通过 80m 放散管排放。考虑到常规氧化铁脱硫剂硫容低、遇水失效等问题，红浅火驱脱硫剂采用无定型羟基氧化铁脱硫剂。

四、火驱产出气体组分监测技术

1. 现场快速监测方法

依据电化学、红外技术原理，建立现场快速监测方法，测定 O_2、CO_2 与 CO 等燃烧特征气体含量，现场 2min 内快速完成测试分析。

2. 室内气相色谱分析方法

选择氩气为载气，消除 O_2 的干扰，实现火驱气体 O_2、CO_2、CO、N_2、CH_4 与 H_2 的全组分分析。

3. 气体安全评价系统

结合室内评价结果及经验公式，研发可燃混合气体的爆炸与中毒危险评价及预警软件。该软件根据火驱产出气体的浓度数据，将评价等级划分为安全、警告、危险 3 个级别，为火驱安全运行提供参考。

4. 产出气体在线监测

建立在线监测方法，设计地面在线监测工艺流程，可对火驱产出气体组分实施实时监测，连续提供数据，解决人工取样劳动强度大、误差大、取样速度低等问题。

第四节　注气系统工艺

一、工艺流程

红浅$_1$井区火驱先导试验区和工业化开发均采用集中供气，空气压缩机组集中布置，压缩机采用两级空气压缩工艺。

火驱先导试验区：一级空气压缩选用螺杆式空气压缩机，产出 0.8MPa 的空气；二级空气压缩选用活塞式压缩机，产出 6.0～8.0MPa 的高压空气，进入空气计量调节分配橇实施分配与计量；然后通过注空气管道输送到注气井口，并注入井底，其工艺过程如图 3-6-2 所示。

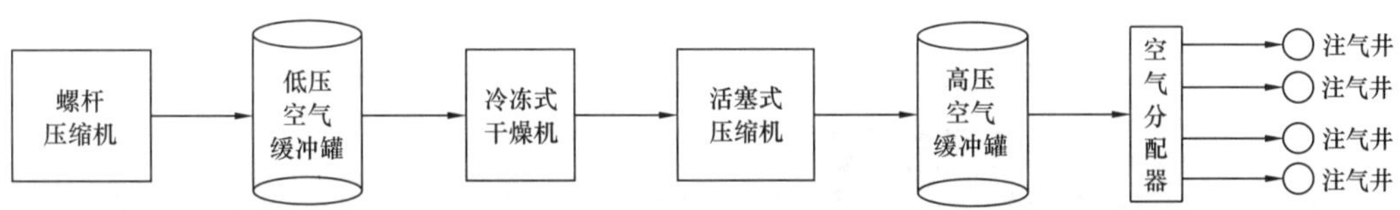

图 3-6-2　红浅火驱试验区注气系统工艺过程

火驱工业化开发：一级空气压缩选用离心式，增压至 0.8MPa ；二级空气压缩选用活塞式，增压至 6.0MPa。

二、注气设备

目前，常用的空气压缩机有离心式、螺杆式和活塞式三种。

火驱先导试验区：注气压缩机采用螺杆式与活塞式压缩机串联的组合方式，每套空气压缩机组由螺杆式压缩机、空气缓冲罐、冷冻式干燥机、活塞式压缩机、空气稳压罐组成，其工艺过程如图 3-6-2 所示。一级压缩机为螺杆机，二级压缩机为活塞机，7 套空压机组 5 用 2 备（$25m^3/min$），最大日供气能力为 $18\times10^4m^3$。

火驱工业化开发：注气采用 4 套 $350m^3/min$ 压缩机组，3 用 1 备，每套压缩机组包括 1 台 $360m^3/min$ 离心机和 1 台 $350m^3/min$ 活塞机。

三、注气管道

1. 设计原则

按注气压力上限计算注气管道壁厚，按注气压力下限计算注气管道管径，兼顾经济性，尽可能采用大口径管线，降低管线摩阻，节约能耗。

2. 管材

红浅火驱试验区采用干式注气工艺，注气管道输送介质为干空气。腐蚀模拟实验结果表明，干空气对管材的腐蚀行为表现为轻微氧腐蚀。因此，选用20# 无缝钢管可满足设计需求。

3. 管径设计

管径设计应满足下述条件：注气压缩机出口到井口总压损小于1.0MPa，考虑到气量调节装置、站内管道阀门等元件的局部压力损失，管道压力损失应小于0.3MPa。

四、配气

为保证火驱的平稳运行，注气井的注气量需要精确控制，采用空气分配计量装置（图3-6-3）可实现气量集中分配、计量、单井气量个性化调节。装置采用集成化设计，施工周期短，占地面积小，可重复利用。同时可实现站区集中调气，各支路自动调节，测量精度小于1%，无人值守。此外，装置可与前端供气设备联锁，实现按需供气。

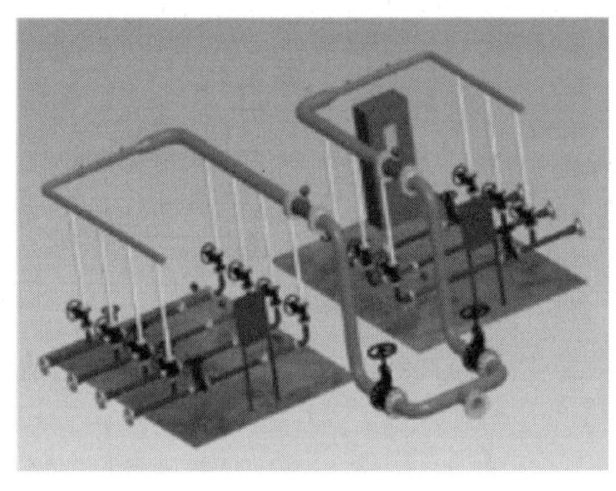

(a) 三维图

(b) 实物

图3-6-3　空气分配计量装置

五、适应性

目前，火驱工艺一般用于蒸汽吞吐或蒸汽驱后开发效益差、带有底水及沙漠等水资源缺乏地区的稠油油藏，具体适用条件如下：

（1）地下原油黏度≤5000mPa·s；

（2）原油相对密度：0.85～1.00；

（3）地层厚度＞6m；

（4）油层深度≤3500m；

（5）油藏渗透率≥35mD；

（6）地层压力≤14.0MPa；

（7）不宜用于气顶大、串通严重、裂缝发育的油藏、注蒸汽开发的深层、超深层稠油油藏及注水、注蒸汽的水敏性油藏。

第五节 火驱调控技术

控制好注入空气量及注入时机是火驱成败的关键，若注入空气过多，将导致燃烧速度快、结焦严重、驱油效果差。反之，可能导致火苗熄灭，需重新点火。同时对温度、压力、气体组分等参数实时监测，有助于调整火驱推进速度与方向，最大限度地提高采收率。

一、监控模式

新疆油田的监控模式分为三级：一级为区域监控中心集中监控，统一调度；二级为井站控制系统监控；三级为现场就地控制。通常情况下，采用一级监控模式，也是SCADA系统设计的目标控制级。当数据传输系统故障或区域监控中心计算机系统发生故障时，采用二级监控模式。当井站控制系统发生故障或设备检修时，采用三级监控模式。

二、生产观测井监测

生产观测井井口设置RTU系统1套，现场设置无线温压仪表，测控内容通过现场仪表以无线方式上传至井口RTU系统。然后通过无线网桥将数据上传至井区SCADA系统，以实现生产观测井所有测控数据的实时采集、控制、报警和存储，其主要监测内容包括井口油、套管温度、压力，井底温度与压力等。

三、注气井

1. 点火注气井

点火期间，每次3口注气井轮井点火，每口井设点火计量橇1座，点火完成后将现场橇及线缆整体移至下一组点火井口，现场检测信号通过仪表控制电缆传输至现场的临时点火控制室。

2. 普通注气井

每口注气井设置1套孔板流量测量控制器，由孔板流量计、热电阻与电动调节阀组成。气量调节由孔板流量计配套的智能流量变送器完成，具体测控内容主要包括井口注气量监测、气量调节、注气压力及温度监测。

3. 多通阀管汇站

多通阀管汇站设置串口服务器1套，测控内容通过现场仪表上传至串口服务器，并通过无线网桥将数据上传至井区SCADA系统，以实现22井式多通阀管汇站所有测控数据的实时采集、控制、报警和存储，主要测控内容包括12井式多通阀控制器运行参数及火驱单井油管计量装置参数。

4. 转油站

转油站设置 PLC 系统一套，主要包括温度、压力、流量等操作参数与电动调节阀的检测控制仪表。现场工艺测控参数接入转油站仪控室的 PLC 系统，实现集中采集与控制。PLC 系统设置触摸屏，用于巡检人员现场操作。现场工艺参数通过光缆上传区域监控中心 SCADA 系统，实施监控与存储。

第六节　火驱地面工程技术问题及发展方向

一、技术问题

（1）火驱废气留存或乱窜问题：红浅$_1$井区八道湾组地层深度、油层厚度、油层物性及原油物性与国内外其他火驱油藏接近，均满足直井火驱采油的开发条件，但因是开发后的老区块，地层空间较大，火驱采油燃烧产生的废气可能存留在地下空间或气窜至其他地层，因此注气量较大，油气比偏高。另外，当发生气窜时，油井产量将受到明显影响[29]。

（2）火驱采出液含气问题：火驱采出液一般含大量气体，且温度高，多在150～200℃之间，使集输与处理难度加大，计量不准。由于集输温度的影响，套管废气中含有部分水蒸气，红浅火驱采出液携带大量气体，进入称重式计量器后产生泡沫液，当其从称重斗溢出使称重斗不翻转，导致仪表不显示单井产液，易造成单井产液量的计量不准。此外，由于火驱采出液乳化严重，小油滴所占比例增大，原油与污水处理困难。

（3）火驱注气压缩机的维护问题：压缩机故障率高，维修工作量大。新疆红山嘴油田红浅$_1$井区火驱先导试验区最小注气量为 7.0m^3/min（10000m^3/d），最大注气量为 84.0m^3/min（120000m^3/d），选用国内生产的螺杆式压缩机—活塞式压缩机串联工作，维修工作量较大，设备故障率高，无法正常连续运转，需选用更为经济合理的空气压缩机。

二、发展方向

火驱技术开发具有低能耗、低污染、经济高效的特点，对稠油老区二次开发和特稠油开发具有很好的应用前景和推广价值[30]，其主要发展方向如下：

（1）建立完善的火驱监测与调控技术，形成火驱产出气、油、水监测分析方法，以及火驱井下温度、压力监测技术，实现对火驱工艺的动态监测；

（2）开发气体安全评价与报警系统，保证火驱运行过程中的安全；

（3）注空气火驱的理念不同于蒸汽吞吐和蒸汽驱，借鉴国外已形成的火驱生产管理技术，研发适合于新疆油田及国内其他油田稠油火驱生产管理技术及主要工艺设备，特别是压缩机维护技术。

第七章　节 能 技 术

新疆油田自开采稠油以来，逐步形成以蒸汽吞吐、蒸汽驱为主，蒸汽与非凝气体混相驱油为辅的稠油开采技术。随着“建设新疆大庆”的推进和新疆稠油区块的快速开发，开采能耗呈上升趋势，其中注汽系统能耗占稠油生产总能耗的 90% 以上。为此，经过一系列的技术攻关，新疆油田已形成注汽锅炉烟气与采出液余热回收利用等先进节能技术，实现热能品质梯级利用，有效提高注汽系统热能利用率，缓解油田能耗的持续增长。本章主要介绍注汽锅炉本体、注汽管网保温、计量站与供热站采暖、净化处理站余热回收等节能技术，同时指出稠油地面工程节能存在的主要技术问题及今后发展方向。

第一节　注汽锅炉本体节能

注汽锅炉热效率、生产蒸汽干度是影响注汽锅炉能耗的主要因素。在注汽锅炉的各项热损失中，排烟热损失最大，约占总热损失的 75%。从降低排烟热损失入手，新疆油田研发出高效燃烧、烟气含氧自控、热管换热、注汽锅炉烟气冷凝等实用新型技术。为降低注汽锅炉散热损失，油田还开展耐高温红外涂料技术研究，并推广应用红外反射涂料与红外辐射涂料等产品。

针对锅炉生产的蒸汽干度无法实现精确控制，造成生产蒸汽干度偏高、能耗大的问题，油田开展蒸汽干度自控技术的攻关研究。根据注汽锅炉能耗的影响因素分析，有针对性地开展注汽锅炉本体的系列节能技术攻关，集成七项关键技术，见表 3–7–1。

表 3–7–1　基于注汽锅炉本体热损失主要影响因素的节能技术

<table>
<tr><th>热损失类型</th><th>主要影响因素</th><th>技术措施</th></tr>
<tr><td>蒸汽干度</td><td>干度控制精度</td><td>蒸汽干度自控技术</td></tr>
<tr><td rowspan="4">排烟热损失</td><td rowspan="2">空气过剩系数</td><td>高效燃烧技术</td></tr>
<tr><td>烟气含氧自控技术</td></tr>
<tr><td rowspan="2">排烟温度</td><td>热管换热技术</td></tr>
<tr><td>烟气冷凝技术</td></tr>
<tr><td rowspan="2">散热损失</td><td rowspan="2">炉体温度</td><td>FHC 红外反射涂料技术</td></tr>
<tr><td>HTEE 红外辐射涂料技术</td></tr>
</table>

一、烟气冷凝技术

燃气锅炉的排烟温度一般为160～180℃，烟气中的水蒸气处于过热状态，不能凝结成液态水而放出汽化潜热。在烟气温度降低过程中，水蒸气逐渐接近其分压下的饱和温度，即露点温度。当烟气温度低于露点温度，水蒸气分压大于烟气饱和水蒸气压力时，烟气中部分水蒸气将逐渐凝结成为液态，释放出大量汽化潜热，且水蒸气凝结量越大，释放热量也越多。烟气冷凝余热利用技术正是通过这一现象来回收利用余热的，应用该技术可把排烟温度降至40～50℃，充分回收烟气的显热和水蒸气的潜热，提高锅炉热效率10%～15%[31]，而现场实测为6%～10%，其中单冷源为6%左右，双冷源为10%左右。

1.冷凝换热影响因素分析

对流受热面的传热方程式为：

$$Q=kF\Delta t \tag{3-7-1}$$

式中 Q——换热速率，kW；

k——换热系数，kW/（m^2·℃）；

F——换热面积，m^2；

Δt——平均温差，指冷凝换热的平均温差，℃。

由式（3-7-1）可知，影响冷凝换热的主要因素包括冷凝换热的平均温差、换热面积和换热系数。

1）平均温差

烟气露点温度越高，蒸汽越易冷凝，因此提高露点温度能有效改善冷凝换热效果。表3-7-2为不同空气过剩系数下烟气中的水蒸气露点及其体积分数，可见随空气过剩系数增大，烟气中水蒸气的露点会降低；空气过剩系数越小，水蒸气露点温度越高，冷凝换热的平均温差越大，换热效果越好。此外，冷却介质温度越低，平均温差越大，其主要影响因素之一是空气过剩系数。

表3-7-2 不同空气过剩系数下的冷凝参数

空气过剩系数	1.00	1.05	1.10	1.15	1.20	1.25	1.30	1.35	1.40
水蒸气容积（m^3）	2.29	2.29	2.31	2.32	2.32	2.33	2.34	2.35	2.36
烟气容积（m^3）	11.67	12.21	12.74	13.28	13.82	14.35	14.89	15.42	15.96
水蒸气体积分数	0.196	0.188	0.181	0.174	0.168	0.162	0.157	0.152	0.147
水蒸气露点（℃）	59.6	58.5	58.0	57.0	56.2	55.8	54.7	54.1	53.5

2）换热面积

由对流受热面的传热方程可知，冷凝换热面积越大，换热量越大。因此，冷凝换热器采用翅片结构，可有效增大换热面积。

3）换热系数

冷凝换热系数按式（3-7-2）确定：

$$k = \varphi \frac{1}{\frac{1}{\alpha_1} + \frac{1}{\alpha_2}} \tag{3-7-2}$$

式中　φ——有效系数，一般取 0.9；

α_1——烟气侧的对流换热系数，kW/（m²·℃）；

α_2——冷却介质侧的传热系数，kW/（m²·℃）。

当以注汽锅炉的给水为冷却介质时，α_2 相对 α_1 很大，则 $1/\alpha_2$ 的值很小可忽略不计，式（3-7-2）可简化为 $k=\varphi\alpha_1$。因此，冷凝换热系数与烟气侧的对流换热系数有关。在冷凝换热中，优化烟气侧的换热效果，能提高冷凝换热系数[32]。

2. 工艺设计

1）烟气冷凝数值模拟

为确保注汽锅炉烟气冷凝效果，模拟分析注汽锅炉烟气冷凝特性。首先，确定数值模拟条件：烟气进口温度 180℃，烟气出口温度 50℃，烟气流量 18500m³/h。然后，分别模拟单冷源和双冷源两种模式下的换热管热负荷变化规律，如图 3-7-1 所示。由此可见，在烟气未冷凝前，每根热管的热负荷基本恒定；对于水冷换热器，沿烟气流动方向，换热管的热负荷逐渐减小，第一排换热管的热负荷最大，平均热流密度可达 9150W/m²；随后由于烟气与换热管的温差减小，热负荷降低；当烟气温度达到露点时，水蒸气开始冷凝，放出潜热，热流密度进一步增大。

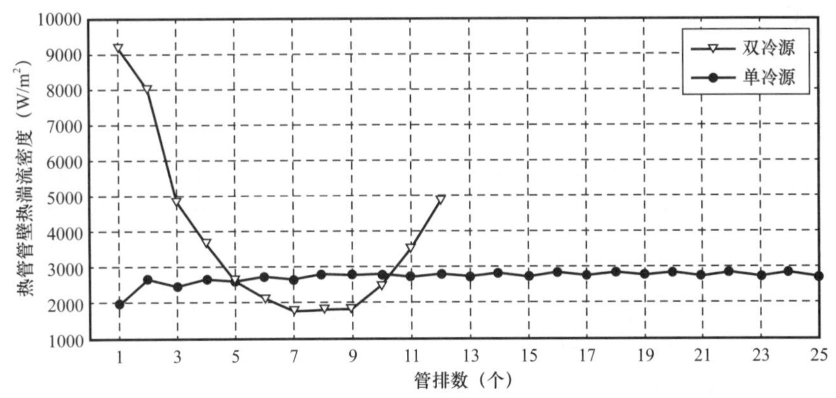

图 3-7-1　换热管壁面热流密度变化

与单冷源换热器相比，双冷源换热器受季节变化的约束小，夏天和冬天都可回收烟气中的水蒸气潜热，余热回收效率更高、更节能，总管排数比单冷源换热器少。此外，通过数值模拟，发现单冷源换热器烟气出口的局部最低温度为 51.5℃，双冷源为 43.4℃，双冷源换热器对烟气余热的回收效果更加明显，锅炉热效率更高。从适应性和应用效果上看，双冷源式冷凝换热器明显优于单冷源式，故首选双冷源式。

2）烟气冷凝工艺

根据冷凝数值模拟结果，采用助燃空气与锅炉给水双冷源模式。针对油田注汽锅炉燃烧洁净能源的状况，为吸收锅炉尾部排烟中的显热和水蒸气凝结所释放的潜热，在锅炉尾部装空气复合换热器和高效冷凝换热器，其工作原理如图3-7-2所示。由此可见，烟气排出后，先经过空气复合换热器，再经过烟气冷凝换热器，最后排向大气。由于锅炉给水的柱塞泵耐高温性能较差，锅炉给水温度不能过高，因此使锅炉给水与较低温度的烟气换热，可避免换热后给水温度过高。

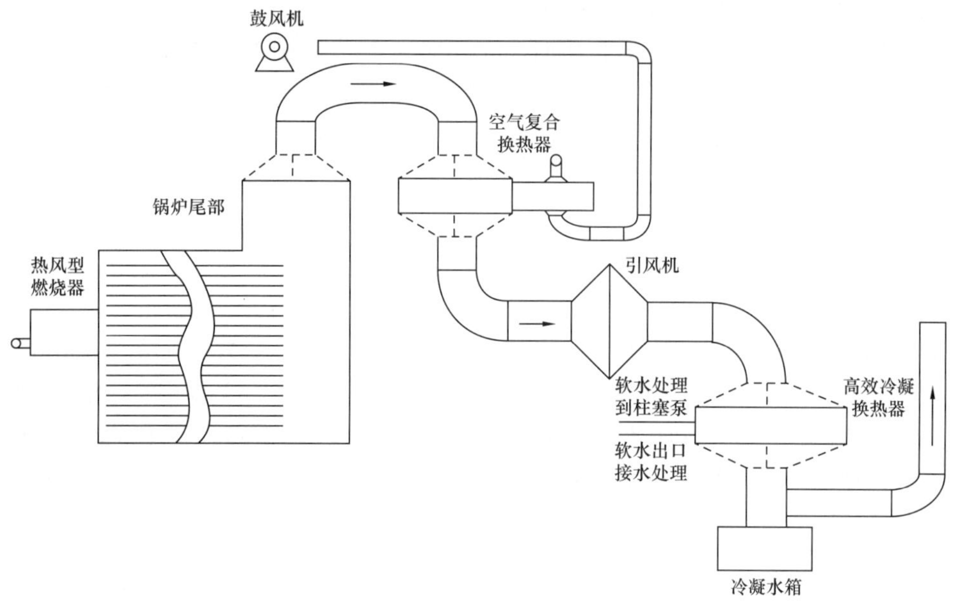

图3-7-2　烟气冷凝换热工作原理

3）换热器参数设计

（1）空气复合换热器：该换热器（热管）主要回收烟气中的显热，为避免换热器黏灰及低温腐蚀、延长换热器使用寿命，空气复合换热器主要采用热管传热技术，以尽量提高换热器的壁温，热管工作原理如图3-7-3所示。如此设计的优点主要体现在两个方面：一是烟气冷凝回收系统中空气复合换热器即热管的使用寿命可达到8～10年；二是由于烟气中水蒸气还未冷凝，烟气为干燥气。

设计时，空气过剩系数取1.10，烟气温度由160℃降至80℃，天然气流量取1240m^3/h，需换热器功率为489kW；系数取1.15，则换热器功率为560kW。

（2）高效冷凝换热器：该换热器是烟气余热深度利用系统中回收烟气潜热的主要设备。以进入注汽锅炉的常温给水为冷源介质，可把排烟温度从80℃降到40～50℃。烟气冷凝换热使用间壁式换热器，采用逆向对流强化传热技术的换热管。为便于冷凝水及时排出，烟气流向与冷凝水流向相同。由于烟气中总是或多或少存在硫化物、氮化物以及CO_2等，当水蒸气从烟气中凝结时，冷凝液呈酸性，对冷凝换热器的受热面具有腐蚀作用。故冷凝换热器采用20#钢覆铝管，确保其耐压性与防腐性。为尽可能多地回收冷凝烟气中水蒸气的潜热，常选用铝制翅片结构。

考虑到锅炉柱塞泵的最高运行温度，同时兼顾烟气尾部受热面的系统效率，锅炉给水温度不应高于60℃，冷凝换热器的换热功率为976.92kW；当空气过剩系数取1.2时，其换热功率显著提高，可达到1200kW。

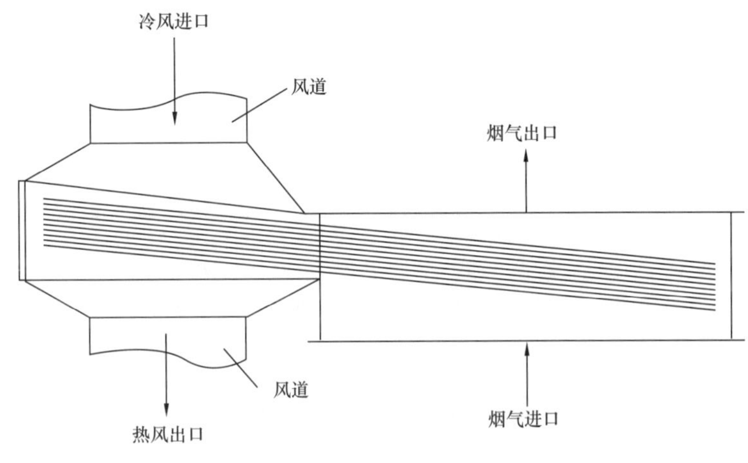

图3–7–3　热管工作原理

二、燃烧器高效燃烧及耐温改造技术

1. 燃烧器高效燃烧技术

将组装式燃烧器6131–G–62.5更新改造为紧凑式燃烧器SG–A–148，将电子比调式燃烧器更新为全自动电子比调式燃烧器，实现气量、风量自动调整，同时配套改造燃烧自控系统。中国石油西北油田节能检测中心跟踪测试了锅炉燃烧器改造前后的能耗相关参数，主要包括更换燃烧器前后的燃料气耗量、锅炉排烟温度、烟气O_2含量等，下面将对比分析其变化规律。

1）更换燃烧器前后燃气耗量对比

图3–7–4为锅炉在更换燃烧器前后的燃气耗量变化。由此可见，锅炉更换扎克燃烧器前后的燃气耗量分别为1370～1480m^3/h与1200～1350m^3/h，平均节约天然气150m^3/h。因此，在相同工况下，天然气消耗量的减少必将直接产生节能效果。

2）更换燃烧器后锅炉排烟温度对比

图3–7–5为锅炉在更换燃烧器前后的排烟温度变化。由此可见，锅炉在更换扎克燃烧器前后的排烟温度分别为221～231℃与183～196℃，平均降低36℃。因此，锅炉更换燃烧器后，燃烧效率有所提高，同样会带来一定节能效果。

3）锅炉更换燃烧器前后烟气O_2含量对比

在一般锅炉燃烧工况下，测得原燃烧器烟气中O_2含量为7.0%～8.0%，而更换燃烧器

后的锅炉烟气中 O_2 含量为 2.0%～3.0%，如图 3-7-6 所示。由此可见，更换燃烧器后，锅炉燃烧更加充分，燃烧效率更高，锅炉在负荷不断升高的情况下，天然气压力与烟气 O_2 含量都随之降低，特别是 O_2 含量从 7.2% 降至 2.1%；当负荷达到最高时，烟气 O_2 含量可降到 2.0% 以下。

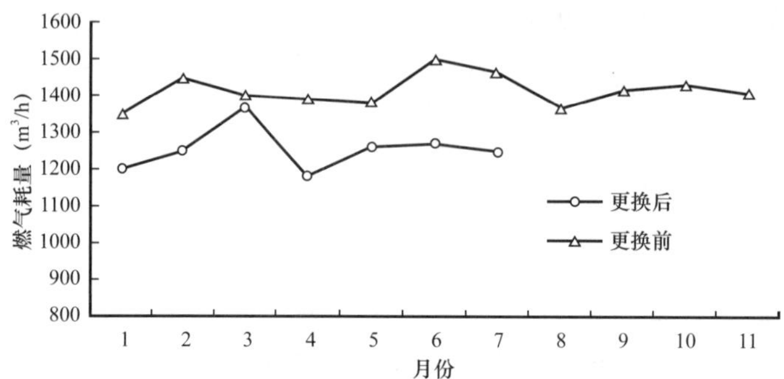

图 3-7-4　锅炉更换扎克燃烧器前后燃气耗量对比

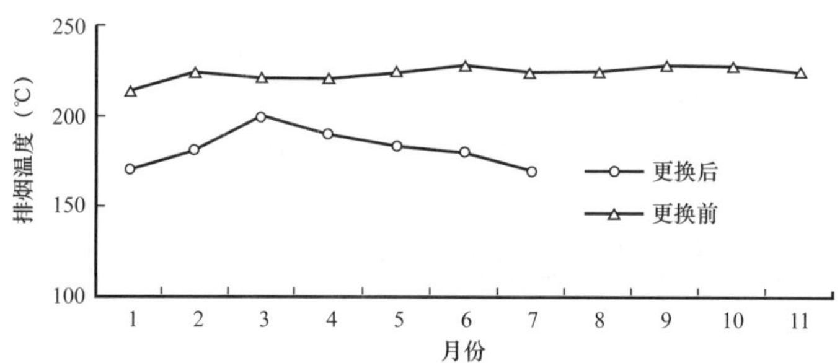

图 3-7-5　锅炉更换燃烧器前后排烟温度对比

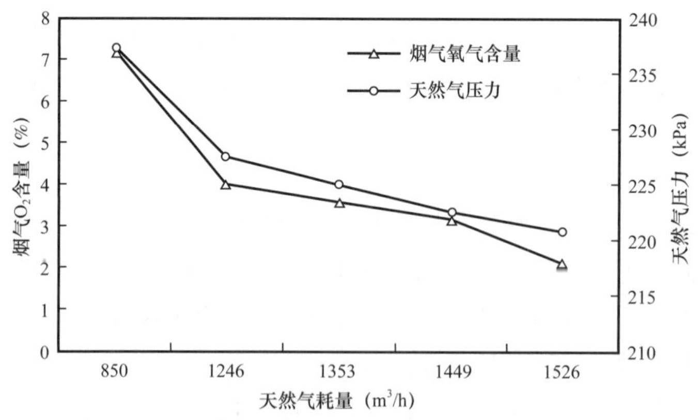

图 3-7-6　锅炉更换燃烧器后烟气 O_2 含量与天然气压力变化

综上所述，更新改造注汽锅炉的高耗能燃烧器，可有效降低排烟温度 10℃以上，排烟处 O_2 下降 1.5% 左右，排烟处 NO_x 下降约 0.002%，排烟处过量空气系数下降 0.1 左右，排烟热损失下降约 1.3%，反平衡效率升高 1% 左右，整体节能效果较显著。

2. 燃烧器耐温改造技术

注汽锅炉烟气冷凝技术主要采用双冷源换热模式，高温烟气加热助燃空气，经燃烧器送入炉膛。夏天最高温度可达 140℃以上，而北美燃烧器不适应如此高温，为适应烟气冷凝后注汽锅炉运行工况的变化，新疆油田对原常温燃烧器进行提温改造或更换。所选用的热风型燃烧器具有调节比大、最高耐温不低于 200℃、双冗余控制系统、可燃气体检漏等性能特点，其工作原理如图 3–7–7 所示。

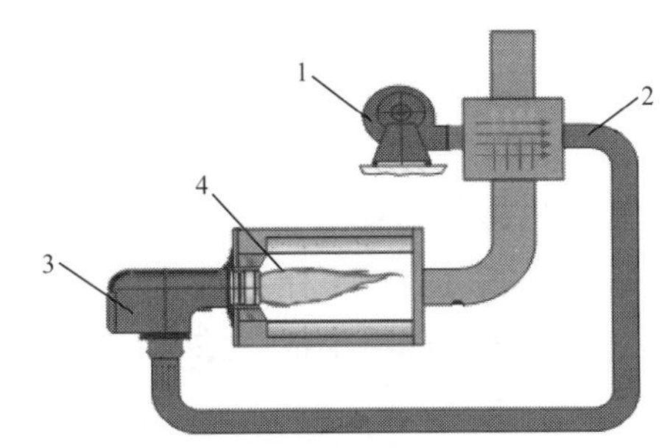

图 3–7–7　热风型燃烧器工作原理

1—助燃空气风机；2—空气预热器；3—燃烧器；4—锅炉

三、烟气含氧自控技术

1. 控制空气过剩系数的必要性

1）空气过剩系数对锅炉热效率的影响

空气过剩系数越大则过剩空气量也越大，过剩的空气进入注汽锅炉被加热后随烟气排出，必将带走大量热量，使注汽锅炉热效率降低。注汽锅炉合理的空气过剩系数一般在 1.1～1.2 之间，新疆油田注汽锅炉监测的平均空气过剩系数为 1.4。通过理论分析及试验研究，注汽锅炉空气过剩系数每增加 0.1，热效率降低 0.56%。也就是说新疆油田注汽锅炉的空气过剩系数对其热效率的影响为 10% 左右，如图 3–7–8 所示。因此，降低空气过剩系数可有效提高注汽锅炉的热效率。

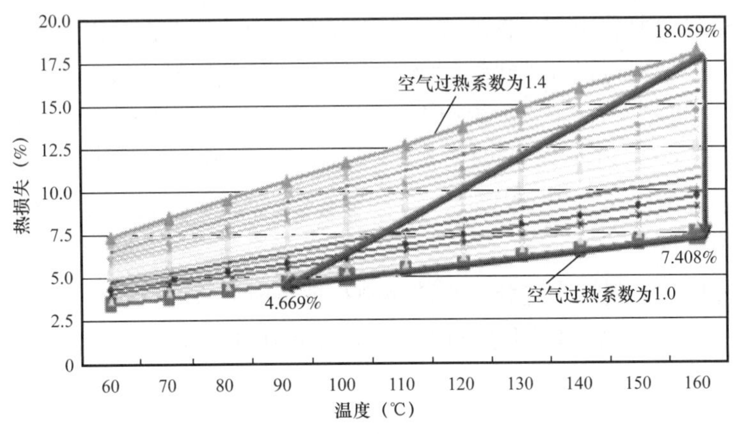

图 3–7–8　空气过剩系数对注汽锅炉排烟热损失的影响

2）空气过剩系数对烟气冷凝技术的影响

注汽锅炉烟气冷凝技术所用的空气复合换热器主要回收烟气中的显热，从不同空气过剩系数下的水蒸气和烟气容积（表 3–7–2）可见，空气过剩系数越小，烟气焓值越低、其容积相对越小，换热量和换热面积也越小，这对换热器的要求降低，其费用投入必将减少。

此外，烟气冷凝及换热效果随空气过剩系数减小而改善，控制烟气中 O_2 含量可有效降低空气过剩系数，这已成为提高余热回收效果的重要途径。

2. 氧化锆氧量控制系统

氧化锆氧量表的工作原理实际上是氧浓差电池的原理。在氧化锆电解质的两面各烧结一个铂电极，即可形成氧浓度差电池。当氧化锆两面的混合气体的氧分压不同时，在两个电极之间便产生电势，故称之为氧浓差电势。据锅炉烟气中的氧含量数据，氧化锆氧量控制系统实时调整燃烧器的风量和气量配比，确保锅炉燃烧随时处于高效经济运行。通过实测氧含量数据与设定值的实时对比分析，系统发出相应指令来控制燃烧器风门开度的大小，使烟气中的氧含量随时趋近于目标值，弥补因气候变化、空气密度变化给燃烧状况带来的改变，烟气含氧量控制原理如图 3-7-9 所示。

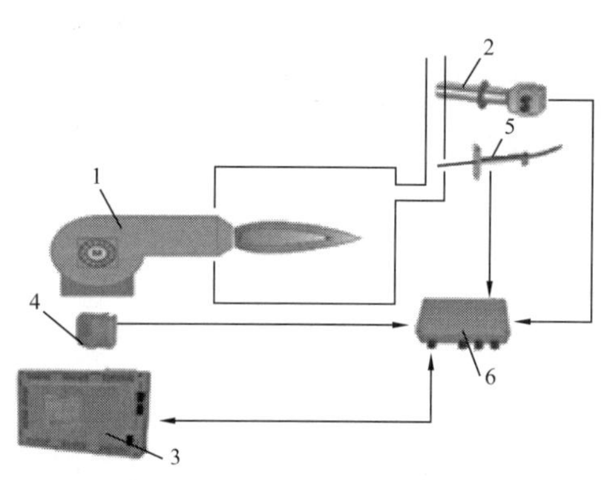

图 3-7-9　烟气含氧量控制系统

1—鼓风机；2—氧化锆传感器；3—烟气温度传感器；4—空气温度传感器；5—LMV52 空燃比燃烧控制器；6—O_2 模块

四、远红外耐高温涂料技术

1. 技术原理

高温红外涂料主要利用其优良的红外性能改善炉内传热，提高工业锅炉的能源利用率与生产能力，红外涂料包括红外线辐射吸热涂料与红外线反射涂料。其中，红外辐射吸热涂料属增透膜，当其涂刷在炉膛内表面上时，在高温作用下将形成一层固化瓷膜，使炉面黑度由 0.7 提高到 0.9。红外辐射吸热涂料的作用是提高锅炉辐射段炉管的吸热能力，强化辐射段炉管的辐射吸热能力。同时，炉管上形成的瓷膜将提高炉管表面的光洁度，减缓炉管的积灰速率。

然而，红外反射涂料属半透膜，当其涂刷在炉膛内衬表面，经高温烘烤后也形成一层固化瓷膜。红外反射涂料的作用是将炉膛内壁的反射力增大 1.57 倍，提高辐射段绝热层的反射能力[33]。

2. 应用效果

两种涂料均可提高锅炉辐射段内炉体的黑度与温度。根据波尔兹曼定律，辐射换热与炉管黑度及温度的四次方成正比，可提高辐射段换热强度，降低通过炉壁炉壳造成的散热损失、积灰速度与灰垢硬度，能延长锅炉内衬清灰和大修周期两年以上。测试结果表明，两种涂料的应用可提高锅炉热效率 1.4% 左右，节约天然气消耗 $10^8m^3/a$，见表 3-7-3。

表 3-7-3　注汽锅炉高温红外反射涂料测试报告

序号	项目名称	测算结果	
1	被测单位	采油一厂	
2	测试地点	四$_2$区 11 号供热站	
3	锅炉自编号	1 号锅炉	
4	测试日期	2012.4.15	2012.9.8
5	测试工况	涂刷前	涂刷后
6	蒸汽锅炉给水流量（kg/h）	19476.0	19400.0
7	蒸汽湿度（%）	16.9	16.5
8	锅炉负荷率（%）	79.6	76.6
9	排烟处过量空气系数	1.36	1.31
10	排烟热损失（%）	7.0	5.6
11	炉体平均表面温度（℃）	32.9	46.9
12	散热损失（%）	1.6	1.7
13	热损失之和（%）	8.6	7.3
14	反平衡效率（%）	91.4	92.7
15	节能率（%）	—	1.4

五、蒸汽干度自控技术

1. 技术原理

蒸汽干度是油田注汽锅炉重要的运行控制指标之一，其高低直接关系到稠油的开采效果与锅炉的安全运行。HL-ZZC-XT 干度自动控制技术依据燃料供给量与干度之间的关系及变化规律，以锅炉燃气量、进水量、炉水电导率为控制参数，采用气—水联调，调气为主、调水为辅的控制方法，控制和调节蒸汽干度，其控制原理如图 3-7-10 所示。

2. 系统组成

HL-ZZC-XT 干度自动控制系统由三部分组成：

（1）干度测试部分：电感式电导率测试仪；

（2）天然气流量控制部分：气动调节阀自动调节供给锅炉的天然气流量；

（3）控制部分：带 PID 运算功能自动控制整个系统的 PLC 控制器。

3. 主要技术指标

HL-ZZC-XT 干度自动控制系统的主要技术指标如下：

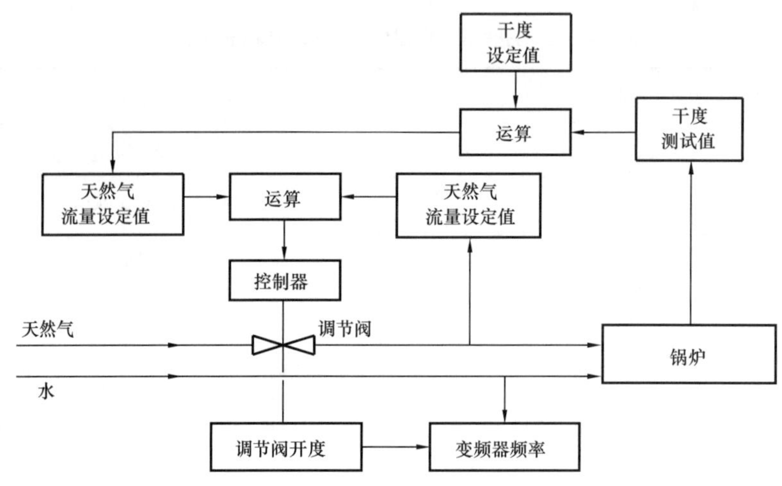

图 3-7-10　锅炉蒸汽干度自控原理

（1）干度调节范围：10%～90%；

（2）测量精度：± 0.5%；

（3）干度控制精度：± 1.0%；

（4）干度稳定时间：≤40min。

4. 应用效果

该技术通过多年的现场应用，性能稳定可靠、精度高，可实现蒸汽干度的在线测量、控制与远程监控。通过对蒸汽干度的精确控制，可避免燃气过量消耗，节省燃气用量。同时还可提高注汽锅炉自动控制和调节水平，确保注汽锅炉安全正常运行，降低操作人员的劳动强度。

第二节　注汽管网保温

新疆油田围绕注汽管网热损失及管道支架热损失，深入系统研究注汽系统节能与热能充分利用的经济高效途径，已取得一定成效。结果发现，降低注汽管网热损失的关键在于两个方面[34]：一是提高保温结构的密封性能、降低对流散热损失；二是选用具有热反射强、辐射弱的保温材料。按此思路，研发复合反射式保温结构，并选用纳米气凝胶毡作主体保温材料、复合铝箔作热反射层、外包橡塑发泡材料等。在保温材料和保温工艺上，最大限度地保障保温结构的完整性和密封性，有效隔绝热能散失。

一、保温材料

新疆油田注汽管网的保温材料主要选用复合硅酸盐板与纳米气凝胶毡。复合硅酸盐板是高温发泡而成的柔性保温材料，具有良好的弹性、耐温性，其导热系数低、适应性强。纳米气凝胶毡是一种轻质 SiO_2 非晶态材料，由气凝胶与基材复合而成，其常温导热系数不高于 0.021W/（m·℃），且具有一定的柔性，可弯曲而不易被损伤，其适用的温度范围广，具有“透气不透水”特性。

1. 复合硅酸盐

1）材料组成

复合硅酸盐是一种固体基质联系的封闭微孔网状结构材料，主要采用火山灰玻璃、白玉石、玄武石、海泡石、膨润土、珍珠盐等矿物材料和多种轻质非金属材料，通过静电原理和温法工艺，复合制成憎水性复合硅酸盐保温材料。

2）应用效果

新疆油田采用红外热成像仪，测试分析四条复合硅酸盐板保温的注汽管线漏热分布，其直管段采用双层复合硅酸盐板保温，弯头采用复合硅酸盐毡保温，防护层用镀锌铁皮，其典型直管段与弯头的热像图分别如图 3-7-11 及图 3-7-12 所示，直观反映注汽保温管的漏热损失情况。由此可见，测试直管段出现局部高温，内部保温材料可能存在破损；部分保温瓦之间的接缝温度偏高，存在不同程度的热漏损失（图 3-7-11）；部分弯头和支墩处温度偏高，热漏损失较大（图 3-7-12）。保温材料随着使用时间的增长，保温效果将有不同程度的衰减。

3）适应性

复合硅酸盐具有可塑性强、导热系数低、耐高温、质量轻、施工方便、不容易吸湿、抗拉强度高等性能特点，且在施工现场使用时无需保护层。但复合硅酸盐易碎，且受施工质量的影响较大。

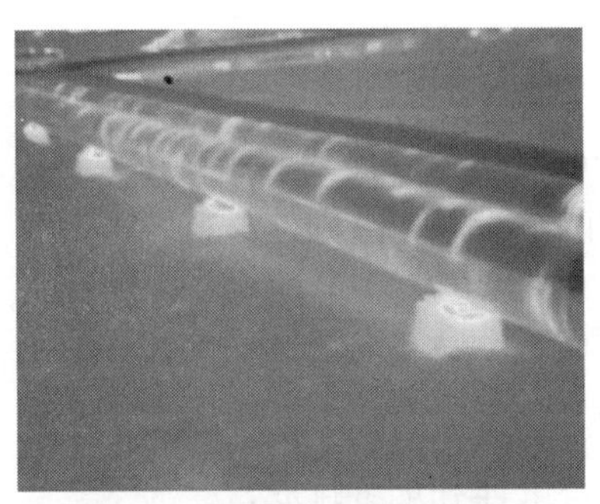

(a) 13-11#站锅炉房至34#管汇

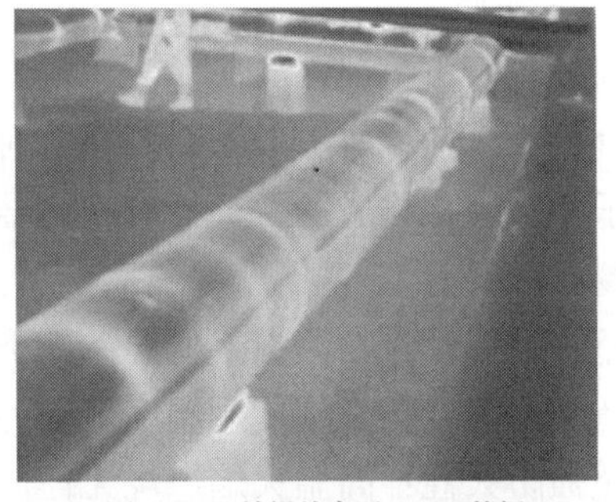

(b) 13-11#站锅炉房至43-44#管汇

(c) 21-18#站锅炉房至33-34#管汇

(d) 28-23#站锅炉房至65#管汇

图 3-7-11　四条复合硅酸盐板保温的注汽管线直管段热像

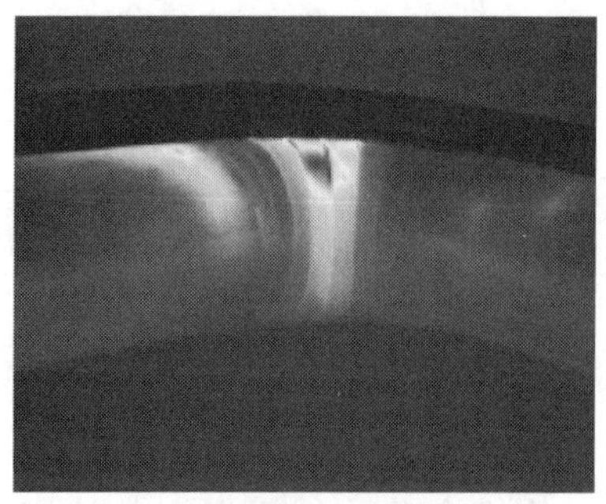

(a) 13-11#站锅炉房至34#管汇

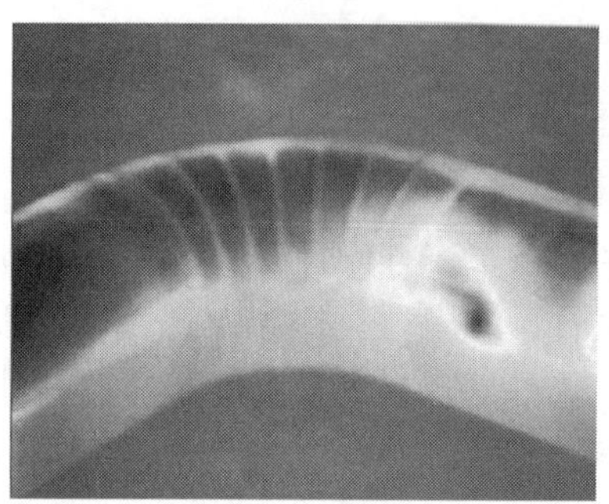

(b) 13-11#站锅炉房至43-44#管汇

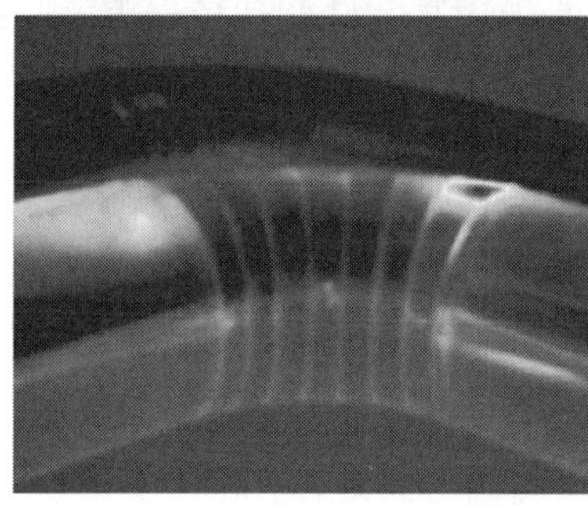

(c) 21-18#站锅炉房至33-34#管汇

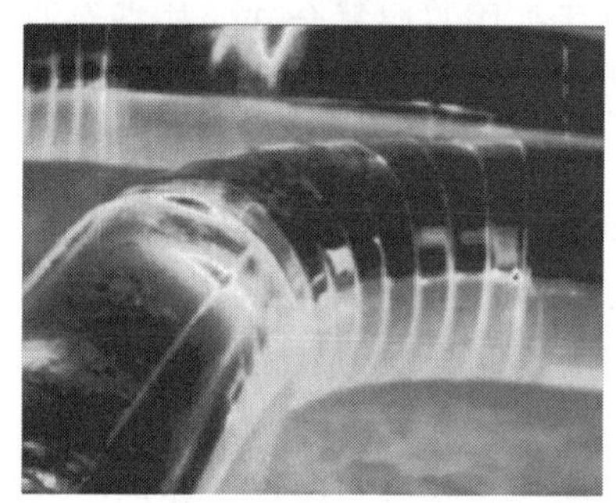

(d) 28-23#站锅炉房至65#管汇

图 3-7-12　四条复合硅酸盐毡保温的注汽管线弯头热像

2. 纳米气凝胶

1）材料组成

纳米气凝胶（简称气凝胶）材料是一种分散介质为气体的凝胶材料，是由胶体粒子或高聚物分子相互聚积构成的一种具有网络结构的纳米多孔性固体材料。

2）材料性能指标

（1）超强保温性：在高温或低温条件下，导热系数是所有已知固体物料中最小的；

（2）超强耐温性：长期使用温度范围为 -80～650℃；

（3）超强防火性：高温火焰燃烧无任何有毒气体和烟雾排放；

（4）超薄超轻性能：易割易折，可现场加工，施工方便，可拆卸；

（5）疏水性强：使用寿命超过 20 年。

3）应用效果

采用同样手段，测试分析四条纳米气凝胶保温的注汽管线热散失区域分布。其直管段和弯头均用双层纳米凝胶外层包裹硅酸盐毡保温，防护层使用镀锌铁皮。典型直管段与弯头的热像分别如图 3-7-13 及图 3-7-14 所示。由此可见，散热区域相对较少，散热损失也较低，保温结构较均匀、严密。

对比复合硅酸盐板与纳米气凝胶保温的注汽管网漏热成像图可知，纳米气凝胶的保温效果比较均匀，散热损失相对较小，故应首选纳米气凝胶作为热力管网的保温材料。

(a) 15#供热站2#炉线　(b) 15#供热站3#炉线

(c) 7#供热站4#炉线　(d) 16#供热站6#炉线

图 3-7-13　四条纳米气凝胶保温的注汽管线直管段热像

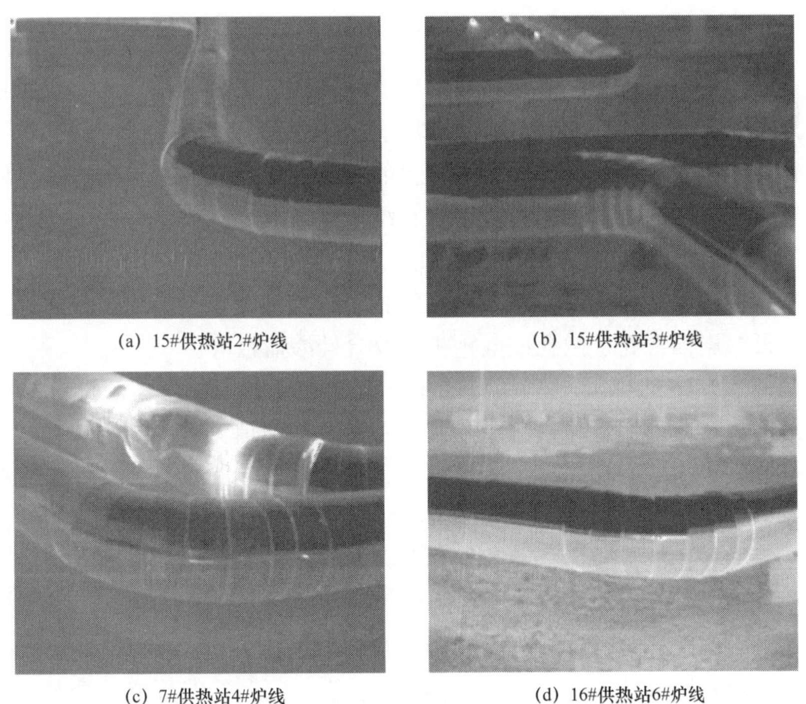

(a) 15#供热站2#炉线　(b) 15#供热站3#炉线

(c) 7#供热站4#炉线　(d) 16#供热站6#炉线

图 3-7-14　四条纳米气凝胶保温的注汽管线弯头热像

然而，对于纳米孔气凝胶复合材料，国内实现工业化超临界生产工艺主要包括乙醇和 CO_2 两种，前者生产工艺能耗高、安全风险较大，逐渐被 CO_2 超临界干燥工艺所代替。新疆油田引进多家公司的产品开展先导性试验，其技术优势与生产工艺见表 3-7-4。

表 3-7-4　先导性试验对比

先导性试验区块	技术优势	生产工艺
重 18 井区 1# 燃煤注汽站	独有 CO_2 超临界干燥萃取卧式釜	液态 CO_2 增压、带温带压溶胶浸泡、熟化后 CO_2 超临界干燥萃取
	生产自动化程度高	常温喷淋浸胶、挤压定形、熟化后 CO_2 超临界干燥萃取
九$_7$—九$_8$ 区	国内最早、市场占有率高	部分工艺采用北京博天子睿工艺

4）适应性

纳米气凝胶是一种新型的绝热保温材料，其密度略低于空气密度，保温性能良好，且具有超疏水、长寿命、抗压、易安装维护等特点。此外，纳米气凝胶保温毛毡具有质轻、容易裁剪、缝制，可适应各种不同形状的管道、设备保温，且安装所需时间及人力较少、运输成本较低等优点。

二、保温结构

近年来，随着保温材料技术的发展，油气管线保温结构技术也得到相应的发展。目前，国外油气管线保温结构的基本形式为：钢管—防腐层—保温层—防水保护层。保温层与保护层之间用黏结剂粘接，这样不但构成管线的“三防体系”，并且使钢管、防腐层、保温层、保护层牢固地结合为一体，大大提高管道防腐保温效果。目前，注汽管线保温结构有单层型材结构、双层型材结构与复合材料结构等形式。

1. 单层型材保温结构

新疆油田早期的保温结构都是单层型材结构，外加镀锌铁皮作为防护层，如单层结构的膨胀珍珠岩板、岩棉管壳、微孔硅酸钙板与复合硅酸盐板等。

对于硬质材料，虽然保温材料保温层不下沉、不开裂，化学稳定性好，材料厚度均匀，能与管线形成整体。但运输过程中易破碎，瓦块间隙填充材料与瓦块粘接不好，接缝较多，受管线热胀冷缩的影响易产生较多裂缝，造成较多热漏点，致使保温管线热损失严重超标。对于软制、半硬质保温材料，在运输过程中容易被压缩，既影响保温材料厚度，又容易使内部纤维气孔遭受破坏，导致导热系数增大。

2. 双层型材保温结构

2003 年新疆油田部分管线保温采用双层复合硅酸盐板保温结构，外包镀锌铁皮。采用复合硅酸盐预制瓦块双层嵌套的保温结构，使保温材料与管线形成一个整体。只要瓦块接缝处理得当，保护层不破损，基本满足表面热损小、结构稳定的要求。外包镀锌铁皮根据地势起伏由低至高错层搭接，既能起到保护作用，又能达到防水效果。

3. 复合保温结构

通过调研和室内试验，并结合新疆油田的实际工况和保温结构的全寿命分析，确定适用于注汽管线的保温材料，主要包括复合硅酸盐保温毡、复合硅酸盐保温瓦和纳米气凝胶保温毡。复合硅酸盐保温瓦运输储存时易破损，安装接缝多，嵌缝材料无补偿作用；复合硅酸盐保温毡捆扎施工繁琐，施工效率低；纳米气凝胶保温性能好，但价格高，捆扎施工量大，加上表面气凝胶粉易脱落，施工时需做好保护。因此，需要结合保温材料各自的优缺点，在满足保温性能要求的前提下，以更经济、易施工、质量好为优化目标。

截至 2014 年底，新疆油田稠油注汽管线均采用低支架架空敷设，主要采用 160mm 双层复合硅酸盐板保温，少部分采用纳米气凝胶毡和复合硅酸盐浆料，外包镀锌铁皮，其注汽管道保温结构见表 3–7–5。

表 3–7–5　新疆油田稠油热采注汽管道保温结构

区块	管道规格	长度（km）	保温材料及厚度
红浅区	D114 × 10 D133 × 15	148.5	复合硅酸盐板—镀锌铁皮，2 × 80mm 复合硅酸盐浆料，120mm
四区	D114 × 10	60.1	复合硅酸盐板—镀锌铁皮，2 × 80mm
车 510	D133 × 13	4.7	纳米气凝胶复合结构—镀锌铁皮，96mm
百重七井区	D114 × 10	78.8	纳米气凝胶毡—镀锌铁皮，102mm 复合硅酸盐板—镀锌铁皮，2 × 80mm
九$_6$—九$_9$	D114 × 8/10	166.0	保温瓦—硅酸盐棉毡—镀锌铁皮，130mm 复合硅酸盐板—镀锌铁皮，2 × 80mm
六区	D114 × 10 D133 × 16	85.5	保温瓦—硅酸盐棉毡—镀锌铁皮 纳米气凝胶复合结构—镀锌铁皮，115mm
克浅区	D114 × 10	49.6	保温瓦—硅酸盐棉毡—镀锌铁皮
风城	D114 × 10/12 D133 × 15	128.5	复合硅酸盐板—镀锌铁皮，2 × 80mm
合计	—	721.7	—

复合硅酸盐毡直接包裹在管线外壁上，长期使用后因管线振动也会造成保温材料下沉，使保温管线上部热损失增大。此外，多层型材对接处存在缝隙，振动后缝隙增大，使热量损失加重。

为降低纳米气凝胶保温毡的应用成本，2017 年在新疆油田试验纳米气凝胶保温毡—复合硅酸盐管壳新型保温结构（图 3–7–15）。该保温结构的平均散热损失约为 71W/m^2，保温效果显著。采用这种高效保温结构改造的注汽管线长为 47km，其管网综合热损失减少 67.5%，年节约天然气 685 × 10^{4}m^3，节煤 9000tce。

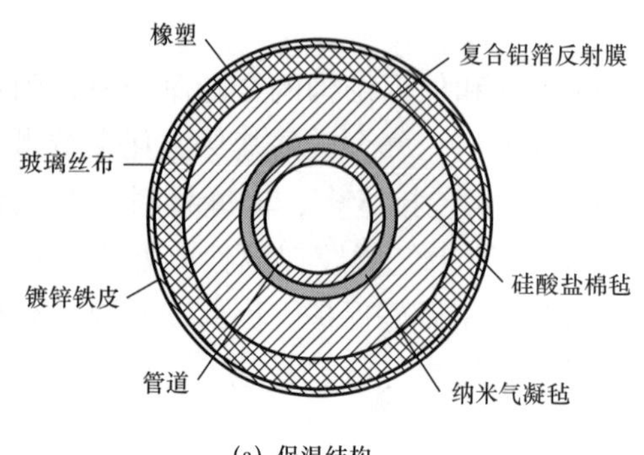

(a) 保温结构

(b) 现场保温管段

图 3-7-15　纳米气凝毡与复合硅酸盐的复合保温结构

三、管道支架隔热保温

管道支架是保障管道及其连接设备安全的必要部件，管道运行时所产生的各种力和力矩，通过支架的支撑和隔断，如与转动设备连接的管道，其设备管嘴受力有严格控制，可通过支吊架使设备嘴子上的外力控制在允许范围内。

1. 支架组成及分类

1）组成

从管道支承的结构及连接关系等方面看，管道支架一般由管部附着件、连接配件、特殊功能件、辅助钢结构及生根件等组成。

2）类型

（1）按作用分：滑动支架、导向支架和固定支架。其中，滑动支架是用来承受管道的重力及其他垂直向下荷载的支吊架，适用于无特殊位移要求的管道；导向支架的作用是限制线位移，在所限制的轴线上至少有一个方向被限制；当支撑点不允许有热位移时选用固定支架。

（2）按材料分：钢筋混凝土结构、钢结构、钢筋混凝土与钢结构组合结构。

2. 支架隔热保温

输送高温蒸汽通常需要经过长距离的管道来完成，长距离管道中需要使用大量的支架来支撑管道。传统的热力管道滑动支架、导向支架和固定支架都是直接焊接在温度较高的管道上，支架裸露在外造成大量热量散失。为减少热力管道通过支架向周围环境散失热量，一般采用绝热型支架，其保温材料的性能特点应满足如下要求：

（1）耐温性好，物理和化学性能稳定，能在 20℃下长期使用；

（2）导热系数较小，抗压强度较高；

（3）保温功能和整体的防水性好、容重小、无毒无污染、水分与可燃物含量极低、经济实惠。

目前新疆油田已形成隔热保温活动支架系列，主要包括 REZNZJ 系列、ZNZJ 系列和 GJMP 系列。

1）REZNZJ 系列隔热保温活动支架

REZNZJ 系列隔热保温活动支架主要由内、外两个支撑管组成，如图 3-7-16 所示。内、外支撑管具有较好的受力结构，底部也有保温层隔离，其中支撑芯管通过保温层与注汽管道隔离，从而降低芯管散热通道内的热损失。但外支撑管与注汽管线直接接触，并一直延续到支架底座，这个散热通道还可通过外加保温层进一步提高保温效果。

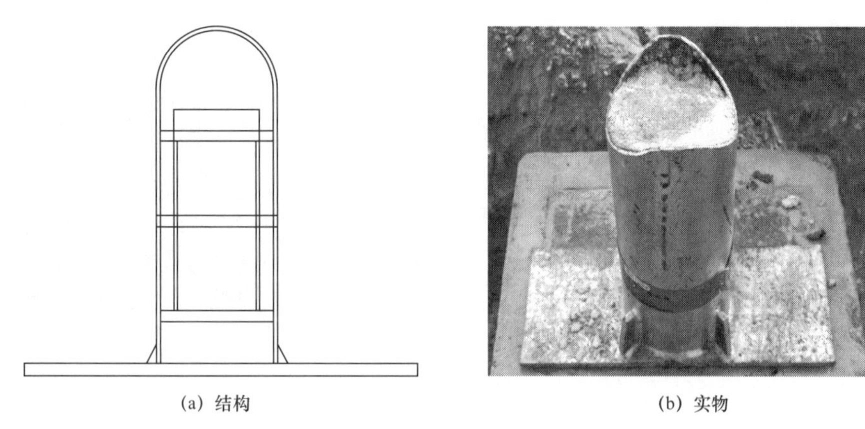
(a) 结构　　(b) 实物

图 3-7-16　REZNZJ 系列隔热保温活动支架

2）ZNZJ 系列隔热保温活动支架

ZNZJ 系列隔热保温活动支架采用支架底座绝热方式，如图 3-7-17 所示，注汽管道的热量通过钢构件直接传到底部，使用时必须考虑活动支架钢构件的二次绝热处理。但活动支架底座一般不太厚，ZNZJ 系列隔热保温活动支架的保温效果将受到一定影响。

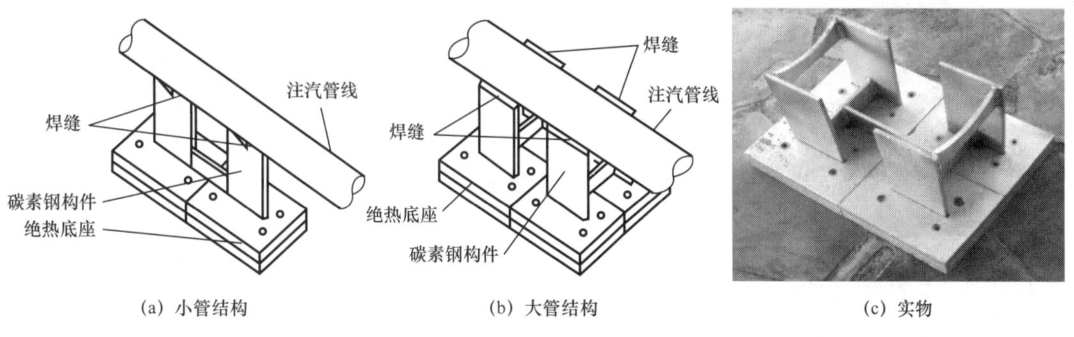

(a) 小管结构　　(b) 大管结构　　(c) 实物

图 3-7-17　ZNZJ 系列隔热保温活动支架

针对 ZNZJ 系列隔热保温活动支架存在的问题，新疆油城物质公司对其做了改进与更新，如图 3-7-18 所示。它是内部一个圆管支撑，外部一个方形钢管支撑，二者之间的空隙填充保温材料，不同的是在方形钢管靠底部的位置通过在四面打孔，以降低注汽管线通过方形钢管产生的直接散热损失，这种活动支架在使用时需要二次保温以降低散热损失。

3）GJMP 系列隔热保温活动支架

GJMP 系列隔热保温活动支架是通过高强度的绝热板把活动支架的底座与注汽管道隔

离，这样可阻断注汽管道向底座的直接热传导。在确保绝热板具有良好绝热性能的前提下，可有效降低活动支架的散热损失，使用过程中不需对活动支架进行二次保温处理，如图 3-7-19 所示。该结构的难点在于绝热板不仅具有良好的绝热性能，而且具有优异的力学性能，以满足注汽管道在使用过程中热膨胀力与重力等的耦合作用。

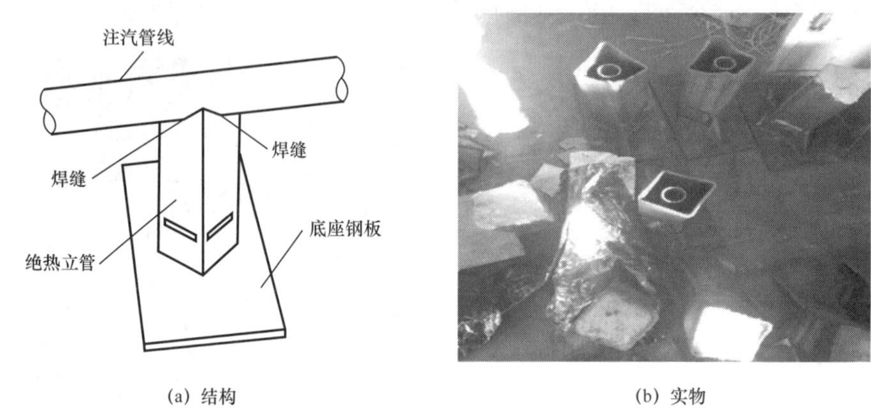

(a) 结构　　(b) 实物

图 3-7-18　改进型 ZNZJ 系列隔热保温活动支架

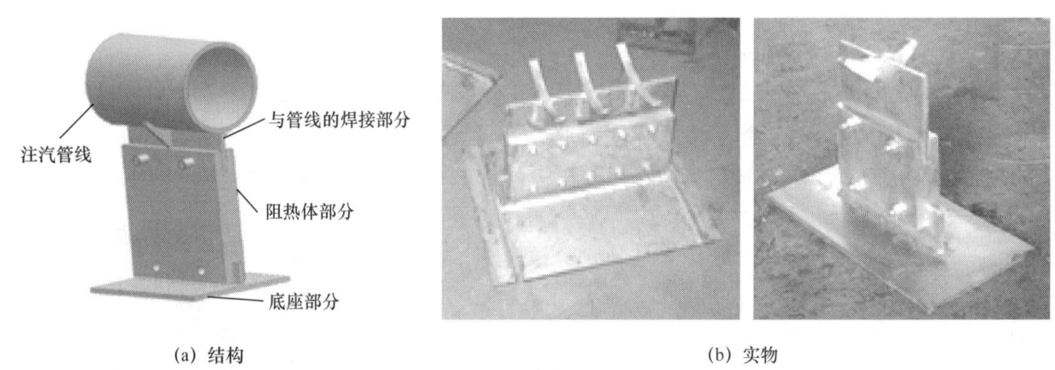

(a) 结构　　(b) 实物

图 3-7-19　GJMP 系列隔热保温活动支架

三种隔热保温活动支架的热损值按照 GB/T 17357—2008《设备及管道绝热层表面热损失现场测定热流计法和表面温度法》测定，结果发现它们均表现出良好的节能效果，其优劣顺序为 GJMP 系列支架 > REZNZJ 系列支架 > ZNZJ 系列支架。

为进一步减少管道支架热损失，新疆油田还研发出可调式隔热保温支架（图 3-7-20），其核心是隔绝热力管道与金属支架间的热传递。隔热板采用绝热性能较好、耐高温高压的 XB450 橡胶石棉板，其工作温度不大于 400℃，老化系数为 0.9，承压不大于 6MPa。

3. 支架保温效果

油田高温管线用保温支架有多种结构，不同形式的保温支架各有自身特点，适用不同的工作环境，其中复合式保温支架的节能效果最好。新疆油田各生产单位一般结合自身管线及设备特点，优选经济合理的保温支架，达到节能增效的最佳效果，改造前后节能效果见表 3-7-6。

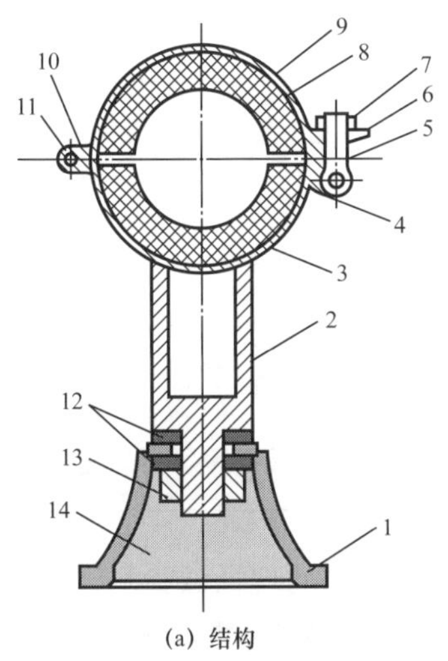

(a) 结构

(b) 实物

图 3-7-20　可调式隔热保温支架

1—底盘；2—支顶杆；3—管子下卡圈；4—销子边套；5—活节螺栓；6—开口紧定板；7—活节螺栓螺母；8—绝热圈；9—上卡圈；10—销子主套；11—销子；12—副绝热层；13—支顶杆螺母；14—绝热填充料

表 3-7-6　保温支架改造前后节能效果测试对比

序号	项目名称	测算结果	
		无保温支架	保温支架
1	总散热损失（W）	366.8	119.3
2	支架总散热损失（W）	262.8	46.8
3	支架上保温管线总散热损失（W）	104	72
4	总散热损失减少率（%）	67.5	

四、应用效果

对于硅酸盐板复合反射式与双层式保温结构，它们的节能效果现场测试见表 3-7-7。由此可见，前者比后者的散热损失减少约 65%。

表 3-7-7　硅酸盐板复合反射式与双层式保温结构热散失对比

序号	项目名称	参数	
		1 号管线	2 号管线
1	测试地点	5 号注汽站	18 号注汽站
2	保温结构	复合反射式	双层式
3	保温管线外径（mm）	465.0	447.5
4	管内蒸汽温度（℃）	271	300
5	管道外表面温度（℃）	8.6	12.6

续表

序号	项目名称	参数	
		1 号管线	2 号管线
6	环境温度（℃）	1.5	0.5
7	总放热系数［W/（m^2·℃）］	3.72	6.33
8	管道热流密度（W/m^2）	26.3	76.5
9	管道线热流密度（W/m）	38.4	107.5
10	单位长管道总热散失（kW/km）	41.7	122.2

对于纳米气凝胶毡与硅酸盐板复合反射式保温结构，它们的现场试验测试与计算结果见表 3-7-8。由此可见，前者比后者的散热损失减少 29.9%，节能效果明显。

表 3-7-8　纳米气凝胶毡与硅酸盐板复合反射式保温结构热散失对比

序号	类别	测算结果	
		纳米气凝胶毡	硅酸盐板
1	保温材料厚度（mm）	102.2	148.2
2	测试部位	直管段	直管段
3	管道外表面温度（℃）	32.5	34.1
4	环境温度（℃）	23.0	23.0
5	风速（m/s）	0.85	0.85
6	管道外径（mm）	318.5	410.3
7	平均温度（℃）	27.7	28.6
8	外表面与环境温度之差（℃）	9.5	11.1
9	定性尺寸（m）	0.318	0.410
10	空气体积膨胀系数（1/K）	0.003324	0.003314
11	空气热导率［W/（m·℃）］	0.0265	0.0266
12	空气运动黏度（$10^{-6}m^2/s$）	15.79	15.86
13	重力加速度（m/s^2）	9.81	9.81
14	格拉晓夫数	3.99×10^7	9.92×10^7
15	普朗特数	0.701	0.701
16	自然对流换热系数［W/（m^2·℃）］	3.08	3.01
17	雷诺数	17148	21983
18	相关系数 *A*	0.174	0.174
19	相关系数 *n*	0.618	0.618

续表

序号	类别	测算结果	
		纳米气凝胶毡	硅酸盐板
20	努塞尔数	71.59	83.47
21	强制对流换热系数［W/（m^2·℃）］	5.96	5.41
22	表面黑度	0.228	0.228
23	辐射常数［W/（m^2·℃）］	5.7	5.7
24	辐射放热系数［W/（m^2·℃）］	1.42	1.43
25	总放热系数［W/（m^2·℃）］	10.46	9.85
26	管道热流密度（W/m^2）	98.8	109.5
27	管道线热流密度（W/m）	98.9	141.1

表 3-7-9 为保温材料、保温结构及管道支架保温等节能技术在新疆油田注汽管线上的现场应用效果。由此可见，注汽管线保温结构改造、保温材料比选都将显著降低其热散失。其中，2013 年改造 17.9km（每千米含支架 200 个，其中 20 个为固定支架）。散热测试结果表明，注汽管网线热流密度从最高的 304W/m 平均降至 95W/m，可节约天然气 $293 \times 10^4 m^3/a$，节能约 3897tce/a。

表 3-7-9　节能技术在注汽管线上的现场应用效果

类别	双层瓦	单层瓦已改造			单层瓦未改造	合计
		纳米气凝胶毡	硅酸盐板	浆料保温		
长度（km）	329.7	110	23	45.5	57.5	565.7
热流密度（W/m）	156	82～110			304	—

第三节　计量站采暖节能

在稠油热采过程中需向油层注入大量的高温高压蒸汽，以便提升油层温度与压力，稠油采出液温度一般较高，其携带的热量相当可观，可设法对其回收利用。热采稠油采出液一般首先进中心计量站或托管计量站。考虑到安全因素，在中心计量站主要采用高温采出液换热采暖，而无人值守采油计量站可根据采出液温度选择直接采暖或换热采暖。

一、直接采暖工艺

1. 工艺流程

稠油采出液温度一般在 60～110℃之间，可满足计量站采暖要求，单井采出液进计量间后可混合进集油罐，其工艺流程如图 3-7-21 所示。

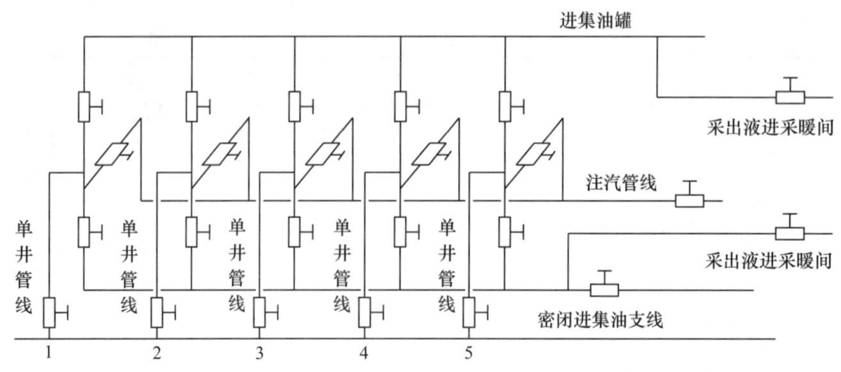

图 3-7-21　采出液直接采暖工艺流程

2. 适应性

该采暖技术适用于两级布站模式的计量站，其单井或多井可同时纳入保温系统，温度可根据需要调节，具有投资少、功能性强、操作简单等优势，深受生产前线职工的青睐。但由于采出液可能含有 H_2S 等危害性气体，存在安全隐患，该采暖技术不适合有人值守计量站。

3. 应用效果

应用采出液采暖后，停用采暖蒸汽，考虑到采出液温度较低时需用蒸汽采暖。节汽量按 80% 计算，一座计量站可节约采暖蒸汽约 272t/a。2011—2012 年新疆油田完成 309 座，总节汽量 8.4×10^4t，折合天然气 551.7×10^4m^3，节水 10×10^4t，节电 111.18×10^4kW·h。

二、换热采暖工艺

采用换热器将高温来液与软化清水换热，加热后的软化清水作为交换介质，用泵加压循环至各站采暖，取代传统的蒸汽采暖，其工艺过程如图 3-7-22 所示，其换热设备主要包括螺旋板式、宽流道式、管盘式与分离式热管四种换热器。

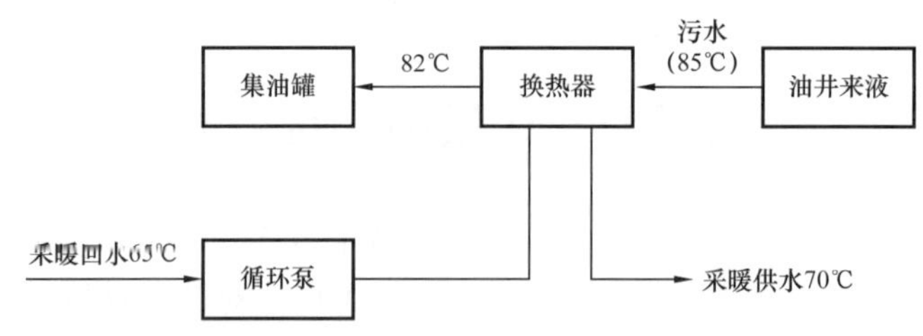

图 3-7-22　采出液换热采暖工艺过程

1. 螺旋板式换热器

1）结构特点

螺旋板式换热器是一种高效换热设备，适用于气—气、气—液与液—液对流传热，是发展较早的一种板式换热器。螺旋板式换热器具有体积小、效率高、制造简单、成本较低、重量轻、热交换温差低等优点，近年来这种换热器在国内各行业中的应用日趋广泛[35]。

2）应用实例

螺旋板式换热器（图 3-7-23）需在室外建设彩板房，并对换热器与管道泵保温。目前风城 8-7# 与风城 10-8# 两个站的采暖系统运行基本正常，但换热效果差，值守站室内温度约 23℃，达不到野外室内暖气的要求温度。

图 3-7-23　螺旋板式换热器

2. 宽流道式换热器

1）结构特点

宽流道板式换热器是专门针对各种固体、晶体、纤维、浆状物质及高黏介质换热工况研制的产品，由于换热板片的特殊设计，保证宽间隙通道光滑，流体流动顺畅、无滞留、无死区、无堵塞等情况，但热源量大时易将水箱内的水烧干。

2）应用实例

宽流道板式换热器（图 3-7-24）也需在室外建彩板房，且需对换热器及管道泵保温。然而，该换热器适用于采出液物性差、油稠且含砂量大的场合，且不易造成堵塞，换热面积大，换热效果好。

图 3-7-24　宽流道板式换热器

3. 盘管式换热器

1）工艺原理

盘管式换热器供暖工艺（图 3-7-25）通过在站区生活水罐上焊接进、出水口管线，出水口连接管道泵，管线以盘管方式缠绕在缓冲罐上并涂覆导热胶泥，利用缓冲罐热传导换热对管线中的水加热，并以此对站区供暖，最后回水至生活用水罐。

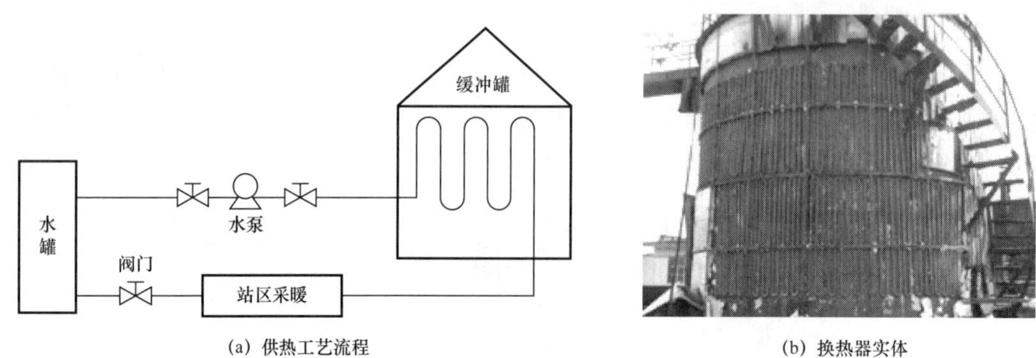

(a) 供热工艺流程　　(b) 换热器实体

图 3-7-25　盘管式换热器

2）结构特点

螺旋盘管式换热器具有传热系数较高，结构紧凑、空间利用率高、换热面积大大增加、占地面积小等特点，广泛应用于石油化工、低温工程、电力机械等众多领域。当空间受到限制不足以放置直管换热器或者管内流体要求压降小时，螺旋盘管有其独特的结构与流动优势，尤其是当管内流体介质处于层流状态或流速较低时，极具换热性能优势[36]。

3）应用实例

此方法在风城油田重 32 井区 3# 站现场试验，结果证实其应用效果较好，目前暖气进水温度为 75℃。该供暖方式工艺流程简单［图 3-7-25（a）］，管理方便，同时对站区生活水全天候保温，节约能源。但盘管式换热器管线以盘管的方式缠绕在缓冲罐上［图 3-7-25（b）］，当采出液液位较低，缓冲罐上部积存大量蒸汽，容易冷凝挂壁，影响换热效果。因此应根据缓冲罐液位高低，调整盘管位置。

4. 分离式热管换热器

1）工艺原理

分离式热管用于采出液采暖的工艺原理如图 3-7-26 所示，即热源流体经热流体通道后，将热量传递给超导腔体内的超导介质，并对其加热，使其产生的蒸汽经上升管，进入上部超导腔内将热量传递给冷水；此时超导介质温度下降并发生冷凝，然后沿着管壁通过下降管进入下部超导腔。如此往复不断循环流动，将热流体热量不断传递给冷源介质，从而实现高温含水原油加热冷却水的目的。

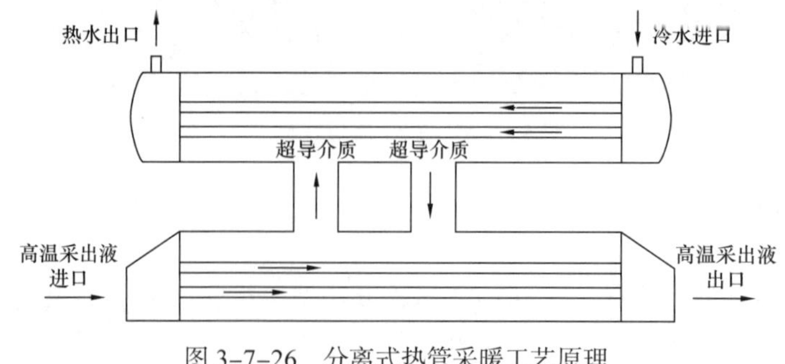

图 3-7-26　分离式热管采暖工艺原理

2）结构特点

分离式热管不仅具有普通热管的优点，而且不存在普通热管的失效问题，其主要结构特点如下：

（1）设备安全可靠，运行稳定，负荷适用范围大，能适应频繁启停工况；

（2）换热面采用钢管，承压能力强；

（3）具有良好的等温性，避免死油区形成；

（4）不易沉砂，换热元件相互独立，维修维护方便；

（5）受热段与放热段可分开布置并远距离传热；

（6）工作介质的循环依靠重力作用，无需外加动力；

（7）模块化橇装结构，方便操作维护。

3）应用情况

新疆油田前期采用的采出液换热装置存在易堵塞、沉砂、耐压性不足，且不适用于密闭集输流程等问题，2013 年开始自主研发分离式热管换热装置，并于 2014 年 10 月在重油公司检 10# 站成功完成其先导性试验，属于国内首次将分离式热管换热装置用于稠油站场采暖。

第四节　净化处理站节能

稠油采出液净化主要包括油气水分离与除砂脱水等处理工艺过程，其中很多环节都存在能耗的问题，因此必须采用相应的节能措施，才能实现稠油地面工程建设与运营的技术经济要求。在稠油净化处理时会产生大量高温污水，其温度在 50～60℃之间，经处理达到排放标准后才能回用或排放，属低品位热能，但热量较大。稠油净化处理站及污水处理站都有大量的低品位余热资源可回收，以加热采暖管网中的循环水。根据污水温度和采暖负荷等情况，可选择热泵余热采暖、高温污水换热与强制对流结合采暖等节能技术。

一、稠油采出液预分水节能

1. 技术原理

常规采出液热化学沉降脱水需要对含水油加热，运行能耗高，而通过三相分离器预分离大部分游离水，只对分离出的低含水原油加热，则可大幅降低生产用热。

2. 工艺流程

稠油采出液预分水流程实际上属于稠油净化处理工艺中的环节之一，其主要设备为多相重力分离器。油气水混合物高速进入三相分离器，靠重力作用脱出大量的原油伴生气，预脱气后的油水混合物经挡板撞击、高速进入沉降分离区脱水；分离后的低含水原油经加热，再采用电化学脱水或大罐沉降脱水工艺。

3. 应用效果

稠油采出液预分水技术可优化站内脱水工艺，不仅能降低生产能耗，而且可提高原油脱水处理能力和脱水效果，该技术适合需要加热脱水的高黏原油。对新建高效三相分离器，当其用于脱水处理时，可同时降低外输油含水率与系统运行能耗。

二、污水余热采暖

1. 热泵技术

1）工作原理

压缩式热泵工作原理（图3-7-27）为逆卡诺循环原理，主要由两个等温过程和两个绝热过程组成。工作时它本身消耗一部分外界能量（电能），把环境介质中贮存的能量加以挖掘，通过传热工质循环系统来提高温度并加以利用，而整个热泵装置所消耗的功仅为输出功中的一小部分。因此，采用热泵技术可节约大量高品位能源。

热泵的性能一般用制冷系数（COP）评价，其定义为低温流体传给高温流体的热量与所需的动力之比。压缩式热泵的COP一般在4左右，即输入1kW电能，末端系统可得到4kW的热量。随着压缩式热泵技术的发展，目前满液式热泵COP可达到5左右。

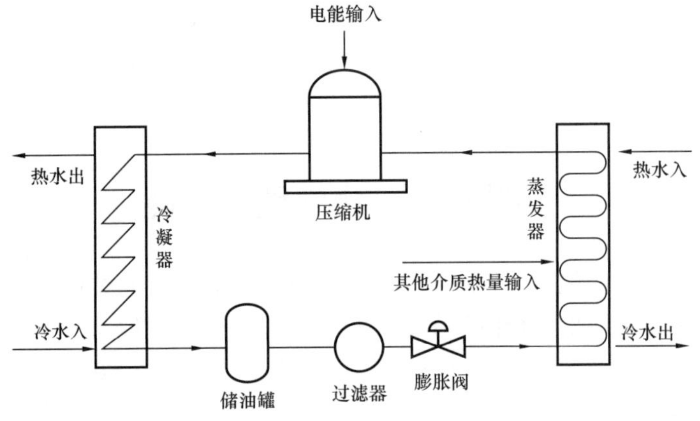

图3-7-27　压缩式热泵工作原理

2）特点

（1）采用热泵技术可使40～50℃的低热能污水源转变为80℃以上的高热能水源，其单位时间的耗电量与制热量之比可达到1∶3.5以上，使油田污水余热得到充分回收。

（2）稠油处理后的污水量与温度较高，而回用锅炉的温度一般在45℃左右，大部分热量被浪费，热泵为其余热资源的回收利用提供可靠的技术手段。

（3）热泵机组运行中，无任何污染排放物，环保效果明显。与使用蒸汽供暖相比，热泵供暖使室内热空气的湿度较稳定且利于员工的健康。

（4）节约采暖用蒸汽，节汽率达100%。

（5）热泵采暖技术存在初期投资大、设备维护费用高、能耗高等不足之处。

3）适应性

压缩式热泵技术适用范围广，适用于单个或多个房间，既能夏季制冷又能冬季供热，比较适用于电能廉价的地区。新疆油田某稠油处理站采暖选用2台压缩式热泵机组（图3-7-28）来回收利用处理站余热，主要包括半封闭螺杆压缩机（电功率为75kW）、壳管换热器与循环系统配套的循环泵（电功率为7.5kW），初期投资131万元。运行一个采暖季，节约蒸汽达4000t，节约运行成本近40万元。

图 3-7-28　现场应用热泵采暖技术装备

2. 换热技术

1）工艺过程

根据高温采出水具备直接供暖的要求，考虑到净化水中含有 H_2S 气体，若直接用于供暖系统则存在安全隐患，因此采用间接换热的供热形式。热源采用含油污水处理回用系统的净化污水，供热系统循环水仍采用清水。由于污水矿化度较高，容易堵塞换热器，选用流道式换热器实现换热供暖，其工艺过程如图 3-7-29 所示。

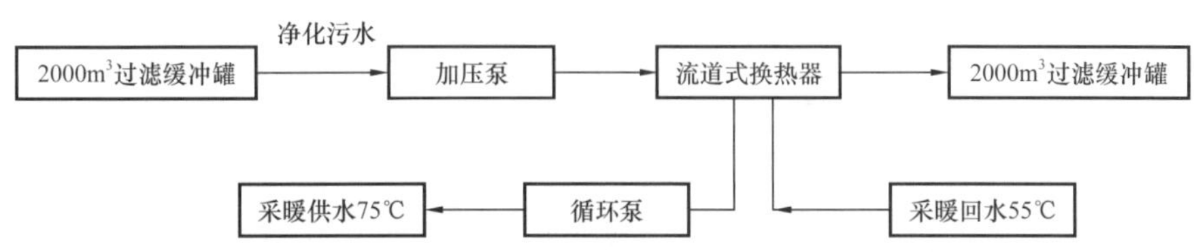

图 3-7-29　高温污水换热采暖工艺过程

2）适应性

对于 65～75℃的高温污水，换热后无法达到常规采暖温度。采用强制对流散热采暖技术，利用风机实现强制对流（图 3-7-30），强化对流传热系数，能适应低温供暖介质的采暖，一般供暖水温在 55～65℃即可满足采暖要求。

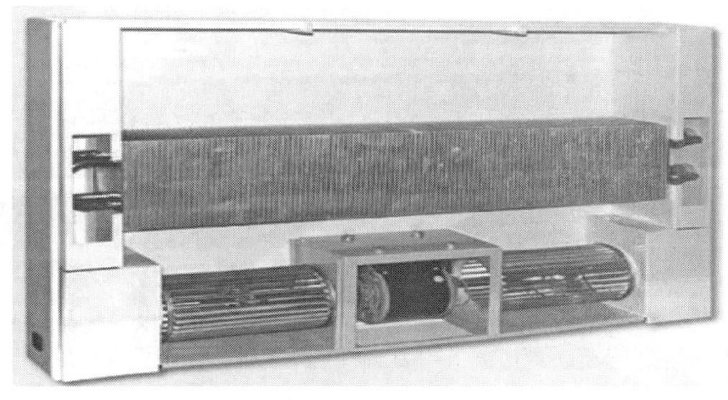

图 3-7-30　强制对流采暖散热器

3）应用情况

2011—2012 年，新疆油田对重油公司六九区污水处理站进行污水余热换热供暖技术改造，总投资 295 万元。采用流道式换热技术，并结合高效强制对流散热器，有效利用该站排放约 67℃的高温污水热能，做到采暖水资源零排放，全面实现热能与污水利用。

该处理站污水余热换热供暖改造工程的试运行参数见表 3-7-10。由此可见，供暖污水与回水温差约 15℃，采暖供水与回水温差在 5℃左右，室外温度最低为 -14℃，室内温度在 24～26℃之间，满足处理站冬季采暖要求，实现节气率 100%，节约蒸汽 10584m^3/a，节约运行费用 102.09 万元 /a，投资回收期 2.8 年。

表 3-7-10　六九区污水处理站污水余热换热采暖改造试运行参数

时间	供暖污水温度（℃）	供暖回水温度（℃）	采暖供水温度（℃）	采暖回水温度（℃）	室外温度（℃）	室内温度（℃）
11.23 12：00	73	56	62	59	-14	24
11.24 12：00	75	57	63	60	-8	26
11.25 12：00	75	58	64	60	-10	25
11.26 12：00	76	58	64	60	-12	25
11.27 12：00	75	60	65	61	-13	26
设计参考值	70	55	65	60	—	22

3. 软化污水直接采暖技术

软化污水在采暖管线循环过程中会造成净化污水中铁离子含量增加，对管线造成腐蚀，且影响净化污水水质；在有人值守站库使用该技术，由于污水中可能存在 H_2S 气体，容易引起安全隐患。2012 年新疆油田 18# 供热站大胆尝试，成功实现用高温软化污水取代原蒸汽采暖的平稳运行，将采暖管线与软化污水管线联通直接用于采暖（图 3-7-31），充分利用污水热能，实现节汽率 100%，年节约蒸汽 3600m^3，年节约费用 3.6 万元，投资回收期 1.2 年。

图 3-7-31　软化污水直接采暖

4. 热管加热污水供暖技术

新疆油田在稠油站场采暖改造中，利用热管加热回用高温污水，并使其在原供暖系统内循环，实现高温污水余热的回收利用，每个采暖期可保障约 90d 的供暖要求，从而节约大量蒸汽。利用热管加热污水供暖工艺流程为：在热管出口处加装一条管线，将经过热管加热的污水来液通过增压泵进入供暖系统中，再循环流入柱塞泵进口处，使其继续投用到生产中，其工艺过程如图 3-7-32 所示。

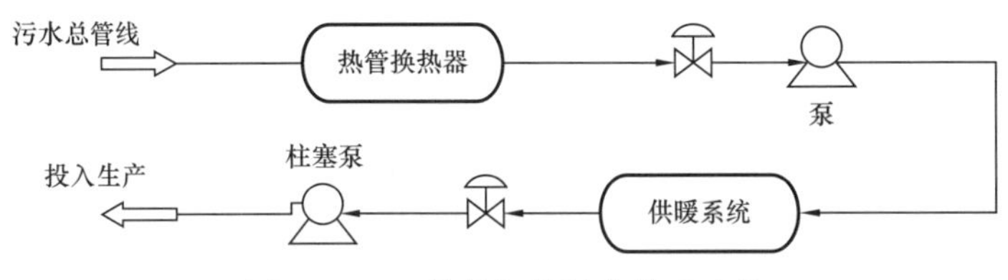

图 3-7-32　热管加热污水供暖过程

然而，换热器热源管线与锅炉柱塞泵连接，且换热间水循环系统与两台离心泵连接，可能导致换热器热源管线与供暖管线随泵运行发生振动，存在疲劳断裂风险。此外，两台离心泵同时故障后，会造成全站停止供暖，且工艺流程较复杂，而站区建设未布局该功能的使用区域，整个装置布局空间有限，加水不便，操作管理麻烦。

三、技术对比

热采稠油在净化处理过程中将产生大量低品位热能的污水及净化污水，根据污水温度的不同，新疆油田对前述污水余热开展回收利用效果的现场试验，依据试验结果与技术经济综合评价，不同节能技术的优缺点及建议可归结为表 3-7-11 所示。由此可见，热泵余热利用采暖技术、高温污水换热及强制对流采暖技术的节能减排效果较好，它们的适应条件见表 3-7-12。

表 3-7-11　稠油净化处理节能技术优缺点和建议

节能技术	优点	缺点	建议
热泵采暖	（1）可有效利用低品位热能，节约大量高品位能源； （2）安全系数高，且应用效果较好	初期投资较大，设备维护费与耗电费较高	大规模、大范围站库采暖应推广
软化污水直接采暖	改造较为容易，流程较简单	（1）软化污水循环易引起管线腐蚀，影响净化污水水质； （2）有人值守站库应用时可能存在安全隐患	一般不采用
热管加热污水供暖	（1）蒸汽供暖系统易改造，节汽显著； （2）每个采暖期可持续约 90d 供暖	（1）换热器热源管与锅炉柱塞泵、采暖循环水管与离心泵相连，存在断裂风险； （2）两离心泵同时故障将造成供暖中断，且工艺复杂，管理不便	一般不采用
换热—强制对流	换热效果较好，安全系数高，可充分利用污水热能	易造成管道内腐蚀，缩短使用寿命	有高温污水源的场站应推广

表 3-7-12　主要污水余热利用技术适应条件对比

余热利用技术	污水温度（℃）		采暖负荷（kW）	
	<70	≥70	<1000	≥1000
压缩式热泵	适应	不适应	适应	不适应
换热—强制对流	不适应	适应	适应	适应

第五节　供热站采暖节能

对于未进行回用污水改造且无余热利用资源的部分供热站，可采用蒸汽加热采暖技术改造。反之，在不影响锅炉安全运行的情况下，可采用热泵余热利用采暖技术改造，也可采用蒸汽加热采暖技术改造。目前，新疆油田场站在用的蒸汽供热采暖节能技术主要包括汽动加热与蒸汽自动掺热两类。

一、汽动加热采暖

图 3-7-33 为汽动加热采暖节能技术的加热元件结构及其工作原理，利用蒸汽经过喷嘴膨胀后形成的高速汽流作为动力源，在变截面混合腔中与低压水流直接接触并形成超音速的气液两相流，在流动受阻时产生凝结激波，实现冷水的升压和加热，其换热系数可达到 1MW/（m^2·℃），几乎无热损失，极大提高供暖蒸汽的热能利用率。

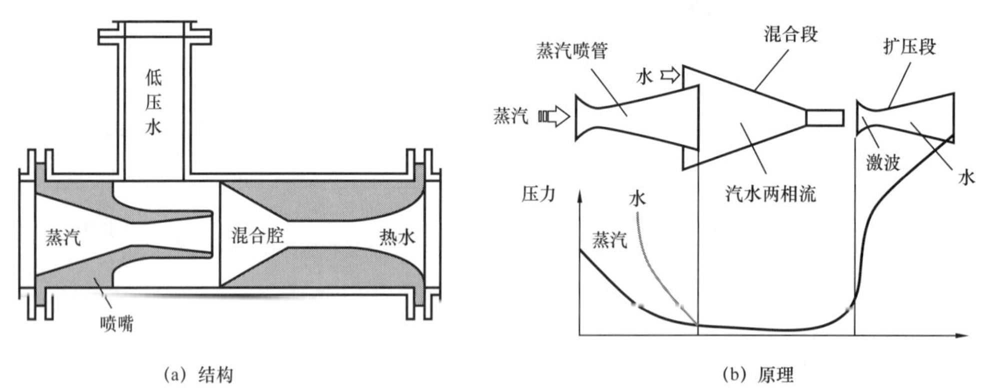

(a) 结构　　(b) 原理

图 3-7-33　汽动加热结构与工作原理

该技术通过射流喷射器将蒸汽热能与动能传递给冷水，将冷水加热到设定温度，同时提高装置出口压力，再通过热水循环泵使其在供暖系统中循环，从而降低热水循环泵配备功率等级、减少运行电耗。汽动加热采暖技术在新疆油田百重 3# 站的应用效果见表 3-7-13，节汽率达 79.5%。

表 3-7-13 汽动加热采暖节能率测试

序号	类别	测算结果	
1	测试日期	2012.02.29	2012.03.20
2	测试地点	克浅 3# 站	百重 3# 站
3	采暖方式	减压蒸汽	汽动加热
4	环境温度（℃）	-6	-14
5	值班室温度（℃）	23	24
6	采暖面积（m^2）	2834	3539
7	蒸汽耗量（t/d）	66.3	16.8
8	单位蒸汽耗量［kg/（m^2·d）］	23.4	4.75
9	节汽率（%）	79.5	

二、蒸汽自动掺热供暖

该技术主要采用微喷射技术将蒸汽直接掺入加热罐中冷凝，凝结水与罐中冷水混合，进行直接接触式换热，使冷水加热升温到设定值，再通过热水循环泵使热水在供暖系统中循环，其工艺过程如图 3-7-34 所示，其基本原理就是直混式蒸汽相变加热器加热供暖循环水。

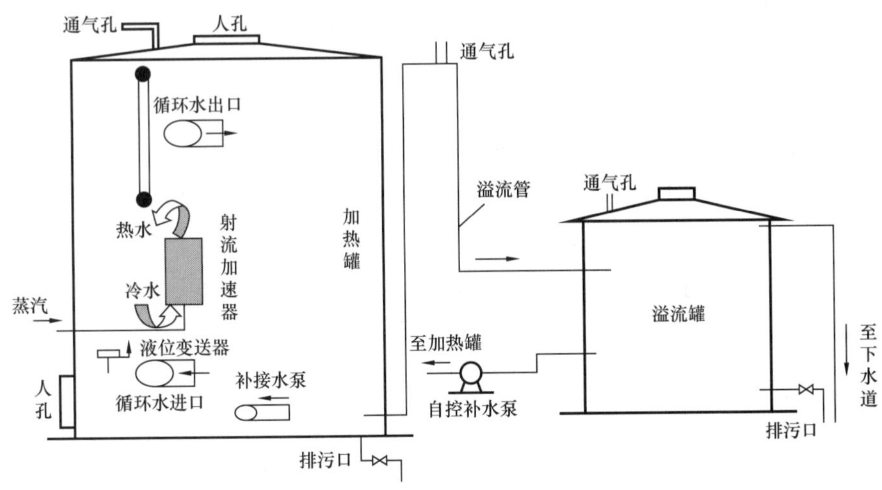

图 3-7-34 蒸汽自动掺热供暖系统工艺过程

蒸汽自动掺热方式使蒸汽的热能全部得以应用，提高蒸汽的热能利用率，同时可解决结垢和凝结水回收问题，但有部分溢流低温热水需回收，新疆油田应用该技术的节能效果见表 3-7-14。

表 3-7-14　蒸汽自动掺热节能改造测试数据

序号	类别	测算结果	
		改造前	改造后
1	环境温度（℃）	−9	−15
2	大气压力（kPa）	96.0	96.0
3	蒸汽温度（℃）	265	275
4	蒸汽压力（MPa）	7.8	9.2
5	蒸汽湿度（%）	24.1	22.2
6	蒸汽焓（kJ/kg）	2736.6	2758.9
7	汽化潜热（kJ/kg）	1359.3	1446.6
8	消耗蒸汽流量（kg/h）	1942.7	543.5
9	消耗热能（kJ/h）	4730154.7	1309981.4
10	消耗电能（kJ/h）	0	23040
11	能量消耗总量（kJ/h）	4730154.7	1333021.4
12	节约能量（kJ/h）	3397133.3	
13	节能率（%）	71.8	
14	蒸汽节约量（kg/h）	1399.2	
15	节汽率（%）	72.0	

三、适应性

汽动加热采暖节能技术在节能及热网循环泵电耗方面优于蒸汽自动掺热采暖技术（表 3-7-15），故优先选用汽动加热采暖节能技术。此外，汽动加热器本身可调节，具有较强的变工况适应性，可实现系统无振动、低噪声运行，适用于多种工况条件。

表 3-7-15　蒸汽加热采暖节能技术优缺点和建议

节能技术	优点	缺点	建议
汽动加热	（1）所需散热面积小； （2）蒸汽不需任何外压，依靠本身压力克服系统阻力向前流动； （3）蒸汽采暖的热惰性小	（1）回水温度较高，热能利用率低，无效热损失大； （2）日常运行管理工作量大； （3）冬季蒸汽供暖系统不安全因素多	（1）针对无余热利用资源的供热站，可优先考虑； （2）已改造为高温回用污水的供热站，可改用热泵余热利用或蒸汽加热采暖
蒸汽自动掺热	（1）可解决结垢及凝结水回收； （2）提高蒸汽热能利用率，安全	（1）管道和散热器表面温度高，灰尘聚集后易升华并产生异味； （2）系统停运时，系统充满空气，易造成管内腐蚀，缩短使用寿命	

四、应用情况

新疆油田对建筑面积在 $2500m^2$ 以上的 18 座稠油生产站场供暖系统进行汽改水节能技术改造，见表 3–7–16，其中蒸汽自动掺热技术改造 11 座（表中序号 1～11），汽动加热技术改造 7 座（表中序号 12～18）。根据实施单位提供的调查统计数据，注汽站供暖系统改造后采暖效果明显改善，有效降低高位能量（高压蒸汽）在场站的低端消耗（供暖），单站节汽量在 1.5～3.0t/h 之间，节气率高于 70%，节约蒸汽量 18.03×10^4t/a 左右，这相当于节约天然气 $1182\times10^4m^3$/a、节水 21.6×10^4t/a、节电 122.6×10^4kW·h/a，经济社会效益与节能减排效果显著。

表 3–7–16　蒸汽掺热采暖节能技术改造效果

序号	站号	建筑面积（m^2）	设计蒸汽耗量（t/h）	序号	站号	建筑面积（m^2）	设计蒸汽耗量（t/h）
1	九区 11 号站	4296.00	1.66	10	四$_2$ 区 2 号站	3292.46	1.39
2	九区 15 号站	4976.00	1.94	11	四$_2$ 区 5 号站	2658.80	0.98
3	九区 17 号站	4345.00	1.67	12	百重 1 号站	5889.37	1.85
4	红浅$_1$ 号站	7818.93	3.09	13	百重 2 号站	3472.70	1.44
5	四$_2$ 区 1 号站	4186.60	1.72	14	百重 3 号站	3539.21	1.14
6	九区 7 号站	4258.00	1.65	15	百重 4 号站	2793.67	1.27
7	克浅$_1$ 号站	4348.00	1.67	16	九区 6 号站	6716.00	2.57
8	红浅$_2$ 号站	3483.15	1.90	17	九区 16 号站	3874.00	1.49
9	红浅$_3$ 号站	3521.68	1.40	18	九区 92 号稠油处理站	2643.84	0.98

第六节　节能技术问题及发展方向

一、技术问题

新疆油田在稠油生产中非生产用汽的比重相对较高，尤其是冬季保温用汽较多。稠油热采站区冬季采暖大多利用蒸汽采暖，存在能耗高、热能利用率低、管理难度大、不安全等问题。

1. 注汽锅炉本体的节能减排问题

截至 2018 年底，新疆油田公司共有注汽锅炉近 400 台，生产常用 130 多台。尽管所有锅炉的热效率一般都高于 90%，但全年消耗天然气（12.53～14.80）$\times10^8m^3$，占稠油热采能耗 85% 以上，而且排放大量废气，因此注汽锅炉本体的进一步节能具有很大的挖潜空间。

2. 注汽管网保温节能问题

新疆油田目前在用的注汽管道大多采用复合硅酸盐板（双层瓦）和NT-2型复合硅酸盐浆料等保温材料，但管道大部分采用水泥支墩加钢支架支撑固定，散热量大，占注汽管道散热量的15%～20%。

3. 计量站节能问题

热采稠油采出液往往携带有大量的热能，计量站一般采用直接采暖与换热采暖，而换热主要采用螺旋板式、宽流道式、盘管式与分离式热管换热器。但因采出液可能存在危害性气体，安全隐患较大，不适合有人值守计量站。此外，采出水易造成换热管内壁腐蚀，缩短使用寿命，螺旋板式与宽流道式换热器需在室外建设彩板房对换热器及管道泵保温，前者换热效果较差，后者热源量大时易将水箱内水烧干；当采出液液位较低时，其缓冲罐上部积存大量蒸汽容易冷凝挂壁，影响盘管式换热器的换热效果。

4. 净化处理站节能问题

随着热采循环水量逐年增大，面临加热负荷大、输送能耗高等问题，采出液预分水技术可有效降低后续稠油处理的能耗，但加热炉温度低、设备老化、分离不彻底、沉降罐内泡沫或气泡较多，将严重影响正常生产。污水余热采暖采用热泵技术时，初期投资较大，设备维护费较高，年耗电费用达10万元左右。当采用热管加热污水供暖时，工艺流程较复杂，管理操作麻烦，且工艺系统存在疲劳断裂风险。一旦两台离心泵同时发生故障，将造成全站停止供暖。

5. 供热站节能问题

供热站直接采用蒸汽采暖时，回水温度较高，热能利用率低，无效热损失大，日常运行管理工作量大，冬季蒸汽供暖系统潜在不安全因素多。当采用蒸汽加热采暖时，管道和散热器表面温度高，灰尘聚集后易升华并产生异味，且系统停运时充满空气，易造成管内腐蚀，缩短使用寿命。

二、发展方向

稠油热力开采需要一整套特殊的技术和高耗能设备，因此，提高系统效率、节能降耗与降低成本是该技术生存发展的关键。集输系统效率与能耗紧密相关，效率的高低在一定程度上体现油气集输的技术和管理水平，是衡量集输工艺流程、设备和管理的重要指标。提高集输系统效率研究的核心是降低各个环节的能量消耗，提高能量利用率[37]，节能技术主要围绕以下方向发展。

1. 集输工艺和布站优化

以低投入、高收益、高效率为目标，简化稠油集输的中间耗能环节，优化热采稠油密闭集输工艺，实现系统余热充分利用；同时结合油区地形地貌、系统配套工程与油田近期、远期开发方案，优化站场布置。

2. 热能综合利用技术

主要包括低压伴热蒸汽耗量调整优化，热力管道、附件及其支座整体保温，伴热蒸汽管网维护管理科学合理，热能回收利用最大化。

3. 设备与管道保温优化

优化交换系统能力不匹配的输油动力设备，选用节能型增压设备。优选节能型保温材料，确定经济合理的保温层厚度，优化保温结构与实施方案。

4. 主体工艺节能技术

主要包括污水回掺油水混输技术，研发与应用高效经济环保型降黏减阻剂，筛选与应用高效复合型破乳剂，自动监测脱水过程的节能效果，关闭并改造能耗较大的工艺流程及装备，使集输系统能耗最小化。

第八章　稠油地面工程同类技术对比分析

新疆油田经过60多年的开发建设，稠油地面工程技术中集输、净化、处理与节能等工艺总体上能满足不同时期的稠油开发与生产要求，已形成"超稠油掺柴油处理与长输工艺技术""SAGD高温密闭处理工艺技术""稠油掺水降黏集输工艺技术""130t/h燃煤循环流化床注汽锅炉技术"等特色工艺技术，为新疆油田稠油安全经济生产和输送提供了理论指导与技术保障，但仍存在部分区块的地面工程技术与当前生产实际不适应、部分站点集输效率低、能耗过高等技术问题。因此，国内外同类技术的工艺特点及适应性的对比分析有助于新疆油田及国内其他油田稠油开发地面工程技术的优化简化与改进创新。

第一节　集输技术

随着稠油开采技术的发展，其集输工艺也在不断更新，目前稠油降黏减阻方法主要有加热法、乳化降黏法、掺水或活性水减阻法、掺稀降黏法与改质降黏法[38, 39]。这些方法均有显著的降黏减阻效果，但各有其适应性与不足（表3-8-1）。由于各油田采出稠油性质的不同及各地区生产、设备等情况的差异，多种集输工艺国内外均有应用。

表3-8-1　稠油常用集输方法对比

方法	主要问题	应用情况
加热法	能耗高、对低输量适应性差、工艺及操作复杂、投资大	国内外广泛应用
掺稀法	稀油用量大，往往因稀油缺乏而难实施，可能改变油质品位	掺稀释剂，国内外广泛应用
掺水法	管线结垢严重、管道腐蚀严重、掺水量大、掺水温度高、油水易分层、脱水负荷大、设计难度大	国内外广泛应用
乳化降黏法	要求乳状液稳定，而脱水处理则正好相反，且剂量大	工业应用较少
改质降黏法	需热驱动、高效催化剂选择难、投资大	工业应用较少

一、加热集输

加热输送是高黏原油的传统输送工艺，技术上比较成熟，许多国家和地区都有广泛应用，尤其在高纬度寒地区如我国大庆与新疆、哈萨克斯坦与俄罗斯西伯利亚等油田[40]，我国目前较多采用预加热输送和蒸汽或热水加热方式[13]。随着新技术的不断应用，新疆油田管输综合能耗逐年下降，从1995年的556kJ/（t·km）降到目前的437kJ/（t·km），泵效可达到84%，原油直接加热炉热效率达到91%；2015年底加热炉平均效率由不足80%提高到85.3%，各油气田节能总量达到27.3×10^4tce，减少二氧化碳排放50.6×10^4t。目前，委内瑞拉、俄罗斯西伯利亚的稠油矿场有的还采用这种降黏工艺。美国一些稠油油田采用加热输送，如尤库塔油区的尤库塔、黄河和东黄河三个油田，且管道采用泡沫塑料保温，其效果较好[41]。加热集输能显著降黏，提高泵送效率，是使用最为广泛的稠油管道输送工艺[42，43]。

二、掺稀集输

掺稀输送在国内外稠油集输中应用广泛，国内新疆、胜利、辽河等油田对距离较远的接转站，且附近有稀油源，均采用掺稀油输送[8]。新疆风城油田稠油选择克拉玛依稀油作为稀释剂，在50℃时掺入稀油质量比在10%～30%时，黏度下降速度较快，达到30%后降黏速率放缓，此时降黏率可达90%，选择掺稀比在20%～25%可满足经济与工艺需求，同时凝点下降12～14℃。辽河油田的高升稠油也采用这种方法输送，当掺入稀油的比例为33%时，50℃稠油的黏度由2000～4000mPa·s降为150～200mPa·s，可以直接采用常规原油输送工艺，且在停输期间不会发生凝管现象。国外的掺稀输送主要掺入轻烃、凝析油、天然气凝析液或石脑油，而非稀原油，这是因为掺入量大且可以循环使用。委内瑞拉奥里诺科重油带普遍采用重油掺石脑油生产和集输[40]；加拿大冷湖原油选用MTBE作为稀释剂，在4℃时掺稀质量占25%～30%，可将黏度降至符合管输要求的270mPa·s；苏联秋明油田则使用凝析油作为稀释剂来解决矿场集输问题[44]。

三、掺水集输

随着油田开发后期综合含水的不断升高，新疆、辽河与胜利等油田在原有生产规模的基础上，根据各接转站的含水量、油水分离及温度等操作参数的变化情况，在地面工程建设中将部分接转站集输工艺改造为掺污水集输，均取得良好的经济运行效果。

新疆、胜利、南阳、辽河与大港等油田相继研究稠油掺水减阻输送，并在实际应用中摸索出一些经验[45]，掺水工艺适用于黏度较高、不含水或低含水期稠油的集输。新疆油田红山公司2015年对其所辖349口井实行掺水集输改造，准东作业区吉7井区2017年也对304口井采用稠油掺水集输工艺，与掺降黏剂输送工艺相比，掺水集输每吨油的成本可节约44元。截至2018年底，新疆油田吉7、红003、重18等井区共有1100多口井实施掺水集输工艺，年节省费用约5770万元。河南油田新庄、古城、井楼和杨楼四个稠油热采区块共1071口井，实现从井口到集油站的不加热、不加药掺污水减阻外输。

第二节 稠油净化

一、除砂

自20世纪90年代以后，井口除砂技术迅速发展，各大油田因地制宜，制定合适的处理工艺，主要包括油罐沉降除砂工艺[46]、静态水力旋流除砂工艺[47]、静—动态组合式的旋流除砂—洗砂组合工艺[48]等（表 3–8–2）。新疆油田稠油处理站通常采用多种方式联合除砂，常用大罐沉降—水洗—水力旋流器除砂工艺和两级水力旋流器—水洗除砂工艺。例如，新疆克拉玛依油田克浅 10 井区 2 号转油站采用大罐沉降法—旋流分离法相结合的除砂工艺，除砂装置投用后油井产液量平均增加 15.7%，产油量平均增加 17% 左右，达到增产的目的。新疆油田百口泉采油厂百重七井区处理站采用一级除砂工艺与两级洗砂工艺，该处理站旋流除砂装置于 2003 年 4 月建成投产，装置运行平稳，自动排砂、洗砂除油效果良好，每天除纯砂 1.5～2.0m^3，年创经济效益约 220×10^4 元。胜利油田采用螺旋管油气水砂旋流除砂工艺，小型工业现场试验表明，总除砂率达 85% 以上。我国海上稠油油田，如绥中 36–1、蓬莱 19–3、南堡 35–2 等油田采用掺水冲洗、循环回掺热污水、密闭容器砂液分离、靠容器压力排泄砂和水力旋流净化含油砂等工艺技术整合于一体的处理流程，具有系统结构紧凑、高效、节能和环保等特点[46]。苏丹 Fula 油田采用三级油砂分离工艺，即井口和管汇重力沉降分离，以及站内旋流器与过滤器处理，现场实际生产表明，采用该工艺技术可使系统除砂效率达到 95% 以上，清洗后的泥砂可直接排放[49]。

表 3–8–2　稠油常用除砂工艺对比

工艺类型	主要特点	应用情况
油罐沉降除砂工艺	工艺流程简单，主要适用于含砂量较少的油田	国内外广泛应用
静态水力旋流除砂工艺	结构简单、分离效率高、设备体积小及安装方便	
静态水力旋流除砂—洗砂工艺	可橇装化，结构紧凑，操作简单，除砂粒径细，洗净砂含油量低	

二、脱水

国内外通常采用热化学沉降脱水、掺稀油热化学沉降脱水、电化学脱水或多种方式联合脱水等处理工艺[50–52]，常规处理方法具有技术成熟、配套设备完善、适应性好、运行经验丰富等特点。

1. 热化学沉降脱水工艺

新疆油田风城区块对其 SAGD 超稠油采出液采用热化学沉降脱水工艺，仅 2014 年 6 月 SAGD 高温密闭试验站共处理 SAGD 采出液 262.8×10^4m^3，原油 35.8×10^4t，脱水后原油含水率＜1.5%，脱出污水含油量＜500mg/L。胜利油田陈南联合站接收陈 373 区块南区和陈 311 区块的稠油，采用热化学沉降脱水工艺，处理过程中加入适量破乳剂和稀油，最终含水率达 2.5%，外输温度达 80℃。塔里木油田英买力某联合站对所采稠油开展两段热化学沉降脱水试验，采用掺稀油、加破乳剂的方式，围绕破乳剂种类、加剂量、脱水温度与沉降时间等操作参数，优化得到表 3–8–3 所列的组合方案。该流程具有操作简单、可靠性高等特点。

表 3-8-3　塔里木油田英买力某联合站脱水工艺参数

控制参数	一段热化学沉降		二段热化学沉降		
进液含水率（%）	30～80	30～80	20	20	20
处理温度（℃）	35	40	65	60	65
加药量（mg/L）	80	30	100	150	150
沉降时间（min）	120	60	120	120	90
出油含水率（%）	≤20		≤1		

2. 分离器与电脱水器联合脱水工艺

分离器与电脱水器联合脱水工艺在国外稠油油田已大量应用，该技术在国内常规油田脱水工艺中也广泛采用，而在现阶段国内稠油油田的应用相对较少[53]。国内塔河油田、河南井楼与克拉玛依等稠油油田均采用该工艺脱水，但因处理效果不理想而停用。随着电脱水器的不断研究和结构的不断改进，许多油田也有大量试验和工业应用。中海油埕北油田 B 平台、中海油辽宁绥中 36-1 油田 A 区、胜利油田单家寺区块、辽河油田曙五联、辽河油田海一联、小洼油田与冷家油田等均采用电化学脱水工艺，该流程具有脱水精度高、利于橇装化、设备占地少等特点[54]。辽河油田部分区块所产稠油适合本工艺脱水处理，其净化稠油的主要物性参数见表 3-8-4。

表 3-8-4　辽河油田部分区块稠油物性

区块	20℃密度（kg/m^3）	50℃黏度（mPa·s）	凝点（℃）	含蜡量（%）	沥青质与胶质总量（%）
小洼油田	950～1019	813～6853	3～24	1.5～4.0	27.0～40.0
冷家油田	979	10538～54800	18	9.8	11.2

3. 一段热化学静置沉降脱水工艺

该工艺流程适用于原油密度大、黏度高、沥青质含量高的稠油处理[52]。该工艺流程已应用在辽河油田曙一区杜 32 区块和杜 84 区块，其中杜 32 区块处理稠油的基本物性见表 3-8-5，其运行情况良好。新疆油田针对不同稠油区块开发、集输处理方式，以及采出液物性的不同，目前所采用的稠油脱水工艺见表 3-8-6。由此可见，新疆油田主要是采用两段大罐热化学沉降脱水技术、掺柴油两段热化学沉降脱水技术、SAGD 高温密闭脱水技术。新疆油田稠油脱水技术的组合优化不仅满足稠油集输处理的安全运行与高效生产，还可推广至同类油田的稠油区块。

表 3-8-5　辽河油田曙一区杜 32 区块稠油物性

20℃密度（kg/m^3）	50℃黏度（mPa·s）	凝点（℃）	含蜡量（%）	沥青质与胶质总量（%）
1000.19	58191～168700	30	4.07	41.99

表 3-8-6　新疆油田稠油处理站运行现状统计

厂区	站名	原油处理工艺	设计能力（$10^4t/a$）	2016 年处理量（$10^4t/a$）
采油一厂	红浅稠油处理站	两段大罐热化学沉降脱水	80	56.4
百口泉采油厂	百重七稠油处理站	两段大罐热化学沉降脱水	60	3.6
风城作业区	1# 特稠油联合处理站	两段大罐热化学沉降脱水—掺柴油	200	88.7
	2# 特稠油联合处理站	两段大罐热化学沉降脱水—掺柴油	150	119.6
	SAGD 试验站	一段热化学脱水—二段电脱水	60	48.0
重油公司	61 号稠油处理站	两段大罐热化学沉降脱水	55	37.7
	92 号集输处理站		120	49.2
	93 号稠油处理站		60	8.3
	克浅稠油处理站		50	5.0
合计	9 座	—	835	416.4

第三节　长输技术

针对重质稠油输送工艺的研究已开展多年，目前已形成物理降黏、化学降黏，以及稠油改质降黏三类的工艺技术[38]。国外尤其是北美和南美地区已有实现重质稠油长距离管道输送的工程实例，如委内瑞拉重质稠油与沙特轻质原油掺稀实现常温输送，但具体工艺过程及相关技术未见报道。目前，国内对于重质稠油输送工艺上的应用，多针对稠油开采过程中的短距离集输。在物理降黏方面，掺稀降黏是最简便且易于实施的工艺方式，目前国外的重质稠油长距离输送基本采用这种方式。但其前提条件是应能保证稀油来源的稳定和充足。乳化降黏以及水环减阻输送[55-57]虽然有工程应用报道，但因后期脱水处理与水环稳定性等问题而使其推广应用受限。此外，对于其他物理降黏方式，如超声波、电磁降黏等，仍停留在试验阶段，未见大规模应用报道。在化学降黏方面，虽然油溶性降黏剂室内评价可显著降低稠油黏度，但其实际应用效果尚无法满足稠油长距离输送的需要，仍需继续突破油溶性化学剂的降黏机理及其研制。

近年来，国外有采用稠油改质技术来实现稠油降黏输送的工程实例[58]。在委内瑞拉的重质稠油开采区块，采用延迟焦化和加氢工艺，设计和建成相应的重油改质装置，大幅降低重质稠油的黏度，顺利实现其管道输送和装船海运。

目前，新疆油田稠油外输的降黏方式主要有加热、掺稀原油和掺柴油等方式，输油管道采用保温埋地敷设。其中，外输温度及掺稀量由混合油黏温曲线及其输送管道的热力和水力计算所确定。稠油外输一般采用容积式转子泵，如螺杆泵，其流量稳定、压力脉动小、具有自吸能力、对介质的黏度不敏感，且输送介质时不形成涡流，适合输送黏度高的稠油[59]。通过新疆油田公司与西南石油大学的联合攻关，风城超稠油外输采用掺轻柴油的降黏工艺，在 0# 柴油掺入质量分数为 20%～25%，掺混温度为 80～90℃的条件下，其 50℃黏度一般低于 500mPa·s，具有良好的流动性与可泵送性[60, 61]，顺利实现全长 102.11km 的一站式泵送。

辽河油田曙光特油 2 号站至石化分公司的超稠油输油管线采用加热输送工艺，管道全长 25.46km，设计压力 6.3MPa，设有首站、中间站 1 座与末站，于 2004 年 9 月建成投产；全线采用耐高温硬质聚氨酯泡沫黄夹克保温防护、集肤效应电伴热系统作为管线停输再启动保护设施[62, 63]。近年来，辽河油田开展了超稠油室内小装置的连续减黏裂化试验，计划通过减黏改质来实现超稠油长距离管输，室内实验结果表明减黏合成原油的 50℃黏度降到 $420mm^2/s$，适合常温输送[15]。

第四节　采出水与污泥处理

一、采出水处理

新疆油田稠油采出水处理技术与稀油相关技术大体相同，主要采用“离子调整旋流反应处理技术”，通过重力沉降、化学反应、混凝沉降、压力过滤等手段，去除油、悬浮物、水中结垢与腐蚀因子，抑制细菌繁殖。风城特稠油联合处理站主要承担着重 32、重 32（37）SAGD、重检 3 和重 43 等区块稠油采出水处理，其设计处理规模为 $20000m^3/d$，装置处理能力为 $1000m^3/h$，采用“重力除油—旋流反应—混凝沉降—压力过滤”工艺，处理后净化水含油与悬浮物质量浓度均低于 2mg/L，净化水合格率与回用率均为 100%，年均节约清水 $547.5 \times 10^4m^3$，节省费用 1231.85 万元；年均节省天然气用量约 $2737.5 \times 10^4m^3$（标况），节约天然气费用 2682.75 万元。

辽河油田稠油联合站开展管式预脱水工艺技术研究，打破传统的预处理模式，采取“T 形管—斜板管—旋流管—气浮管—复合脱水罐”工艺，实现原油预脱水和污水除油技术一体化。2015 年工程投产运行以来，系统平稳，脱水率达 60%，燃料消耗降低 40%，预脱水水质达到外输指标要求，采油站进液压力降低 0.4MPa，年排放水量 $118 \times 10^4m^3$，年节省费用 716 万元[64]。河南油田稠油联合站采出水处理系统设计处理规模为 $13000m^3/d$，采用“缓冲—沉降—气浮—过滤—除 COD—双膜（超滤—两级反渗透）—EDI”工艺，处理后的水质达到开发回注、生化处理和回用注汽锅炉的指标要求，提高稠油污水的综合利用率[65]。

鲁克沁稠油油田鲁中联合站采出水处理设计规模为 $2000m^3/d$，采用“重力除油—微生物处理—混凝沉降—两级过滤”工艺，处理后水质达标率100%，完全满足油田回注要求[66]。伊拉克米桑油田中心处理站采出水处理系统一期建设规模为10000m^3/d，装置处理能力500m^3/h，采用“压力式强化絮凝净水技术”，选用“调储缓冲—聚结除油—混凝沉降—气提脱硫—两级过滤”工艺处理采出水，净化污水全部用于油田注水[67]。

二、污泥处理

国内外常用的污泥处理主要有溶剂萃取、热化学洗油、生物法、油田调剖剂、热解处理、焚烧利用热值和含油污泥综合利用等技术[68]。美国、德国、法国等发达国家多采用“热洗—离心脱水—热解析”的油泥处理技术，这是美国KMT公司集成开发的油泥无害化处理组合技术[69]。大庆油田采油厂污泥处理主要采用“调质—离心脱水”技术，处理规模为（5～15）$\times 10^4$t/a；胜利孤岛采油厂则采用“洗砂—制砖”油泥处理工艺，设计油泥处理能力为5×10^4t/a；而长庆油田采用“化学脱稳—机械压滤”工艺处理含油污泥，污水进入联合站污水处理系统精细处理回注，污泥从液态转化为固态，实现污泥的深度处置和综合利用[70]。对比国内外主要油泥处理组合技术的装备、工艺及效果，其结果见表3-8-7。

表3-8-7　国内外主要油泥处理组合技术对比

处理技术	装备	工艺情况	处理效果	应用	备注
热洗—离心脱水—热解析技术	美国设备（车载橇装式）	OSMS—三相分离—热解析	污泥中含油≤0.3%	俄罗斯、美国、墨西哥、乌克兰、韩国等	国内无业绩报道
调质—离心脱水技术	清罐设备及移动式或橇装式油泥处理设备	机械清罐油泥处理工艺：预处理—调质—分离—干化焚烧	资源化处理污泥中含油≤2%；油中含水≤2%；水中含油≤1000mg/L；无害化处理后污泥中含油≤0.3%	廊坊管道局、中国石油东北与西北应急抢险、保定石化、茂名石化；大庆油田采油一、四、五、六、八厂，洛阳石化公司（包含轻油罐处理及十余家国外石油工程）	国内较早油泥处理技术
洗砂—制砖技术	无清罐设备，移动式与固定式处理系统	复合洗涤法	污泥中含油≤0.3%	胜利油田孤岛、孤东采油厂等	干砂制砖

第五节　注汽地面工程技术

一、国内外注汽设备技术

目前，美国、日本与加拿大的注蒸汽技术与油田注汽锅炉设备最为先进。国内注汽锅炉无论在技术参数方面，还是在结构形式方面都呈多元化，其相关配套技术也日趋成熟。但与国外相比仍存在一定差距[71]，主要表现在：

（1）国内几乎所有的油田注汽锅炉仍是手动控制的，既不利于操作，又增加劳动强度，而且难以实现精确控制；

（2）国内注汽锅炉的生产历史较短，安全保护系统只能按照最基本的规定来设置，缺乏专业自控仪表厂家设计出的针对性更强、适用性更好的安全保护系统；

（3）国外对循环流化床注汽锅炉的基础理论研究深入，设计方法科学先进，锅炉的平均燃烧效率高达97%，且锅炉负荷的可调节性好，自控水平高[72]，而国内循环流化床注汽锅炉的容量级与燃烧效率等技术指标都较低。

目前，国内常用的注汽锅炉以煤、重油或渣油、天然气为主要燃料，以固定站、车载和橇装形式为主[73]，主要注汽锅炉企业生产规模与产品特点见表3-8-8。无锡华光锅炉股份有限公司（原无锡锅炉厂）首台蒸发量130t/h、额定工作压力6.3MPa的循环流化床注汽锅炉于2011年9月在新疆克拉玛依油田投入使用。

表3-8-8　国内主要注汽锅炉企业生产规模与产品特点

企业名称	年产能（台）	额定工作压力（MPa）	额定蒸发量（t/h）	蒸汽干度（%）	燃料类型	总体结构	辐射室本体结构	主要市场
山东骏马集团	约80	9.8/17.2/21	9.2/11.5/13/15/18/20/23/30/50	82.98	天然气、重油、渣油	橇装、车载	圆筒、方形、膜式壁	新疆、胜利、北美、南美、中亚
中国石油天然气第八建设有限公司	约100	9.8/10.5/12/14/17.2/18.2/21/26/30	5/7/9.5/11.5/15/18/20/23/30/45/50/100	82.98			圆筒	大庆、胜利、辽河、新疆、河南、大港、内蒙古；哈萨克斯坦、哥伦比亚、苏丹、委内瑞拉等
胜利油田胜机石油装备有限公司	约50	15/17.2/21/26	5～50	80.98			圆筒	胜利、大港、新疆、河南、江汉、苏丹
辽河热采机械公司	约50	7～12 22～35	5～50	80.98			圆筒、水管式	大庆、辽河、吉林、大港、内蒙古；叙利亚、苏丹、哥伦比亚、哈萨克斯坦
新疆机械研究院股份有限公司	—	9.8/17.2/21	5～23	85.00			圆筒	新疆油田
太原锅炉集团有限公司	—	9.8/13.5	130	90.00	煤粉	循环液化床	膜式壁	新疆油田
无锡华光锅炉股份有限公司	—	13.5	130	90.00	煤粉	循环液化床	膜式壁	新疆油田

为解决注汽锅炉给水含盐量高带来的风险，太原锅炉集团联合清华大学和新疆油田于2012年成功研制出额定蒸发量130t/h的过热蒸汽循环流化床燃煤注汽锅炉，并在新疆油田风城稠油示范基地投入使用。该燃煤注汽锅炉在新疆油田风城作业区近5年的实际运行表明，其技术安全可靠，污水掺混比例达到60%，蒸汽过热度达到20℃，为新疆地区合理利用当地丰富的煤矿资源、节省天然气消耗提供技术保障。国内目前大量在用的燃煤注汽锅炉主要是2014年以前投运的，多分布在新疆油田、辽河油田，少量分布在胜利油田、大庆油田和河南油田等。

二、注汽系统智能监测技术

通过油田注汽锅炉运行管理远程监控系统建设，2013年实现新疆油田公司油田生产作业区32台注汽锅炉的远程监控、调式运维，对解决过去锅炉运行管理、调控全靠巡检人员，人工、车辆费用高，注汽锅炉现场运行工况难以掌控，运行安全风险大，管理效率低等难题起到积极作用。系统正式启用以来，已实现专家的远程诊断、精准控制和维护，并提高了注汽锅炉运维管理水平、管理效率与运行安全性。同时，每台注汽锅炉减少运行管理费约15万元，社会经济效益显著。辽河油田采用GPRS无线网络远程监控系统，实现注汽锅炉数据实时动态检测、泄漏监测、压力超高保护、温度异常及含水超标报警、远程信息传输等功能，降低移动式注汽锅炉的实施成本，提高生产的安全性、稳定性与持续性[74]。

与国外油田注汽系统智能监测技术相比，该技术在国内仍处于发展初期。至今国内稠油热采的最佳注汽周期或注汽时机仍靠操作技术人员凭经验判断，尚无精准的智能化监测系统可以使用，今后应加强注汽系统智能监测技术的研发，以期精确掌握注汽周期或注汽时机，从而实现稠油的安全且高效热采。

第六节　火驱地面工程技术

一、火驱工艺技术

据不完全统计，国外在1960—1990年间开展过大约260个火驱矿场试验项目，期间有近1/3的项目由于工程原因而终止或失败[75]。中国从1958年起先后在新疆、玉门、胜利、吉林和辽河等油田开展火烧油层室内研究和矿场试验，其中以新疆油田和胜利油田持续的时间最长[76]。

火驱采油技术经过几十年的研究和发展，已成为行之有效的采油方法，并形成一定的生产规模，如罗马尼亚Suplacu油田、哈萨克斯坦Karazhan油田、加拿大Mobil油田、美国Midway Sunset油田的采收率都达到55%以上。罗马尼亚Suplacu油田火驱规模全球最大，1970年开始火驱开发，年产油60万吨；以此采油速度推测，该油田可稳产至2040年，最终采收率可达到65%以上[75]。2001年胜利油田在草南95-2井组实施火驱试验，成功点燃生产井含水达93%的稠油油层。2003年中国石油化工集团公司开展首个火驱重大先导试验，胜利油田郑408块火驱先导试验点火成功[77]。辽河油田自2005年以来，陆续在杜66块、高3块、锦91块等区块实施火驱开发，初步形成配套技术系列。以辽河油田曙光地区杜66块火驱为例，2005年首先进行2个井组单层火驱开采现场试验，2006年增加5个井组试验，2008年调整为上层系多层火驱开采现场试验，2010至2012年外扩20井组，2014年扩大实施火驱，新增114井组，共进行141井组火驱生产。截至2018年底，杜66块累计建设141个井组，年产油规模$26.3 \times 10^4 t$[78]。

2009年中国石油天然气股份公司开展首个火驱重大开发试验，新疆红浅$_1$井区火驱试验点火成功。2011年新疆油田公司工程技术研究院在风城油田首次实现火驱与重力泄油相结合的开发模式，初步形成火驱开发的配套技术。目前，风城作业区重18井区FHHW006井组是当前国际上唯一正常生产的两对重力火驱井组，初步显示火驱重力泄油技术在难采储量有效动用和降低操作成本方面的优势。

通过火驱项目组近几年的攻关，新疆油田在火驱工艺技术方面取得阶段性成果：（1）井下高效点火技术日渐成熟；（2）注空气系统可靠性显著增强；（3）举升及地面工艺系统逐步完善；（4）初步掌握火驱监测和调控技术；（5）初步攻克火驱修井作业的技术难题；（6）形成自喷生产工艺，实现“无机采式”生产。尽管如此，国内火驱工艺技术仍与国外存在差距，尤其在生产井出砂和套损、生产井管外窜、注采及地面系统腐蚀等方面，国内仍需继续攻坚克难。

二、火驱监测与调控技术

国外已有完善的火驱监测与调控技术，主要包括火驱产出油气水监测分析方法、火驱井下温度压力监测技术与有效的火驱动态监测，以及以“调”（现场动态“调”生产参数，避免单方向气窜）、“控”（数模跟踪、动静结合，控制火线推进方向和速度）与“监测”（监测组分、压力和产状，实现地上调控地下）相结合的现场火线调控技术[79]。同时开发出气体安全评价与报警系统，保障火驱生产运行安全。

国内火驱监测与调控技术处于发展初期，仅有部分油田实现对火驱的有效动态监测，如新疆油田采用三级监控模式：一级为区域监控中心集中监控，统一调度；二级为井站控制系统监控；三级为现场就地控制，建立较完善的火驱监测与调控系统，形成多层安全保障，保证火驱安全运行。自2009年新疆红浅火驱先导试验区点火以来，井下温压监测技术、火驱产出气体监测技术及火线前缘监测技术在该试验区开始现场应用。辽河曙光油田针对杜66区块油井平面见效差异大、纵向动用程度不均的矛盾，采取注气量调整、排注比调整等平面火线调控技术及调剖、分注等纵向剖面调整技术，有效改善火驱开发效果[80]。

三、火驱生产管理技术

罗马尼亚在20世纪60年代初就在稠油区块开展火烧油层研究，通过40多年的实践，对火烧油层方案设计、油层点火、确定火线推进速度、控制、调节和预测火线位置，移风接火实现油层连片燃烧技术，以及在油层燃烧过程中遇到的一系列问题，都探索出一套行之有效的办法[81]。

国内在20世纪60年代就已经开始火驱矿场试验，但由于种种原因，这些试验的规模通常只有一个或几个井组，持续时间也较短。火驱关键配套技术没有经历过长期的、恶劣工况（高温、高含CO_2、高气液比、高度乳化等）条件的考验。与注水、注蒸汽等开发方式不同，火驱生产管理过程面临更多挑战，主要包括：

（1）注空气层内燃烧带来的高温（500～600℃甚至更高）给修井、作业及生产运行管理带来挑战；

（2）燃烧带的稳定推进客观上对注气的不间断性、稳定性要求高；

（3）生产井高产气量并含H_2S、CO_2等有毒、有害气体；

（4）地下“油墙”推移的时效性和不可逆性客观上要求调控和管理措施也具有严格的时效性和不可逆性；

（5）火驱现场管理经验不足、人才匮乏。注空气火驱的理念不同于蒸汽吞吐和蒸汽驱，国内注蒸汽管理的经验不能简单移植到火驱管理中[79]。

目前，新疆油田公司在中国石油火驱重大开发试验的支持下，在火驱生产管理方面已取得长足进步，主要表现在以下方面：

（1）建立适合火驱生产特点的HSE管理体系：坚持“以人为本、预防为主、全员参与、持续改进”的方针，实现火驱安全管理关口前移、重心下移，既注重结果，更注重过程管理；

（2）开拓火驱技术培训的新思路、新方法：针对一线员工强化火驱机理、火驱工艺等知识的学习，并针对火驱生产特点，强化HSE安全知识学习、安全演练，员工全部通过考核取得上岗操作证；

（3）建立健全火驱特殊管理规章制度：现场在执行现有37项规章制度的同时，建立健全火驱生产专有管理制度28项，并根据生产需要不断完善制度，为规范生产提供保障；

（4）创新火驱采油管理模式：按火驱不同的生产阶段管理，不断技术创新，完善管理，千方百计满足油藏需求。针对单井，建立以数据、图表和影像资料为载体的单井生产档案，并创造性地提出日常描述油井产液产状的方法，资料录取做到“齐、全、准”。

第七节　节能技术

一、注汽锅炉

新疆油田重油开发公司共有注汽锅炉130台，全年消耗天然气$7.01\times10^8m^3$，占稠油热采能耗的80%以上，且排放大量废气。为降低稠油热采成本、节约能源、减少废气排放，新疆油田公司专项研究稠油热采注汽锅炉节能技术。通过对部分老旧锅炉燃烧系统改造、炉衬保温层修复更换、老化设备配件和控制线路及仪表更换等，保障注汽锅炉运行的稳定性和可靠性，同时注汽锅炉热效率平均提高2%；对部分腐蚀严重的水处理和除氧设备、储水罐及配套管线进行改造、防腐处理或更换，保障锅炉正常供水。通过这些技术的实施应用，取得一定的社会效益和经济效益。

近年来，在大港南部稠油油田的官一联、南一联等站浮顶罐罐顶应用新型太空隔热涂料，提高后端加热炉进口温度，由65℃上升至70℃。官一联外输原油2480t/d，输油温度84℃，随着进口温度上升，加热炉耗气量减少，每年减少耗气量$33.2 \times 10^4 m^3$，节能效益显著[82]。

辽河油田某采油厂拥有注汽锅炉设备13台，年均燃料成本6800万元以上。由于使用年限较长、技术及设备不完备等原因，导致注汽锅炉普遍存在燃料消耗量大、表面温度高、热能损失多、热效率低等问题。通过有针对性地实施注汽锅炉绝热保温技术、柴油起炉技术、稳燃室改进等一系列节能降耗技术的研究与应用，有效降低注汽锅炉的表面温度约22℃，注汽锅炉热效率提高2%以上，减少能量损失与污染物排放，降低生产成本[83]。

胜利油田注汽锅炉因运行时间较长，大部分锅炉的热效率偏低，未达设计要求，平均热效率在86%左右。为优化注汽锅炉的运行，降低稠油开采成本、提高热采效益，胜利油田采取烟气余热回收、炉膛盘管清灰清垢、调节过剩空气系数、改进炉体保温性能等措施，达到预期的节能效果[84，85]。

二、集输与注汽管网保温技术

新疆重油公司采用稠油掺蒸汽集输工艺，辽河油田采用稠油注采分设集输工艺；滨南采用稠油注采合一集输工艺，对于边远井则采用设减压蒸汽伴热集输；塔河油田采用计量站混输、计量接转站分输、联合站集中处理、油罐气回收一体化稠油集输处理工艺，形成“单井→计量混输站/计量接转（掺稀油）站→联合站”的全密闭集输模式；从管网投资、耗热量、动力消耗量及稀油供给量等方面，对比分析可知，注采合一集输工艺存在投资少、能耗低等特点，同时在生产运行中，亦存在管线扫线频率低、运行费用省、便于生产管理等优点。对于距离较远的接转站，新疆、辽河、胜利等国内稠油油田多采用掺稀油降黏节能集输工艺。

目前，新疆油田在役注汽管道大部分采用复合硅酸盐板（单层瓦或双层瓦）和NT-2型复合硅酸盐浆料等保温材料，少部分仍在用珍珠岩板，采用镀锌铁皮作为外保护层。管道大部分采用水泥支墩加钢支架支撑固定，散热量大，占注汽管道散热量的15%～20%。为降低注汽管线热损失，提高管线保温效果，新疆油田公司采用硅酸盐板复合反射式保温结构、纳米气凝毡复合反射式保温结构及NT-2浆料保温结构对稠油区块90km注汽管线节能改造，有效提高注汽质量与稠油开发效果。同时，辽河油田曙光采油厂对气凝胶纳米绝热毡实地保温试验，节能效果显著[86]。

河南油田热采区块注汽管网早期采用2层60mm厚防水岩棉管壳作为保温材料，从现场使用效果来看，岩棉保温材料存在易破碎、塌架，保温效果较差等问题。为此，河南油田自2007年开始在注汽管网保温中采用30mm厚复合硅酸盐—80mm厚防水岩棉的复合保温结构，其散热损失为$104W/m^2$，比防水岩棉保温材料（平均散热损失$151W/m^2$）降低32.1%[87，88]。

三、站场采暖节能技术

新疆油田根据稠油站区采暖工艺及稠油生产各环节工艺特点，结合较为成熟的采暖工艺技术，筛选出采出液余热利用采暖技术、汽动加热采暖技术与污水余热流道换热采暖技术三项保温节能技术，分别应用在稠油热采供热站、污水处理站与采油计量站，取得较好的节能效果。

南堡油田余热资源丰富，但在以往的注水过程中被忽略，造成能源巨大浪费。为充分利用注水水源的热量，选取南堡油田 403 平台作为试点，利用高效换热器并采取一次换热技术，回收利用水源井热水热量，用于加热产出液及天然气，同时满足冬季采暖和伴热的需求。该项目于 2018 年 12 月 26 日投产，通过换热器换热，水源井水温由 79℃降到 59℃，采暖循环水温度由 61℃提高到 71℃，原油温度由 28℃提高到 56℃，满足原油加热脱水、采暖和大罐伴热需求，换热效率达到 93%[89]。

对于基建油井的保温材料，新疆、辽河与胜利等稠油油田均选用新型复合硅酸盐，确定合理的保温层厚度，部分选用防水型岩棉管壳，同时优化保温方法，以经济的保温效果减少热损，提高热能利用率。

四、热泵余热利用技术

新疆油田采用的热泵采暖技术主要是压缩式和溴化锂吸收式热泵余热利用技术。例如，新疆彩南作业区采用热泵采暖技术，以天然气为驱动热源、溴化锂溶液为媒介，通过吸收 40℃污水中的大量余热，制备较高温度的采暖水，取代原热水锅炉为集中处理站供暖，该热泵机组的节能率为 43.6%，年节约天然气 $80.4 \times 10^4 m^3$。目前，新疆油田已建成热泵采暖站（场）5 座，实现年节约天然气 $444.43 \times 10^4 m^3$。

热泵技术在其他油田也有应用试验，并取得可观的节能效果和经济效益[90-94]。大庆油田自 2001 年开始引进热泵技术，累计应用热泵技术项目 22 项，装机总量 54.13MW，覆盖工程应用总面积 $38.34 \times 10^4 m^2$，年节能 2.23×10^4tce，减少二氧化碳排放量 5.56×10^4t。辽河油田公司实施 10 个热泵项目，其中，包括锦州采油厂欢三联油田生产型热泵 6 项 8 个机组均取得显著成效；水源站采用热泵技术取代燃煤、燃气加热炉提供冬季供暖，两年节省运行费用 62.7 万元。大港油田在采油六厂孔店联合站新建 2 套单机 3000kW 的吸收式热泵机组用于生产，代替部分加热炉，年节约原油 4010t。河南油田下二门联合站与新星公司合作，用蓄能式热泵系统代替全部加热外输原油和掺水的天然气锅炉[40]。每天提取 1.1×10^4t 污水余热约 9500kW，日节省天然气 $9000m^3$；且成功开启模拟合同能源管理模式（BOOT），对其他油田具有一定的示范作用。

参考文献

[1] 高玲玲 . 提高稠油采收率的主要方法和机理［J］. 中国化工贸易, 2013（A1）: 158-158.

[2] 由立春, 刘兆俞, 周吉星 . 采油工程新技术探索［J］. 中国新技术新产品, 2012（5）: 50.

[3] 岳松江 . SAGD 水平井钻进技术在克拉玛依风城油田 FHW117 井组的应用［J］. 中国石油和化工标准与质量, 2012, 33（16）: 174-175.

[4] 翟波, 赵海燕, 陈仙江 . 风城油田超稠油开发地面集输工艺技术［J］. 中国科技信息, 2014（2）: 142-144.

[5] 许俊岩 . 计量掺液一体化撬装集成装置在标准化设计中应用［J］. 化工管理, 2014（26）: 209.

[6] 杨巍 . 单井计量技术的现状及发展［J］. 油气田地面工程, 2009, 28（9）: 49-50.

[7] 邹才能 . 新时代能源革命与油公司转型战略［J］. 北京石油管理干部学院学报, 2018, 25（4）: 3-15.

[8] 陈从磊, 徐孝轩 . 中石化塔河油田稠油集输工艺现状及攻关方向［C］. 中国油气田地面工程技术交流大会, 2013.

[9] 林福贺 . 油气集输系统能耗和节能研究进展［J］. 当代化工, 2016, 45（8）: 1970-1973.

[10] 程万军 . 稠油油水处理技术及其在新疆油田的应用［J］. 石油规划设计, 2020, 31（6）: 32-34.

[11] 王振伍, 曾树兵, 钟小侠 . 稠油处理工艺技术现状及研究方向［J］. 石化技术, 2015, 22（1）: 7.

[12] 药辉 . 稠油掺稀降粘规律及沥青质稳定性研究［D］. 青岛: 中国石油大学（华东）, 2018.

[13] 高婷, 刘明 . 稠油超稠油管道输送降粘方法研究现状［J］. 辽宁化工, 2012, 41（7）: 721-723.

[14] 尹腾 . 输送工艺特性在稠油掺稀管道的运用［J］. 科技资讯, 2017, 15（11）: 118-119.

[15] 张建军 . 超稠油长距离管输技术的探讨［J］. 石化技术, 2019, 26（4）: 227.

[16] 党光明, 聂坤, 王桂杰 . 关于石油类污染水源水处理探析［J］. 当代化工研究, 2017（12）: 63-64.

[17] 严忠, 倪丰平, 周鹤, 等 . 高矿化度稠油采出水外排生物处理技术应用研究［J］. 石油与天然气化工, 2020, 49（5）: 124-130.

[18] Alias N H, Jaafar J, Samitsu S, et al. Photocatalytic nanofiber-coated alumina hollow fiber membranes for highly efficient oilfield produced water treatment［J］. Chemical Engineering Journal, 2018.

[19] Weschenfelder S E, Borges C P, Campos J C. Oilfield produced water treatment by ceramic membranes : bench and pilot scale evaluation［J］. JMS 15941, 2015.

[20] Ammar S H, Akbar A S. Oilfield produced water treatment in internal-loop airlift reactor using electrocoagulation/flotation technique［J］. Chinese Journal of Chemical Engineering, 2018, 26（4）: 879-885.

[21] 孙浩程, 王宜迪, 回军, 等 . 我国含油污泥处理工艺的研究进展［J］. 当代化工, 2018, 47（9）: 1916-1919.

[22] 魏永宽 . 污油泥处理研究现状及进展［J］. 中小企业管理与科技, 2016（10）: 66-67.

[23] Jing G, Luan M, Chen T. Prospects for development of oily sludge treatment［J］. Chemistry &

Technology of Fuels & Oils, 2011, 47（4）: 312.

［24］栾海波 . 稠油热采系统综合能耗监测方法及评价［J］. 油气田环境保护, 2012, 22（6）: 44–46.

［25］杨利娜 . 用于注汽锅炉的干度检测和爆管预警装置［J］. 石油和化工设备, 2012, 15（12）: 49–50.

［26］高新华, 吴伟栋, 缪兴冲, 等 . 过热注汽锅炉与常规注汽锅炉能效对比［J］. 新疆石油科技, 2012, 22（4）: 53–55.

［27］刘佳 . 稠油热采工程中过热注汽锅炉的应用［J］. 化工管理, 2013（12）: 232–233.

［28］梁建军, 陈龙, 计玲, 等 . 火驱注气燃烧工艺在新疆油田的应用［J］. 新疆石油天然气, 2014, 10（3）: 61–63.

［29］孙国成, 钱振斌, 缪远晴 . 新疆油田红浅 1 井区火驱先导试验地面工艺技术［J］. 石油工程建设, 2012, 38（6）: 4–8.

［30］陈莉娟, 蔡罡, 余杰, 等 . 稠油火驱开采技术节能减排效果分析［J］. 油气田环境保护, 2010, 20（S1）: 23–24.

［31］刘长征, 沈胜强 . 天然气烟气冷凝式余热利用技术［J］. 节能, 2012, 31（4）: 7–10.

［32］李强, 魏新春, 鲁冬, 等 . 烟气冷凝技术在稠油热采中应用的可行性分析［J］. 新疆石油天然气, 2010, 6（4）: 107–112.

［33］韩涛, 吴秀全, 汪洋 . 浅析锅炉天然气单耗偏高的原因及降耗措施［J］. 新疆石油科技, 2013, 23（1）: 57–59.

［34］李庆阳 . 注汽管线节能改造［J］. 中国新技术新产品, 2016（24）: 102.

［35］左丹 . 螺旋板式换热器的进展情况［J］. 硅谷, 2011（9）: 27.

［36］刘重裕, 秦红, 董丹 . 新型螺旋盘管换热器的流动及传热性能研究［J］. 化工设备与管道, 2014, 51（3）: 35–39.

［37］华红玲, 廖柯熹, 肖杰, 等 . 稠油热采高效低能耗集输技术探讨［J］. 天然气与石油, 2014, 32（1）: 47–49.

［38］Hart A. A review of technologies for transporting heavy crude oil and bitumen via pipelines［J］. Journal of Petroleum Exploration & Production Technology, 2014, 4（3）: 327–336.

［39］Rafael M, María L M, Beatriz Z, et al. Transportation of heavy and extra–heavy crude oil by pipeline : a review［J］. Journal of Petroleum Science & Engineering, 2011, 75（3–4）: 274–282.

［40］潘海滨 . 稠油降粘主要技术及应用实践刍议［J］. 中国石油和化工标准与质量, 2017, 37（6）: 124–126.

［41］徐超, 张兆, 刘鹏, 等 . 输油管道保温技术及应用研究进展［J］. 中国塑料, 2019, 33（11）: 99–111.

［42］宋斌 . 稠油降粘工艺技术概述［J］. 甘肃科技, 2015, 31（21）: 28–31.

［43］付磊, 李文彬, 张学腾 . 内置式集肤效应电伴热技术在集油系统的应用［J］. 油气田地面工程, 2016, 35（10）: 58–61.

［44］王海梅, 吴涛 . 重质原油管道输送工艺发展现状［J］. 广东化工, 2014, 41（10）: 75.

［45］冯小刚, 叶俊华, 鄢雨, 等 . 吉 7 井区稠油掺水集输工艺研究及应用［J］. 油气田地面工程, 2021, 40（1）: 25–30.

［46］颜筱函, 李柏成, 孙丽颖, 等 . 老君庙联合站除砂沉降罐规格及运行参数优化研究［J］. 当代化工,

2017，46（5）：864-866.

[47] 冯定，李寿勇，李成见，等．出砂冷采地面除砂设备的现状与发展趋势［J］．石油机械，2010，38(4)：65-68.

[48] 高庆春，罗红梅，胡大鹏．稠油旋流除砂洗砂工艺与装置研制［J］．化工机械，2014，41（6）：771-773.

[49] 田秦朝，王和平，刘颖．稠油地面除砂技术研究及应用［J］．石油工程建设，2010，36（3）：41-45.

[50] 付玉亮，李德选．超稠油集输处理工艺综述［J］．油气田地面工程，2014，33（12）：46-47.

[51] 许立华．稠油中乳状液特性分析及脱水工艺讨论［J］．中国新技术新产品，2015（5）：60-60.

[52] 程万军．稠油油水处理技术及其在新疆油田的应用［J］．石油规划设计，2020，31（6）：32-34.

[53] 徐孝轩，孙国华．塔河油田原油处理技术现状及研究方向［J］．油气田地面工程，2011，30（5）：40-42.

[54] 李增材，杨志远，潘艳华．稠油处理工艺及其应用［J］．石油规划设计，2016，27（1）：47-49.

[55] 唐丽．离子调整旋流反应法污水处理技术在新疆油田的应用［J］．承德石油高等专科学校学报，2012，14（2）：4-8.

[56] 敬加强，尹晓云，Mastobaev B N，等．水平管内水环输送模拟稠油减阻特性［J］．化工进展，2020.

[57] Cavicchio C A M，Biazussi J L，Castro M S D，et al. Experimental study of viscosity effects on heavy crude oil-water core-annular flow pattern［J］. Experimental Thermal & Fluid Science，2018，92：270-285.

[58] Duin E V，Henkes R，Ooms G. Influence of oil viscosity on oil-water core-annular flow through a horizontal pipe［J］. Petroleum，2017.

[59] 吴伟栋，高桂凤，王月华．新疆油田火驱先导试验地面工艺技术探讨［C］．中国油气田地面工程技术交流大会，2013.

[60] 杨莉，王从乐，姚玉萍，等．风城超稠油掺柴油长距离输送方法［J］．油气储运，2011，30（10）：768-770.

[61] 郭峰，霍军良，李广斌，等．风城稠油外输管道工艺设计［J］．油气田地面工程，2014，33（8）：55-56.

[62] 赵虎，王为民，王雷，等．超稠油埋地热输管道保温失效的数值模拟［J］．当代化工，2012，41（1）：85-87.

[63] 赵斌．辽河油田超稠油集肤效应加热输送研究［D］．大庆：东北石油大学，2014.

[64] 解金良．稠油采出液管式预脱水工艺技术研究与应用［J］．石化技术，2019，26（7）：41-42.

[65] 刁星．河南油田稠油污水回用锅炉技术及应用［J］．油气田地面工程，2015，34（3）：11-12.

[66] 谭井山．稠油油田采出水处理工艺研究与应用［J］．内蒙古石油化工，2012，38（20）：152-155.

[67] 张志庆，罗春林，贺亮，等．米桑油田采出水处理工艺设计与运行［J］．工业水处理，2019，39（11）：94-96.

[68] 魏彦林，吕雷，杨志刚，等．含油污泥回收处理技术进展［J］．油田化学，2015，32（1）：151-158.

[69] 高树生．石油企业油泥处理几种技术方案介绍［J］．石油化工安全环保技术，2012，28（1）：61-64.

[70] 曹继虎，谢剑强，韦磊，等．长庆油田含油污泥处理技术研究与应用［J］．中国科技博览，2010（1）：

280–280.
[71] 赵钦新，商俊奇，倪永涛，等 . 我国燃气锅炉的差距和突破（待续）[J] . 工业锅炉，2017（ 5 ）: 5–20.
[72] 刘永学，戴玉良，何泽伟 . 循环流化床燃煤锅炉在稠油开发中的应用 [J] . 新疆石油科技，2012，22（ 4 ）: 56–58.
[73] 苏海鹏，王鹏南，王惠云 . 国内油田注汽锅炉发展现状与分析 [J] . 工业锅炉，2019（ 5 ）: 23–28.
[74] 朱玉珩 . GPRS DTU 在注汽锅炉数据远程监控系统中的应用 [J] . 中国信息界，2012（ 7 ）: 56–57.
[75] 王春燕，王天明，张哲 . 浅谈火驱油田地面集输处理工艺难点与对策 [C] . 第二届油气田地面工程技术交流大会，2015.
[76] 杨智，廖静，高成国，等 . 红浅 1 井区直井火驱燃烧区带特征 [J] . 大庆石油地质与开发，2019，38（ 1 ）: 89–93.
[77] 王元基，何江川，廖广志，等 . 国内火驱技术发展历程与应用前景 [J] . 石油学报，2012，33（ 5 ）: 909–914.
[78] 卢洪源 . 辽河稠油火驱开发地面工艺关键技术 [J] . 天然气与石油，2019，37（ 4 ）: 27–31.
[79] 王元基，何江川，廖广志，等 . 国内火驱技术发展历程与应用前景 [J] . 石油学报，2012，33（ 5 ）: 909–914.
[80] 杨依峰 . 常规火驱开发配套调控对策研究 [J] . 石化技术，2018，25（ 3 ）: 240.
[81] 胡长英 . 论我国稠油开发面临的挑战与发展 [J] . 化工管理，2017（ 15 ）: 12.
[82] 周松，项勇 . 太空隔热涂料在大港油田金属储罐保温上的应用 [J] . 石油石化节能，2015，5（ 3 ）: 25–26.
[83] 唐永江 . 注汽锅炉节能技术应用 [J] . 石油石化节能，2017，7（ 2 ）: 30–32.
[84] 赵云献，于丹丹，牟蕾，等 . 稠油热采注汽锅炉经济运行调控技术研究 [J] . 石油石化节能，2015，5（ 3 ）: 1–3.
[85] 郭土，孙东，杨秀丽，等 . 胜利油田注汽系统用能现状 [J] . 当代化工，2019，48（ 10 ）: 2370–2373.
[86] 朱英娣 . 纳米气凝胶绝热毡的应用及性能分析 [J] . 石油石化绿色低碳，2017，2（ 6 ）: 53–56.
[87] 丁波，李立，韩峰，等 . 河南油田稠油热采注汽管网保温技术应用分析 [J] . 石油天然气学报，2010，32（ 5 ）: 371–373.
[88] 毕普跃，刘心田 . 稠油热采注汽管网保温技术应用分析 [J] . 化工设计通讯，2017，43（ 12 ）: 61.
[89] 赵金龙，吴鹏，叶鹏，等 . 南堡油田余热回收利用试验的应用及潜力分析 [J] . 油气田地面工程，2019，38（ 9 ）: 8–11.
[90] 沈起昌 . 稠油污水余热综合研究与应用 [J] . 化工管理，2014（ 26 ）: 49.
[91] 张传友 . 热泵技术在稠油热采工艺中的应用 [J] . 中国设备工程，2014（ 5 ）: 12–13.
[92] 张水生，袁长军 . 热泵技术在油田生产污水余热回收中的应用 [J] . 石化技术，2015，22（ 10 ）: 145.
[93] 王冰，成庆林，孙巍 . 热泵技术在回收油田污水余热资源中的应用 [J] . 当代化工，2015，44（ 8 ）: 1839–1841.
[94] 郭新锋，刘金侠，李瑞霞，等 . 蓄能式热泵系统在油田余热回收中的应用 [J] . 暖通空调，2017，47（ 12 ）: 76–79.

第四篇

天然气地面工程主体技术

新疆油田天然气主要涉及气田气与油田伴生气，其地面工程技术主要包括集输、净化、输配、储气等环节，这些环节通过油气田集气管网、输气干线管网与城市配气管网相互连接并形成统一、连续、密闭的天然气管输与储存系统。新疆油田在天然气开发与利用过程中所形成的天然气集输、处理和储运工艺，适应和满足油田不同开发时期的天然气生产运行要求。本篇根据新疆油田天然气开发利用特点，围绕天然气地面工程的主体工艺技术，阐述其主要工艺原理、工艺流程、技术特点及适应性，指出现有工艺技术存在的主要问题与未来发展需求，对比分析国内外同类技术，这对优化天然气地面工程特色工艺流程、促进油田安全管理理论与技术进步、节能减排、提高效益具有重要的实际意义。

第一章　集输技术

天然气集输系统是连接气田井口与净化处理厂的必由之路，其技术属于天然气地面工程主体技术的重要组成部分。尽管新疆油田天然气包括油田伴生气与气田气，但是油田伴生气一般通过原油集输系统收集与输送，故本章只探讨新疆油田气田气集输。气田气集输站场及工艺的规划设计主要取决于气田开发方案、气井分布及其所处环境、天然气组成性质等因素，并随气田开发与生产实际的变化而相应升级或改造。本章主要介绍新疆油田气田气集输系统组成及作用、集输站场工艺与集输管网，指出其集输系统存在的主要技术问题与未来发展需求。

第一节　系统组成与作用

一、组成

集输系统主要由井场、集输管网、集气站与净化处理站等部分组成，井场一般布置在气井附近。

二、作用

气田气集输系统的作用是将气井采出的天然气汇集后，再输送至净化处理厂处理，使之达到外输气质要求。

三、主要工艺过程

从气井出来的天然气，经节流调压后，在分离器中脱除游离水、凝析油及机械杂质，经计量后进入集输管网。集输管网承担井口天然气的收集与输送，井场工艺流程一般与集气站工艺流程配套选择。集气站对原料气预处理，以满足天然气处理厂对气质的要求，确保集输管网的水力与热力性能稳定性，并获得气井动态生产数据。

第二节　集输站场

一、采气井场

1. 功能

井场是指处理一口气井或多口气井的站场，按照井口数量可分为单井站或多井站。井场主要具有以下功能：（1）调控气井产量；（2）调控天然气外输压力；（3）防止天然气水合物生成[1]。

2. 基于分输与混输的井场工艺流程

新疆油田天然气普遍为凝析气，考虑到其工艺操作的复杂性，主要采用油、气、水混输工艺流程。但对于不同的开发区块，一般根据其实际情况与技术经济可行性，比选确定混输或分输方案。

1）分输流程

（1）工艺原理：气液分输流程是将天然气在井场或集气站分离、计量，然后气液分别外输，天然气脱除液、固杂质，以单相流进入集气管线。

（2）工艺流程：气液分输井场工艺流程如图 4-1-1 所示，天然气经采气树节流后进入加热炉加热，再经节流阀节流后进入气液分离器，分离出的气相直接由管道输至集气站，液相输至凝析油处理装置进行凝析油稳定和污水处理。

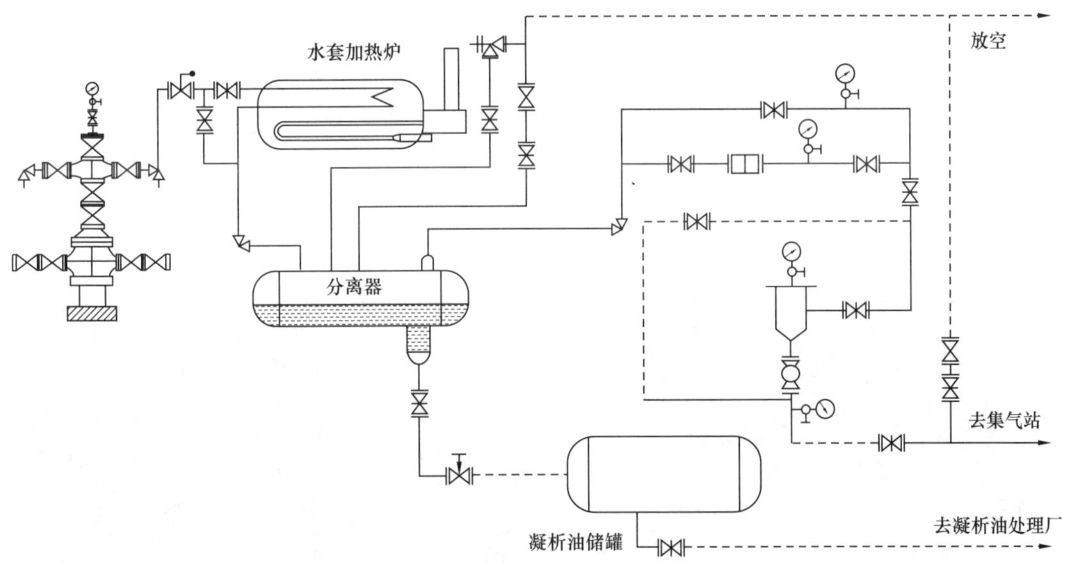

图 4-1-1 气液分输井场工艺流程

（3）适应性：气液分输流程设置的站场与分离器数量多，分离后对气、液分别计量，流程较复杂，且增加液体管输或车运的投资及运行费用，给生产管理带来不便，适用于距离集气站较远且产液量较高的气井。

2）混输流程

（1）工艺原理：气液混输流程是利用天然气的压力将天然气及其携带的油、水等液体混合输送，一般由集气支线、集气干线将井口物流混输至油气处理厂或集中处理站。该流程有效简化地面集输工艺，大幅降低设备能耗，站场设施少，操作简单，管理方便。

（2）工艺流程：气液混输井场工艺流程如图 4-1-2 所示。井口天然气经采气树节流后进入加热炉升温，经节流阀节流降压后直接输至集气站，在集气站或天然气处理厂完成气液分离和处理。

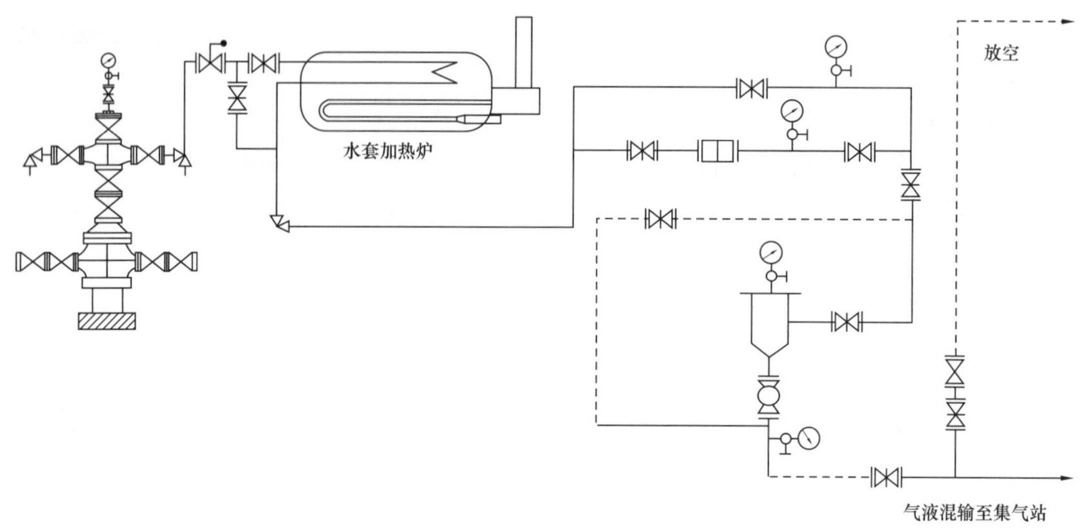

图 4-1-2　气液混输井场工艺流程

（3）适应性：凝析气田和低含硫气田普遍采用气液混输工艺，如克拉美丽、石西与滴西等气田。对于距离较长、地势起伏大的采气管线，因流型变化复杂，气体压力波动大，需适当提高采气系统的设计压力。气液混输管道为防止清管工况下段塞流产生的冲击对下游设备造成影响，新疆油田在主干管道末端设置有段塞流捕集器，流体经段塞流捕集器后进行气液分离，如图 4-1-3 所示。

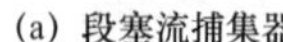
(a) 段塞流捕集器

(b) 气液分离器

图 4-1-3　克拉美丽气田混输井场工艺设备

3. 基于水合物生成防止的井场工艺流程

根据防止水合物生成方法的不同，井场工艺可分为四种流程：加热防冻流程、注抑制剂防冻流程、井下节流器防冻流程和井场分离流程，新疆油田井场工艺主要采用前三种流程。其中，加热防冻流程按加热点不同可分为集气站集中加热和井场加热两种工艺，而注醇防冻流程可采用注醇节流和注醇不节流两种方式，井口加热节流方式在新疆油田应用较广。

对于部分距处理站较近的井，井口不防冻不节流，直接集输进处理站。

1）加热防冻工艺

加热防冻在新疆油田普遍采用，如克拉美丽气田、五八区气田与莫索湾气田等。但随着气田含水量上升，注醇节流适应性变差，所以一般采用加热节流工艺，以防止水合物的生成。

（1）工艺原理：加热防冻工艺是利用外加热源对天然气升温，使其管输或处理的最低温度大于其最高输送压力下的水合物生成温度，从而防止水合物生成。

（2）工艺流程：主要包括集中加热与井场加热节流两种工艺。

① 集中加热工艺：井口高压天然气（20MPa、30℃），不经过加热和节流，保温输送至集气站，在集气站二级加热节流降压至 9.0MPa，再进行气液分离和计量，然后气液混输至处理站。集中加热工艺在井口基本上没有需要维护的工艺设备，可实现井口无人值守，玛河气田就采用这种工艺，其井口工艺流程如图 4–1–4 所示。

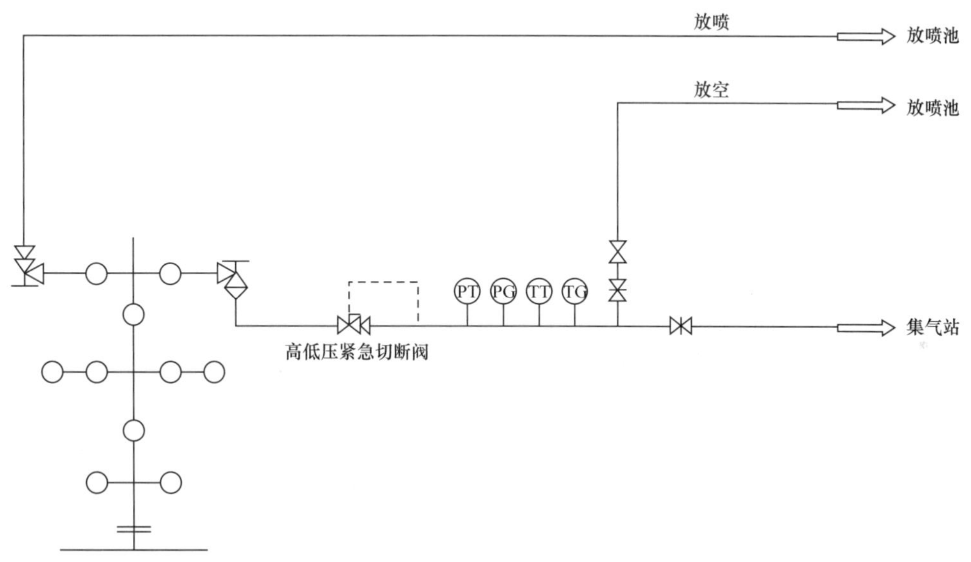

图 4–1–4　高压集气井口工艺流程

② 井场加热节流工艺：加热与节流都在井口完成，根据井口物流组成与工况，计算先加热后节流、先节流后加热与二级加热节流降压等工艺的主要操作参数，分析确定最优工艺。由于新疆油田的气田压力普遍处于中高压区间，且含水量呈上升趋势，注醇节流适应性差，因此单井井口主要采用二级加热节流降压工艺，如克拉美丽、盆 5、克 75 与滴西 12 等区块均采用该工艺。

井口高压天然气（20MPa、30℃）从采气树采出后，首先用针形阀调控气量和降压；然后经过加热炉升温和一级节流阀节流降压，再通过加热炉升温；最后经二级节流阀节流至 9.0MPa，以满足采气管线起点压力的要求，再保温输送到集气站。在集气站内进行气液分离和计量，然后气液混输至处理站，井口加热炉采用处理站反输天然气作为燃料气，工艺流程如图 4–1–5 所示。

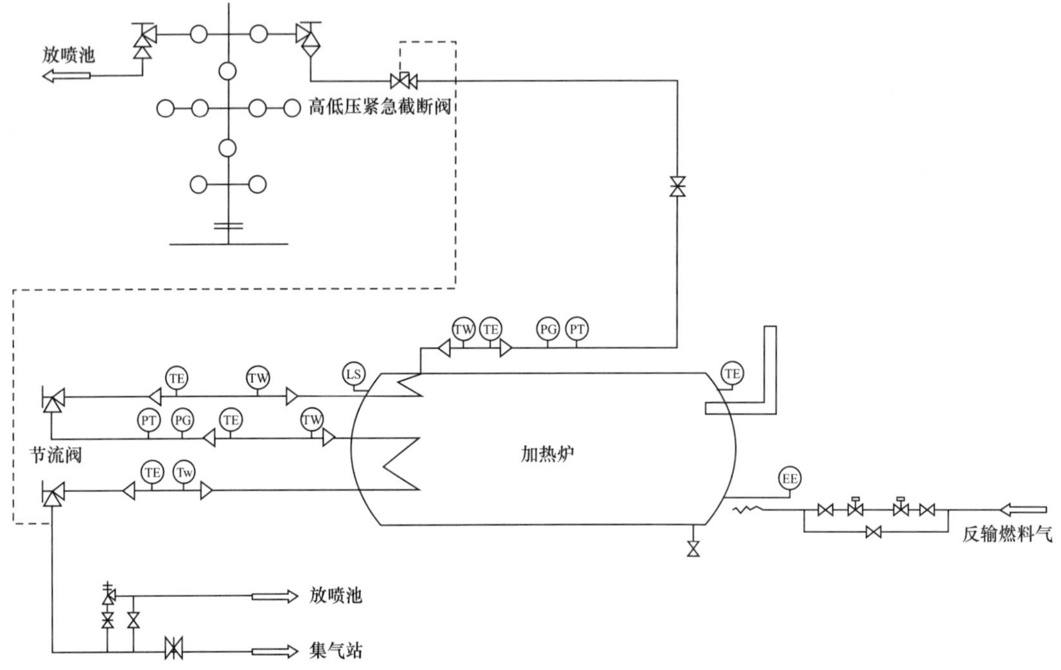

图 4-1-5　井口加热节流工艺流程

以克拉美丽气田滴西 HW179 井场为例，井口来气 29.8MPa（23～37℃），经加热炉一级加热至 45～55℃，然后节流至 15.0～15.5MPa，温度为 30～35℃；经加热炉二级加热至 45～55℃，然后节流至 9.1～9.3MPa，温度为 35～40℃；采气管线埋地保温输送至滴西 17 集气站，进站压力为 8.8～8.9MPa，温度为 25～35℃，其主要工艺过程如图 4-1-6 所示。

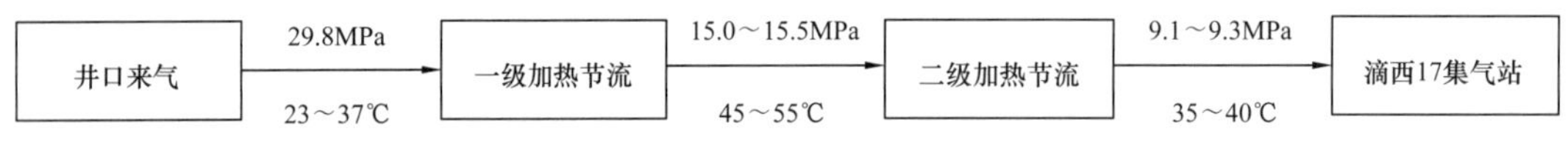

图 4-1-6　滴西 HW179 井场集气工艺过程

（3）适应性：井场加热工艺对气井压力、温度、含水量的变化适应性较强，集气管线压力较低。目前新疆油田普遍采用该工艺，但需要的加热炉数量较多，投资高，井口需人值守，自动化程度低。

此外，井场加热工艺适应性与加热炉选型密切相关，井场加热常用饱和蒸汽逆流式套管换热器、水套加热炉、真空相变加热炉。克拉美丽气田 2013 年以前选用水套炉加热气井物流，2014 年首次采用真空相变炉橇加热各单井物流，两种加热炉的性能及特点对比见表 4-1-1。

新疆油田集中加热工艺适用于压力与温度较高、含水低、集气管线较短的气井，该流程具有加热炉用量少，井口无需人工值守，操作管理方便，投资少等优点。事实上，新疆油田一般将集中加热工艺和井场加热节流工艺联合使用，现场适应性良好，但投资和操作费用较高。

表 4-1-1　加热炉选型对比

炉体类型	橇装水套炉	橇装真空相变炉
热效率（%）	87	90
传热方式	水介质加热	相变传热
气量变化适应性	水浴温度调节简单方便	只能通过真空度调节加热负荷，调节难度较大
供货周期（月）	2.0～3.0	3.0～3.5
设备价格（万元）	145	150
优点	技术成熟、方便管理、易于控制	热效率较高、不易发生氧腐蚀
缺点	常压水套炉热效率不达标，需要采取空气或燃气预热等工艺与双管程等结构优化措施，投资高	真空度不易保持，炉体缺水较频繁，真空阀易泄漏，炉膛压力不稳定等；对环境适应性较差，不适合风沙侵蚀环境下的无人值守井使用

2）注醇防冻工艺

（1）工艺原理：注醇是指向天然气中注入一定量的水合物抑制剂，降低水合物形成温度，抑制天然气在开采、输送及处理过程中形成水合物。水合物抑制剂主要包括热力学和动力学抑制剂、阻聚剂及复合型抑制剂，其中醇类属于热力学抑制剂，向天然气中加入这类抑制剂后，可改变水溶液或水合物的化学位，从而使水合物的形成条件向较低温度或较高压力方向移动。

（2）抑制剂特点：常用的醇类抑制剂主要有甲醇和乙二醇，其中甲醇可用于任何操作温度，其沸点低，且水溶液的冰点比其他醇类都低。以浓度为46%的水溶液为例，甲醇的冰点为 -48℃，而乙二醇则为 -32℃，所以甲醇不易冻结，适用于温度较低的场合。甲醇价格低廉，是乙二醇的1/3左右。甲醇的挥发性大，所以一般情况下对喷注的甲醇不再回收利用。甲醇还具有中等程度的毒性，使用时需注意安全。

乙二醇沸点比甲醇高、无毒、蒸发损失小，一般可回收再利用，新疆油田主要用乙二醇作为抑制剂。但乙二醇黏度略高，当存在凝析油时，且操作温度过低，乙二醇与凝析油难分离。此外，气田气含盐量较高时，用常规再生法回收乙二醇，则塔底和贫液中容易积盐，造成严重的结垢与腐蚀。

（3）工艺流程：主要包括井口注醇与井口注醇节流两种工艺。

① 井口注醇工艺：集气站设置高压注醇泵，通过与采气管线同沟敷设的注醇管线向井口和高压采气管线注入乙二醇，其浓度为80%～85%。为便于统一管理、维护，在集气站采用单泵对单井的方式，井口工艺流程如图 4-1-7 所示。井口除乙二醇注入雾化器外，基本上没有其他需要维护的工艺设备，可实现井口无人值守，新疆油田八$_2$西与陆梁等气田的井场均采用该注醇工艺。

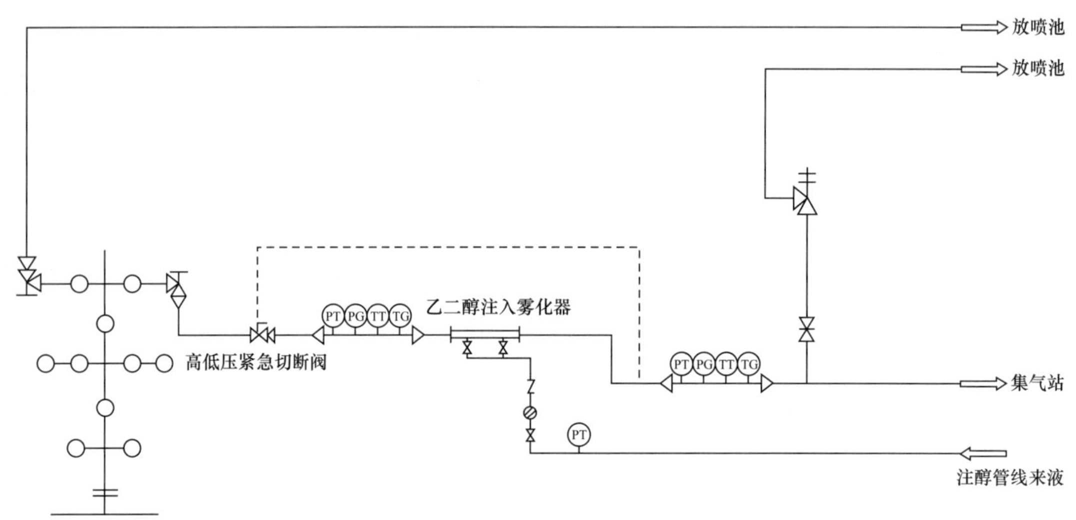

图 4-1-7　井口注醇工艺流程

② 井口注醇节流工艺：井口高压天然气（20MPa、30℃）经注醇节流至 15MPa 后，输送至集气站；在此加热节流降压至 9.0MPa，再实行气液分离和计量，然后气液混输至处理站；注醇管线与采气管线同沟敷设，向井口高压采气管线注入乙二醇。注醇泵设置在集气站内，井口无需人工值守。1 座集气站可管辖 3～5 口气井，井口工艺流程如图 4-1-8 所示，克拉美丽、滴西 10、滴西 12 与彩 31 等气田的井场均采用该工艺。

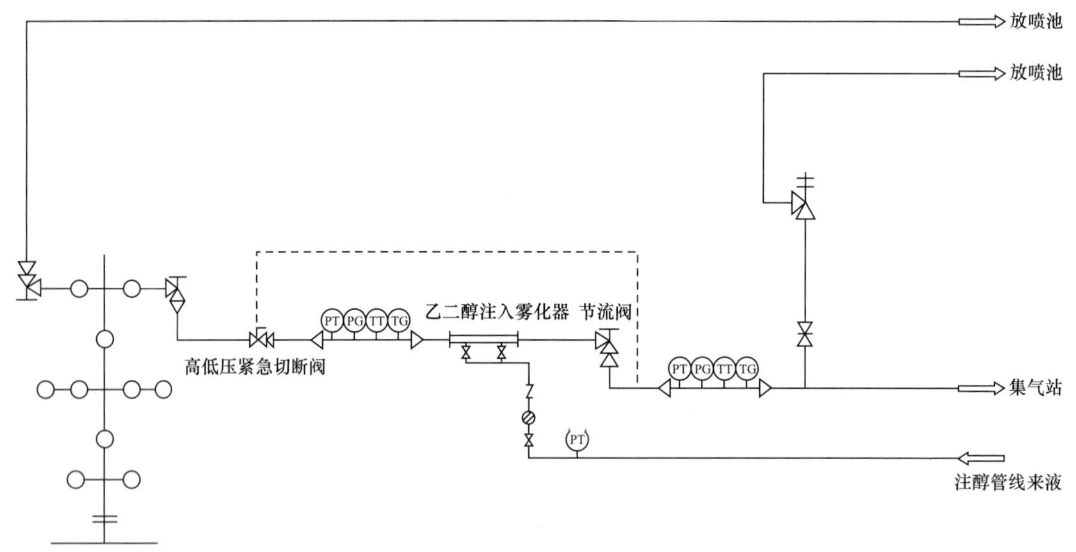

图 4-1-8　井口注醇节流工艺流程

井口设置节流阀和乙二醇注入雾化器，其目的在于通过注醇量的控制，使节流温度满足输送要求，以确保采气管线的终点温度比终点压力下水合物生成温度高，且节流压力必须满足处理站的进站压力需求。

（4）适应性：注醇防冻工艺只适用于气井产液量少的气田，对于产液量高的气田，其液相将吸收部分醇类，使注醇量显著增大，经济性下降。新疆油田开发中后期含水量显著增加，因此该工艺的适应性变差。此外，随着气藏压力衰竭，部分低压井口已减少节流级数或取消节流，一般将注醇节流工艺改为集中加热工艺。

3）井下节流工艺

（1）工艺原理：井下节流工艺技术的原理是依靠井下节流嘴来实现井筒节流降压[2]，该工艺充分利用地温加热气流，使其节流后的温度基本恢复到节流前的温度，从而防止井筒或地面集气系统中水合物的形成，并达到减少注醇量、降低加热负荷、稳定气井生产能力的目的。

（2）工艺流程：2002 年克 75 井区的克 77、克 006、50056、50210 与 581 等井开始安装井下节流器，其工艺流程如图 4-1-9 所示。

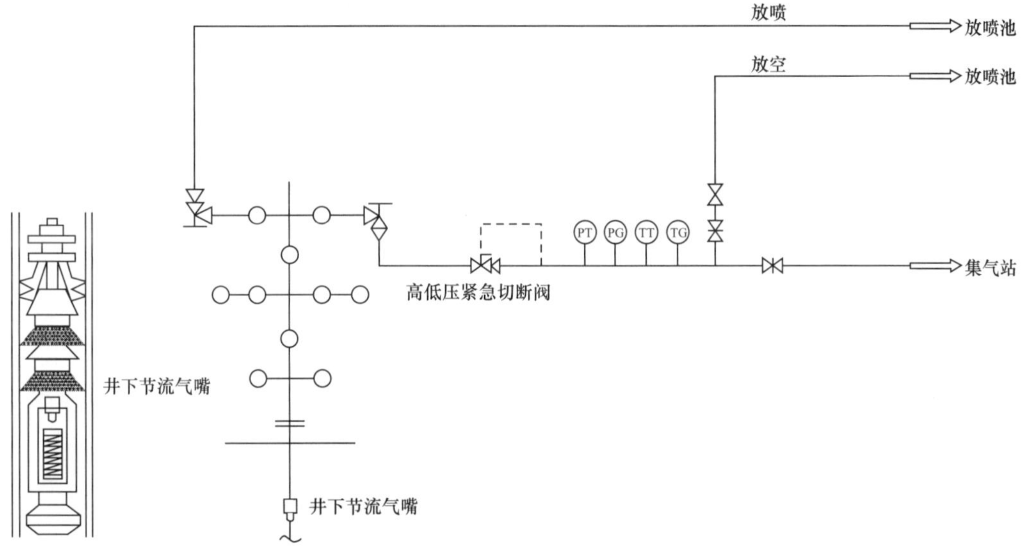

图 4-1-9　井下节流地面工艺流程

（3）适应性：该流程适用于低产、低压与低渗透气田，对于高产、高压气田不适用，而新疆油田的气田压力普遍较高，故较少应用。

4. 常用井场工艺对比

井场工艺的适应性主要取决于气藏产出流体的组成性质和气井所处环境，不同流体性质和地面环境所用的井场工艺也不同，新疆气田常用井场工艺的特点与适应性见表 4-1-2。由此可见，集中加热最经济，但井口天然气温度须高于水合物形成温度才适用；井口加热节流工艺需要设备较多，但适用范围较广。

综上所述，新疆油田选择井场工艺时，一般遵循以下原则：

（1）对高产液气井，若集输半径不超过 5km，则首选集中加热工艺，其次选井口加热节流工艺；

（2）对高产液气井，若集输半径过大，则选用加热节流→分离→注醇集输工艺；

（3）对低产液气井，主要通过注醇节流与加热节流工艺方案比选确定。

表 4-1-2　常用井场集气工艺对比

项目	集气站集中加热工艺	井口注醇（节流）工艺	井口加热节流工艺
集输压力（MPa）	15～30	9～15	3～9
适用范围	井口温度高于水合物形成温度	采出气含液少	一般气井均适用
能耗	较低	低	高
设备、流程	设备少，流程简单	设备较少，流程较复杂	设备较多，流程复杂
效果	较好	一般	最好
应用情况	新疆油田均有应用		

二、集气站

1. 功能

集气站的主要功能是收集新疆油田各气井的天然气，并对其预处理、调节输气压力和计量。

2. 类型

新疆油田集气站主要按如下两方面分类：

（1）按所辖气井数分：单井和多井集气站；

（2）按气液分离温度分：常温、低温和加热集气站。

3. 布站方式

站址选择直接影响整个气田集输管网的结构形式，合理优化集气站数量及位置，可减少地面工程投资。总体上讲，布站方式主要取决于地形、管网布置方式、地理交通条件、集气半径等因素。

集气站的布站方式主要包括一级布站、一级半布站和二级布站，新疆气田布站主要采用一级布站和二级布站方式。其中，以一级布站方式为主，主要集中在新疆腹部地区，莫北、盆 5、滴西、石南与陆梁气田均采用一级布站方式；二级布站方式主要集中在西北缘、东部和南缘，如玛河、$八_2$西、红山嘴与彩 31 气田均采用二级布站方式；克拉美丽气田则是采用一级布站和二级布站相结合的方式。

1）一级布站方式

（1）工艺流程：集气站设置在天然气处理站内，各单井采气管线直接进入集气站。

（2）适应性：采用一级布站方式时，集气站与处理站合建，管理点少，但单井管线较长，设计时一般综合考虑管道压降和井区地势的影响。若地形起伏较大，虽能满足压降需求，但可能造成单井采气管线的温降和压降过大，管线内容易形成较长的段塞流，对集气处理站内的计量分离器和生产分离器的冲击较大，造成分离器液位上下急剧波动。因此，集气管线末端均设置有段塞流捕集器，但捕集器数量不宜过多，否则将加大天然气加热炉的负荷，且过高回压不利于气井生产。

2）二级布站方式

（1）工艺流程：集气站设置在气井井场附近，单井采气管线进入集气站，轮井计量后通过集气总管输往天然气处理站。

（2）适应性：采用二级布站方式，单井管线较短，采气管线和集气管线的压降控制较低，有利于气井生产；采气管线和集气管线的段塞流量小，处理站内设置的段塞流捕集器数量少；二级布站比一级布站的运行管理点多，需要专人值守。

4. 集气能力

新疆油田天然气集输管网主要包括西北缘、腹部、东部、南缘四个区块，其工艺主要采用直接高压集输与增压集输两种方式。截至 2019 年底，新疆油田已建成气田气集气站或装置 17 座（套），集气总能力 $1137\times10^4m^3/d$，平均负荷率 44.11%。其中单独建设的集气站 10 座，集气能力 $935\times10^4m^3/d$；与处理站合建的集气装置 7 套，集气能力 $202\times10^4m^3/d$，其集气能力见表 4-1-3。

表 4-1-3 2019 年气田气集气（装置）站基本情况

区域	站名	集气站		处理站集气装置		总集气装置		运行量（$10^4m^3/d$）	负荷率（%）
		数量（座）	规模（$10^4m^3/d$）	数量（套）	规模（$10^4m^3/d$）	数量（座/套）	规模（$10^4m^3/d$）		
西北缘	五八区	1	40	—	—	1	40	15	37.50
	八$_2$西	1	10	—	—	1	10	0	0
腹部	莫北 2	—	—	1	60	1	60	10	16.67
	莫 7—莫 11	—	—	1	22	1	22	0	0
	石南 4	—	—	1	30	1	30	5	16.67
	盆 5	—	—	1	30	1	30	6.5	21.67
	滴西 10	—	—	1	20	1	20	7.0	35.00
	滴西 12	—	—	1	10	1	10	3.0	30.00
	克拉美丽	5	560	—	—	5	560	300	53.57
东部	彩 31	1	25	—	—	1	25	10	40.00
	马庄	—	—	1	30	1	30	5	16.67
南缘	玛河	2	300	—	—	2	300	140	46.67
合计		10	935	7	202	17	1137	501.5	44.11（平均）

5. 适应性分析

（1）集输系统：新疆油田地面天然气集输能力均大于实际输量（表 4–1–3），平均负荷率较低，完全能满足现在及将来一定时期的天然气生产与集输需求。

（2）增压系统：新疆油田部分区块（如彩 31 气田、克拉美丽气田）经过几年运行后，井口压力急剧下降，生产压力低于设计压力，增压系统难以正常运行，必须实行工艺改造，延长气田开采周期。

（3）集输管线：新疆油田已建集气管道 838km，其中采气管道 623km，集气支线 26km，集气干线 189km。一些输气管线使用时间较长，如北三台→马庄输气管线投入运行 16 年、李晓华站天然气管线（除油器出口至旋流分离器进口）使用时间已达 26 年，存在严重的腐蚀穿孔与安全隐患，抢修频繁，不得不对其改造。

三、集气站工艺流程

新疆油田的气井井口压力普遍较高（＞20.0MPa），为充分利用地层能量，主要采用中、高压集气，集气压力控制在 6.5～18.0MPa，集气管线设计承压 16.0MPa，运行压力为 6.5～10.0MPa。已建成气田气集气站 17 座，形成“井口加热节流、井口注醇节流、井口注醇无节流、井口无防冻无节流直接进集气站和井下设节流装置井口常温集气”等多种集输方式。

1. 常温分离流程

1）工艺流程

新疆油田常温分离工艺是利用该油田气井产出天然气、油和水的密度差异，在常温下脱除其中的游离水和液烃的过程。

待计量井场来气进入集气站后，首先通过计量分离器计量，经计量的气、液再与进入生产管汇的物流混合，再混输至生产分离器，分出的天然气和凝析油输至天然气处理站，分出的水进入污水处理装置，如图 4–1–10 所示。

由于新疆油田天然气井较集中、井数较多，井场主要按井数多少设置 1 个或数个计量分离器，供各井轮换计量；再按集气量的多少设置 1 个或数个生产分离器，供多井共用。

2）适应性

常温分离工艺适用于天然气中水或液烃含量较多的气田。当井场工艺采用加热节流时，集气工艺采用常温集气分离工艺，可减少设备，降低投资，方便管理；当天然气物性参数变化较大时，该工艺的适应性较差。

2. 加热节流分离流程

1）工艺流程

新疆油田井场来气经计量后进入集气站，首先通过加热炉加热，节流降压后进入计量分离器计量，然后与其他井场来气汇合后经加热、节流后进入生产分离器，分出的气和凝析油输送至天然气处理站，分出的水进入污水处理装置，其工艺流程如图 4–1–11 所示。

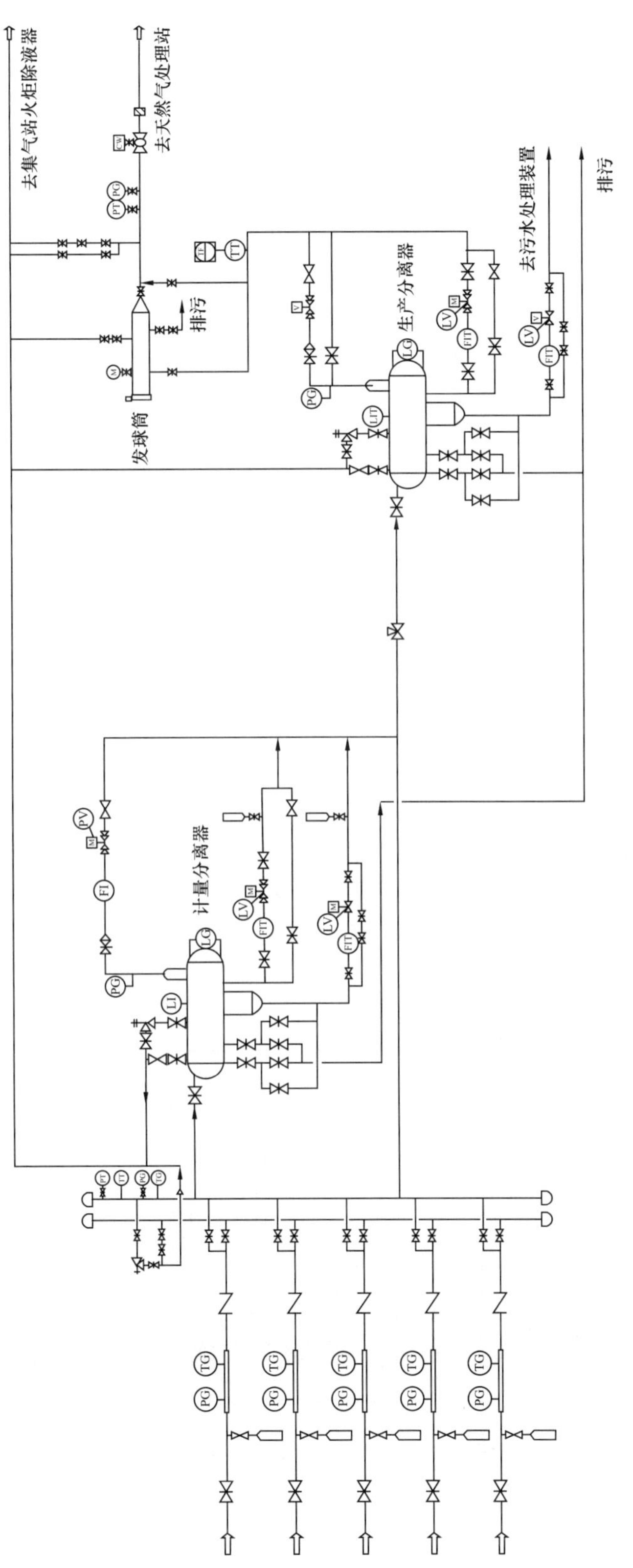

图 4-1-10　集气站常温分离多井轮换计量流程

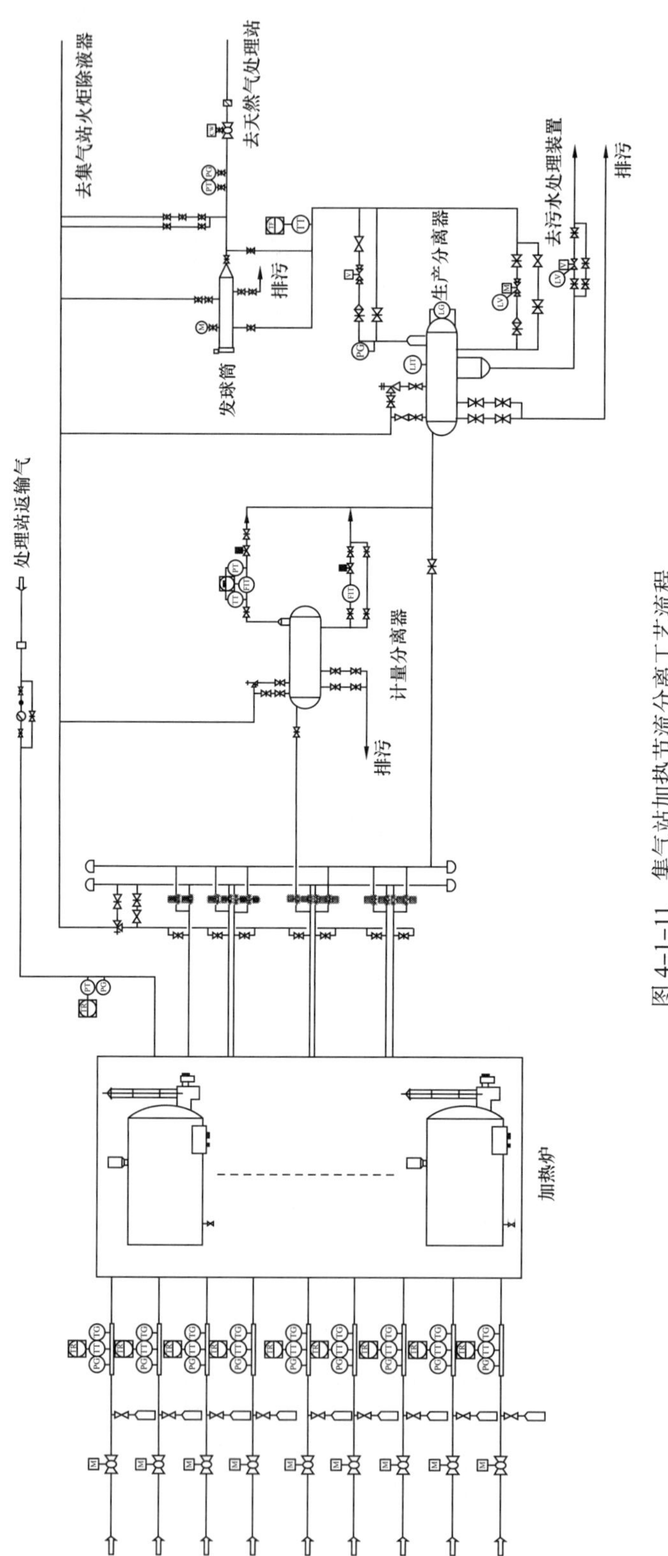

图 4-1-11　集气站加热节流分离工艺流程

2）适应性

在新疆油田，若井场工艺采用注醇工艺，则集气工艺采用加热集气分离工艺，这种集中加热工艺适用于新疆油田压力与温度较高、含水低、集气管线较短的气井。该流程具有所需加热炉数量少、井口无人值守、操作管理方便、投资少等优点。

3. 应用现状

集气站流程一般结合井场工艺合理选择，新疆油田的气田气中凝析油含量较少，只需在集气站内分离计量。因此，主要采用常温分离多井轮换计量流程，其基本情况见表4–1–4所示。

表 4–1–4　集气站工艺流程

区域	气田	站名	流程类型	备注
西北缘	八$_2$西	八$_2$西集气站	加热节流	—
	克 75	克 85、克 75 集气站	常温分离	克 75 与处理站合建
腹部	克拉美丽	滴西 18、滴西 14 集气站	加热节流分离	滴西 18 对注醇单井、滴西 14 与处理站合建
		滴西 17、滴西 185、滴 405 集气站	常温分离	—
	滴西 10	滴西 10 集气站	加热节流分离	与处理站合建
	滴西 12	滴西 12 集气站	常温分离	与处理站合建
	石西	石南 4、莫 7—莫 11 集气站	常温分离	与处理站合建
		莫北集气站	加热节流分离	与处理站合建
	盆 5	盆 5 集气站	常温分离	与处理站合建
	陆梁	陆梁浅层气集气站	加热节流分离	与处理站合建
东部	准东	彩 31 集气站	加热节流分离	—
		马庄 1 号集气站	常温分离	与处理站合建
南缘	玛河	1#、2# 集气站	两级加热节流分离	—

第三节　集输管网

新疆油田集输管网布置一般结合集气站布站方式统一规划，主要考虑气田构造形态、井位分布、厂站位置、地形地貌、产品流向等因素，按照安全可靠、高效适宜、经济合理的原则，通过技术经济对比合理确定，新疆油田主要采用放射状集气管网和放射枝状组合式集气管网。中小规模气藏气田大多采用一级布站模式，管网采用放射式集气管网。对于集气区域较大、地面条件较复杂的气田，新疆油田采用二级布站模式，管网为放射枝状组合式集气管网。

一、集输管网构成

集气管网是集气系统各站场（井场、集气站、处理站）之间管线的总称，由采气管线、集气管线或采集管线组成。在设计与建设时，综合考虑管材选取、管道规格、管道敷设、施工便道和管道的防腐、保温、吹扫、试压等因素。

1. 采气管线

采气管线是指井口装置节流阀和集气站一级油气分离器之间的天然气管线，其作用是将单井或相邻井组采出的天然气汇集至集气站。

采气管线输送的是从气井采出后未经气液分离和预处理的天然气，一般含游离水、凝析油和固体颗粒等机械杂质，还可能含有 H_2S、CO_2 等腐蚀性物质。因此，采气管线具有天然气洁净度差、压力高、腐蚀性强、管径小、距离短等特点。

2. 集气管线

气田内部自集气站一级油气分离器至天然气商品交接点（通常是处理厂、站）之间的天然气管线称为集气管线，包括集气支线、集气干线等。

1）集气支线

集气支线是由集气站（单井或多井集气站）到集气支干线、集气干线入口的管线，其作用是将在集气站（或井站）经过矿场预处理的天然气输送到集气干线中。集气支线的直径一般比采气管线大，其输送距离即集输半径取决于集气站与集气干线之间的距离。

集气支线所输送的天然气一般在集气站预处理，所以其气质条件比采气管线好，工作压力比采气管线低，通常仍为含饱和水的湿气。

2）集气干线

集气干线作用是将各集气支线来气汇集到天然气处理厂（站）。集气干线的气质条件、工作压力与集气支线基本一致，可设置成等直径管或变径管及其组合，其管径在集气系统中最大。设置为变径管时，管径随集气支线进气点数目增多和流量增加而增大。采气管线、集气支线和集气干线的作用与特点见表 4–1–5。

表 4–1–5　集气管道作用及特点

管道类型		界定范围	作用	工作特点
采气管线		井口节流阀到集气站一级分离器之间的管线	将井口采出气输到下游分离器或集气站预处理	气质差，一般含游离水、烃和固体等杂质，具有压力高、腐蚀性强、管径小、距离短等特点
集气管线	支线	集气站或单井站到集气干线之间的管道	将预处理天然气输至集气干线	与采气管相比，支线气质好、工作压力低，一般为湿气
	干线	集气站到处理厂之间的管线	将各支线来气汇集到天然气处理厂	与支线的气质与工作压力相当，但管径较大，干线沿下游的进气点增多，故多用变径管

二、集输管网类型

天然气集输管网主要有放射状、枝状、环状及其组合式（放射—枝状或放射—环状）四种形式[3]，若其布站方式不同，则相应的管网形式各异。

1. 放射状

1）布置方式

以集气站或天然气处理站为中心，管道以放射状的形式与多口气井相连接。由于新疆油田气井井位较密集，如滴西 17 井区，主要采用放射状集气管网，如图 4–1–12 所示。

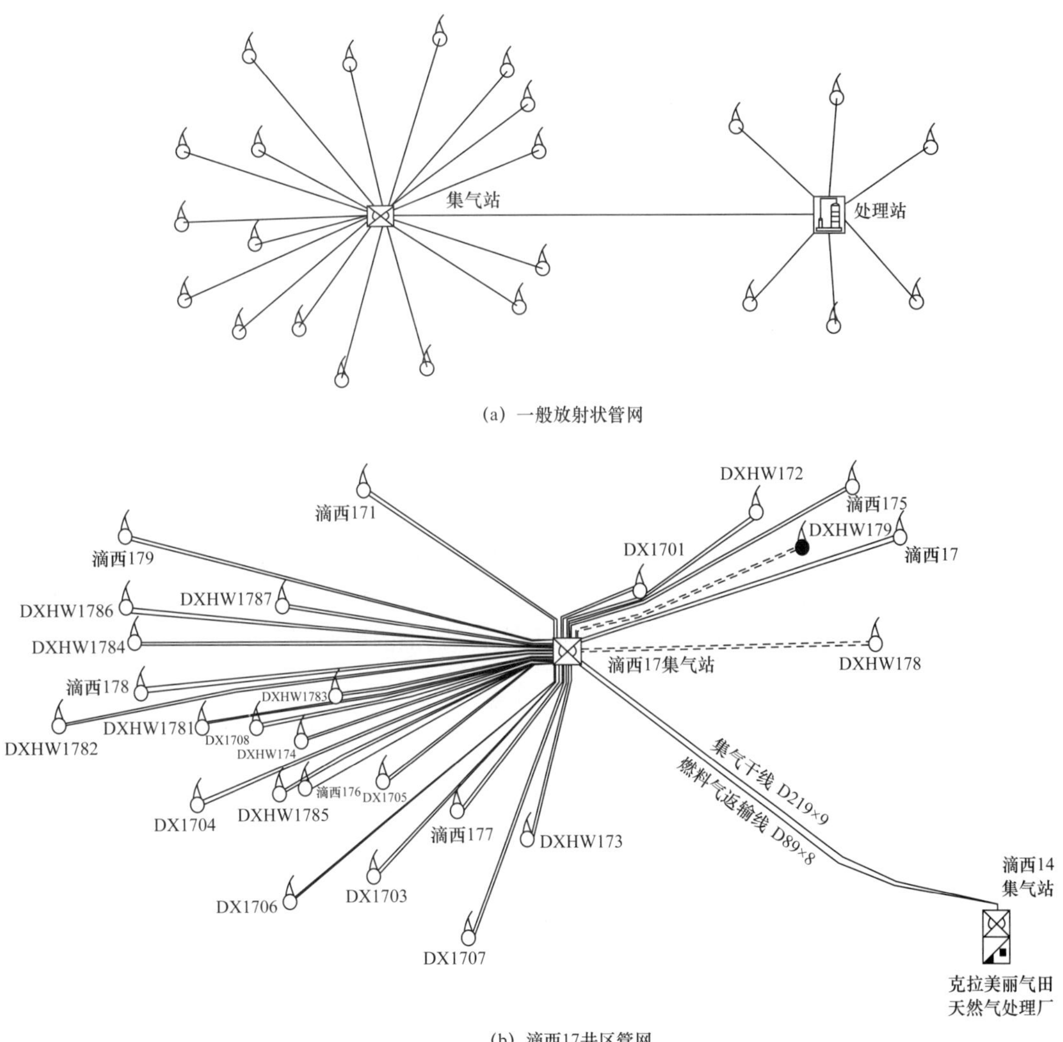

(b) 滴西17井区管网

图 4–1–12　放射状集气管网布置

2）适应性

放射状集气管网适用于面积小、气井相对集中的气田。气体处理站设在气田中心部位，便于对天然气集中处理，减少操作人员数量，降低运行成本。但采气管道敷设范围大，不利于在气田开发区内施工，若管道出现破损时，检修与排查较困难。

2. 枝状

1）布置方式

树枝状集气管网形同树枝，集气干线沿地形布置，将集气干线两侧各气井或集气站天然气汇集经集气支线接至集气干线，输至处理站，如图 4–1–13 所示。

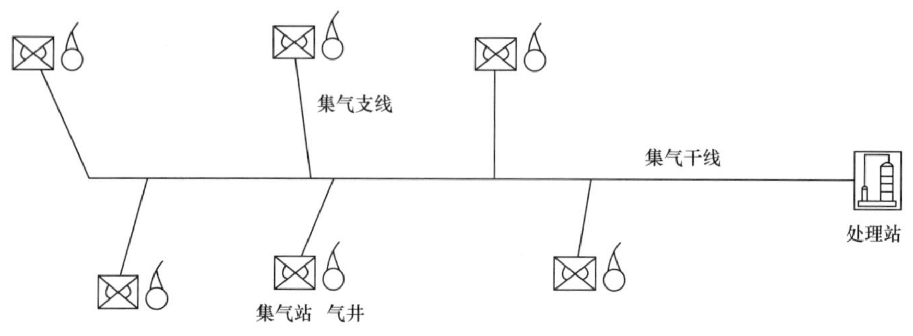

图 4–1–13　树枝状管网示意图

2）适应性

树枝状集气管网适用于气井分布在狭长带状区域，井距较大的井网，其井站投资相对较高，但管线短、投资低，管网便于扩展，可满足气田滚动开发和分期建设需要，适用于单井集气。

3. 放射—枝状组合式

1）布置方式

目前，放射—枝状组合式管网在新疆油田应用也较为普遍，如图 4–1–14 所示。其特点是气田内部设集气站，单井到集气站采用放射状连接，集气站与集气干线之间采用树枝状连接，敷设集气支线和集气干线，集气站具有计量和轮换计量等功能。

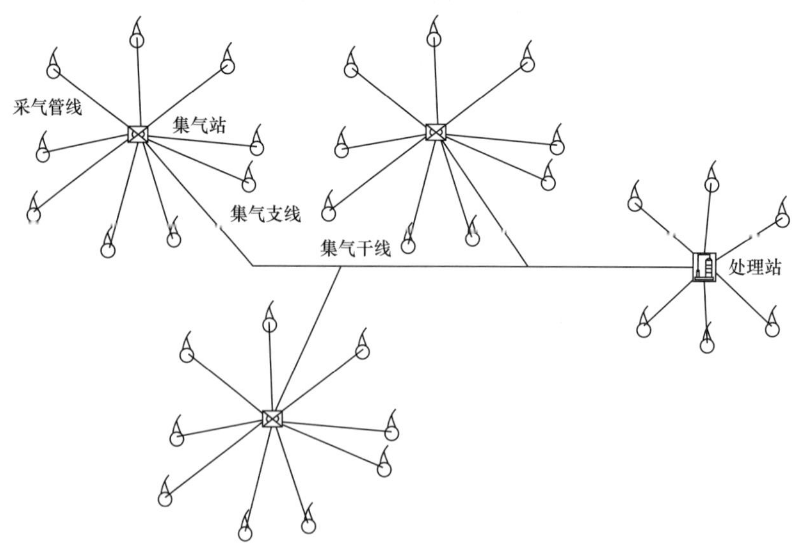

图 4–1–14　放射—枝状组合式集气管网布置

2）适应性

放射—枝状组合式集气管网适用于建有两座及以上集气站的各类气田，适用范围较广。这种形式的集气管网能充分发挥设备效率，提高自动化程度，减少辅助生产设施和操作人员。当气田区域面积大、单井数量较多、管网布置复杂时，可采用两条或多条放射—枝状组合式管网布置。

第四节　集输技术问题与发展方向

一、技术问题

1. 老化问题

新疆油田产能建设速度较快，同时老旧集输系统问题较多，运行 15 年以上的管线数量大，约占 27.5%。随油田产能递减，采出液含水逐年递增，含大量结垢因子和腐蚀介质的地层水导致管线严重结垢与腐蚀，部分地段管线已腐蚀殆尽，亟需更新和改造。

2. 集输系统负荷不均匀问题

老油区开发进入高含水期导致地面系统不适应，滚动开发和加密调整加剧工程布局和处理能力不适应的矛盾，老油区扩边造成边缘区块伴生油气进集输系统难、密闭率低等问题。

3. 集输工艺与能耗问题

新疆油田多采用单井单管集油工艺，一般在每个井口和计量站设置加热炉，燃料就地取用伴生气。但由于加热设备过多，致使该工艺投资大、能耗高、管理不便[4]。新疆油田总生产能力配套水平与国内平均水平统计见表 4–1–6。

表 4–1–6　稀油油区生产能力配套水平统计

名称	原油集输损耗率（%）	原油集输自耗气（m^3/t）	伴生气利用率（%）	伴生气处理率（%）
新疆油田水平	1.89	27.0	80.0	49.4
国内平均水平	0.95	17.9	82.5	57.4
国内先进水平	0.17～0.32	5.0～10.0	100.0	90.0

二、发展方向

新疆油田的水合物防止工艺主要集中在集气站或处理厂，而缺乏对气井井口的水合物防止研究。对于初期未设置井下节流装置和注醇管线的单井，随产量下降与出水量增加，井口到集气站的管线易形成水合物堵塞，造成生产不稳定。因此，开展井口水合物防止研究势在必行。

天然气集输井下节流技术防止水合物生成已成为一种趋势，依靠井下节流嘴实现井筒内天然气节流降压，充分利用地温复热，防止地面集输系统形成水合物。与井场加热或注醇设施相比，地面工艺更简化，可节省大量投资和燃料费，该流程对于新疆油田低产、低压、低渗气田具有良好应用前景。其次，水合物抑制剂的发展已进入注重“三高一低”和协同作用的研究阶段，通过热力学抑制剂与动力学抑制剂协同作用预防水合物生成也成为一种新趋势[1, 5-8]。此外，研制适应性更强、投资更省的电加热器等新型设施设备代替传统的注醇法和加热炉法也是未来的发展方向[9]。

第二章　气田气净化处理技术

针对准噶尔盆地天然气物性特点，采用注乙二醇防冻与 J–T 阀节流制冷的脱水脱烃工艺。整个流程简单，充分利用气田自身能量，采用高压喷注乙二醇防冻、节流制冷低温分离，减压闪蒸稳定、微正压加热分馏等工艺，使凝析油充分稳定，该工艺不追求 C_3 的过高回收率，适当回收部分轻烃。凝析油在低温下采用闪蒸分离与稳定塔回收，富气（闪蒸气）采用压缩机增压返回到原料气压缩机入口。可实现同时脱出天然气中的重烃和饱和水，使天然气烃露点、水露点达到外输要求。本章主要介绍气田气脱水脱烃、凝析油稳定、深冷提效与乙烷回收等工艺技术及其适应性。

第一节　脱水脱烃

气田气通常压力比较充足，常采用节流注醇工艺同时脱出天然气中的大量水分和重烃。

一、工艺原理

低温冷凝分离法是一种物理脱水脱烃方法，当天然气压力一定时，温度越低，天然气中含水量越少；当温度降低到一定程度时，天然气中的水分、重烃就会凝析出来，从而达到脱水脱烃的目的。

二、工艺流程

低温冷凝法分为冷剂制冷法、直接节流制冷法、联合制冷法三种[10]。新疆油田气田气广泛采用高压喷注乙二醇防冻与节流制冷脱水脱烃工艺，如克 75 天然气处理站，其工艺过程如图 4–2–1 所示。

集气站来气在 9MPa、16℃条件下进入生产分离器，进行缓冲分离，经注醇后进入气—气换热器冷至 –5℃；然后经二次注醇后节流至 6.0MPa（–18℃），与一级闪蒸分离器来的闪蒸气，以及富气压缩机出口气混合后，进入低温分离器进行气液分离；分出的气相与原料气、热稳定凝析油换热升温后外输，分出的轻烃、乙二醇水溶液经换热节流后，在 1.6MPa、30℃条件下进入液烃分离器，实现油、气、水三相分离。

低温冷凝脱水脱烃工艺主要涉及注醇工艺、节流膨胀制冷工艺与乙二醇再生工艺。

1. 注醇工艺

乙二醇经高压注入泵加压后，通过乙二醇雾化器雾化并与天然气充分融合，防止天然气在低温脱水脱烃过程中形成水合物，确保装置正常运行。

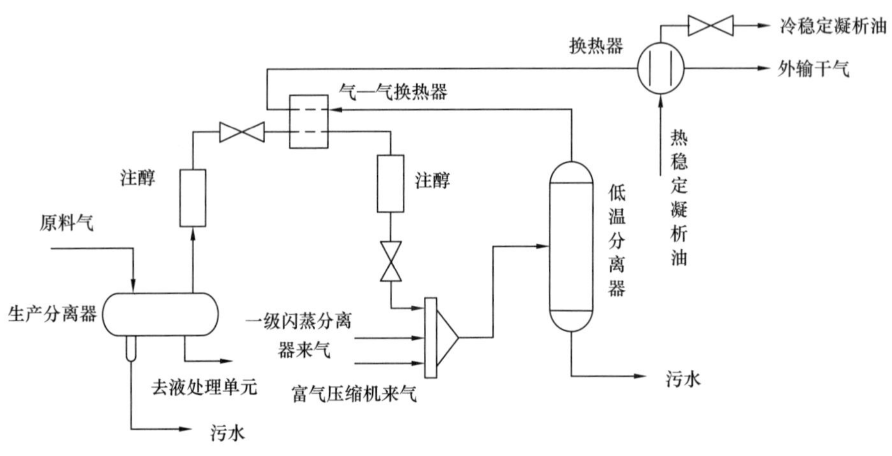

图 4-2-1 节流—注醇法工艺过程

2. 节流膨胀制冷工艺

天然气直接膨胀所产生的制冷效应使气体获得冷量，从而使其温度降到一定程度，将天然气中的水分冷凝出来。它是通过原料气自身的压力能转换为冷量，其制冷能力与原料气压力高低有关。气井来的物流先进入分离器分离出全部游离水，经气—气换热器换热降温；再经节流阀降压降温后进入低温分离器，实现冷干气、乙二醇和液烃分离后，干气经气—气换热器与进料气换热，复热后作为产品气外输。

3. 乙二醇再生工艺

注醇工艺通常选用质量分数为 80% 或 85% 的 MEG（乙二醇）贫液，选用质量分数为 80% 的 MEG 溶液时，注入量大，但溶液黏度低；选用质量分数为 85% 的 MEG 溶液时，注入量小，溶液黏度高，乙二醇再生塔负荷大，因此需根据具体工程特点选用，乙二醇再生工艺过程如图 4-2-2 所示。

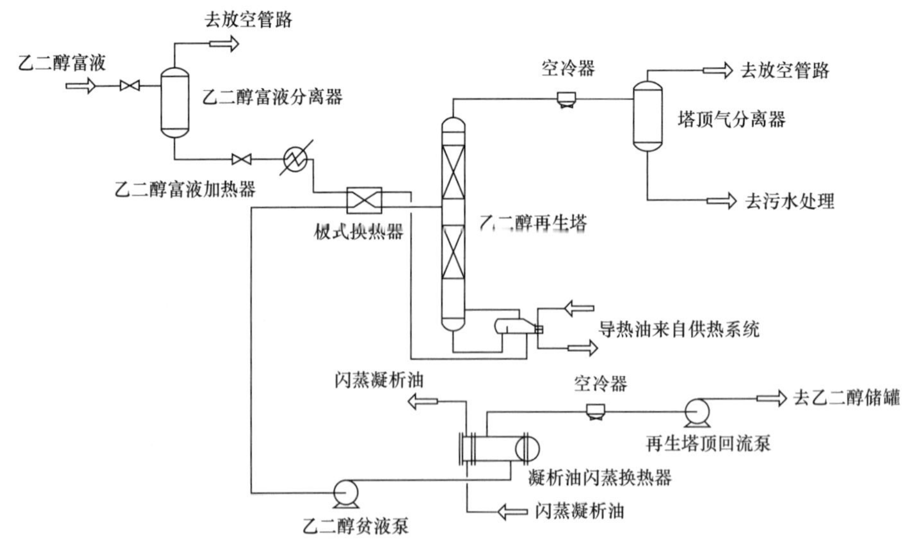

图 4-2-2 乙二醇再生工艺过程

三、适应性

低温冷凝法以控制外输气烃、水露点为主，同时回收部分凝液，适用于原料气较富且无足够压差可利用的气田；但对气田开发适应性较差，当气田压力不足时，很难满足处理要求。新疆油田某些气井在开采中后期，由于气井压力的递减，单纯采用节流工艺达不到要求的制冷温度，外输天然气的水露点和烃露点难以达标。克 75 天然气处理站 2011 年夏季检测外输气的水露点时，就发现存在水露点不合格的情况。

针对夏季压缩机排温高，造成节流温度达不到要求的问题，在压缩机空冷器出口管线增加水冷换热器，当空冷器出口天然气温度超过 26℃时，启用冷却水循环系统冷却天然气。

第二节　凝析油稳定

目前，国内外通常采用的凝析油稳定工艺主要有闪蒸稳定法和分馏稳定法两类。

一、闪蒸稳定法

闪蒸稳定法主要有负压闪蒸稳定法、正压闪蒸稳定法和多级分离稳定法三种[11]。

1. 负压闪蒸稳定法

当凝析油进入稳定塔时，在负压条件下闪蒸脱除其中的易挥发轻组分，达到稳定凝析油的目的，这种方法称为负压闪蒸稳定法。

1）工艺流程

负压闪蒸稳定工艺原理如图 4-2-3 所示，脱水后的凝析油首先进入稳定塔上部，在稳定塔内闪蒸。负压闪蒸的温度一般等于凝析油的脱水温度（50～80℃），塔底稳定凝析油泵送至凝析油稳定罐。塔顶采用负压压缩机抽真空，一般真空度为 20～70kPa，出口压力为 0.2～0.3MPa。抽出的闪蒸气经冷凝器降温至 40℃左右后进入三相分离器，在此实现混合烃、气、水三相分离。分出的混合烃进入储罐后外运，不凝气进入低压气管网，污水进入含油污水系统。当一次负压闪蒸凝析油不合格时，可采用多次负压闪蒸。

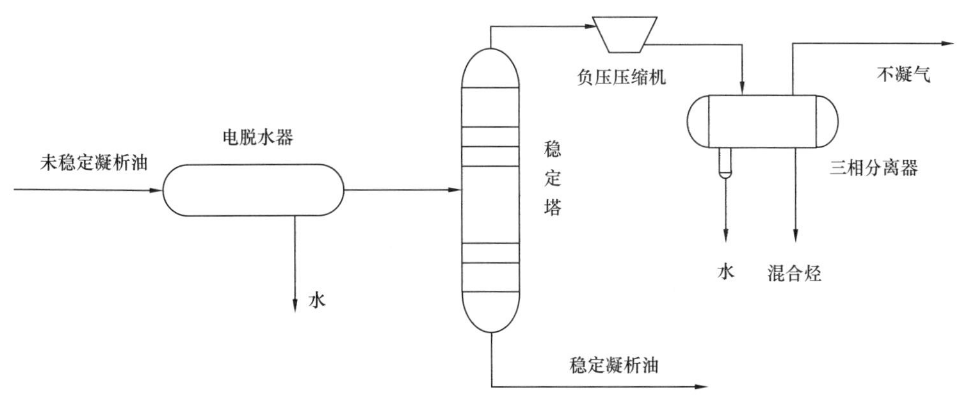

图 4-2-3　负压闪蒸稳定工艺原理

2）工艺特点

负压闪蒸稳定法具有流程简单、能耗低、设备投资少、操作弹性大等特点。主要工艺设备有真空压缩机、凝析油稳定塔、三相分离器和稳定凝析油泵等。

3）适应性

负压闪蒸可以在较低温度下进行，适用于密度较大、轻组分较少的凝析油，但稳定后的凝析油质量较差。

2. 正压闪蒸稳定法

凝析油经过加热进入稳定塔，在正压条件下闪蒸脱除轻组分，从而达到稳定凝析油的目的，这种方法称为正压闪蒸稳定法。

1）工艺流程

正压闪蒸稳定法工艺原理如图 4-2-4 所示，脱水后的凝析油首先与稳定凝析油换热，再经加热炉加热至一定温度后，进入稳定塔上部实现闪蒸（0.1～0.3MPa），温度根据进料组成及操作压力确定。用凝析油泵从稳定塔底部抽出凝析油，与未稳定凝析油换热后外输。稳定塔顶部闪蒸气经冷凝器降温至 40℃左右，进入三相分离器实现混合烃、气、水分离，混合烃进入储罐，不凝气进入低压气管网，污水进入含油污水系统。

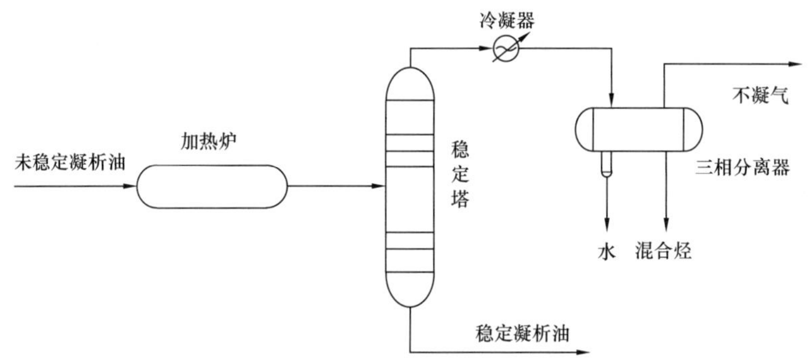

图 4-2-4　正压闪蒸稳定工艺原理

2）工艺特点

正压闪蒸工艺与负压闪蒸相比，无需压缩机、操作简单、施工周期短，但能耗高，分离效果差。

3）适应性

适用于凝析油中轻组分含量较多（含量＞2%）的情况，当有余热可利用时，即使凝析油中轻组分 C_1—C_4 的质量分数低于 2%时，也可采用正压闪蒸稳定。

3. 多级分离稳定法

多级分离稳定法是将凝析油进行若干级油气分离而使其稳定，每一级的油和气都接近平衡状态，这实质上是通过若干次连续闪蒸来稳定凝析油。

1）工艺流程

多级分离稳定工艺原理如图 4-2-5 所示。

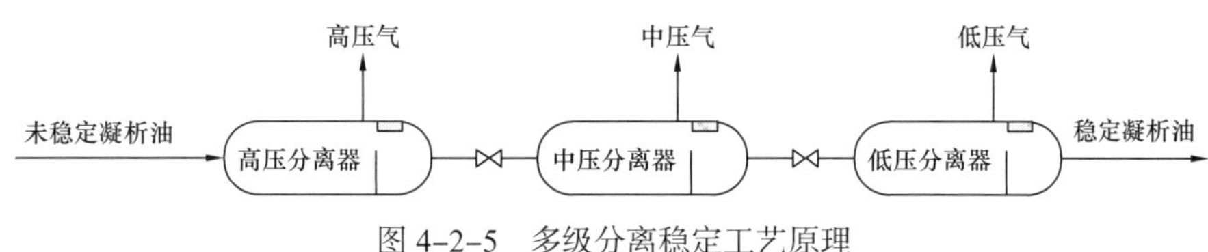

图 4-2-5　多级分离稳定工艺原理

2）工艺特点

多级分离稳定法可充分利用地层能量，减少输气成本，缺点是稳定效果较差。

3）适应性

采用这种方法的前提是井口的油气有足够高的压力，因此，多级分离稳定法适用于高压气田。

二、分馏稳定法

利用凝析轻、重组分挥发度不同的特点，通过精馏原理将凝析油中 C_1—C_4 脱除，从而达到稳定凝析油的目的，此法称为分馏稳定法。

1. 工艺流程

脱水后的未稳定凝析油首先进入换热器与稳定凝析油换热，温度升至 90～ 150℃，再从稳定塔中部进料，稳定塔下部为提馏段，上部为精馏段，操作压力一般为 0.2MPa。塔底凝析油一部分经重沸器加热至 120～200℃后回流至塔底液面上部；另一部分经换热器后外输或进入凝析油储罐。塔顶气体温度为 50～90℃，经冷凝器降温后进入分离器，液相作为塔顶回流，气相作为塔顶气相产品，进入低压管网，工艺原理如图 4-2-6 所示。

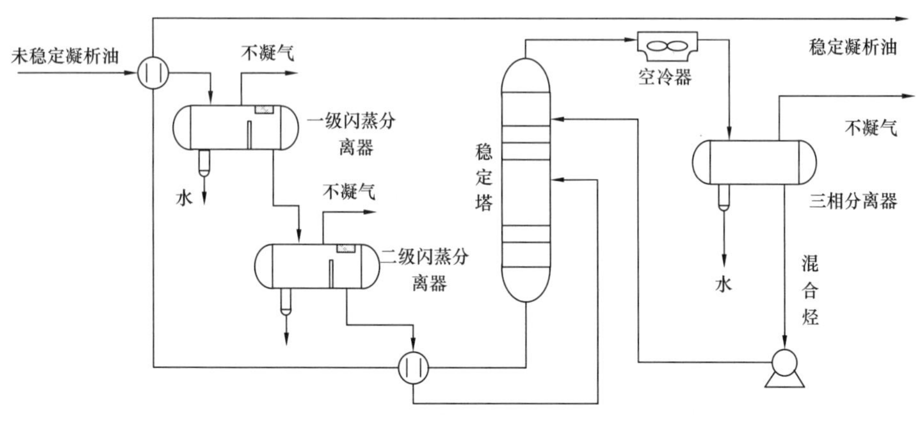

图 4-2-6　分馏稳定工艺原理

2. 工艺特点

此方法是目前各种凝析油稳定工艺中较复杂的方法，它可按要求将轻、重组分很好地分离开来，从而保证稳定凝析油和塔顶产品的质量。该方法投资高、设备较多、能耗高，操作工艺复杂，但稳定后的凝析油品质好。对分馏效果要求不太严格时，稳定塔可以只设提馏段，不设精馏段。

3. 适应性

适用于对凝析油稳定深度要求较高的场合，该稳定工艺在新疆油田应用广泛。

第三节　深冷提效与乙烷回收

一、工艺过程

新疆油田深冷提效与乙烷回收工艺过程如图 4-2-7 所示，原料气首先进入生产分离器进行气、液分离，分出的油相去凝析油稳定装置，分出的气相进入湿气脱固体杂质单元。脱完固体杂质的湿气进入分子筛干燥单元脱水，以满足深冷凝液回收单元对原料气水露点要求。脱水后的干气再进入深度脱固体杂质单元，使天然气中的固体杂质含量降到设计值，从而保证深冷凝液回收单元中的冷箱运行安全。净化后的天然气最后进入深冷凝液回收单元，实现乙烷、液化气、稳定轻烃等的回收，脱烃后的干气经压缩机增压后外输。

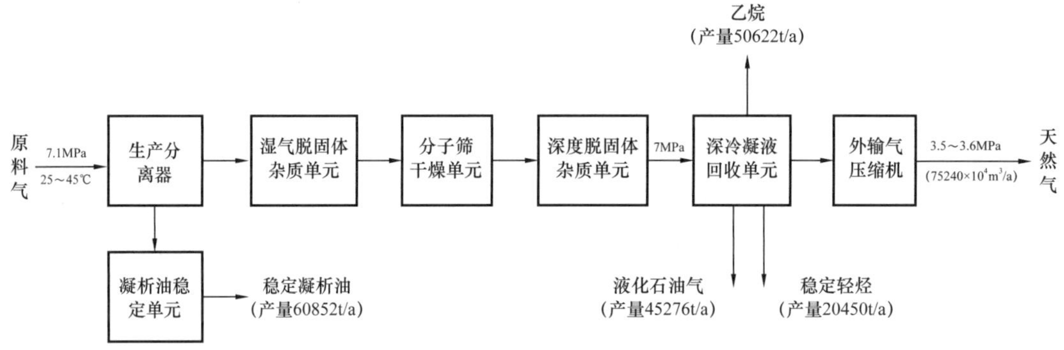

图 4-2-7　深冷提效与乙烷回收工艺过程

二、深冷凝液回收工艺

新疆油田深冷凝液回收采用目前国外常用的部分干气回流工艺（RSV），利用膨胀机制冷，膨胀比为 3.5，制冷深度为 -109℃，乙烷的回收率为 95%，丙烷的回收率为 99%。RSV 工艺主要包括凝析油处理工艺、分子筛脱水工艺、凝液回收工艺、制冷工艺。

1. 凝析油处理工艺

生产分离器来油节流至 4.0MPa 后进入一级闪蒸分离器，分出气相去中压气压缩机增压、分出油相节流至 2.0MPa 后，与中压气压缩机入口分离器来油一同由二级闪蒸换热器加热至 50～55℃；再进入二级闪蒸分离器，分出气相去低压气压缩机增压、分出油相节流至 1.2MPa，与低压气压缩机入口分离器来油一同进入凝析油缓冲罐；其中不凝气去低压气压缩机增压、油相降压至 0.8MPa 后进入凝析油稳定塔，塔顶气相去低压气压缩机增压；稳定后凝析油经二级闪蒸换热器降温后，由凝析油空冷器降温至 50℃，再由凝析油—脱乙烷塔进料换热器进一步降温至 30℃后进入储罐，如图 4-2-8 所示。

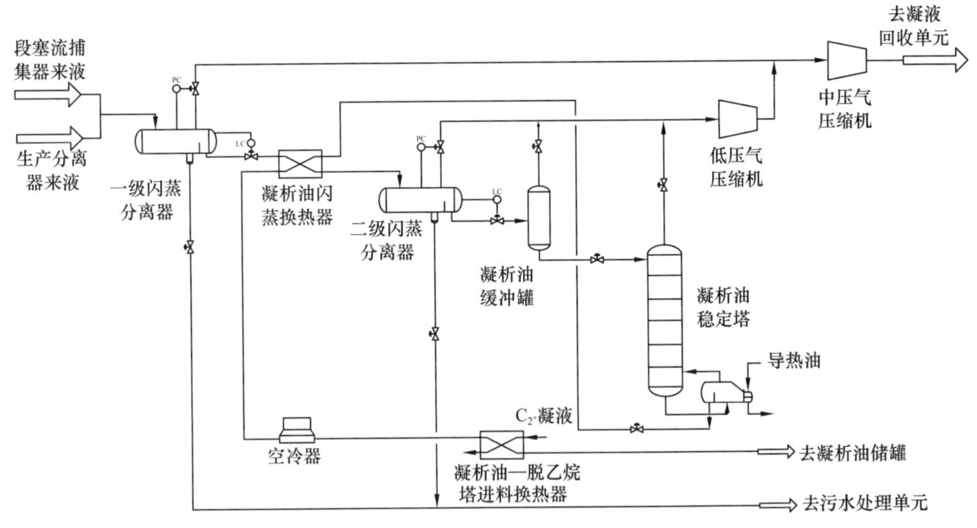

图 4-2-8　凝析油处理工艺流程

2. 分子筛脱水工艺

分子筛脱水采用三塔流程（即一塔吸附，一塔加热再生，一塔冷吹，三塔切换），干燥塔 12h 切换一次，连续吸附 12h，再生 12h，冷吹 12h，工艺过程如图 4-2-9 所示。

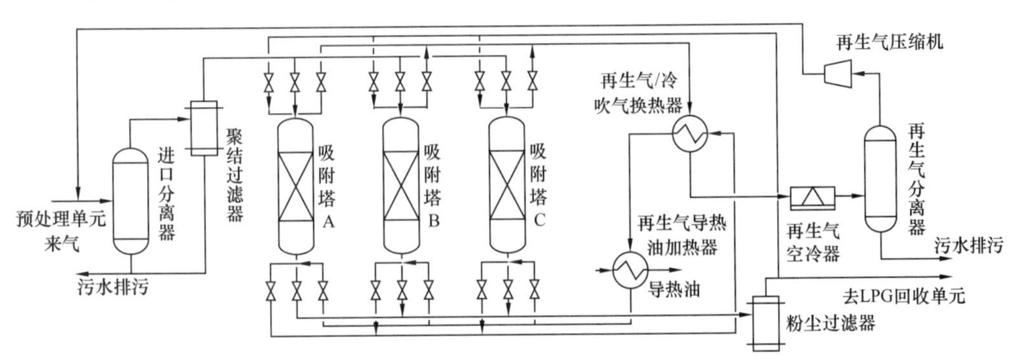

图 4-2-9　分子筛脱水工艺

假设 A 塔处于吸附状态，B 塔处于冷吹状态，C 塔处于热吹状态。预处理单元来气经井口分离器和聚结过滤器除去粉尘和液滴后进入吸附塔 A 吸附脱水，控制水露点≤-90℃。脱水后的干气经过粉尘过滤器后少部分作为再生气，绝大部分进入凝液回收单元。再生气首先进入 B 塔，对 B 塔冷吹降温，冷吹后的尾气经过再生气换热器换热和再生气加热器加热至 280℃后进入吸附塔 C，对吸附塔 C 热吹，热吹后的尾气经过再生气换热器回收热量后，由空冷器冷却至 45℃，分出冷凝水后由再生气压缩机增压至 7.1MPa，返回进口分离器。

3. 凝液回收工艺

RSV 流程的主要特征是将部分外输气送入塔顶冷箱冷凝后，节流闪蒸作为回流进入脱甲烷塔顶部，构成以甲烷为主的制冷循环，调节其流量可控制乙烷回收率。脱甲烷塔第二股（由塔顶往下数）进料，利用低温分离器气相或气液混合物，经过深冷换热冷箱降温节流进入脱甲烷塔中上部，其作用一方面产生低温位的冷量，同时液烃可吸收气相中的乙烷和二氧化碳，提高回收率同时降低 CO_2 冻堵的风险，RSV 乙烷回收过程如图 4–2–10 所示。

RSV 流程采用外输气回流、多股进料的设计，乙烷回收率可达到较高水平（大于 95%）。同时，由于外输气回流的存在，即使在脱甲烷塔操作压力高的情况下仍可实现高乙烷收率，脱甲烷塔塔板上的 CO_2 冻堵裕量也比常规乙烷回收流程高。

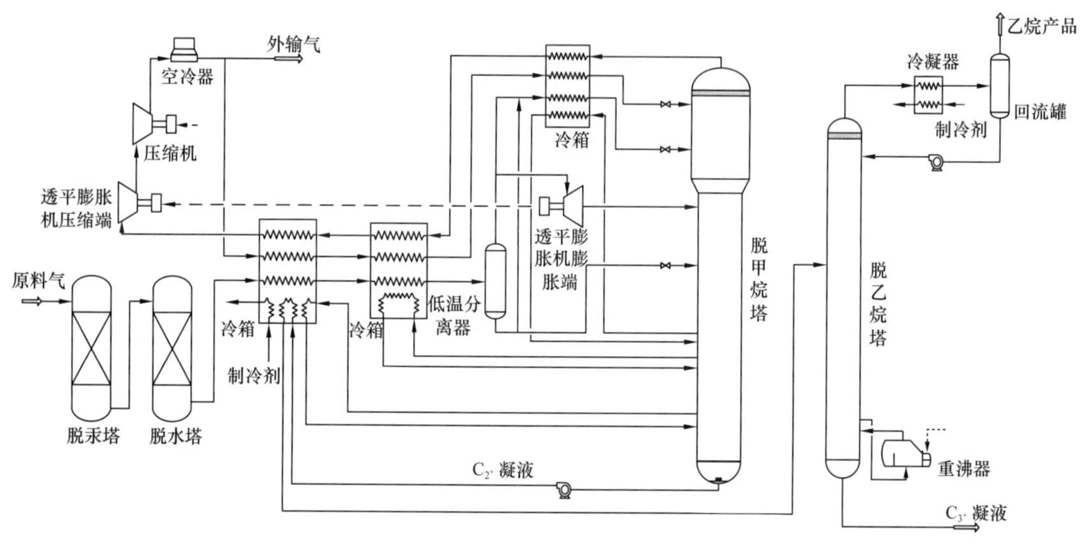

图 4–2–10　RSV 工艺过程

4. 制冷工艺

低压气采用两级增压至 7.1MPa，而中压气采用一级增压至 7.1MPa，然后与高压气混合并进入脱固体杂质、脱水单元，预冷后通过膨胀机膨胀制冷至 –97℃，压力降至 2.0MPa，经凝液回收后干气由外输气压缩机增压至 3.5～3.6MPa 后外输（图 4–2–10）。

由于克拉美丽气田属于火山岩气藏，地层压力衰减较快，高压气和中压气的产量预测不确定性较大，后期高压气产量若比目前预测值衰减快，则会造成中压气和低压气气量增多。基于方便后期生产管理维护以及保证生产装置能充分适应气田地质产量变化的原则，采用“膨胀机制冷工艺”。

三、适应性

近年来随着新疆油田天然气凝液回收技术的发展，不但全面实现国产化，而且对国外技术再创新，已形成一系列具有自主知识产权的凝液回收工艺，使轻烃收率提高 5% 以上，并在新疆油田轻烃深度回收等多个工程项目中成功应用，总体上达到国际先进水平。

第四节　气田气净化技术问题与发展方向

一、存在问题

（1）在天然气脱水脱烃方面，新疆油田某些气井在开采中后期，由于气井压力的递减，单纯采用节流工艺达不到要求的制冷温度，外输天然气的水露点和烃露点难以达标；

（2）对于含一定有机硫的凝析气田，如何在有效脱出 H_2S、CO_2 及有机硫的同时最大限度减少烃类的损失是目前气体净化技术的难题之一；

（3）随着国家对环境保护重视程度的日益提升，要求净化天然气中 H_2S、总硫和 CO_2 含量也越来越低。由最新发布的 GB 17820—2018《天然气》标准可知，其修改了一类气和二类气发热量、总硫、H_2S 和 CO_2 的质量指标（详见表 1-2-7）。但目前国内大多数天然气净化厂脱硫装置净化气不满足此要求，已在标准实施过渡期内（即 2020 年以前）采取必要的改造措施，使其满足要求。

二、发展方向

为满足国家日益严格的环保标准以及对能源安全的战略需求，优化净化工艺、开发天然气净化系统专业配套模拟软件、减少经济投入、对气体净化后的废物回收利用等方面将成为新疆油田今后气田气净化处理的重点研究方向及领域。

第三章 伴生气净化处理技术

油田开发过程中一般会产生大量的伴生气，针对其压力低的问题，首先必须对其适当增压，否则难以满足净化处理与进管网的要求。新疆油田大型油区广泛采用固体吸附法脱水、丙烷外冷和气波机制冷脱烃处理伴生气，其深冷工艺主要采用丙烷预冷、J–T 阀或膨胀机制冷、膨胀机—混合冷剂制冷；拉油点则主要采用小型橇装装置回收伴生气凝液。本章主要介绍油田伴生气增压、脱水、脱烃、脱硫及凝液回收等处理工艺及其适应性，同时指出其存在的主要技术问题及未来发展需求。

第一节 增 压

一、增压目的

伴生气由油井采出液经调压闪蒸分离后产生，压力通常较低，而在油田伴生气处理工艺系统中，需要维持在一定的压力与流量水平上。为此，需要在工艺系统中设置增压系统，使系统压力、流量满足工艺生产要求，维持正常生产。

二、增压机类型

增压所用的设备主要是天然气压缩机，其种类比较多，主要包括容积型、速度型和热力型等。其中，适合凝液回收装置的增压设备主要是往复式和离心式压缩机，而螺杆式压缩机使用不多。各种压缩机具有自身的特点，适应不同的生产环节。往复式、离心式与螺杆式压缩机的主要技术指标见表 4–3–1。

表 4–3–1 压缩机技术指标

压缩机类型	工作流量范围（m^3/h）	出口压力（MPa）	功率（kW）	流量调节范围（%）
往复式	2～18000	≤48	<6000	配变频电动机 50～100
离心式	2000～480000	普通≤20，高压≤35， 超高压>35，最高达 90	2000～40000	配变频电动机 70～100
螺杆式	≤5000	≤3	<1500	配变频电动机 10～100

不同压缩机有不同的适用场合，往复式压缩机主要应用于气源不稳定或原料气气量较低、压缩比要求较高的场合；离心式压缩机适用于气源稳定、气量大，压缩比要求不高的

场合；气压较低、进气压力比较平衡时，可选螺杆式压缩机；气质较贫时，可选喷油螺杆式压缩机。

1. 往复式压缩机

1）工作原理

往复式压缩机（图 4-3-1）是活塞在缸筒内做直线运动，减少压缩腔容积而提高压力的一种传统压缩机[12]。其主要零部件依赖进口，国产压缩机在最大功率、最高工作压力和使用寿命等方面与国外机型相比还有一定差距。在管道输送领域，特别是对于大型长输管道，国产机的应用远远不如进口机。

图 4-3-1　ZTY 系列低速整体式天然气压缩机

2）工作特点

往复式压缩机通常设计转速比较低，各构件寿命均比较长，动力平衡性好，不需要做坚固地基，适应性强，气量可调节范围在 50%～100%之间。但往复式压缩机部件体积大，材料、加工、装配等费用高，结构复杂、其易损件比螺杆式与离心式压缩机多，一般应用于小排量、高排出压力的场所。同时运行过程中还需合理控制天然气的排气温度，以满足往复式压缩机的排气要求。

2. 离心式压缩机

1）工作原理

气体在离心式压缩机（图 4-3-2）中沿径向流动，通过旋转离心力的作用及工作轮中的扩压流动，提高气体的压力和速度，在扩容器中把速度能转化为压力能[13]。在低压气系统中，离心式压缩机被广泛应用，有取代往复式压缩机的趋势。

2）工作特点

排气量大而均匀，动平衡性能高，密封效果好，性能曲线平稳，操作范围较广，易损件少、运转周期长。但操作适应性差，启动准备时间较长，流道内的零部件有较大的摩擦损失，对最小流量要求高，一般流量的调节范围为 70%～100%。适用于大中流量、中低压力的工艺，流量范围一般为 150～1000m^3/min。

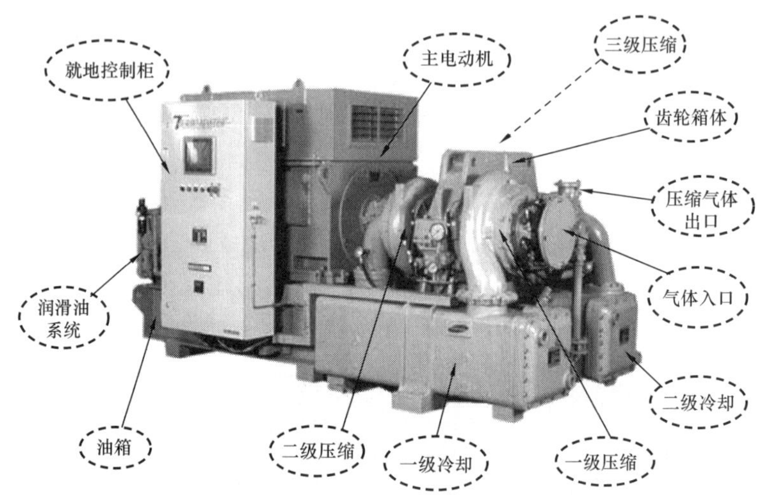

图 4-3-2 离心式压缩机

3. 螺杆式压缩机

1）工作原理

螺杆式天然气压缩机分为单螺杆式和双螺杆式两种，采用高效带轮传动，带动主机转动对气体压缩，气体的压缩比依靠螺杆式压缩机（图 4-3-3）机壳内互相平行啮合的阴阳转子齿槽的容积变化调节[14]。

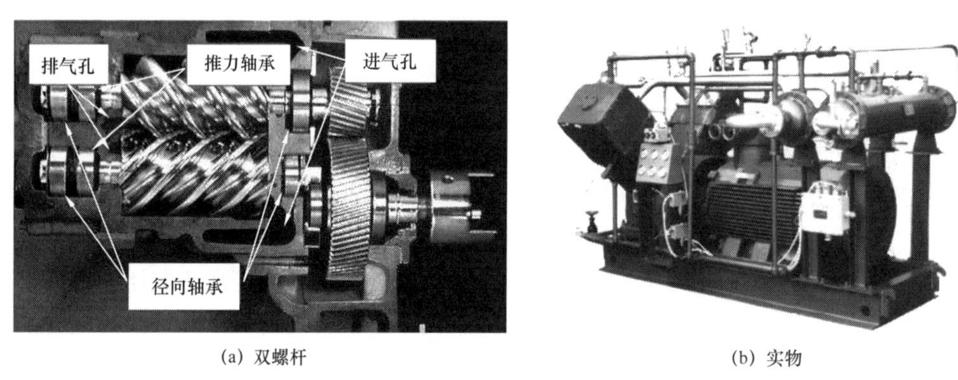

(a) 双螺杆 (b) 实物

图 4-3-3 螺杆式压缩机

2）工作特点

零部件少，无易损件，运转可靠，寿命长；自动化程度高，可实现无人值守运转；体积小、重量轻，整机可平稳地高速无基础运转；适应性强，在较宽流量范围内能保持较高效率，气量可在 10%～100%之间调节；造价高，整体加工精度高。但受转子刚度和轴承寿命的限制，螺杆式压缩机只能适用于中、低压范围，流量范围一般为 1～120m^3/min，一般适用于入口天然气带液、中低压及中小排气量的工况。

三、压缩机选择与应用

在选择天然气压缩机时，根据各种压缩机的适用条件和运行特点，结合气田生产的实际情况，选择和使用最优化的压缩机组，应用最佳的驱动机械，保证天然气压缩机安全平稳运行，实现连续供气。

1. 选择

1）选择要求

（1）具有较强的变工况适应能力；

（2）具有良好的防火和防爆措施；

（3）增压设备具有良好的抗腐蚀性；

（4）压缩机组运转具有高度的连续性；

（5）压缩设备前配置高精度液体分离设备。

2）选择原则

（1）满足增压过程工艺要求；

（2）比功率小、比质量轻、占地少、造价低；

（3）自动化水平高，变工况适应能力强；

（4）使用寿命长，零配件易采购，维修保养方便，售后服务有保障。

3）驱动设备选择

（1）驱动设备的转速要与被驱动的压缩机转速匹配，并使结构简化；

（2）驱动机应优先考虑利用天然气或油田伴生气的发动机和燃气轮机，对于辅助系统中的中小型压缩机宜采用电动机驱动；

（3）驱动机的额定功率应比压缩机的轴功率大，一般应预留 5%～15%的余量；

（4）如选用燃气轮机或天然气发动机作为驱动机时，还应注意现场环境条件的不同和变化，功率需要修正。

2. 应用

新疆石南 31 区块的伴生气增压预处理工艺流程中，选用往复式中、低速橇装电驱压缩机组，如图 4-3-4 所示。在脱水站压力为 0.3MPa、温度为 35℃的条件下，将压力提升到 3.5～4.0MPa，压缩机出口温度夏季为 50℃，春秋为 20～30℃，再进三甘醇脱水装置，脱水至水露点达 -10℃时外输。

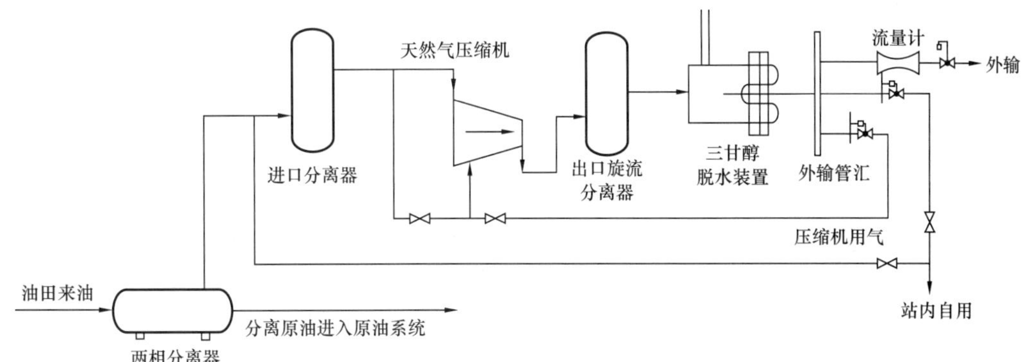

图 4-3-4　伴生气增压预处理工艺过程

第二节 脱　　水

一、固体吸附法脱水

固体吸附法脱水工艺在新疆油田大型油区伴生气处理中得到广泛使用，新疆油田一厂、二厂、百口泉、石西与彩南伴生气处理站均采用分子筛脱水。

1. 工艺原理

该工艺主要涉及湿气吸附过程与湿干燥剂再生过程，一般通过充满干、湿干燥剂的多塔同时吸附、再生并定时切换来实现。吸附过程利用固体干燥剂的亲水性质和对水分的吸附张力，使水分吸附在干燥剂内部孔隙中，从而达到脱水目的；而再生过程则通过改变湿干燥剂的温度和压力使吸附的水蒸发脱附，从而实现吸附剂再生[15]。

2. 工艺流程

新疆油田伴生气分子筛脱水一般采用三塔流程（即一塔吸附，一塔加热再生，一塔冷吹，三塔切换），其工艺流程如图 4-2-9 所示，具体过程不再赘述。

3. 适应性

该工艺适用于满足管输脱水要求但不宜采用甘醇脱水的情况，特别是酸气、高压（超临界状态）CO_2、冷却温度低于 –34℃的气体脱水，以及需同时脱油脱水等场合。

二、低温冷凝脱水脱烃

1. 工艺原理

天然气低温分离脱水脱烃是一种物理脱除方法，主要依据是当天然气压力一定时，温度越低，天然气中饱和水分与轻烃含量越少；当温度降低到一定程度时，天然气中饱和水分与轻烃就会凝析出来，从而达到分离水和重烃的目的[16]。低温冷凝加抑制剂法主要用于以脱水为主、同时兼顾部分脱烃需求，且有压力能可利用的情况，通过在节流前注入水合物抑制剂（多为醇类）以避免发生低温堵塞，这对含醇污水的环保处理提出更高要求。与气田气相比，油田伴生气往往压力较低，难以采用节流制冷的方法脱水脱烃，故通常采用外加冷源的方式对原料气冷却，使较富的油田伴生气中饱和的水分和重烃冷凝析出。

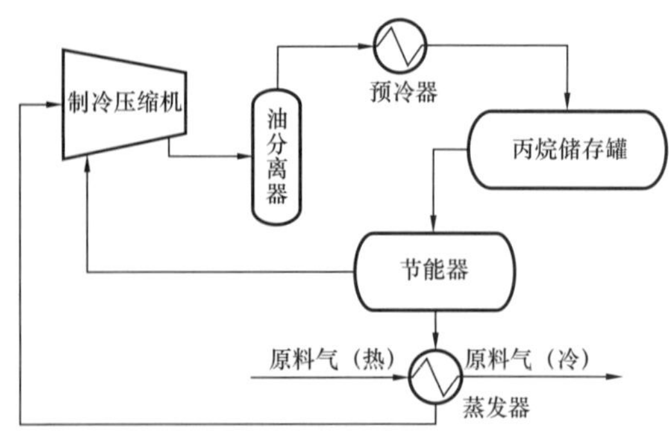

图 4-3-5　制冷剂制冷原理

2. 工艺流程

液态丙烷在丙烷蒸发器中与预冷后的原料气（0～4℃）换热，使原料气冷却至 –15～0℃，吸热后的丙烷蒸汽经丙烷压缩机增压、预冷器冷却为液态后，进入丙烷储罐；通过节能器降温至 0℃，并节流降温至 –35℃后，再回到丙烷蒸发器，实现制冷循环，如图 4-3-5 所示。由此可见，丙烷制冷工艺流程主要包括热交换、制冷、气液分离和排液四个部分，主要设备为丙烷制冷压缩机。

3. 适应性

由于低温冷凝脱水脱烃工艺必须配置专门的制冷系统、投资较高，这使其推广应用受限。新疆油田只有陆梁油田集中处理站的伴生气处理装置，才采用低温冷凝法脱水脱烃。

三、吸收剂脱水

新疆油田伴生气增压站多采用此方法，莫 109 增压站采用乙二醇脱水，夏子街、石南 31 与莫北等伴生气增压站均采用三甘醇脱水。

1. 工艺原理

利用甘醇对水具有高溶解度、强吸收力，而对天然气和烃类物质具有低溶解度的特性，可脱除天然气中的饱和水[17]。

2. 工艺流程

贫甘醇进入吸收塔与原料气逆流接触，使气体中的水蒸气被甘醇溶液所吸收。富甘醇在闪蒸罐内分离出大部分溶解气，再经过滤器除去固体颗粒及重烃、化学剂和润滑油等液体；然后在重沸器中加热蒸出所吸收的水分，再生后的贫甘醇经冷却和增压后循环使用，工艺过程如图 4-3-6 所示。

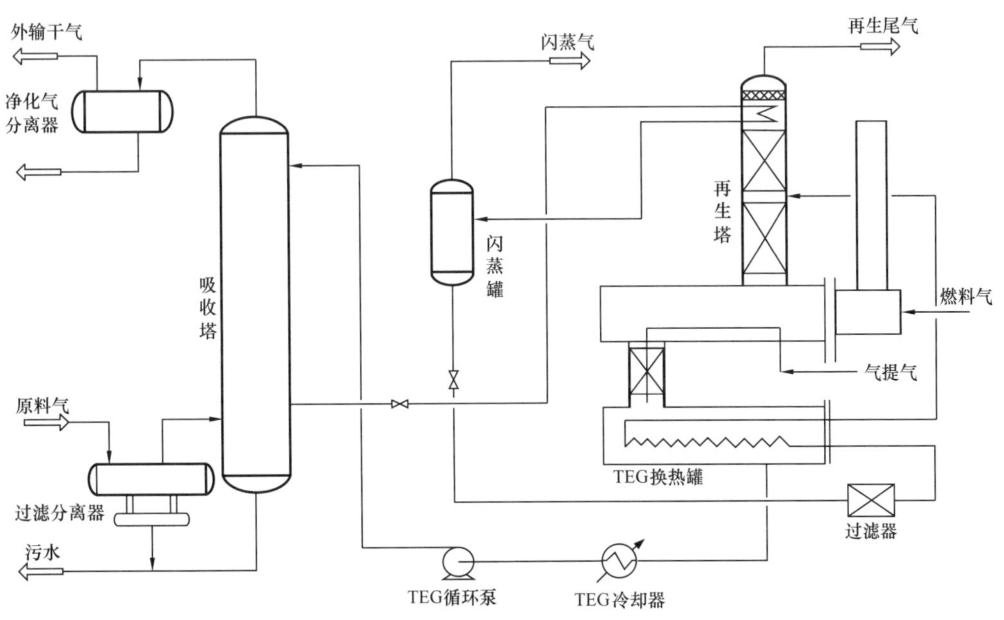

图 4-3-6　三甘醇脱水典型工艺过程

3. 适应性

三甘醇的热稳定性好，吸水性强，气相携带损失小。但工艺系统复杂，溶液易损失污染，投资及运行成本高，高温下三甘醇溶液易氧化，其产物会腐蚀设备。

甘醇脱水主要用于集中处理厂、输气首站或天然气脱硫脱碳装置的下游等对天然气露点有要求的场合，可满足露点降为 30～70℃的脱水要求。

第三节 脱　烃

天然气制冷工艺按照冷源的不同可分为外制冷和内制冷。外制冷主要为制冷剂制冷，内制冷主要是消耗天然气本身的压力能来获得冷量。外制冷法需要辅助的冷剂制冷循环，制冷剂一般采用氨、丙烷等。氨作为制冷剂的优点是：易于获得、价格低廉、压力适中、单位制冷量大、放热系数高、几乎不溶解于油、流动阻力小，泄漏时易发现；其缺点是：氨含有水分，且易溶于水，对锌、铜及其合金有腐蚀作用；氨易燃、易爆、有二级毒性，泄漏对人体健康有害。因此，新疆油田主要采用丙烷外冷和气波机制冷。

一、制冷剂制冷

1. 制冷剂

丙烷作为一种天然制冷剂，对环境无污染，与氨、氟利昂等制冷工质能耗以及制冷系数非常接近，原料易得，是一种理想的制冷工质。此外，丙烷属烃类化合物，化学性质较稳定，与矿物油互溶性良好，不会对黄铜、紫铜、不锈钢等金属材料产生腐蚀；热交换器、压缩机、膨胀阀和紫铜管等具有良好的兼容性；对于制冷剂管路，可采用任何普通金属材质。近年来，我国带有外冷工艺的新建天然气凝液回收装置几乎全部采用丙烷制冷工艺，一些氨制冷的老装置也改造为丙烷制冷装置。

2. 工艺流程

丙烷气体分离出液体后进入压缩机，经空冷器冷凝为液体并进入储罐；然后进入分离器分离出气液两相，气体返回压缩机的补充气入口，液体则进一步节流降压后进入蒸发器，吸收热介质的热量并完成整个制冷循环，工艺过程如图 4-3-7 所示。

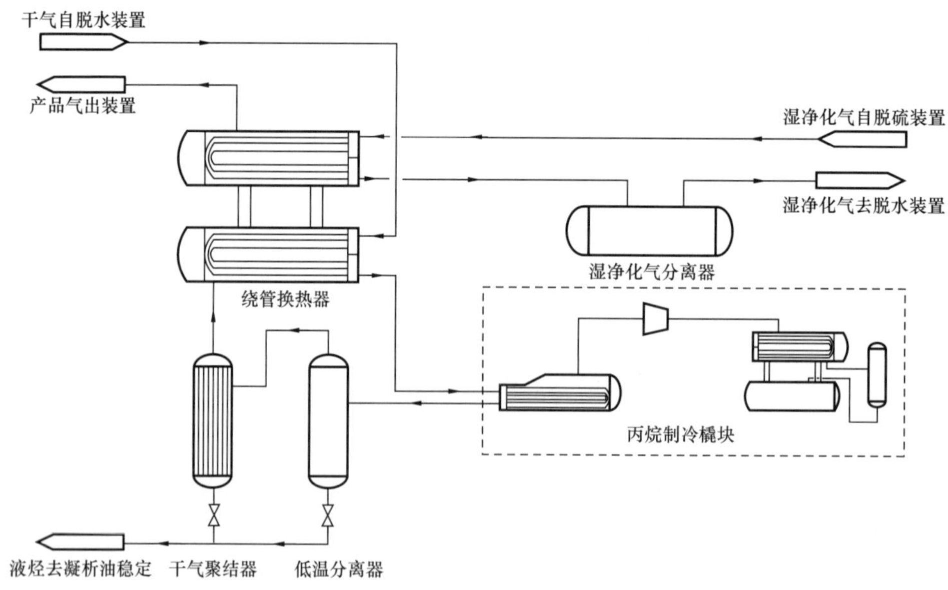

图 4-3-7　天然气处理站丙烷制冷工艺过程

3. 应用实例

采油一厂天然气处理站和石西天然气处理站采用丙烷制冷对天然气脱烃处理，该工艺具有成熟的使用与管理经验，实际运行效果较好，工艺过程如图 4–3–8 所示。

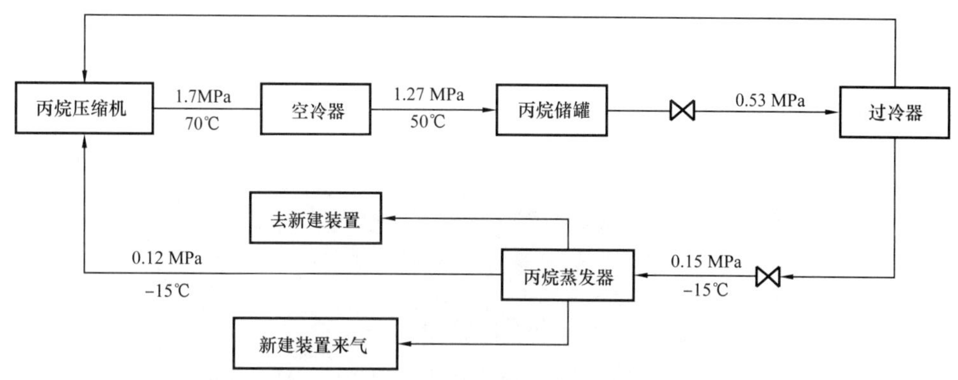

图 4–3–8 采油一厂天然气处理站丙烷制冷工艺过程

二、气波机制冷

1. 工艺原理

气波机是一种简易有效的气体膨胀制冷设备，按结构可分为静止式和转动式两种。来料气与气波机内接受管内的气体之间形成“活塞”，利用气波机进出口气体压差，使该“活塞”运动，此过程中原料气产生的激波和膨胀波使其制冷，达到降温效果[18]，工艺过程如图 4–3–9 所示。

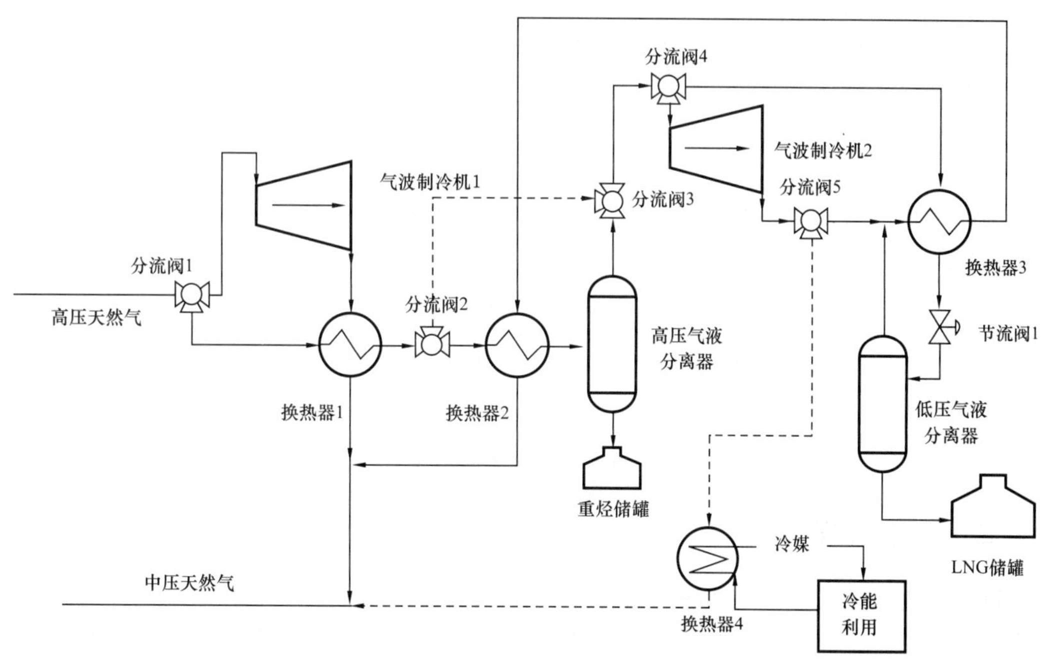

图 4–3–9 气波机制冷脱烃工艺过程

2. 适应性

气波机效率高、结构简单、操作方便，连续运转周期长。适用于有压差可供利用，气量较少或不稳定的场合，尤其适用于气液两相工质的场合，不需外部动力驱动，且对边远地区或缺电等条件苛刻的场合也适合应用。

3. 应用实例

气波机在新疆油田采油二厂 81# 天然气处理站凝液回收装置中得到应用，如图 4–3–10 所示。

图 4–3–10　采油二厂气波机制冷脱烃装置

第四节　脱　　硫

新疆彩南油田现有的伴生气硫化氢含量低，产量小，主要采用氧化铁固体吸附法脱硫，一部分作为水浴炉原料和站内冬季采暖，剩余天然气放空。

一、基本原理

固体氧化铁是一种非再生式脱硫剂，可选择性脱除 H_2S，在常温下 α 型和 γ 型水合氧化铁与 H_2S 发生如下反应[19]：

$$Fe_2O_3+3H_2S \rightarrow Fe_2S_3+3H_2O\text{（脱硫过程）}$$

氧化铁可完全脱除 H_2S，部分脱除硫醇。反应产物 Fe_2S_3 与大量空气接触可自燃，缓慢接触可发生氧化反应：

$$2Fe_2S_3+3O_2 \rightarrow 2Fe_2O_3+6S$$

二、工艺流程

进料气进入水洗塔，达到水饱和后进入固体脱硫塔，脱硫的天然气过滤后出装置。水洗塔可单独设置，也可作为水洗段设在脱硫塔底部，如进料气水含量已达到饱和或已接近饱和，则不必设水洗段，工艺过程如图 4–3–11 所示。

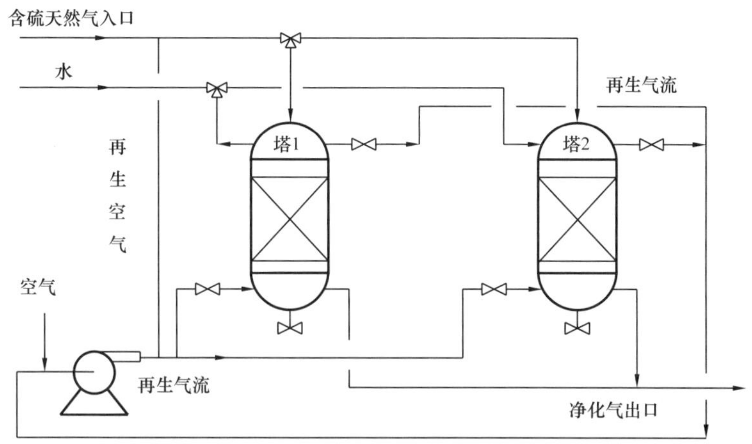

图 4-3-11　固体脱硫工艺过程

目前，固体氧化铁脱硫剂的种类较多，其中较为典型的是 CT8-6B 固体脱硫剂，其主要物理性质和技术指标见表 4-3-2。

表 4-3-2　CT8-6B 脱硫剂的主要物理性质和技术指标

外观	规格	堆密度（kg/L）	侧压强度（N/cm）	总硫容量①（%）	备注
褐色	$\phi5\times$（5～15）	0.8～0.85	≥40	30	不再生，一次性使用

① 一定质量脱硫剂能脱除的 H_2S 的量和脱硫剂的质量之比。

三、适应性

固体氧化铁脱硫剂适用于处理量小、含硫量低的天然气脱硫，一些缺电少水的边缘气井脱硫也可采用该方法。

第五节　凝液回收工艺

一、浅冷回收工艺

1. 基本原理

浅冷回收工艺一般指冷冻温度不低于 -35～-20℃的分离工艺[20]，以回收轻质油为主，同时副产品 C_3、C_4 可作为液化气（即 LPG）。

2. 工艺流程

原料气经压缩机增压至 1.6～2.5MPa，经换热器冷却至 -25℃左右进入丙烷蒸发器；C_{5+} 重组分冷凝为液体被分离，再进入脱乙烷塔，脱除 C_1 和 C_2；其塔底混合烃进入脱丙烷塔，脱除 C_3 及 C_4；其塔顶产品即 LPG 作为民用燃料，塔底稳定轻油作为产品外销，工艺过程如图 4-3-12 所示。

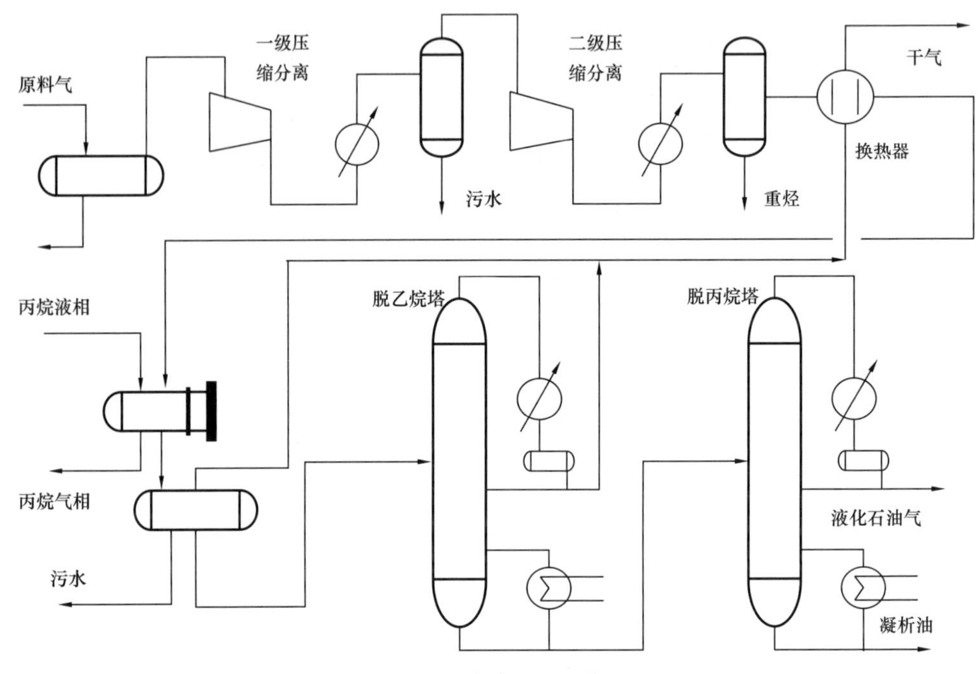

图 4-3-12　浅冷回收工艺过程

3. 适应性

浅冷工艺一般操作压力不大于 2.5MPa，温度不低于 −20℃，该工艺处理富气的丙烷回收率约为 60%，一般用于油田气的凝液回收。

二、深冷回收工艺

1. 基本原理

深冷回收工艺是指冷冻温度达到 −100～−45℃的分离工艺，一般采用联合制冷[21]。以回收丙烷为目的的膨胀机制冷 +DHX 工艺在我国应用广泛，特别是春晓、塔里木与珠海高栏等装置在提高装置回收率、降低能耗及强化装置适应性等方面都做了相应改造与优化。目前，国内脱乙烷塔塔顶配置回流系统的 DHX 工艺主要包括 J-T 阀、膨胀机与 J-T 阀 + 回流泵 3 种非设计运行模式。目前新疆油田伴生气深冷工艺主要采用丙烷预冷、J–T 阀或膨胀机制冷、膨胀机—混合冷剂制冷。

2. 工艺流程

原料气经分离器预分离、分子筛深度脱水后，进入板翅式换热器，降温至 −45℃左右；然后经低温分离器分出重烃，气相进入膨胀机制冷至 −100℃；再经分离器分离，其气相与脱甲烷塔塔顶外输气混合，并对原料气预冷后增压外输；其液相进入脱甲烷塔分馏，工艺过程如图 4-3-13 所示。

3. 适应性

深冷工艺适用于处理较富的天然气，丙烷回收率可达 90% 以上。该工艺制冷温度低，产品收率较高，对原料气组分变化的适应性强，但流程比较复杂、投资高、装置能耗高。

三、边缘油区橇装化处理工艺

新疆油田在集中拉油点或者伴生气量较大的单井拉油点，采用小型橇装化处理装置，回收利用伴生气中的轻烃资源，不仅避免资源浪费和大气污染，而且还有可观的经济效益。新疆油田边缘油区橇装化处理装置包含预处理单元、低温分离单元和轻烃储存及外输单元。

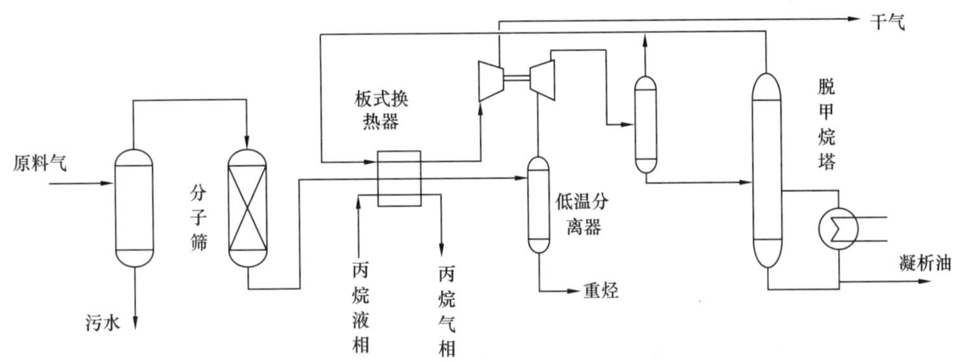

图 4-3-13　丙烷预冷—膨胀机制冷工艺过程

第六节　伴生气净化技术问题与发展方向

一、技术问题

新疆油田天然气处理普遍采用节流制冷低温分离的脱水脱烃工艺，虽然装置流程简单、能耗低、投资少，但也存在如下技术问题：

（1）处理站设备老化影响正常生产：个别天然气处理站生产运行不平稳、设备故障率逐年增高、自动控制稳定性下降、系统运行效率降低、操作及维修成本增大且产品质量不稳定，部分装置停运，严重影响处理系统正常运行[22]。

（2）井口压力急剧下降，增压系统运行困难：部分气田区块经过几年生产运行，生产压力递减速度较快，地面净化处理工艺设施难以适应其后期开发生产要求[23]。

（3）汞含量逐步上升，无法满足外输气质要求：近年来克拉美丽气田原料气和外输气汞含量总体呈上升趋势[24, 25]；原料气中汞含量增加将导致地面工艺设备中汞富集概率增大，对操作人员健康、设备腐蚀和环境污染会造成较大影响[26]。

（4）部分处理站烃水露点不达标：滴西 12 采气站装置设计无预分离及换热单元，在夏季环境温度高时，节流后低温分离温度为 4～12℃，无法达到设计要求（–15～–10℃）[27]；玛河气田处理站运行过程中凝析油含量偏高，同时由于分离器分离效率下降，无法有效分离重烃组分，导致外输气水露点（–2℃）与烃露点不合格[28]。

（5）安全与环保隐患：① 部分天然气处理站压缩机存在明显振动现象，并多次将压缩机进气、排气管线振裂；② 采出水温度和矿化度高，存在多种细菌，水乳化严重，大多数油滴直径在 20μm 以下，自然沉降法除油难度大。

二、发展方向

目前，国家标准对油气生产的环保要求日益严格，新疆油田下一步将加大含汞、含蜡、含盐气田的开发力度，为此必须突破以下技术：

（1）含汞气田全流程脱汞成套技术：目前国内使用的脱汞剂以进口为主，价格昂贵，加快国产高效脱汞剂研制是今后天然气脱汞技术的重点发展方向[29]；国内研发的天然气脱汞剂耐湿性能差，处理设施中的汞污染问题未得到有效解决，因此，湿气脱汞技术将是新疆油田大力发展领域之一[30]。

（2）含汞天然气集输及处理设施防腐技术：汞腐蚀防护措施主要包括含汞天然气脱汞、选用耐汞腐蚀材质[31]、定期对管线及设备清汞，以及在管线和设备表面涂覆涂层等措施，研发相应的清汞剂和耐汞腐蚀涂层[32]。

（3）高含蜡凝析气田脱蜡技术：一般采用导热油伴热、蒸汽伴热和电伴热等方式抑制蜡晶析出[33]，且防蜡效果较好；采用高效的分离构件（旋流脱蜡、分子筛脱蜡），降低处理装置原料气中的蜡含量[34, 35]，并结合天然气工艺流程的简化优化，也是未来防蜡脱蜡技术发展方向[36]。

（4）重沸器盐沉积除盐及防腐技术：研发高效的脱盐设备，降低原料和导热油的矿化度可有效防止重沸器盐沉积带来的堵塞及腐蚀问题；同时需定期清洗重沸器，控制好重沸器换热温度，减少重沸器中的盐沉积结垢。

（5）高效天然气处理技术：天然气处理技术发展主要涉及脱水、脱硫（碳）、烃水露点控制、凝液回收等工艺装备的结构优化改造、节能降耗以及新工艺的研发[37]，具体研究方向如下：

① 脱水方面：开发和研制高性能低成本膜分离脱水材料、推广使用超声速脱水、旋流脱水[38, 39]等新工艺是天然气脱水的大力发展方向。

② 脱硫脱碳方面：传统脱硫脱碳工艺已日趋成熟，很难从根本上对现有工艺改进，使其适应各种原料气。因此，应大力在新疆油田发展低温脱硫脱碳，微生物净化和膜分离等新型脱硫脱碳技术，以适应多种环境与节能降耗[40]。

③ 烃水露点控制方面：新疆油田常规的烃水露点控制单元一般采用 J–T 阀节流注醇工艺。目前针对该工艺通常采用增加丙烷预冷、优化换热结构等方式改进。由于 J–T 阀节流注醇工艺轻烃回收率低，且造成压力能浪费，天然气烃水露点控制工艺将逐步向凝液回收工艺转化[41]。

④ 凝液回收方面：乙烷回收将成为新疆油田天然气重点发展的领域。而目前凝液回收工艺（包括丙烷与乙烷回收工艺）主要是向着工艺参数优化、流程多样化、节能降耗，以及增强气质适应性等方向发展[42, 43]。

（6）天然气处理工艺优化与信息化研究：开展整装气田的大型化、一体化和集成化研究，可实现功能高度集成、可靠的数据采集和监控、流程切换和远程截断执行到位，大幅减少集气站数量和工作量，有效降低投资成本和安装效率。

第四章　天然气输配技术

新疆油田天然气输配系统环绕准噶尔盆地建设，其高压与中压输配气管道与西北缘中压输配气管道均采用环状管网布置，并形成内部输配气环网，其气源主要包括准噶尔盆地周边气田气和油田伴生气，调配灵活、供气平稳，满足辖区天然气输送和应急储备的需求。目前，该输配气管网主要存在节流点易冰堵、埋地管线腐蚀破坏等问题，需结合新材料和新技术，促进管网智能化运行、自动化监控，确保输配气稳定及其管道运行安全。本章主要介绍新疆油田输配气系统组成、输气管道系统及站场工艺、输配气管网及配气站工艺，同时指出主要工艺存在的技术问题及发展需求。

第一节　输配气系统

输配气系统一般包括输气管道、配气站、储气站、气化站、地下储气库、配气管网、CNG 加气站。新疆油田天然气输配系统环绕准噶尔盆地建设，具备集、输、配、储功能，主要包括输气管道、输配气管环网和配气站，天然气用户主要有稠油热采用户、工业用户和民用用户。

一、输气管道

输气管道一般包括输气干线、站场、阀室以及辅助系统（通信系统和仪表自动化系统等）等，由于天然气具有可压缩性，输气管道末段兼有储气功能，相当于储气容器，可用于调节用气的不均衡性。

二、输配气管网

输配气管网的任务是输送和分配天然气给各类用户，准噶尔盆地天然气输配气环网由高压气源和低压气源构成。整个管网的输配气模式为：气源向一级配气站或高压环网供气，一级配气站将接收的天然气分配给高压环网；二级配气站从高压环网和西北缘环网上取气，调压计量后，按用户需求压力和气量分配给用户。西北缘区域已形成以一级配气站为起点、二级配气站为节点、输配气管道为桥梁、燃气用户为终点的高、中压内部配气环网。

三、配气站

配气站是输气管干线的终点，又是用户配气的起点和总枢纽。其任务是接收输气管干线的来气，并将天然气除尘、计量、调压、添味后，根据用户要求输入用户配气管网。

第二节 输气管道

一、输送方式

新疆油田天然气管道输送方式主要根据输气量、输气压力、用气压力、输气温度、输送距离等工艺参数确定，可分为增压输送和不增压输送。

1. 增压输送

天然气压力不能满足输气或用气压力要求时，需设置压缩机对天然气增压。当管输距离短、气压不足、无法满足用户用气需求时，一般在管道起点设置压缩机；当管输距离长时，高压天然气也只能自压输送一段距离，其中间需设置增压站，才能满足用户需求。新疆油田伴生气气源压力低，均采用增压方式进环网，共有二厂 81、石西、陆梁、百口泉、乌尔禾、夏子街、五$_3$东与莫北等 8 个伴生气气源。

2. 不增压输送

天然气原始压力高，可以自压输送满足用户的用气需求，该方式主要用于天然气压力高、输送距离较短的情况。新疆油田气田气均采用不增压输送的方式进环网，共有玛河、克拉美丽、盆 5、石西、陆梁、克 75、八$_2$西、准东、滴西 10 与滴西 12 等 10 个气田气气源，新疆油田盆地环网的输气管道主干线也均采用不增压输送，环网共有克→乌、彩→乌、彩→石→克、莫北→盆 5 → 704 输气站、金龙站→吉 7 末站等 5 条输气主干线，其基本情况见表 4–4–1。

表 4–4–1 准噶尔盆地输气管道主干线基本情况

<table>
<tr><th rowspan="2">序号</th><th rowspan="2" colspan="2">主干线名称</th><th rowspan="2">管径（mm × mm）</th><th rowspan="2">长度（km）</th><th rowspan="2">压力（MPa）</th><th colspan="2">输量（$10^4m^3/d$）</th><th rowspan="2">建成时间</th></tr>
<tr><th>设计值</th><th>目前实际值</th></tr>
<tr><td>1</td><td colspan="2">克→乌输气管线</td><td>D610 × 7</td><td>288.77</td><td>6.3</td><td>570/300</td><td>547.0</td><td>2006 年</td></tr>
<tr><td>2</td><td colspan="2">彩→乌输气管线</td><td>D610 × 7</td><td>143.00</td><td>6.3</td><td>800</td><td>0</td><td>2007 年</td></tr>
<tr><td rowspan="3">3</td><td rowspan="3">彩→石→克输气管线</td><td rowspan="2">彩→石输气管线</td><td>D273 × 7</td><td>142.74</td><td>4.0</td><td>40</td><td>13.7</td><td>1996 年</td></tr>
<tr><td>D610 × 7</td><td>143.00</td><td>6.3</td><td>770</td><td>190.0</td><td>2008 年</td></tr>
<tr><td>石→克输气管线</td><td>D610 × 7</td><td>148.00</td><td>6.3</td><td>770</td><td>63.0</td><td>2008 年</td></tr>
<tr><td>4</td><td colspan="2">莫北→盆 5 → 704 输气管线</td><td>D355 × 7</td><td>108.40</td><td>6.4</td><td>160</td><td>22.6</td><td>2003/2005 年</td></tr>
<tr><td>5</td><td colspan="2">金龙站→吉 7 一级站管线</td><td>D610 × 7</td><td>36.00</td><td>6.3</td><td>600</td><td>240.0</td><td>2007 年</td></tr>
</table>

二、输气站场

输气站是输气管道工程中各类工艺站场的总称，其主要功能是接收天然气、给管输天然气增压、分输天然气、配气、储气调峰、发送和接收清管器等。按它们在输气管道中所处的位置，可分为输气首站、中间站与输气末站三大类型。其中，中间站又分为压气站、气体接收站、气体分输站、清管分离站等。

新疆油田盆地环网主干输气管道中仅克→乌输气干线建有输气站场，主要包括 706、704 和 703 输气站。其中，706 和 704 输气站既是首站又是分输站，703 输气站为末站。706 输气站接收呼图壁储气库来气，而 704 输气站接收盆 5 和玛河的来气，将部分天然气分配给周边用户，其余天然气管输至 703 输气站，再由 703 输气站将其分配给金龙一级配气站。

1. 首站

首站是输气主干线的起点站，它接收来自矿场净化厂或其他气源的净化天然气，其主要工艺流程为：天然气经分离、计量后输往下游站场。其站场设计时主要考虑发送清管器、气质监测等功能，当进站压力较高时，首站可以先不设置压缩机增压，其流程如图 4-4-1 所示，如新疆油田克→乌输气干线的 706 与 704 输气站均采用此种工艺。

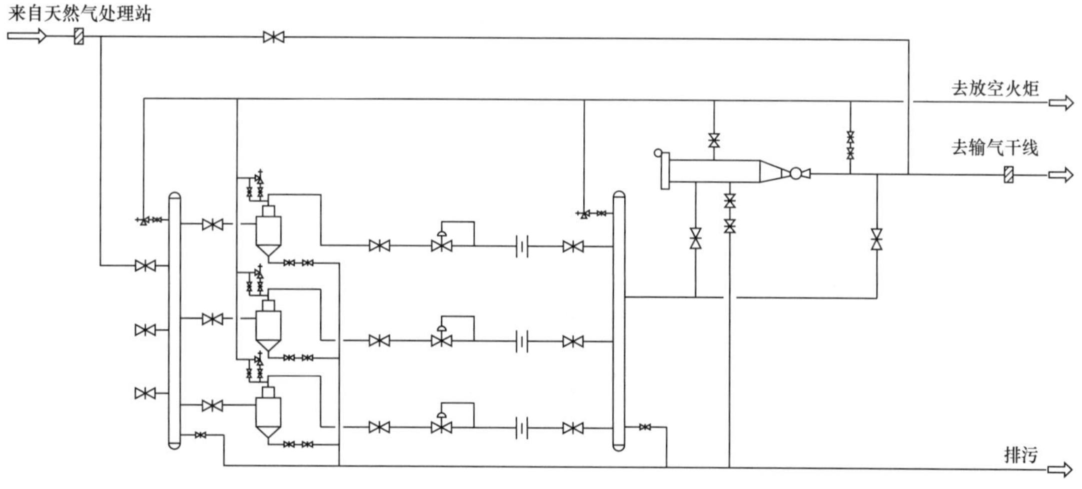

图 4-4-1　输气干线首站流程

2. 分输站

分输站是在输气管线沿线将气体分输至用户的站场，其主要工艺流程为：天然气经分离、调压、计量后分输给用户。其设计根据实际需求，设有清管器收发、配气等功能，流程如图 4-4-2 所示，如西气东输二线（以下简称西二线）北疆供气支线的奎屯分输站就采用此种工艺。

3. 末站

末站是输气干线的终点设施，它接收来自干线上游的天然气，转输给终点用户，终点用户一般包括民用用户或直供的工业用户。其主要工艺流程为：天然气经分离、调压计量后输往用户，通常末站还设有清管器接收功能，流程如图 4-4-3 所示，如新疆油田克→乌输气干线的 703 输气站就采用这种工艺。

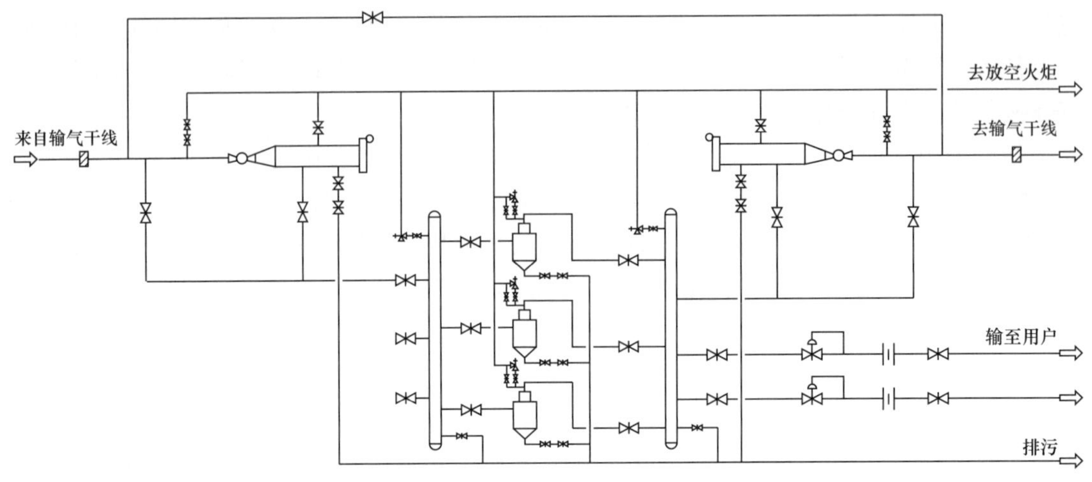

图 4-4-2　输气干线中间分输站流程

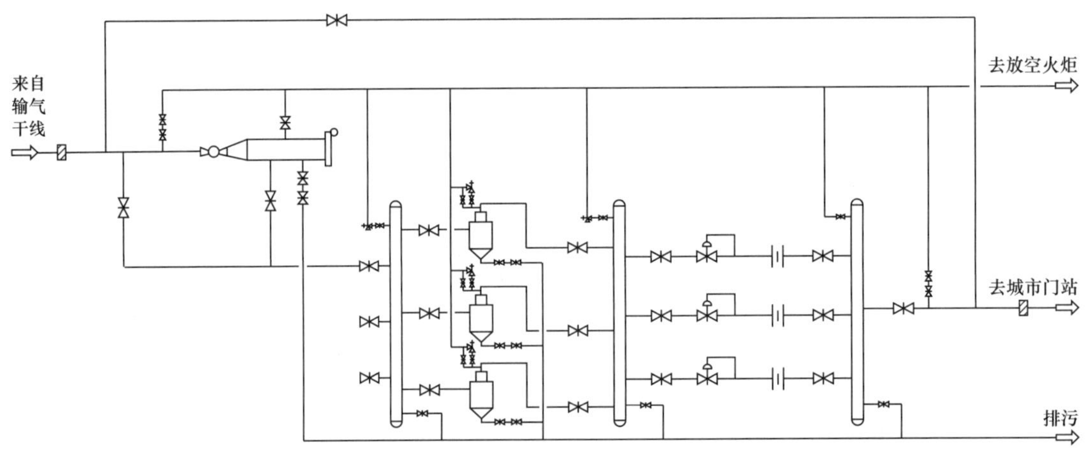

图 4-4-3　输气干线末站流程

三、输气管道系统调峰

输气管道系统调峰主要有三种方式：气源调峰、末段储气调峰和储气库调峰[44]。合理使用各种调峰方式，用最经济的方法最大程度地满足下游用户用气需求是系统设计的关键之一。

1. 气源调峰

目前国内主要利用气田生产量和 LNG 来调节气源。气田生产量调节通过充分利用气井、处理站和输气管道的输送能力，增加气源供给量，但这种手段调节能力有限，只能部分缓解季节调峰；LNG 可以通过调节气化能力来满足用户用气需求。由于 LNG 气源一般都靠近用气中心，只要气源和管道系统能力配套，就能解决用户的月、日、时调峰。但气化能力变化越大，调峰成本也就越高，实际操作过程中，主要结合实际情况统筹考虑。

然而，新疆油田为解决民用气季节调峰与部分日调峰及工业用气调峰问题，主要采用这三种及其组合方式调峰：（1）调节玛河和克拉美丽两大气源供气量；（2）增加西二线气源供气量；（3）利用呼图壁储气库的储气量（实现季节调峰，缓解季节调峰压力），以及利用输气管道末段储气（实现日调峰）。

2. 末段储气调峰

长距离输气管道末段（即最后一个压缩机站到终点配气站之间的管段）与其他各站间管段在工况上有很大区别。起点流量和其他管段相同，末段的终点为配气站的进口，气体流量在时刻变化，终点的流量即为配气站向用户的供气流量。用户用气量要小于末段恒定的起点流量，多余的气体就会积存到末段管内；当用户用气量大于管道输气量时，不足的气量就由积存在末段管中剩余的气体来补充。通常在设计上会根据日用气量的波动情况考虑一定的储气能力，以此调节和适应负荷变化，没有中间压缩机站的输气管道，全线均可用于储气。

随着流量的变化，末段起点与终点压力也随之变化。末段起点的最高压力不高于最近一个压气站出口最高工作压力，末段终点的最低压力应不低于配气站所要求的供气压力。当管道的终点压力在一定范围内波动时，管内气体的平均压力也相应存在最高值和最低值。如果适当选择储气管段的起终点压力波动范围和管段容积，即可使管道具有适当的储气能力，末段起、终点压力的变化决定末段储气能力的大小。

3. 储气库调峰

储气库容积决定其储存气量的能力，由于储气库生产净化设施不能频繁启停，因此储气库主要用于解决月不均匀调峰和部分时段日不均匀调峰等问题。

第三节　输配气管网

输配气管网是指一个或几个气源至用户的输配气管道连接形成的管网，现今新疆油田的输配气管道干线已构成环形管网。

一、管网分类

输配气管线的主要功能就是将各站和用户相互连通，把天然气定压、定流量输送到各配气站和用户，同时它具备储气调节功能，最大程度地满足各用户的用气需求。输配气管网按外形一般分为枝状管网和环状管网，如图 4–4–4 所示。

1. 枝状配气管网

（1）形状：管网平面布置形如树枝［图 4–4–4（a）］。

（2）特点：其每个用气点的气体只来自一个方向。

（3）适用范围：一般只适用于较小的油区内部或者较大区域的建设初期。

2. 环状配气管网

（1）形状：多管段首尾相连组成封闭环形［图 4–4–4（b）］。

（2）特点：环状配气管网应用最广，具有灵活可靠的特点，但环状管网比枝状管网所用的管道更多，成本更高。

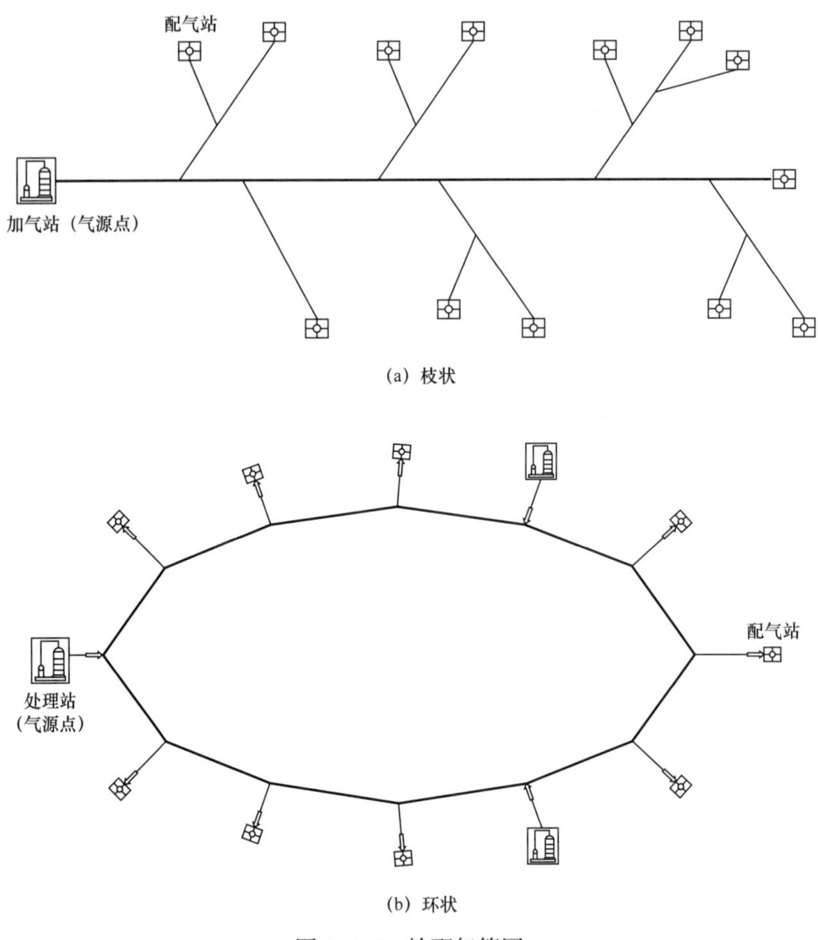

图 4-4-4　输配气管网

二、输配气管网选择

输配气管网类型的选择主要取决于供气量及其对压力平稳性和供气可靠性的要求。

1. 管网类型

准噶尔盆地高、中压输配气管道与西北缘中压输配气管道均采用环状管网布置，并形成内部输配气环网。此外，新疆油田较大区块的稠油热采配气多采用环状管网，如九区与风城等配气管网；小区块的稠油热采配气主要采用枝状管网，如红浅与四$_2$区等配气管网。目前，新疆油田准噶尔盆地输气管网主要由输气环网和西二线管道组成。

准噶尔盆地输配气环网主干管道规格为 DN610，设计压力一般为 6.3MPa，输配气能力为 $120\times10^8m^3/a$，其气源区域分为西北缘、腹部、东部、南缘区块，而市场区域分为克拉玛依、乌鲁木齐与独山子三大地区。北疆段设有玛纳斯压气站、乌鲁木齐压气站、奎屯分输站、昌吉分输站与吐鲁番分输站 5 座站场，呼图壁气田位于玛纳斯压气站和昌吉分输站之间，距玛纳斯压气站约 64km、昌吉分输站约 44km，玛纳斯到昌吉沿线有呼图壁 16 号阀室、昌吉 17 号阀室。

2. 线路要求

（1）一般地段管沟坡比约为 3∶1，沼泽地段管沟坡比为 1∶1，一般地段管道覆土高出设计地面 0.5m，形成管堤。管道底部以下 200mm 至管道顶部以上 300mm 之间的区域采用细土回填，其他区域采用管沟开挖原土回填。

（2）管道全线采用弹性敷设，当管道平面或纵向转角大于 3° 需放弧时，水平放弧半径≥1000DN，纵向曲率半径大于管道自重条件下所产生的变形。相邻反向弹性敷设管段、弹性管段与人工弯管之间一般采用直管段连接，长度≥500mm，并避免平面和竖向同时发生转角。

（3）管线与其他管线相交时，其垂直净距一般不小于 0.3m；否则，中间设坚固的绝缘隔离物，确保彼此不接触。当管线与埋地电缆相交时，一般从电缆下面穿过，且其垂直净距不小于 0.5m；反之，中间设坚固的绝缘隔离物，确保二者不接触。当管线与设有外加电流阴极保护的管道相交时，二者的垂直净距不小于 0.3m，且两管在交叉点两侧外延 10m 以上的管段都采用特加强级防腐。

3. 适应性

环状管网由若干封闭成环的管段组成，其任一点均可双向供气。当管网局部被破坏时，不影响整个管网的供气。在环状管网中，气体压力的分布比较均匀，气体通过节点向多个方向流出，如改变某一段管径以改变此管段中的流量，将会引起管网中其他管段流量的重新分配，并改变管网内各点的压力值。通过准噶尔盆地输配气环网，可实现各气源互补、灵活调配、平稳供气，满足天然气输送和应急储备的需求。

枝状管网中的某一管段只能由一条管路供气，改变其中某一管段的直径时，不影响其他管段的流量分配，而在保证供气量的情况下，只引起起点压力的变化。

三、管网系统分析

输配气管网系统是一个统一、连续、密闭的水力系统，其中任意一个环节发生变化，必将影响整个管网系统的运行参数变化。在管网运行过程中，可能存在新开发气源进入管网系统、老气源气量随开采阶段的不同而发生变化、用户数量增加、老用户用气量调整等问题。因此，当气源数量、气源供气量、用户数、用气量发生变化时，必须及时模拟计算与分析管网系统各节点的稳态运行参数，正确判断管网系统能否满足用户要求。若不能满足需求，则需要适当调整管网物理结构或运行参数，并提出可行的调控与运行方案，为输配气管网的平稳运行管理提供科学依据。经模拟分析准噶尔盆地输配气管网系统的操作运行参数发现，目前该管网供气全年基本上能够满足用户需求，只有冬季需要从呼图壁储气库中采出适量的天然气调峰。

第四节　配　气　站

配气站建于干线输气管道或其支管的终点，主要用于调节或控制天然气气质、流量和压力。

一、功能及类型

1. 功能

配气站主要把天然气按规定的压力、流量送入配气管网，同时在一定程度上有效控制气质，防止在管网内形成水合物。

2. 类型

按功能和作用分，配气站一般分为一级配气站、二级配气站和阀组间配气站三类。目前，配气站主要采用“一级再净化、一级分配、二级调节”的工艺流程。

二、一级配气站

1. 主要功能

对进入配气管网的各干线来气进行控压、汇集和再净化处理，保证用户用气的品质；同时调整进入不同方向的干线气量，维持管网系统的压力平稳，实现天然气集中调配与输配管网的整体控制。

2. 工艺流程

不同季节不同环境温差条件下，一级配气站流程不同，新疆油田准噶尔盆地输配气环网分别在九区、金龙与小拐三处设有一级配气站，共 3 座，它们的工艺流程如图 4-4-5 所示。

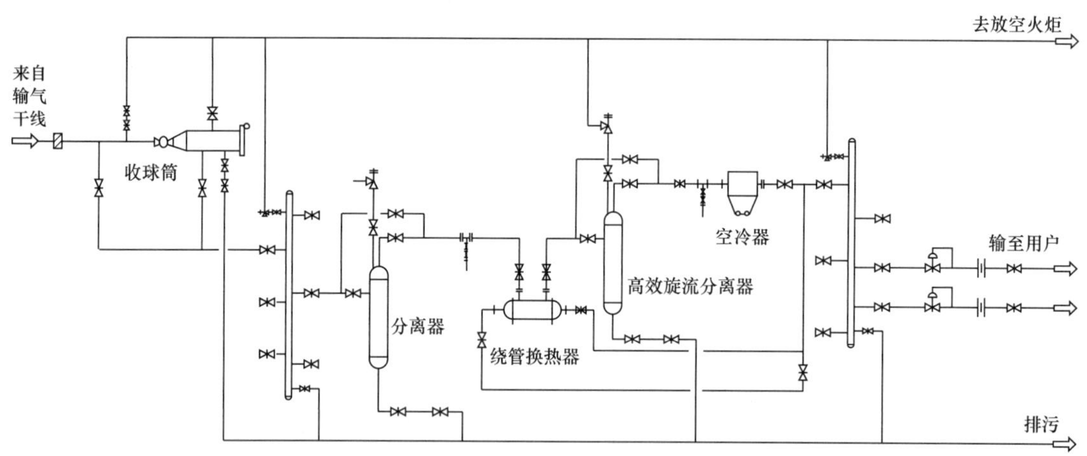

图 4-4-5　一级配气站流程

3. 主要设备元件

主要设备元件包括前置分离器、换热器、高效旋流分离器、空气冷却器、进气计量孔板及关断阀与手控阀门等。

三、二级配气站

1. 主要功能

天然气经过输配管网到达二级配气站，经精细过滤后，定压、定流量专线直接输送至用户；通过控制用户用量和调节汇管压力，实现管网控制的二级调节功能。

2. 工艺流程

二级配气站进站压力取决于管网运行压力，出站压力取决于用户用气压力，二者的压力差需要调节。因此，二级配气站对压力调节的可靠性及其对管网压力变化的适应性要求较高。为提高压力调节的可靠性，二级配气站采取电动调节阀和自力式调节阀的串级控制模式。

基于用户大多是工业用户的特点，有序按用量供气是管网正常运行的基础。为防止用户超量使用和流体偏流，在二级配气站设置流量控制，控制中心可通过远程控制电动阀来控制供气量，新疆油田二级配气站流程如图 4–4–6 所示。

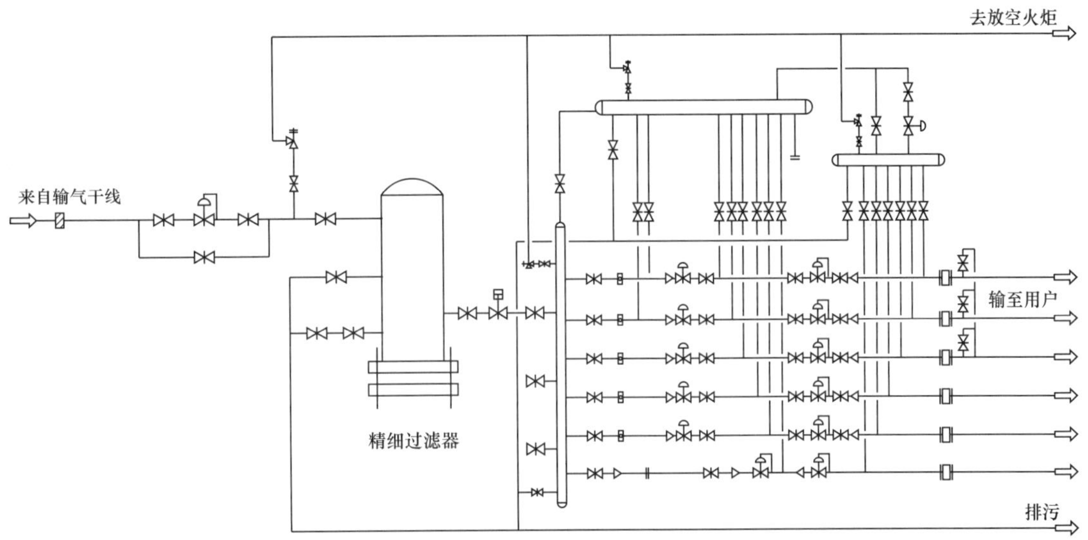

图 4–4–6　二级配气站流程

3. 主要设备元件

主要设备元件包括高效精细过滤分离器、配气计量孔板、调压关断阀、自力调压阀及电动与手动调节阀门等。

四、油田配气站

根据准噶尔盆地输配气环网沿途各用户的用气需求，新疆油田共建成一级配气站 3 座，二级配气站 24 座，最高设计压力为 6.3MPa，设计配气能力在 $4830\times10^4m^3/d$ 以上，其基本情况见表 4–4–2。

表 4–4–2　新疆油田配气站基本情况

序号	配气站名称	设计压力（MPa）	设计配气能力（$10^4m^3/d$）	进气流量（$10^4m^3/d$）	进站压力（MPa）
1	九区一级配气站	6.3	800	160～500	2.10～3.00
2	九区 1 号二级配气站	1.6	54	3～97	0.60～1.15

续表

序号	配气站名称	设计压力（MPa）	设计配气能力（$10^4m^3/d$）	进气流量（$10^4m^3/d$）	进站压力（MPa）
3	九区 2 号二级配气站	1.6	120	3～104	0.60～1.15
4	九区 3 号二级配气站	1.6	120	3～90	0.60～1.15
5	九区 4 号二级配气站	1.6	100	3～100	0.60～1.15
6	704 分输站	6.3	780	270～800	2.40～6.00
7	703 分输站	6.3	600（站内分离器处理量 180）	200～650	2.30～6.00
8	小拐门站	6.3	—	170～650	2.20～5.00
9	小拐一级配气站	2.5	110	65～110	1.00～2.50
10	红浅二级配气站	1.6	110	30～65	0.60～1.60
11	四$_2$区二级配气站	1.6	40	3～45	0.50～1.60
12	金龙一级配气站	6.3	500	140～600	2.20～3.30
13	六东区二级配气站	1.6	48	20～48	0.60～1.20（高压）
					0.20～0.40（低压）
14	电厂二级配气站	1.6	160	60～130	0.45～1.30（高压）
				0～40	0.15～0.30（低压）
15	克浅 10 二级配气站	1.6	40	3～45	0.60～1.30
16	百重七二级配气站	1.6	80	13～70	0.60～1.20
17	克拉美丽门站	2.5	200	10～130	1.20～2.50
18	昌吉门站	4.0	—	20～50	0.80～3.80
19	王家沟配气站	4.0	370	50～600	1.00～4.00
20	乌石化门站	4.0	—	80～300	0.80～4.00
21	风城基地配气站	4.0	—	0～20	0.60～4.00
22	红 003 配气站	2.5	100	30～65	0.80～2.50
23	风城 1# 配气站	4.0	150	40～130	1.00～3.30
24	风城 2# 配气站	4.0	150	50～150	1.00～3.30
		1.6	50	30～50	0.80～1.60
25	风城 3# 配气站	4.0	150	40～130	1.00～3.30

第五节　输配技术问题与发展方向

一、技术问题

目前环准噶尔盆地天然气输配气管网气源较多，既有准噶尔盆地周边气田来气，也有油田伴生气。此外，西二线投产后，中亚天然气通过其昌吉分输站调压计量后，经王家沟门站进入管网，气质情况较复杂。沿线配气站站内管线多为地上架空铺设，冬季大气温度最低达 -35.9℃，一旦气质不合格，在冬季温度较低的月份易引起水合物生成。同时，由于管网节点节流调压，在不加热或不加注抑制剂的情况下，也易发生冰堵事故[45]。

准噶尔盆地天然气管线主要是以埋地管线为主，管线长期埋置于土壤之下，会受到土壤中各种复杂因素的影响，导致管线外腐蚀破坏。管输天然气含有硫化氢、二氧化硫、水气等微量杂质，将引发管道内壁腐蚀，甚至造成局部管道因腐蚀严重而泄漏。管线长期埋置也可能使管道外层的防腐层遭到破坏，各种因素的耦合作用使管线的安全性降低。另外，由于土石方回填或现场施工都可能造成管线的防护层和防腐涂层损伤，进而使管线与土壤直接接触，导致管线腐蚀。

二、发展方向

各种新技术、新材料广泛应用，促使智能化、供气稳定、管道安全运行等技术进一步提升，其发展方向体现在以下方面。

1. 输配气管网智能化运行管理

新疆油田输气管网发展从早期的手工阶段，经过数字化初级阶段逐步进入数字化成熟阶段，正大力普及覆盖各业务领域的计算机应用；生产与经营管理流程、业务流程与计算机系统融合，实行全面标准化，实现初步自动化处理。今后，新疆油田的天然气管网将向着智能化阶段发展：数据、知识、经验与自动控制相融合；利用专家经验辅助管理和决策指挥；业务自动感知、控制和处理；生产监控、预测和自动优化；事件预警与反应；系统自我改进与流程持续优化。通过建立智能管道系统，提升输配气管网调控的决策效率，提高应急反应能力，保证决策科学性，缩短事件处理周期，降低安全操作风险，降低生产成本将是新疆油田管道建设的主要发展方向。

2. 大型供气管网可靠性保障技术

新疆油田天然气管道共计 54 条，合计里程 1663km，年输配气能力 $120 \times 10^8 m^3$。管道贯穿北疆地区 14 个市县、18 个团场、140 多个村队、70 多个供配气点，形成环准噶尔盆地的天然气高压输送管网、枝状配气管网和中间联络管网[46]。该管网具有多气源、多用户供气的特点，是密闭的、统一的水力系统。整个供配气系统庞大，管理的复杂程度大大增加，优化运行的要求也相应提高，如何提高系统的可靠性和灵活性是新疆天然气管道的又一主要发展方向。

3. 长输配气管网完整性管理技术

新疆油田公司十分重视输配气管网的安全与完整性管理，以合理利用现有管道，减少事故，改善管道与环境的相容性。为此，相关部门需协调开展大量基础理论和应用技术研究，在材料、信息、监控、检测技术研究和评价方法、标准规范研究等方面亟待开创性地系统研究，形成一批有影响的规范、标准和评价方法。随输配气管网建设的发展，其完整性管理技术的研究及其应用必将不断完善与进步。

4. 管网自动化监控技术

自动化监控是新疆油田输气管道系统中发展最快的技术之一。目前，新疆油田正积极推广采用 SCADA 系统对全线或区域自动监控与管理，使系统安全可靠、运行灵活；同时加速推进发展压气站无人值守以及全线操作与管理全在控制中心实施的智能化技术。

第五章　呼图壁储气库技术

由于天然气生产和消费的特殊性，存在天然气的连续供应量与消费需求量在时间上的不均衡矛盾，在大规模远距离供气条件下，地下储气库是解决天然气供需矛盾、实现按需供气的有效方法。地下储气库是消费低峰时将天然气从产地输送并注入衰竭的油气藏或其他地质构造中储存、到消费高峰时再采出来满足用户需求的一种设施。本章主要介绍新疆油田呼图壁储气库的建设依据、注采站场及工艺、注采工艺系统、储气库适应性及技术水平，以及储气库存在的主要技术问题与今后发展需求。

第一节　呼图壁储气库建设依据

储气库的主要作用是应急储备、调峰和战略储备。在供气系统维护维修与管道发生事故的情况下，储气库气源不仅可保证应急供气，而且可满足不同用户年调峰、季节调峰、日调峰的需求，还可作为国家天然气能源的战略储备。此外，在用气低峰时将多余气注入储气库，还可缓解气田产量过剩的压力，保证气井正常生产。

一、建设必要性

1. 季节性供气不足

由于新疆季节性气候因素的影响，北疆地区乌鲁木齐市、昌吉市、石河子市等社会广大用户对天然气的需求在一年中的不同季节有较大变化，特别是冬季用气量大，夏季用气量少，冬、夏季差量大。以北疆地区天然气重点用户乌鲁木齐市为例，其城市燃气以民用生活、工业燃气及汽车用气为主，同时为加快实施“蓝天工程”，乌鲁木齐市把冬季采暖供热的烧煤锅炉改造为燃气锅炉势在必行，其冬季用气量必将随之大幅增加。

2. 管网储气不足

克→乌天然气管道输气要求全年均衡、平稳输气，以最大限度地提高输气效率、降低输气成本，但新疆油田天然气管网储气能力无法满足季节性调峰要求，只能依靠调节气源及限制部分用户来实现。

3. 供气安全保障不足

从安全供气的角度看，西二线的建成投产改变了新疆气源状况，在一定程度上弥补了新疆北疆地区天然气的需求缺口。为防止西二线天然气长输管道发生事故，给新疆及内地造成停气的局面，新疆油田研究发现，只有通过建设储气库来储存足够多的备用天然气，才能保障应急调度、补充城市输配管网进气与不间断供气。这样既能满足乌鲁木齐市、乌石化与独石化等新疆主要用户的用气需求，同时又能保证西二线管道下游用户的稳定供气，将事故影响控制到最低限度。

二、库址选择

地下储气库对地质构造有较高的要求，多选择枯竭油气田、含水多孔地层、盐矿洞穴等。呼图壁气田经过 12 年衰竭式开发，气藏连通性好，压降幅度与天然气采出程度匹配较好，动态储量复核结果的可靠程度较高。综合评价认为，该气藏具有埋藏深、储气规模大、储层物性好、边底水弱、以弹性气驱为主等基本特征。因此，枯竭的呼图壁气田完全具备地下储气库所必需的地质构造要求。

三、主要功能

呼图壁储气库按照新疆地区用气调峰和战略储备应急调峰的双重目标设计，主要用于季节用气调峰，保证北疆地区用气；同时兼作西二线的应急和战略储备气库。当西二线长距离输气管线发生事故时，能给新疆和内地及时供气，主要功能如下。

1. 正常调峰

作为季节用气调峰气库，以保证北疆地区用气为主，主要作用是调节季节性用气峰谷差；同时在冬季由储气库通过克→乌输气管道来调配北疆地区各用气点气量，减少或停止从西二线向北疆的供气量，间接保证西二线下游用户冬季用气需求，工作气量为 $1900\times10^4m^3/d$。

2. 战略储备

作为战略储备库，主要作用是当西二线天然气长输管道一旦发生事故，造成内地停气时，气库内储存足量备用天然气，实现应急调度的目的，以保证西二线供气的连续性，同时满足管道下游地区的民用燃气和重要工业设施的用气需求，工作气量为 $2789\times10^4m^3/d$。

3. 应急供气

主要作用是当储气库中天然气处理装置出现故障时，为保证下游用户用气平稳，各单井来气进集注站经简单气液分离，注醇后通过双向输气管线和储气库→ 706 输气站管线直接外输，满足下游用户用气需求，应急工作气量为 $4600\times10^4m^3/d$。

第二节 注采站场

呼图壁储气库包含 3 个集配站、1 个集注站及 30 口注采井。储气库整体采用单井→集配站→集注站→外输的布站模式，3 个集配站均与集注站相邻，集注站处理来自 3 个集配站的原料气。各单井来气进集配站，经节流阀节流后去分离计量装置轮井计量，再与生产管汇来气汇合后进入采气干线，管输至集注站。

一、注采井场

1. 注采井

注采井是用来向储气库注气和采气的气井，最常用最经济的井就是注采合一井，既能注气又能采气，呼图壁储气库就是采用注采合一井。由于油藏本身的特征，有时不需要或不能在某部位注气或采气，比如需要控制水浸或控制气泡形状等情况，一般预留一两口井，只用于注气或采气。储气库的注采井通常都是大井眼，井筒直径比一般生产井大得多，大井径可提高注采井的注入和采出能力。

2. 井场工艺

1）工艺流程

与气田井场工艺相同，为防止集输过程中产生水合物，井口采气一般采用井口高压集输工艺（油嘴搬家）、井口加热节流工艺、井口注醇节流工艺与井口初级节流集输工艺。

呼图壁储气库井口温度较高（59.0～65.6℃），初级节流后井流物的温度为38～58℃，在集输过程中不会形成水合物。尽管经集气站高压节流后温度降为35～53℃，在集输过程中也不会形成水合物。因此，井口采气工艺不需要加热或防冻，最终选用高压集输工艺。

由于地下储气库调峰气井开停比较频繁，低温条件下开井时，地层温度场的形成需要一定时间，在开井初期由于井口温度达不到预期的温度，井流物节流后存在单井管道冻堵隐患。而经过一段时间的生产，井口温度场建立后，不需再采取防冻措施，因此储气库井口采用橇装注醇工艺间歇注防冻剂。

井口高压天然气不经过加热和节流，保温输送至集配站，在此进行气液分离和计量，然后经采气干线输至集注站，工艺流程如图4-5-1所示。

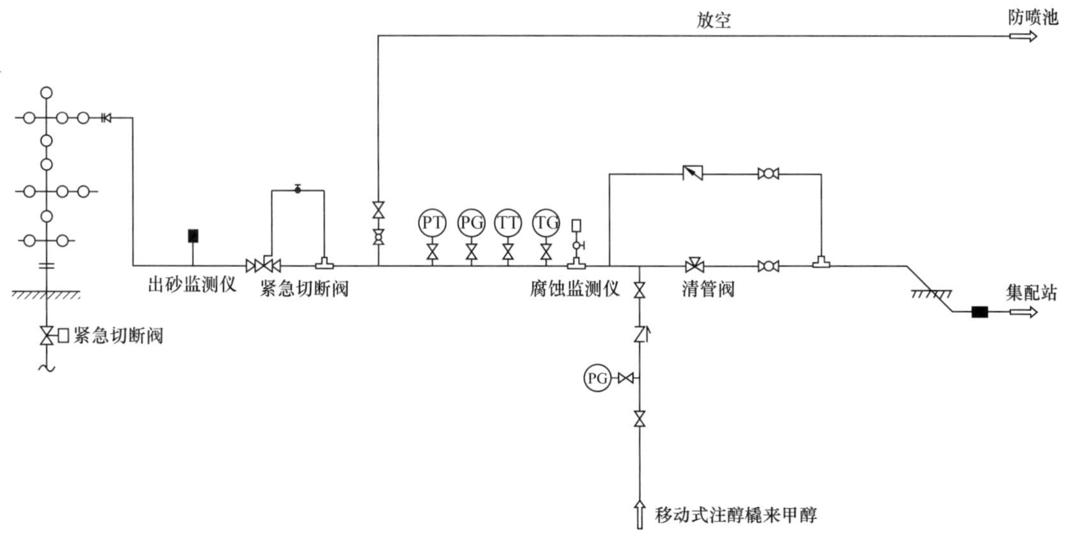

图4-5-1　井口高压集气工艺流程

2）主要设备元件

采气井场设有高低压紧急切断阀，该阀可在压力超高或超低时自动关闭；采气管道出井场处设有清管阀，便于采气管线定期清管。清管阀是一种作为清管器（清管球、皮碗清管器、泡沫清管器等）的发射或接收装置的新型阀门，同时具有通用两位式截断球阀的功能。

二、集配站

1. 工艺流程

各单井来气进集配站，经节流阀节流后去分离计量装置轮井计量，再与生产管汇来气汇合后进入采气干线，管输至集注站。为掌握每口井的生产动态，单井来气管线上设置靶式流量计计量采气量，工艺流程如图 4-5-2 所示。

2. 主要设备元件

集配站内设三相分离器、清管阀、发球筒、紧急切断阀，其中，三相分离器用于单井油、气、水连续分离计量，计量周期为 8～11d，连续计量 24h。为满足油、水连续计量，各液相出口采用加装调节阀和流量计来稳定分离器液位，通过控制调节阀开度实现液相连续分离计量；气相采用稳压阀稳定阀前压力，并利用智能流量计连续计量；各注采井进入集配站处设有清管阀，用于接收采气管路的清管来球；井口产量计量采用智能靶式流量计，计量分离器气液两相均采用涡街流量计计量。

各集配站整体安全保护系统由进出站紧急切断阀、出站紧急放空阀、井口高低压联锁，重要设备与管路安全放空阀等设备元件组成，其中高、低压放空与排污管路分开设计。

三、集注站

集注站是由注气增压站和集气处理站组成，其中注气压缩机兼作外输气压缩机使用，注气期内将天然气增压后回注气藏。采气期内要对产出油、气、水进行处理，以满足天然气和凝析油的外输要求。

1. 注气增压站

1）工艺流程

自收球筒来原料气，先进入旋流分离器，除去砂、尘粒等机械杂质，再进过滤分离器进行两级过滤分离，分离出游离液滴、灰尘。分离后的气相去注气压缩机入口汇管，分离后的液相去埋地污油罐。过滤分离器来气经注气压缩机增压，空冷器冷却后通过注气干线输送至各集配站，由采注合一管线从井口注入，完成注气流程。由于地下储气库的注气周期和采气周期的运行压力不同，当其达到上限压力后，需关闭注气汇管上的紧急切断阀及注气阀组，停止注气，如图 4-5-3 所示。

2）主要设备元件

注气站内设旋流分离器、过滤分离器、注气压缩机和收发球筒等装备。各集配站来气进站温度较高（20.6～32.7℃），不利于下游 J-T 阀制冷效果和低温分离装置稳定运行，因

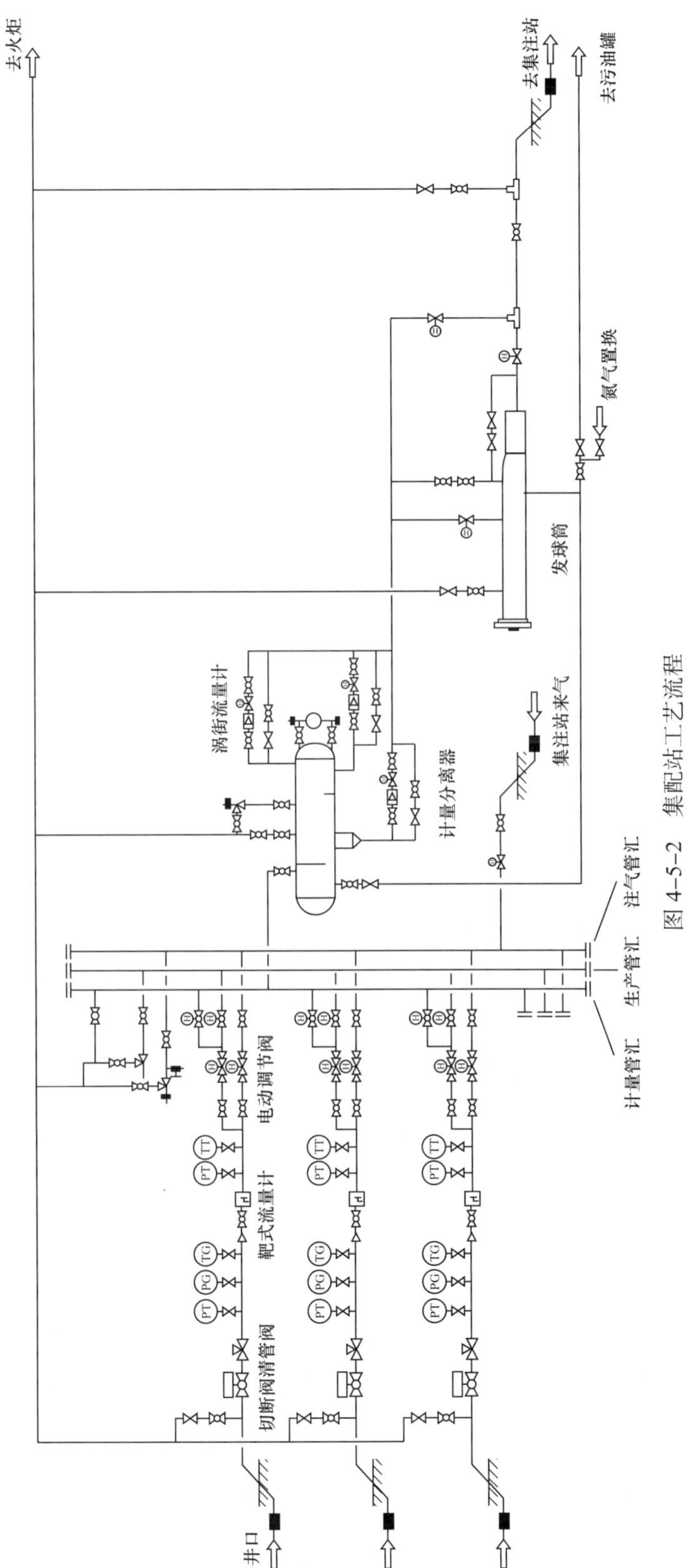

图 4-5-2　集配站工艺流程

此集配站来气首先进入气液分离器。分离出的气相经空冷器将温度降至 20℃，进入新建的天然气处理装置；分离出的液相进入凝析油稳定装置。注气压缩机入口设两级除尘过滤，使气体中粉尘≤3μm，可保证压缩机入口气体的清洁，为减少压缩机出口天然气携带的润滑油对地层渗透率产生不利影响，要求对压缩机出口天然气进一步处理，确保润滑油含量不超过 1mg/kg。

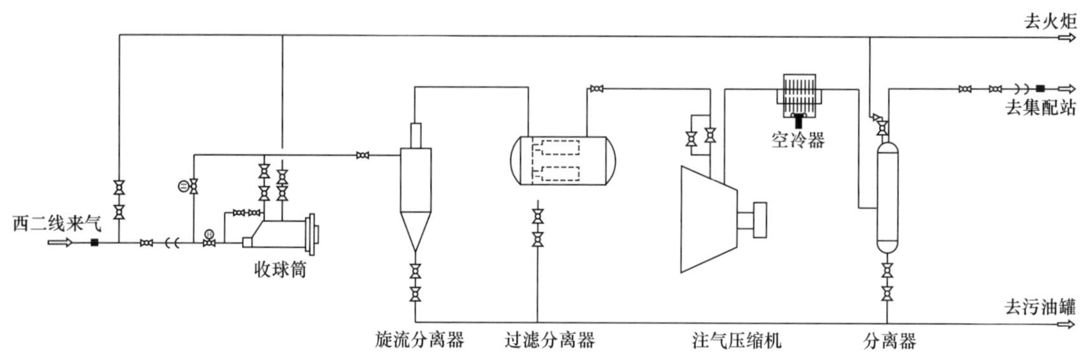

图 4-5-3 注气增压站工艺流程

2. 集气处理站

呼图壁储气库在采气调峰阶段，天然气处理量随着下游用户的用气量不断波动。在前 10 个注采周期内，气田各气井都能维持较高的井口压力（9.8～25.0MPa），有足够的压力降可利用，且天然气中 C_3+C_4 的含量逐年降低，组分变贫。因此，处理工艺可采用注乙二醇防冻、J–T 节流膨胀制冷或浅冷低温分离处理工艺。

1）工艺流程

集气处理站工艺流程主要包括脱水脱烃与凝析油稳定流程，如图 4–5–4 所示。脱水脱烃流程：集气装置来气（9.0MPa，35～50℃，2789×$10^4$$m^3$/d），经空冷器一次冷却后进浅冷分离器实现气液分离；气相在三股流换热器中先注醇，后与低温分离器来气、液相换热后，去 J–T 阀节流至 6.0MPa、降温至 –15℃，与凝析油闪蒸分离器来的闪蒸气混合后，进入低温分离器实现气、液分离；低温分离器顶部分出的气相去聚结过滤器二次分离，分离出干气返回三股流换热器，与来气换热（6.0MPa，5～15℃，2789×$10^4$$m^3$/d）后由压缩机增压至 11.8MPa，通过双向输气管线输至西二线；过滤器底部排出的轻烃、乙二醇和水经换热节流后，在 1.6MPa、30℃条件下进入液烃分离器，实现油、气、水三相分离；液烃分离器的闪蒸气作为燃料气使用，轻烃节流到 1.6MPa 后输往缓冲罐去凝析油处理装置。

凝析油稳定流程：气液分离器和浅冷分离器来的 9.0MPa 凝析油和气田水混合液节流到 6.3MPa 后，进入凝析油闪蒸分离器，排出的凝析油经换热节流至 1.6MPa，并与液烃三相分离器来液混合后进缓冲罐；分离出的气相与闪蒸分离器顶部分离气相混合作为燃料气使用，分离出的水进入乙二醇再生装置，液相换热节流降压后进入只有提馏段的凝析油稳定塔，其操作压力为 0.3MPa，塔底使用导热油加热，其凝析油温度为 120℃。稳定凝析油先通过凝析油进塔换热器，与进塔的未稳定凝析油换热，再经空冷器冷却到 38℃后，管输至已建呼图壁天然气处理站的 1000m^3 凝析油储罐储存，然后装车外运。

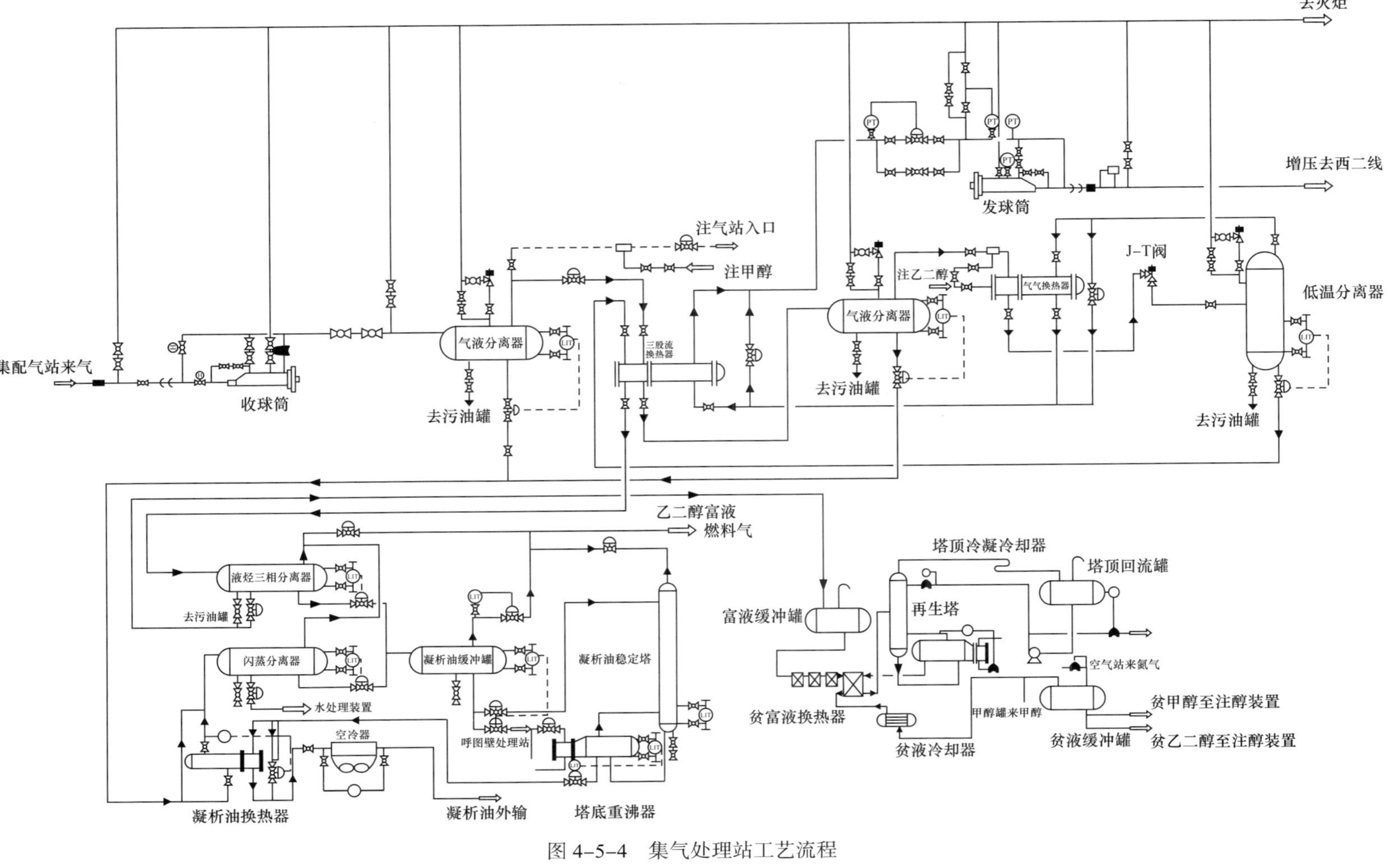

图 4-5-4　集气处理站工艺流程

2）主要设备元件

集气处理站设有脱水脱烃装置、凝析油稳定装置和外输增压装置。脱水脱烃装置包括空冷器、浅冷分离器、低温分离器、聚结过滤器、三股流换热器和 J–T 阀；凝析油稳定装置包括凝析油稳定塔、闪蒸分离器、缓冲罐、塔底重沸器、闪蒸换热器、液烃分离器、液烃导热油换热器、空冷器及各种管件。

第三节 注采工艺

呼图壁储气库地面工程主要包括注气系统、净化系统与采气系统三部分，其中注气系统主要完成天然气增压、输配与回注；采气系统主要完成天然气集输、处理与增压外输。

各系统因功能不同，工艺流程也各异，注采总体工艺流程框图如图 4–5–5 所示。在注气期（夏季），由输气管网来的天然气经双向输送管道到达集注站，经注气压缩机组增压后去单井，通过注气井将天然气注入储气库；在采气期（冬季用气高峰），储气库中天然气通过采气井采出，经净化处理后，再由双向输送管道输回至输气管网，井口注采合一，便于管理，节省建设用地。

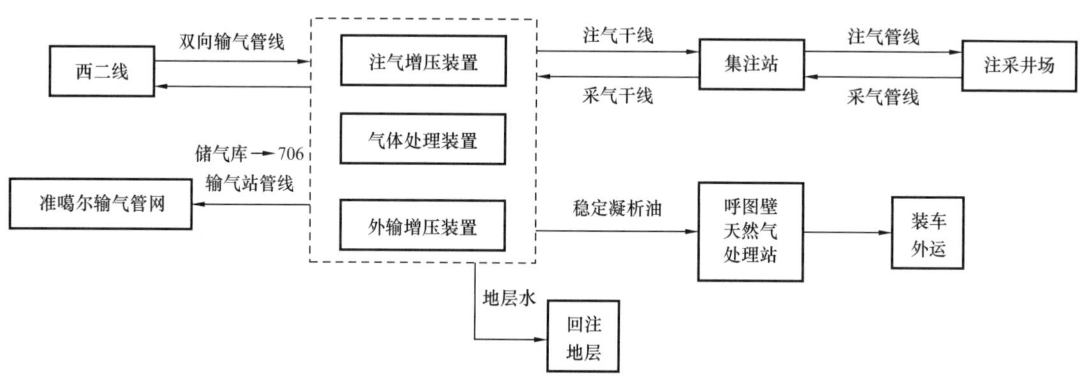

图 4–5–5　呼图壁储气库注采总体工艺流程框图

注入气（相对密度 0.593）为西二线来气，气质为处理后的干气，无需再净化处理；采出气（相对密度 0.59，总硫 8.56mg/m^3）因含水和液态烃，需要净化处理，它们的摩尔组成见表 4–5–1。

表 4–5–1　呼图壁储气库注采气组成

组分	摩尔组成（%）		组分	摩尔组成（%）	
	注入气	采出气		注入气	采出气
C_1	93.94	94.42	n–C_6	0.03	0.01
C_2	3.03	2.85	n–C_{7^+}	—	0.01
C_3	0.47	0.42	CO_2	1.15	0.96

续表

组分	摩尔组成（%）		组分	摩尔组成（%）	
	注入气	采出气		注入气	采出气
i–C_4	0.05	0.05	N_2	1.19	1.17
n–C_4	0.08	0.07	H_2S	—	0.75
i–C_5	0.02	0.02			
n–C_5	0.02	0.02			

注采过程中，气质会发生变化，特别是在采气末期随着干气注入量的不断增加，地层混合流体的露点明显降低；同时随着注采气周期数的增多，更多凝析气被注入的干气所替换，地层混合流体中轻组分逐渐增加，凝析油含量的总体上随之下降，越来越接近于干气组成。

一、注气工艺

注气工艺流程为西二线→集注站→集配站→注采井场，即西二线昌吉分输站来气（$1550\times10^4m^3/d$，9.9MPa，35～45℃）通过双向输气管线输送至集注站（9.86MPa），经旋流分离器和过滤分离器分离出气体中携带的液滴及砂粒后，进入注气压缩机增压、空冷器冷却（18.0～30.0MPa，不大于65℃），再由注气干线输送至各集配站（16.92～29.32MPa，60～62℃）；各集配站均设置1台配气橇用于调节各注采井的注气量，集注站来高压天然气通过配气橇调节各单井气量，经单井注采管线输送至各注采井场，完成注气过程，如图4–5–6所示。

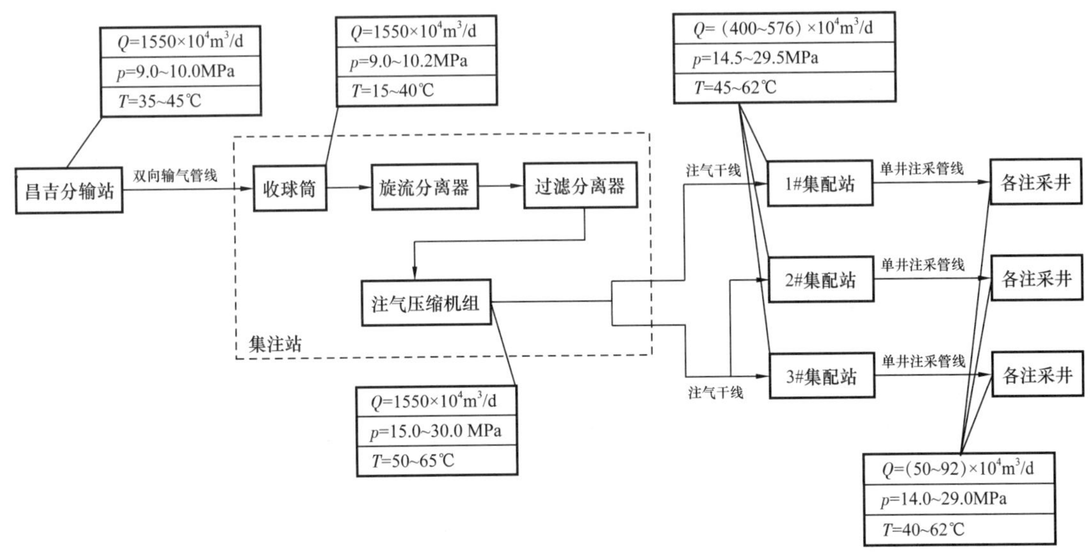

图4–5–6　注气工艺流程框图

二、采气工艺

采气工艺流程为注采井场→集配站→集注站→准噶尔输气环网（或西二线），即各单井采出的高压天然气通过单井注采管道输至集配站；经初级节流，轮井分离、计量后混合，再经采气干线输至集注站；在集注站加注乙二醇防冻，J–T 阀节流制冷，脱水脱烃；最后经双向输气管线和储气库→706 输气站管线输至西二线和准噶尔盆地环网。

各直井［（34.0～92.0）$\times 10^4 m^3/d$，12.52～21.51MPa，48.0～61.1℃］、水平井［（39.0～120.0）$\times 10^4 m^3/d$，12.73～21.83MPa，51.3～61.6℃］来气先通过单井注采管线输送至对应集配站，节流至 10.0MPa、32～42℃后轮井计量；经采气干线输送至集注站（9.5MPa，20～43℃）分离气液，气相经空冷器预冷（20℃）、浅冷分离器分离、三股流换热器换热（–2～2℃）、J–T 阀节流制冷（6.0MPa，–18～–12℃）与低温分离器分离；然后分别与原料气和稳定凝析油换热至 8～18℃，经双向输气管线和储气库→706 输气站管线输至西二线和准噶尔盆地环网，完成采气过程，如图 4–5–7 所示。

储气库采出气主要用于调峰、战略储备和应急供气，采气系统的流向因采出气的作用不同而有所差异。

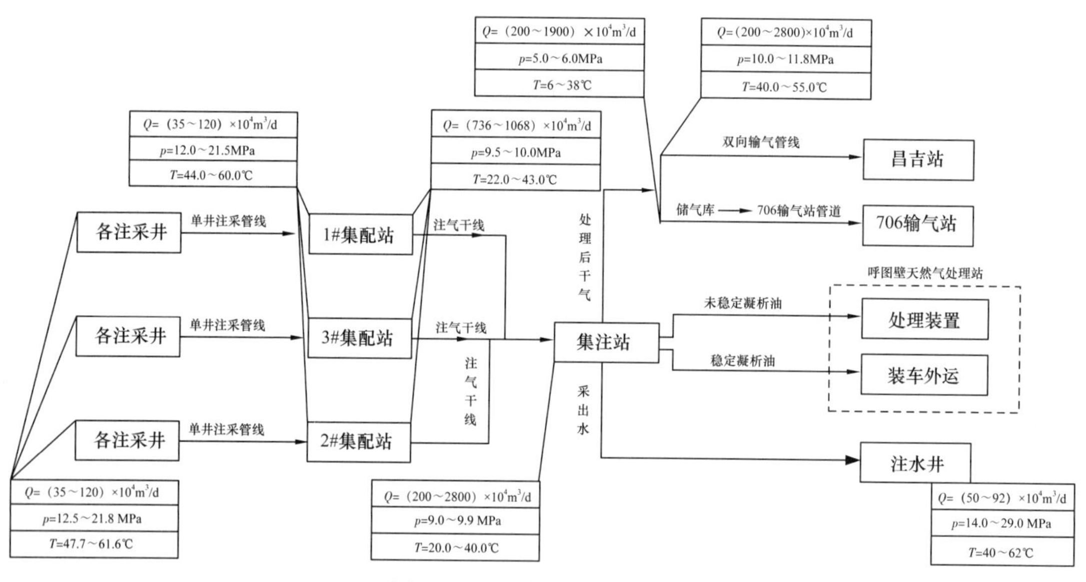

图 4–5–7　采气工艺流程框图

三、注采管网

当集配站与集注站合建时，各单井采气管道直接进入集注站，管网采用放射状和树枝状连接方式。当集配站与集注站分建时，单井注采管道首先进入集配站，轮井计量后通过集气总管输往集注站，管网采用放射—枝状组合方式。

1. 枝状

1）布置方式

树枝状管网的特点是注采干线分开，每口单井分别引出注气管道、采气管道和计量管线到干线，整个管网呈枝状布置。干线集输半径为 5km，井场设置电动阀用来切换采气和计量管道，采用轮井分离计量工艺，枝状管网如图 4-5-8 所示。

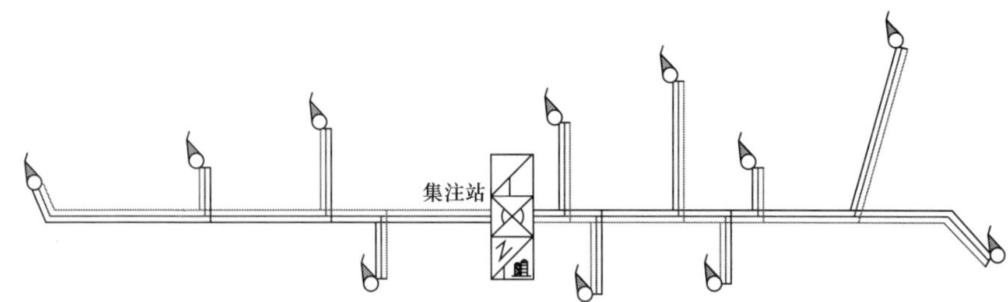

图 4-5-8　树枝状管网示意图

2）适应性

树枝状管网一般与单井集气工艺流程结合使用，适用于气井比较分散、井距比较大、单井产量高和地形狭长的气田。树枝状管网的优点是集中布站，气田内部站场数量少及其管理点少，管理维护方便，注采管线长度较短，缺点是沿线阀室多及其管理点多。

2. 放射—枝状组合式

1）布置方式

图 4-5-9 为呼图壁储气库地面的放射—枝状组合式管网，其特点是气田内部设集配站，单井到集配站采用放射状连接，集配站与集注站之间采用树枝状连接，敷设采气干线和注气干线。注采管道集输半径在 1～2km 之间，集气和注气干线的集输半径为 5km，集配站具有集气、配气和轮换计量等功能。

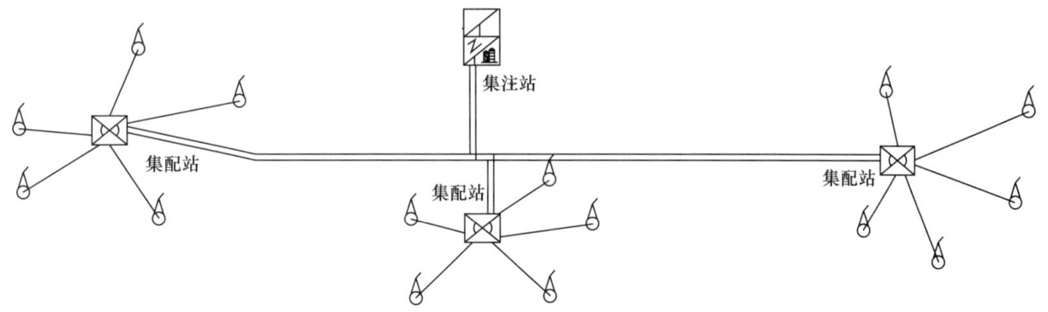

图 4-5-9　放射—树枝组合管网示意图

2）适应性

放射—枝状组合式集气管网适用范围较广，在两座以上集气站的各类气田与储气库都有应用。这种管网能充分发挥设备效率，提高自动化程度，减少辅助生产设施和操作人员。当气田区域面积大、单井数量较多、管网布置复杂时，可采用两条或多条放射—枝状组合式管网布置。此外，呼图壁储气库注采分别设置管线端，易于分期实施。但气田内部设置集配站，管理维护点增加，调峰期间需要频繁开关注采气井，给生产运行和操作管理带来不便。

四、正常调峰

调峰工况下，处理后干气经储气库→706输气站管线，输送至706输气站，进准噶尔输气管网克→乌输气管道，将天然气送往乌鲁木齐、石河子和克拉玛依等地区；处理后的稳定凝析油管输至已建呼图壁天然气处理站后装车外运，超量部分输至已建呼图壁天然气处理站稳定处理，处理后装车外运；采出水处理后回注地层，采气系统总体流向如图4-5-10所示。

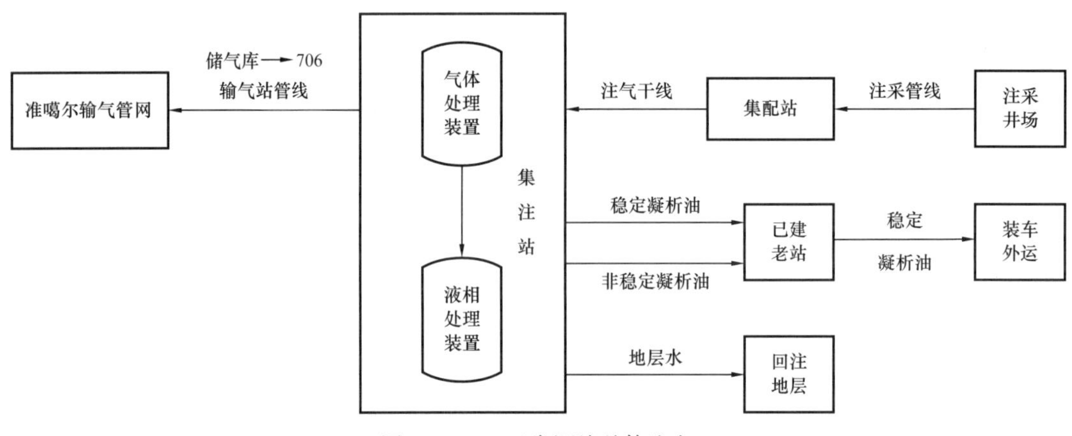

图4-5-10　正常调峰总体流向

五、战略储备

战略储备工况条件下，经正常采气流程处理后的干气通过注气压缩机和外输气压缩机共同增压后，由双向输气管线输送至昌吉站，进西二线供下游用户使用，如图4-5-11所示。

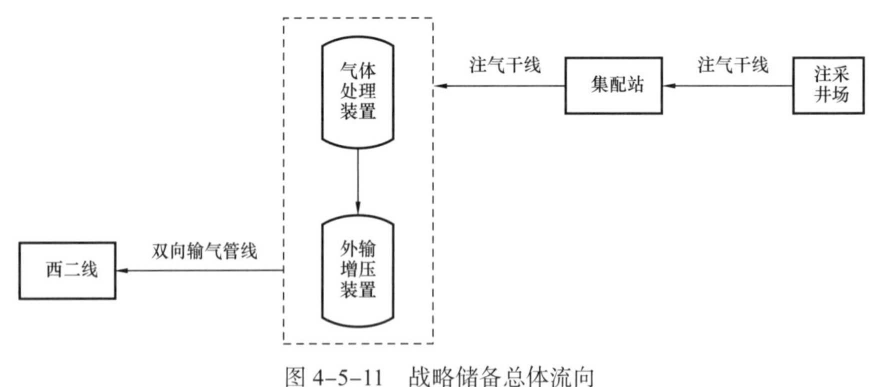

图4-5-11　战略储备总体流向

六、应急供气

应急供气工况条件下，各注采井来气经单井注采管道高压集输至各集配站，节流降压后经采气干线输送至集注站，在此经气液分离器初步分离，不进行节流降压，直接由气液分离器出口经双向输气管线输送至昌吉站，进西二线供下游用户使用，如图 4-5-12 所示。

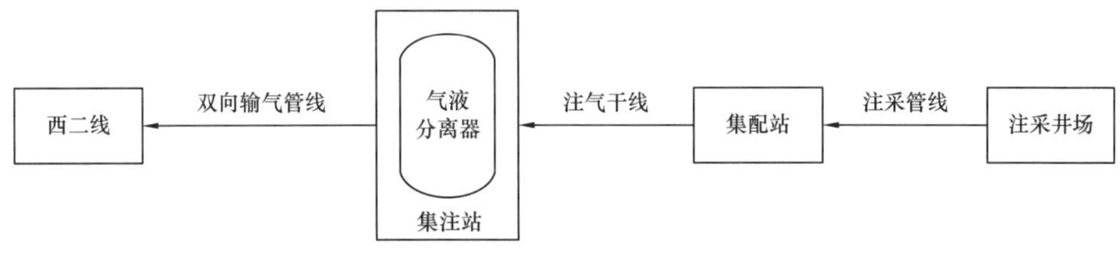

图 4-5-12　应急供气总体流向

第四节　储气库运行与适应性

地下储气库的主要作用是调节季节性用气稳定，或者在发生意外时能保证供气的连续性。呼图壁储气库以保证北疆地区居民用气和商业用气为主要目的，兼顾西二线的战略储备。

一、运行周期

图 4-5-13 为呼图壁气田采气量变化曲线，可见历年 4—10 月产气量较低，而当年 11 月到来年 3 月，产气量较高，且周期性变化规律明显。因此，基于北疆地区近 5 年用气量的对比分析，假设储气库的运行周期分为注气期、采气期和平衡期，其中注气期为 180d（4 月 18 日—10 月 14 日），采气期为 150d（11 月 1 日—3 月 31 日），而注采末的平衡期为 35d（即 3 月 31 日—4 月 17 日，共 18d；10 月 15 日—10 月 31 日，共 17d）。

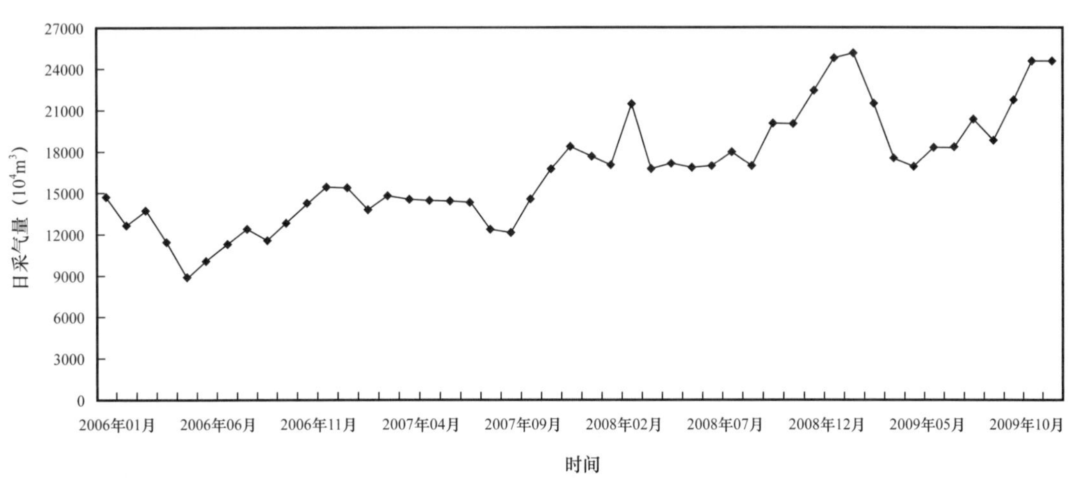

图 4-5-13　呼图壁气田采气量变化曲线

二、适应性

新疆呼图壁储气库为带边底水的贫凝析气藏，工作气量 $45.1 \times 10^8m^3$，运行压力为 18～34MPa。气库工作方式为夏注冬采，气源为西二线来气，气中二氧化碳含量为 1.89%。采气期生产中伴随有凝析油和地层水，且注采气井位于林地与耕地中，较高的运行温度、压力、CO_2 含量与产出水 Cl^- 含量及土壤中的盐、氧、酸与湿度都易造成储气库埋地金属管线及元件的腐蚀[47, 48]。因此，应基于储气库实际运行工况，分析评价储气库工作环境及腐蚀状况，研究提出经济高效的防腐措施，保障气库安全平稳运行。

呼图壁储气库采气过程中，单井采出天然气温度较低，导致集配站节流后进集注站温度也很低，容易造成游离水和水合物冻堵。为此在集配站生产汇管处注入甲醇，在集注站中低温分离前的气气换热器入口注入乙二醇，并回收再生乙二醇。目前呼图壁储气库存在甲醇注入量偏大，且在高水气比下成本较高的问题，因此需要优化已有水合物控制方案，确定在不同气量、含水量、压力与温度情况下最优的甲醇质量分数及其注入速率[49]。

第五节　储气库技术水平

一、特色技术

（1）单井管道采取注采合一方式，减少工程投资；

（2）单井注采管道、采气干线、集注站节流前管线用内衬不锈钢管防止 CO_2 腐蚀，提高管道运行安全；

（3）集配站布置橇装化，占地面积减少；

（4）采用二级布站工艺，降低天然气集输过程中的压损，减少管道壁厚，节约投资；

（5）原料气通过空冷器预冷，降低天然气在处理过程中的压损；

（6）天然气脱烃脱水采用 J–T 阀节流制冷，满足其烃露点和水露点的外输要求，并回收凝液；

（7）凝液稳定采用多级均衡闪蒸技术，提高稳定深度；

（8）采出水经处理后回注地层，减排环保；

（9）注气工艺采用电驱往复式压缩机，降噪节能；

（10）压缩机注气与增压共享，减少外输气压缩机数量，降低工程投资。

二、自控系统水平

呼图壁储气库自动化系统采用先进的 SCADA 系统，对气田生产过程集中监测、控制和调度管理。系统建成后，形成以集注站调度中心为枢纽的控制系统，对内完成整座储气库集注工艺的监控，对外与外输站场数据交换（交接计量）。呼图壁储气库安全系统采用安全度等级为 SIL2 级的 ESD 系统，保障整个储气库生产过程的安全运行。储气库与外输站场的 ESD 系统互联互通，若任一方紧急停车，则向另一方发出报警信号。外输线站场选用安全、实时、高效、可靠的 PLC 系统，以实现昌吉分输站和 706 输气站主流程“无人操作、有人值守”的自动化水平为目标，全线采用自动化三级控制：调控中心—站控—

就地控制，保证整个储气库生产系统安全、可靠、平稳、高效、经济地运行。

三、先进设备与材料

（1）应用电驱往复式压缩机，增加单台压缩机排气量，减少压缩机数量，降低工程投资，采用电力驱动，降低运行费用，保护环境；

（2）应用内衬不锈钢管材，防止 CO_2 和 Cl^- 腐蚀，提高管道与设备运行的安全性；

（3）选用超声波流量计作为贸易交接计量的器具，具有大量程比、压损小的特点，克服了传统孔板流量计的缺点；

（4）选用在线色谱分析仪，实时监测与在线分析气质，并与超声波流量计联锁，提高计量精度；

（5）计量直管段前后采用强制密封阀，提高计量的精确性；

（6）应用三股流换热器，充分利用冷量。

第六节　储气库技术问题与发展方向

一、技术问题

（1）新疆呼图壁储气库采用夏注冬采的工作方式，采气期生产过程中管道内含有一定量游离水，同时较高的注、采气压力使管线内的 CO_2 分压较高，极易造成储气库埋地管道内腐蚀[50]。此外，储气库井深埋地下，与土壤和地下水等介质接触时，极易产生外壁腐蚀；井筒内 H_2S、CO_2 含量时常超标，且井底存在积液，将加速内壁的腐蚀[51, 52]。

（2）注气压缩机全部采用 ARIEL 公司 KBU–6 卧式对称平衡双作用往复式压缩机，运行期间影响其平稳运行的主要因素包括压缩机气阀故障，经常造成其停机；压缩机振动造成管线卡箍上螺栓断裂；压缩机出口除油系统除油率低，气缸润滑油随天然气进入气层，并造成其污染[53]。

（3）对于自由水析出和水合物冻堵问题，呼图壁储气库是在集注站中低温分离前的气气换热器入口注入乙二醇，但集注站的进站温度低于设计温度且外输温度偏低，导致原设计的三股流换热器未投入使用，不能解决低温下凝析油冻堵的问题。

（4）强注强采的运行模式导致储气库井间地层压力变化剧烈，注采气量合理配置及跟踪调控困难，初期注采后地层压力分布极不均匀，随着储气库逐步达容，地层压力已接近设计上限，注气期存在较大的地层超压风险。同时由于储层平面非均质性、边部区域地层水侵入及储层污染等因素影响，导致周期井网利用率低、部署井网调峰能力远低于方案设计，整体注采效果未达到预期效果。另外，周期注采交替的应力变化，可能使气藏内部发生断层滑动，注采管柱发生变形甚至错断等，造成圈闭漏失，影响气库的安全运行。同时，气库配套建设的地面集输处理系统在运行初期也存在运行效率偏低、适应性较差等问题，直接影响气库注采高效运行[54]。

二、发展方向

新疆油田储气库地面工艺技术建设总体技术路线、集输处理工艺与国外基本一致，但在运行安全性、稳定性、可靠性和经济性等方面仍有提升空间，其研究重点和发展方向如下：

（1）储气库集输系统优化与带液计量装备研发：传统单相气体流量仪计量天然气，由于凝析液和自由水的存在将会造成较大的测量误差。近年来的在线不分离技术发展中，主要有文丘里管—双能伽马射线、超声波流量计—文丘里管等多相计量技术，但价格昂贵，且多处于实验阶段，尚未大规模实际应用[55，56]。因此，研发低成本、高精度的储气库多相计量装备将具有广泛的应用前景。

（2）储气库专用高效节能注气压缩机研发：针对不同储气库原料气质，推动采用“一对一”专项研究不同储气库的压缩注气方式，加强压缩机组运行可靠性与适应性分析，实时优化操作程序，保障机组平稳运行[57]。这也是今后压缩机系统节能减排的发展方向，其关键目标在于最大幅度降低压缩机尾气排放量、减少对润滑油需求、提高能源利用率[58]。

（3）储气库放空操作方案优化：统计和分析已建储气库放空系统工况，主要包括放空次数、放空原因、放空位置和放空气量等，以积累运行管理经验，尽量减少放空次数和放空量。

（4）应摒弃“全量放空”的设计理念，秉持“先关断后放空”的全新放空理念来计算放空规模，以有效降低放空系统设计规模。将集注站分区、延时泄放理念应用于储气库工程的放空系统设计中，使储气库工程放空系统不再按集注站最大处理量来确定泄放量，可有效减少工程投资以及事故状态下的无效放空，同时也减少环境污染[59，60]。

第六章　天然气地面工程同类技术对比

新疆油田针对已开发气田气藏和凝析气藏所形成的天然气集输、处理、输配、储存等工艺技术基本适应和满足目前天然气生产运行的要求，但生产过程中天然气井口节流、加热、注醇集输工艺仍存在约束条件多、运行能耗高等缺陷。气田气处理普遍采用节流制冷、脱水、脱烃低温分离工艺，虽然装置流程简单、能耗低、投资少，但对于地层压力递减快的气藏，存在装置使用期短、适应性差等问题。因此，对比国内外同类技术的工艺特点及适应性，有助于新疆油田及国内其他油气田天然气开发利用地面工程技术相互借鉴与持续改进。

第一节　集输站场工艺技术

一、采气井场

常见的气田地面集输工艺主要包括集中加热工艺[61]、井口加热节流工艺[62]、井口注醇工艺[2]、井口注醇节流工艺[63]及井下节流—井口不加热—不注醇中低压集气工艺[64]，技术对比见表4-6-1。基于新疆油田不同区块气井、气质特征及开发阶段，前四种集输工艺在新疆油田均有应用。

表4-6-1　防止水合物工艺技术对比

名称	集气站集中加热工艺	井口加热节流工艺	井口注醇工艺	井口注醇节流工艺	井下节流—井口不加热—不注醇工艺
适用范围	井口温度高于水合物形成温度	一般气井均适用	采出气含水较低	采出气含水较低	采出气含水低
投资	高	低	较高	较高	低
能耗	低	较高	高	高	低
设备、流程	设备少，流程简单	设备较多，流程复杂	设备少，流程简单	设备较少，工艺流程较复杂	设备少，流程简单
效果	较好	较好	一般	一般	较好
应用情况	克拉美丽气田	克拉美丽气田、普光气田	克拉美丽气田、涩北气田	克拉美丽气田、靖边气田	川西气田、苏里格气田、杭锦旗气田

采用井下节流技术防止水合物生成已成为一种趋势，依靠井下节流嘴实现井筒节流降压，充分利用地温复热，防止地面集输系统形成水合物。与井场加热或注醇设施相比，该技术可简化地面工艺，节省井场采输设施投资、降低燃料和人力费用。该技术适用于低产、低压、低渗气田，而新疆油田多为高产、高压气田，因此该技术在新疆油田应用较少。

二、集输管网

油气田集气管网类型主要包括放射式、树枝状、放射枝状组合式、放射环状组合式、枝状计量式及井间串接式等集气管网[61]。与放射状管网相比，井间串接式集输管网的平均单井管线长度可减少36%，集气站辖井数大幅上升[65]。目前，新疆油田主要采用放射式、树枝状与放射—枝状组合式三种集气管网，其布置方式及适应性见表4–6–2。

表4–6–2　集气管网工艺技术对比

类型	适用范围	布置方式
放射式	适用于气田面积较小、气井相对集中、单井产量低、处理厂设于气区中心时采用	以集气站或净化厂为中心，管道以放射状形式与多口气井相连
树枝状	适用于井网距离较大且狭长带状区域，井站投资较大，但管线短、投资低且管网易拓展，可满足气田滚动开发和分期建设需要	枝状管网形同树枝，集气干线沿构造长轴方向布置，将其两侧各气井通过最短的集气支线与干线连通并输至目的地
放射—枝状组合式	适用于建设2座以上集气站的各类气田，其适用性较广	当气田区域较大、单井数量较多时，可采取两条或多条放射—枝状组合式管网布置
放射—环状组合式	适用于气田井多、站多、面积较大的方形、圆形或椭圆形气田	以多井集气站为预处理的中心，将其周边所辖各气井以放射形式通过采气管道与集气站连通；集气干线与下游处理厂相连形成环状，若发生事故，不会造成干线全部停输
枝状计量式	适用于气藏狭长、井间距离较短、井数较多、自然环境恶劣的戈壁、沙漠地区及道路建设费高的气田	各单井通过专用计量管在计量站或集气站内轮井分离计量，单井支线进干线处或单井出井场处设阀组，周期轮换进入干线
井间串接式	（1）适用于气井多、分布密集的低压、低产、低渗气田和煤层气集输； （2）采出气经井口节流调压后，由采气管将邻近气井串接、汇集后输至邻近集气站预处理，再经集气干线输往处理厂净化	（1）基于传统放射式管网，阀组替代集气计量站，而阀组为集气干线与采气支线的节点，将采气管与集气干线相连； （2）采气管沿线的丛式井通过枝状站间单管串接，并输往集气站处理

国内外新建天然气集输管网主要采用最优化设计方法，以集气管网一次性建设投资费用最小为目标函数，以采、集气管线规格为决策变量，综合考虑管网水力热力平衡、管道流速、管道强度等约束条件，建立集气管网参数优化设计数学模型。经优化设计，徐深气田总投资费用比实际投资节省4.9%。然而，新疆油田新建天然气管网许多是在老管网的

基础上扩建，如何设计才既能降低新建管网投资，又能充分利用老管网，这是值得深入系统研究的科学问题[66]。

第二节　净化处理工艺技术

一、天然气脱水工艺技术

国内外天然气脱水方法主要包括低温分离、二甘醇（DEG）、三甘醇（TEG）和分子筛法等常规方法[67，68]，以及国外近年发展的天然气超音速脱水[69]、膜分离法脱水[70]等新工艺。新疆油田气田气主要采用低温冷凝法脱水，大型油田伴生气主要采用固体吸附法脱水，小型油田伴生气主要采用溶剂吸收法和低温冷凝法脱水，其中固体吸附剂以分子筛为主，溶剂法主要以乙二醇或三甘醇脱水为主，而三甘醇脱水工艺已达到国际先进水平[71]。

三甘醇脱水适用于大规模天然气处理，工艺流程简单，投资成本低。除新疆油田外，长庆油田第四天然气净化厂采用 99.6%（质量分数）三甘醇作为脱水剂，水露点可达到 –13℃（冬）/3℃（夏）。青海涩北一号气田采用先加热后节流的常温分离工艺，并增加三甘醇装置二次脱水，产品天然气满足外输要求。

低温冷凝分离脱水常用于小型天然气处理厂的水分粗分离，目前工业上常用的降温方法有节流膨胀和外加辅助制冷，有时二者组合使用。榆林南区气田天然气在各单井节流制冷后，采用丙烷压缩循环制冷工艺集中处理天然气，实现出口天然气水露点低至 –20℃，且无需注醇系统[72]。大牛地气田开发前期采用节流制冷，充分利用地层压力，能有效脱出天然气中的水分，随着气井压力下降，后期采用外加冷源制冷，外输气水露点低于 –16.9℃，装置运行状况良好[73]。

固体吸附法具有脱水深度高、装置简单、占地少等优点，分子筛具有较大的比表面积和适宜的孔道结构，对脱水具有较高的吸附容量和选择性，故被广泛用于天然气深度脱水。大港油田天然气深冷装置采用 4A 型分子筛作为吸附剂，可有效避免脱水过程中轻烃损失[74]。土库曼斯坦约洛坦处理厂的四塔分子筛脱水流程能控制产品天然气水露点低于 –20℃，其季节变化对水露点影响不大，整体装置运行状况良好[67]。

超音速脱水作为新兴工艺技术也在国内外油田现场得到应用，俄罗斯 ENGO 公司旗下的 Translang 公司大力研发及推进天然气超音速分离技术，并完成现场试验研究，其系统运行良好[75]。塔里木油田牙哈作业区凝析气处理厂引进国内首套超音速分离器（Super Sonic Separator，3S），水露点可达 –46℃，脱水效果远优于 J–T 阀制冷脱水工艺[76]。

膜分离技术在国外已实现工业化，美国 Air Product 公司已成功实现商业化应用。该技术在我国也有试用，大连物化研究所采用中空纤维膜设计的天然气脱水装置成功应用于长庆气田，实验条件下水露点可达到 –13～–8℃[77]。2011 年，西南油气田公司的首套橇装式膜法天然气脱水装置投产成功[78]，不同天然气脱水工艺技术对比见表 4–6–3。

表 4-6-3 天然气脱水工艺技术对比[67]

脱水技术	露点降（℃）	适应性	优点	缺点	发展方向
低温分离	>20	环境温度较高的高压气田	工艺简单、投资成本低	主要适用于高压气田，脱水深度有限	高性能换热器与组合工艺研发
溶剂吸收	>40	大流量、露点降大的气田	工艺成熟、处理量大、投资成本低	存在溶剂损耗、环境污染及轻烃损失，操作费用较高	高效环保脱水剂研发与分离工艺优化
固体吸附	>120	环境温度低、露点降大的气田	吸附剂可循环使用，脱水深度高	吸附剂需不定期更换，设备投资及操作费用较高，能耗高	脱水工艺优化与高效固体吸附剂研发
膜分离法	>20	海上平台	工艺简单、占地面积小、能耗低	膜材料制备不成熟，成本较高，存在轻烃损失、膜塑化等问题	选择性强、强度高的新型分离膜研发
超音速法	>20	环境温度较高的高压气田	工艺简单、体积小、轻烃损失少、能耗低、无环境污染	脱水深度有限，超音速分离器结构不够完善，分离效率不够高	分离器结构优化

二、天然气脱烃工艺技术

天然气脱烃工艺主要有 J–T 阀烃水露点控制工艺和凝液回收工艺等，其中凝液回收工艺回收的乙烷或丙烷及更重的液烃可显著提升油田的经济效益，近年来也愈发引起各油田重视。针对是否单独回收天然气中的乙烷组分，凝液回收流程可分为丙烷回收流程和乙烷回收流程。

自 20 世纪 60 年代以来，国外油气公司开始重视天然气凝液回收与利用，建设有大量的丙烷回收工程，已取得大量凝液回收工艺的开发与应用研究成果。美国 Ortloff、IPSI、Randall 和加拿大 ESSO 等公司以降低系统能耗、提高凝液回收率及工艺流程适应性为目标，先后开发多种丙烷回收流程。其中单塔塔顶循环流程 SCORE（Single Column Overhead Recycle Process）、直接换热流程 DHX（Direct Heat Exchange Process）、高压吸收流程 HPA（High Pressure Absorber Process）应用较多，它们具有丙烷回收率高（95%以上）、对原料气适应性强、流程结构简单等特点。

同期，国外开始应用低温冷凝法回收天然气中的乙烷及乙烷以上的组分。美国 Ortloff 公司[79]在 20 世纪 70 年代就开始天然气乙烷回收技术研究，并于 1979 年提出两种以“分流”为主要特征的气体过冷流程 GSP（Gas Subcooled Process）和液体过冷工艺 LSP（Liquid Subcooled Process）。为增强流程的适应性、提高乙烷回收率，Ortloff 公司于 1996 年提出基于 GSP 的部分气相循环流程 RSV（Recycle Split Vapor Process），促进高效乙烷回收技术的进一步发展。为提高装置对 CO_2 的适应性，Ortloff 公司提出基于 RSV 工艺的部分气体循环强化流程 RSVE（Recycle Split—Vapor with Enrichment Process）。此外，Ortloff 公司还开发有压缩—增强精馏流程 SRC（Supplemental Rectification with Compression Proces）、回流的增强精馏流程 SRX（Supplemental Rectification with Reflux）等工艺流程，但乙烷回收流程应用最多的是 RSV 流程及其改进型。

美国IPSI公司将乙烷回收技术研究的重点集中放在改进脱甲烷塔底部换热集成上，开发出IPSI流程，可降低高压操作下的脱甲烷塔热负荷，提高乙烷回收率[80]。美国Randall Gas Technologies公司在21世纪初开发出适用于高压原料气工况条件的HPA乙烷回收工艺，可降低脱甲烷塔底温度，取消脱甲烷塔底重沸器与外输气再压缩功耗。经过近60年的发展，国外开发有多种乙烷回收工艺流程，目前正朝着处理规模大、乙烷回收率高、流程高效多样化等方向发展。

我国丙烷回收技术起步较晚，20世纪60年代四川首次尝试从天然气中分离、回收凝液产品[81]。20世纪90年代，我国吐哈油田引进第一套由德国林德公司设计的DHX丙烷回收流程，其丙烷回收率比无重接触塔的丙烷回收流程高10%～20%。此后，DHX丙烷回收流程在我国得到推广应用，各油气田陆续建设这类丙烷回收装置，并积累丰富的丙烷回收工艺设计与建设经验。

国内丙烷回收装置原料气主要来源于油田伴生气和凝析气，油田伴生气压力低、气质富、处理规模小。油田伴生气丙烷回收装置流程主要采用单级膨制冷流程ISS（Industry—Standard Stage）、简化DHX丙烷回收流程（无脱乙烷塔回流罐）。低压油田伴生气凝液回收需对原料气增压，脱水工艺多采用分子筛脱水，制冷工艺主要采用丙烷制冷、丙烷制冷与膨胀机制冷相结合的联合制冷等，丙烷回收率在60%～95%之间。国内凝析气田气丙烷回收装置流程以ISS流程和简化的DHX流程为主，原料气压力普遍较高，无需增压，制冷方式多数采用膨胀机制冷、丙烷制冷与二者联合制冷。国内部分油气田丙烷回收典型工艺的基本情况[82-91]见表4-6-4，凝液产品主要以液化石油气和稳定轻烃为主。

表4-6-4　国内部分油气田丙烷回收典型工艺的基本情况

所属单位		凝液回收工艺	制冷工艺	原料气压力（MPa）	处理规模（$10^4m^3/d$）	投产时间
吐哈油田	丘陵油田	简化DHX流程	丙烷—膨胀机联合制冷	3.6	120	1996年
	丘东第2处理厂			3.6	120	2005年
海南福山油田	花场油气处理站			1.6	50	2005年
冀东油田	高尚堡			2.5	25	2006年
	南堡联合站			3.5	110	2005年
中石化西北油田	雅克拉气田		膨胀机制冷	9.1	260	2005年
	塔河1号联合站		丙烷—膨胀机联合制冷	2.2	50	2008年
	塔河2号联合站	ISS流程	丙烷—膨胀机联合制冷	2.4	15	2004年
西南油气田	中坝气田		膨胀机制冷	3.3	30	1986年
	广安气田		膨胀机制冷	3.2	100	2010年
	安岳气田	二次脱烃	混合冷剂制冷	4.2	150	2015年
塔里木油田	吉拉克气田	多级分离	丙烷—膨胀机联合制冷	7.1	130	2005年

春晓气田终端、珠海高栏终端、塔里木轮南轻烃厂代表我国丙烷回收先进水平，其流程采用带回流罐的DHX流程。其中，制冷工艺采用膨胀机制冷，单套处理规模（3.35～15.00）$\times 10^6 m^3/d$，冷箱采用多股板翅式换热器，故冷热集成度与产品回收率高。春晓气田陆上终端采用膨胀机、J-T节流阀、露点控制三种生产模式设计[92]，提高处理装置对气田开发不同时期的适应性和可靠性，值得借鉴和推广应用。

国内乙烷回收起步相对较晚，20世纪80年代我国大庆、中原等油气田主要从国外引进，如大庆油田于1987年引进萨南深冷乙烷回收装置。该装置由林德公司设计，采用双膨胀机制冷。通过消化吸收国外乙烷回收技术，国内逐渐具备自主设计和建设乙烷回收装置的能力，并开发出多套国产化天然气回收乙烷深冷装置[10, 65]。目前国内乙烷回收装置相对较少，典型工艺的基本情况[93-95]见表4-6-5，其中大多采用LSP流程，处理规模小（$100\times 10^4 m^3/d$）、乙烷回收率低（85%），与国外相比还存在较大差距。

表4-6-5　国内典型乙烷回收工艺的基本情况

<table>
<tr><th colspan="2" rowspan="2">所属单位</th><th rowspan="2">乙烷回收工艺</th><th colspan="2">原料气</th><th rowspan="2">乙烷回收率（%）</th><th rowspan="2">建成时间</th></tr>
<tr><th>处理量（$10^4 m^3/d$）</th><th>压力（MPa）</th></tr>
<tr><td rowspan="2">中原油田</td><td>第三气体处理厂</td><td>德国Linde公司引进LSP工艺
膨胀机制冷、丙烷制冷工艺</td><td>100</td><td>4.5</td><td>85</td><td>1990年</td></tr>
<tr><td>第四气体处理厂</td><td>国产化改进LSP工艺
膨胀机制冷、丙烷制冷工艺</td><td>100</td><td>3.2</td><td>85</td><td>2001年</td></tr>
<tr><td rowspan="4">大庆油田</td><td>萨南深冷装置</td><td>德国Linde公司改进LSP工艺
两级膨胀机制冷工艺</td><td>60</td><td>5.0</td><td>85</td><td>1987年</td></tr>
<tr><td>南八深冷装置</td><td rowspan="4">国产化改进LSP工艺
膨胀机制冷、丙烷制冷工艺</td><td>90</td><td>4.5</td><td>85</td><td>2011年</td></tr>
<tr><td>红压深冷装置</td><td>90</td><td>4.0</td><td>79～83</td><td>2003年</td></tr>
<tr><td>南压深冷装置</td><td>60</td><td>2.8～3.1</td><td>80</td><td>2006年</td></tr>
<tr><td>辽河油田</td><td>$80\times 10^4 m^3$深冷装置</td><td>80</td><td>4.1</td><td>85</td><td>2016年</td></tr>
</table>

三、凝析油稳定工艺技术

凝析油稳定技术主要包括闪蒸稳定和分馏稳定两种，其中闪蒸稳定又分为负压闪蒸、微正压闪蒸和正压闪蒸三种方式[96]，它们的技术特点与适应性见表4-6-6。

表 4-6-6　凝析油稳定工艺技术对比

稳定方法	闪蒸稳定法			分馏稳定法
	负压闪蒸法	微正压闪蒸法	正压闪蒸法	
操作压力（MPa）	0.03～0.08	0.12～0.20	0.20～1.00	—
凝析油温度（℃）	50～80	100～120	＞120	＞200
适用凝析油	密度较大、轻组分少	轻组分少	轻组分含量较多	轻质或 C_1—C_4 含量＞2%
能耗	炉温低、能耗较低	相对较高	相对较高	炉温高、能耗高
对来油含水适应性	较强	强	较差	较强
其他	管理难、有安全隐患	维修费较低	维修费低	杂质易堵塞换热器
设备、流程	设备较少，流程简单			设备较多，流程复杂
凝析油稳定质量	较差			好
应用情况	国内应用广泛（C_1—C_4 含量在 0.8%～2%）			新疆油田应用广泛

第三节　天然气配气管网工艺

天然气配气管网一般可分为环状管网和枝状管网，其中环状管网由一个封闭成环的管道组成，可由两个方向供气，输送至某管段的天然气可由一条或几条管道供给；而枝状管网则是形状如树枝状，仅有一个气源，由一条管道供气，输送至某一管段的气体只能由一个方向供给[97]。一般压力级制较高（次高压 B 以上）的城市主干网采用环状管网，但对压力等级较低（中低压）的区域管网，通常根据不同用户类型、周边气源条件和相关技术经济条件确定管网布置形式[98]。两种配气管网的技术、经济及运营管理对比见表 4-6-7。新疆油田准噶尔盆地天然气输配气管道及西北缘输配气管道分别属于高中压和中压管道，主要采用环网布置。

表 4-6-7　天然气配气管网工艺对比

管网类型	特点	技术评价	经济评价	运营管理评价
枝状	呈树枝状，仅有一个气源，管网各段流量确定	供气可靠性更高、管网压力更均衡	平均管径大、调压室数量多	事故处理时间短，可能造成的危害更小
环状	呈环状，可由两个方向供气，管网各节点流量可任意分配	事故工况与用气高峰同时发生的影响更小	平均管径小，但管网更长、阀室数量多、投资成本高	事故处理时间较长，可能造成的危害较大

欧美天然气配气管网建设较早，已由最初的以支管模式逐渐向环状、枝状、环枝状和半环枝状模式发展，其配气管网压力为 0.04～1.60MPa。白俄罗斯城市较分散，其配气管

网主要采用枝状结构。日本天然气主要来源于LNG码头和基地，各城市配气管网系统相对独立。新疆油田比国内外一些地区的配气管网具有一定优势，但其区域输、储、配基础设施建设比国外还有一定差距[98]。

第四节　储气库地面工艺技术

我国地下储气库建设经过多年的研究与实践，已进入快速发展阶段。截至2018年底，国内正在建设和已建的包括新疆油田呼图壁储气库在内的储气库达26座[99]，总设计库容超过$400 \times 10^8 m^3$，调峰能力超过$60 \times 10^8 m^3$[100, 102]，2020年我国储气库调峰的年消费量达10%以上[99]。

新疆油田呼图壁储气库建设遵循“标准化设计、模块化建设、工厂化预制”标准，开创油田地面工程建设的多个“第一”，达到国际先进水平。突破常规输送距离，大幅减少站场数量，提升超高压湿气输送的安全性，形成井、站、管一体化模式，将注采集输半径由常规5km提高到16km；首次引入超高压大流量双向调压计量设备，简化井场流程，实现远程智能精准调控；集成先进的控制系统，建成数字化储气库，实现智能优化运行管理；实现储气库—油气田公司—生产运行调度多方高效联动、分层授权、智能调度指挥。

国内储气库总体工艺与国外一致，仅井口流程存在一定差别[59]。新疆油田呼图壁储气库采用注、采管道分开敷设，注采系统采用调节球阀—单井流量计量，采气系统采用角式节流阀—两相分离轮换计量。与国外相比，国内储气库具有注采压力高、采出物组分复杂、注采系统弹性小等特点，国内外储气库地面工艺技术[99]对比见表4-6-8。

表4-6-8　国内外储气库地面工艺技术对比

对比内容	国外	国内
井场	丛式布井，井场少	丛式布井为主，少量直井
井口设施	无放空和排污等设施	设有就地放空和排污设施，金坛储气库设有清管阀
单井产量	单井产量高，如德国Rehden储气库平均单井采气能力$15 \times 10^4 m^3/h$，平均注气能力$8.75 \times 10^4 m^3/h$	单井产量低，中国石油平均单井采气能力$3.3 \times 10^4 m^3/h$，平均注气能力$2.2 \times 10^4 m^3/h$
注采管道布置及计量方式	采出气不含油，注采合一、双向计量	呼图壁、相国寺和金坛储气库采用注采合一、双向计量；其他储气库多为注采分开，注气单井计量，采出物轮换分离计量
水合物抑制措施	井口无节流，无水合物抑制措施	采取井口注甲醇、设加热炉、提高背压等措施
压缩机选型	离心式或离心式和往复式搭配	多选用往复式
放空系统	火炬位于集注站内，采用分区延时排放、规模小	集注站设独立放空区、火炬规模大

参考文献

[1] 张书勤，胡耀强，杨博，等．天然气集输中水合物控制研究进展［J］．应用化工，2017，46（11）：2247–2251.

[2] 曾国强．气井井下节流排水采气工艺技术探讨［J］．中国石油和化工标准与质量，2019，39（17）：215–216.

[3] 周军，李晓平，周诗维，等．煤层气集输系统井间串接结构分析［J］．油气田地面工程，2013，32（12）：32–33.

[4] 王从乐，姚玉萍，熊小琴，等．新疆油田地面工程优化简化［J］．石油规划设计，2012，23（3）：36–39.

[5] 张吉红，吴丽国，张哲，等．凝析气藏水合物抑制剂抑制性能协同效果［J］．油气储运，2014，33（10）：1087–1090.

[6] 叶正荣，李东，裘智超，等．天然气水合物抑制剂 KDL 的研究［J］．现代化工，2021，41（1）：113–117.

[7] 王守全，刘胜利，谢欢欢，等．天然气水合物抑制技术研究分析［J］．当代化工，2016，45（3）：633–635.

[8] 赵坤，刘茵，张鹏云，等．新型天然气水合物动力学抑制剂的制备及性能［J］．天然气化工（C1 化学与化工），2013，38（2）：51–55.

[9] 董江洁，黄小奇，赵光前，等．低温气井井口水合物防止工艺探讨［J］．新疆石油天然气，2013，9（1）：72–75.

[10] 李越．膨胀制冷法回收天然气轻烃工艺的系统优化［D］．广州：华南理工大学，2016.

[11] 杜茂敏，万里，李向阳．原油稳定加热炉爆管原因及预防措施［J］．油气田地面工程,2011,30（10）：65–66.

[12] 赵京艳，葛凯，褚晨耕，等．国产天然气压缩机应用现状及展望［J］．天然气工业，2015，35（10）：151–156.

[13] 邵帅．浅谈离心压缩机的基本原理与维护保养［J］．化学工程与装备，2019（7）：236–237.

[14] 杨信一．空气压缩机的选型和运行情况分析［J］．石油与天然气化工，2018，47（1）：60–64.

[15] 李明，魏志强，张磊，等．分子筛脱水装置节能探讨［J］．石油与天然气化工，2012，41（2）：156–160.

[16] 李均方，张瑞春，陈吉刚．改进的分子筛脱水装置在页岩气脱水中的应用［J］．石油与天然气化工，2020，49（2）：14–18.

[17] 李星雨．天然气脱水技术综述［J］．辽宁化工，2017，46（3）：269–270.

[18] 吴柯含．波动制冷凝结和蒸发特性研究［D］．大连：大连理工大学，2018.

[19] 贺恩云，樊惠玲，王小玲，等．氧化铁常温脱硫研究综述［J］．天然气化工（C1 化学与化工），2014，39（5）：70–74.

［20］吴新阳．天然气浅冷装置冷量回收优化工艺［J］．石油炼制与化工，2010，41（5）：62-66.
［21］陈波，张中亚，伍伟伦，等．DHX 轻烃回收工艺不同运行模式分析［J］．石油与天然气化工，2020，49（6）：13-19.
［22］李克微，马兵，王静，等．采油二厂 81 号天然气处理站天然气系统优化［J］．新疆石油天然气，2013，9（1）：87-89.
［23］曹洪贵，蒋洪，陶玉林，等．克拉美丽气田天然气烃水露点控制工艺改造［J］．石油与天然气化工，2013，42（4）：336-342.
［24］李燕玲，蒋洪，陈小榆．汞腐蚀研究进展［J］．腐蚀科学与防护技术，2018，30（3）：319-323.
［25］赵允龙．汞在天然气脱水脱酸溶液中的溶解特性研究［D］．南京：东南大学，2019.
［26］李剑，韩中喜，严启团，等．中国煤成大气田天然气汞的分布及成因［J］．石油勘探与开发，2019，46（3）：443-449.
［27］吕小明，李虎，刘明明，等．准噶尔盆地凝析气田地面系统节能提效技术研究及应用［C］．第 31 届全国天然气学术年会（2019）论文集（06 储运安全环保及综合），中国石油学会天然气专业委员会，2019.
［28］陈南翔，吴印强，蒋洪．玛河气田天然气处理站工艺改进［J］．天然气与石油，2014，32（5）：41-44.
［29］牛瑞，蒋洪，陈倩．含汞天然气脱汞工艺方案研讨［J］. 天然气化工（C1 化学与化工）,2016,41(2)：59-63.
［30］严启团，蒋斌，韩中喜，等．天然气脱汞工艺方案探讨［J］．天然气化工（C1 化学与化工），2018，43（2）：87-92.
［31］林冠发，王俊奇，马金龙，等．某气田弹簧管压力表失效与汞腐蚀［J］．装备环境工程，2017，14（12）：1-7.
［32］牛瑞，蒋洪，陈倩．含汞设备汞污染控制技术［J］．油气田地面工程，2016，35（6）：83-87.
［33］晁宏洲，王赤宇，陈旭，等．天然气中含蜡成分对处理装置运行的影响分析及对策［J］．石油与天然气化工，2007（4）：282-284.
［34］袁惠新，方毅，付双成．天然气脱蜡旋风分离器分离效率的模拟［J］．化工进展，2014，33（1）：43-49.
［35］马国光，季夏夏，钟荣强，等．天然气脱蜡工艺研究［J］．油气田地面工程，2016，35（5）：53 56.
［36］刘改焕，刘慧敏，陈韶华，等．一种新型的天然气脱蜡脱水脱烃工艺［J］．石油与天然气化工，2016，45（6）：1-4.
［37］仝淑月，周树青，边江，等．天然气脱水技术节能优化研究进展［J］．应用化工，2018，47（8）：1732-1735.
［38］毛立军，王用良，吴艳，等．天然气脱水新工艺新技术探讨［J］．广东化工，2013，40（8）：66-67.
［39］曾钰培，罗二仓．基于超声速制冷效应旋流分离技术的研究进展［J］. 制冷学报,2020,41(6)：1-11.
［40］宗月，仇阳，王为民，等．天然气脱硫脱碳工艺综述［J］．化工管理，2019（4）：200-202.

［41］蒋洪，张世坚，敬加强，等．常规及创新高压凝液回收流程对比［J］．化工进展，2019，38（6）：2581–2589.

［42］赵兴国．天然气轻烃回收工艺操作现状分析及优化措施［J］．化学工程与装备，2019（3）：47–48.

［43］Jiang H，Zhang S，Jing J，et al. Thermodynamic and economic analysis of ethane recovery processes based on rich gas［J］. Applied Thermal Engineering，2019，148：105–119.

［44］郑志炜，吴长春．输气管道系统供气调峰技术进展［J］．科技导报，2011，29（12）：75–79.

［45］刘霞，刘梅红，王莉，等．环准噶尔盆地天然气水合物的形成及预防［J］．油气田地面工程，2011，30（4）：63–65.

［46］刘涛．RealPipe–GAS 与 SPS 在新疆天然气管网仿真应用与比较［J］．化工管理，2016（30）：206–207.

［47］杨琴，余清秀，银小兵，等．枯竭气藏型地下储气库工程安全风险与预防控制措施探讨［J］．石油与天然气化工，2011，40（4）：410–412.

［48］冯鹏，王俊，侯晓犇．储气库用注采管汇腐蚀因素分析［J］．全面腐蚀控制，2013，27（4）：47–51.

［49］阿衣加马力·马合莫，李玉星，车熠全，等．呼图壁储气库水合物控制方案及优化［J］．油气储运，2017，36（9）：1024–1029.

［50］张哲，王明锋，林敏，等．新疆呼图壁储气库埋地管道防腐对策研究［J］．石油管材与仪器，2019，5（2）：59–61.

［51］林文举，尚巍，任国栋．新疆地下储气井腐蚀状况探讨［J］．石油和化工设备，2014，17（8）：84–87.

［52］钟志英，罗天雨，邬国栋，等．新疆油田呼图壁储气库气井管柱腐蚀实验研究［J］．新疆石油天然气，2012，8（3）：82–86.

［53］陈月娥，赵勇，王先朝．呼图壁储气库 KBU–6 注气压缩机适应性改造［J］．化工管理，2015（11）：16.

［54］刘国良，廖伟，张涛，等．呼图壁大型储气库扩容提采关键技术研究［J］．中外能源，2019，24（4）：46–53.

［55］巴玺立，杨莉娜，徐英，等．凝析气田带液计量装置研发与性能测试［J］．石油规划设计，2015，26（6）：14–17.

［56］付先惠，姚麟昱，庞训杰，等．气田带液计量工艺研究［J］．油气田地面工程，2016，35（9）：100–103.

［57］李强．相国寺储气库压缩机组安全运行探讨［J］．石油管材与仪器，2019，5（2）：69–71.

［58］胡义勇，孟悦．天然气地下储气库压缩技术比较［J］．化工设计通讯，2018，44（4）：174–196.

［59］张哲．国外地下储气库地面工程建设启示［J］．石油规划设计，2017，28（2）：1–3.

［60］张旭．储气库放空系统优化技术研究［J］．天然气与石油，2014，32（3）：5–7.

［61］马国光．天然气集输工程［M］．北京：石油工业出版社，2014.

［62］刘争芬，赵宝利．大牛地气田两级增压阶段集气站工艺优化研究［J］. 油气田地面工程，2018，37（5）：44–47.

[63] 苏文坤，成庆林，范明月 . 气田集输系统水合物防治工艺的对比分析［ J ］. 当代化工,2015,44（ 8 ）: 1897–1899.

[64] 陈从磊，李长河 . 杭锦旗气田集输工艺优化研究［ J ］. 石油化工高等学校学报，2017，30（ 3 ）: 72–77.

[65] 汤林 . 油气田地面工程技术进展及发展方向［ J ］. 天然气与石油，2018，36（ 1 ）: 1–12.

[66] 魏立新，于航，赵健，等 . 徐深气田集气管网参数优化设计［ J ］. 节能技术，2016，34（ 4 ）: 319–322.

[67] 刘霄，刘唯佳，张倩，等 . 天然气脱水技术优选［ J ］. 油气田地面工程，2017，36（ 10 ）: 31–35.

[68] 陈赓良 . 天然气三甘醇脱水工艺的技术进展［ J ］. 石油与天然气化工，2015，44（ 6 ）: 1–9.

[69] Shooshtari S H R，Shahsavand A. Optimal operation of refrigeration oriented supersonic separators for natural gas dehydration via heterogeneous condensation［ J ］. Applied Thermal Engineering，2018，139: 76–86.

[70] Basafa M，Chenar M P. Modeling，simulation，and economic assessment of membrane–based gas dehydration system and comparison with other natural gas dehydration processes［ J ］. Separation Science and Technology，2014，49（ 16 ）: 2465–2477.

[71] 王磊 . 克拉苏气田大北区块集输工艺技术研究［ D ］. 青岛：中国石油大学（ 华东 ），2014.

[72] 尚静 . 利用膨胀制冷技术脱水、脱烃的研究和应用［ D ］. 西安：西安石油大学，2014.

[73] 刘峻峰，李君韬，李广月，等 . 大牛地气田脱水脱烃工艺的成功实践［ J ］. 石油与天然气化工，2016，45（ 2 ）: 29–32.

[74] 刘刚，徐守君 . 天然气深冷处理装置分子筛脱水工艺分析与研究［ J ］. 石油石化绿色低碳，2016，1（ 3 ）: 48–52.

[75] 郑贤英 . 克拉美丽气田地面处理工艺的改进与优化［ D ］. 西南石油大学，2012.

[76] 温艳军，梅灿，黄铁军，等 . 超音速分离技术在塔里木油气田的成功应用［ J ］. 天然气工业，2012，32（ 7 ）: 77–79.

[77] 申雷昆 . KS 气田天然气处理工艺技术研究［ D ］. 西南石油大学，2017.

[78] 张灵，康林 . 西南油气田首套橇装式膜法天然气脱水装置在蜀南气矿投入运行［ J ］. 石油与天然气化工，2011，40（ 2 ）: 174.

[79] 蒋洪，蔡棋成 . 高压天然气乙烷回收高效流程［ J ］. 石油与天然气化工，2017，46（ 2 ）: 6–11.

[80] 许多，霍贤伟，陈利，等 . 汽提气制冷天然气液烃回收新工艺［ J ］. 天然气与石油，2010，28（ 5 ）: 27–29.

[81] 马宁，周悦，孙源 . 天然气轻烃回收技术的工艺现状与进展［ J ］. 广东化工，2010，37（ 10 ）: 78–79.

[82] 刘顺剑，诸林，陈国森，等 . 天然气冷油吸收法轻烃回收工艺［ J ］. 四川化工，2010，13（ 3 ）: 43–46.

[83] 李士富，李亚萍，王继强，等 . 轻烃回收中 DHX 工艺研究［ J ］. 天然气与石油，2010，28（ 2 ）: 18–26.

[84] 巴玺立，杨莉娜，刘烨，等 . 不同类型气田凝液回收工艺的选择［ J ］. 石油规划设计,2011,22（ 5 ）:

23–25.
[85] 王治红，李智，叶帆，等 . 塔河一号联合站天然气处理装置参数优化研究［ J ］. 石油与天然气化工，2013，42（ 6 ）: 561–566.
[86] 黄思宇，吴印强，朱聪，等 . 高尚堡天然气处理装置改进与运行优化［ J ］. 石油与天然气化工，2014，43（ 1 ）: 17–23.
[87] 王治红，吴明鸥，伍申怀，等 . 江油轻烃回收装置 C3 收率的影响因素分析及其改进措施探讨［ J ］. 石油与天然气化工，2016，45（ 4 ）: 10–16.
[88] 赵军艳，蔡共先 . 吉拉克凝析气田天然气处理装置优化运行方案比选［ J ］. 石油与天然气化工，2012，41（ 2 ）: 161–163.
[89] 李燕玲，蒋洪，高万荣 . 某气田 DHX 工艺换热网络改进研究［ J ］. 天然气化工（ C1 化学与化工 ），2018，43（ 2 ）: 79–83.
[90] 王沫云 . DHX 工艺在膨胀制冷轻烃回收装置上的应用［ J ］. 石油与天然气化工，2018，47（ 4 ）: 45–49.
[91] 张盛富，曹学文 . 广安轻烃回收装置分子筛脱水存在问题探析［ J ］. 石油与天然气化工,2011,40(5): 442–444.
[92] 仝淑月 . 春晓气田陆上终端天然气轻烃回收工艺介绍［ J ］. 天然气技术，2007，1（ 1 ）: 75–80.
[93] 孙胜勇，李玉军 . 南八深冷装置分子筛脱水系统优化运行措施［ J ］. 天然气与石油，2017，35（ 3 ）: 30–35.
[94] 王勇，王文武，呼延念超，等 . 油田伴生气乙烷回收 HYSYS 计算模型研究［ J ］. 石油与天然气化工，2011，40（ 3 ）: 236–239.
[95] 邱矿武 . 油田伴生气回收装置现状和分析［ J ］. 中国石油和化工标准与质量，2016，36（ 24 ）: 97–98.
[96] 薄光学，蒲远洋，刘棋，等 . 凝析油稳定装置设计优化［ J ］. 天然气与石油，2011，29（ 4 ）: 37–40.
[97] 王博弘，梁永图，张浩然，等 . 三维地形下环枝状复合型集输管网拓扑结构优化［ J ］. 油气储运，2018，37（ 5 ）: 515–521.
[98] 孔川 . 天然气区域管网规划设计理论研究［ D ］. 重庆：重庆大学，2016.
[99] 袁光杰，夏焱，金根泰，等 . 国内外地下储库现状及工程技术发展趋势［ J ］. 石油钻探技术，2017，45（ 4 ）: 8–14.
[100] 丁国生，李春，王皆明，等 . 中国地下储气库现状及技术发展方向［ J ］. 天然气工业,2015,35(11): 107–112.
[101] 陆争光 . 中国地下储气库主要进展、存在问题及对策建议［ J ］. 中外能源，2016，21（ 6 ）: 15–19.
[102] 雷鸿 . 中国地下储气库建设的机遇与挑战［ J ］. 油气储运，2018，37（ 7 ）: 728–733.

第五篇

油气田配套技术

新疆油田地面工程配套技术是油气田地面工程主体技术工艺稳定、高效、经济与安全运行的必要条件与通用技术。随着新疆油田的规模开发及其60多年的不断发展，油田开发生产所必需的给排水、供配电、通信与自动化、戈壁沙漠道路、防腐保温、供暖通风，以及油气管道与场站完整性管理等配套工程技术也随之开发研究、规划设计、建成投产、优化完善与改造升级，它们的质量、安全、健康与环保（即QSHE）等方面都完全满足与适应油田不同开发时期的生产需要与法律法规要求，并形成一系列具有新疆油田特色的通用技术、智能管理系统及装备。本篇立足新疆油田地面工程配套技术的发展与技术特点，简要阐述其基本原理、结构组成、功能特点、应用效果及适应性，指出存在的主要技术问题及未来发展需求，对比分析国内外同类技术，这有助于这些配套技术进一步优化改进、增强适应性，可供类似油气田的配套地面工程建设、优化设计及安全高效管理参考。

第一章　给排水与消防

新疆油田给排水管网优化设计尚处于起步阶段，但随着油田滚动开发、规模不断扩大，先进技术及管理理念逐渐应用到油田给排水管网系统中，以确保新疆油田给排水系统的正常运行。本章主要介绍新疆油田清水处理与软化工艺及原理、清水除氧原理及技术、排水及生活污水处理工艺、站场消防配置等相关技术问题及发展需求。

第一节　清水处理

油田生产用水需求主要包括稀油油田注水需求及稠油油藏锅炉注汽需求，为满足相应的水质标准，采用的清水处理工艺也有所不同。

一、过滤机理

新疆油田所用清水的水质较好，但仍含有少量悬浮杂质，需通过多孔滤料来截留杂质，使其水质达到油田应用的规定指标，其过滤机理如下：

（1）阻力截留：悬浮物粒径越大，表层滤料孔径和滤速越小，就越容易形成表层筛滤膜，滤膜的截污能力也越强。

（2）重力沉降：滤料表面具有巨大的沉降面积，滤料孔径越小，沉降面积越大，滤速越低，则水流越平稳，这有利于悬浮物沉降。

（3）接触絮凝：滤料巨大的比表面积有利于杂质吸附，其附带电荷对水中胶体也具有吸附作用。

一般地，粒径较大的悬浮颗粒以阻力截留为主，而细微悬浮物则以发生在滤料深层的重力沉降和接触絮凝为主。

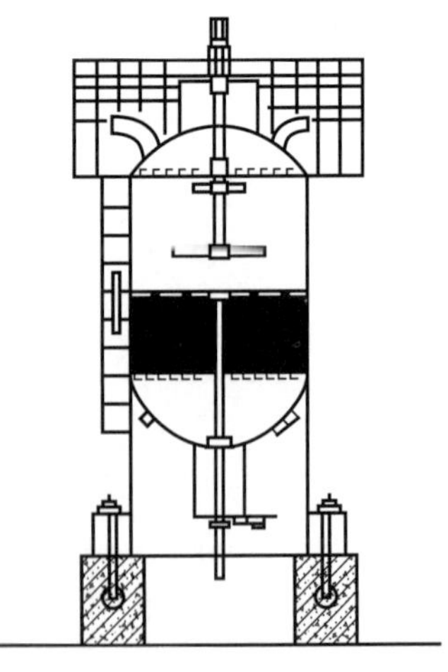

图 5-1-1　挤压纤维球过滤器

二、纤维球（束）过滤工艺

新疆油田普遍采用压紧式过滤器对清水过滤，其滤料采用不同于常规滤料的纤维球或纤维束，其最大优点是水头损失少、出水水质好、过滤速度快、纳污量大[1]。

压紧式过滤器由搅拌系统、滤料上拦截孔板、罐体、透水式压紧体、滤料下拦截孔板、滤料压紧装置、支座、滤料、进水口和出水口等组成，如图 5-1-1 所示，其特点如下：

（1）纤维丝径细，比表面积大，对悬浮物所产生的拦截作用优于其他滤料。

（2）纤维密度较大，过滤时将下沉到罐底，滤层孔隙结构好；运行时滤层孔隙率沿水流方向逐渐变小，形成比较理想的滤料，呈上大下小的孔隙分布，从而拦截作用大幅度增强。

（3）滤料性能稳定，不易磨损与漏失。

（4）纤维过滤技术还具有自耗水低、占地面积少、投资省等优势。

第二节　清水软化

为满足稠油注汽锅炉进水对矿化度的要求，新疆油田采用 NaCl 再生的强酸树脂软化自来水，其工艺主要采用两级离子交换系统。

一、软化机理

离子交换除盐是利用离子交换树脂上可交换的氢离子和氢氧根离子[2]，与水中溶解盐发生离子交换，从而达到去除水中盐的目的。离子交换过程可看成是固相的离子交换树脂与液相中电解质之间的化学置换反应，由于离子交换树脂的交换容量有限且离子交换反应可逆，它可以通过交换吸附和再生反复利用，如图 5-1-2 所示。其过程可分为如下五个连续阶段：

（1）交换离子从溶液中扩散到树脂颗粒表面；

（2）交换离子在树脂颗粒内部扩散；

（3）交换离子与结合在树脂活性基团的可交换离子发生反应；

（4）被交换下来的离子在树脂颗粒内部扩散；

（5）被交换下来的离子在溶液中扩散。

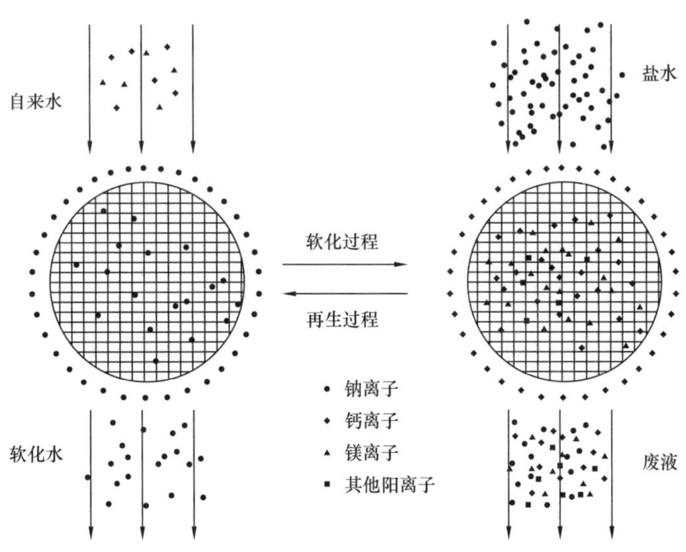

图 5-1-2　硬水软化与树脂再生过程

二、软化工艺

新疆油田稠油锅炉用水软化工艺均采用强酸 Na^+ 交换树脂与盐再生工艺，其工艺具有流程简单、成本低的特点，软化器一般选用再生固定床软化器，如图 5–1–3 所示。新疆油田现有软化工艺存在以下不足：

（1）树脂交换容量小（2.1mmol/g），生产周期短，为 17～24h；

（2）对有机物污染的抵抗能力弱，寿命短，为 1～2 年。

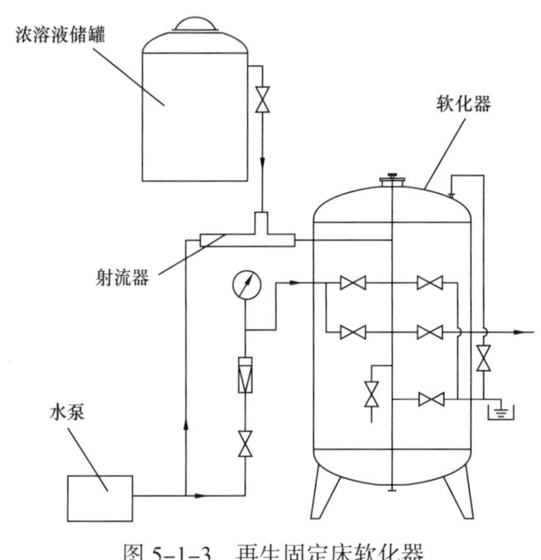

图 5–1–3　再生固定床软化器

第三节　清水除氧

一、锅炉氧腐蚀机理

新疆油田稠油油藏普遍采用蒸汽热采开发模式，蒸汽锅炉进水中溶解氧的含量对锅炉及管线的腐蚀影响较大。氧腐蚀机理[3]是：锅炉内氧化铁保护膜因水质恶化和热应力等因素而被部分破坏，露出的钢表面、水与保护膜表面之间形成局部电池，铁从阳极析出。溶解析出的亚铁离子，被进一步氧化成氢氧化铁。腐蚀产物呈沉淀物状堆积在阳极上，而沉淀物内水的氧浓度与覆盖在阴极表面上的氧浓度之间存在氧浓差，从而形成氧浓差电池，使阳极部位的铁进一步被溶解，钢表面加剧腐蚀。

二、锅炉真空除氧机理

当水的温度一定时，压力越低，水中的溶解气体越少。真空除氧与热力除氧原理相同，利用压力降低时水的沸点也降低的特性，将真空除氧器内部真空度维持在 90～97kPa 之间，水加热到 32～53℃即可沸腾，水中的溶解气体就解吸出来，达到除氧的目的。

三、低位真空除氧技术

新疆油田所用真空除氧工艺技术的主要设备分为配套注汽站建设的除氧塔及在集中水处理站配套建设的低位真空除氧器，如图 5-1-4 所示。低位真空除氧技术的工作原理[4]是基于亨利定律和道尔顿定律，气体的溶解度与其自身的分压成正比。在一定压力下，随着水温升高，水蒸气的分压增大，而空气和氧气的分压减小。当水面上压力低于大气压力时，氧气的溶解度在较低水温时也可降至零，同时将水面上的氧气分子排出，或转变成其他气体，使氧的分压降为零，水中氧气不断逸出，达到除氧效果。但真空除氧工艺对水温要求严格，水温低于 10℃后，其除氧效果明显变差。故在冬季运行时，除氧器进水需投加一定量的过硫酸钠，确保锅炉给水溶解氧符合要求。

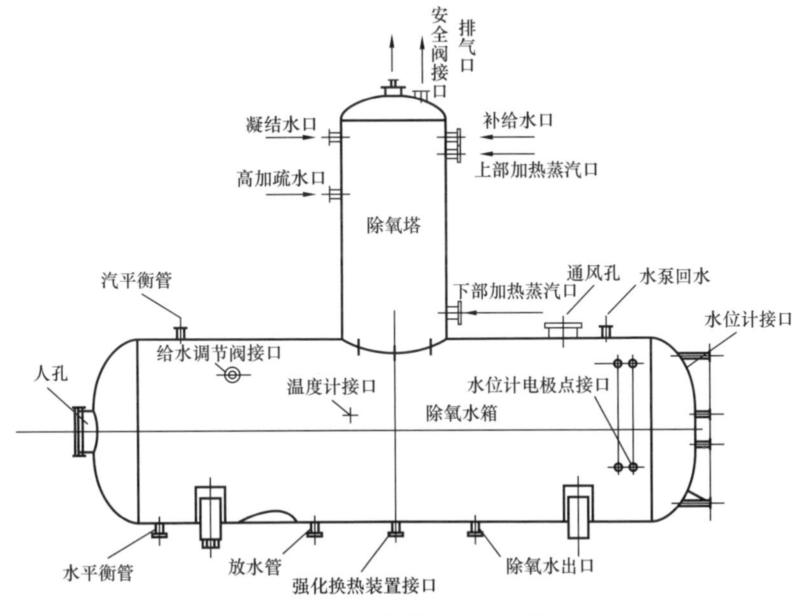

图 5-1-4　低位真空除氧器

第四节　排水及生活污水处理

油田生产必然伴随着人类活动，在人类改造自然、开发自然的过程中，产生的生活污水是油田生产过程中的主要排水。新疆油田地处生态环境脆弱的准噶尔盆地，气候冬季寒冷夏季酷热，生活污水处理的自然环境恶劣，目前油田主要生活污水来源及处理情况见表 5-1-1。

一、小型生活污水处理

为应对新疆油田特殊气候环境和小型值班点生活污水量少的特点，新疆油田采用“曝气—MBR”的橇装生活污水处理装置[5]，如图 5-1-5 所示。

表 5-1-1　新疆油田生活污水来源及处理情况

场所	人数（人）	污水量（m^3/d）	污水来源	目前处理方式	特点
油区小站	2～4	0.01	拖洗	自然蒸发	间断、零星排水
中心值班室	10～15	0.02～0.6			
处理站值班点	30～50	2.7～15	餐饮、生活、拖洗	小型生产污水处理装置	水量、水质短期波动大
前线指挥部	80～150	20～50	餐饮、生活、拖洗、清洁		水量、水质季节性波动大
作业区公寓	200～500	100～200	餐饮、生活、拖洗、清洁	生活污水处理装置	水量、水质较稳定

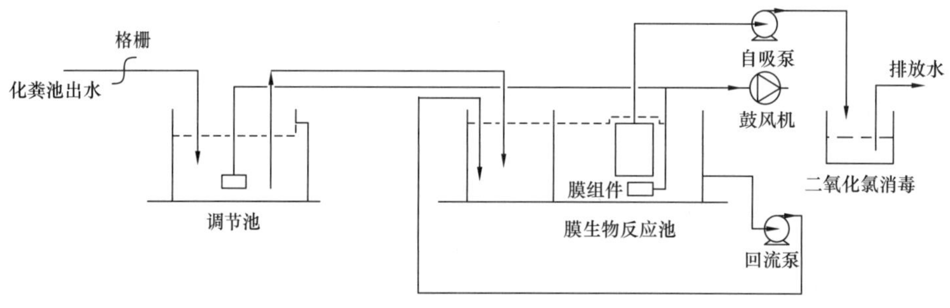

图 5-1-5　小型生活污水处理装置

1. MBR 工艺

MBR 膜技术首先通过活性污泥去除水中可生物降解的有机污染物，然后采用膜组件强制截留生物反应器中的活性污泥及绝大多数的悬浮物，实现净化后水和活性污泥固液分离，由此可强化生化反应，提高污水处理效果和出水水质。MBR 处理工艺对废水中 COD 处理效果明显，其生化菌种养生驯化期较短。

2. 设备与菌种可长期处于内循环状态

为适应钻井作业冬休的特殊作业规律与冬季极端天气造成的管线冻堵的特殊情况，生活污水处理装置可切换至内循环状态：即通过间歇曝气控制曝气池中的生物膜厚度，避免菌种死亡产生恶臭；将曝气池内混合液定期循环至兼氧池，其中的菌种维持在休眠状态；将兼氧池中的混合液定期循环至曝气池中，确保好氧菌种的营养源。

二、作业区生活污水处理

为配套 200 人及以上作业区生活污水处理设施，满足作业区生活污水水量、水质相对稳定的处理需求，采用曝气、接触氧化的处理工艺，其过程如图 5-1-6 所示。该工艺的优点可概括为以下方面：

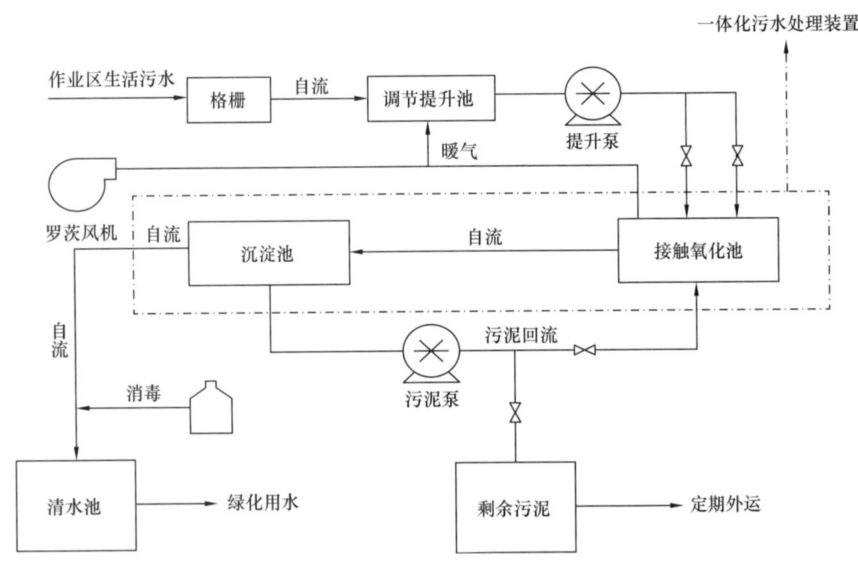

图 5-1-6 生活污水处理工艺过程

（1）该处理工艺结合沙漠油田的自身特点，采用接触氧化技术并利用微生物的降解，可去除大部分的污染物；

（2）结合高效沉淀，可确保处理快速、出水水质稳定达标。

第五节 消 防

油田生产活动过程中安全是重中之重，而消防安全又是油田安全中的核心。新疆油田自建设之初就严格按照相关标准、规范的要求，设计建设油田相关消防设施，还建设有一支隶属新疆油田公司的专职消防队伍作为外部消防依托。新疆油田在外部消防保障有力的同时，针对油库、中间站、处理站、转油站、拉油站、单井拉油点等复杂的油田生产设施，布置各种消防设施，还形成固定消防、半固定消防、移动消防相结合的多维立体的消防方式，保障油田消防的多种需求。

一、油田消防配置

新疆油田消防支队是新疆油田公司专职消防抢险队伍，肩负着油田公司所属单位的防火检查、火灾扑救、油田动火现场监护、油气井压裂现场监护，以及井喷、管线泄漏等各类抢险救灾任务，并承担着就近驻地金龙镇、三坪镇、白碱滩区、乌尔禾及阜康地区的火灾扑救以及社会化抢险救灾工作。

消防支队共分为 5 个大队、7 个中队、2 个直属中队，辖区西至乌尔禾地区，东至北三台与火烧山油田。它们在各油区的分布如下：

（1）西北缘油区：金龙镇、白碱滩区与百口泉地区；

（2）腹部油区：石西油田与陆梁油田；

（3）东部油区：彩南、火烧山与沙南油田、马庄气田及准东石油基地。

消防支队配备有执勤车辆64辆，其中泡沫消防车29辆、依维柯破拆工具车6辆、多功能16m高喷车8辆、水干粉联用车3辆，水罐消防车6辆、曲臂高喷车1辆、32m直臂云梯车1辆、干粉车1辆、曲臂云梯车1辆、多功能抢险救援车3辆、举高消防车3辆、供气消防车1辆、通信指挥车1辆。

二、站库消防

新疆油田站区储罐普遍采用固定式拱顶罐，站库严格按相关标准、规范要求设计，不仅站区与罐区布置都满足消防要求，而且消防设施每半年举行一次消防实战演习，确保其正常运行。

1. 固定消防

依据设计规范要求，新疆油田油库、长输管道中间站采用固定消防设计的共有9座油库、3座中间站、24座油气处理站。它们均满足罐区油罐容量、数量的消防要求，配备消防冷却、泡沫水泵及泡沫储罐等消防设施，灭火与冷却的过程如图5–1–7与图5–1–8所示。

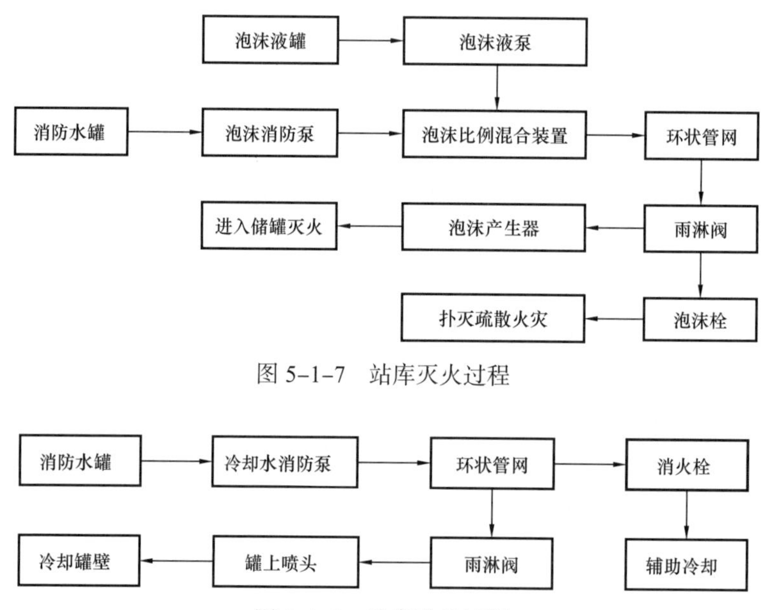

图5–1–7　站库灭火过程

图5–1–8　站库冷却过程

2. 半固定消防

针对消防等级不高的水处理站或罐容较小的转油站，按照标准、规范要求，建设半固定消防设施，即在外部消防力量有保障的前提下，罐区仅设有固定的泡沫发生装置，泡沫混合液管道、阀门。当发生火灾时，泡沫混合液由泡沫消防车或机动泵通过水带从预留接口进入消防模式。新疆油田西北缘片区共有14座转油站、水处理站建有半固定消防设施。

3. 移动消防

针对油田边缘区块的20m^3、60m^{3}油罐或总罐容小于200m^{3}的单井拉油点，采用移动消防；油田生产设施或有消防需求的场所，均按照标准要求配备相应类型的灭火器；针对特别偏远、无水源保障、罐容小于 1000m^3 的储油罐，采用烟雾灭火装备；根据国标 GB 50183—2015《石油天然气工程设计防火规范》要求，注汽站以及新建配气站的站内消防也采用移动式灭火方式。

第六节　给排水技术问题及发展方向

一、技术问题

（1）给排水工程老化、设施不配套，导致引水工程、供水体系未达到预期效果，干渠引水能力不足，冬季供水反调节库容缺乏，非输水期供水困难，至今未达到设计引水量；

（2）新疆油田各站场地处偏远且分散，水源匮乏、水质不达标，水源井运行不稳定，存在潜水泵功率大、空抽烧泵、能耗高等问题，难以实现统一规划、优化设计、经济运行、自动化监控、信息化管理；

（3）克拉玛依市是国家重要的石油化工产业基地，油气生产、炼化工业用水必将急剧增加，故克拉玛依市水资源供需矛盾将更加突出，因此充分利用已有水资源、开发新水源将是维系城市发展的重中之重[6]。

二、发展方向

给排水工程在油田生产中发挥着极其重要的作用，同时给排水管网也是市政建设的重要部分，合理部署给排水管网，可减少给水能耗、排水埋深、工程投资等；其线路的设计、管网材料及设备配置等均对整个给排水系统的优化效果产生重大影响，故需充分考虑远期与近期水量需求，优化管网铺设，避免停水、供水不足、积水或路面重复开挖埋管等不良情况，实现油田给排水工程效益最大化。给排水工程主要发展方向[7]：

（1）加强新疆油田供水智能化改造，有效提高供水效率，优化供水分配结构；

（2）推动建设自动化、信息化、集成度更高的供水系统，同时注重精细化管理、自动化调度等先进给排水管理制度；

（3）提高废水利用率、降低供水管网漏损率，促进油田给排水工程高效健康发展[8]。

第二章　供配电

新疆油田供配电网随其滚动开发逐步建成，由于油气勘探开发具有诸多不确定性，故造成油田电网极难做到整体性规划、一次性实施。目前，新疆油田拥有两个独立电网，分别是克拉玛依电网与准东油田电网，两个电网主网架结构均为110kV电压等级，且与国家电网联通。其中，克拉玛依电网独立运行，准东油田电网并网运行。本章主要介绍新疆油田微电网发电与油田配电技术，以及供配电技术存在的主要问题及发展方向。

第一节　微电网发电技术

一、中小型燃气发电站

随油田滚动勘探开发建设，部分边缘区块（产量低，气量大）和偏远井采用单罐拉油方式生产，导致油井伴生气无法入管网，只能放空处理，既污染环境，又浪费资源。目前新疆橇装天然气回收装置受处理规模及经济效益限制，既面临生产或勘探任务，又承担天然气放空风险。

针对这种情况，新疆油田采用燃气发电机组孤网发电或并网发电两种配用方式，如图5-2-1与图5-2-2所示，以有效或最大限度避免伴生气资源浪费，达到节能减排、保护环境、节约电费的目的。

1. 周边电网发达地区

若区块周边已建有较为完善的电网及电力设施，则考虑燃气发电通过升压后并入已建配电线路运行，不仅可减轻电网负担，而且可充分利用天然气资源，其并网结构如图5-2-3所示。

图5-2-1　燃气发电机组（1×500kW）孤网运行

图 5-2-2　燃气发电机组并网运行

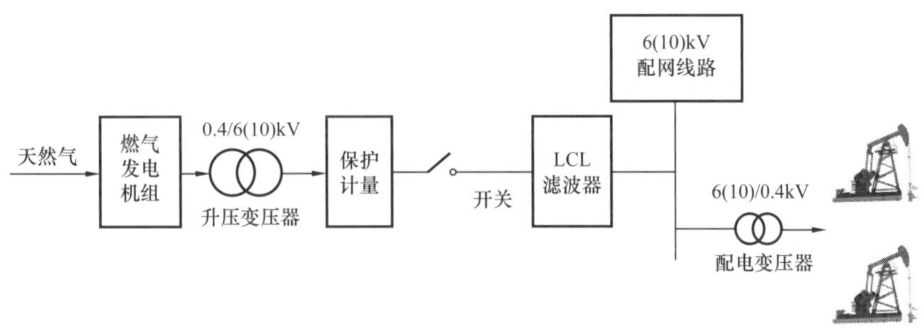

图 5-2-3　燃气发电并网结构

2. 周边无已建电网或电网不发达地区

如果单井周边既无电网又无电力设施可依托，或者周边电网较为脆弱、能力不足，则考虑燃气发电机组向井口配电，燃气发电孤网运行，如图 5-2-4 所示。目前两种配电方式已在新疆油田陆 9 站区及玛东 2 井区应用，并取得一定的社会效益和经济效益。

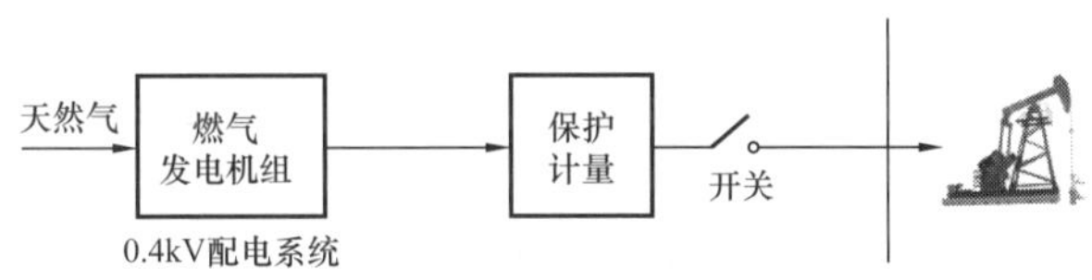

图 5-2-4　燃气发电孤网

二、太阳能光伏电站

新疆油田大多数太阳能利用技术尚处于发展阶段，同其他能源建设相比，产业规模小且经济效益差，因此油田仅在照明、太阳能空调等领域初步尝试。其中，以盆 5 气田应用太阳能光伏电池的效益较好。

1. 太阳能光伏电池的组成

盆 5 气田共建有 8 口气井，平均井距约 2～3km。为实现对采气井口的无人值守及远程监控，在每个采气井口分别设置小型远程终端 RTU（Remote Terminal Unit），自动完成温度、压力、流量、液位等数据采集，并对气井井口加热炉进行熄火报警。同时，盆 5 气田也采用太阳能光伏电池，向小型远程终端RTU供电。由于采用电网供电投资巨大，盆5气田主要采用具有用电负荷小、可靠性高、远离电源等特点的太阳能光伏电站供电，如图5-2-5所示。其中太阳能光伏电站主要由太阳能电池方阵、控制器、蓄电池三部分组成。

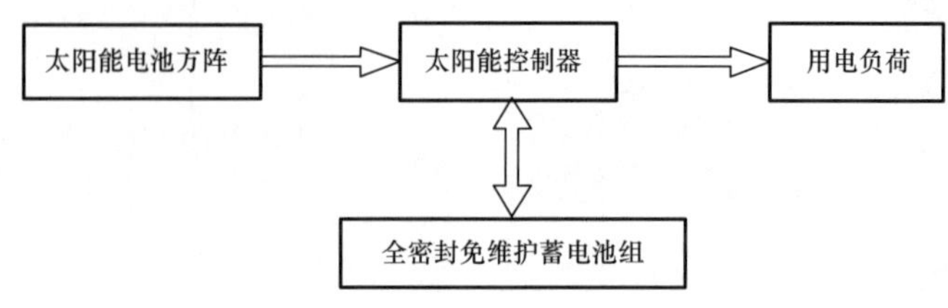

图5-2-5　太阳能电站供电

2. 工作原理

（1）当光线照射太阳能电池板表面时，光电池发生光电效应，产生电压，将正、负极用导线连接，就可产生电流。

（2）由太阳能电池板产生的电流输入控制器后，再将方阵形成的34.2V直流电压输给蓄电池。控制器具备防反充、防过充、防过放、防短路、防反接及逆变等功能。

（3）蓄电池串联电压为24V，方阵直流电源控制器给蓄电池充电。

（4）由蓄电池输出的24V直流电，经控制器的电路控制和检测后，输出平稳的24V直流电，或经控制器的逆变作用将直流逆变为交流，供用电负载使用。

3. 主要参数

电压等级为24V，用电负载按24V、78W设计；蓄电池采用进口全密闭免维护铅酸蓄电池，型号800Ah/2V，共12块串联；太阳能电池板一般有效光照时间取7h，容量取1200W；太阳能控制器选择最大安全电流为40A的控制器；太阳能电池板支架采用钢柱、槽钢底框与角钢标准支架等距离连接。

4. 经济对比

采用太阳能光伏电站总投资约116.8万元，运行费用仅为设备的折旧费，几乎无日常维护费。而采用电网供电一次性投资为168万元，每年维护费为0.97万元。在远离电源、用电负荷较小的情况下，利用太阳能建设光伏电站，与传统供配电方式相比，不仅可降低工程投资及运行费用，保证系统运行的高可靠性，而且方便用户管理，具有良好的社会和经济效益。

第二节　油田配电技术

一、集油区配电技术

油田生产负荷特点，归纳起来主要有以下四个方面[9]：

（1）油田用电负荷分散在油区的油井、站、库，概括为“点多、线长、面广”，配电网路长短不一且错综复杂；

（2）抽油机负荷是根据其冲程作周期性变化，即在一个周期内每时每刻的负荷是不同的，同时具有一定的季节性；

（3）连续性负荷，油区中包括各种油泵与水泵在内的多种连续负荷，其运行特点是电动机启动后负荷基本保持不变；

（4）照明与生活类负荷也基本保持不变。

油田主要用电设施为采油井、计量站、多通阀管汇站与注气站等，负荷等级多为一、二级负荷。在配电变压器设计时，确保其具有足够的带负荷能力，满足地面其他相关专业的用电负荷需要。

油田供配电设计影响因素很多，不仅要根据工程特点、规模和发展规划，做到远、近期结合，在满足近期使用要求的同时，兼顾未来发展的需要，而且要考虑不同地质条件、不同用电场所对配电变压器额定容量的要求。总体来说，变压器的容量应能满足用电区域内的高峰负荷需要，即满足其所带全部用电设备总负荷的需要，避免配电变压器长期处于过负荷状态，又要保证经济的负载率。此外，新建配电变压器容量应能满足 5 年规划负荷的需要，避免投资浪费。

二、主要用电设施及设备

集油区主要用电设施为机采设备，包括各类抽油机，大多为游梁式节能型抽油机、少部分为立式抽油机和螺杆泵，主要机型见表 5–2–1，主要用电设备见表 5–2–2。

三、杆架式变电站

变压器型号从 SL7 到目前的一级能效变压器 SL3 系列，根据所带采油井数量选择配电变压器容量，见表 5–2–3。

表 5–2–1　抽油机型及配套电机功率

序号	机型	电机功率（kW）	原油类型	典型区块
1	3 型	3.5、5.5、7.5	稠油	六区、九 $_1$—九 $_5$
2	4 型	7、9、12	稠油	红 003
3	5 型	9、12、15	稠油、超稠油	红 003
4	6 型	16	稠油、超稠油	红 003
5	8 型	18.5	超稠油、稀油	风城、百 21
6	10 型	22	稀油	陆梁
7	12 型	30	稀油	彩南
8	14 型	37	稀油	莫北、玛 18
9	16 型	45	稀油	金龙 2

表 5-2-2　各类电加热器

序号	类型	电功率（kW）	安装位置
1	井口管道电加热器	8～40	井口、平台井
2	储罐电热棒	20、30、2×18	单井或拉油点储罐
3	保温盒电加热器	0.15、0.25、0.3	稀油井抽油机
4	电暖器	2、3	稀油计量站

表 5-2-3　抽油机配电变压器容量

序号	机型	变压器容量选择（kVA）	配电形式	所带井数（口）
1	3 型	50、80	单变带多井	10～15
2	4 型	80、100		8～12
3	5 型	80、100		6～8
4	6 型	63		4～6
5	8 型	40、50		2～3

1. 电力电缆

油田低压电力电缆通常采用 3 种型号，（VV–0.6/1）kV 型、（YJV–0.6/1）kV 型和（ZB–YJV–0.6/1）kV 型。（VV–0.6/1）kV 型用于采油井井场，YJV 型用于一般非防爆场所，ZB–YJV 型用于室内防爆场所。通常抽油机和电加热器配电用电缆选用（VV22–0.6/1）kV（3×35+1×16）及以下电缆，计量配水站等选用（ZB–YJV22–0.6/1）kV（4×6）电缆。

2. 无功补偿箱

补偿容量有三种形式，包括固定补偿、半固定补偿、自动补偿方式。补偿容量 12～40kV 时，根据情况在井口配电箱或变压器低压侧设无功补偿箱，补偿后要求井口或变压器侧功率因数不低于 0.85kV。

四、其他配电技术

1. 环境敏感地区配电技术

油田部分区块深入名胜风景区，为保护环境，打破常规，采用中压电缆埋地敷设，油井采用箱式变电站配电，变压器容量从长远角度考虑较大预留。如乌 33 井区距离魔鬼城核心景区较近，从最大限度保护生态环境角度出发，中压配电线路全部采用 10kV 电缆埋地敷设，沿油区道路设（10/0.4）kV 箱式变电站为采油井配电，变压器容量为 200kV，乌 33 井区配电如图 5-2-6 所示。

2. 水源井

由于新疆油田位于准噶尔盆地边缘，地面河流极少，注水开发和体积压裂所需水量就要依靠当地的地下水源解决，为此需钻水源井。通常水源井离油区有一定距离

（3～8km），水源井井距500～1000m，每口井设1座水泵房，内设潜水泵，功率30～37kW。为便于冬季检修，泵房内设20kW电加热器，由于供水对油田生产生活极为重要，为保障供水可靠，水泵房设1套远程监控系统，采用无人值守方式运行，同时对潜水泵实行变频调速控制。

图5-2-6 乌33井区配电箱

五、临时供电技术

由于新疆油田电网是自行建设，在油田开发未形成规模时，为降低投资风险，边远井往往采取临时供电措施，主要有柴油发电机、燃气发动机、风光互补发电三种配电技术。

1. 单井柴油发电机

为保证电网未建成前采油井作业生产用电，在井场设置柴油发电机，发电功率通常为50～120kW，柴油发电机安装简单、使用方便，但需专人维护、运行成本高。

2. 单井燃气发动机

20世纪90年代，考虑到边远井伴生气放空，采用燃气发动机驱动抽油机，每口井装设一台燃气发动机，投资较建设电网大幅降低，但由于单井气量极不稳定，燃气发动机运行极不可靠，运行维护工作量大，造成现场运行管理极为困难。

3. 单井风光电互补发电站

随着风电和光伏发电技术日益成熟，提出在井口设置风光电互补发电技术，在陆9井口试验一套风、光、电互补发电装置，功率为50kW，由于投资过高未得到推广。

六、站场配电技术

站场负荷包含动力、照明与供暖等，种类较多，一般为稳定持续性负荷，主要是一、二级负荷。对于油田站场的配电，需结合站库负荷等级、负荷大小与负荷特性等多方面因素考虑。

站场主要涉及集中处理站、转油站、混输泵站、储油库、输油泵站、天然气处理站、增压站、储气库、污水处理站、注水站与注汽站。油田生产系统包括原油集输及处理系统、天然气集输及处理系统、清污水处理系统、注水系统与注汽系统；站库配套系统有供配电系统、供暖及通风系统与消防系统。

第三节 供配电技术问题及发展方向

一、技术问题

（1）供配电网供电半径过大、设备陈旧、负荷分配不合理、自动化程度低与功率因数低，无功功率损耗大。同时，存在柱上开关、跌落式熔断器、阀式避雷器等高耗能元件，造成电网极大损耗，油田大量电能浪费。

（2）供配电网络结构分支多、不平衡，部分线路有效使用截面小，运行负荷过重，且配置不合理，线路迂回过多，增加线损，供配电网损率偏高。

（3）依据新疆油田采油、输油、注水等系统运行的特点，多采用发散型供电方式。随油田开发规模扩大，其用电量也逐渐增大，导致配电网不仅无法满足负荷增长的需要，而且对整个供配电网的运行稳定性与可靠性也有大的不良影响。

二、发展方向

随着供配电技术的发展，先进量测、传感技术，电网有效控制、嵌入式自主处理、电网实时分析、自适应及自愈技术与燃气发电等技术已成为油田供配电系统的主要发展方向。

（1）油田燃气发电及其并网优化：油田燃气发电技术的应运而生最大限度地避免伴生气浪费，达到节能减排、保护环境与节约电能之目的。但也对油田电网运行带来新挑战[10]，如何使其在电网中优化配置，将网络潮流、电压分布与继电保护等影响降到最低是燃气发电今后研究重点。

（2）油田电网智能化：油田智能无功补偿技术[11]是在原有基础上的模式改进，选择智能补偿方式与智能补偿投切开关，应用优化控制算法有效控制油田用电设备，跟踪供配电网系统中无功功率变化情况，依据模糊控制理论智能选择电容器的组合。智能电网代表未来电网发展方向，针对油田供配电系统在运行过程中存在的效率低、损耗高、可靠性差与环境影响大等特点，油田智能电网将成为油田供配电系统的未来发展趋势[12]。

（3）供配电线路优化：采用树干式供电方式到变压器，优化配电线路供电半径，已建线路与新建线路形成环网，达到资源利用最优化，线路的负荷率提高至 30% 以上，线路网损率降至 5.5% 以下。

第三章　通信与自动化

油气田自动化技术的主要作用和功能是对油气田生产系统的状态和参数进行连续监测、传输、计算、分析、显示和储存，以实现油气田的连续生产并保证产品质量。随着自动化技术的不断发展，我国油田建设中自动化技术也有新进步，其主要特点是由单站控制转向全油田控制、由地面控制向井下延伸，达到井站无人值守、减员增效的目的。本章主要介绍新疆油田现有通信和自动化技术，重点介绍 SCADA 系统和 DCS 系统，并指出新疆油田通信与自动化技术目前存在的主要问题及未来发展方向，供新疆油田及其他油田的高效运行管理参考。

第一节　有线通信

有线通信[13]（Wire Communication）是相对于无线通信而言，利用电线或者光缆作为通信传导的通信形式，新疆油田各采油厂通信光缆信息见表 5-3-1，其总长达 1193km。

表 5-3-1　新疆油田各采油厂通信光缆汇总表

单位	长度（km）	建设年代	承载类型	敷设方式
准东采油厂	68	2002、2003	自动化数据、视频、语音	埋地 / 架空
采油一厂	112	2000、2015	自动化数据、视频	埋地 / 架空
采油二厂	102	2016	自动化数据、视频	埋地 / 架空
采气一厂	248	2003—2014	自动化数据、视频、语音、网络	埋地
百口泉采油厂	73	2004—2017	办公、自动化	埋地 / 架空
石西油田	158	2000—2006	自动化数据、视频、语音、网络	埋地
陆梁油田	175	2001—2017	自动化数据、视频、语音、安防	埋地 / 架空
风城油田	131	2008—2014	自动化数据、视频、语音	埋地 / 架空
红山公司	24	2011—2017	自动化数据、视频	埋地 / 架空
呼图壁储气库	102	2011—2013	自动化数据、视频	埋地 / 架空
合计	1193	—		

新疆油田已建成光纤环网包括准噶尔盆地 SDH 环网（图 5-3-1）、波分环网（图 5-3-2）、西北缘 SDH 环网（图 5-3-3）以及 PTN 环网等，主要为生产应急指挥系统提供专线电话链路、驻疆企业与机关部门以及二级单位提供办公网络链路、油田生产工业自动化数据传输与控制提供传输链路、集团公司 A8 项目提供视频传输通道。

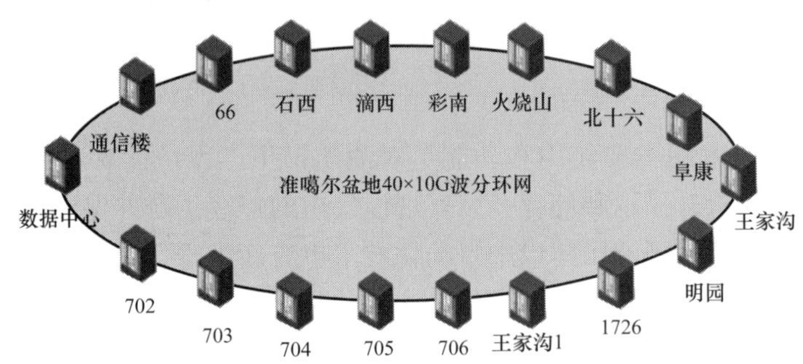

图 5-3-1　SDH 环网示意图

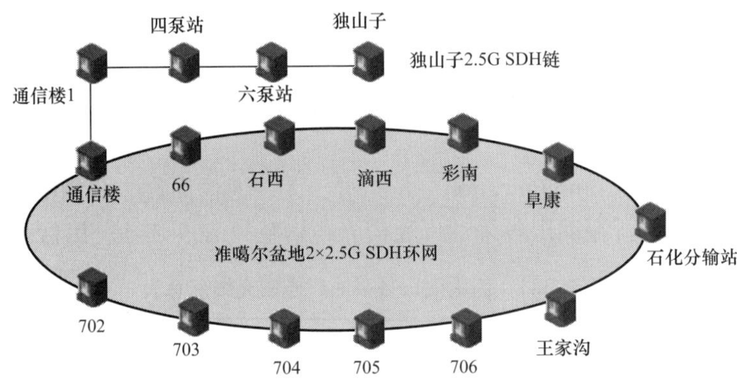

图 5-3-2　波分环网示意图

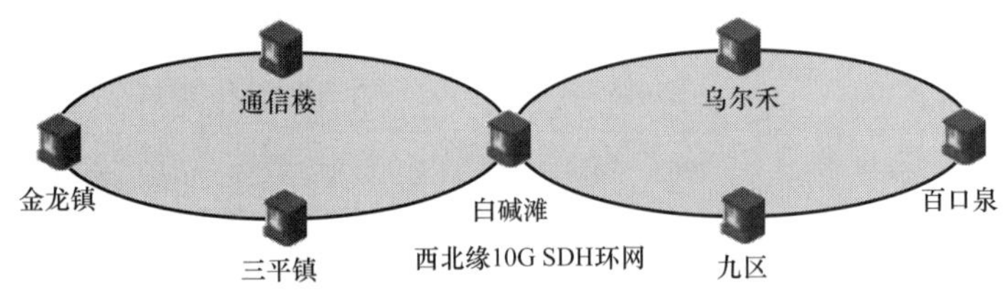

图 5-3-3　西北缘环网示意图

第二节　无线通信

无线通信（Wireless Communication）是利用电磁波信号可在自由空间中传播的特性来交换信息的一种通信方式[14]，主要包括微波通信和卫星通信。随着社会的进步与技术的发展，无线通信技术的种类也在不断更新和完善。根据信息传输的距离可将无线通信技术的种类划分为四类：无线窄带网、无线宽带局域网、无线宽带城域网以及无线公网。

一、无线窄带网

无线窄带网[15]是指带宽低、传输速率慢、支持长距离视距传输、不具备频率复用与大规模组网能力的无线传输网络。目前，无线窄带专网技术主要以数传电台为主。当油气田利用数传电台传输的单井数量增多，需要短时间内采集多口单井数据时，可对中心站适当调整，使中心台呼叫指令包含多个地址码（N 个），指示 N 个远端站在 N 个工作信道上同时发送数据，这样大大增加整个系统的吞吐量，缩短轮询时间。

无线窄带数传电台网络主要由远端站电台、主站电台和中心调度室三部分组成，组网结构如图 5-3-4 所示。

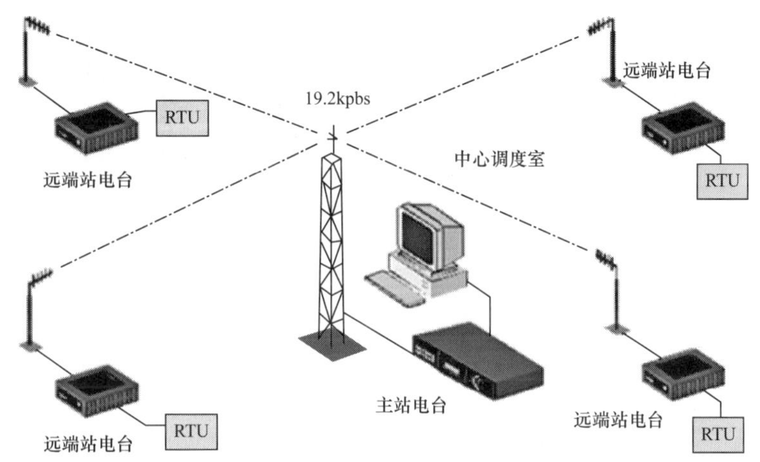

图 5-3-4　数传电台组网结构

二、无线宽带局域网

无线宽带局域网是指带宽高、传输速率快、支持短距离视距传输、不具备频率复用与大规模组网能力的无线传输网络。无线网桥技术是目前流行的无线宽带局域网技术，可作为大中型油气田数据传输的补充手段，以及视频要求高的小型油气田数据传输主要手段。无线网桥组网包括放射端网桥（SU）、接收端网桥（AU）与中继站三部分，组网结构如图 5-3-5 所示。

三、无线宽带城域网

无线宽带城域网是指带宽较高、传输速率较快、支持非视距传输、具备频率复用与大规模组网能力的无线传输网络。网络技术主要包括 McWiLL 与 TD-LTE，适合大中型规模与视频传输实时性要求较高的油气田[16]。该技术不但可以很好满足油气生产数据和视频监控数据的传输需求，还可以根据需求随时扩展业务和保持油气生产长期发展。

McWiLL 无线宽带技术网络主要由用户端模块、基站系统与业务汇聚网关三部分组成，组网结构如图 5-3-6 所示，其中 CPE 与 MEM 均为用户终端模块，属于即插即用的“零安装”便携终端。

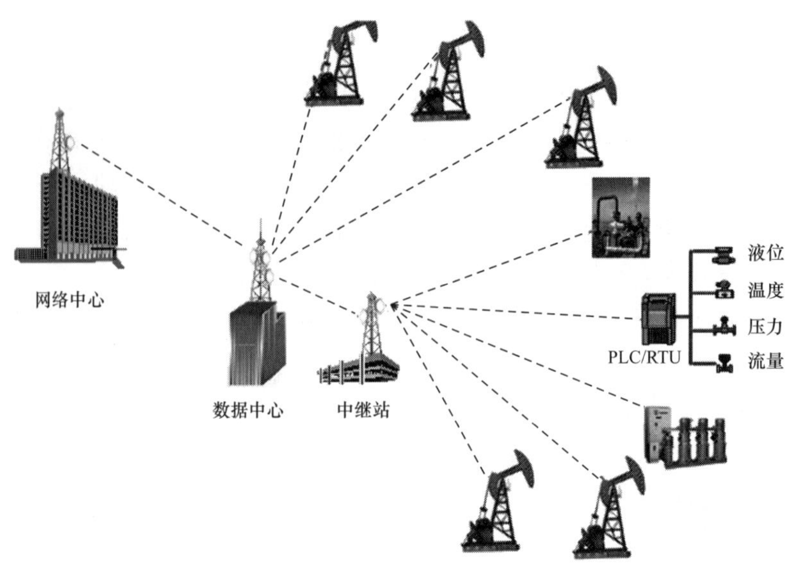

图 5-3-5　无线网桥组网结构

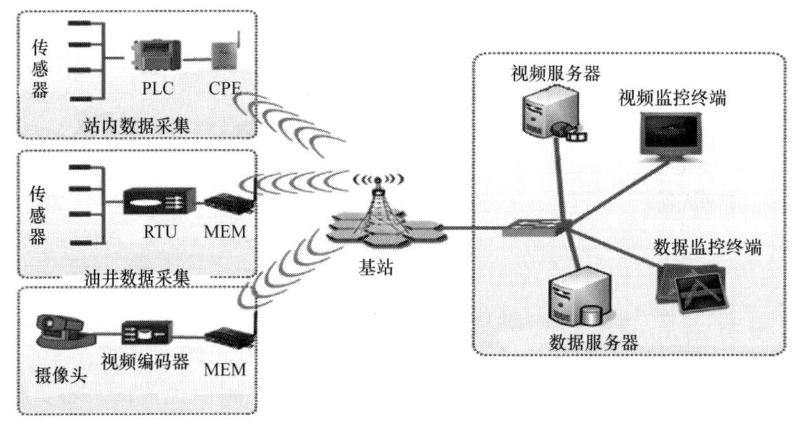

图 5-3-6　McWiLL 组网结构

TD-LTE 是我国有自主知识产权的 4G 标准，也是国家大力推广的 4G 技术。TD-LTE 以其专有频谱、覆盖范围广、建网成本低、用户数量大、低延时、高可靠性、高速率传输、高安全性及实时性等突出优点，已成为新一代无线专网建设的首选方案[17]。TD-LTE 无线宽带专网由终端、基站、核心网组成，如图 5-3-7 所示。

四、无线公网

采用无线公网组网技术最大的优势就是投资成本较低，但问题在于公共网络是基于为公众服务建立的，网络覆盖有限且无法保障企业数据传输的优先级。一旦出现紧急情况，整个网络可能无法正常运作，所以不适合油气生产物联网系统（A11）数据的安全、稳定传输需求。无线公网可作为各油气田专网覆盖难度大、有线公网信号及视频传输实时性低的特殊地区的补充手段，公网组网结构如图 5-3-8 所示。

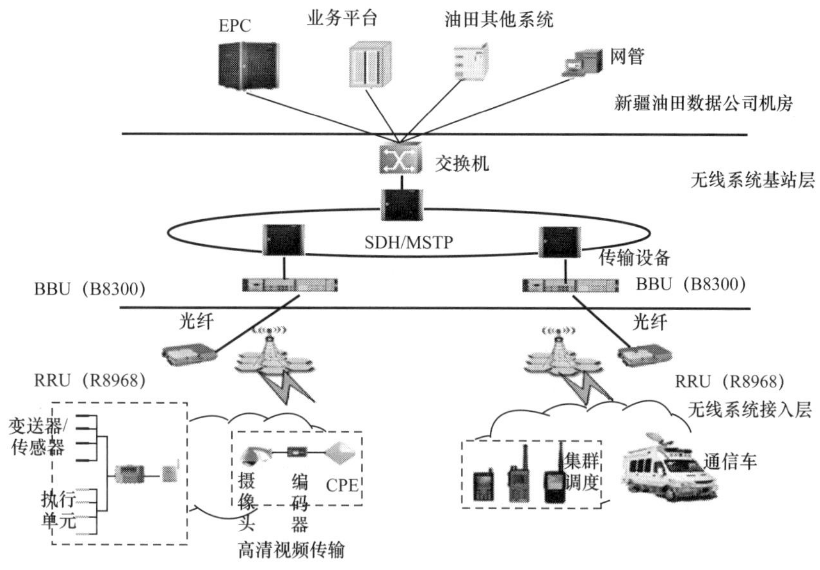

图 5-3-7　TD-LTE 无线专网组网结构

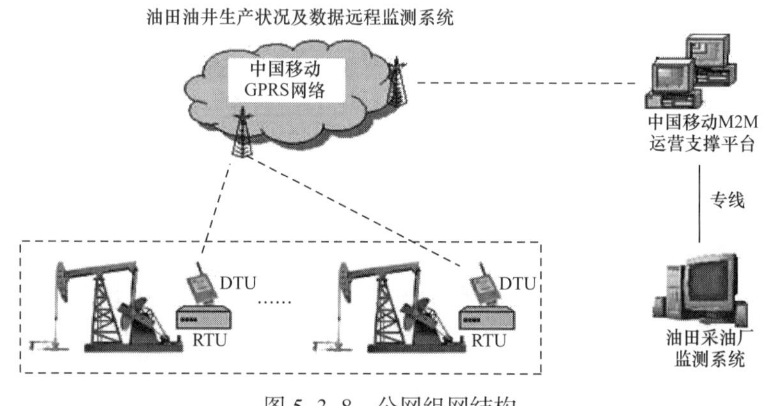

图 5-3-8　公网组网结构

五、技术对比

国内外无线通信技术对比结果及新疆油田各生产区块生产、视频数据传输建设现状分别见表 5-3-2 和表 5-3-3。

表 5-3-2　主要无线通信技术对比

种类	数传电台	GPRS/CDMA	TD-LTE	McWiLL	无线网桥
技术定位	无线窄带专网	无线公众通信网	无线宽带城域网	无线宽带城域网	无线宽带局域网
相关标准	GB/T 16611、IEC 489-6	3GPP、2G 标准	3GPP、4G 标准	北京信威科技集团股份有限公司、自有标准	IEEE802.11 标准

续表

<table>
<tr><th>种类</th><th>数传电台</th><th>GPRS/CDMA</th><th>TD-LTE</th><th>McWiLL</th><th>无线网桥</th></tr>
<tr><td>工作频段</td><td>220～240MHz、330～512MHz、800～960MHz</td><td>900～1800MHz、825～835MHz、870～880MHz</td><td>223～235MHz、1785～1805MHz、1447～1467MHz</td><td>1785～1805MHz、400～410MHz</td><td>2.4GHz、5.8GHz</td></tr>
<tr><td>信道带宽</td><td>6.25/12.5/25kHz</td><td>200/1.25MHz</td><td>5/10/15/20MHz</td><td>5MHz</td><td>10/20/40MHz</td></tr>
<tr><td>单峰传输速率</td><td>19.2kbps</td><td>307.2kbps</td><td>上 45.26Mbps/ 下 51.98Mbps</td><td>上下行共 15Mbps</td><td>11/54Mbps</td></tr>
<tr><td>单区最大终端</td><td>800 个</td><td>200 个</td><td>400 个</td><td>400 个</td><td>10～20 个</td></tr>
<tr><td>终端接口方式</td><td>RJ45、USB、RS232</td><td>RJ45、USB、RS232</td><td>USB、RJ45、RS232、RS485</td><td>USB、RJ45、RS232</td><td>USB、RJ45、RS232</td></tr>
<tr><td>传输范围</td><td>视距传输、900m（城区）、22km（郊区）</td><td>信号覆盖区均能实现传输</td><td colspan="2">非视距传输、半径 1～3km（城区）、半径 8～13km（郊区）、视距传输半径 20km</td><td>视距传输、500m（城区）、5～8km（郊区）</td></tr>
<tr><td>承载业务</td><td colspan="5">生产数据命令、图片</td></tr>
<tr><td>业务实时性</td><td>轮询方式，实时性差</td><td>实时性较差</td><td>响应高，支持优先级，实时性高</td><td>多优先级，实时性高</td><td>单一带宽业务，无优先级</td></tr>
<tr><td>组网方式</td><td>大区制，终端数据需轮询</td><td>小区制，异频组网，多数据终端并行传输</td><td>小区制，同频组网，多终端数据并行传输</td><td>小区制，同频组网，多终端数据并行传输</td><td>大区制，多终端数据并行传输</td></tr>
<tr><td>稳定性</td><td>较稳定；视距传输，受自然环境影响较高；同频干扰</td><td>较不稳定，非视距传输，自然环境影响较低；公众服务建立</td><td colspan="2">稳定；非视距传输；受自然环境影响较低</td><td>较稳定;视距传输,自然环境影响较高；同频干扰</td></tr>
<tr><td>适用范围</td><td>规模较小，井场分散，井距较远，地理环境复杂，数据传输速率要求低的油气田</td><td>油气田专网覆盖难度大、有公网信号、数据传输速率要求较低地区的补充手段</td><td colspan="2">无线接入点距离有线接入点近且分布密集，遮蔽物多；适合大中型规模，视频传输实时性要求较高的油气田</td><td>视频监测时间长，有线传输不易实现且无障碍物；受地形地貌影响较大，传输速率高；大中型油气田数据传输、小型油气田的视频传输</td></tr>
</table>

表 5-3-3　生产与视频数据传输建设现状

序号	单位名称	内容	
		生产数据	视频图像
1	准东采油厂	电台、网桥、3G	光纤、网桥
2	采油一厂	网桥、3G、4G	网桥
3	采油二厂	4G	4G
4	采气一厂	数传电台	无
5	百口泉采油厂	Zigbee、网桥	无
6	石西油田	网桥、电台	网桥
7	陆梁油田	电台	无
8	风城油田	电台、WIFI、4G	无
9	红山公司	LORA	无
10	呼图壁储气库	网桥	网桥

第三节　通信组网

通信组网技术主要包括异构混合组网技术和多组数据源业务组件技术。目前，风城油田已完全按照自动化油田管理模式运作，实现“现场无人值守、数据自动采集、远程集中监控、数字调度巡检”的稠油生产管理模式新变革。

一、异构混合组网技术

油气生产物联网系统存在多种数据传输需求，传输方式若全部采用信号电缆、有线光纤，则存在建设费用、运维费用、网络带宽及传输保障问题。

（1）采用无线 Zigbee 技术作为计量控制器与现场称重计量仪、集输选通装置间的采集与控制数据传输方式，避免信号电缆故障时导致的无法计量问题；

（2）采用无线 4G TD-LTE 技术，实现井场数据传输覆盖，与站场间光纤环网形成有效互补；

（3）采用无线 4G 接入终端 MIFI，实现 4G 无线网络转为 WIFI 热点；

（4）采用点对点型无线网桥技术，实现局部汇聚网络与基地核心网络远程无缝搭接，创建一个统一的网络环境。

二、多组数据源业务组件技术

1. 多路数据源集成整合技术

通过 SOA 平台的数据服务总线技术，在多源数据库平台之间建立统一的数据标准，定义统一的数据库访问接口、数据类型、模型及命名规范。将不同数据源访问方法封装分类，引入数据库互联规范（ODBC）实现系统间的数据通信透明访问。采用数据共享技术实现各系统源头数据或二次数据兼容，为所有业务应用提供标准规范和统一的数据支持和数据服务。

2. 节点业务组件化技术

将各系统节点独立的功能单元封装成单个业务组件，使其成为可重复使用的软件资源，如数据资源访问组件、业务规则实现组件等。采用软件基础架构技术的“边缘契合”规则，按照统一的技术标准规范，迅速组建各类业务应用，实现由单系统单一功能运作到多系统多功能集成的应用转变。

3. 智能移动终端技术

构建智能移动终端管理平台，实现人工录入数据、自动采集数据和系统调用数据三者间的统一，为各业务系统数据库提供数据源交互支持、补充完善。

第四节　通信技术应用实例

一、有线通信

有线通信技术在新疆油田呼图壁储气库的应用主要涉及通信方式、通信业务及其在采气井与集注联合站上的实施。

1. 通信方式

集注联合站的通信系统利用克拉玛依通讯公司中心局已搭建的 NGN 平台，采用 SDH 光传输设备及综合业务接入终端接入网络系统，需要上传的数据及语音信息通过 2M 或 100M 传输链路连接到 706 通信站的 SDH2.5G 光传输设备上。最后通过准噶尔盆地油田通信网已经形成 2.5Gbps SDH 光传输网的 2M 链路及 100M 以太网通道，上传语音及各类数据信息分别至通讯公司中心局及采气一厂调度中心，呼图壁储气库通信网络结构图如图 5–3–9 所示。

2. 通信业务

集注站调控中心与单井、各线路阀室保持实时数据联络，总调度中心可通过调度电话系统随时向集注站发布调度指令，管道沿线单井及站场设置用于巡线抢修的移动通信设施和应急通信设施。通信业务需求主要包括 SCADA 数据传输、行政调度电话、企业广域网数据传输、紧急防爆广播系统设置、巡线抢修及应急通信。

3. 采气井

采气井采集的数据先上传至集气站，再由各集气站将采集的仪表自动化数据集中上传至集注联合站，信号传输媒介均采用光纤传输。每座单井引一根 4 芯直埋地光缆至就近集气站，集气站与联合站内综合办公室通信设备之间新建 12 芯主干直埋地光缆，新建光缆均与采气管道同沟敷设。

4. 集注联合站

在集注站的综合办公室内新建光传输设备、电源柜、IAD 综合接入设备。集注站的生产、调度电话由克拉玛依通讯公司中心站提供远端号源，本地端接入到通信机柜内新建的 IAD 综合接入设备的用户配线侧。

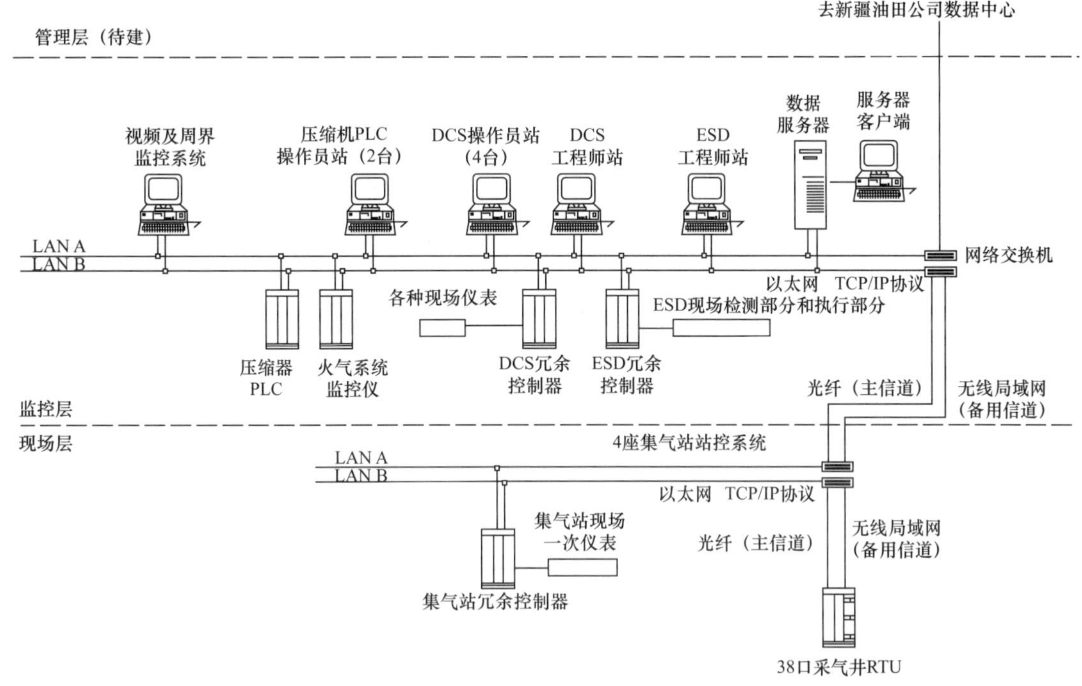

图 5-3-9　呼图壁储气库通信网络

为解决集注站及采气井开工，以及设备安装、检修、巡回检查人员与站区内工作人员之间的正常工作联系，配置 150MHz 无线调频防爆手持电话以完成正常的生产调度通信联系和确保在发生事故情况下的生产调度、抢修、抢险等工作的通信指挥畅通。

集注站综合办公室内设置带联动功能的火灾报警控制系统。若发生火灾险情，感烟探测器等报警装置可及时将火灾报警信号迅速传递到安装在仪控室内的火灾报警控制器中，使现场工作人员及时掌握和了解火灾情况，迅速采取灭火措施。

办公室内建设本地局域网，通过新建网络交换机与油田公司信息中心连通，形成数据专网。

二、无线通信

1. TD-LTE（4G）

新疆油田某采油厂无线传输系统由 TD-LTE 系统组成，TD-LTE 无线网络由基站、核心网、终端组成，网络结构如图 5-3-10 所示，无线网络架构如图 5-3-11 所示。

基站由 BBU-RRU 组成，核心网由 MME、SAE-GW 与 HSS 组成，终端由数据卡和 CPE（可提供 FE 接口、RS232 接口、RS485 接口）组成。

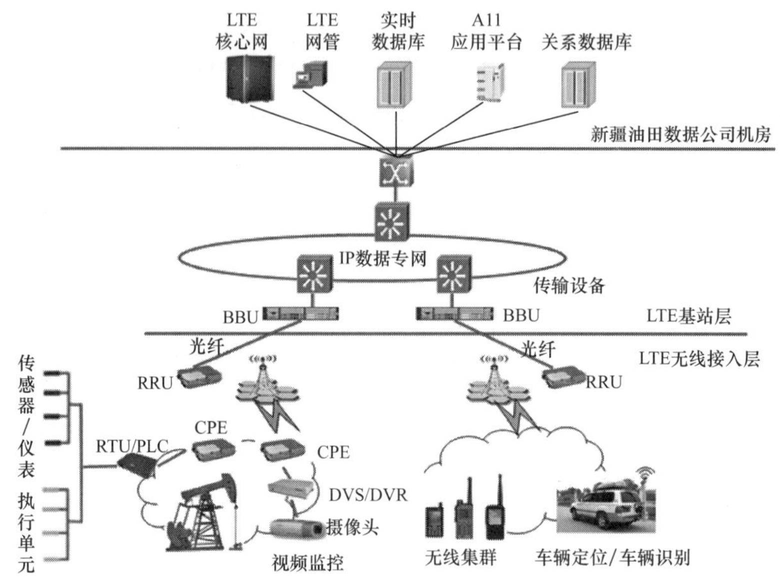

图 5-3-10　TD-LTE 系统架构

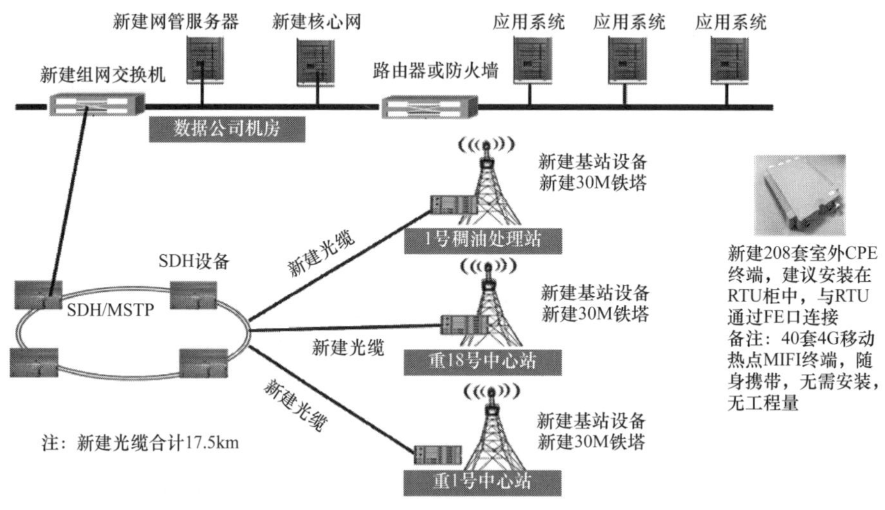

图 5-3-11　TD-LTE 无线网络架构

智能无线终端设备配合 TD-LTE 无线系统，提供油田信息化、自动化、互动化应用。智能无线终端设备广泛应用于油田的数据采集、负荷管理、视频监控、人员（车辆）定位、油田巡检和应急（抢修）通信等方面。

基站位于传输节点，基站由室内单元（BBU）和室外单元（RRU）组成，BBU 通过光纤和 RRU 连接，通过 RRU 提供无线接入。BBU 主要由基带处理板、电源模块、控制接口板、防雷箱、光模块等组成。BBU 提供 GE 光电接口，并与传输网相连。通过油田传输网、核心网与业务平台连接，提供用户业务的接入。

TD-LTE 无线网络共建设无线基站 3 套，30m 铁塔 3 座，配套开关电源 4 套，连接核心网与基站的光缆 17.5km，TD-LTE 室外型 CPE208 套，4G 移动热点 MIFI 终端 40 个，如图 5-3-12 所示。

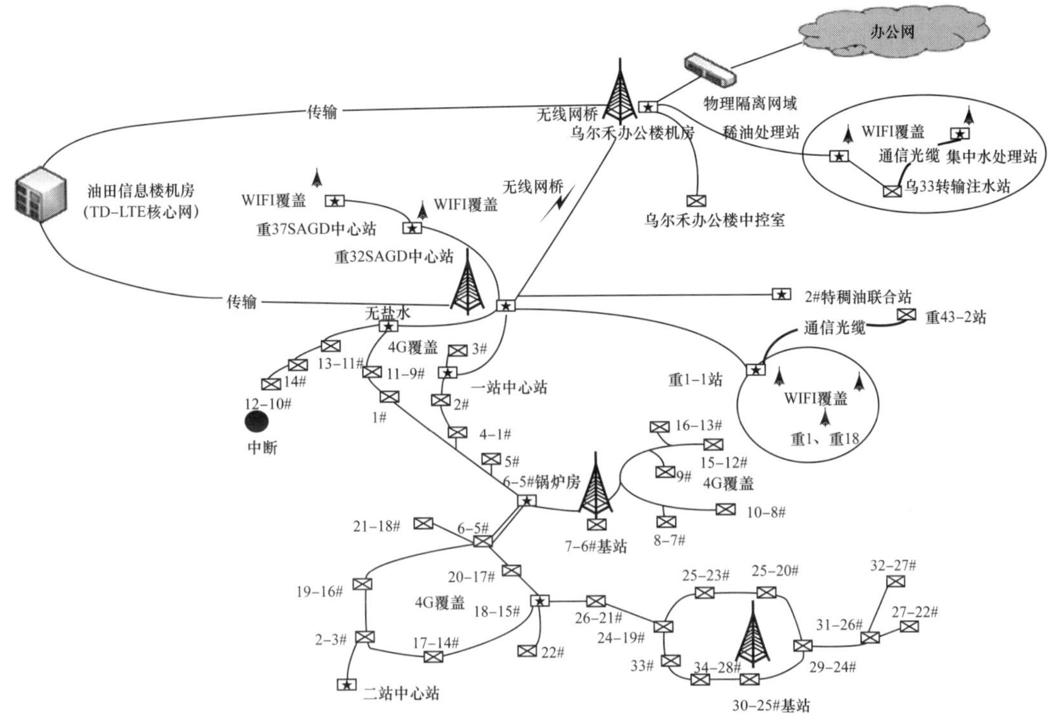

图 5-3-12 稠油油田 TD-LTE 4G 无线传输网络拓扑图

2. 卫星

根据油田生产建设的需要，新疆油田先后在 2013—2014 年建成 2 套卫星通信地面站系统及其应用平台，重点解决克拉玛依市公共通信、油田生产应急保障，实现克拉玛依油田生产卫星应急通信保障网的实际应用，基本满足遇到突发事件的单一项目调度和应急指挥的需求。

2012 年围绕新疆油田安全生产管理的需求，建设 GPS 车辆监控平台，设立车辆监控运维中心。目前拥有集团公司统建和自主研发的两套车辆监控系统，拥有三台服务器，可满足 5 万台车辆的在线管理。现有使用单位 27 家，车辆接入 GPS 设备 1409 部。先后与移动、联通建立 10M 的 2G 传输专线，将油田公司所有车辆纳入同一平台、统一管理，可提供 24h 的监控服务。

此外，为解决油田偏远井的生产数据监控，研制北斗 RTU 数据采集终端和远程监控平台。在新疆油田油气井物联网无线数据采集应用中，北斗数据采集应用取得初步成功。目前，已在采气一厂和风城油田应用成功，完成 10 口井的监控和远端运维。

三、适应性

新疆油田因其独特的地理特点，地广人稀，通信显得更加突出。有线通信与无线通信相结合，既满足油田作业需要，又节省投资。在油田数据远程输送方面，尽管受到天气条件和环境等因素的影响，相关人员对油井状态也能清楚掌握，以便设备出现故障及时维修、提高设备运行效率。同时，新疆油田已将终端设备通信系统应用在实际生产管理中，尤其是油田管理具有生产场站较分散的特点，将该系统结合到生产管理模式构建中，能做到对分散的生产地点进行集约化管理，以便提高油田管理质量。通信高效畅通的运行，为新疆油田自动化打下坚实的基础。

第五节　自 动 化

一、井站自动化

SCADA 系统主要应用于井口、计量站等井场数据的自动采集、传输及远程监控，实现分散控制、集中管理的生产模式[18]，数字油田 SCADA 系统如图 5-3-13 所示。

油区监控和数据采集（SCADA）系统是以多个远程终端监控单元通过有线或无线网络连接起来，具有远程监测控制功能的分布式自动化控制系统[19]。由中心监控系统、站（场）监控系统、远程数据采集单元、网络传输设备等构成。例如，新建风城 2 号配气站采用“无人值守、定期巡检”的管理方式，完成对配气站工艺参数的监测与控制，新建站控系统配置网络接口，通过新建通信光缆接入已建广域网，实现站内数据上传至昌吉调度中心主计算机系统。

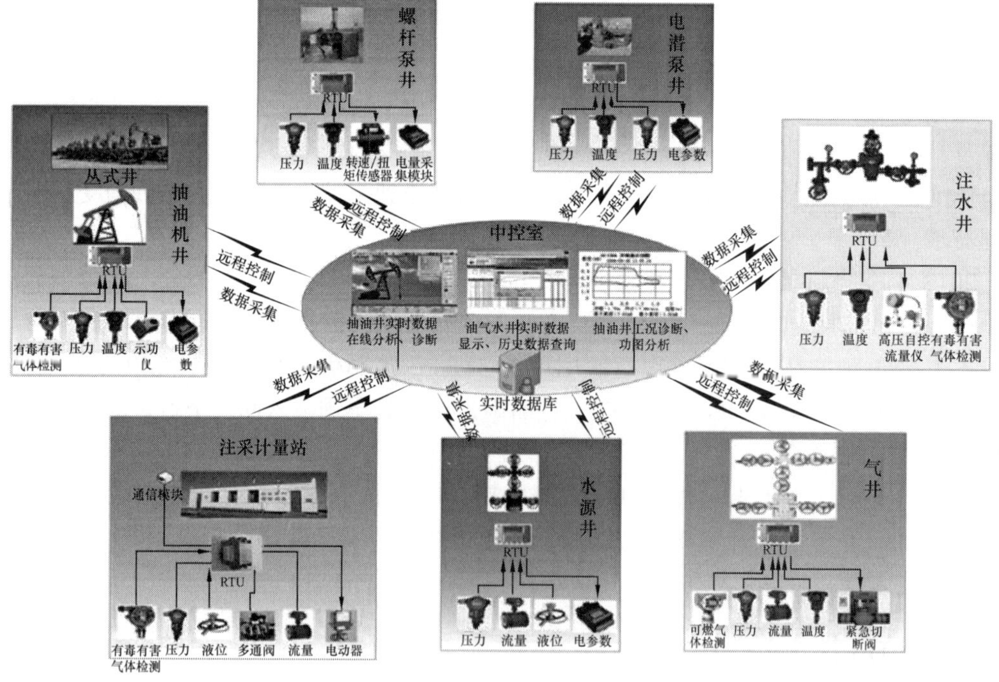

图 5-3-13　数字油田 SCADA 系统示意图

1. 采集与监控

1）抽油井井口

（1）组成：主要由抽油机控制器、天线、电动机控制箱及仪表和配套设施等组成（图5–3–14），仪表由压力变送器、温度传感器、负荷传感器、电流传感器与位置开关等组成，配套设施主要有磁铁与接地极。

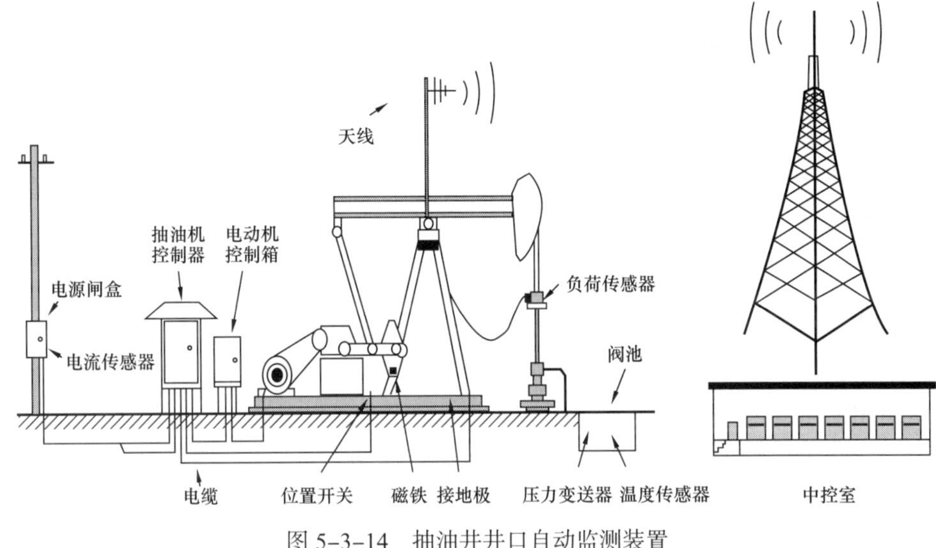

图 5–3–14　抽油井井口自动监测装置

（2）主要流程：现场仪表采集信号通过电缆传输到抽油井控制器，然后经过信号处理将模拟信号转为数字信号，通过无线传输方式与中控室通信，中控室发出的控制指令由抽油机控制器执行相应的动作。

（3）主要功能：包括数据采集、控制、远程通信、报警、抽油井控制器自检和自保护等功能。

彩南作业区抽油井没有安装电流传感器，在10～15m 落地式天线杆上安装定向天线。北三台油田抽油井测控终端不直接与中控室通信，而是与计量站通信。

2）自喷井井口

自喷井井口自动监测装置与抽油井井口装置基本相同，由控制器、天线、仪表和配套设施组成。仪表由 3 个压力变送器与 1 个温度传感器等组成，配套设施有接地极等，整套设施的主要功能包括监测油压、套压、回压与油温等参数。

3）气井井口

气井井口自动监测装置与抽油井井口装置基本相同（图 5–3–15），仪表由压力变送器、流量计、温度传感器、液位变送器与火焰探测器组成。监测参数包括压力、温度、流量、加热炉液位与加热炉火焰状态等，井口控制器通过无线方式与中控室通信，在中控室实现参数读取与参数设定等操作。

自动化主要功能是对井口安全阀实施远程控制，实现在一级节流阀后压力超高、出站压力超低，以及水套炉熄火等情况下对井口实施远程关断措施。

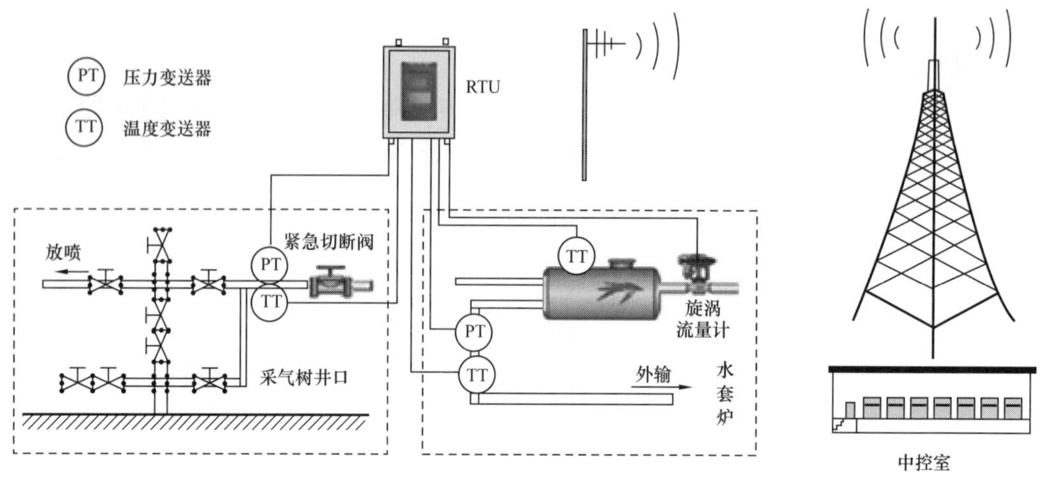

图 5-3-15　气井井口自动监测装置

彩南作业区气井井口没有采用加热装置，井口仪表只安装压力变送器和温度传感器。

4）水源井井口

水源井井口自动监测装置（图 5-3-16）由启动箱、RTU 远程控制终端、接线箱、天线、潜水泵、压力变送器、电子流量计、液位变送器与电流变送器等组成。

主要流程包括 RTU 通过接线箱采集信号、通过启动箱控制潜水泵启停、通过三通阀控制水流流向等；主要功能包括参数监测、控制、远程通信、RTU 自检和自保护等。

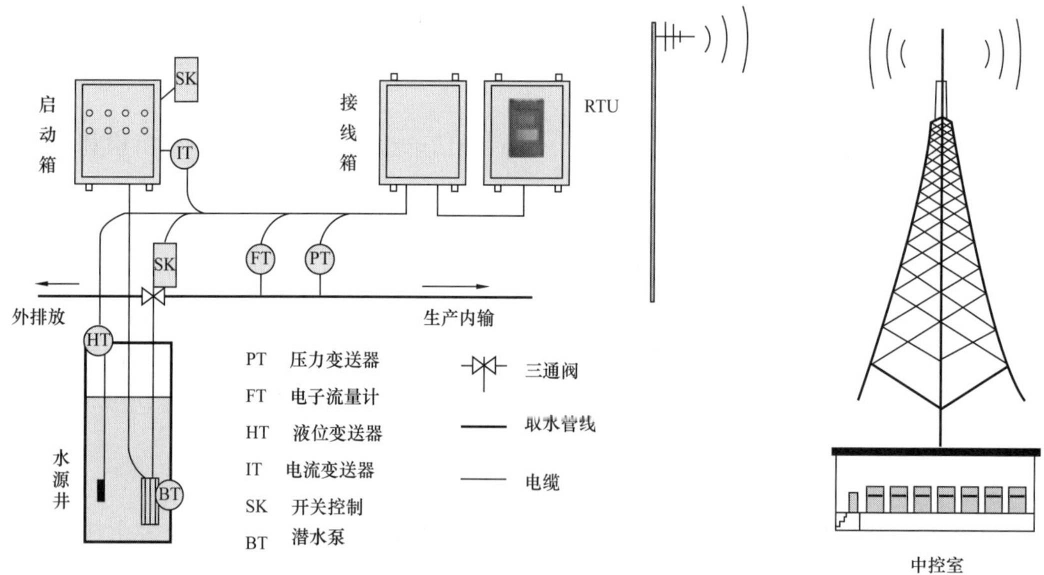

图 5-3-16　水源井井口自动监测装置

5）计量站自动监测

自动监测系统（图 5-3-17）主要由配水间、计量间、水套炉间与 RTU 间等部分组成。

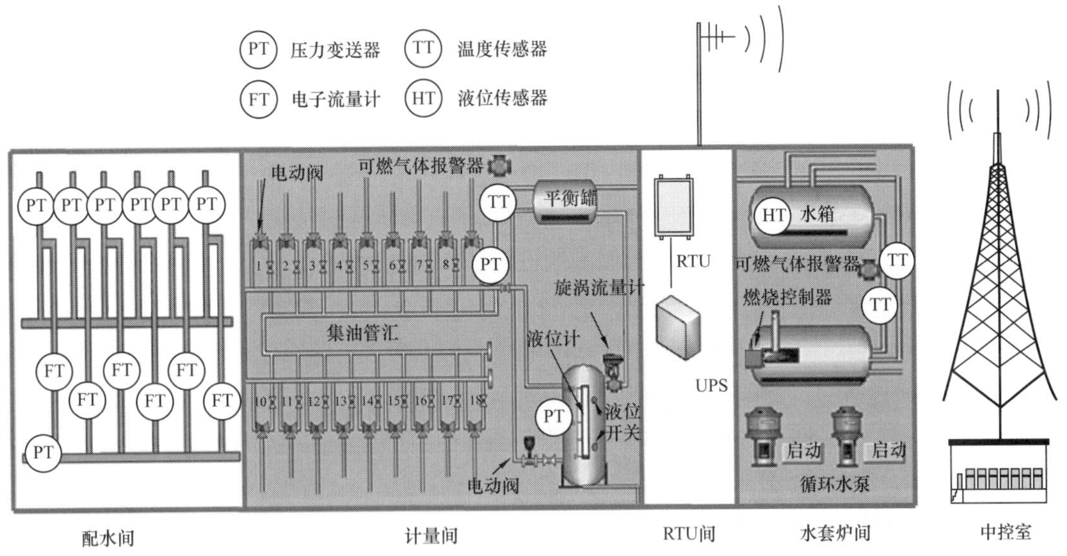

图 5-3-17　计量站自动监测装置

（1）配水间：主要装备为压力变送器与电子流量计等；主要功能包括实时监测瞬时流量，并计算出累计流量及分水器压力与单井注水压力。

（2）计量间：主要安装有电动阀、压力变送器、温度传感器、液位开关、液位计、漩涡流量计与可燃气体报警器等。主要包括自动计量产液量、产气量，实时监测分离器液位、集油管汇的压力、温度及可燃气体浓度，实现液位、压力越限、电动阀状态异常与可燃气体浓度过限自动保护等。

（3）水套炉间：主要装备为燃烧控制器、温度传感器与可燃气体报警器等。主要功能包括实时监测水套炉温度及液位，实现水套炉温度联动，防止水套炉干烧；实时监测火焰，实现熄火断气保护功能；实时监测可燃气体浓度，防止可燃气体泄漏，并且实现漏气熄火保护等。

（4）RTU 间：主要装备为 RTU 与 UPS 电源等。仪表采集的信号通过电缆接入到 RTU 柜内，进行信号处理、数据计算，并通过数传电台与中控室通信。安装的 UPS 电源，在油区停电情况下可维持站内仪表与 RTU 设备供电。

彩南作业区联合站油系统、水系统通过美国 BAKERCAC 的 RTU 采集处理数据，再通过电缆将采集的数据传输到中控室 SCADA 系统。但 SCADA 系统只对联合站油、水系统监测，不能控制。

6）中控室

中控室是 SCADA 系统的监控中心，是油田巡检指令的上传下达部门，由中控室局域网和系统软、硬件组成。

（1）中控室局域网：采用以交换机为中心的星形网络结构。为保证网络的可靠性，网络设备除路由器外均有冗余（但北三台油田中控室未使用网络冗余），采用双网结构，并与油田局域网互联（图 5-3-18）。彩南作业区除前线中控室外，2000 年在距生产区 120km

的准东生活基地又建成基地中控室。当其在日常使用过程中，通过油田局域网对生产状态遥测与遥控。一旦发生基地断电或油田局域网中断等不可抗拒的事件，立即启动前线中控室工作，以保证油田正常稳定生产。

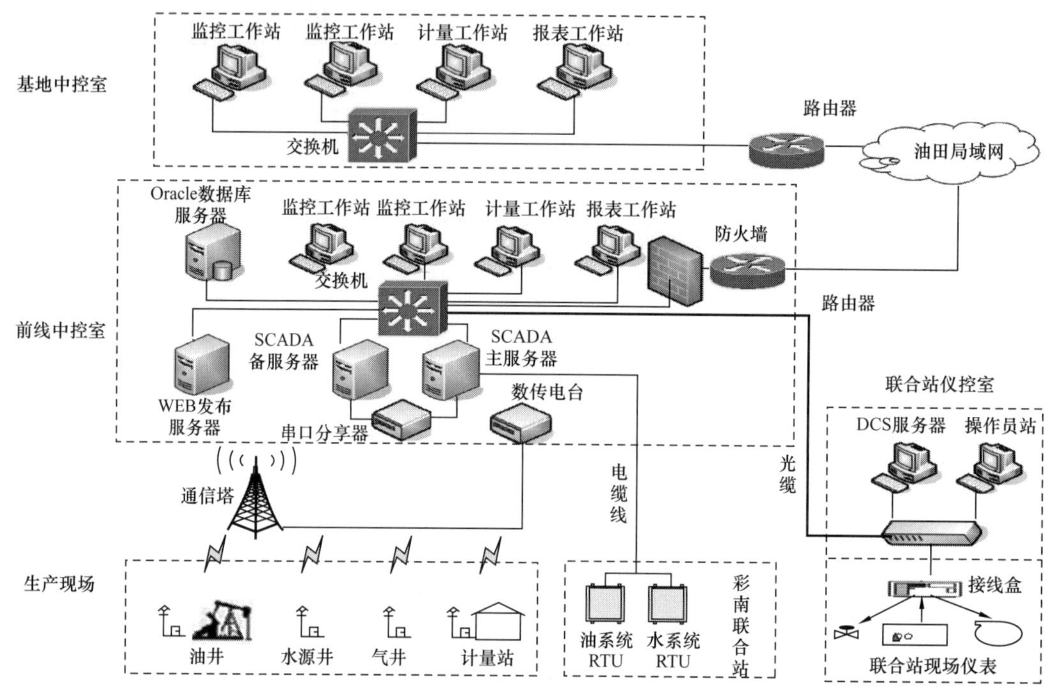

图 5-3-18　彩南油田自动化油气结构

（2）系统软硬件：SCADA 系统采用客户端 / 服务器（Client/Server）体系。服务器负责实时数据库管理，提供数据接口驱动，负责数据采集、处理和控制；客户端工作站显示来自服务器的实时数据，使操作员了解生产运行状况，发出相应控制指令。服务器与客户端工作站采用相同的人机界面，由组态软件或自编程序开发，后台历史数据库主要采用ORACLE。

（3）冗余设计：以陆梁作业区为例，中控室巡检数据分别使用 4 组数传电台与下位机通信，每组数传电台由两个相互之间热备的电台组成，服务器通过串口共享器与电台连接。由于采用双机热备功能，同一时刻只有一台服务器通过串口共享器与电台通信，实现数据访问通道的热备[20]。在主服务器正常运行时，备服务器通过网络实时复制主服务器的共享内存。若主服务器驱动停止或系统瘫痪，备服务器就不再复制内存，自动转换为主服务器工作状态。服务器和操作工作站都装有双网卡，实现双网冗余（图 5-3-19），确保网络的可靠性和稳定性。

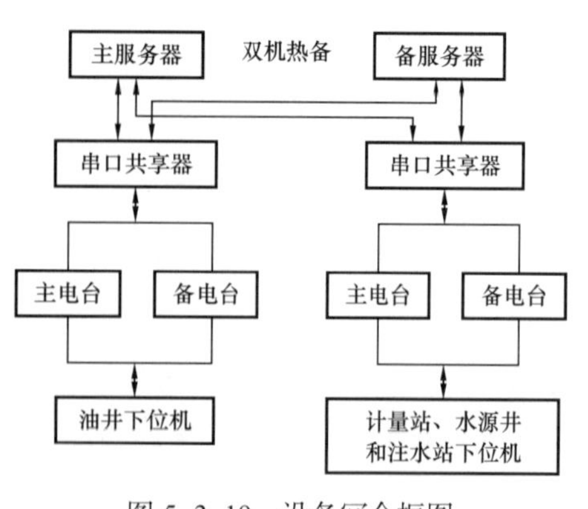

图 5-3-19　设备冗余框图

2. 数据传输

SCADA 系统的数据通信分为有线和无线方式，仅彩南联合站油系统、水系统 RTU 采用有线同轴电缆与中控室通信，通信协议为 Modbus ASCII，传输速率为 1200bps，其余均采用无线通信方式。

新疆油田自动化油气田 SCADA 系统使用的无线电波频率在超短波和微波波段范围内，通信方式为数传电台和跳频扩频无线局域网两种。

1）无线数传电台通信系统

油田 SCADA 系统早期采用美国 MDS 公司生产的系列无线数传电台为核心的无线通信系统。其点对点、点对多点数传电台适用于定点、定向、长距离、小容量数据传输。SCADA 系统的子站电台与主站电台之间为半双工通信，主站电台为主叫方，通过轮巡方式与子站电台通信[21]。

受地形因素影响，石西与陆梁作业区部分井口与中控室存在通信障碍，这些井通过中继转发器（图 5-3-20）实现井口与中控室的通信。中继转发器包括中继转发定向和中继转发全向，其中中继转发定向负责将井口子站电台信号转发至中控室主站电台，中继转发全向负责将中控室主站电台转发至井口子站电台。

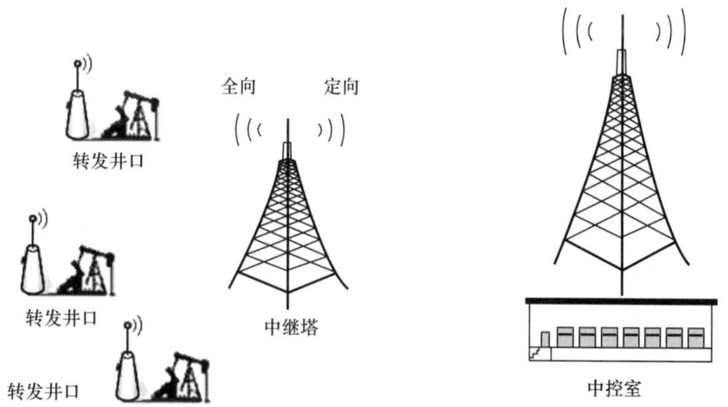

图 5-3-20　中继转发示意图

2）跳频扩频技术

扩频通信是将待传送的数据用伪随机编码调制，实现频谱扩展后再传输；接收端则采用相同的编码实现解调及相关处理，恢复原始数据。扩频通信具有低截获概率、抗干扰能力强、高精度测距、多址接入、保密性强等优点。

跳频是载波频率在一定范围内不断跳变意义上的扩频，而不是对被传送信息扩谱。跳频的载频受伪随机码的控制，在其工作带宽范围内，其频率合成器按 PN 码的随机规律不断改变频率。在接收端，接收机的频率合成器受伪随机码的控制，并保持与发射端的变化规律一致。跳频的最大优点是抗干扰，无线局域网产品常常采用这种技术。

北三台油田 SCADA 系统采用跳频扩频无线局域网技术（图 5-3-21），其结构由井口智能测控终端、油井工作站、中控室三部分组成。

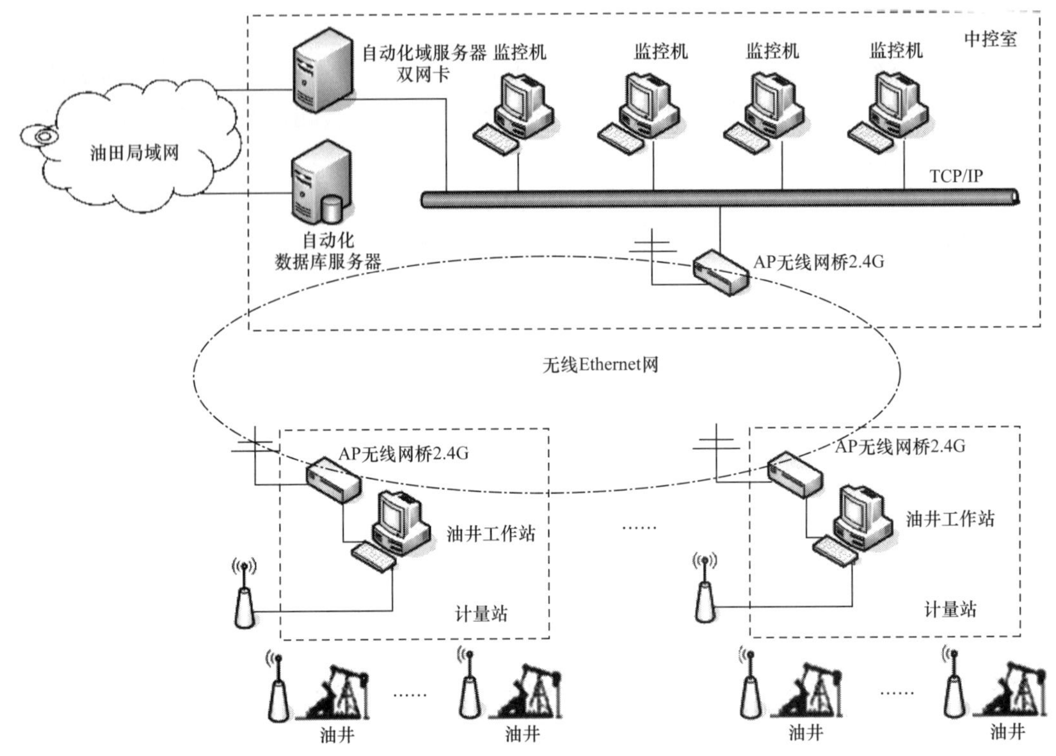

图 5-3-21　北三台油田 SCADA 系统通信结构示意图

3）单井与多井传输模式

单井通信模式要求仪表距离井口控制器 / 井口控制单元在 100m 范围内，需要视频采集的井口宜采用单井通信模式。在一定固定区域内的平台井、主从井、丛式井等与在多井集联中继器可视范围 150m 内的离散井都宜采用多井集联通信模式。

（1）单井通信模式。

无线仪表→井口控制器→中心控制室的数据流为单井通信模式。

无线仪表为通信网络中的端点设备，如无线载荷位移一体化示功仪、无线压力、无线温度、无线电量、无线扭矩、无线含水仪等仪表。无线仪表平时处于休眠状态，定时唤醒采集数据后发送到井口控制器。

井口控制器为井口数据采集、处理与控制设备，可通过通信设备上传处理结果，并接收中心控制室指令控制现场，如抽油机启停等。

（2）多井集联通信模式。

井口控制单元直传模式：井口控制单元为井口数据采集、处理、控制设备，可通过通信设备将处理结果上传到多井集联中继器中，再由此将数据上传到中心控制室。多井集联中继器接收中心控制室指令，再通过通信下达到井口控制单元，进而控制现场，如抽油机启停等。

多井集联中继器路由模式：井口控制单元 1、井口控制单元 n 与多井集联中继器在 150～300m 可视范围内，可以直接通信。而井口控制单元 2 与多井集联中继器之间有阻挡，不能直接通信，通过 ZigBeePro 或 WIA 协议的路由功能，井口控制单元 2 数据通过控制单元 1 设备路由，将数据上传到多井集联中继器中。

单井和多井级联传输模式如图 5-3-22 所示。

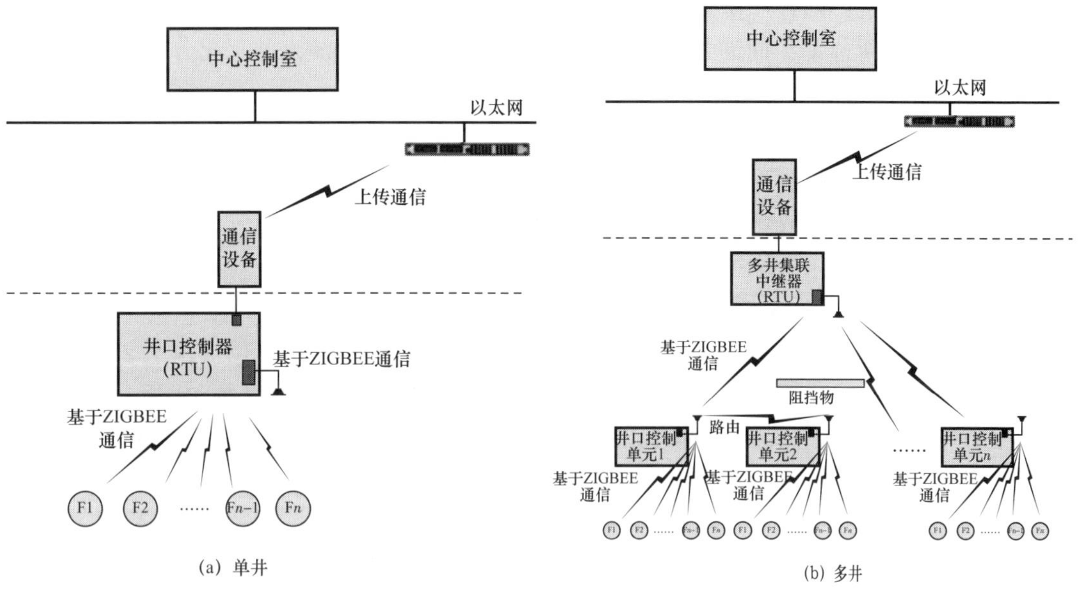

图 5-3-22　单井和多井集联传输模式

3. 存储处理

iFIX 是 Intellution Dynamics 自动化软件家族中的 HMI/SCADA 组件，是一种基于 Windows 系统平台，实现现场数据采集、生产过程可视化及过程监控功能的工业自动化组态软件[22]。

4. 数据应用

1）实时生产监测

（1）油井监测：基础数据查询、实时监测、有毒有害气体告警、重点参数预警、实时超限告警、计量异常告警、预警告警处理、历史数据查询与油井视频。

（2）气井监测：实时超限告警、有毒有害气体告警、计量异常告警、预警告警处理、历史数据查询与气井视频。

（3）供注入井监测：基础数据查询、实时监测、重点参数预警、实时超限告警、计量异常告警、预警告警处理、历史数据查询与供注入井视频。

（4）站库场信息展示：基础数据查询、重点信息展示、重点参数超限告警、告警处理、历史数据查询与站库场视频监测。

（5）集输管网信息展示：基础数据查询、重点信息展示、重点参数超限告警、告警处理与历史数据查询。

（6）供水管网信息展示：基础数据查询、重点信息展示、重点参数超限告警、告警处理与历史数据查询。

（7）注水管网信息展示：基础数据查询、重点信息展示、重点参数预警、告警处理与历史数据查询。

2）生产分析与工况诊断

（1）产量计量：油井产量计量（传感器 / 软件计量）、气井产量计量与注入井计量。

（2）工况诊断预警：抽油井、电泵井、螺杆泵、气井与供注入井工况分析（工况图展示、工况诊断分析告警 / 预警、预警报警处理）。

（3）视频监测与报表及数据管理：主要包括视频基础信息、视频展示与视频分析报警；生产数据报表模板管理、生产数据报表与物联网设备故障报表、系统运行报表；采集数据质量管理与数据集成管理。

（4）运维管理：系统运维日志、运维任务管理与系统备份管理。

5. 油田自动化系统建设情况

新疆油田自动化系统主要涵盖西北缘、腹部、东部及南缘等油气田。截至 2017 年底，共建有自控系统井口 7623 座，大、中、小型站场 1912 座，SCADA 系统 19 套，井口与站场自控系统、SCADA 系统的具体建设情况依次见表 5-3-4、表 5-3-5 与表 5-3-6 所示。

表 5-3-4　井口自控系统建设

序号	单位名称	油井（座）	气井（座）	注入井（座）	小计（座）
1	准东采油厂	660	20	231	911
2	采油一厂	423	—	95	518
3	采油二厂	2251	—	884	3135
4	采气一厂	—	98	—	98
6	石西作业区	769	17	—	786
7	陆梁作业区	1271	—	430	1701
8	风城作业区	169	—	169	338
9	红山公司	82	—	83	165
10	呼图壁储气库	—	34	1	35
合计（座）		5625	169	1893	7687

注：油井包含自喷井、抽油井、电泵井、螺杆泵、提捞井与气举井等；注入井包含注水井、三采井、稠油井与重大开发试验井。

表 5-3-5　站场自控系统建设

序号	单位名称	小型站场（座）	中型站场（座）	大型站场（座）	小计（座）
1	准东采油厂	157	3	5	165
2	采油一厂	333	52	5	390

续表

序号	单位名称	小型站场（座）	中型站场（座）	大型站场（座）	小计（座）
3	采油二厂	103	15	4	122
4	采气一厂	—	9	5	14
5	百口泉采油厂	198	7	3	208
7	石西作业区	253	5	3	261
8	陆梁作业区	318	4	2	324
9	风城作业区	—	58	3	61
10	红山公司	160	30	1	191
11	新港公司	172	—	—	172
12	呼图壁储气库	—	3	1	4
合计（座）		1694	186	32	1912

注：小型站场包含集油阀组（间）、计量站与配水（汽）阀组（间）等；中型站场包含接转站、注入站（注汽站）、水处理站、集气站、增压站、输气站与矿场油库等；大型站场包含集中处理站（联合站）、原油稳定站、天然气处理厂、地下储气库集注站与矿场储库等。

表 5-3-6 SCADA 系统建设

序号	单位名称	系统（套）	油井（口）	气井（口）	计量 / 接转 / 集配站（套）
1	准东采油厂	4	660	20	124
2	采油一厂	6	423	—	64
3	采油二厂	1	2251	—	20
4	采气一厂	1	—	3	—
6	石西作业区	1	769	17	88
7	陆梁作业区	3	1271	—	106
8	风城作业区	1	169	—	53
9	红山公司	1	82	—	23
10	呼图壁储气库	1	—	34	3
合计		19	5625	74	481

到 2019 年底，自控系统井口增加至 34382 座，其中油井 34067 座，气井 315 座；各种类型站场增加至 4190 座，其中油田站场 4158 座，气田站场 32 座，可见近年来油田自动化系统建设已突飞猛进。

二、站库自动化

DCS（Distributed Control System）集散控制系统是利用计算机技术对生产过程集中监测、操作、管理和分散控制的技术，采用4C技术（通信Communication、计算机Computer、控制Control与图形CRT）[23]。DCS系统分为控制站、操作站、通信网络三大部分。

1. 采集与监控

1）控制站

控制站由控制器、电源模块、CPU、通信模块与I/O模块等组成，一般采用1∶1冗余。控制站属于过程控制专用计算机，在实际运行中可不与操作站相连而独立完成过程控制策略，保证生产装置正常运行。DCS系统（图5–3–23）的现场实时数据信号通过线缆被采集到控制站存储器，其他数据（量程、工程单位、回路连接信息与顺序控制信息）也在控制站中存储，并存储到操作站中，与控制站存储的数据构成映象关系。控制站是整个DCS的基础，其可靠性和安全性相当重要。为防止死机及其他异常情况，DCS系统控制站都采用冗余设计、掉电保护、抗干扰与防爆设计。

2）操作站

操作站由计算机、外围设备和人机界面组成。DCS系统操作站具有操作员功能、工程师功能、通信功能和高级语言功能等，其中工程师功能包括系统组态、系统维护等功能。

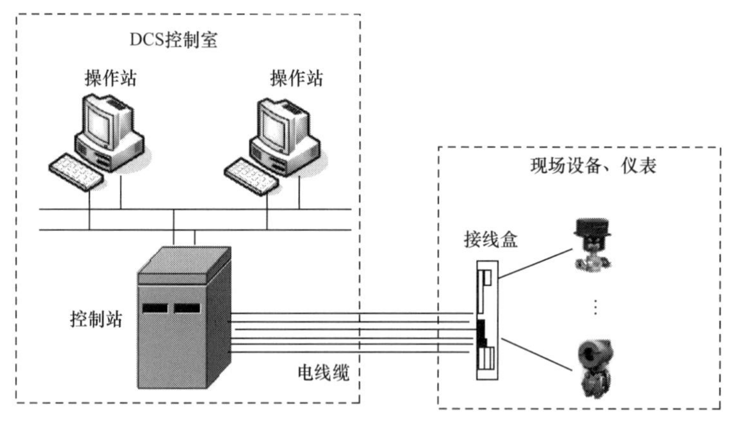

图5–3–23　DCS系统结构示意图

2. 数据传输与应用

通信网络系统是DCS的重要组成部分，通过它能使分散在现场的数据传输过来集中处理，以实现生产过程的控制和管理。分散型控制系统的网络是实时性的网络，需考虑其响应时间较短的特点。DCS通信网络属于局域网系统（LAN），能满足一个场所或数千米范围内多台计算机的互联要求。

1）拓扑结构

（1）点对点连接：每个数据输出与接收装置间需要有单独线路连接，这个方式传输时间延迟最低，传输速度最高。但使用率低，网络中没有监视设备对其有效监视。

（2）星形网：有一个主节点，通过独立的点对点通道，分别和各站连接在一起，如甲站要与乙站（或丙站）间通信，必须通过主节点集中调度控制。要使通信畅通，主节点不能有任何故障，否则会影响整个网络系统。这种通信结构的 DCS 必须有主从之分，信息发送采用存储转发式，但响应速度慢，早期使用的 DCS 产品现已被淘汰。

（3）环形网：把节点配置成环形方式，节点到节点的通信被安排成一个闭合环系统，信号从甲站出发，只能沿一个方向循着环路流动寻址和数据接收，最后返回到发送站。参加环形网的各节点，同一时间都在发送和接收信息，一个节点从源节点如甲站出发，经过各节点再返回源点把信息冲掉。

（4）总线形网：该拓扑结构在 DCS 实时网络中使用最普遍，采取分步式控制方式，各节点都有权争夺总线通信权，不受某一主站仲裁判优。总线上的各节点是权力均等的，某一节点发生故障不会波及整个网络，即使增加一个新的节点，也不会影响现行运转各节点的通信，不会产生干扰或停止状态，故可靠性较高。

2）传输媒质

局域网通常使用的传输媒质有双绞线、同轴线和光导纤维三种，它们具有不同的带宽，即不同的频率带愈宽，传送信息的速率也愈高[24]。

双绞线的带宽在 10m 以下，价格低廉，但它的抗干扰性能不如同轴线和光纤，信噪比低，尤其是在输送较长距离和要求高速传送数据的场合。

同轴线可分为基带、宽带和载波带三种。基带同轴线只有一个信道，每次只携带一个信号，发送和接收都采用一个频率，传输简单可靠，成本相对较低，目前 DCS 较多采用；宽带同轴线每次可携带多个信号，可传输声音、视频和数据，每个信号占用同轴线上不同的频率，但信号出入时都要用复杂的调制和解调技术。

光导纤维具有很强的抗电磁干扰能力，能在恶劣和高温环境下工作，通信保密和传输质量都很好，误码率可达 10^{-9}，且传输速率极高。但单位长度成本较高，现有 DCS 产品使用还不普遍。

通信网络是 DCS 的重要支柱，操作站、控制站与执行分散控制的各单元要靠通信系统连成一体，主要包括 I/O 总线、现场总线与控制总线等。

3）数据应用

数据应用主要包括基础数据查询、重点信息展示、重点参数超限告警、告警处理、历史数据查询、站库场视频监测、实时监视站库场视频与提示视频闯入告警信息并可查询告警历史记录等。

3. 应用与适应性

DCS 系统的特点：适用于大规模的连续过程控制，新疆油田 DCS 系统建设现状见表 1-5-2。DCS 系统安全性、实时性与可靠性都高。但价格也高，独立性强，各公司产品不能互换或互操作，扩容性差。

三、SCADA 系统与 DCS 系统的整合

通过油田局域网，利用 OPC（OLE for Process Control）技术把处理站 DCS 系统和 SCADA 系统集成和整合是目前常采用的方式，如图 5-3-24 所示。

OPC 是控制对象和设备的公共接口标准，目前北京安控公司、北京和利时公司等大部分自动化厂商的产品和 iFIX 都支持 OPC 标准。新疆陆梁作业区通过在联合站 DCS 操作站建立 OPC 服务端（提供数据），在 SCADA 系统服务器建立 OPC 客户端（获取数据），可实现以下功能：

（1）数据存储：DCS 系统现场数据选择性进入 PDB 实时数据库和历史数据库。

（2）在线数据监测：DCS 数据进入 PDB 实时数据库，可以在 SCADA 系统中组态 DCS 系统流程画面，仅对处理站数据监测而不控制。

（3）DCS 数据发布：通过自动化数据 WEB 发布系统将 DCS 系统数据发布，方便用户查询。

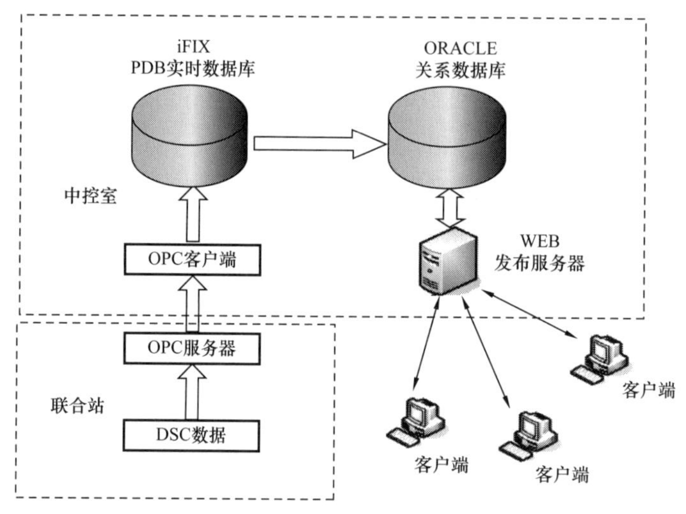

图 5-3-24　OPC 应用结构

目前石西作业区莫北联合站与陆梁作业区陆 9 处理站 DCS 系统通过 OPC 实现与 SCADA 自动化系统的整合。石西作业区其他联合站的 DCS 系统、陆梁作业区石南 21 处理站 DCS 系统、彩南作业区天然气处理站 DCS 系统与 SCADA 系统的整合工作正在进行中。盆 5 气田由于没有历史数据库，处理站 DCS 系统数据只进入到 PDB 实时数据库中。

四、应用实例

1. 陆梁油田

2002 年新疆油田第一个百万吨级自动化油田——陆梁油田建成投产，并在“十二五”末原油稳产在 150×10^4t 水平以上，人均劳动年产油量近 1×10^4t，创造油气生产自动化管理的新水平。目前自动化的规模达到 1264 多口油井、41 口水源井、102 座采注计量站与 2

座原油年处理能力百万吨的综合处理站，是目前国内最大规模的整装自动化沙漠油田[25]。同时，其自动化技术水平、应用水平与管理水平等各项指标都进入目前国内陆上油田自动化的先进行列。

1）自动化体系结构模型

陆梁油田自动化采用基于 B/S/C 模型的 3 层体系结构，如图 5-3-25 所示。其中井、站、原油综合处理站仪器仪表及前端服务器为采集层；数据处理及存储为数据管理层；客户端为用户服务层。3 层体系结构已实现与企业网的有效集成，使自动化系统成为油田的生产管理与指挥核心。目前，油田采用无限通信方式与中心控制设备直接通信，综合处理站采用光纤传输方式提交采集数据。

2）自动化工控网络优化

陆梁油田自动化网络相对于企业办公网络是一个相对封闭的独立自动化工控网络，要确保自动化工控网与企业办公网的数据交换通畅，需要设计合理的网络拓扑结构。工控网络根据自动化系统需采用内部 IP 地址的要求，通过路由方式与企业办公网建立连接，并以 NAT 网络技术实现工控网络内部 IP 地址与企业办公网络 IP 地址间的“逻辑”链路连接。

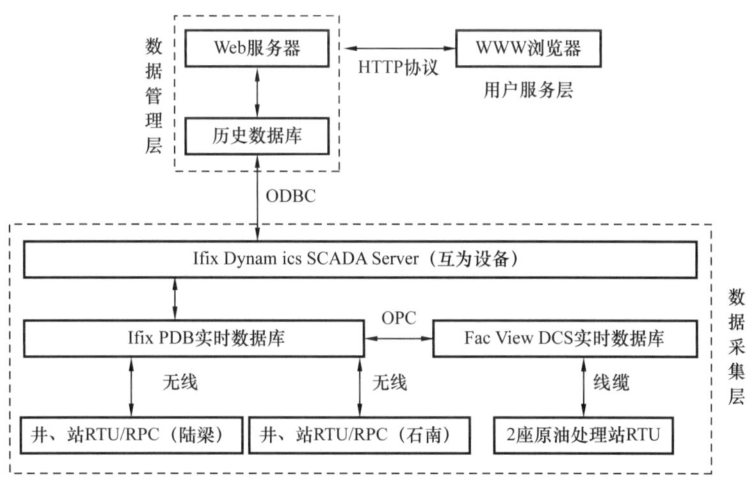

图 5-3-25　陆梁油田自动化体系结构模型（B/S/C）

3）自动化系统的整体性能优化

自动化数据源主要来自对生产过程监控的 DCS 与 PLC 控制器等。陆梁油田自动化系统包括 2 座年处理能力百万吨的原油综合处理站的 DCS 系统和由 700 多台 PLC（RPC、RTU）组成的 SCADA 系统。2 座原油综合处理站系统分别距陆梁中心控制室 5km 与 30km，采用光纤与陆梁中心控制室系统连接。原油综合处理站的 DCS 系统的集散控制与油区 SCADA 系统的分散控制是两类完全不同的控制类型，为实现陆梁油田自动化系统的整体性能优化，DCS 系统与 SCADA 系统间采用 OPC 技术实现异构系统的无缝连接。

4）多种控制器的无缝接入

通过对陆梁一期自动化接入方式的分析及优化，在石南 21 井区采用全新的底层接入方式。陆梁油田石南 21 自动化的总规模为 327 口油井与 24 座计量站。在实施中使用 3 套主站电台，数据通信选用标准 MODBUS 协议。一套主站电台用于计量站接入，两套主站电台用于所有油井接入（由于标准 MODBUS 协议地址位为 8 位，主站电台理论接入油井数量为 255 口，实际可接入的油井数量为 247 口）。接入时控制系统直接读取电台串口数据，这实际是数据链路层接入方式，即底层接入。该方式可避免层接入带来后期升级难的问题，实现多种控制器无缝接入。

5）关系数据库及自动化采集数据的综合应用

陆梁作业区采用 ORACLE 作为自动化采集数据的历史数据库，在此基础上开发自动化采集数据的综合应用系统，已形成自动化历史数据库结构标准。

（1）DMS（Database Manager System）数据管理系统：系统应用 DELPHI 语言和 C/S（客户端 / 服务器）体系结构开发完成，其主要功能包括处理自动化采集数据、生成日志和各种生产报表、管理维护基础数据与录入和查询数据。

（2）自动化数据 WEB 发布系统：系统包含 5 项功能模块（控制算法、发布流程、动态数据、日志数据、报表数据和功图数据），按应用分为动态信息查询、日志信息查询与日报表统计三类。

系统采用 JSP+Tomcat+ORACLE 和 B/S（浏览器 / 服务器）体系结构，应用 JSP（Java Server Page）语言开发设计。其中 Tomcat 是支持 JSP 数据发布的服务软件，类似微软的 IIS。在与数据库连接上，采用 JDBC 方式（Java Data Base Connectivity）。数据流程为：ORACLE 数据库→ WEB 发布服务器→客户端浏览器。对业务逻辑和发布内容的修改，在 WEB 发布服务器上执行，具有查询权限的用户，应用浏览器通过油田局域网查询自动化生产数据，系统结构如图 5-3-26 所示。

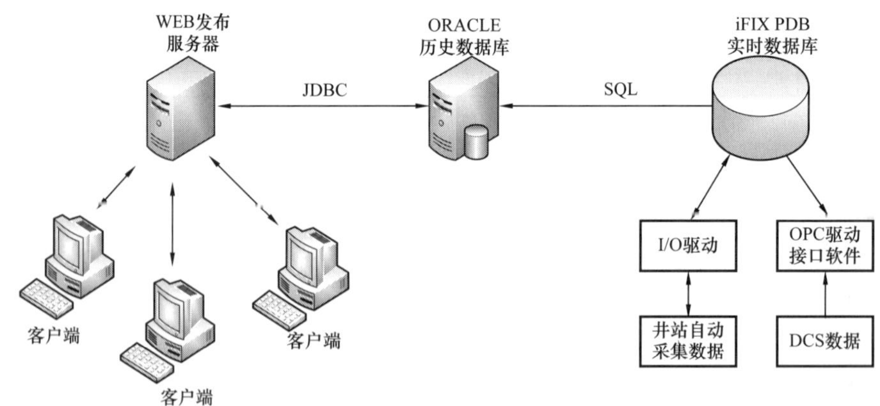

图 5-3-26　自动化数据 WEB 发布系统结构

6）实现油田管理方式的转变

陆梁油田自动化对油井的温度、回压与负荷等信号监测录取，并实现抽油井遥控启停、空抽控制等功能。计量站自动化可对温度、压力与可燃气体浓度等信号监测录取，并实现原油自动计量等功能；带配水间的计量站同时实现注水井压力、水量监测录取等功能。处理站自动化可对温度、压力、液位与含水等信号监测录取，实现开度控制、回路调节、变频调整等系列控制。

陆梁油田自动化使油田巡检由全面巡检向故障巡检转变、油田管理由经验管理向“数字油田”转变。自动化系统 24h 连续、全面监测油田设备的运行，实现设备管理从事后告知向事前预知转变。

2. 呼图壁储气库

1）自动化系统架构

呼图壁储气库自动控制系统（图 5-3-27）采用 SCADA 系统组网，与树形网络拓扑结构，数据通信采用有线、无线相结合的方式，采用现场层、控制层和管理层（数据中心）的架构[26]。

2）注采井

在注采井井口设置远程终端 RTU 及现场仪表，RTU 信号通过光缆将井口采集的温度、压力以及气量等数据上传至注采联合站 DCS 系统，远程终端 RTU 具备实时采集、存储、读取数据和控制功能，并接收注采联合站 ESD 系统发出的控制指令对井口紧急切断阀远程控制。

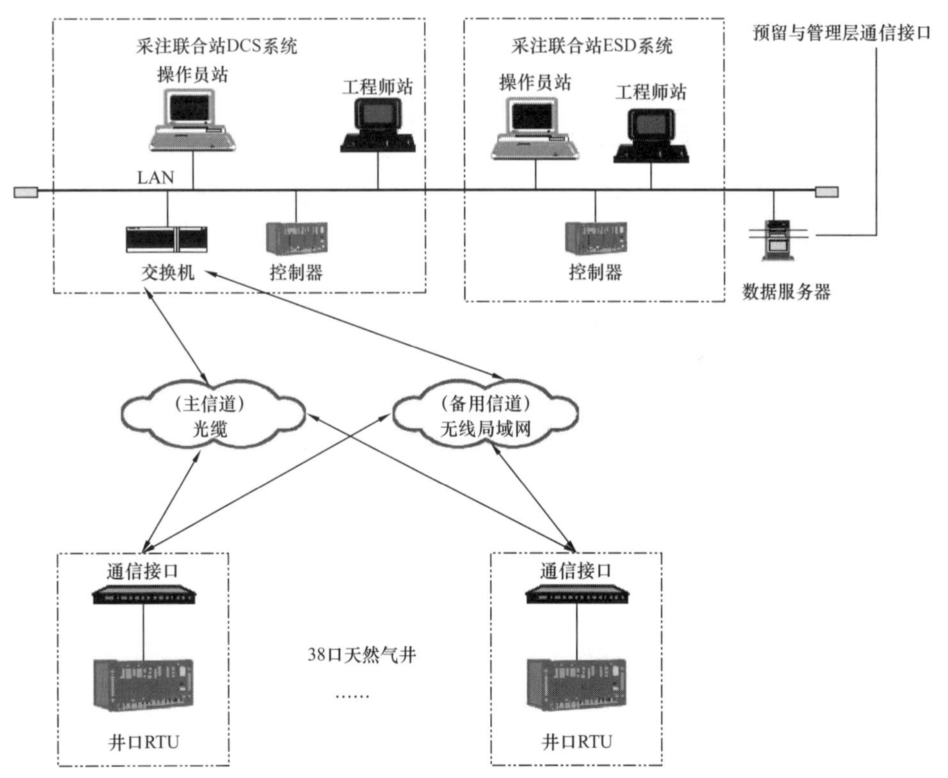

图 5-3-27　呼图壁储气库自动控制系统结构

3）注采联合站

注采联合站过程控制系统设置一套 DCS 系统和一套 ESD 系统，分别完成天然气在注采过程中的生产过程控制和安全环保控制。

（1）DCS 系统：注采联合站 DCS 系统，实现对整个采气、脱水、注气和注采井场生产过程的实时监控，并由控制站、工程师站、操作员站、数据服务器及实施控制网络 Vnet/IP 网组成。DCS 系统与 ESD 系统无缝集成，通过 Vnet/IP 网将两个系统直接连接，使 DCS 系统和 ESD 系统处于同一网络中，集成后的网络可以在 DCS 系统的操作员站查阅 ESD 系统的任何信息，DCS 控制系统数据更加全面。

（2）DCS 系统基本功能：过程控制、报警指示、报警记录、历史数据存储、生产报表打印以及设备管理，并为操作员提供操作界面。通过人机界面的显示器（LCD），能够显示工艺过程参数值以及工艺设备的运行情况，多画面动态模拟显示生产流程及主要设备运行状态、工艺变量的历史趋势。通过人机界面，操作员能够修改工艺参数的设定点，并控制设备的启停。DCS 系统除采集注采联合站的数据外，还可控制井口紧急切断阀的开启与关闭。

（3）ESD 系统：注采联合站通过设立独立的 ESD 系统，对天然气井场和注采联合站生产过程进行安全控制，其中 ESD 系统由控制器、工程师站、操作员站以及操作盘组成。当关键的过程参数超出安全限度时，ESD 系统控制现场的紧急切断阀与放空阀，使生产装置处于安全状态，并设独立的声光报警装置。

五、适应性

新疆油气田各生产自动化系统主要由现场仪表层→油区控制室→单位数据库信息中心→公司网络数据库中心组成。“十二·五”期间，新疆油气田在数字油田的基础上，已开始实施“智能油田”战略规划，并于 2012 年 4 月底，成为中国石油股份公司批准建设油气生产物联网系统（A11）五个示范工程项目之一。“十二·五”末至“十三·五”期间，新疆油气田以 Q/SY 1722—2014《油气生产物联网系统建设规范》为基础，进一步开展适应新疆油田稠油与稀油井场、站场自动化技术的研究，以满足油田工艺建设要求。

第六节　通信与自动化技术问题及发展方向

一、技术问题

1. 设备老化严重

自动化设备老化问题导致现场仪表与电缆故障频繁发生，且办公、视频和自动化应用共用一个网络，在网络边界和信息安全等方面不利于业务的开展和质量保障。

2. 系统建设标准不统一

生产区的自动化水平和建设规模相差甚远，控制系统和设备选型多种多样，目前尚未形成新疆油田统一的生产自动化应用标准，使整个自动化系统难以集成，数据共享程度低，存在一定程度的数据孤岛。

3. 自动化建设与地面工艺建设不同步

在油田地面工程特别是站场建设过程中，如果自动化建设滞后甚至取消或者信号不接入已建系统，会导致信息孤岛，这对油田安全生产和效率不利，且增加管理成本。

4. 原油交接计量误差大且存在安全隐患

立式钢罐静态交接计量方式的误差较大，且存在较大生产安全隐患及环境污染风险。为满足油田信息化建设要求，有必要将现有原油静态交接点改为动态交接计量方式。

二、发展方向

1. 通信技术

采用光纤及其有线 + 无线宽带（4G）等通信技术，已实现 1000M 骨干网、100M 交换到桌面的网络通信；现代通信技术的发展为油田自动化、信息化、智能化奠定了物质基础，其发展趋势主要包括以下六个方面。

1）互联网—新技术模式

（1）互联网—混合组网网络技术：该技术集成智能传感器（高压流量自控仪、无线压变、电参仪表、示功仪与摄像头）—RTU（远方数据终端）—4G 无线—基站（LTE）—有线网的模式。

（2）互联网—精细注水技术模式：在枝状串接短注水流程上，嵌入三代高压流量自控仪（主板、结构与智能变速）—4G 通信—监控配套，实现精细注水[27]。

（3）互联网—油井工况诊断技术：该技术采用井口多参数（压力、流量、电参数与功图）的新型传感器—4G 通信—多功能智能监控平台技术模式。

2）射频识别技术

射频识别技术（Radio Frequency Identification Technology，RFID）[28]是一种利用射频信号通过空间耦合（交变磁场或电磁场）实现非接触信息传递，并通过所传递的信息自动识别目标对象，进而获取相关信息的技术。其工作始终以能量为基础，通过一定的时序方式来实现数据交换[29, 30]。

3）云计算和大数据

IDC 预测物联网将在石油勘探开采和运输等产业环节上率先应用，以提高企业的生产效率，是实现两化融合的重要技术[31]，而云计算首先以私有云的方式部署，实现企业内部办公与 ERP 应用等。新疆油田作为能源型支柱企业，也在加快云计算的基础设施建设，推动云计算的应用。

大数据是计算机数据数字化和互联网数据网络化相结合的产物[32]，与传统数据的诸多特性相比，大数据具有数据的计算、存储以及检索等多方面的差异。

4）通信网络结构的互联

下一代通信网络的结构可以按照业务层、控制层、传送层和接入层来构建，各层之间通过标准的开放接口互连。

5）工业无线网络 WIA 技术

面向工业过程自动化的 WIA—PA 标准，可用于覆盖油区范围内的智能无线网络，无需基站；自动组网与维护，以较低成本实现油田地面工艺全流程的泛在感知、优化控制与节能降耗，实现油田地面工程高可靠、高实时、高节能的数据采集、传输及管理[33, 34]。

6）绿色油田通信模块

数据传输与存储管理可通过以下途径节能降耗：（1）通过优化设计低功耗的通信模块，减少干扰，采用本地计算和数据融合，实现绿色感知的传感层技术；（2）通过路由平衡网络能耗，减少通信流量的高能效路由协议，实现高能效的数据汇聚和处理；（3）通过云计算的虚拟化，实现油田网络的云计算，减少网络接入的能耗。

2. 自动化技术

各大油田的自动化管理基本上处于对生产过程的控制上，对油气集输自动化控制和管理一体化、安全系统自动化管理以及大容量管理信息平台的建立尚处于起步阶段[35]，全球科技正朝着数字化、信息化、智能化方向迅速发展，油气勘探开发智能化已经成为行业前沿热点和发展趋势，有望大幅度提高油气勘探开发作业效率和质量，降低成本和风险，提升复杂油气藏的勘探开发水平。油田自动化技术的未来发展方向如下：

（1）管控一体化是当前油田自动化系统的最新模式：目前该系统的结构基本上以面向网络为基础，系统设备大多采用以太网 Ethernet 或光纤环网等通用网络设备连接高性能的微机、工作站与服务器，在被控设备现场则多采用 PLC 或智能现场控制单元（RPC/RTU 等），再通过现场总线与基础层的智能 I/O 设备、智能仪表与远程 I/O 等相连接，构成现场控制子系统，再通过以太网或光纤环网等与厂级系统结合形成整个控制系统。

（2）以 PC 为基础的低成本工业控制自动化将成为主流：现场控制单元 PLC 正在被基于 PC—based 的工业计算机（简称工业 PC）所代替[36]。基于 PC 的控制系统易于安装和使用，系统维护成本低，有高级的诊断功能，为系统集成商提供更灵活的选择。因此，更多的制造商正在采用 PC 控制方案。

（3）仪器仪表向数字、智能、网络与微型方向发展，其主要功能与特点如下：

① 具有常规的 PID、自校正、自诊断控制技术和模糊控制技术；

② 能实现自动调零、线性化、自动补偿工艺及现场环境因素的变化等；

③ 配置液晶控制技术和较好的人机操作接口；

④ Profibus 现场总线接口及工业以太网接口，以方便系统升级、扩展与互联；

⑤ 具备互操作性，方便各种现场设备的接入。

（4）集散控制系统正向总线控制系统方向发展：现场总线的最大特点是将过去传统集中在中央控制系统的控制功能分散下放到现场设备中，从而实现现场控制，同时 FCS 可以将 PID 控制分散到现场设备（Field Device）中。通过使用现场总线，可以减少大量现场接线，用单个现场仪表可实现多变量通信。不同制造厂生产的装置间可以完全互操作，增加现场一级的控制功能，简化系统集成，并且维护十分简便。

（5）生产大数据深度分析及其资源高效利用：结合油田地质认识，建立油田生产模型，利用大数据、云计算、云存储等技术对生产数据动态分析，准确找出不同开发阶段油田开发及油井生产规律，分析预测生产变化趋势，对油田实现科学有效开发与调控，从而确保油气资源的高效利用。

第四章 道路系统

油田道路系统主要是供油气田生产、生活等车辆通行，是油气田地面工程的重要组成部分，属于油田基础配套工程，其设计规模与油田开发速度、生产体量、地理条件及生活需求等密切相关。新疆油田是一个有60多年开发历史的老油田，随其滚动式开发，借助国道、省道，形成较为完善的油田公路体系，建成以环绕准噶尔盆地为骨架的主干路网，有效连接准东、腹部及西北缘等油区。目前各级道路共4217km，建立与完善道路体系，既提高服务功能，也促进油区通达，为确保油田的有序建设、顺利扩展起到重要作用。本章主要介绍油田道路系统规划与建设、固废物应用、主要技术问题及未来发展需求。

第一节 油田道路系统规划

油田道路交通规划的目的在于协调各种运输方式之间的关系，在可能的资金与资源条件下，对道路系统的建设、布局与运营在整体上作最好规划，以适应油田勘探、开发和运行需求。整个规划过程中，首先要明确目标，其次是数据收集、分析预测、制定方案、评价和选择等一系列工作。交通规划是一个动态过程，必须对道路系统连续地监督检查、不断更新现有数据、修改和完善规划方案。

新疆油田早期道路网建设，没有一个完整的交通规划，仅单纯地按照油区开发需求，建设至各站场、井区的支线道路，以及连接油区和生活基地的干线道路。

一、交通规划

新疆油田环准噶尔油田主干路网规划建设是勘探开发与油田平稳运行的前提与保障，其主干路网外联国道、省道及兵团道路，内接油田干支线道路，因此，环准噶尔油田主干路网建设与完善是新疆油田建设现代化大油气田的基础。

目前，新疆油田道路交通规划除遵循国家道路交通规划的相关原则外，并结合油田滚动开发的特点，将当地政府、周边企业道路建设状况，以及远近期统筹规划，从而逐步完善油田道路交通系统。

二、路网规划

交通规划最终归结为路网规划，后者比前者更为复杂，需要考虑的因素很多，对油田开发运行、土地利用、沿线居民生产生活，以及运输体系本身均有深远影响，故遵循如下原则：

（1）明需求、定目标，对油田路网规划的必要前提与基础内容要有完整掌握；

（2）全局发展观，从油田储量、开发规模以及可采年限等整体方面宏观控制与规划；

（3）工程经济性，制定路网规划和交通对策时，在不影响交通规划目标的前提下，充分利用现有的基础设施，达到投入少、效果好的目的；

（4）开放性，路网规划不仅限于服务油田，也涉及周边企业运营、附近民众生活，故路网建设离不开社会的支持和协助，其规划方案也需服务于社会。

以“玛湖油区开发”为例，新疆油田道路系统规划如下：

（1）依据地质勘探开发、井网部署，划定油区开发范围，将玛湖地区分五大油区；

（2）按照产能建设规模，确定各站场规模和站址，分别在玛 18、玛 2 和玛 131 油区内建立转油站、均匀分布计量站；

（3）分析预测油区开发全生命周期的日双向高峰车流量，油田开发重型车辆较多，而且油区大多地处荒漠腹地，需将道路等级适当提高；

（4）满足油田需求基础上，确定该油区新建主干线等级为二级，支线等级为三级，并结合油区周边路网情况（政府、地企所属道路），合理制定道路的分布与走向；

（5）根据油田全生命开发周期作整体规划，初步分五年实施，结合滚动开发特点，包括地质落实情况差、实际产量不理想区块，动态调整规划方案，以适应油区生产需求。

第二节　油田道路系统建设

一、分级标准

油田道路系统按照功能、性质和交通量，可分为主干道路、次干道路、支线道路；油气田主、次干道在油田路网中起骨架作用，由于各干路相互连接，形成道路骨架环网，辅以支线道路，构成完整的油田道路系统。

油气田作业区道路设计一般按公路工程等级标准，结合油气田勘探开发交通需求和油田特殊车辆荷载条件，据油区规模、交通量、服务对象（油井、站、场、库）等因素，划分如下四个等级：

（1）一级：年平均昼夜交通量为 2000～5000 辆，按照各种车辆折合成中型载重汽车计，为连接大型整装油气田、运输任务繁忙的干线公路；

（2）二、三级：年平均昼夜交通量为 2000 辆以下，按照各种车辆折合成中型载重汽车计，为连接中、小型油气田及沟通油气区、联合站、重要场库的一般干线道路；

（3）三、四级：年平均昼夜交通量为 200 辆以下，按照各种车辆折合成中型载重汽车计，沟通油井、计量站等的支线道路。

各级公路所能适应的平均昼夜交通量是指远期设计年限的交通量，远期设计年限：一级公路为 15 年，二级公路为 12 年，三级公路高级路面为 12 年、低级路面为 8 年，四级公路为 4 年。

选用公路等级时，需根据油田规模、特点、后期发展及远近期交通量等因素综合考虑，一条道路可根据交通量等情况采用不同公路等级，如油田区域正常生产作业车队中重载车辆最大可达 60t，虽然每年作业次数较少，但对路面结构一次性破坏需要在油田区域路面设计中重点考虑。

二、路面结构

新疆油田油气生产区域地处准噶尔盆地，地貌以戈壁、沙漠为主，在油田道路设计时需充分考虑气候、地质、地貌与土质等条件，从而确定基底处理措施、路基填料和高度、路面结构层厚度等；而路面结构则依据道路等级确定，新疆油田主要选用 4 种道路路面结构。

（1）一级道路结构：该路面结构如图 5-4-1 所示。

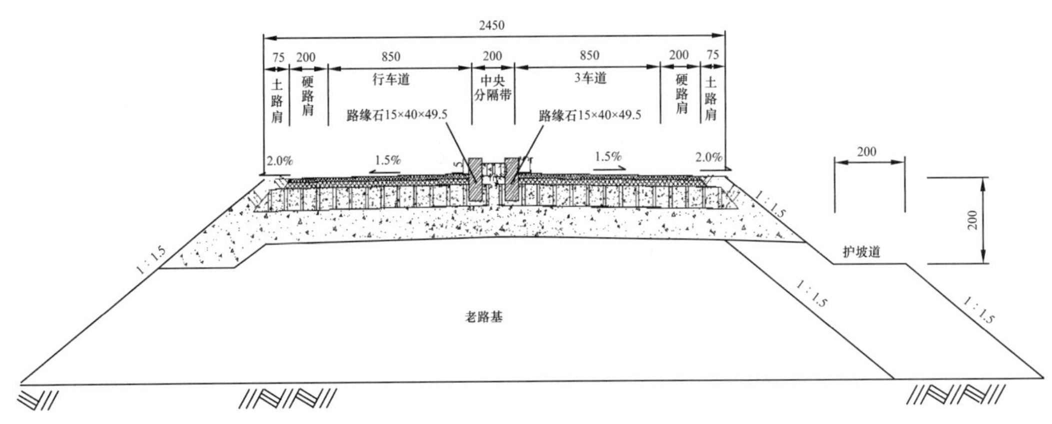

图 5-4-1　克—白路道路断面（单位：cm）

（2）二级道路结构：该路面结构如图 5-4-2 所示。

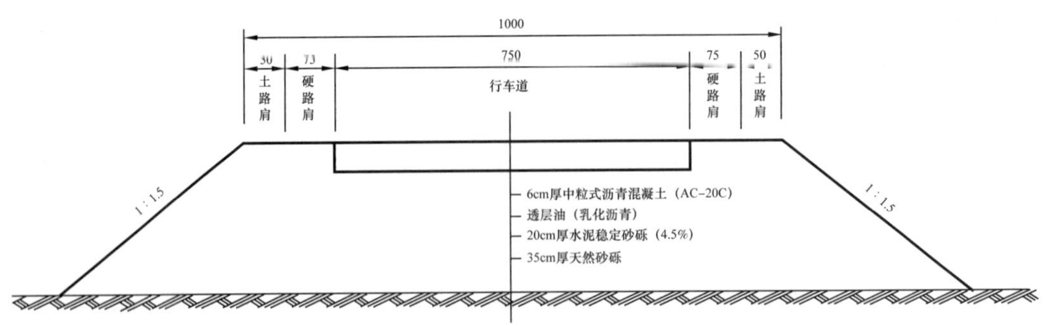

图 5-4-2　克—白路道路断面（单位：cm）

（3）三级道路结构：该路面结构如图 5-4-3 所示。

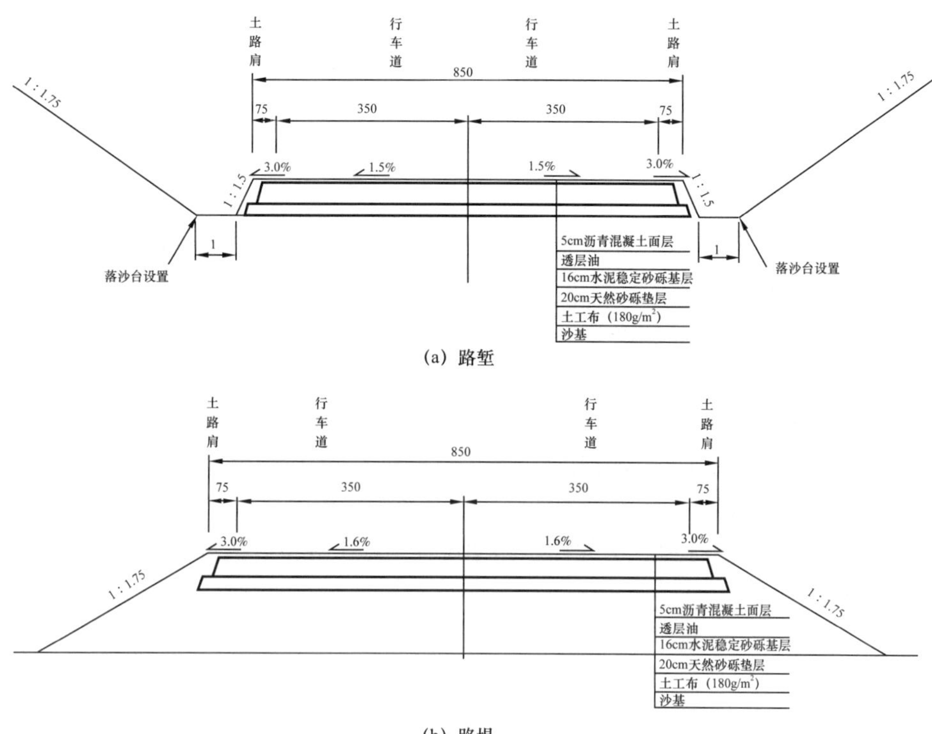

(a) 路堑

(b) 路堤

图 5-4-3　三级道路标准断面（单位：cm）

（4）四级道路结构：该路面结构如图 5-4-4 所示。

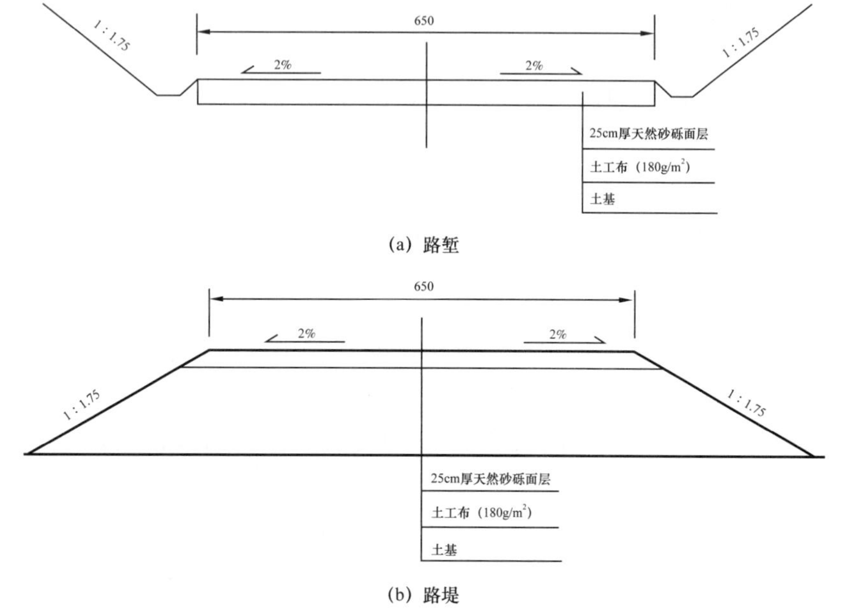

(a) 路堑

(b) 路堤

图 5-4-4　四级道路标准断面（单位：cm）

三、路基材料

1. 戈壁地区

戈壁地区的天然砂砾戈壁土是新疆油田路基材料的天然配料，属四类砂砾坚土，特点如下：

（1）天然含水率低、渗水性强、土体颗粒粒径大；

（2）表层松散，下部稍密、中密至密实，局部胶结程度高，压缩性较小；

（3）承载力高，地基沉降变形速度快，含盐量高，部分密实程度差的土层具有湿陷性。

新疆油田地处戈壁的油区，筑路主要材料为戈壁土，其粒径级配组成、填料含水率、填料粗、细颗粒含量影响压实效果。粗粒土的颗粒组成极为重要，它对压实效果有显著影响。大量工程实践显示，当填料中粗料含量小于30%～40%时，粗料开始起骨架作用；当填料中粗料含量在60%左右时，压实效果最好。若细粒超过5%～10%，含水率显得极为重要，是路堤压实质量的主要影响因素。当填料含水率控制在最佳含水率或低于最佳含水率的2%时，可得到较好的压实效果。然而，油区范围内也多盐渍土，道路设计需严格按照XJTJ 01—2001《新疆盐渍土地区公路路基路面设计与施工规范》执行，必要时可换填。

2. 沙漠地区

风积砂在沙漠地区储量丰富，其路基质量容易控制，水稳定性好，沉降均匀，取土费用低，在建设区域内是极为理想的路基填筑材料，而且风积砂的使用可减少沿途沙丘的存在，降低后期对油田道路的危害。但风积砂路基也存在土质松软，需水量大，保水养生要求高；施工过程拉运车辆不能通行，否则极易形成车辙、影响平整；须表层和边坡封闭，对碾压要求高，需要大吨位震动压路机等。

随着油田开发，油田公路建设已深入沙漠腹地，虽交通量小，但载重车比例较大；沙漠地区普遍缺少筑路材料（砾石、黏土、水等），根据因地制宜、就地选材的原则，充分利用风积砂的优点，对油区道路结构有效加固。从石彩公路现场实验，风积砂路基每层摊铺厚度控制在20～40cm之间比较合适；洒水时，含水率以1.5%～2.0%为宜；碾压采用大吨位压路机，压实度要在80%以上。

第三节　道路系统中固废弃物应用

油田道路的建设，依托国家道路行业技术、法规与标准。随着国民经济快速发展、油田规模不断扩大，以及国家安全和环保政策的制定，油田道路系统不再是单一为油田服务的工程，须综合性考虑安全、环保与节能等事宜。

我国于2015年1月1日开始实施的新《环境保护法》给油田固废弃物处理带来极大影响，主要体现在以下方面：

（1）增加油田企业的环境违法成本：新《环境保护法》要求按日计罚，违法企业不仅承担一定的经济成本，而且依据“两高”司法解释，构成犯罪的违法行为需要承担刑事责任。

（2）增大经营的约束力：新《环境保护法》规定生态保护红线，油田企业需要认真分析环境承载力和环境可行性，避免总量超标排放。

（3）增大环保对企业形象影响：新疆油田作为“负责任央企”的一分子，积极响应总公司“打造绿色矿山”的目标，不断增加在环保方面的技术研发和成本投入，并尽力转化为直接效益，确保油田环保方面的可持续发展。

油田生产不可避免地伴随着固废的产生，包括含油污泥、燃煤锅炉炉渣、钻井岩屑等。在“开源节流，降本增效”的倡导下，固废物处理实现精细化管理，不达标的必须按照国家和地方相关标准无害化处理，变废为宝。按新疆油田 2018 年生产情况，年产生炉渣约 $26\times10^4m^3$，处理费用约 1100 万元；钻井进尺 237.8×10^4m，年产生岩屑约 $8.7\times10^4m^3$（经处理后体积扩大 2～3 倍），处理费用约 9050 万元。可回用的固废物（可节约土方量）达 $45\times10^4m^3$，节约费用约 1139 万元。

综上所述，固废物回用至油田道路系统，具有良好的经济效益与社会效益，经济、环保和节能是未来油田道路系统发展的主要趋势。因此，需加大固废处理研究力度，以满足油田道路建设的相关标准。同时，道路系统也应研究适合油田固废的新工艺与新方法，为油田固废在道路系统的应用推广奠定基础。

第四节 道路系统技术问题及发展方向

一、技术问题

（1）新疆油田地处沙漠腹地，道路经常受风沙移动影响，严重阻碍交通，并且使路面磨耗加快，危害极大[37]，因此，防风固沙是新疆油田道路系统面临的重大问题。

（2）新疆油田冬季气温极低，降雪和冰冻路面常危及公路行驶安全。

（3）新疆油田春季气温回升迅速，冰雪融化集中在三月，这对道路路基冲刷很强，夏天降雨又相对集中，经常出现降雨导致路面坍塌，故雨雪冲刷是新疆油田道路系统又一需要长期应对的挑战。

（4）集油区公路大部分采用配砂砾基层，沥青表面为表面处理结构层，有的没有设置路基，直接撒铺沥青。道路设计年限短、标准低，路面强度，与平整度不高。单井巡井道路的路堤较低，大部分为就地顺坡，路基坑洼、扭曲，路面砂砾搓板多。

（5）由于油田公路大多数修建的年限超过 10 年以上，目前油田公路已从简易公路转向标准化的等级公路，按照交通部养护规范标准都必须大、中修改造。油田公司每年投入油田公路费用不足 2000 万元，只能对部分公路大修改造，致使油田公路养护变成小修，小修变成大修，大修变成改造，如此恶性循环，造成油田公路大修改造的公路占 90% 以上[38]。

二、发展方向

油田道路系统在发展过程中，始终面临着油田道路与国家、地方公路系统之间统筹规划的问题，且油田道路养护水平落后与油田生产规模不断扩展之间的矛盾凸显。新疆油田沙漠地带道路养护，受风沙、冰雪、雨水以及重车碾压等多方面影响，需综合考虑多方面因素治理，保障油田公路系统安全运行。

（1）实现新疆油田道路统筹规划发展，其干线道路满足自身勘探、开发及生产需求，同时科学合理地结合自治区、生产建设兵团的道路规划，在互利互惠、合作共赢基础上，前瞻性地对油田道路选线与建设，并综合考虑环保和节能等。

（2）形成完善的沙漠油田道路养护体系，随着新疆油田不断发展，其道路系统在规模和功能上已经比较成熟，但在公路养护方面尚不完善，特别在防风固沙及雨雪冲刷方面需加强防护，受风沙侵蚀处，设置必要的防风固沙设施。易受季节性雨、雪水侵蚀，易积水路段，采用柔性路基，修补路肩及边坡，必要处设置过水路面，桥涵等设施，确保油田生产平稳运行和车辆行驶安全。

第五章　防腐保温

防腐保温是油田地面建设工程的重要环节，其质量好坏事关油田安全生产、节能降耗等目标的实现。新疆油田气候与环境特殊、戈壁沙漠地形、土壤盐碱含量高、油气种类及组成性质复杂多变、油气生产系统腐蚀机理复杂，其防腐保温措施必须针对油气田自然环境及生产实际的变化而不断改进与创新。本章主要介绍油田设施腐蚀的基本情况、腐蚀防控途径、防腐与保温技术原理及其适应性，同时指出新疆油田防腐保温存在的主要技术问题与未来发展趋势。

第一节　油田设施腐蚀

一、金属腐蚀类型

所有的金属从热力学的观点来说都是不稳定的，腐蚀的基本动力来自金属本身，介质只是条件。冶金过程消耗能量，也可以说金属本身储存能量，释放和降低能量是金属的客观要求，只要外界条件（介质）合适，它就会由原子态变成化合态。

金属腐蚀按破坏形态分为局部腐蚀和全面腐蚀，局部腐蚀又分为应力腐蚀开裂、点腐蚀、晶间腐蚀、腐蚀疲劳以及缝隙腐蚀。按腐蚀成因分为化学腐蚀、电化学腐蚀和物理腐蚀。油田腐蚀大多为化学腐蚀和电化学腐蚀，电化学腐蚀更难防范。

二、管道腐蚀

新疆油气田多数管道处于盐碱沼泽地带，土壤腐蚀性较强，且管道还受细菌和杂散电流等腐蚀的破坏，管道腐蚀问题严重，影响油田的正常生产。其中新疆油田二中区、二西区、五一区及稠油处理站、稠油热采区等区块的埋地管线腐蚀较典型。研究发现，土壤的腐蚀性是影响管道外腐蚀程度的重要因素，而土壤的腐蚀性大小又受其电阻率、pH 值、含水量等因素的影响。此外，除锈等级不够、回填时的野蛮施工也将加剧外腐蚀。

采出液或污水中腐蚀离子含量高是造成内腐蚀的重要原因。经过成分分析发现，输送介质不仅矿化度高，且含有较大数量的氯离子、酸根离子，这些因素可加剧管道内壁的化学、电化学腐蚀。因此，在油田生产过程中集输管线常发生结垢、腐蚀穿孔等事故，这些腐蚀事故在红山嘴油田、红→克长输管线、石西和陆梁沙漠油田的集输管线上都有充分体现。研究表明，输油管线中原油中水的体积分数大于油水乳状液反相点时，就会出现游离水，导致管道腐蚀速度明显加快。

新疆油田部分集输、注水、输油、输气金属管线使用年限长，目前使用年限在11年以上的集油管线约有5300km，这部分管线随油田产能递减，采出液含水量逐年递增，地层水中含大量的结垢离子和腐蚀介质导致管线结垢、腐蚀严重。同时，稠油区块开采油温高、土壤碱性大、地下水位高等原因也造成管线的腐蚀程度加剧，集油管线腐蚀破损和腐蚀穿孔如图5–5–1和图5–5–2所示。

图5–5–1　集油管线腐蚀穿孔

图5–5–2　集油管线腐蚀破损

三、罐腐蚀

储罐的腐蚀多为内腐蚀。新疆油田污水罐腐蚀介质基本上都是含油污水，沉积水矿化度较高，含有较高浓度的Ca^{2+}、Mg^{2+}、Ba^{2+}、SO_4^{2-}、HCO_3^-、Cl^-等成垢离子及CO_2、O_2、硫化物、细菌（主要为硫酸盐还原菌）等腐蚀性介质，容易产生均匀腐蚀和点蚀。此外，介质温度对罐腐蚀有重要影响。有研究表明，同一水样，温度从20℃升到50℃，腐蚀速率增加7～12倍，由于污水罐内介质工作温度为0～70℃，水温相对较高，从而加速暴露在污水中的罐壁板腐蚀。

一般情况下，储罐的腐蚀以罐底部和顶部腐蚀最为严重，且最容易在罐的顶部发生，呈点蚀状，属于气液相腐蚀。由于温差的影响，水蒸气易在罐顶凝结成水膜，罐体内含有的二氧化碳等腐蚀性气体则会溶解在水膜中。同时，外部氧气不断进入罐内并通过水膜扩散到金属表面，因此罐顶内壁的水膜将形成含有多种腐蚀性成分的电解质溶液，导致罐顶内壁的腐蚀。

对于原油储罐，腐蚀破坏形式及部位如图5-5-3所示，其不同部位腐蚀形式如下：

（1）油罐的储油部位：该部位直接与原油接触，罐壁上黏附一层相当于保护膜的原油，因而腐蚀速率较低，一般不会造成危险，只是由于油品内和油面上部气体空间中含氧量的不同，可形成氧浓差电池而造成腐蚀，同时罐液位的变化及搅拌作用可加速腐蚀，但总体来说，储油部位的腐蚀比较轻微。

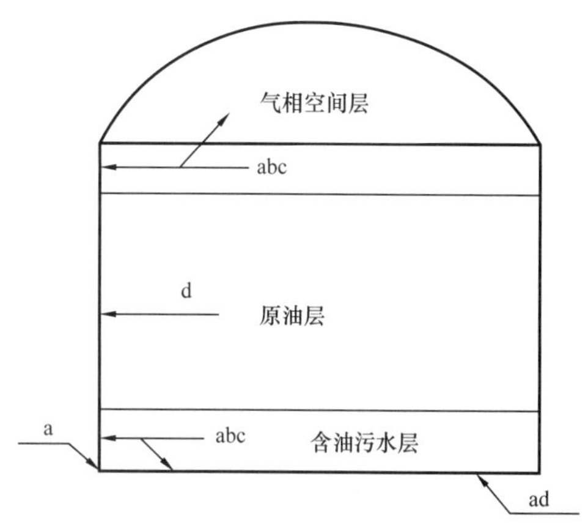

图5-5-3　腐蚀破坏形式和部位图

a—大面积麻坑；b—局部点蚀；
c—点蚀穿孔；d—轻微腐蚀

（2）油罐内底板：原油中夹杂有大量的水分，这些水分经过长时间的沉积，在罐底逐渐形成沉积水。受液体流动的黏滞性及罐底板不平等因素的影响，罐底长期处于浸水状态，沉积水中含有大量的氯化物、硫化物、氧、酸类物质，成为较强的电解质溶液，明显发生电化学腐蚀。此外，硫酸盐还原菌在厌氧条件下能够利用附着于金属表面的有机物作为碳源，并利用细菌生物膜内产生的氢，将硫酸盐还原成硫化物，造成罐底板腐蚀。

（3）油罐气相部位：主要发生二氧化碳和硫化氢腐蚀，前者常造成坑点腐蚀、片状腐蚀等局部腐蚀。在无水的情况下，油品中的硫化氢对金属无腐蚀作用，湿硫化氢或与酸性介质共同存在时，会对金属造成严重的腐蚀破坏。

第二节　腐蚀防控

腐蚀是材料与其所处环境介质之间发生作用而引起材料的变质、破坏和性能恶化的现象。腐蚀控制的方法，通常有以下几种：

（1）合理选材：提高金属本身的稳定性，采用耐腐蚀合金、易钝化的金属、金属渗镀层。

（2）选用可替换的耐腐蚀材料：选用陶瓷、玻璃等无机非金属材料，或者塑料、橡胶等有机的高分子材料制品。

（3）采用防腐涂层：管壁涂抹防腐涂料，隔绝金属与腐蚀介质的接触，内壁涂层主要采用环氧树脂，不仅可防止管道内部腐蚀还可降低管壁摩擦阻力；外壁涂层常用沥青玻璃布和塑料涂层。

（4）改变介质环境的腐蚀性：比如从介质中除去H^+、溶解O_2等极化剂。

（5）电化学保护：包括阴极保护和阳极保护，其中阴极保护是在管道上通以阴极电流防止管道外壁由土壤造成的腐蚀。

（6）添加缓蚀剂：在输送或储存时的介质中加入缓蚀剂抑制内壁腐蚀。

第三节 防 腐

一、外腐蚀防护

1. 涂层防腐

1）技术原理

管道外部覆盖层，亦称防腐绝缘层（简称防腐层），将防腐层材料均匀致密地涂敷在经除锈的管道外表面上，使其与腐蚀介质隔离，从而达到管道外防腐的目的。防腐涂料具有隔离、缓蚀与电化学保护三种作用，其是金属腐蚀与防护领域中目前应用较简便、经济、有效的防腐措施之一。

2）技术特点

管道涂层的特点是：与金属有良好的黏结性、电绝缘性能好、防水及化学稳定性好；有足够的机械强度和韧性、耐热和抗低温脆性好、耐阴极剥离性能好、抗微生物腐蚀能力强、破损后易修复，价廉且便于施工。

现有的防腐层材料种类较多，如石油沥青、煤焦油瓷漆、熔结环氧粉末（FBE）、聚乙烯（PE）三层 PE 复合结构等。熔结环氧粉末—保聚氨酯泡沫—聚乙烯三层结构，由于其兼有熔结环氧粉末优异的防腐性能以及聚乙烯优良的机械性能、绝缘性能及强抗渗透性，在我国西气东输、兰郑长、长呼输油管道、库鄯线、陕京线等大口径管道工程，已形成较完整的技术体系。

3）适应性

目前，在新疆油田所使用的防腐涂料种类繁多，归纳起来可分为以下几类：

（1）粉末涂料：一种不含溶剂、以粉末熔融成膜的新型涂料，具有耐高温、固化时间短、耐腐蚀等特点。为达到更好的防护效果，常常在粉末涂料的外层再涂一层聚乙烯涂层，形成 3PE 复合防腐层，新疆油田独→乌成品油管道就采用这种 3PE 防腐层，而外输管道常用防腐层主要采用聚乙烯三层结构，以及熔结环氧粉末—聚氨酯泡沫—聚乙烯三层结构。而国内埋地管道外防腐层常采用无溶剂环氧、聚烯烃胶黏带及其复合结构与无溶剂环氧玻璃钢等防腐层。

（2）富锌涂料：一种含有大量锌粉的涂料，通常用作底漆。由于富锌涂料所采用的有机漆基（环氧树脂、聚苯乙烯、聚氨酯等）、无机漆基（碱性硅酸盐、烷基硅酸酯等）都具有优良的耐蚀性、耐水性和耐磨性，因此油田应用广泛。

（3）鳞片涂料：以各种金属或非金属鳞片骨料和各种高性能耐蚀树脂及相应助剂组成的厚浆型重防腐涂料，具有良好的耐腐蚀性和防渗透性，主要用于原油储罐、地下管道等油田设备防腐。

（4）带锈和防锈底漆：可保护金属表面免受大气、水等带来的化学或电化学腐蚀，主要分为物理类和化学类防锈漆。前者通过颜料和漆料的适当配比形成致密的漆膜，以阻止腐蚀性物质的侵入，如铁红、石墨防锈漆等；后者靠防锈颜料的化学抑锈作用，如红丹、锌黄防锈漆等。这两类涂料目前广泛应用于原油管道及储罐等设备的金属表面处理。

（5）无溶剂防腐涂料：近年来随着人们的环保意识逐渐增强，无溶剂防腐涂料逐渐成为今后防腐涂料发展的主要方向，其种类包括100%固体聚氨酯涂料、聚脲涂料与有机硅树脂涂料等。由于其良好的耐化学药品性、优异的物理性能、施工操作方便等众多优点，因此在国内外油田开始被大量应用。喷涂聚脲防腐涂料作为一种新型先进的无溶剂涂料，因其固化快速、机械强度高、耐老化等特点，已在新疆油田开始应用并显示出广阔的发展前景，新疆油田百口泉采油厂地面管线采用的就是喷涂聚脲涂料，其防腐效果优良。

2. 阴极保护和联合保护

1）技术原理

阴极保护是金属设备防腐蚀的有效方法之一，对电偶腐蚀、氧浓度差电池腐蚀、孔蚀等电化学和细菌腐蚀均有较好的控制作用。其基本原理是通过外加电源或牺牲阳极将处于介质中的金属设备的自腐蚀电位负移至完全保护电位之下，使金属设备免遭介质的腐蚀。例如，对于钢铁构件，当通过外加电源或牺牲阳极的方法将其自腐蚀电位降至−0.85V以下时，其腐蚀进程将会被阻止，阴极保护方法可分为牺牲阳极和外加电流两种。

联合保护是指采用防腐涂层与阴极保护联合防腐方法，已被广泛应用于埋地长输管道的腐蚀控制，在国内数万千米管道上取得显著效果。联合保护中心涂层是埋地管道腐蚀控制的第一道屏障，其作用是将管体金属与腐蚀性土壤环境隔离；其阴极保护作为埋地管道腐蚀控制的第二道屏障，通过对涂层缺陷处提供过剩的电子，以消除被腐蚀表面上阳极和阴极区的电位差。国内多年的应用实践表明，对于埋地金属管道，采用防腐层和阴极保护联合保护的防腐措施不仅行之有效，而且经济合理。

此外，国内油田污水罐内壁多采用环氧玻璃钢内衬或无溶剂环氧涂料防腐。但从实际应用看，涂层防腐蚀效果并不好，所以应该考虑采用防腐涂层与阴极保护联合保护的方法。

2）技术特点

阴极保护分为牺牲阳极和外加电流两种，部分污水罐内壁采用涂层加牺牲阳极阴极保护的防护方式。但从实际应用来看，这种方法存在以下缺陷：

（1）污水苛刻的腐蚀环境和高温环境下，牺牲阳极自身消耗大；

（2）设计寿命一般在5～8年，到时就需借助清罐机会予以更换，性价比不高；

（3）牺牲阳极安装位置较低，将制约其保护效果；

（4）阳极钢芯与罐壁焊接处对罐体的强度和焊缝会产生不良影响；

（5）大型污水罐内的大量牺牲阳极会减少水罐有效容积，增大罐基础的负荷；

（6）牺牲阳极输出电流不可调，导致后期运行时供给罐体所需电流不足，因此，牺牲阳极对大型污水罐内壁的阴极保护存在明显的局限性，难以满足储罐的安全运行要求。

强制电流阴极保护具有保护电位均匀、输出电流连续可调、保护装置寿命长、防腐蚀效果显著及阳极安装方式灵活等优点，它用在污水罐内壁正好能弥补牺牲阳极的缺点。

3）适应性

采用防腐涂层加牺牲阳极保护技术具有投资少、运行费用低、系统独立不受外界干扰的特点。对于污水罐而言，要保护整个内壁，保护面积较大，且由于罐内介质是动态运行的，当其使用多年后罐内壁的防腐涂层通常破损严重，这样所需要的电流很大，因此只能采用外加电流阴极保护。

新疆油田在陆梁集中处理站对 4 座污水罐内壁采用外加电流阴极保护，污水罐内壁新涂覆无溶剂环氧涂料，涂层设计厚度 300μm，罐内壁采用碳钢材质和非金属玻璃钢材料相结合，污水水位高度为 7.5m。涂层后期破损率按 10% 计算，电流密度设计取值为 $30mA/m^2$。$2000m^3$ 污水储罐内壁所需阴极保护电流量为 21.16A，经过测试参比电极均在 0～250mV 之间（相对高纯锌电极），且罐内保护电位分布均匀，罐内阴极保护效果良好。

3. 非金属材料的应用

由一些非金属材料制成的管道、储罐与罐内构件具有很强的耐蚀性能，在防腐领域发挥着很重要的作用，非金属材料应用还可节省投资和减少管理环节，常用的耐蚀非金属基材包括玻璃钢、塑料、橡胶和陶瓷等。美国 Texas 在高出水井中选用新型玻璃钢油管，其价格比 J55 钢高一倍，但大大减少设备的安装费和维修费，以及化学药品消耗费等开支。塑料管材不仅耐腐蚀，而且制造工艺简单，利于环保。现在常用塑料管分为两类：第一类为加内衬钢管，如陶瓷内衬钢管，不仅兼有钢管强度高、韧性好、耐冲击、焊接性能好与陶瓷高硬度、高耐磨、耐蚀、耐热性好等优点，而且克服了钢管硬度低、耐磨性不足以及陶瓷韧性差的特点；第二类为强力聚乙烯管，由于内衬钢管具有良好的耐磨、耐热、耐蚀、可焊性及抗机械与热冲击等特性，它是输送颗粒物料、磨削、腐蚀性介质的理想耐磨与耐蚀管道。

1）非金属管道

金属管道的腐蚀问题促进了非金属管道技术的发展，目前非金属管道的种类很多。塑料管是非金属管道中发展最快之一，但是由于材料本身结构的特点，塑料管道存在耐冲击性弱、耐压低、抗蠕变性差、耐热性差、表面易刮伤、刚性差、强度低、线膨胀系数较大等缺点。近年来，许多非金属复合管在石油天然气领域的发展迅猛，它是一种采用物理方法将不同增强材料和基体材料制成一种特殊管道。除防腐外，非金属复合管绝热性能好、内层表面粗糙度小，可大幅降低输送过程中的热能和压力能损失，增强管道的输送能力。新疆油田常用的非金属管道主要包括玻璃钢管、塑料合金复合管、钢骨架聚乙烯塑料复合管与柔性复合管四类。

（1）玻璃钢管：由高性能连续无碱玻璃纤维经树脂浸渍后，以纤维缠绕工艺生产制成的，其承压范围在 3.45～34.50MPa。高压玻璃钢管主要包括由耐热、耐蚀、机械强度高的玻璃纤维、硬化剂和有机化合物环氧树脂构成的酸酐固化玻璃钢管或胺固化玻璃钢管。其中，酸酐固化玻璃钢管输送介质温度的极限为 80℃，工作温度不宜超过 65℃；胺固化玻璃钢管输送介质温度极限为 93℃，输送碱性介质时工作温度不宜高于 65℃。最大公称直径可达到 200mm，用作集输管道时工作压力不应超过 6.3MPa，用作井下油管时工作压力不应超过 250.0MPa，主要应用于油气田的集输、热洗和掺水管道。

玻璃钢管的优点是耐腐蚀能力强，具有良好的韧性和极高的强度，其强度是合金钢的

2～3 倍，但是材质很脆，柔性很差，在外力作用下很容易破碎。冬季室外施工困难，需要环境温度达到 6℃以上才能连接。

（2）塑料合金复合管：里面为塑料合金材料，外面包裹连续纤维增加管道强度，由外到内分别为保护层、增强层和内衬层，输送介质温度范围为 -30～90℃，短时间耐温可到 110℃，压力等级范围为 1.6～320.0MPa，管线一般采用活接或管螺纹连接。

管材充分利用热塑性树脂与热固性树脂独特的优点，具有不易被腐蚀、水力特性好、寿命长、重量轻、耐热范围广和连接密封可靠等优良特性。但是其缺点在于塑料合金复合管的接头需用钢制品，制作上需要更精细的加工，成本增大，而且其耐温性能也需进一步提高。

（3）钢骨架聚乙烯塑料复合管：使用钢制骨架增加其强度，以热塑性塑料（中密度或高密度聚乙烯）为中间连续的基质，通过管壁中间的钢骨架孔将管壁内层与外层塑料连在一起，以避免钢和塑料因热胀冷缩而导致分离，同时也可提高管材的抗腐蚀性能。

钢骨架塑料复合管内、外壁的热塑性材料腐蚀性小，不易脱落；管道内壁粗糙度小，摩阻低；传热系数低，保温性好；柔韧性良好。但其适用温度范围较窄，介质输送温度要求在 20～80℃之间；压力极限较低，系统的工作压力最高只能到 4MPa；施工难度较大，需要由专业人员施工、维修和保护。如果在恶劣条件下管道发生冻结，无法用热力方法解堵。

（4）柔性复合管：一种新材料新工艺创新产品，具有强度高、耐高压、不易腐蚀、表面光滑，摩阻系数小、传热系数低、柔韧性好、使用时间长、绝热性能好、不用防腐处理和加保温层、操作与运输方便、抗低温冲击性能好等优点。柔性复合管工作压力范围为 0～32MPa，内径尺寸范围为 17～300mm，使用寿命为 30～50 年，使用温度范围为 -35～110℃，其类别主要包括柔性复合高压输送管、连续增强塑料复合管和塑钢复合耐高压油田专用管。这 3 种管均为连续软管，柔性好、寿命长，敷设管线的条件要求低，没有焊口的存在，主要用于油田注水、管线注醇、油气集输等方面。

近年除了将非金属管用于稀油集输、注水、外输、供水、污水、注醇等环节外，也开始将其用于注聚合物、原油掺水和天然气输送等方面，2014—2015 年新疆油田在稀油产能建设中钢管和非金属管道的使用情况见表 5-5-1。

表 5-5-1　2014—2015 年稀油产能建设中管道使用情况表

用途	不同管材的管长（km）									
	钢管		玻璃钢管		塑料合金复合管		钢骨架聚乙烯管		柔性复合管	
	2014	2015	2014	2015	2014	2015	2014	2015	2014	2015
集油	23.40	6.87	—	—	160.90	118.90	5.59	8.00	65.67	108.44
注水	—	—	2.10	3.00	187.70	185.90	—	—	3.14	10.40
污水	—	—	—	—	—	—	0.47	16.00	—	—

续表

用途	不同管材的管长（km）									
	钢管		玻璃钢管		塑料合金复合管		钢骨架聚乙烯管		柔性复合管	
	2014	2015	2014	2015	2014	2015	2014	2015	2014	2015
供水	—	—	—	—	—	—	50.91	7.00	—	—
掺水	1.83	—	—	—	—	—	—	—	5.80	36.80
注醇	—	—	—	—	—	—	—	—	16.79	7.36
注聚合物	—	—	99.03	2.00	—	—	—	—	—	—
输气	—	—	—	—	—	—	—	—	—	—
小计	25.23	6.87	101.13	5.00	348.60	304.8	56.97	31.00	91.40	163.00
合计（2014/2015）	25.23/6.87		598.1/503.8							

由此可见，新疆油田2014年稀油产能建设中共用管道623.33km，其中钢管25.23km，占总量的4%；非金属管道598.1km，占总量的96%。2015年稀油产能建设共用管道510.67km，其中钢管6.87km，占总量1.3%；非金属管道503.8km，占总量98.7%。

近两年非金属管道的使用比例均在95%以上。除了集气和输气管道及部分油区因热洗温度高、地表为泥岩、土质较硬与偏远地区维护力量不足等原因而采用钢管外，其他稀油区块均采用非金属管道。

2）非金属储罐及其罐内构件

纤维缠绕技术始于20世纪40年代，1946年在美国申请专利，20世纪50年代开始制作玻璃钢管与罐，距今已有70年的历史。欧文斯—康宁公司最早在20世纪60年代初生产首座埋地玻璃钢储油罐，从此开始玻璃钢罐在石油化工与油田使用的历史。由于玻璃钢产品耐腐蚀性能优良，可广泛应用于酸、碱、盐与溶剂等介质的存储。所以，很快得到推广与使用，产品产量也日趋增加。

由于油气水对站内金属容器和管道的腐蚀特别严重，新疆油田已在采油二厂与彩南等作业区用玻璃钢储罐及管件取代传统的金属材料，有效解决金属腐蚀问题。但同时也有许多限制要求，如玻璃钢强度较低，因此不能承受人为或机械外力的重击；玻璃钢罐虽然满足阻燃要求，但仍要远离火源；不允许装配大型附件；罐顶安全阀、呼吸阀必须正常工作，罐顶有与大气相通的通气口，防止储罐意外受压或被抽负压。

二、内腐蚀防护

1. 涂层防腐

1）涂层种类及作用

在管道或者储罐内壁涂上一定厚度的涂料，形成内覆盖层，常称其为内涂层。管道内涂层主要有减阻与防腐两个功能，主要应用于腐蚀介质的集输管道和注水管道，可实现防腐与延长管道寿命的目的，而以减阻节能为目的内涂层技术尚未开发和应用。

油田压力容器和储罐的防腐涂层大多采用环氧涂料、环氧玻璃鳞片涂料、环氧导静电涂料和无毒环氧涂料，多为重防腐涂料，即相对常规防腐涂料而言，能在相对苛刻的腐蚀环境中应用，且比常规防腐涂料具有更长保护期的一类防腐涂料。

目前，国内很多大油田都采用以防腐为目的的内涂层，并已形成各种标准，如 SY/T 0442—1997《钢质管道熔结环氧粉末内涂层技术标准》与 SY/T 0457—2010《钢质管道液体环氧涂料内防腐层技术标准》等，这些技术在一定程度上解决了油田管道的内腐蚀问题，新疆油田管道内壁涂层防腐主要应用于注水管道上。

2）适应性

新疆油田的储罐通常用涂层防腐。针对储罐不同部位采用不同的防腐层结构。沉降罐、水罐、净化油罐的内壁涂层及其结构见表 5-5-2。

无溶剂型环氧涂料属于高固体分涂料，其优点是环保、无溶剂，一道漆膜厚通常为 200～300μm，耐腐蚀性能优越；其缺点是对表面处理的要求较高，通常需要采用专用设备施工。

2. 非金属内衬

在非金属内衬复合管中，金属管道是载荷的主要承载体，可保证管道强度；非金属内衬与传输介质直接接触，主要起防腐作用。采用管道内涂层和衬里防腐技术不但能有效防止管道内腐蚀的产生和加剧，还可以节约大量的集输管材以及维修与维护费用。此外，管道内涂层和衬里防腐技术可使管道内表面光滑，避免堵塞等事故的发生。

非金属内衬主要有橡胶、陶瓷树脂、玻璃钢以及热塑性塑料等内衬复合管等。目前橡胶内衬复合管与陶瓷树脂内衬复合管在油气田中用量较少，玻璃钢内衬复合管与热塑性塑料内衬复合管使用量较多。

表 5-5-2　不同罐体内壁涂料及涂层结构

罐体名称	部位	涂料	干膜厚度（μm）	涂层结构
沉降罐	罐壁	无溶剂环氧涂料	300/250	喷涂两道
	罐底及罐顶		350/300	
	附件		300/250	
水罐	清水罐内壁（含附件）	无溶剂环氧涂料	250/200	喷涂两道
	污水罐内壁（含附件）		350/300	
净化有罐	罐底及罐壁油水分界面以下	无溶剂环氧涂料	350/300	喷涂两道
	罐壁油水分界面以上，正常液面以下	浅色无溶剂环氧导静电涂料	250/200	
	罐顶及罐壁正常液面以上	无溶剂环氧涂料	350/300	
	内附件	无溶剂环氧涂料	300/250	

玻璃钢内衬复合管气密性好，能抵抗 CO_2、H_2S 腐蚀，适应油田工况环境要求，具有内表面光滑、摩阻低、传热系数小、材质轻、连接方便等优点。

内衬复合管所用热塑性塑料主要包括聚乙烯、聚丙烯、聚氯乙烯、超高分子量聚乙烯、高密度聚乙烯、聚氟塑料等材料。其中聚氯乙烯具有优异的耐腐蚀性和电绝缘性，但耐温性能差，一般使用温度不超过 60℃；超高分子量聚乙烯材料具有摩擦系数小，磨耗低，耐化学性优良，耐冲击、耐压性、自润滑性、抗结垢性、耐应力开裂等特性；高密度聚乙烯管壁光滑，不结垢，其耐磨性能是钢管的 4 倍以上，可降低介质在管道内的沿程阻力损失；聚氟塑料几乎能抵抗任何化学介质的侵蚀。

改性玻璃钢内衬复合管是在美国玻璃钢管镶嵌技术的基础上开发的一种适合国内油田钢管内壁防腐的技术。它是用改性树脂胶黏剂浸润玻璃纤维布或毡，借助特殊模具直接黏附于钢管内壁一次成型的复合管，改性玻璃钢内衬复合管应用于新疆油田的采油一厂、彩南油田和石西油田等注水井油管下管柱，实施效果好。

2016 年，由新油公司自主生产的金属陶瓷内衬油管，在陆梁油田作业区石南 21 井区 SN6347 水井成功应用，陶瓷内衬油管利用废旧油管加工再制造，油管内壁的陶瓷层不仅可以避免结垢与结蜡，还具有极佳的耐高温与低温特性，使用寿命是普通油管的 5 倍以上。

3. 缓蚀剂

缓蚀剂是一种可以防止或减缓腐蚀的化学物质，通过其分子上极性基团的物理或化学吸附作用，吸附在金属表面，改变金属表面的电荷状态和界面性质，使金属表面的能量状态趋于稳定，从而增加腐蚀反应所需的活化能；其分子上的非极性基团能在金属表面形成一层疏水性保护膜，阻碍电荷的转移，从而降低腐蚀速率。

常用的缓蚀剂都是含氮化合物，如酰胺类、有机胺类、咪唑啉类和季铵盐类，这些缓蚀剂对碳钢和合金钢都有很好的缓蚀作用。而在众多缓蚀剂中，咪唑啉类具有优良的缓蚀性能，对 CO_2 引起的腐蚀有很好的抑制作用，并且咪唑啉缓蚀剂毒性相对较低，配伍性好。

第四节　保　　温

保温与保冷的实质就是绝热，工业保温是指为了降低工业生产中的热力管道与设备向周围环境散发热量而设计的绝热工程。保温工程的主要目的在于保障集输温度需求，满足地面工艺各节点的正常温度参数需求；同时减少热损失，提高热能利用率，保证工作人员在介质输送过程中的安全。

新疆油田保温工程主要应用于井口，管线、设备和储罐等地面设施。其中稠油热采输汽管线地处野外，不仅常年经受冬冷夏热、日晒风吹、雨淋雪蚀、大气腐蚀、外力冲击等，而且管线内部水击和压力波动的影响使管线振动频繁，从而造成保温管壳对接处及涂料（或膏）保温结构容易出现裂缝，最终使导热系数和散热损失增大，属于高耗能位置。根据注汽系统能量平衡测试结果，注汽管线热损失占 25.19%，使注入油藏的蒸汽品质（干度）明显降低，进而影响稠油开发效果与成本。因此，采用经济高效的保温技术，改造注汽管道是降低其热损失、提高其保温效果的关键。保冷技术在新疆油田应用较少，主要采用玻璃丝棉、聚氨酯泡沫等材料，由于低温管线和设备表面易形成水珠，对保温材料要求有较高憎水性。

保温作为油气田节能降耗与保证油田生产安全运行的重要手段之一，在新疆油田稀油、稠油与天然气开发的地面工程中均有广泛应用，其特色技术在稀油与稠油地面工程节能中已有介绍，在此不赘述。总之，保温技术的发展可归结为保温材料、保温结构的发展及其相互结合的协同作用。

1. 交油储罐涂层隔热保温技术

新疆油田原油处理合格后，采用大罐交油的方式外输。原油存放在储油罐中，由于冬季环境温度低，罐内外温差大，造成大量散热损失，日平均散热损失为 173.9W/m^2。为满足交油温度的要求，冬季一般将原油加热到一定温度后，进储油罐储存并辅以加热系统保温。新疆油田储油罐罐顶没有保温处理，冬季原油温降较大，交油时不得不提升加热温度，结果使天然气消耗量增加。夏季太阳辐射强，罐内温度升高，油气挥发损失增大。

2. 技术原理

沙漠地区日照长、温差大，高温期可达 150d/a。普通储罐的油气蒸发损耗大，导致经济效益降低。由于油气蒸发导致储罐附近油气浓度大，造成储罐附近存在重大的安全隐患及严重的环境污染。复合型隔热保温涂层采用纳米级的多孔陶瓷微粒为主要原料，具有导热系数低、辐射率与反射率高等特点。当露天常温物体表面喷涂 0.3～0.5mm 的涂层时，能有效抑制其所受的太阳辐射热和红外辐射热。通过在储罐表面喷涂这种涂料，可有效阻断热辐射、降低其表面及内部温度，从而达到降低油气呼吸损耗、保护生态环境和提高经济效益的目的。

3. 适应性

该技术适用于日照时间长、阳光辐射强的西部地区，同时可在原油储罐、成品油储罐和原油罐车、沙漠活动营房上推广应用。此外，现场施工时环境温度要求不低于 15℃。

第五节　防腐技术问题及发展方向

一、技术问题

新疆油田腐蚀控制与防护技术在国内处于相对落后水平，主要体现在腐蚀控制技术研究缺乏系统性、腐蚀控制产品缺乏全面性、腐蚀技术创新能力不足与腐蚀专业技术研究人员稀缺等方面。

新疆油田具有气候多变、地下水位季节性偏高、土壤盐碱含量大、腐蚀机理复杂的特点。油田采出液、天然气、污水等油田输送介质组成复杂，各种油田药剂混杂其中，腐蚀离子含量高，复杂的输送工况是引起管内腐蚀的重要原因。整体而言，新疆油田稀油集输管道和注水管道内腐蚀较严重。稠油热采集输管网中，最严重的是单井管线的外腐蚀和原油处理系统的内腐蚀。压力容器下半部腐蚀严重，常压容器的腐蚀部位主要在容器底部的内表面和容器顶部的内表面。

二、发展方向

随着新疆油田石西与彩南等沙漠油区的开发，油田设施的腐蚀控制与防护的重要性已引起广泛重视，这也为腐蚀控制与防护技术在新疆油田的快速发展提供了新机遇。目前，结合新疆油田生产实际，以下几个方面需进一步发展。

（1）新疆油田多数区块地下采出水水质呈弱碱性且矿化度高，磷（膦）系类缓蚀剂是目前新疆油田使用较为广泛的一类，具有缓蚀效果较好、成本低、阻垢性能优良等优点，但因其环保性差，易使水质富氧化等缺点使其难以在油田长期使用。因此开发寻找无磷、环保、高效、经济的缓蚀剂是目前亟待研究的课题之一。

（2）防腐涂料在油田是应用最广泛的腐蚀控制与防护技术，随着国际上对环境问题的日趋重视，具有低污染、低毒或无毒的高固含量、无溶剂和水性的新型防腐涂料将成为今后的发展趋势。

（3）非金属管材通过在新疆油田多年的实际应用，虽然在使用条件方面有一定的局限性，但可以预见非金属管材在油田腐蚀防护领域方面将有更大的发展空间，因此加强非金属管道室内评价体系和评价方法的研究，具有重要的现实意义。

（4）衬塑可实现对金属完全均匀的覆盖，且对管道内表面净化要求不像涂层与净化处理质量那样存在直接的相关性，衬塑对管道的振动、冲击敏感性比涂层小，不会开裂剥落。更突出的特点是衬塑管道能抵抗各种介质腐蚀的同时，还可承受高压，所以衬塑技术将占据管道内防腐领域相当高的市场份额。如果将衬塑技术与阴极电流保护技术有机结合，管道内防腐技术必将更进一步。

第六章　供暖及通风

新疆油田稀油站场主要采用锅炉或水套加热炉供暖，稠油站场主要采用注汽系统蒸汽、局部采用燃气辐射与电暖器等供暖模式。其中，水套炉供暖的适用性较差，逐渐被电暖器供暖所取代，而注汽系统高品质蒸汽减压后供暖的热能与水资源耗量较大。随着降本增效与节能环保意识的提高，新疆油田针对蒸汽供暖开展节能改造试验，又发展衍生出蒸汽自动掺热、汽动加热、热泵余热利用、高温污水换热、高温采出液换热和高温采出液直接掺混换热等供暖技术，其效果显著，并逐步推广应用。本章介绍新疆油田主要供暖与通风技术及其适应性，同时指明其存在的主要问题和未来发展方向。

第一节　供　　暖

一、原油加热炉供暖

原油加热炉供暖是指利用生产系统中原油加热炉向建筑物提供热量的供暖方式，它是以原油加热炉为热源，通过热媒介质或直接加热循环水，向取暖建筑物供暖的方式。这种供暖系统一般由原油加热炉、换热器、循环水泵、供回水管线、补水系统和散热器等组成，其工艺原理如图 5-6-1 所示。其中，原油加热炉包括相变炉、热媒炉与水套炉等类型。

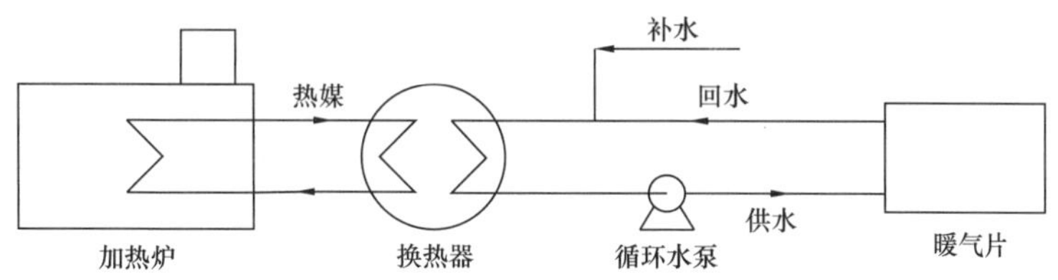

图 5-6-1　原油加热炉供暖工艺原理

原油加热炉供暖是在稀油站场广泛应用的一种供暖方式，稀油处理站、转油站等站场均优先选用加热炉供暖。这种供暖方式初期投资相对较低，但后期运行调节较复杂。当供生产与供暖的热负荷波动时，会影响加热炉与原油加热工艺、供暖工艺之间的换热平衡，造成原油温度不能满足生产需求。因此，从生产需求考虑，近年来新疆油田新建站场较少使用这种供暖方式。

二、常压热水锅炉供暖

常压热水锅炉供暖是指利用专门的供暖锅炉向建筑提供热量的供暖方式，一般由常压热水锅炉、循环水泵、供回水管线、补水系统和散热器等组成，其工艺原理如图 5–6–2 所示。这是一种机械循环热水供暖系统，以热水炉为热源加热循环水，经锅炉加热后的热水通过水泵提供循环动力，经散热器散发热量后通过回水管线返回锅炉。

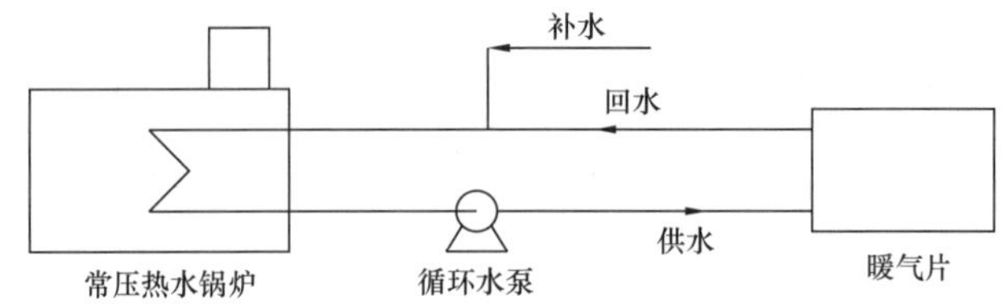

图 5–6–2　锅炉供暖工艺原理

常压热水锅炉是指锅炉本体开孔或者用连通管与大气相通，在任何情况下锅炉本体顶部表压为零的锅炉，其供应不高于 95℃的热水。常压热水锅炉根据燃料不同，分为燃气、燃油、燃煤与电热水锅炉，新疆油田主要采用常压燃气热水锅炉，其造价低、运行安全、管理简单，通常配以先进的自控燃烧技术，适用范围较广。

常压热水锅炉供暖通常适用于供暖热负荷大于 50kW、周边无热源可依托且有天然气（或伴生气）供应的站场，目前在新疆油田稀油井区的转油站、拉油站与联合站等中型站场应用较广。近年来，新疆油田还研制出将供暖工艺设备、电气设备与建筑设施集成于一体的橇装化供暖装置，具有功能齐全、占地面积小、智能化配置、安全可靠与管理方便等优点，正逐渐取代传统的供暖锅炉房，更好满足油田生产的需要。

三、蒸汽供暖

蒸汽供暖通常是直接利用生产用高温、高压蒸汽作为供暖热源和介质向站区供暖，高压蒸汽减压后降至 0.4～0.6MPa 进入站内供暖保温系统。利用蒸汽的汽化潜热，经过散热后的蒸汽凝结成水，凝结水经疏水阀进入回水系统，由回水管网排入排空池，经一次循环后直接外排，其工艺原理如图 5–6–3 所示。

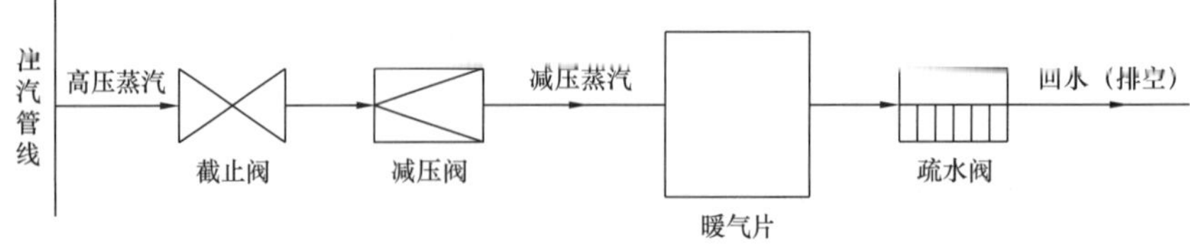

图 5–6–3　蒸汽供暖工艺原理

蒸汽供暖工艺简单、操作方便、供暖效果较好，可就近依托注汽系统内蒸汽作为热源。因此，新疆油田稠油热采各类站区冬季大都采用蒸汽供暖。但这种供暖方式利用高品质的生产用蒸汽作为供暖热源，回水温度较高，热能利用率低，无效热损失大，且后期管理难度大、存在安全隐患。因此，近年来正逐渐被节能效果较好的供暖技术所替代。

四、蒸汽掺热供暖

蒸汽掺热供暖是指减压蒸汽掺热循环水供暖技术，它以蒸汽为热源、以循环热水为热媒，采用掺混的方式加热循环水。蒸汽掺热供暖是新疆油田针对蒸汽供暖的改进形成的节能型供暖技术，从2007年开始在新疆油田推广应用，目前有自动掺混式和汽动加热式两种掺热技术。

1. 蒸汽自动掺热供暖

蒸汽自动掺热供暖是采用直混式蒸汽相变加热器加热采暖循环水的供暖系统。系统中的混合加热罐通过混合消音式加热器将蒸汽掺入加热罐中冷凝，凝结水与循环水将直接接触、混合换热，升温后的热水通过循环系统给站区供暖，其工艺原理如图5-6-4所示。

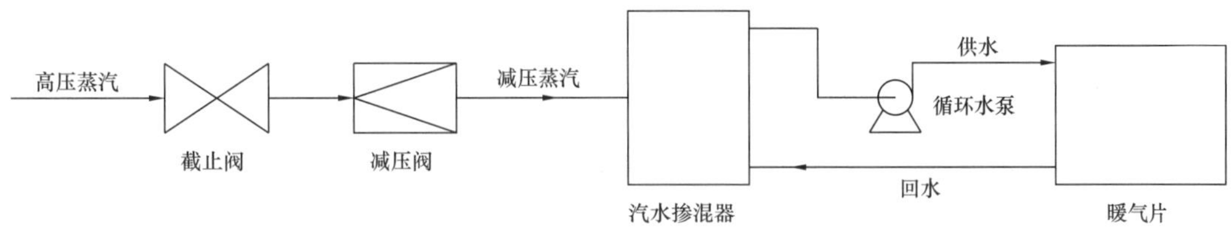

图5-6-4　蒸汽掺热供暖工艺原理

蒸汽自动掺热供暖系统主要由换热系统、循环系统、自控系统等组成，并集成为橇装化装置。其中，换热系统包括射流消音加热器、加热罐、溢流罐、蒸汽温控阀、补水泵等；循环系统由循环泵、循环电磁阀与单流阀等组成；还包括压力变送器、温度变送器、液位变送器、流量计和控制与配电柜等。

这种供暖方式无高温回水（或回汽）排放，比直接用蒸汽供暖方式节约蒸汽超过50%，并可全自动运行，具有高效节能、操作方便、维护简单等优点，适用于只有蒸汽热源的站场，也可作为蒸汽供暖的替代技术。

2. 汽动加热供暖

汽动加热供暖是利用蒸汽的热动能为动力，为热水循环系统提供热量的同时提供动力的一项供暖技术。汽动加热供暖系统由汽动加热器、循环水泵、补水系统、控制系统及阀门管线组成，如图5-6-5所示。

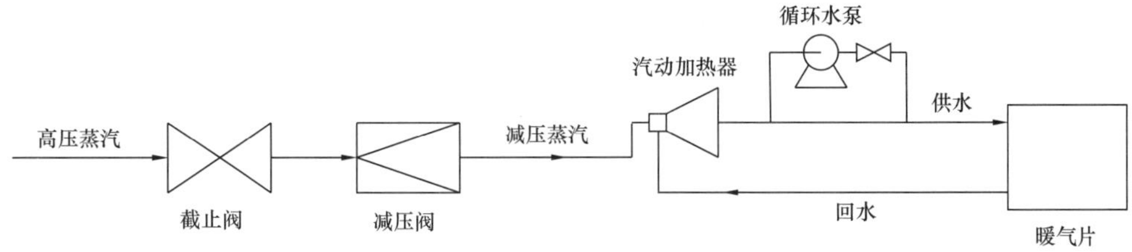

图5-6-5　汽动加热供暖系统

蒸汽进入汽动加热器与供暖回水混合，加热供暖回水，当蒸汽压力稳定时可利用蒸汽动能为系统提供循环动能，驱动供暖水循环，循环水泵在蒸汽所提供的动能不能满足供暖系统循环需要时为系统循环提供动力。

汽动加热器利用汽水混合物在超音速条件下进行热量传导的同时，将蒸汽动能传递给供暖热水，使供暖热水温度升高，动能增加。在汽动加热器两相流室内，极为均匀的汽水混合物从超临界向亚临界状态转换，在冲击波的作用下，动能转变成压能。在经过瞬间的热量和能量传递后，蒸汽完全凝结入水中共同形成高温高压的热水从加热器输出，直接供暖循环。在蒸汽压力满足设计要求时，汽动加热器具有汽水热交换和水泵的双重功能。

汽动加热供暖无高温回水（或回汽）排放，比直接用蒸汽供暖方式节约蒸汽超过60%，汽动功能可减少循环水泵使用，节电超过50%，且具有自主调节供暖、高效节能、操作方便与维护简单等优点，适用于只有蒸汽热源的站场，也可作为蒸汽供暖的替代技术。

五、稠油采出液余热供暖

稠油高温采出液供暖是新疆油田近年在稠油站场节能改造工程中推广应用的一项供暖技术，主要用来替代蒸汽供暖技术。稠油采出液温度通常在60～110℃之间，可充分利用高温采出液的这部分热量，直接作为供暖介质或通过换热加热供暖循环水的方式供暖。相对蒸汽供暖，这种供暖方式可降低稠油油田站场冬季供暖蒸汽耗量80%以上，受油井采出液流量及热容量限制，适用于计量站等小型站场供暖。

1. 采出液直接供暖

采出液直接供暖是直接利用高温油井采出液作为供暖热源和热媒实现，它是指在原有单井进集油罐流程上部分改造，使满足供暖温度要求的单井采出液进入供暖系统散热后再进入集油罐。

采出液直接供暖流程较简单，具有建设或改造投资少、对采出液温度要求较低（高于70℃）、操作简单等优点。但由于稠油采出液通常含有 H_2S，供暖系统易腐蚀，常需检查，该技术具有安全性低、适用年限短、后期维护复杂等缺点。综合考虑，该供暖技术适用于有高温采出液、无人值守的小型稠油站场。

2. 稠油高温采出液换热供暖

高温采出液换热供暖以热水为热媒，利用换热器将高温来液与供暖循环水换热，加热后的热水通过循环水泵向各房间供暖，其工艺原理如图5-6-6所示。

图5-6-6　高温采出液换热供暖工艺原理

稠油高温采出液换热供暖工艺流程相对复杂，建设或改造投资较高，且受换热效率限制，对采出液温度要求较高。但其以水为热媒，安全环保性高，使用年限长，后期使用维护简单，该供暖技术适用于有高温采出液且温度高于 85℃的小型稠油站场。

六、污水余热供暖

污水余热供暖是新疆油田原油处理站节能改造工程中应用的一项供暖技术，它以原油处理产生的高温净化污水为热源，加热供暖循环水，主要用来替代蒸汽供暖和热水炉供暖技术。在原油生产和处理过程中会产生大量含油污水，经处理达标后回用或排放，其温度在 40～80℃之间，蓄含热能较高，但品位较低，直接利用难度大。通常温度高于 70℃的热水可直接作为热媒用于供暖，但含有 H_2S 等有害物质，且矿化度较高的净化污水，不宜直接用作供暖热媒。根据净化污水温度不同，新疆油田将换热和热泵技术用于处理站供暖，成功实现净化污水低品位热能的安全高效利用。

1. 高温净化污水换热供暖

高温净化污水换热供暖技术以高温净化污水为热源，以热水为热媒，利用净化污水的流道式换热器加热循环水来供暖，其工艺原理如图 5–6–7 所示。

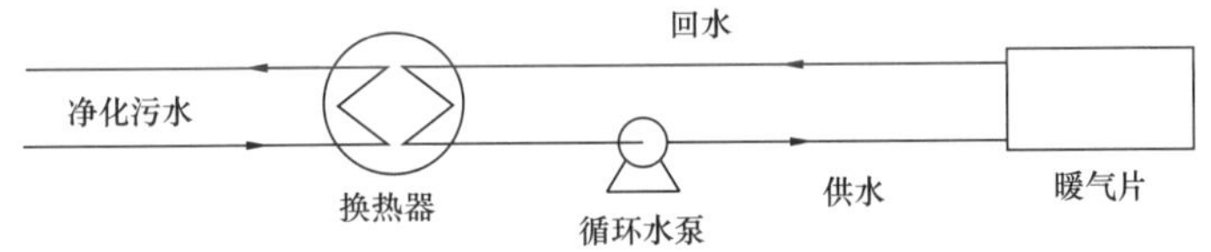

图 5–6–7　高温污水换热供暖工艺原理

通常当污水温度高于 80℃时，换热后的循环水温可以达到供暖要求；温度介于 70～80℃的高温污水，且换热后的循环水温度达不到供暖温度时，可采用强制对流散热供暖技术，利用风机可强化对流传热，并满足供暖要求。而污水温度低于 70℃时，不再适用于换热供暖。

高温净化污水换热供暖工艺流程相对简单，建设或改造投资较低，但对采出液温度要求较高（高于 70℃）。这种供暖方式以清水为热媒，安全环保性高，节能效果好，使用年限长，后期使用维护简单，适用于污水温度高于 70℃的各类站场。

2. 污水热泵供暖

污水热泵供暖技术以高温净化污水为热源、以热水为热媒，利用热泵技术吸收污水的低品位热能加热循环水用于供暖。

热泵是一种利用高位能使热量从低位热源流向高位热源的节能装置，目前新疆油田应用的热泵供暖技术包括压缩式热泵和溴化锂吸收式热泵的余热利用技术。

七、燃气辐射供暖

燃气辐射供暖系统是目前世界上最先进的供暖技术设备之一，主要由发生器、发热室、辐射管、反射器与真空泵等组成，如图 5–6–8 所示。根据太阳温暖地球的原理，将燃气燃烧产生的热能直接转换成波长为 1～20μm 的柔强辐射波谱域（图 5-6-9）的热能辐射波，定向集束辐射，送到供热目的地，加热被辐射物而不加热传导介质。

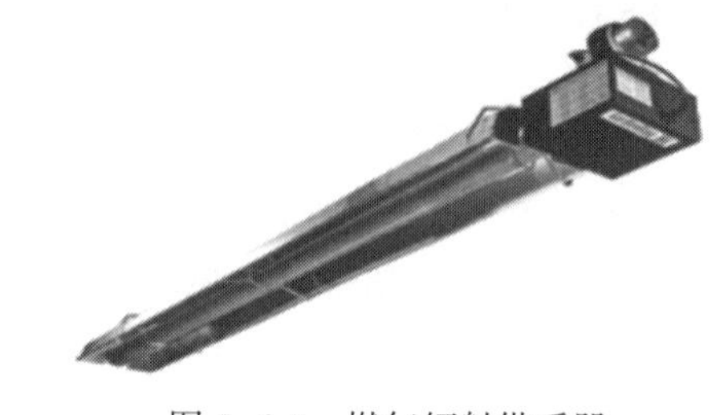

图 5-6-8 燃气辐射供暖器

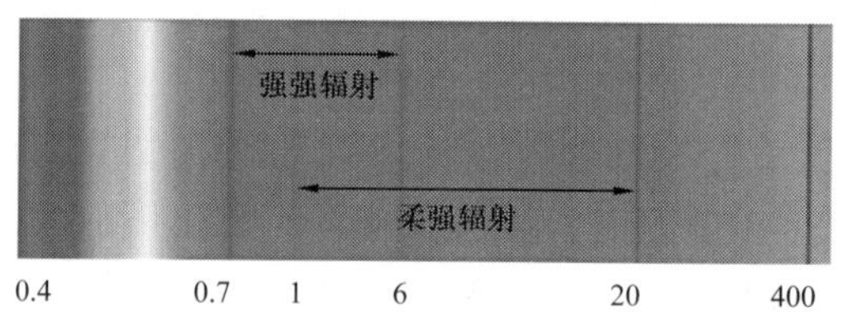

图 5-6-9 柔强辐射波谱域

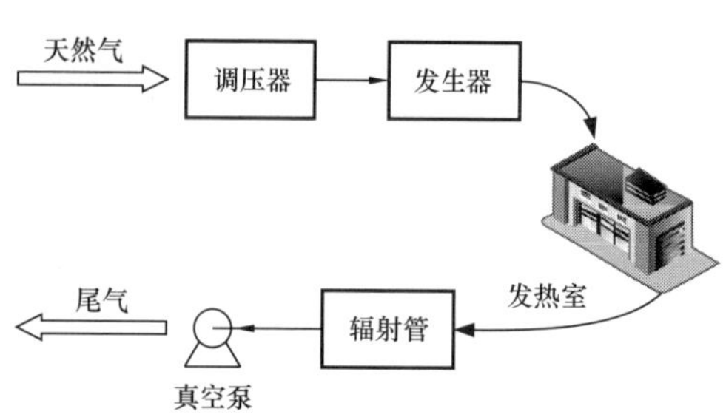

图 5-6-10 燃气辐射供暖工艺原理

燃气辐射供暖系统采用天然气、液化石油气和人造煤气等作为能源，用真空泵驱动使热流体在系统的辐射管路内流动，并将尾气排放至室外的负压运行方式，其工艺原理如图 5-6-10 所示。

燃气柔强辐射供暖系统热能投入量充分、无热分层现象，可定向集束供热于供暖目的物，而分区域分工艺局部供热控制可以分时间、分温度与间断供热，具有高效节能、安全环保、定向和迅速供暖等特点。与锅炉、暖风机与高强度红外辐射等供暖方式相比，柔强辐射供暖系统有着本质的区别和无法比拟的优越性。

燃气辐射供暖系统是高大空间中最成功、最先进的供暖系统，可以悬挂在各种空间高大的场所。比如室内屋顶或四面通风的建筑顶棚上，不占建筑面积，便于布置其他工艺设备或管道。在油气田主要应用在注水站、注入站（注空气、注聚等）、配制站和变电所等各种高大厂房，且应符合 GB 50019—2015《工业建筑供暖通风与空气调节设计规范》及 SY/T 7021—2014《石油天然气地面建设工程供暖通风与空气调节设计规范》中有关规定。

新疆油田公司采油一厂在新建的 502 注水站泵房工程中，配套应用三套 CRV-BH30 型燃气柔强辐射供暖器。运行表明，该供暖系统加热迅速，从开启设备到室内达到设计温度最多 3～5min，冬季实际运行时间每天不超过 3～5h，节能效果显著。

八、电热供暖

电热供暖是将电能直接转换为热能的一种优质、舒适、环保的供暖方式，因其低碳环保、安全舒适、使用方便，目前正被社会广泛使用。常见的用于电热供暖设备设施主要有空调、电暖气、发热电缆（地板辐射）与电热膜等，其中对流式电暖气是新疆油田应用最多的电热供暖设备。

对流式电暖气由电热管、绝缘片、支架与罩壳等部件组成，以电热管为发热元件，主要通过对流传热方式来加热空气。它具有体积小、启动迅速、升温快、控制精确、安装维修简单、使用方便与环保性突出等特点。

由于电暖气采用高温发热元件散热，且利用的是高品质电力能源。因此，选用电暖气时，应考虑安全和经济适用性。电暖气供暖方式通常适用以下情况：

（1）远离集中热源，站内供暖总热负荷较小，或虽然设有集中热源，但建筑单体孤立布置，距热源较远，采用集中供暖不经济。

（2）电器、仪表、通讯用房、机柜间及其他遇水可能发生电气短路危险的房间。

（3）临时生活营地、列车营房。另外，电加热供暖装置应具备温度可调、过热及防水等自动保护功能。

目前，新疆油田新建中小型稀油站场均采用电暖气供暖。老区中小型站场也逐步利用电暖气取代低效的水套炉供暖；部分中小型稠油站场技术经济性评价后，也可应用电暖气供暖方式。

九、供暖系统设计原则

供暖工程设计时，通常首先根据建筑物规模、所在地区气象条件计算确定供暖热负荷，然后根据供暖热负荷及能源状况、能源政策与环保要求，通过技术经济评价后确定供暖方式和规模。通常原油处理站、注汽站与接转站等生产厂房及辅助建筑物，操作人员比较集中和经常停留，宜采用集中供暖。其热源宜根据周边已建供暖或能源供应情况，选择依托已建供热锅炉、注汽系统内的蒸汽及生产余热为新建建筑供暖热源。当无热源可依托时，新建供暖炉作为热源，考虑经济环保性，集中供暖宜采用热水做热媒。

对于远离集中热源、站内供暖总热负荷较小、采用集中供暖不经济的建筑，以及遇水可能发生危险的房间和临时生活营地与列车营房等情况，宜采用燃气红外辐射供暖和电加热供暖等局部供暖方式。比如，注水泵房等偏远高大建筑在有天然气供应时，可采用燃气红外辐射供暖，小型值班房、仪表用房等宜采用电加热供暖。

十、供暖技术适用性

根据各供暖技术在新疆油田的应用情况，结合各技术的特点、经济性和适应性分析，总结出不同供暖技术的适用情况，见表5-6-1，可供新建或改造油田站场供暖工艺设计参考。

表5-6-1　新疆油田供暖技术适用情况

序号	供暖技术	热源类型	适用条件
1	加热炉供暖	天然气	（1）无余热热源可利用； （2）加热炉富余供热能力满足供暖负荷； （3）对原油加热工艺影响较小； （4）处理站、转油站等各类稀油站场
2	热水锅炉	天然气	（1）周边无热源可依托且有天然气（或伴生气）供应； （2）供暖热负荷大于50kW的站场； （3）转油站、拉油站与联合站等中型站场

续表

序号	供暖技术	热源类型	适用条件
3	热泵	高温 净化污水	（1）污水温度 40～70℃或供暖负荷 <1000kW； （2）原油处理站或污水处理站等大型站场（面积 2500m^2 以上）
4	高温污水换热		（1）污水温度≥70℃的各类站场； （2）循环水温度偏低时，散热器强制对流结合
5	蒸汽供暖	蒸汽	（1）无其他热源； （2）其他供暖技术经济性较差； （3）应配套供暖回水回收再利用技术
6	蒸汽掺热 / 汽动加热	—	无其他热源的供热站
7	采出液换热	采出液余热	采出液温度高于 85℃的计量站
8	采出液直接		（1）采出液温度高于 70℃的计量站； （2）有 H_2S 防护措施
9	电暖气	电	（1）无其他热源或其他供暖方式技术经济性不适用； （2）符合防火防爆相关要求的小型站场； （3）临时生活营地或列车营房
10	燃气辐射	天然气	（1）无其他热源，有天然气供应； （2）有高大建筑的注水站等符合防火防爆相关要求的站场

第二节 通　　风

油田油气往往易聚集于联合站与转油站内的气阀组间、燃气锅炉间和污油回收泵房等场所，油气一旦泄漏，随时可能会发生爆炸，严重威胁到职工的生命和财产安全。新疆油田因年代久远，而近年发展迅速，其通风设施整体上落后于油田的发展速度以及现代化安全标准，故在油田各站场、室内以及气阀组间等的通风方面还存在安全隐患。

一、通风系统分类

按照通风系统的作用动力不同，通风系统分为自然通风和机械通风；按照通风系统的作用范围不同，通风系统分为全面通风、局部通风和事故通风；按照通风系统的换气方式不同，通风系统也可分为排风和送风。

1. 自然通风

自然通风是在自然压差的作用下，使室内外的空气交换，改善室内的空气环境。根据压差形成的机理，可分为热压作用下的自然通风、风压下的自然通风，以及热压—风压共同作用下的自然通风。

自然通风无需另外设置动力设备，对于有大量余热的站场，是一种经济有效的通风方法。但进入室内和排出室外的空气无法处理和净化，通风量受室外气象条件影响、效果不稳定。适用于对室内空气的温度、湿度、洁净度与气流速度等参数无严格要求的场所。

2. 机械通风

利用通风设备作用，强制室内外空气交换流动的方法，称为机械通风。该方式可对进风和排风处理，通风参数可根据要求选择确定，确保通风效果。但通风系统复杂、投资费用和运行管理费用较大。

3. 局部通风

局部通风是利用局部气流，改善室内某一污染程度严重或职工经常活动区域空间的空气品质，可分为局部送风和局部排风两类。其中，局部通风的特点是控制有害物效果好、风量小、投资小、运行费用低。

4. 全面通风

全面通风是整个房间通风换气，使有害物质浓度降低到最高允许值以下，同时把污浊空气不断排至室外，也称稀释通风。全面通风有自然通风、机械通风、自然和机械联合通风等多种方式，具有作用范围广、风量大、投资运行费用高等特点；适用于有害物质产生位置不固定、面积较大或局部通风装置影响操作、有害物质扩散不受限制等局部通风方式难以保证通风要求的室内或区域。

5. 事故通风

对于有可能突然从设备、管道等中逸出大量有毒有害气体或燃烧爆炸性气体的室内，需设事故排风系统，以便发生逸出事故时由事故排风和常规排风系统共同作用，在最短时间内把有毒有害物排出室内。

事故通风适用于可能突然放散有害气体的建筑，不包括火灾通风。事故通风的室内排风口应设在有害气体或爆炸危险物扩散波及可能性最大的位置处。事故排风不设通风系统补偿，且一般不净化处理。事故通风宜由常用通风系统和事故通风系统共同保证，在事故发生时，必须保证能提供足够的通风量，这根据工艺要求计算确定，但换气次数不应小于12 次 /h。

二、油气田通风系统

油气田通风系统的主要作用是排出油气工艺、化验装置放散出的有毒有害气体及工艺、设备产生的余热，新疆油田通风系统，按如下原则实施：

（1）油田辅助用房、变配电室等建筑物通风优先采用自然通风，通常采用筒形风帽、球形风帽或通风天窗等方式；

（2）当自然通风不能满足通风要求时，可能存在油气挥发及其他有毒有害气体挥发的场所需设置有组织的机械通风，同时以自然通风配合；

（3）机械通风优先采用局部通风，当不能满足要求时则采用全面通风；

（4）对于同时散发有害气体和余热的房间，通风量应按消除有害气体或余热中所需的最大空气量计算；

（5）对存在突然放散大量有害气体或有爆炸危险气体的可能站场，应设置事故通风系统，排除天然气等具有爆炸性危险气体时采用防爆型通风设备。

第三节 供暖通风技术问题及发展方向

一、技术问题

1. 供暖

（1）供暖工艺缺乏优化设计与整体规划问题：供暖工艺的反复改造，以“新疆油田采油一厂稠油处理站”为例，因其供暖弊端，频繁报警、显示故障。造成工艺屡次如此改造：高压蒸汽供暖→热泵供暖→循环泵软化热水供暖，增大人力和物力投入。

（2）供暖水质引起系统腐蚀问题：油田供暖工艺中使用的散热片、暖气管线腐蚀穿孔严重，将加盐处理后的热水改为不加盐热水直接供暖，效果较好，故需对加盐热水进行二次处理，满足供暖水质条件。

（3）供暖效率低下问题：新疆油田集中供暖设施严重不足，供热能力始终滞后于需求增长，无法保障取暖效果。多数供暖设备仍采用小锅炉和暖气，不仅煤炭利用率低、污染环境，且严重影响职工生活质量。部分集中供暖区域存在系统超负荷运转，效果欠佳等问题。

2. 通风

（1）事故通风系统不完善问题：油田生产过程中的显著特点就是易燃、易爆、易中毒，会产生大量有毒有害气体[39]，而大多站场工艺过程的事故通风系统不完善或未设置；

（2）排风量的科学预测问题：排风气流组织不够合理，送、排风不平衡，油田各站场通风一般将自然与机械通风、局部与全面通风相结合，但大多未按现场实际工艺要求计算其合适的排风量；

（3）油气地面工程设施维抢修环境通风问题：油田生产过程中，在可燃气体环境下所进行的作业一般为开放式作业，不将作业点与其他区域隔离开来，故难通过有效通风降低作业点有害气体浓度，极大增加维抢修作业安全预控难度[40]。

二、发展方向

1. 供暖

目前新疆油田主要有热电联产集中供暖、区域锅炉房集中供暖、燃气锅炉独立供暖、电热供暖与空调供暖等方式，其中，热电联产集中供暖能源利用率高、环保，是油田大范围推广的一种供暖方式，其绿色低碳、节能高效是油田供暖技术发展的必然方向。

（1）基于节能降耗的供热系统优化：在油田供热系统发展过程中也逐渐引入供热节能概念，供热节能是一种绿色节能的供热方式，以最少资源获取最多热量，故需利用先进科学技术优化供热系统。

（2）新能源供暖技术：利用浅层地热取代传统化石供暖，可降低二氧化碳与其他污染物排放量，并且可优化油田环境，是油田可选的、绿色的供暖技术之一。

（3）集中供暖系统规划与优化：加大新疆油田供热基础设施投入力度，将供热设施建设与资源集约化利用实现紧密结合，制定与完善油田集中供暖建设的总体规划。

2. 通风

油田生产过程中不可避免地会产生可燃气体或有害气体，有效通风极为重要，特别是产生有毒有害气体的室内，加快实现气体报警装置联动风机，保证室内气体品质优良，使科学优化油田通风设施显得迫在眉睫[41]。

（1）风机危险气体监测与互联互通技术：风机联动装备，与气阀组间内每一个可燃气体、有毒有害气体报警器及通风互联互通，自动监测现场有害气体浓度，并配备声光报警、风机联动装置。

（2）油气生产设施排风安全保障技术：配备事故排风机，准确计算其排风量，选取排风量合适的风机作为事故排风机，保证排风口靠近散发有害气体可能性最大的位置；保障油田生产正常运行、确保职工身心健康、精准监控气体品质、通风装置自动自发是油田通风系统的发展方向。

第七章　完整性管理

新疆油气田开发时间长，地面系统复杂，系统运行介质种类多、腐蚀性强，因此系统设备设施腐蚀与老化严重。随着城镇化进程不断加快，第三方破坏油气管道的事故不断增多，高后果区也逐渐增大，油田面临的安全压力日益增大。因此，建立系统完备的油田安全管理技术体系、保障油田生产运行安全势在必行。本章介绍完整性管理的内涵及工作内容、新疆油田长输管道、集输管道、油气站场的完整性管理及其存在的主要技术问题与未来发展需求。

第一节　完整性管理基础

一、基本理念

1. 目的

完整性管理是指管理者根据最新信息，对管道和站场运营中面临的风险因素进行识别和评价，对可能使管道和站场设备设施失效的主要威胁因素进行检查与测验。据此评估适应性，并不断采取针对性的风险减缓措施，将风险控制在合理、可接受的范围内，使管道和站场始终处于可控状态，达到预防和减少事故发生、经济合理地保障管道和站场装备安全运行的目的。

2. 意义

完整性管理是一种新的管理理念，其核心思想是提前预防。通过数据收集、高后果区识别、风险评价、完整性评价、维修维护及效能评价等系统的工作，使管理者对所管理设施及设备的运行状态和风险有更清晰的了解，并有针对性地开展检测维护工作，及时解决潜在的安全隐患，可避免盲目和过度维修维护造成资源浪费。

3. 实质

完整性管理的实质是对不断变化的管道和站场的安全风险因素评价，并对相应的安全维护活动作出调整。管道及站场完整性与设计、施工、运行、维护、检修和管理的各个过程是密切相关的，因此，完整性管理是贯穿管道和站场整个生命周期的管理。

二、基本方法

完整性管理已形成较系统的理论和方法，具体工作流程包括六个步骤，即数据收集整理、高后果区识别、风险评价、完整性评价、维修维护和效能评价。完整性管理是持续不断的改进过程，为保证工作持续推进，需五大支撑要素，包括体系文件、标准规范、支持技术、系统平台和组织机构，如图 5-7-1 所示。

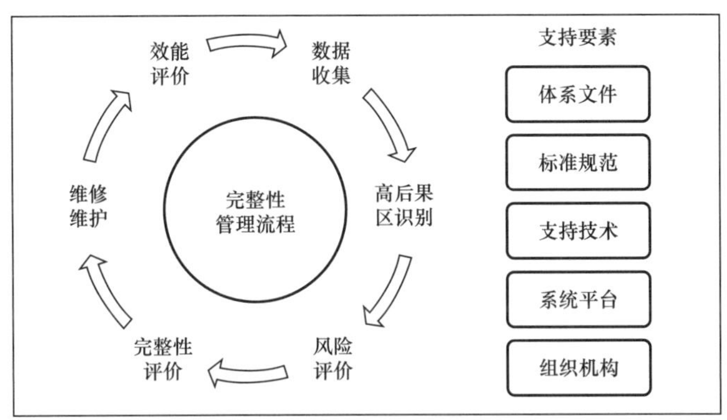

图 5-7-1　完整性管理流程及支持要素

三、工作内容

1. 数据采集

数据采集是实施管道与站场完整性管理循环的第一步，也是最关键的一步，其数据的完整性制约着管道与站场完整性管理过程中后续的高后果区识别、评价工作的准确性。

数据采集应调查收集和综合管道与站场基础属性、自然环境、历史状态数据与失效数据等信息，包括但不限于管道与设备属性数据、管件与阀门数据、流体性质数据、管道与站场设计及施工数据、环境数据、完整性管理数据、生产运行数据、损伤数据、维修及维护数据、地质灾害数据、管道与设备失效信息数据、管道与设备内外检测数据、事故和风险数据、化学药剂与腐蚀监测数据与常规清管数据等必要信息。

2. 风险评价

风险评价是识别影响管道与站场安全运行的危害因素，评价事故发生的可能性和后果严重程度，找出管道与站场高风险源，综合分析管道与站场风险的大小，并提出相应的风险控制措施。其中，风险评价方法有定性风险评价法、半定量风险评价法和定量风险评价法。

3. 完整性评价

完整性评价是根据风险评估结果，通过内检测、压力试验、直接评价或其他已证实的可确定管道与站场状态的等同技术，确定管道与设备当前状况的过程，其中管道完整性检测评价的常见方法如图 5-7-2 所示。

根据风险评估结果，对管道与设备进行风险排序，在此基础上优化检测方案，选取适当的检测工具，进而评价管道与设备适用性。评价对象包括腐蚀、制造缺陷、环焊缝缺陷、螺旋焊缺陷、凹陷等；评价内容主要包括失效压力计算和腐蚀寿命预测等。最后根据评价结果，提出修复建议和再检测计划建议等重要指标。

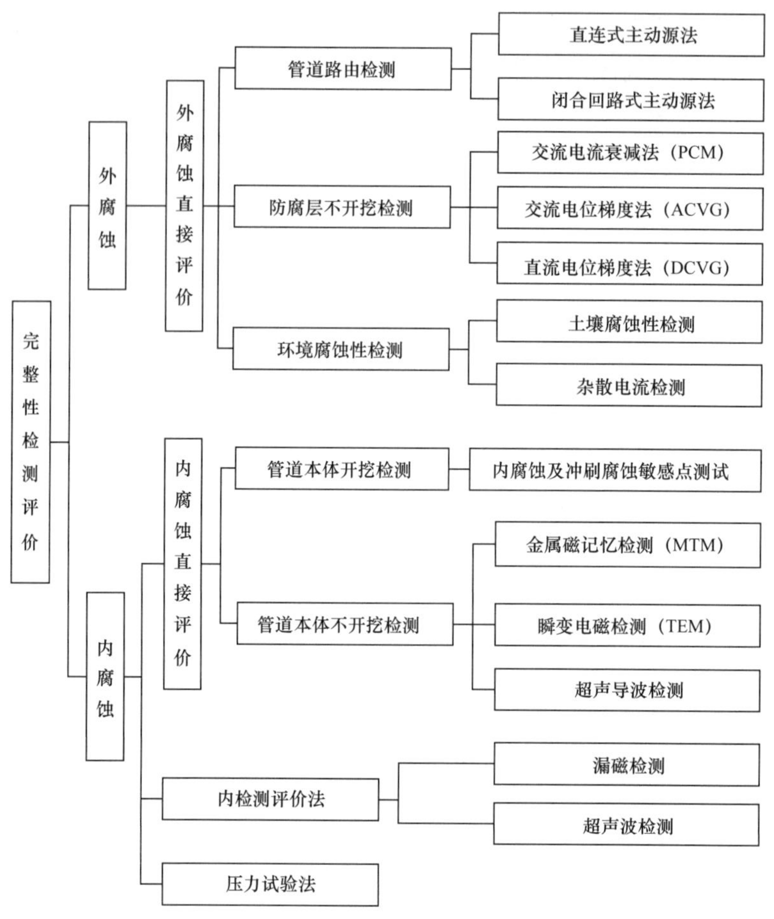

图 5-7-2　管道完整性检测评价常用方法

4. 维修维护

根据完整性评价结果，对管道与设备进行维修与维护；根据风险评价结果，针对潜在的安全威胁制定和执行预防性的风险控制措施。

5. 效能评价

管道与站场完整性管理效能评价是管道与站场管理者测度或衡量完整性管理水平，实现完整性管理持续发展的一项重要工作。实施效能测试主要关注的是完整性管理的目标是否达到，提高完整性管理的水平。在选择实施效能测试时，应确保测试方法可靠，并考虑到收集数据的时间，应选择既能短期测试又能长期测试的评价方法。

实施效能测试可分为过程测试、操作测试与直接完整性测试等。其中，过程测试可用于评价预防措施，测试完整性管理程序各步骤的优劣程度；操作测试主要确定管道与设备对完整性管理程序做出的响应程度；直接完整性测试包括泄漏、破裂和伤亡测试，测试效果可通过对比分析获得。通过实施效能测试和评价，可对完整性管理程序修改，使其不断完善。对完整性管理程序的修改和改进建议，应以实施效能测试和审核的结果分析为依据，并形成相应文件。

第二节 长输管道完整性管理

2015 年新疆油田开始开展长输管道完整性管理，在充分借鉴管道板块成功经验的基础上，目前已建立长输管道完整性管理体系，并完成完整性管理系统（PIS）的上线。

一、完整性管理体系及平台

1. 完整性管理体系

在管道完整性管理国家标准、中国石油企业标准和中国石油管道企业完整性管理体系文件的基础上，结合新疆油田的管道情况、管理现状与 QHSE 体系等相关内容，制定相关体系文件，明确完整性管理的流程和内容，共包括 4 个程序文件和 7 项管理规定。

（1）4 个程序文件：管道风险识别评估和控制管理程序、管道地质灾害风险管理程序、管道完整性管理程序与管道完整性评价管理程序。

（2）7 项管理规定：高后果区识别作业管理规定、管道线路完整性数据管理规定、管道内检测作业规定、管道检测与评价管理规定、管道维抢修作业管理规定、管道保护管理规定与油气储运公司管道管理规定。

2. 系统平台

系统平台包括数据库建设与系统平台建设两个部分，具体建设内容如下：

1）数据库建设

基于中国石油企标 Q/SY 1180.7—2009《管道完整性管理规范》中的相关要求及新疆油田的数据现状，搭建完成管道完整性数据库，制定数据采集标准化模板及校验工具的开发，实现数据的标准化、规范化集中管理。

2）系统平台建设

结合完整性体系管理研究成果及业务管理现状，建立基于 B/S 架构的管道完整性管理系统平台（PIS），系统覆盖数据采集、高后果区识别、风险评价、完整性评价、维修维护与效能评价等环节闭环管理的信息平台，涵盖管道完整性 9 大业务领域及 40 余项业务流程，实现完整性管理业务、技术、数据和流程的全面集成及管道数据的可视化展示，以信息化手段推进管道保护、腐蚀防护与维修维护等业务的精细化、规范化管理。

二、数据收集

依据 PIS 系统数据采集标准化模板，对管道基础属性、自然环境、历史状态数据与失效数据等进行调查收集、综合和入库。目前已完成 81 条油气管道的 PIS 上线数据整理、入库与 GIS 展示，并将 21 条管道的高后果区识别、风险评价与检测等相关数据录入 PIS 系统。

三、风险评价

长输管道风险评价通过 RiskScore TP—管道风险评价系统实现，该系统是一款专业的管道风险评价软件，登录界面如图 5–7–3 所示，内置有典型的半定量风险评价方法。该方法采用基于威胁和防护的逻辑评价模型，评价结果的准确性比传统评价方法显著提升。

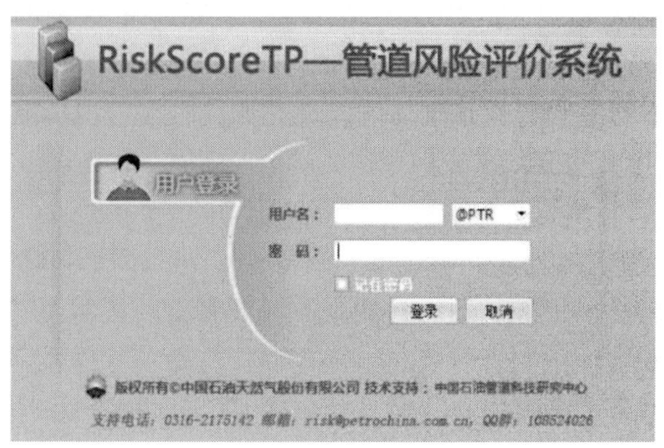

图 5–7–3　RiskScore TP—管道风险评价系统登录界面

四、完整性评价

2015 年新疆油田在三化线开展长输管道检测修复试点工程，优选长输管道适用的检测技术、评价方法和维修维护手段，形成针对新疆油田长输管道的检测评价修复体系，其特色体现在以下方面：

（1）证实交流电流衰减法（PCM）、直流电位梯度法（DCVG）、密间隔电位检测（CIPS）与漏磁内窥检测等检测技术在长输管道的适应性。

（2）初步形成新疆油田长输管道检测、评价的基本方法和工作流程，如图 5–7–4 所示。

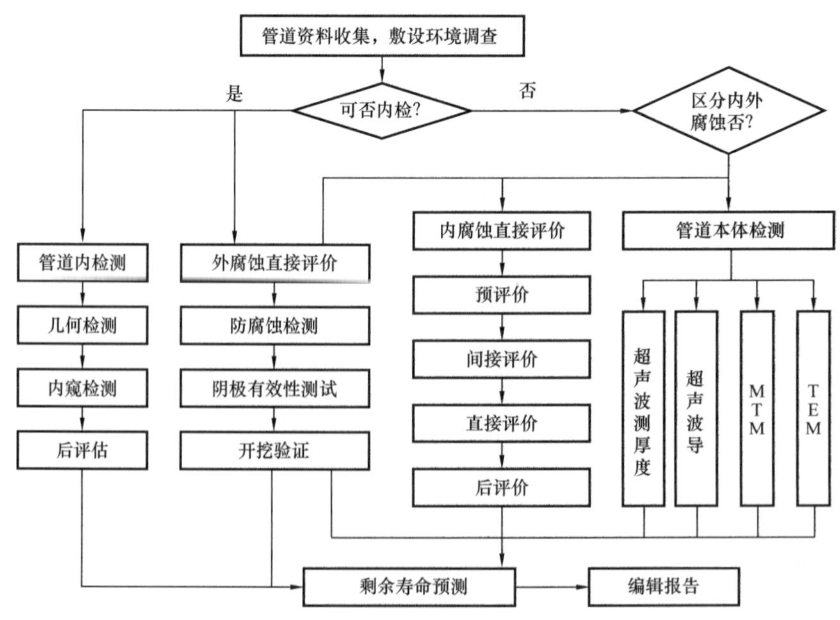

图 5–7–4　检测与评价的工作流程

第三节　集输管道完整性管理

2015 年新疆油田开始探索集输管道完整性管理，首先开展油区管道检测修复试点工程，优选不同类型管道适用的检测技术与评价方法，见表 5–7–1。

2017 年新疆油田开展集输管道整个完整性管理周期的试点工程，形成区域高后果区识别、风险评价等专项技术，并在试点工程基础上，结合 HSE 体系及其他生产经营管理制度，编制集输管道完整性管理体系，见表 5–7–2。

表 5–7–1　测方法适应范围

评价方向	评价手段	注采合一线	集输油线	高温输水线
路由检测	PCM 路由检测	×	√	√
	PCM 闭合回路法路由检测	√	—	—
防腐层检测	PCM–ACVG	×	√	√
	DCVG 测试	—	—	—
阴极保护测试	管地电位连续监测	—	√	√
本体缺陷检测	MTM	×	√	√
	TEM	×	√	√
	漏磁内窥检测	—	—	—
	超声导波	—	—	√

表 5–7–2　管道完整性体系文件

序号	类别	文件名称
1	总则	完整性管理总则
2	制度文件（9）	完整性管理方案制定程序
3		数据信息管理程序
4		高后果区识别程序
5		风险管理程序
6		风险评价技术规定
7		完整性检测评价程序
8		维修维护程序
9		失效事件管理程序
10		效能评估管理程序

续表

序号	类别	文件名称
11	技术文件（7）	管道完整性管理数据收集表单
12		管道高后果区识别方法
13		试点工程半定量风险评估方法
14		基于风险的检测方法
15		含缺陷管道的完整性评价方法
16		管道防腐层修复方法
17		管道本体缺陷修复补强方法

第四节　站场完整性管理

站场完整性管理的出发点是针对不断变化的站场设备及设施风险因素，对站场运营中面临的风险因素不断识别和技术评价，制定相应的风险控制对策，不断改善识别到的不利影响因素，从而将站场运营的风险水平控制在合理的、可接受的范围内。

一、工作方法

站场完整性管理包括资料收集与整理、风险评价、检测评价、维修维护和效能评价 5 个步骤，是一个周期性循环开展的工作，其支撑要素与管道完整性管理相同（图 5–7–5）。

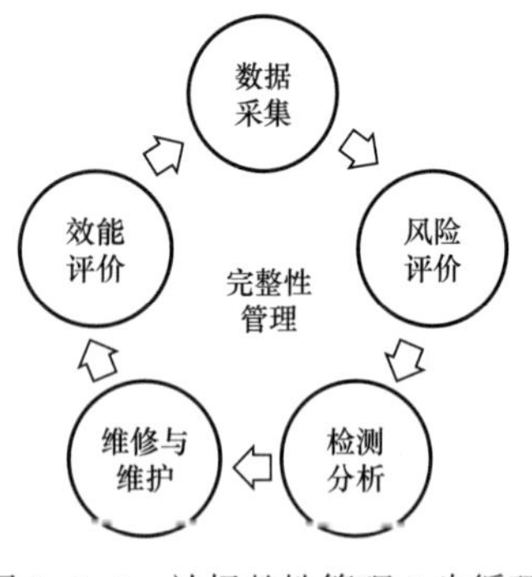

图 5–7–5　站场整性管理 5 步循环

二、工作内容

1. 数据收集与站场分类

1）数据收集

数据收集包括但不限于站场设计、施工数据、站场工艺流程、设备清单、设备设计、施工数据、设备生产运行数据、设备失效信息数据、设备检测数据、设备维修维护数据、设备事故和风险数据与仪表数据等。

2）站场分类

油气田站场按照功能分为三类，见表 5–7–3。

2. 风险评价

针对站场内设备承担功能的不同，将站场设备分为静设备（压力容器及工艺管线）、动设备（泵、压缩机及阀门等）与安全仪表系统（紧急关断装置等）[42]。不同的设备采用不同的检测评价方法，具体评价技术路线如图 5–7–6 所示。

表 5-7-3　场分类

名称	Ⅰ类	Ⅱ类	Ⅲ类
油田站场	集中处理站、伴生气处理站、矿场油库	脱水站、原稳站、转油站、放水站、配制站、注入站、污水处理站	计量站、阀组间、配水间
气田站场	处理厂、净化厂、天然气凝液回收厂、储气库集注站	增压站、气田水处理回注站	集气站、脱水站、采气井站

注：可结合油气田自身实际，适当调整站场的类别。

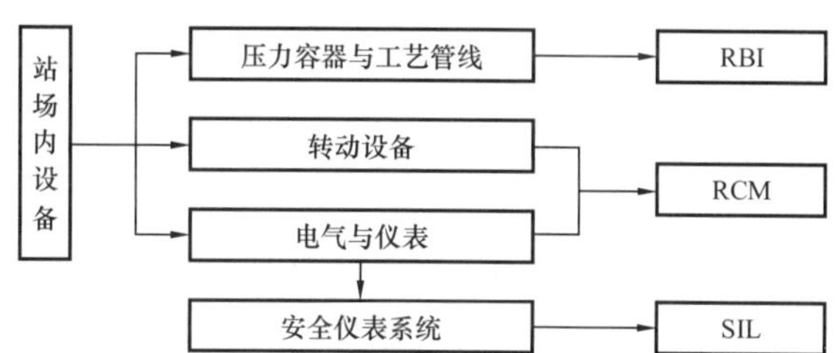

图 5-7-6　场站设备检测评价技术路线

RBI（Risk-Based Inspection）：基于风险的检测，制定检测方案。

RCM（Reliability Centered Maintenance）：以可靠性为中心的维护，制定维护维修策略。

SIL（Safety Integrity Level）：安全完整性分级，制定安全仪表功能（SIF）的测试周期。

根据风险评价结果，对设备风险分级，将风险等级划分为高风险、中高风险、中风险与低风险。

3. 检测分析

根据 RBI 风险计算结果，对风险等级为高、中高的管道及容器，以外部宏观检查、壁厚测定、无损检测与安全保护装置检验为主，必要时进行材质检验与应力分析。对风险等级为中、低的管道及容器，以外部宏观检查、壁厚测定与安全保护装置检验为主，必要时进行无损检测。

外部宏观检查以管道组成件的损伤、变形与腐蚀，管道与管架连接部位的局部腐蚀，焊接接头的表面裂纹检查为重点。

无损检测以外部宏观检查有疑问、长期承受明显交变载荷、支架损坏部位附近焊接接头为检测重点，常用的无损检测方法有超声波测厚、低频超声导波、超声波 C 扫描、磁粉探伤、超声波探测和射线检测。

4. 维修维护

根据检测分析结果，修复严重缺陷；根据风险评价结果，针对可能存在的安全威胁制定和执行预防性的风险控制措施。

5. 效能评价

对站场完整性管理过程综合分析，把每一步的各项性能与任务要求综合比较，最终得到表示实施完整性过程优劣程度的结果。通过效能评价，发现完整性管理过程中的不足，提高完整性系统的有效性和时效性。

第五节 应用实例

2016年新疆油田以玛河天然气处理站试点，开展气田站场完整性管理应用研究，建立气田站场完整性管理体系和数据管理平台。

一、气田站场完整性管理体系

完整性管理体系文件，主要包括总则、程序文件、作业文件及完整性管理方案四级文件。

（1）一级文件：完整性管理总则，实施完整性管理的纲要性文件，全面阐述实施站场完整性管理的内容和总体要求。

（2）二级文件：完整性管理程序文件，规定公司内部对完整性管理的具体管理程序和控制要求。

（3）三级文件：完整性管理作业文件，描述某项工作任务的具体做法。

（4）四级文件：站场执行一次完整性管理循环以后所形成的完整性管理方案，用于总结上一循环工作和发现问题，提出具体管道（段）或站场设备/设施下一循环的完整性管理的具体工作，包括实施时间、方法和内容等，并根据方案制定检测评价规划和年度大修计划，具体文件见表5-7-4。

表5-7-4 完整性管理文件目录

类别		文件名称	文件编号
总则		站场完整性管理总则	ZZ01
程序文件（4个）		完整性管理方案制定程序	XJCX01
		数据信息管理程序	XJCX02
		维修维护程序	XJCX03
		完整性检测评价程序	XJCX04
作业文件	01站场完整性检测评价	基于风险的检验（RBI）作业规程	XJZY04-01
		基于可靠性的维护（RCM）作业规程	XJZY04-02
		安全完整性等级评估（SIL）作业规程	XJZY04-03
		生产设施定点测厚作业规程	XJZY04-04
		站场管道检验维护作业规程	XJZY04-05
		阀门及切断系统测试规定	XJZY04-06
		站场压力容器检验维护作业规程	XJZY04-07
		安全泄放装置检验维护规定	XJZY04-08
	02站场设备维修维护	阀门维护作业规范	XJZY03-01
		压缩机维护作业规程	XJZY03-02
	03效能评价	效能评价作业规程	XJZY05-01

二、数据管理平台

数据管理平台主要包括基础信息数据、风险评估数据、维修维护数据与管理文件4个数据库模块。数据的录入方式包括人工输入和Excel表格导入，对评价结果中的推荐检测维护周期实现自动提醒的功能。

1. 基础信息数据

（1）站场基础信息；

（2）工艺管道基础信息；

（3）压力容器基础信息；

（4）安全阀基础信息；

（5）转动设备基础信息（泵、压缩机、空压机等）；

（6）安全仪表基础信息（压力/温度传感器、可燃气体探测仪、自动阀门、PLC控制柜等）。

2. 风险评估数据

（1）RBI评价结果及报告；

（2）RCM评价结果及报告；

（3）SIL评价结果及报告；

（4）HAZOP（Hazard and Operability Analysis，危险与可操作性分析）评价结果及报告；

（5）QRA（Quantitative Risk Analysis，定量风险分析）评价结果及报告。

3. 维修维护数据

（1）管道及设备日常巡检数据；

（2）管道及设备定期检验数据；

（3）设备日常维护数据；

（4）管道缺陷、设备失效及维修数据。

4. 管理文件数据

（1）完整性管理体系文件数据；

（2）各类设备操作规程数据。

以上数据表单均可实现录入、筛选、查询、导出等基本的数据库功能。

5. 检测维护周期自动提醒的功能

对于站场内管道及设备，在评价相关的完整性后，均有下一次检测或维护作业的内容及时间周期推荐，即从完整性管理方案表单中提取的检测维护方案。系统应在推荐时间前发出相应的提醒通知，以便工作人员进行相应的作业准备及安排。

三、风险评价

统计玛河天然气处理站设备，按照动设备、静设备和安全仪表系统分类，确定基础数据的设备项，具体见表5-7-5。

表 5-7-5　玛河天然气处理站站场设备统计

类别	分类	数量	管理概况
站内管线	油、气、乙二醇、导热油等	—	日常巡检、定期检测
静设备	压力容器等	67 台	日常巡检、定期检测
阀门	安全阀等	74 只	定期维护保养
动设备	压缩机、制氮机	5 台	参数检测、日常巡检、定期检测及维护保养
	热媒炉、加热炉	13 台	
	机泵	57 台	
自控系统	DCS、PLC、RTU 控制回路	557 点	单回路通道检测、整体可靠性测试
	DCS	4 套	
	ESD	1 套	
	RTU、PLC、控制站	39 套	
	自控阀门、智能开关	93 台	

1. 静设备

应用 API 基于风险的检验（RBI）分析方法，采用软件 ORBIT Onshore 对玛河处理站内主要设备进行失效概率和后果的分析与计算，确定各设备项的风险因素及其大小和等级，提出全面检验建议和完整性管理方案。

2. 动设备

采用 DNV 开发的先进 RCM 软件——Orbit RCM 和 DNV 的风险和可靠性方法，对站内各类动设备进行风险评价。

3. 自控系统

SIL 等级的评估是基于风险的且根据 IEC61508/IEC61511 要求执行；SIL 等级的验证是基于国际通用的数据库，选取可靠的数据，计算 PFD，确定安全仪表的 SIL 等级，据此确定测试维护计划。

第六节　完整性管理技术问题及发展方向

一、技术问题

管道完整性管理推行后，管道管理者需要检测或衡量其效能，以便能够持续改进。因此，管道完整性管理效能评价已成为管道维护的一项重要工作。如何对管道完整性管理开展效能评价，并提出改进建议，以实现管道完整性管理持续发展，是目前管道企业面临的亟待解决的问题。国内外尚无成熟的方法可供遵循，一些完整性管理相关的标准规范也只是对效能评价提出开展要求及建议，无具体实施办法。

二、发展方向

目前新疆油田尚未建立公司级完整性管理体系，处级油田站场也还没有建立完整性管理体系，处级长输管道、集输管道和气田站场运行期体系初步建立，缺少设计、施工及停用期内容，未与处级 HSE 及管理制度完全融合形成制度，对其起到的管理效果尚未审核与评价。各二级单位完整性管理的工作任务和职责不明确，将从以下几方面加强完整性管理工作：

（1）管道及站场设计、施工、停用阶段提出完整性管理制度要求，建立建设期完整性管理体系文件；

（2）将建设期与运行期完整性管理体系整合，编制适合于新疆油田公司的全生命周期完整性管理体系文件（建设期、运行期和停用期）；

（3）根据体系内容，梳理完整性管理主要业务工作；

（4）根据新疆油田公司体系一体化原则，对公司综合管理体系修改补充和完善提升，指导二级单位完整性管理体系建设，编制完整性管理制度，对综合管理制度补充和完善。

第八章　油气田地面工程同类配套技术对比

目前新疆油田地面工程中给排水技术、通信与自动化技术、防腐保温技术、管道完整性管理技术等配套技术基本适应和满足油田生产运行要求，但随着油田开发阶段、产能以及油田环保政策的变化，部分配套技术仍有较大的改进和优化空间。如部分区块现有的供水模式已无法适应油田产能建设滚动开发的用水需求，部分站点自备燃气发电机组容量小、运行时间长导致供电安全性和可靠性难以保障，早期应用的自动化技术已无法满足油田信息化、智慧化的发展需求等问题。因此，对比分析国内外油气田地面工程同类配套技术，有助于新疆油田配套技术适用其主体地面工程技术而与时俱进。

第一节　给排水技术

各国油田采出水水质差异大，水质复杂多变，出水水质各不相同，就目前油田给排水技术而言，国内外已形成一系列成熟稳定的技术。利比亚的大象油田为进一步提高原油产量，在现有油气分离厂的基础上扩建新的注水工程，采用处理后采出水和地下水混注的方式，其中采出水处理工艺流程为“采出水→调节水罐→一级提升泵→ CPI 隔油池→ IGF 浮选机→过滤提升泵→核桃壳过滤器→注水罐”；哈萨克斯坦阿雷斯油田废水处理主要采用混凝除油、核桃壳过滤两级处理流程[43]。对于高含盐、高含氯、高含硫等腐蚀性强的采出水，在投加脱氧剂、缓蚀剂和采取内防腐的同时，考虑采取密闭隔氧措施。

目前，国内大部分油田均已进入开发中期和后期，采出液含水率已达 80%～90%，其中有的油田甚至已达 90% 以上，由此致使油田每天的采出液量非常大。国内油田生活用水依据 GB 5749—2006《生活饮用水卫生标准》；生产用水、稀油注水依据 SY/T 5329—2012《碎屑岩油藏注水水质推荐指标及分析方法》，稠油注汽依据 SY/T 0027—2014《稠油注汽系统设计规范》。

大庆油田在开发规模扩展过程中，将各自独立水源的供水站、注水站、含油污水处理站联合设计为统一的供水站，结构紧凑、运行可靠、设备利用率高；大港油田改造其供水自动化系统，整个供水系统由供水中心站通过 SCADA 系统统一调度与管理，且实时监测不同点供水压力和流量的异常变动，实现整个油田用水的稳定供应；长庆油田在水源井保护方面集成射频导纳液位监测、恒压供水与软启动节能技术，实现在线监控水位、压力自动无级调整流量及智能保护[44]。

新疆油田用水均由外部水源提供，已形成适应注水、注汽、生活用水不同水质要求的清水处理工艺技术；采用压力式过滤器对清水过滤，其中稠油注汽清水处理增加软化及除氧工艺，软化采用 NaCl 再生强酸树脂、除氧采用真空除氧技术。在污水处理方面，新疆油田针对其特殊环境和小型值班点生活污水少的特点，采用“曝气 +MBR”的橇装污水处理装置；配套 200 人及以上作业区生活污水处理，采用曝气、接触氧化处理工艺；利用微生物降解去除大部分污染物，结合高效沉淀，处理快速且水质稳定达标[45]。

第二节　供配电技术

随着经济的持续发展和人民物质文化生活水平的不断提高，广大电力用户对电力的依赖性越来越强，对供电质量和供电可靠性的要求越来越高。在此需求下，供配电自动化技术应运而生。该技术是 20 世纪 90 年代以来在全世界得到推广应用的一项新技术，而日本、美国在 20 世纪 50 年代就已经开始应用第一代配电网自动化系统，在 20 世纪 60—80 年代发展到第二代；韩国、新加坡与芬兰等国家从 20 世纪 80 年代中后期也陆续研究、实施配电网自动化技术，例如韩国 45% 的线路已实现自动化，新加坡 6.6kV 配电网自动化已经覆盖多个站[46]。国外著名的电力、电气设备制造厂家也都涉足配电网自动化领域。

油田配电网与城区配电网首先在地理环境方面截然不同，油田所处的地理环境一般比较恶劣，另外受天气状况，如雷电、风、霜、雨、雪与雾等的影响极大，且在电网结构方面也有较大的区别，有其独特性。因此国内外许多油田将供配电自动化技术应用到油田电网中，但仍然处于发展完善阶段。

国内油田供配电技术发展迅速，其中大庆油田拥有简单、联合循环与热电联供等多种循环方式的燃气电站供电技术，并逐渐转向大中型燃气发电[47]。华北油田开发出“电力生产管理信息系统（PMS）”平台，已完成基础数据采集与录入，并正式投入使用，半数变电站实现无人值守和集控管理[48]。

随着新疆油田的滚动勘探开发，部分边缘区块和偏远井产量低但气量大，中小型燃气发电技术应运而生，主要包括燃气发电机组并网和孤网发电两种配用方式。针对边远井的用电需求，采取单井柴油发电、燃气发电与风光电互补发电等临时供配电技术，太阳能光伏电站在盆 5 气田已开始试点应用。新疆油田还采用供配电系统橇装集成化应用技术，与传统 35kV 简易变电所相比，采用标准化设计、工厂化制造、继电保护完善，建设周期缩短 85%，供电可靠性大幅度提高，每年减少因停电造成的原油损失 3000 多吨，在西北缘、风城与腹部油田广泛应用。自 2007 年起，采用 S11 型节能型变压器替代 SL7、S7 型高耗能变压器，单台节电率约为 8%，节约基本容量费 35% 左右，“十一五”期间共更新变压器 768 台，年节约电费 1454 万元；针对供液不足井，采用间抽控制技术，安装使用各类节能控制柜 1126 台，节电率为 20%～60%，年节约电费 434 万元；采用低压侧补偿和配电线路高压侧集中补偿的变压器 1387 台，平均功率因数由 0.3 提高到 0.92，年节约电费 587 万元。

第三节　通信与自动化技术

国外油田自动化早已摆脱传统的自动化模式，早期的仪表自动化发展为以微电子学为基础，集微电子技术、电力电子技术、计算机技术和网络通信技术于一体的新一代自动化，并进入广泛应用可编程控制系统（PLC）、集散控制系统（DCS）和数据采集及监控系统（SCADA）时期[49]。比如苏丹1/2/4区油田及其原油外输管道过程控制就采用先进可靠的SCADA系统，其中心处理设施、油田生产设施和外输泵站采用PLC实施过程控制，同时配备基于PLC的紧急关断系统（ESD），以保护工艺设备和人身安全、保护环境、减少和避免事故发生[50]；而位于苏丹6区FULA油田中心处理站的自动化系统则由站内DCS系统、紧急关断系统、消防自动化系统、热媒PLC系统、天然气压缩机PLC系统、仪表风橇PLC系统，以及燃气发电机PLC系统等组成[51, 52]。又如，巴基斯坦成品油外输管道的SCADA系统为其安全可靠输油提供了强有力的技术保障；伊朗雅达油田研制开发的集过程控制、安全仪表和自动化管理于一体的集成化过程控制与安全管理系统（ICSS系统），已实现从井口到集中处理中心的全油田全数字化自动控制和管理。

国内大部分老油田的自动化水平不高，部分油田自控水平的现状是：增压点、转油点、接转站的自动化水平仅限于输油泵的启停；集中处理站、联合站的自动控制仅局限于关键设备，油区内无法实现数据的传输和共享，使生产管理水平的提高受到一定影响。比如，大庆、辽河等东部油田自动化大多以单项工程或单项生产过程自动化为主，井口通常不设置自动化设施，没有形成整个油田的自动化管理，井口工艺过程操作通常为手动方式，工艺参数的检测只设置压力就地检测；计量站的工艺参数如温度、压力的测量以就地指示为主；联合站基本都采用计算机控制系统，利用其图形显示、数据存储和报表打印等功能，基本实现油气分离、原油脱水、外输等生产过程自动化。又如，低产和边远分散小油田由于自身的特点，其自动化水平较低，基本不设自动化系统，参数检测多为就地指示仪表，现场由人工操作。

经过多年的技术攻关、技术引进和科研开发，在西部油田建设中，我国自动化技术有了长足的进步。比如，新疆彩南油田SCADA系统从地面扩展到油田开发生产的全过程，将油藏工程涉及的动态资料采集纳入其中，为及时、准确地制定增产措施及配注方案等提供科学依据，为边远油田生产过程向信息化和智能化发展做了有益探索[53]。新疆塔里木与塔河油田生产基本实现油田井口、计量/阀组间无人值守；联合站内控制中心集中监控（站内DCS系统）；以作业区为控制中心，建立全油田的监控与数据采集系统或油区SCADA系统，接收油井、计量站以及联合站DCS系统传送的数据，对全油田集中监视和管理；在井口和计量站分别设置RTU，信号通过通信系统上传到SCADA系统。

新疆油田已建立全油田自动控制和管理系统，实现油气井、计量站、联合站和边远地区等站点无人值守，减少现场生产操作人员，优化油气生产的运行管理，其自动化技术水平优于国内平均水平，与国际先进水平相当[22, 54]。

第四节　道路系统技术

油田专用道路是为保证油田正常生产及运输而专门设计的，需要结合油田专用道路上行驶专用车辆的特点、环境条件等多种因素，采用符合油田生产的新设计理念，提高油田专用道路的设计标准，严格把控好设计质量，从而满足油田生产的具体要求[55]。国内油田在道路建设方面，其整体规划的同时，也注重路基的机械控制与防护，其设计依据主要参照当时的 GBJ 22—1987《厂矿道路设计规范》。

长庆油田对比分析专用道路各项指标，通过计算主要车型的爬坡性能等，得出适合长庆油田专用道路的技术指标[56]。长庆油田专用道路交通量小，行驶车辆主要以 7 座以下的小客车为主，通行的载重汽车以油气田运输的油罐车和消防车为主。长庆油田专用道路以服务油气田为主，受投资限制，则以公路行业四级公路或者外路为主。对运行速度和通行能力没有要求，其主要车型以通达为目的，所以采用的设计速度较低。然而，针对行驶车辆特性，专用道路的最大纵坡可以达到 14%。

大庆油田采用沥青路面热再生技术，处理低等级道路和铺筑基层，并充分利用旧料，达到节能、环保的效果[57]。大庆油田专用道路管理信息系统可结合油田道路的实际，通过先进的 GPS 定位仪器，完整、规范地采集道路基本信息，并按照“需求牵引、统筹规划、统一标准、阶段发展、面向应用、共建共享”的原则，实现数据集成、数据安全性、数据更新接口、导航等功能[58]。

对于新疆油田油气生产区域所处的戈壁地区，戈壁土是新疆油田筑路的主要材料，其粒径级配组成、填料含水率、填料粗、细颗粒含量影响压实效果。当填料中粗料含量在 60% 左右时，压实效果最好。然而，沙漠地区普遍缺少砾石、黏土、水等筑路材料，根据因地制宜、就地选材的原则，充分利用风积砂的优点，有效加固道路结构。风积砂在沙漠地区储量丰富，其路基质量容易控制、水稳定性好、沉降均匀、取土费用低，在建设区域内是非常理想的路基填筑材料，而且风积砂的使用可减少沿途沙丘的形成，减少其后期对道路的危害[59]。

新疆油田早期道路建设，缺乏整体系统规划，仅按照油气开发需求，建设至各站场、井区的支线道路，以及连接油区和生活基地的干线道路。近年来，新疆油田道路系统除遵循国家道路交通规定的相关原则外，结合油田滚动开发特点，将当地政府、周边企业道路建况及近期规划通盘考量，逐步完善油田道路交通网，既适应油田生产的需求，也服务当地民众与企业，实现油田道路系统的地企共赢。

第五节　防腐技术

一、污水罐内壁外加电流阴极保护技术

国外的阴极保护技术起源于 1823 年，英国学者汉·戴维开启现代腐蚀科学中阴极保

护的先河，于19世纪在美国、日本、英国等发达国家已有应用。国外从20世纪60年代就开始进行储罐底板外侧阴极保护技术的应用与研究，国内开始应用储罐底板的阴极保护落后10多年。目前许多发达国家已将大型油库、输油和输气站场等强制实施区域性阴极保护写入法律，且做到阴极保护系统和主体工程同时设计、同时施工和同时投产。

20世纪70年代，区域性阴极保护技术首次在中国石化胜利油田东辛采油厂得到应用，有效保护站内储罐。外加强制电流阴极保护技术是防止储罐底板外侧腐蚀的有效手段，网状阳极是目前最理想的储罐底板外加强制电流阴极保护系统的阳极形式。

近年来，我国污水罐内壁外加电流阴极保护技术也有快速发展。2015年，海洋工程技术研究院对华北油田鄚州联合污水罐内壁外加电流阴极保护技术开展科技攻关，其成果达到国际先进水平，并先后应用于新疆油田陆梁处理站和华北油田鄚州联合站的污水罐体内壁的腐蚀防护，其效果良好。

二、非金属材料

早在20世纪40年代，欧洲、美国、德国等地区就开始非金属管道的应用研究，并制造玻璃钢管道，距今已有80多年的历史[60]。玻璃钢管具有优良的耐蚀性能，国外首先在需要控制腐蚀的化学工业中发展起来，并显现出良好的长期效益，现已拓展到石油行业中。目前，国际上非金属管道工业发展很快，年产量不断增加。美国是玻璃钢的主要生产国，其产量占世界总产量的35%～45%，目前用量达15×10^4km以上，其次是日本、德国等。据统计，近20年来，美国、日本、德国的玻璃钢产量年均增长率分别为27.6%、36.7%和24.5%。

我国于20世纪80年代末，首次引进玻璃钢管道及其缠绕设备，从此非金属管道工业开始快速发展[61]。近年来，胜利新大集团公司所研发生产的玻璃钢井下油管、套管和碳纤维连续抽油杆在胜利、延长、大港、辽河、华北等油田获得推广应用，使井下油管和抽油杆的使用寿命及油水井的免修期比钢制产品延长1～2倍以上。新疆油田于1999年针对石西油田管道腐蚀严重的问题，首次在其集输管道上试用非金属管道，并在后续油田建设过程中全面有序地推广应用到输水、转油、集油与注水管道上，共使用1897km。与金属管材相比，目前全油田使用的非金属管材可节省维修费6645.6万元/年。

我国目前已能生产国际市场上多数品种的非金属材料，但整体质量与产品种类、规格仍存在较大差距，且多以低价取胜，许多高质量的非金属材料如玻璃纤维产品仍需从国外进口。

第六节 供暖技术

在油田生产中，联合站、转油站、注水站与油库等站库都需要热能供暖和工艺伴热，而油田矿区办公及生活建筑供暖也是必不可少。根据提供能源的不同，油田生产生活中应用的供暖方式主要包括以渣油为燃料的燃油锅炉房供暖、以天然气为燃料的燃气锅炉房供暖、燃气辐射供暖、燃气空调供暖、以电为能源的电供暖和以油田污水余热的热泵供暖[62]。燃油锅炉房和燃气锅炉房、热泵供暖系统、燃气空调都有较复杂的工艺系统，除供热设备外还需有驱动介质流动的水泵、定压装置、水处理设备等，需要专人管理。燃气辐射供暖和电供暖因供热技术简单，供热设备直接布置在需供热的建筑物内，自动化程度高，不需专人管理。

燃油燃气锅炉一直是油田生产和生活所需热源的主要供给方式，尤其是大庆油田锅炉房完全占据主导地位。由于大庆油田具有生产设施及建筑物较分散的特点，同时又具有丰富的油田伴生气，燃气锅炉房应用广泛，几乎是每个转油站、注水站、联合站都采用燃气锅炉房，提供供暖和生产所需。2000 年后，随着热电联产集中供暖的推广，燃油燃气锅炉房减少 60% 左右，也由于国际原油价格的上涨和环保的要求，燃油锅炉房逐渐减少。到目前为止，大庆油田所管辖的燃油燃气锅炉房仅有 230 多座，而燃气辐射供暖、电供暖也有少量仍在应用。大庆油田采油一厂西五注水泵工程（建筑面积 $336m^2$、层高 6m）率先应用燃气辐射供暖系统，而一些井口装置、油水管线采用电伴热带，一些配制站、变电所配套建设的采油小队办公楼等辅助建筑采用电暖器，一些聚合物注入站采用电辐射器供暖。

新疆油田主要采用加热炉、热水锅炉、热泵、高温污水换热、蒸汽供暖、采出液换热、电暖气、燃气辐射等供暖方式，其稠油处理站供暖选用压缩式热泵余热利用技术，而稀油集中处理站采用溴化锂吸收式热泵机组供暖技术。目前，新疆油田新建中、小型稀油站场均采用电暖器供暖，老区中、小型站场也逐步利用电暖器取代低效的水套炉供暖。其中，对流式电暖器是应用最多的电热供暖技术。在油田滚动开发初期建设中，锅炉房的重复建设存在成本过大的问题，响应新疆油田公司关于油田地面建设工程标准化、橇装化、模块化要求，专门研发设计出一种智能化、橇装化、使用经济、节能高效、安全可靠的供热一体化供暖装置，主要用于取代一些规模较小的传统锅炉房，以更好满足油田生产滚动开发的需要[63]。与此同时，新疆油田与国内其他油田都在改变以燃气、燃油锅炉及蒸汽为主的供暖模式，大力开展节能供暖技术的应用，尤其将生产废热、余热回收用于冬季供暖，其节能环保效果显著，达到较先进水平。此外，新疆油田还在尝试太阳能集热和空气能热泵等供暖技术。

第七节　通风技术

油田的油气聚集场所多为联合站、转油站内的气阀组间、燃气锅炉间和污油回收泵房，此类场所一旦发生油气泄漏，随时会有燃爆的可能，严重威胁员工生命和财产安全。油田作业过程中通风的主要目的就是排除作业环境中的有毒有害气体和高温余湿，维持作业环境的安全性和舒适性，防止火灾爆炸和人员中毒窒息事故的发生，确保安全生产要求。

大庆油田某站场设计“无动力自然常负压排风系统、全面新风换气系统和智能化通风柜排补风系统”三级式通风系统，可有效解决油田站场室内通风问题[64]。长庆油田对甲醇污泥脱水工房采取分层通风、工艺加装通风设施、改自然进风为机械进风、增加有组织的自然通风系统的设计，保证室内气体品质良好[65]。国内某油田原油处理站化验室原有通风柜不符合国家标准规范要求，排毒通风效果差，经改造后检测的有毒物质浓度均远低于国家标准限值，效果良好。该化验室两台通风排毒柜投入使用，一台通风排毒柜用于样品加热蒸馏，另一台用于存放溶剂汽油、蒸馏前后油品的处理及清洗过程中使用，其移动门为上下推拉式，排出气体经引风机入口的吸附塔吸附后，上排至大气中，同时在化验室外设有专用的采样油桶存放柜[66]。

新疆油田辅助用房、变配电室等建筑物通风采用自然通风，其他油气及有毒气体挥发的站场采用有组织的局部和全面相结合的机械通风，配以自然通风。配风不需另加动力设备，对于有大量余热的车间，这是一种经济、有效的通风方法。但自然通风无法处理和净化进入室内和排出室外的空气，通风量受室外气象条件影响、通风效果不稳定，适用于对室内空气的温度、湿度、洁净度、气流速度等参数无严格要求的场所。机械通风则是利用通风设备强制室内外空气交换流动，其进风和排风可处理，通风参数可根据要求选择确定，以确保通风效果，但通风系统复杂，投资费和运行管理费用高。

第八节　管道完整性管理技术

油气管道完整性管理理念起源于 20 世纪 80 年代，经过近年来的不断发展，油气管道完整性管理技术已取得明显改进与完善。在当今信息社会化、社会信息化时代下，各种新工艺、新设备、新材料的不断涌现，为油气管道完整性管理技术的创新提供了生机与活力。国外管道完整性管理已形成较科学的有效管理理念和手段，在管道完整性管理发展的经验和基础上，已开始向基于风险评估的完整性管理决策发展[67]。

自 20 世纪 90 年代以来，我国各大石油企业纷纷加强油气管道完整性的风险分析及其管理技术的研究力度，至今已形成相对成熟的油气管道完整性管理体系。目前，我国对油气管道所开展的完整性管理力度尚有待提高，且在完整性管理方面暴露出一些缺陷与弊端，甚至有的决策管理人员尚未正确认识到完整性管理的作用、重要性及必要性。究其原因在于管理人员缺乏专业化和系统化的培训。为此，石油企业积极引进国外先进技术与方法，结合我国油气管道具体情况，不断加强油气管道完整性管理技术的改进与优化，最终建立符合我国油气管道实际情况、科学合理的油气管道完整性管理体系[68]。经过近年来的不断发展和完善，我国在油气管道完整性管理技术方面已取得一些研究成果，并已有机融入高精度检测方法、GIS 技术、基础数据库，以及多目标决策等现代化理论与技术[69]。

参考文献

[1]苗壮，周宁玉，谢朝新．纤维过滤技术在水处理中的研究进展综述［J］．当代化工，2018，47（5）：1080–1083.

[2]杨腾飞．稠油污水混凝除硅效果及作用机理探讨［D］．大庆：东北石油大学，2015.

[3]唐丽．新疆油田稠油污水处理回用蒸汽锅炉的跟踪研究［J］．石油工程建设，2012，38（6）：86–87.

[4]李强，赵红岩，李鹏程．低位真空除氧技术在锅炉给水中的应用研究［J］．中国科技信息，2008，20（6）：273–274.

[5]张燕萍，张建平，张一佳，等．新疆油田污染减排措施与效果分析［J］．油气田环境保护，2010，20（S1）：9–10.

[6]高甫章．克拉玛依市水资源供需平衡分析及优化配置研究［D］．石河子：石河子大学，2019.

[7]史祥，王培，肖平．供水营销服务管理系统的建立与应用［J］．中国管理信息化，2014，17（3）：60–63.

[8]耿春生，任广彦，朱伟，等．克拉玛依智能化供水系统方案研究［J］．信息系统工程，2018（1）：24–25.

[9]Durham，Robert A.，Brinner，et al. Oilfield electric power distribution［J］. IEEE Transactions on Industry Applications. 2016，51（4）：3532–3547.

[10]张凡，周雅鸿，范丽．伴生气发电对油田电网的影响分析［J］．电气应用，2014，33（8）：32–35.

[11]高尤．智能无功补偿技术在苏北油田的应用［J］．石油石化节能，2014，4（12）：21–22.

[12]蒋林江，谢浩．我国智能电网建设中存在的问题与解决措施［J］．河南科技，2012，37（10）：23.

[13]江芸，李从华，吴顺平．有线通信领域抗干扰技术的发展［J］．无线互联科技，2012，9（10）：35.

[14]王如涛，李泌，刘娜，等．无线通信技术在沙漠油田安全生产中的应用［J］．自动化应用，2012，53（2）：26–27.

[15]王宪保，张展豪．基于窄带物联网技术的电量监控系统设计［J］．计算机测量与控制,2020,28（8）：78–82.

[16]曾令康，欧清海，庄国忠，等．基于干扰温度的无线频谱共享方法［J］．供用电，2014，31（8）：34–36.

[17]韩光，林海．TD–LTE 在新疆油田油气生产物联网示范工程中的应用［J］．中国管理信息化，2015，11（18）：74–76.

[18]施海清．SCADA 系统在油田计量站的应用研究［J］．知识经济，2011，13（2）：139.

[19]Reatti A，Kazimierczukm K，Catelanim，et al. Monitoring and field data acquisition system forhybrid static concentrator plant［J］.measurement，2017，35（98）：384–392.

[20]王延杰，张红梅，江晓晖，等．多层系油田开发层系划分和井网井距研究——以陆梁油田陆 9 井区白垩系、侏罗系油藏为例［J］．新疆石油地质，2002，23（1）：40–43.

[21]姚彬．塔河油田无人值守 SCADA 系统［J］．通用机械，2020，19（1）：20–22.

[22] 张锋，马赟，陶小平．新疆油田油气生产自动化技术创新及展望［J］．信息系统工程，2020（10）：66–67.
[23] 张建华．石油化工行业中 DCS 系统的应用研究［J］．科技经济导刊，2021，29（1）：56–57.
[24] 胡先志．通信光纤及其系统应用前沿研究［M］．武汉：武汉理工大学出版社，2016.
[25] 刘怡君．基于工业互联网的工业产品全生命周期信息追溯系统研究［D］．新疆大学，2019.
[26] 李晶晶．地下储气库自动控制系统设计与实现［D］．大庆：东北石油大学，2015.
[27] 吴光军，胡忠娟，田军，等．基于物联网的高压流量自控仪在油田注水中的应用［J］．中国石油和化工，2014，21（1）：69–71.
[28] 沈冬青．RFID 射频识别技术标准解析及现状研究［J］．中国安防，2011，6（4）：37–40.
[29] 谢磊，殷亚凤，陈曦，等．RFID 数据管理：算法、协议与性能评测［J］．计算机学报，2013，36（3）：457–470.
[30] 李建华．超高频 RFID 读写器基带单元关键技术研究［D］．郑州：郑州大学，2010.
[31] 张晨．云计算在 IDC 中的应用与实现［D］．北京：北京邮电大学，2012.
[32] 苏圣泳，谭琳．大数据技术及其在信息系统中的应用［J］．计算机光盘软件与应用，2014，17（2）：84–86.
[33] 王华．工业无线网络节能路由算法研究［D］．重庆：西南大学，2010.
[34] 陈潜．无线传感器网络中低能耗低延时数据传输协议的研究［D］．湘潭：湘潭大学，2016.
[35] 匡立春，刘合，任义丽，等．人工智能在石油勘探开发领域的应用现状与发展趋势［J］．石油勘探与开发，2021，48（1）：1–11.
[36] 罗云邦．PLC 技术在石油化工油品储运自动化系统中的具体应用［J］．中国市场，2018，25（22）：171–173.
[37] 孙贵杰．沙漠油区公路养护调查研究［J］．中外公路，2017，37（2）：307–309.
[38] 王伟明．新疆液化石油气运输管理问题研究［D］．西安：西安石油大学，2012.
[39] 孙鹏然．油田地面站的安全生产管理措施研究［J］．中国石油和化工标准与质量，2018，38（20）：72–73.
[40] 侯升奎．油田井下作业生产安全事故及预防措施探究［J］．化工中间体，2015，11（4）：1.
[41] 孙维维，曹鹏福．油田生产过程中产生的有毒有害气体综合防治与探索［J］．工业，2015（8）：47.
[42] 郁斌．长输管道设备完整性管理信息系统建设及应用［J］．中国特种设备安全，2016，32（10）：65–68.
[43] 李金林，齐建华，刘中民．国外油田采出水回注处理工程介绍［J］．给水排水，2008，45（6）：52–55.
[44] 张倩，王林平，王曼，等．节能保护技术在长庆油田水源井的应用［J］．节能技术，2014，32（3）：272–274.
[45] 叶春松，陈程，周为．油田污水处理技术研究进展［J］．现代化工，2015，35（3）：55–58.
[46] 隋国正．馈线自动化技术在油田配电网的应用研究［D］．杭州：浙江大学，2005.
[47] 王善玉．油田配电系统节能降耗技术措施分析［J］．化学工程与装备，2015，44（9）：56–58.
[48] 金东海．华北油田电力系统改造方案设计研究［D］．保定：华北电力大学（河北），2010.

[49]金德馨 . 近年来油田自动化技术的若干进展[J]. 石油规划设计，1999，10(5)：18–19.

[50]吴锐，梁道君 . 井口 SCADA 系统在苏丹 1/2/4 区的应用[J]. 科技资讯，2008，6(26)：5–7.

[51]Dou L，Cheng D，Li Z，et al. Petroleum geology of the fula sub–basin，muglad basin，sudan[J]. Journal of Petroleum Geology，2013，36(1)：43–59.

[52]刘超明，常广发，肖晓珊 . Modbus 协议网络在苏丹富拉油田生产开发项目中的应用[J]. 石油化工自动化，2007，44(2)：70–74.

[53]李兴训，刘宏，汪正德 . 彩南油田自动化系统在地质管理和油藏工程中的应用[J]. 石油规划设计，1997，8(2)：33–35.

[54]高金雷，逯茵 . 自动化系统在油气田开发中的应用[J]. 石化技术，2018，25(9)：71.

[55]姜雷 . 油田专用道路设计中新理念应用探讨[J]. 化工管理，2019，32(17)：222.

[56]李道发 . 长庆油田专用道路路线技术指标研究[D]. 西安：长安大学，2016.

[57]李想 . 大庆外围油田水平井区块开发道路建设模式的探讨[J]. 石油规划设计，2017，28(6)：4–6.

[58]周丽 . 油田专用道路评价及管理系统的设计与实现[D]. 成都：电子科技大学，2014.

[59]邓小秋 . 风积沙在新疆油田道路中的应用[J]. 林业科技情报，2016，48(3)：98–99.

[60]李翔 . 钢丝缠绕增强塑料复合管黏弹性力学行为研究[D]. 杭州：浙江大学，2008.

[61]雷文 . 玻璃钢管道的技术特点及在我国的应用现状分析[J]. 玻璃钢 / 复合材料，1999，26(1)：36–39.

[62]孙艳丽 . 油田生产中几种能源供暖方式的对比分析[D]. 大庆：大庆石油学院，2007.

[63]王欣如，李海 . 采暖橇在新疆油田站场供暖的研发设计[J]. 节能，2012，31(10)：64–67.

[64]胡晓荣，李倩 . 大庆油田某化学分析实验室通风设计[J]. 油气田地面工程，2017，36(5)：28–31.

[65]史亚萍，张海曦，史玮平，等 . 甲醇污泥脱水工房通风系统设计改进[J]. 油气田地面工程，2017，36(3)：35–37.

[66]李璟珂 . 油田某原油处理站化验室通风柜改造效果分析[J]. 石油化工安全环保技术，2017，33(1)：51–52.

[67]刘钰 . 刍议油气管道完整性管理技术的发展趋势[J]. 化工管理，2018，31(16)：155.

[68]吴志平，蒋宏业，李又绿，等 . 油气管道完整性管理效能评价技术研究[J]. 天然气工业，2013，33(12)：131–137.

[69]何瑞玲 . 油气管道完整性管理技术的发展趋势[J]. 工程建设与设计，2016，64(10)：163–164.